高等学校给排水科学与工程专业系列教材

城镇雨洪管理与利用

李家科　卢金锁　李亚娇　主编
王社平　主审

中国建筑工业出版社

图书在版编目（CIP）数据

城镇雨洪管理与利用 / 李家科，卢金锁，李亚娇主编. — 北京：中国建筑工业出版社，2022.9
高等学校给排水科学与工程专业系列教材
ISBN 978-7-112-27840-4

Ⅰ.①城… Ⅱ.①李… ②卢… ③李… Ⅲ.①城市－暴雨洪水－水资源管理－高等学校－教材 Ⅳ.①TV213.4

中国版本图书馆CIP数据核字(2022)第159481号

随着我国城镇化进程的加快，原有的城镇排水系统已不能满足城市变化所带来的需求，城镇内涝频发、面源污染加重、雨水资源流失等问题日益凸显，因此，城镇雨洪管理引起国家和社会的高度重视。本书结合城镇发展新理念，围绕水生态、水环境、水资源、水安全、水文化、水经济等方面，系统介绍了城镇雨洪管理与水文学基础理论、城镇雨洪管理总体规划、海绵城市建设的三套系统（低影响开发系统、雨水管渠系统和超标雨水径流排放系统）、初期雨水与合流制溢流污染控制、城镇雨水调控系统监测与模拟、城镇水环境综合治理原理与方法、城镇雨洪管理信息化等内容。着重介绍了城镇雨洪管理理论、技术、方法等发展现状和最新研究成果，并列举了大量典型案例。

本书可作为高等学校给排水科学与工程、市政工程、环境工程等相关专业的教材，也可供从事海绵城市建设、城市水系统规划与运行管理人员参考使用。

* * *

责任编辑：张文胜
责任校对：姜小莲

高等学校给排水科学与工程专业系列教材
城镇雨洪管理与利用
李家科　卢金锁　李亚娇　主编
王社平　主审

*

中国建筑工业出版社出版、发行（北京海淀三里河路9号）
各地新华书店、建筑书店经销
北京红光制版公司制版
北京圣夫亚美印刷有限公司印刷

*

开本：787毫米×1092毫米　1/16　印张：25¾　字数：643千字
2022年9月第一版　2022年9月第一次印刷
定价：**78.00**元
ISBN 978-7-112-27840-4
(39636)

本书编委会

主　编　李家科　卢金锁　李亚娇

副主编　蒋春博　王　哲　王　辉　郝改瑞

主　审　王社平

前　言

水资源的承载空间决定了经济社会的发展空间，特别是城市的发展空间。鉴于我国国情和水情，城市水问题已成为制约城市发展的重要因素。快速城市化在城市暴雨内涝、生态环境恶化、水资源供需矛盾等方面给城市居民造成了巨大困扰与灾害，严重影响了经济社会的可持续发展。高强度的人类活动导致生活污水与工业废水排放量增加，导致水质与水生态环境恶化，使城市水循环呈现“自然—社会”二元特征。城镇雨洪管理与利用是落实生态文明建设的重要举措，也是实现修复城市水生态、改善城市水环境、提高城市水安全等多重目标的有效手段。

国家对城镇的雨洪管理高度重视。在政策制度方面，2013 年，国务院印发《国务院办公厅关于做好城市排水防涝设施建设工作的通知》(国办发〔2013〕23 号)，要求 2013 年汛期前，各地区能有效解决当前影响较大的严重积水内涝问题，力争用 5 年时间完成排水管网的雨污分流改造，用 10 年左右的时间，建成较为完善的城市排水防涝工程体系。2015 年，国务院印发《国务院办公厅关于推进海绵城市建设的指导意见》(国办发〔2015〕75 号)，要求充分发挥山水林田湖等原始地形地貌对降雨的积存作用，充分发挥植被、土壤等自然下垫面对雨水的渗透作用，充分发挥湿地、水体等对水质的自然净化作用；实施源头减排、过程控制、系统治理，切实提高城市排水、防涝、防洪和防灾减灾能力。2020 年发布的《中共中央关于制定国民经济和社会发展第十四个五年规划和二〇三五年远景目标的建议》中提出，加强城镇老旧小区改造和社区建设，增强城市防洪排涝能力，建设海绵城市、韧性城市；推进城镇污水管网全覆盖，基本消除城市黑臭水体。“十四五”期间，财政部、住房城乡建设部、水利部决定开展系统化全域推进海绵城市建设示范工作（财办建〔2021〕35 号和财办建〔2022〕28 号)。在规范标准方面，《室外排水设计标准》GB 50014—2021 补充了推进海绵城市建设、提高超大城市的雨水管渠设计重现期和内涝防治设计重现期的标准等条文。为了有效防治城镇内涝灾害和保护环境，《城镇内涝防治技术规范》GB 51222—2017 规范了新建、改建和扩建的城镇内涝防治设施的建设和运行维护过程，明确了内涝防治系统的定义，并对主要技术要求和技术措施等内容进行了说明，提升了城镇内涝防治能力。同时，《城镇雨水调蓄工程技术规范》GB 51174—2017、《海绵城市建设评价标准》GB/T 51345—2018、《建筑与小区雨水控制及利用工程技术规范》GB 50400—2016 等国家标准与规范对雨洪的防治与利用技术做了进一步要求，为城镇雨洪管理的发展指明了方向。

本书在论述城镇雨洪管理和城市水文学基本理论的基础上，结合新型城镇化发展的新理念，对城镇雨洪管理系统规划、三套系统设计、初期雨水与合流制溢流污染问题进行了系统阐述。介绍了城镇水环境综合治理、城镇雨洪信息化管理等内容。本书内容吸收了现行的国家标准和规范的相关规定，充分借鉴了国内外最新的研究成果，并注重理论与实际案例相结合，使学生能获得系统完整的学科知识，掌握学科前沿。

本书内容成熟、取材广泛、体系完整、层次清晰，阐述简明扼要，利于学生理解，适用于给排水科学与工程、环境工程等相关专业使用，也可供从事海绵城市建设、城市水系统的规划与运行管理人员参考。

本书由西安理工大学李家科、西安建筑科技大学卢金锁、西安科技大学李亚娇主编，西安理工大学蒋春博、王哲、王辉，北方民族大学郝改瑞，西安建筑科技大学王同悦，西安市政设计研究院有限公司尹博涵，陕西省西咸新区沣西新城开发建设（集团）有限公司马越等参加了编写工作。全书共 10 章，第 1、8 章由李家科、姚雨彤编写，第 2 章由卢金锁、郝改瑞编写，第 3 章由蒋春博、王同悦、马越编写，第 4 章由蒋春博、王同悦编写，第 5 章由李亚娇、尹博涵编写，第 6 章由李亚娇编写，第 7、10 章由王哲编写，第 9 章由王辉编写。西安理工大学研究生段小龙、高佳玉、刘易文、李宁、翟萌萌、苏菁慧、刘柯涵等参与了书稿的校对工作。

本书由陕西省首届工程勘察设计大师、西安市政设计研究院有限公司王社平正高级工程师主审，主审人对书稿进行了认真审校，并提出了建设性的修改意见，提高了本书的质量，编者对此深表谢意。

本书的出版得到了西安理工大学教材建设项目（JCZ2009）、水利水电国家级实验教学示范中心开放课题（WRHE2101）、环境工程和给排水科学与工程国家一流专业建设经费等资助，在编写和出版过程中得到了西安建筑科技大学、西安科技大学、西安市政设计研究院有限公司、陕西省西咸新区沣西新城管理委员会等的大力支持，在此表示衷心的感谢。

限于编者水平，书中不妥或谬误之处，恳请读者批评指正。

目　录

第 1 章　城镇雨洪管理概论

城镇化作为人类社会发展和进步的必然趋势，是实现现代化的必由之路。近年来，随着我国城镇化进程的加快以及经济和社会各项事业迅速发展，城镇的规模持续扩大，城镇人口逐渐增加。在城镇扩张的同时，也导致了“城市病”，出现了大量侵占生态空间、破坏生态环境等问题，其中城镇水生态破坏、水环境恶化、水资源短缺、水安全堪忧、水文化匮乏等涉水问题最为突出，成为城镇发展的重要制约因素。本章在介绍上述城镇水问题及成因的基础上，阐述城镇防洪与排涝、非点源污染控制、雨水利用的现状及控制对策，介绍现阶段各国的城镇雨洪管理理念以及管理体系建设，以应对城镇雨洪管理与利用方面面临的现状。

1.1　城 镇 水 问 题

1.1.1　水生态

城镇水生态问题主要表现在河流断流、湖泊萎缩、水体富营养化、地下水水位下降、地下水水质变差等。

（1）河流断流现象。河流断流现象是指河流的某些河段在某些时间内出现水源枯竭、河床干涸的现象。我国河流断流现象不仅出现在干旱少雨的北部与西部地区，并且频繁发生在雨量充沛的南方地区。不仅是小河小溪，大江大河也存在河流断流问题。据统计，在流域一、二、三级支流的近 10000km 河长中，已有约 4000km 河道常年干涸。黄河频繁断流始于 20 世纪 70 年代，在 1997 年曾断流 13 次，累计 226d。引起河流断流现象的主要原因包括气候干旱、流域水土环境恶化、河水补给来源不足等，还有一个重要因素是因农田灌溉面积不断增加、城镇和工业用水等用水增大，使河流补给消耗失衡。

（2）湖泊退化萎缩现象。我国湖泊最大的问题就是湖泊的消失与萎缩，湖面退缩、水位下降、水量锐减、湖水咸化、干涸消亡等情况普遍发生。20 世纪 50 年代初，我国面积在 1km^2 以上的天然湖泊有 2800 多个，湖泊面积约 9000km^2，到 20 世纪 80 年代初，数量减少至 500 个，面积缩小约 1800km^2，储水量减少 7.2 亿 m^3。例如武汉湖泊总面积从 1987 年的 370.9km^2 缩小至 2013 年的 264.7km^2，沙湖、南湖、塔子湖等湖泊都出现了不同程度的萎缩现象（图 1-1）。造成湖泊萎缩的原因有多种，包括湖泊的构成和成因、气

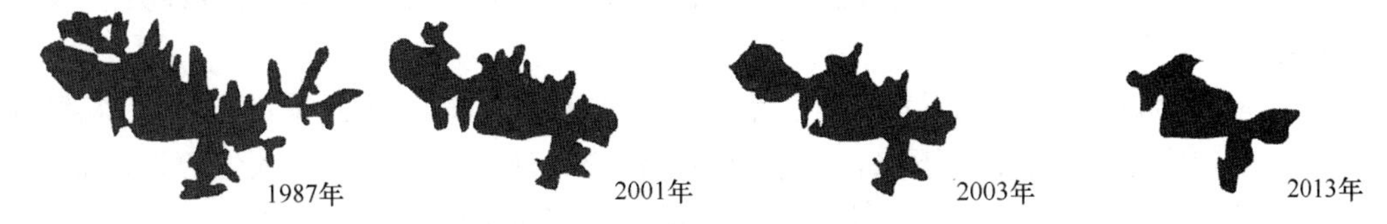

图 1-1　武汉南湖演变示意

候及水文情势变化和人类活动等。其中，因泥沙淤积和人工围垦等人为因素减少的湖泊面积约占湖泊萎缩面积的 2/3，由于气候变化及水资源开发利用引起的湖泊萎缩面积约占减少总面积的 1/3。典型的例子如洞庭湖，由于长江流域天然植被大量破坏，致使流入洞庭湖的泥沙迅速增加，多年平均入湖泥沙量为 $1385 \times 10^5 m^3$，使得湖床平均於高 4cm。加之人工围垦又加剧了洞庭湖的萎缩现象。从 20 世纪 50 年代到 70 年代，人工围垦面积约 $1700km^2$，洞庭湖容水量减少 $120 \times 10^8 m^3$。泥沙淤积和人工围垦导致洞庭湖的面积和容积急剧缩小，严重削弱了洞庭湖的调蓄能力。

（3）水体富营养化。水体富营养化是指在人类活动的影响下，生物所需的氮、磷等营养物质大量进入湖泊、河口、海湾等缓流水体，引起藻类及其他浮游生物迅速繁殖，水体溶解氧量下降，水质恶化，鱼类及其他生物大量死亡的现象。水体出现富营养化现象时，浮游藻类大量繁殖，形成水华。因占优势的浮游藻类的颜色不同，水面往往呈现蓝色、红色、棕色、乳白色等。这种现象在海洋中则叫作赤潮或红潮，其实质是由于营养盐的输入、输出失去平衡性，从而导致水生态系统中物种分布失衡，单一物种疯长，破坏了系统物质与能量的流动，使整个水生态系统逐渐走向灭亡。

水体富营养化与生活污水、雨污水排入有关系。种植用的化肥、农药中的氮磷等营养盐、空气中的污染物等通过降雨径流使得水体中的营养物质增加，水体中的营养物质富集，就会造成水体富营养化。在地表淡水系统中，磷酸盐通常是植物生长的限制因素，而在海水系统中往往是氨氮和硝酸盐限制植物的生长。生活污水和化肥、食品等工业废水以及农田排水都含有大量的氮、磷及其他无机盐类，这些物质进入水体促使自养型生物旺盛生长，特别是蓝藻和红藻的个体数量迅速增加，而其他藻类的种类则逐渐减少。水体中的藻类原本以硅藻和绿藻为主，蓝藻的大量出现是富营养化的征兆，最后会变为以蓝藻为主。藻类繁殖迅速，而且生长周期短。藻类及其他浮游生物死亡后被需氧微生物分解，不断消耗水中的溶解氧，或被厌氧微生物分解，不断产生硫化氢等气体，使水质恶化，造成鱼类和其他水生生物大量死亡。藻类及其他浮游生物的残体在腐烂过程中又把大量的氮、磷等营养物质释放入水中，供新一代藻类等生物利用。因此，已经产生富营养化的水体，即使切断外界营养物质的来源，水体也很难自净和恢复到正常状态。水体富营养化的危害主要表现在如下几个方面：

1）富营养化造成水的透明度降低，阳光难以穿透水层，从而影响水中植物的光合作用和氧气的释放，同时浮游生物的大量繁殖消耗了水中大量的氧，使水中溶解氧严重不足，而水面植物的光合作用则可能造成局部溶解氧的过饱和。溶解氧过饱和以及水中溶解氧少都对水生动物（主要是鱼类）有害，造成鱼类大量死亡。

2）富营养化水体底层堆积的有机物质在厌氧条件下分解产生的有害气体以及一些浮游生物产生的生物毒素（如石房蛤毒素）也会伤害水生动物。

3）富营养化水体中含有亚硝酸盐和硝酸盐，人畜长期饮用这些物质含量超过一定标准的水会中毒、致病。

（4）地下水水位下降、地下水水质变差。近 30 年，我国地下水开采量以每年 25 亿 m^3 的速度递增，但是过度开采地下水，将造成地面沉降、地下漏斗及海水入侵等。地面沉降比较严重的有天津、沧州、西安、太原等北方城市，以及上海、无锡等南方城市，其中上海和天津的沉降超过了 2m，太原和西安也超过 1m。据 2003 年统计，全国已形成大型地下水降落漏斗 100 多个，面积达 150000km²。在华北地区，长期开采地下水造成深层地下水位持续下降，储存资源不断减少，大约 70000km² 面积的地下水水位在海平面以下。在沿海城市，过度开采地下水引起海水倒灌，海水沿地下含水层入侵到内陆或海水顺河上溯补给地下水，造成地下水水质恶化、水质变咸。

1.1.2 水环境

水环境是构成环境的基本要素之一，是人类社会赖以生存和发展的重要场所。水环境污染是我国现阶段面临的主要问题。如图 1-2 所示，2020 年 12 月，生态环境部通报，1940 个国家地表水考核断面中，水质优良（Ⅰ～Ⅲ类）断面比例为 84.6%，同比上升 7.0 个百分点；劣Ⅴ类断面比例为 1.0%，同比下降 1.8 个百分点。主要污染指标为总磷、化学需氧量和高锰酸盐指数。以地下水含水系统为单元，以潜水为主的浅层地下水和承压水为主的中深层地下水为对象，自然资源部门对全国 31 个省（区、市）202 个地市级行政区的 5118 个地下水水质监测点中，水质为较差级与极差级的监测点比例分别占到 42.5%与 18.8%。以流域为单元，水利部门对北方平原区 17 个省（区、市）的重点地区开展了地下水水质监测，监测井主要分布在地下水开发利用程度较大，污染较严重的地区。监测对象以浅层地下水为主，2103 个测站数据评价结果显示，水质较差和极差的测站比例分别为 48.4%和 31.2%，占到了近 8 成。

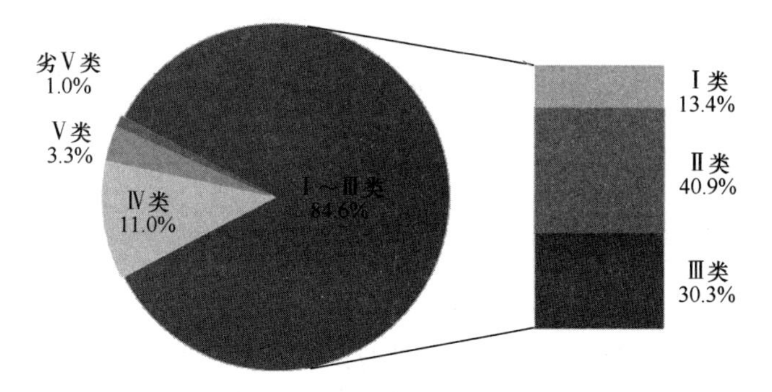

图 1-2 2020 年 12 月全国地表水水质类别比例

我国多数城镇的水环境受到一定程度的点源污染和非点源污染（又称面源污染）。点源污染源是集中在一点或者可当作一点的小范围内排放污染物的污染源，它的特点是污染物排放地点固定，所排污染物的种类、特性、浓度和排放时间相对稳定。由于污染物集中在很小的范围内，高强度排放，故对局部水域影响较大。面源污染又称非点源污染，主要由土壤泥沙颗粒、氮磷等营养物质、农药、各种大气颗粒物等组成，通过地表径流、土壤侵蚀、农田排水等方式进入水、土壤或大气环境。它的特点是污染物排放范围广，危害面积大，污染物的种类、浓度和排放时间等受客观因素影响多，不易人为控制等。其中，面源污染成为城镇化进程中面临的新挑战。

（1）雨水径流污染问题

降雨对地表沉积物的冲刷是引起城镇地表径流污染的主要根源，是仅次于农业面源污染的第二大污染源。雨水径流污染已经成为城市水环境污染的主要原因之一。美国国家环保局（USEPA）在 2002 年就已将其列为地表水水质恶化的主要来源。在强降雨过程中，沥青油毡屋面、沥青混凝土道路、农药和杀虫剂的使用、建筑工地上的淤泥和沉淀物、动植物的有机废弃物等，均会使径流雨水中含有大量污染物，这些污染物随着城市径流汇集流入雨水排水系统，而且常常未经妥善处理就直接排入江河湖海中。除了降雨，融雪径流挟带的污染物也会对受纳水体带来非常严重的水质污染问题。降雨条件、区域特征和初期冲刷对雨水径流水质产生重要影响，雨水径流水质主要表现为地域差异性、时间差异性和初期冲刷。

1）地域差异性。由于土地利用类型的不同，雨水水质差异很大，这主要是因为环境气候条件、生活方式和水平差异导致的。即使在同一地区，由于土地利用类型的不同，雨水径流水质也会产生差异。城镇典型土地利用方式与径流污染类型的关系见表1-1。城镇雨水径流污染物浓度通常表现为由城镇中心向城镇郊区逐渐降低的趋势，这是由于城镇中心人类活动频繁，由此产生的雨水径流污染物随之增多。

城镇典型土地利用方式与径流污染类型的关系　　**表1-1**

参数	住宅区	商业区	工业区	城镇快速路	建筑活动
流速	低	高	中等	高	中等
流量	低	高	中等	高	中等
固体碎屑	高	高	低	中等	高
悬浮物	低	中等	低	低	很高
非正常排放物	中等	高	中等	低	低
微生物	高	中等	中等	低	低
有毒物（重金属和有机物）	低	中等	高	高	中等
富营养化元素	中等	中等	低	低	中等
有机残体	高	低	低	低	中等
热污染	中等	高	中等	高	低

2）时间差异性。季节变化和降雨强度对城镇雨水径流水质的影响很大，季节变化产生的降雨频率和降雨量的变化是导致径流水质差异的主要原因，雨水径流中主要污染物的浓度均具备很强的季节性。雨水径流污染物浓度在雨季首次降雨时最高，随着降雨的增加，污染物浓度逐渐降低。导致雨水径流水质季节性差异的主要原因是污染物积累量的变化。雨季前的长期污染物积累过程，是雨水径流污染物浓度季节升高的主要原因。随着雨季的延长，地表积累污染物冲刷量大于积累量，导致地表积累污染物总体呈下降趋势，因此随着雨季的延长，地表雨水径流水质改善。

3）初期冲刷。初期冲刷是指降雨开始后地表最先产生的那部分径流，相对于整个径流过程，其污染物含量最高的现象。初期径流会携带大量污染物进入受纳水体，初期冲刷现象往往在小流域范围内更明显，在工业区和住宅区相对更严重。

（2）黑臭水体问题

黑臭水体是指河流水体因污染而呈现明显的黑色，同时产生难闻气味。水体黑臭主要来自工业废水、生活污水、合流制管道溢流、分流制管道初雨、非常规水源补水等点源污染；大气沉降、径流冲刷等面源污染；底泥、垃圾、未清理的水生植物、水华藻类等内源污染。深层次原因则是由产业结构粗放、发展水平低以及市政污水收集和处理能力弱等造成的。过去几年，我国城市黑臭水体的范围和程度不断增加。截至2017年年底，全国

295个地级及以上城市共排查确认黑臭水体2100个，其中轻度黑臭的有1390个，占66.2%，重度黑臭的有710个，占33.8%。经过国家、政府等一系列的整治技术，各地加快补齐城市环境基础设施短板，黑臭水体治理取得积极进展，截至2020年年底，全国地级及以上城市2914个黑臭水体消除比例达98.2%，但部分城市整治进展滞后，城乡接合部垃圾随意倾倒现象仍比较突出，黑臭水体治理任务仍十分繁重。

1.1.3 水资源

水资源不足的矛盾在我国的许多地区愈显突出，我国657个城镇中有400多座城镇存在缺水问题，其中300多个城镇属于联合国人居署评价标准的“严重缺水”和“缺水”城镇，城镇年缺水量达60亿m^3，城镇经济因缺水所造成的影响难以估计。很多城镇随着人口的增长和规模的扩大，对水资源的需求还在不断增加，缺水情况会越来越严重。同时，随着城镇化速度的加快，城镇不透水地面也在迅速增加，城镇不透水面积的变化会显著改变地下水的补给，地下水位不断下降，也进一步加剧了城镇水资源短缺的形势。

从水资源的地理分布情况来看，我国水资源情况大致可以一分为二：包括长江在内的南方地区占有全国水资源的81%，人口占全国的55%；北方地区拥有黄河、辽河、海河和淮河，占有全国水资源的14%，但其人口却占全国的43%。北方地区人均水资源占有量为750m^3，仅仅是南方地区的20%，大约是世界人均占有量的10%。此外，大约4/5的水资源分布在南方，而2/3的耕地却在北方，北方每公顷耕地水的占有量仅为南方的1/8。

在水资源短缺的同时，存在用水浪费严重、开发不合理、利用效率较低等问题。目前，长江经济带部分城市水源单一，尚未有应急水源，存在供水风险，还有部分城市取水口和排污口布局不尽合理。另一个值得重视的问题是，雨水作为非常有价值的“水源”并没有得到充分利用。我国99%的城镇都采用快排模式，许多严重缺水的城镇直接流失了70%以上的雨水。加之现阶段水体污染普遍存在，导致城市资源型缺水和水质型缺水现象较为突出。

1.1.4 水安全

随着气候变暖和城镇化进程的加快，特别是发展中国家城镇化的加速，洪涝灾害已成为影响世界各国城镇安全和经济社会发展的主要自然灾害，并且有愈演愈烈之势。1950年以来，全球约有52.2%的洪灾事件发生在2000—2011年，而只有2%～21.9%的洪灾事件发生在之前的50年间。洪水造成死亡的人口占全部因自然灾难死亡人口的75%，经济损失占到40%。更加严重的是，洪水往往发生在人口稠密、农业垦殖度高、江河湖泊集中、降雨充沛的地方。中国、孟加拉国是世界上水灾最频繁、肆虐的地方，美国、日本、印度和欧洲一些国家也较严重。

据国家防汛抗旱总指挥部办公室统计，2008—2010年间，我国大约有62%的城镇发生过内涝。其中，内涝灾害发生3次及以上的城镇有157个。2011年、2012年和2013年我国分别有136座、184座和234座城镇受淹，其中大多数为暴雨内涝所致。2016年7月24日，陕西多地遭遇大暴雨，短时间内的猛烈雨势导致西安、咸阳等地“看海”，其中西安南郊小寨、西郊劳动路、大寨路等路段积水十分严重，水深达到成人腰部以上，给交通出行造成了不利影响。2021年7月18日至21日，郑州出现罕见持续强降水天气过程，全市普降大暴雨、特大暴雨，三天的过程降雨量相当于郑州市以往一年的降雨量，累积平均降水量449mm，其中小时降水、单日降水均已突破郑州建站以来60年的历史记录。此次郑州降水过程呈现持续时间长、累积雨量大、强降水范围广、强降水时段集中、具有极端性等特点，极大地影响了城市的正常运行。引起城镇洪涝灾害的原因包括：

（1）自然地理位置。我国地处亚洲东部、太平洋西岸，地域辽阔，自然环境差异大，具有产生严重自然灾害的自然地理条件。西高东低的地势，使得我国大多数河流向东或向南注入海洋。独特的地理位置和地形条件造成全国存在不同类型和不同程度的洪水灾害。东部地区城镇洪灾主要由暴雨、台风和风暴潮形成，西部地区城镇洪灾主要由融水和局部暴雨形成。

（2）气候水文因素。我国是典型的大陆性季风气候，受东南、西南季风的影响，降雨在时空分布上极不均匀，雨热同期，易旱易涝。受气候异常变化（如气候变暖、极端天气变化）的影响，极端暴雨事件增加，城镇遭受设计年限外的特大暴雨袭击，例如50年一遇甚至百年一遇的特大暴雨，频繁出现的暴雨事件直接导致了我国城镇内涝灾害的频繁发生。洪涝灾害与各地雨季的早晚、降雨集中时段以及台风活动等密切相关。华南地区雨季来得早且长，夏、秋又易受到台风侵袭，因此是我国受涝时间最长、次数最多的地区。

（3）人为因素。我国城镇洪涝灾害的加重，其原因除了以上自然因素外，与人口的剧增、人类对自然界无止境的索取、掠夺有关，也与城镇的规划、建设、管理等有关。主要有两个方面：一是城镇洪灾承载体（不动产、动产、资源）迅速增多、价值迅猛提高；二是城镇化速度的加快导致城镇内涝加剧。2019年我国城镇常住人口已经由1978年的1.72亿人，增加到了8.48亿人，城镇化水平由17.9%提高到了60.6%，经历了一个史无前例的城镇化进程。根据联合国的估测，世界发达国家的城镇化率在2050年将达到86%，我国的城镇化率在2050年将达到71.2%。城镇化使得洪涝灾害孕灾环境发生了明显变化。在城镇快速发展建设进程中，盲目扩张占用了自然调蓄空间，原来的农田、绿地、坑塘变成了街道、建筑和道路，使得城镇区域内不透水面积大幅增加，路面硬化严重，从而改变了水环境的自然循环过程，导致雨水下渗能力不足。当雨水落在未开发的土地上时，雨水大部分可以下渗，形成的地表径流量较小。然而当雨水落在城镇的屋顶、街道和停车场等非渗透性下垫面时，雨水渗透量有限，大部分雨水形成地表径流，加重了排水和河道行洪负担，造成汛期地面积水和局部洪灾。在不重视雨水渗透、调蓄的情况下，必然导致城镇雨洪径流量激增，而低标准雨水管渠系统根本无法承受大暴雨袭击，从而造成内涝问题。

城镇排水系统建设进程滞后、维护管理不善、应急水平不高等问题也加剧了城市排洪排涝的压力。城镇繁华街区和道路路面污染物较多，有些地方雨水管道与污水管道混接，有些地方忽视雨水管渠的维护清理，甚至雨水口成为街道清扫和污水倾倒的排污口，携带了大量垃圾、污泥、细菌、重金属及各种污染物的雨水成为城镇水体的重要污染源。城镇雨洪内涝问题也会威胁到现有公共基础设施的安全性，其高流动性会侵蚀和淹没城镇街道，影响居民生活和社会秩序，严重时形成洪涝灾害。

城镇地区的地下水过量开采导致地面沉降，降低了城镇排涝能力。城镇社区、交通、工厂等侵占了原来的蓄涝池塘和排涝水渠，造成城镇水体面积减少，打乱了原来天然河道的排水走向，加剧了城镇排涝时的压力。尤其在汛期，江河水位或潮位高涨，雨水无法自排，城内水体又无法调蓄，从而加重了城镇洪涝灾害。

随着城区面积的不断扩大及“热岛效应”不断增强，城区上升气流加强，加上城镇上空尘埃增多，增加了水汽凝结核，有利于雨滴的形成，使得城区降水增多。此外，城市“雨岛效应”也会引发城市暴雨。这是由于城市建筑物增加，空调热量的超常排放，在城市上空形成热流，最终导致降水，引发暴雨极端天气。

1.1.5 水文化

水文化是人们以水和水事活动为载体，在与人和社会生活发生联系的过程中创造的物质财富和精神财富的总和。面对我国城镇面临的日益复杂的水问题，以水利实践为载体，积极推进水文化建设，创造无愧于时代的先进水文化，是一项重大而紧迫的任务。城镇化建设的过程中，忽视了对水文化遗产的保护和构建。水文化保护和构建的完善与否、人水之间的关系是否和谐、人类对待水和水环境的态度和行为等因素直接关系到水资源和水环境的状态。而在当今社会中，对于水和人类文明之间关系的认识恰恰存在着较大的缺失；水利法规体系尚待进一步完善，“政府主导、社会支持、群众参与”的水文化建设体制机制尚未建立，社会力量参与不够；水文化研究与解决中国现实水问题结合不够紧密；水文化的传播力度不足，传播内容单一，传播渠道单一，传播手段仅限于论坛、展览等形式，深受大众喜爱的影视、文学艺术、广告等传播渠道未充分利用；水文化产业发展水平不高，企业化、公司化的运作模式薄弱，水文化产业市场发展不健全，水文化产业很难走向市场，所需要的消费市场、资本市场、信息市场、产品交易市场等还没有形成有序的相互衔接，所以水文化产业主体的多元化和梯度化的竞争格局很难形成。

1.2 城镇防洪与排涝

1.2.1 城镇防洪与排涝的区别与联系

（1）城镇防洪与排涝的含义区别。洪水是一种自然水文现象，一般是由流域尤其是上游的强降雨或者长历时降雨，导致江河或者湖泊出现了较大流量或者较高水位，给城市或者乡村造成了一定威胁的自然灾害。城镇洪水影响范围较大，影响时间一般较长。涝水是由于本地强降雨或者长历时降雨产生的地表径流在某些低洼地汇集，形成一定程度的积水，影响到人民群众生产生活，其主要是对局部地区有影响，影响范围一般相对较小，大多影响时间较短。涝灾是由涝水产生经济、社会、生态环境的危害。洪灾与涝灾的共同点是地表（或径流）积水过多，其区别为洪灾是因客水入境造成的，而涝灾是因本地降水过多而造成的。

为了保护城镇免受洪涝灾害，需要构建城镇防洪排涝体系。一个完整的防洪排涝体系包括防洪系统和排涝系统。防洪系统是指为了防御外来客水而修建河湖堤防、上游修建水库调蓄调度、圩垸保护、蓄滞洪区分洪等。而排涝系统包括城镇建设中合理预留蓝绿空间发挥蓄滞作用，地块内部实行源头减排，修建排水管网、排水泵站、排涝河道（又称内河）、调蓄池等工程设施。

（2）城镇防洪与排涝的标准区别。城镇防洪设计标准是指狭义上的标准，特指“河（江）洪水”的防洪标准，是以城镇行洪河道所抵御洪水（客水）的大小为依据，洪水的大小在定量上通常以某一重现期（或频率）的洪水流量表示。城镇防洪设计标准中的重现期是指洪水的重现期，侧重“容水流量”的概念。城镇排涝设计标准是指内水的防洪标准。城镇排涝设计标准中的重现期，指的是城镇区域内降雨强度的重现期，更侧重“强度”的概念。

（3）城镇防洪与排涝的联系。城镇外来洪水和城镇内涝之间存在相互影响、相互转化、相互制约、相互叠加的关系。我国近些年因洪致涝的现象较为普遍。部分城市出现河水翻越防洪堤倒灌入城，导致一些地区出现大面积、长时间淹水现象。一些城市因为山洪治理不到位，遭遇特大暴雨时山洪穿城而过，破坏力极强，危及人民群众生命财产安全。还有一些城市在河道梯级建坝，或者河道淤积抬升导致洪水来临时雨水排口被淹没，雨水遭遇顶托无法排出，也可能会导致城市内涝。如果内涝治理不科学，一味强调“排”而不是和其他措施联合使用，也会加剧下游防洪压力，在局部可能会出现因涝致洪的现象。另外，城镇防洪标准与城镇排涝标准的接近程度与流域面积的大小有关系，流域面积越小，二者关系越接近，这是由于越小的流域内产生同频率暴雨的可能性越大。在一个较大流域内，不同地区可能发生不同重现期的暴雨，而整个流域下游河道形成的洪水的重现期可能大于流域内大部分地区暴雨的重现期，而两者的关系还取决于各地区排涝设施的完善程度。

1.2.2 城镇防洪与排涝现状

据有关部门统计，截至2017年全国已建城镇堤防2.8万km^2，保护区域8.8万km^2；已建城镇排水管道总长51.1万km，其中雨水管道总长约19.2万km，雨污合流管道长约10.8万km，城镇防洪排涝设施体系逐步建立和完善，为保障城镇安全发挥了积极作用。如北京市全面建成了永定河、潮白河、北运河等主要河道堤防工程和蓄滞洪、分洪设施，基本形成了全市的骨干防洪工程体系，在中心城范围内拥有清河、坝河、通惠河、凉水河四大河道排洪系统，共包括120余条支流，河道总长度约581km；截至2015年，北京共建成雨水管道6139km，合流管道2232km，雨水泵站达到231座，并建设雨水利用工程2440余项，综合利用能力达6661万m^3。但是我国各城镇防洪排涝设施发展并不平衡，目前只有300多座城镇达到国家规定的防洪标准，占有防洪任务城镇总数的50%，其中全国重点防洪城镇31个，有10个达标，占32%；全国重要防洪城镇54个，有16个达标，占30%。尽管全国城镇排水管道总长比1978年增加了26倍，但城镇管线系统排水能力仍不足，绝大多数不足1年一遇。2013年9月，国务院印发了《关于加强城市基础设施建设的意见》，要求用10年左右时间建成较完善的城市排水防涝、防洪工程体系。

我国现行水管理体制下，城镇建成区内的排水、内涝治理工作一般由城建部门负责，流域和区域的防洪工作由水利部门负责；只在部分实施了水务一体化管理的城镇，由水务部门对防洪排涝进行统一管理，对排水设施、河道治理和防洪工程等统筹规划。因此，当前各地城镇防洪排涝的管理体制是有差异的，城建部门和水务部门作为主管部门的情况都有存在。据不完全统计，全国有防洪任务的城镇中，有370个城镇城区防洪由水务（水利）部门负责，103个城镇由城建部门负责，152个城镇由水务（水利）和城建部门共同管理，另有少数城镇由其他部门管理或未明确管理部门。由于防洪排涝工作的系统性和应急性特征，各城镇在加强城镇防洪排涝管理工作中应非常重视部门统筹和协作，而且要充分发挥好本级防汛抗旱指挥部管理体系的统筹协调作用，以促进防洪排涝工作高效、有序推进。

以北京市的城镇防洪排涝管理体系建设最具有代表性。北京在将城镇防洪排涝纳入城镇水务统一管理的基础上，建立了以防汛抗旱应急指挥部为中心的“1＋7＋5＋16”的防汛管理体系。“1”是指市防汛抗旱指挥部，全权负责全市防洪排涝工作，并加挂北京市防汛抗旱应急指挥部牌匾，由市防汛办具体行使行政管理职权，各相关部门按照分工开展有关工作。“7”是指应急指挥部下设的宣传、住房和城乡建设、道路交通、城镇地下管线、地质灾害、旅游行业和防汛综合保障7个专项分指挥部，建立了相应的7项协作机制，分为洪水调度、安全避险、河道抢险、抗旱应急、应急排水5个大类，制定了153个预案，各自负责协调相关部门；“5”是指在域内永定河、潮白河、北运河、大清河、蓟运河5条主要河流设立的流域防汛指挥部。“16”是指下属16个区的防汛指挥部。此外，市排水集团、市电力公司、市自来水集团、市市政路桥集团公司承担各自应急抢险任务，还有以8支市级应急排水队伍为主体的机动抢险队伍，按照职责分工负责抢险。在2012年“7.21”暴雨灾害后，北京进一步完善了多部门分工合作、协同管理，常态与应急“平战结合”的管理体系，健全了防汛应急预案和应急响应机制，完善了与多部门的可视异地会商系统、天气预报系统、雨量实时监测系统、重点立交桥和低洼路段的积水监测系统、雨涝信息社会发布系统等，有效提升了全市整体防洪排涝的应对能力。在2016年“7.20”特大暴雨中，北京在预防灾害和救援方面从容应对，在容易发生事故的重点地区，提前采取了应急措施；在已经出现积水的地区，多部门协同救援，各司其职，大大提升了工作效率。

1.2.3 防洪排涝工作存在的主要问题及原因

1. 城镇规划存在失误

城镇规划上的许多失误引起或加重了城镇洪涝灾害。主要包括：一是由于历史原因造成排水系统设计缺陷。我国城镇开始大规模排水管道系统建设时，多沿用苏联的模式和标准，但是我国降雨不均且夏季多暴雨的气候环境，与莫斯科高寒少雨且降水相对均衡的气候特征相差甚大，导致排水设计标准较低，难以满足实际需要，并且这一状况长期未能改变。再加上城镇规划和建设中存在的不足，城镇排水系统与城镇发展的需求不相适应，整体效率不高。二是由于城镇发展挤压了城镇洪涝疏导和调蓄的空间。城镇建设区不断扩大，地面不透水面积占比越来越大，改变了城镇地面的水文特性，径流总量增大，洪峰时间提前。城镇用地紧张，部分低洼地甚至河道被填平占用，蓄滞洪区建设也难以实施。三是重视程度不足造成雨洪控制和利用的措施较为滞后。很多严重缺水的城镇，一方面利用远距离调水、开采应急备用水源等手段保障水资源供给，另一方面却将宝贵的城镇雨洪水流走，造成内涝压力难以缓解。

2. 城镇防洪排涝标准较低

我国城镇防洪标准普遍较低，除上海按100年一遇防洪标准设计外，许多城市如武汉、合肥等防洪标准均不到100年一遇。由于洪水的随机性、城镇发展的动态性、人类对洪水认识能力的局限性，工程防洪措施在合理的技术经济条件下，只能达到一定的防洪标准。防洪标准定得过高，限于经济实力，不可能完全实施，并不是防洪标准越高越合理，但也不是标准越低越经济，若设计标准过低，造成城镇被淹的可能性就越大，造成生命财产巨大损失的概率越高。目前，城镇防洪规划中，经济防洪标准很难做到真正合理。

长期以来，我国城镇雨水管渠设计标准普遍较低，对城镇内涝的认识不足。城镇防洪比较重视外水，忽视内水。城镇排涝标准普遍较低，一般不足10年一遇，城镇一旦遇到大雨，便产生内涝。在过去的几十年间，我国城镇排水管渠设计重现期一般为0.5～3年，重要干道、重要地区或短期积水即能引起较严重后果的地区，一般采用3～5年。但是，有些中小城镇甚至采用低于1年的设计重现期，长期执行低设计标准，造成城镇雨水管渠排水系统排水能力普遍不足。近年我国开始对城镇内涝防治逐渐重视，2014年修订的《室外排水设计规范》GB 50014—2006（2014年版）中，将城市排水管渠设计重现期进一步分类完善，中心城区为2～5年，非中心城区为2～3年，中心城区的重要地区为3～10年，中心城区地下通道和下沉式广场等重现期可达10～50年；内涝防治设计重现期明确为20～100年。2021年颁布的《室外排水设计标准》GB 50014—2021也继续沿用这一标准。美国、日本、欧盟的排水管渠设计重现期一般为2～10年，美国内涝防治设计重现期为100年，日本内涝防治设计重现期为150年，我国现行新修订的标准已接近发达国家水平，但由于历史欠账太多，我国雨水管渠系统改造和内涝防治工程巨大。

3. 排水设施不健全、内涝防治设施缺失

城镇的规划普遍表现为重生产、轻生活，重收益、轻环境，重短期、轻长期，重地面、轻地下。正是由于城镇在排水设施建设投入上欠账较多、财力支撑不足、排水基础设施建设滞后，导致城镇面对罕见暴雨袭击显得弱不禁“雨”。有些地区排水系统泵站和主干管虽已建成，但收集支管尚未完善，造成实际排水能力达不到系统标准。有些地区上游建好了管道收集系统，但终点或中途排水泵站能力不足，也会造成区域排水不畅。中游地区管道管径小，或下游管道管径偏小导致积水。现有排水管网不能适应要求，管道老化破损淤塞严重，排水设施不配套。排水泵站完好率低、能力不足。特别是城镇建设过程中形成一些低洼地区，如立交桥的地下涵洞、地下空间开发等，排水泵站设计标准过低，造成大雨积水淹没。低洼地区在遭遇排水河道洪水高水位或者海潮高潮位时形成顶托，因为没有规划建设强制排水设施或泄洪措施，引发城镇内涝问题。有些城镇水景观建设过度追求大水面，河道中闸、坝增加，从而形成排水河道高水位，对排水系统形成顶托，城镇内水外排不畅，形成城镇内涝。

4. 城镇雨水调蓄能力减小

城镇的河湖水面是调蓄及输送雨洪的主要设施，是城镇大排水系统的重要组成部分。当发生超过排水系统排水能力的大暴雨时，经城镇次级河渠输送雨水到大河道，能够有效避免城镇内涝；采用湖塘水面或蓄水设施暂时蓄存雨水，降低雨洪峰值、延缓峰值到达时间，待降雨峰值过后，再从调蓄设施缓慢排至排水系统，或将调蓄池雨水处理利用，能够有效缓解排水系统的压力。但近年来，随着城镇的快速发展，城镇原有的河湖坑塘水面大幅度减少，行洪能力减弱、调蓄能力急剧降低。有些地方将城镇河道改为暗涵，行洪能力锐减。有些地方填湖造地，发展房地产事业，城镇水系不断萎缩，雨洪调蓄能力减弱。例如，享有“百湖之城”美誉的武汉市，2010年水域面积比1991年减少约39%；20世纪50年代主要城区湖泊127个，目前仅存38个；湖泊面积到20世纪80年代已由1581km^2缩减为874km^2；近30年来，又减少了228.9km^2。近年来武汉市内涝问题十分严重，其重要原因之一是城镇湖泊数量和面积的减少，洪水出路受阻、雨水调蓄能力不足。快速城镇化过程中，雨水集水面积增大、城镇硬化面积（如屋面、铺砌路面等）增加、绿地减少（而且大部分绿地都高于道路，不利于蓄水渗透）、雨水下渗减少、汇水径流系数增加，又缺乏相应的雨水滞留调蓄设施，导致单位时间内排入雨水系统的雨水量增加，且无法迅速排入雨水集水口，易形成城镇内涝。

5. 城镇防洪排涝技术水平落后且管理运行不善

洪涝灾害防治除了依靠防洪内涝综合防治系统建设外，还需要先进的技术手段和管理手段等非工程措施。洪水预报、预警系统、3S技术（即遥感技术、全球定位系统、地理信息系统）对于及时了解洪水水情和灾情、指挥抗洪抢险、减免城镇洪涝灾害损失具有重要作用。我国在城镇防洪中对这些新技术的应用还处于起步阶段，还不能精准地结合地面气象站观测、雷达测雨、中尺度天气模式模拟结果等提前捕捉发生暴雨的征兆，不能准确预报城区降雨的雨强、范围、中心区位置、历时和重点影响范围等。尤其是小范围、中小尺度的城镇天气预报难度很大，存在较大的不确定性，预报结果与实际误差较大，城镇局地强降雨的定量预报准确性不高。城镇应急管理在指挥系统、预警机制和社会动员能力等方面仍需加强，也要健全各部门协调联动机制。另一方面，应加大对城镇地面积水应急快速排出、地面积水应急蓄滞和雨水管道探测与清淤等装备的研发和应急储备工作。目前在城镇内涝管理、内涝防治资金筹集等方面还缺乏有效的管理措施，这些也制约着城镇防洪排涝能力的提高。

1.2.4 防洪排涝工作的对策

城镇防洪排涝工作是一项系统工程，涉及因素较多，需要加强城镇防洪排涝与城镇建设和管理之间更好的互动和协调，也要综合运用法律、行政、经济、技术等手段予以解决。

（1）建立自然状态下天然排水河网，加大排水系统升级改造。城镇规划建设应当建立自然状态下天然排水河网，畅通与区域外江河湖泊水系的排水通道，管理好排水系统之外的地表径流，使其流入江河湖泊以及规划的城镇蓄滞洪区。要注重研究排水走向问题，排水管线不能一味服从于道路规划设计。加强对城镇建设活动的管控，降低对排水防涝负面影响。根据建设用地地表径流控制标准，由规划部门明确建设项目排水量控制指标强制性要求，纳入建设用地控制详细规划，并完善相关的排水许可制度，严格加强建设项目审批环节的把关，从源头上制止对排水防涝不利的项目。加快排水系统改造优化，新建工程应采用雨污分流排水体制。老城区考虑排涝能力的补偿和还账，加大雨污分流改造力度，实施下凹式立交桥等易涝区段排水系统改造。

（2）加大城区外中小河流疏通改造治理，加强城镇地下排水设施（如调蓄隧道工程）建设，特别是大中型城镇地下排水设施（如深层调蓄隧道工程）建设。2017年发布的《城镇雨水调蓄工程技术规范》GB 51222—2017对城镇雨水调蓄工程的规划、设计、施工、验收和运行维护阶段均进行了相应规定，提供了标准化的指导。

（3）划定城市河道和洪水调蓄区生态空间控制红线。严格划定城镇河道及滨岸地带的生态空间控制红线，对这些空间在城镇规划及调整时进行预留和腾退，促进水的空间通道与城镇开发、道路建设、园林绿化统筹协调。在此基础上，加大城镇郊区中小河道治理力度，形成符合规划要求的防洪排涝能力。同时，将城镇蓄滞洪区域作为一类重要生态功能区，划定洪水调蓄区生态空间红线，明确洪水调蓄区范围，并在城镇规划中予以明确，严格限制其范围内建设活动。

（4）按照海绵城市建设要求，尽快完善需求迫切的一批技术标准和技术手段。海绵城市建设必须要以全新的城镇排水设计理念和设计规范为前提。当前我国在城镇防洪排涝工程标准、设计规范、技术系统上还存在诸多不足，难以适应实际管理需求。要切实加大相关科研投入支持力度，抓紧研究解决相关基础性技术问题，出台一批适应地方实际的防洪排涝技术标准，包括：加强防洪、排涝、排水标准的一致性研究，使城镇抗外洪和防内涝的工作体系相匹配；制定自然状态下天然排水河网设计的准则和包括地表径流的大排水系统设计规范；健全洪涝灾害风险及影响评估、灾害风险等级划分、风险区划分及管理等技术标准；加强雨水情监测、数据管理、预警及信息发布、决策支持的综合信息管理系统建设。

（5）充实防洪排涝设施配套，完善管理，提高运行能力。充实城镇防洪排涝设施配套，尤其排涝设施应留有适当的余量，确保城区不受淹。老城区有条件的地方应将原有雨污合流制管网改为雨污分流制，并提高排涝泵站的设计能力。城镇污水处理厂的设计规模应考虑老城区难以进行雨污分流的雨水量。老城区道路窄，可采用简易共同沟的方式解决地下管线布置空间紧张的问题。新城区开发必须按照相关的规范和标准建设防洪排涝设施，统筹解决外洪内涝问题。排水管网、排涝泵站等设施建设中应严格控制工程质量，并通过完备的管理确保排涝设施正常运行。

（6）按照精细化城镇管理的要求，健全城镇防洪排涝应急管理体系。健全以防汛抗旱应急指挥部为核心的防洪排涝管理体系，完善包括总体预案以及重点地区和单位防御预案的防汛应急预案体系，加强基层单位和社区防汛保障体系建设。强化河湖调度部门与道路排水部门的联动工作机制，对城镇河湖水位实施精准控制，最大限度实现排洪和蓄水双赢。健全以城镇防洪排涝综合决策支持为目标的预警系统，对城镇地表径流情况和城镇雨水排水设施进行信息普查，建立雨水排水系统信息档案，提升防洪排涝智能预警能力。对城镇洪水风险进行综合预防与管理，尽快建立以洪水风险图为支撑的洪水风险识别体系，界定风险区，明确风险。

（7）树立科学生态防洪排涝意识。科学生态即讲究科学规律，符合生态要求，不仅保护人们的安全，还使人们生活得更好。新时代，城镇不断发展壮大，雨水已成为一种资源而非一种废物，不能随项目的开发任意直接排放。海绵城市的提出标志着我国城市防洪排涝发展方式的转变。通过海绵城市建设，使城市具有能渗、能蓄、能滞、能净、能用、能排的功效，城市70%的降雨可以就地消纳和使用，使地下水位得到回升，优化水资源配置格局，减少次生灾害的发生，让生态文明成为城市亮丽底色，提高城镇居民幸福生活指数。

1.3　城镇非点源污染控制

1.3.1　城镇非点源污染的形成过程

城镇暴雨径流作为污染物迁移转化的主要驱动力，是城镇非点源污染的主要原因。晴天时，城镇非点源污染物在城镇表面积累，雨天时，随降雨径流排放，具有非点源间歇式排放的特征。城镇非点源的污染物包括：悬浮颗粒物（SS）、有机物、氮、磷、微生物和重金属等。这些物质的主要来源有：土壤侵蚀、化石燃料燃烧、工业排放、车辆尾气排放和部件磨损等。其中悬浮颗粒物主要来自土壤侵蚀、工业排放和化石燃料的燃烧，重金属则主要来自工业排放、车辆磨损和尾气排放。

城镇非点源污染形成过程的核心为“源—过程—汇”。城镇化改变了城镇的土地利用类型，从“源”上改变了污染物的种类和空间分布；城镇化对非点源污染“过程”的影响，主要体现在对降雨—径流过程的影响，改变了区域的水文过程；“汇”的变化主要通过“源”和“过程”的改变来体现。

屋面径流和路面径流是城镇暴雨径流的主要组成部分。城镇屋面由于其材质、建筑时间、坡度、暴露程度和位置的不同而产生不同的非点源污染物。屋面径流的典型污染物有Zn、Cu、Pb、Cd等重金属，主要是由于金属屋顶和落水管处的腐蚀冲刷形成的。路面径流是城镇非点源污染的重要部分，污染物包括油脂、重金属、有机物、悬浮颗粒物、农药杀虫剂等，其来源是车辆及轮胎的磨损、汽车尾气排放、人类活动、道路的磨损、绿化带中农药和杀虫剂的使用等。

1.3.2　城镇非点源污染控制的工程技术

(1) 城镇道路径流污染的控制技术。城镇道路径流污染控制是城镇地表径流污染控制的重要部分。城镇道路径流污染物主要为汽车尾气排放物、鞋底和车胎磨损物等。因此，充分利用道路范围内的可利用绿地进行径流污染控制尤为重要。结合城镇雨水排放系统，将道路两侧雨水口收集的雨水通过道路绿化隔离带、行道树绿带和路侧绿化带下铺设的碎石或砾石等过滤层，降低其初期径流污染，然后再排入城镇排水系统。也可以通过土壤的渗透和过滤作用，以降低雨水中的污染物，减缓地面径流量，并适量补充地下水。

(2) 源头控制与调蓄技术。随着降雨重现期增大，降雨强度增大，对地表污染物的冲刷增强，排水口处污染物浓度峰值增大。在相同重现期不同雨型降雨的情况下，污染物浓度峰值出现的时刻不一样，与相应的降雨曲线峰值时间对应。针对不同的降雨类型，排水口处浓度峰值出现时间不同，对于初期雨水径流污染控制，应遵循“浓度控制”原则，截流高浓度初期雨水，充分利用调蓄池容积，提高截污率。对初期雨水径流污染控制的技术手段是采取适合的初期雨水综合运转模式，即在源头控制（增加清扫、增加绿化面积、增加透水地面面积）后，充分利用调蓄池、污水管网、水厂和河湖的富裕能力对初期雨水进行调蓄。

(3) 雨水渗透技术。雨水渗透是一种间接的雨水利用技术，主要有分散式和集中式两类，可以是自然渗透或者是人工促渗。雨水渗透技术的实质是生物过滤，主要通过植被、土壤、微生物的复杂生态系统对污染物进行净化处理，其作用机理包括植被截留、土壤颗粒的过滤、表面吸附、离子交换及植被根系和土壤中微生物的吸收分解等。通过在土壤表层添加促渗材料，对土壤基层、排水沟渠和路边浅沟进行改造等措施，加强降雨径流的原位治理，从而达到削减径流量和净化水质的目的。

(4) 人工湿地技术。人工湿地雨水处理系统是在天然湿地基础上，经过人为改进的一种低能耗、低运行成本的生态技术，可用于小区等降雨径流污染的控制，还可作为终端治理技术。人工湿地雨水处理系统主要通过物理作用、化学作用和生物作用三者协同对雨水径流进行净化。当湿地系统稳定运行后，微生物大量附着于基质表面和植物根系，从而形成生物膜。雨水径流流经生物膜时，大量SS被基质和植物根系截留，有机污染物则主要由生物膜的吸收、同化、异化三大作用被去除。湿地系统中由于植物根系传递和释放氧，在其周围由内向外依次形成了好氧、缺氧、厌氧的微生态环境，不仅促进了植物和微生物对氮、磷的吸收，还增强了湿地系统的硝化作用和反硝化作用，提高了对氮元素的净化能力。

（5）湖滨带技术。湖滨带即水陆生态交错带，是指介于湖泊最高水位线和最低水位线之间的水、陆交错带，是湖泊水生生态系统与湖泊流域陆地生态系统间一种非常重要的生态过渡带。湖滨带是湖泊的天然屏障，通过在水底铺设一定的酶促填料和吸附填料，构建一个由多种群水生植物、动物和各种微生物组成，并具有景观效应的多级天然生态雨水净化系统，可以防止降雨径流污染，而且净化后的雨水有效地降低了水体富营养元素，可直接排入湖泊主体。

1.3.3　城镇非点源污染控制的法律法规

美国是最早开展城镇暴雨径流控制研究的国家之一，认为理论研究与管理控制实践相结合是非点源污染防治的必然之路。1972年，《联邦水污染控制法》首次明确提出控制非点源污染，倡导以土地利用方式合理化为基础的“最佳管理措施”。1977年，《清洁水法》进一步强调控制非点源污染的重要性。1987年，《水质法案》明确要求各州对非点源污染进行系统的识别和管理，并给予资金支持。1990年，美国国家环保局开始针对典型较大降雨径流污染来源实施两阶段的“暴雨计划”，第一阶段规定服务人口在10万人以上的市政设独立雨水排水道系统（Municipal Separate Storm Sewer Systems，MS4s）、影响范围在5英亩（约20234.3m^2）以上的建筑活动以及将雨水排放到MS4s或直接排放到天然水体的11类工业必须申领非点源污染许可证；1999年开始的第二阶段许可证管理体系范围扩大到10万人以下的MS4s、影响范围在1～5英亩（4046.86～20234.3）的建筑活动等。2007年，《能源独立与安全法案》要求所有占地面积超过5000平方英尺（约464.5m^2）的联邦开发和再开发项目，应尽可能采取技术措施恢复并保持当地的水文特征。为有效地控制城镇非点源污染，美国环保部门通过大量的研究和总结，制定了暴雨径流的最佳管理措施，主要包括工程措施和非工程措施两大类，其中工程性措施以径流过程控制为核心，如湿地系统、植被控制系统、渗滤系统等；而非工程性措施主要为法律法规、教育方法等。

欧盟水框架指令明确指出控制污染物扩散是建立良好水生态环境的一个重要因素，因此推动了雨水管理工程的实施。1989年，欧盟委员会第一次明确提出非点源污染的官方文件。欧洲大多数国家开始将注意力转移到城镇初期雨水径流污染的控制，重点进行源头污染的控制、雨水径流量的削减。主要通过雨水渗塘、地下渗渠、透水性地面、屋顶或停车场的受控雨水排放口等工程措施，以及各种“干”“湿”池塘或小型调蓄池等控制径流污染。20世纪90年代，发达国家推广的前10位环保型农业技术均与非点源污染防治有关。

我国对城镇非点源污染的相关研究起步较晚。近年来，国家越来越重视对于非点源污染治理。2016年国务院常务会议通过《“十三五”生态环境保护规划》，其中提出要全力投入到污染防治中。2018年国家发展改革委等发布了《关于加快推进长江经济带农业面源污染治理的指导意见》，明确指出到2020年非点源污染要有明显的改善。2021年3月23日，生态环境部与农业农村部联合印发《农业面源污染治理与监督指导实施方案（试行）》，提出深入推进重点区域农业面源污染防治，以化肥农药减量化、规模以下畜禽养殖污染治理为重点，因地制宜建立农业面源污染防治技术库；完善农业面源污染防治政策机制，健全法律法规制度，完善标准体系，优化经济政策，建立多元共治模式；加强农业面源污染治理监督管理，开展农业污染源调查监测，评估环境影响，加强长期观测，建设监管平台，逐步提升监管能力。到 2025 年，重点区域农业面源污染得到初步控制。到 2035 年，重点区域土壤和水环境农业面源污染负荷显著降低，农业面源污染监测网络和监管制度全面建立，农业绿色发展水平明显提升。我国将逐步建立起面源污染防治的政策制度和技术体系，加大面源污染防治力度，不断促进治理水平和治理能力现代化，着力改善我国非点源污染问题的严峻形势。

1.4 城镇雨水资源化利用

1.4.1 雨水资源化利用的意义

雨水利用涉及从城市到农村，从农业、水利电力、给水排水、环境工程、园林到旅游等领域。城镇雨水利用可以有狭义和广义之分，狭义的城镇雨水利用指对城镇汇水面产生的径流进行收集、调蓄和净化后利用。广义的城镇雨水利用是指在城镇范围内，有目的地采用各种措施对雨水资源进行保护和利用，主要包括收集、调蓄和净化后的直接利用；利用各种人工或自然水体、池塘、湿地或低洼地对雨水径流实施调蓄、净化和利用，改善城镇水环境和生态环境；通过各种人工或自然渗透设施使雨水渗入地下，补充地下水资源。根据用途不同，雨水利用可以分为雨水直接利用（回用）、雨水间接利用（渗透）、雨水综合利用等几类。

城镇雨水利用是解决城镇水资源短缺、减少城镇洪灾的有效途径之一，也是改善城镇生态环境的重要组成部分。城镇雨水资源的利用在缓解水资源供需矛盾、涵养地下水源、减轻城区雨水压力、调节区域气候、减轻城区雨水径流导致的面源污染、改善城镇生态环境、促进城镇可持续发展等方面具有重要意义和实用价值。

1.4.2 城镇雨水资源化利用的可行性

1. 资源上的可行性

将自然界中大量的雨洪资源收集并利用，能够缓解城镇长期供水不足的问题。我国位于亚洲季风气候区，决定了我国雨期在一年内的相对集中，每当夏季风北上，西南、东南暖湿气流与西风带冷空气相遇，或者受台风影响，往往会产生强度很大的暴雨。我国年平均降水总量为 6.24 万亿 m^3，折合年降雨量 650mm。2012 年我国城镇面积已达约 50 万 km^2，按年平均降雨量 650mm 计算，可以推算出该年度我国城镇原生水资源量约为 0.325 万亿 m^3，除自然蒸发和渗透外，城镇雨洪收集利用的潜力巨大。丰富的降雨量为雨洪利用的开展提供了前提条件。城镇雨洪利用的目的是为了改变时空分布的高度集中，用拦蓄、储存的方式分散开来，变弃为宝，化害为利。这不仅符合我国传统的治水思想——兴利除害，也符合我国现代水利观念——优化配置水资源，保障经济可持续发展，更符合解决我国三大水问题的目标——防止洪涝灾害，减少干旱缺水，改善水环境。

2. 技术上的可行性

我国几千年来一直致力于治理水灾，积累了许多宝贵的经验，在雨洪资源利用方面也具有悠久的历史，最早要追溯到 4000 年前的周朝，利用中耕技术增加降雨入渗在农业中得到应用。2500 年前，安徽寿县修建了平原水库来拦截径流，灌溉作物。早在 20 世纪 50 年代，人们就在山坡的径流汇集处修建容积为 30～50m^3 的“旱井”，通过对天然降水的富集和储存，使自然降水变成时空可调的人畜饮用水资源，同时利用地形落差还可以实施作物灌溉，后来又将防渗净化技术融入“旱井”的建设中。我国真正意义的雨洪利用从20世纪80年代开始，于20世纪90年代得到一定程度的发展，目前也呈现良好的发展势头，许多大中型城镇都展开了雨水收集利用研究工作。同时，也可以借鉴发达国家雨洪资源利用的宝贵经验和先进理念。近30年来，美国、日本、德国、英国、意大利等国家相继开展了雨水利用的研究与实践，其中，德国、日本等发达国家雨洪利用发展较快，技术先进，他们将雨水利用作为解决水资源问题的战略措施，建立起了完善的雨水收集利用体系及相关的规范制度，并开始走向系统化、集成化和规范化。这些成功经验充分证明，借鉴发达国家的现代治水理念，利用国内外已有的成熟技术和成功经验，可以充分利用雨水资源，缓解城镇水资源危机。

随着我国经济的高速发展，水资源的供需矛盾日益突显。与此同时，北方干旱半干旱地区汛期雨洪水的大量流失，与水资源紧缺现状形成强烈反差。通过对雨洪水与地表水、地下水的联合调度和统筹规划，不仅可以减少污染物排放总量，避免水资源的浪费，还有利于改善区域的水环境状况。由于雨洪水水质的好坏制约着其利用方式和环境效益，因此，对水质进行预处理使其满足资源化是雨洪水再生利用的关键问题。控制雨洪水水质的关键在于管理非点源污染，这是由非点源污染的分散性和随机性等特点决定的。雨水经简单的处理后，完全可达到杂用水或环境用水的标准；不经过处理或者简单处理的雨洪水，可应用于城镇绿化用水、洗车用水、工业循环冷却用水以及景观娱乐用水等。

3. 经济上的可行性

城镇雨洪利用不仅具有环境生态效益和社会效益，还有显著的直接和间接经济效益。小区雨洪利用工程可以减少需由政府投入的用于大型污水处理厂、收集污水管线和扩建排洪设施的资金。将地面雨洪就近收集并回灌地下，不仅可以减少雨季溢流污水，改善水体环境，还可以减轻污水处理厂负荷，提高城镇污水处理厂的处理效果；雨洪蓄水池和分散的渗渠系统可以降低城镇洪水压力，节省封闭路面下的排水管网负荷，从而也大大节省工程投资。雨洪水资源的主要方式是分散拦蓄、储存，分散利用，要比集中拦蓄、储存和异地使用费用低。另外，雨洪利用的方式主要以非工程性措施为主，工程性措施为辅，这样不仅投资规模较小，而且许多投资本身就属于城镇规划的一部分。并且，雨洪利用运行费用低廉，经济效益十分突出。有关城镇计算表明，使用$1m^3$的自来水费用（含污水处理费）为2～3元，而收集$1m^3$雨洪的年运行费用不足0.1元。如果城镇居民在生活中将雨水收集回用，可以大大减少居民用水开支。

1.4.3　城镇雨水资源化利用概况

1. 国外城镇雨水资源化利用概况

在城镇雨水问题越来越严峻的今天，水资源与水环境的问题逐渐受到人们的广泛关注，雨水利用也受到更多重视，许多国家开展了相关研究并取得了较好的经济与环境效益，其中，美国、德国和日本研究起步较早，处于领先地位。

（1）美国的雨水利用强调非工程生态技术的开发和应用，在城镇雨水资源管理和雨水径流污染调控的第二代“最佳管理方案（BMP）”中以提高天然入渗能力为目的，更强调与植物、绿地、水体等自然条件和景观结合的生态设计。许多城镇建立了屋顶蓄水和由“入渗池、井、草地、透水地面”组成的地表回灌系统，既利用了洪水的生态环境功能，同时减轻了其他重要地区的防洪压力。加利福尼亚州富雷斯诺市的“Leaky Areas”地下回灌系统，在1971—1980年回灌总量为1.338万m^3，回灌量占到该市年用水量的20%，大幅减少了城镇雨水径流量，回补地下水的同时又有效缓解了地面沉降，并且节约了水资源。芝加哥市兴建了地下隧道蓄水系统，以解决城镇防洪和雨水利用问题。波特兰市"绿色街道"改造设计项目，将部分街道上的停车区域改建成种植区，栽种多种植物以形成一个集雨水收集、滞留、净化、渗透等功能于一体的生态处理景观系统。这些系统对美国的城镇生态环保建设起到了有力的支撑作用。

(2) 德国的雨水收集利用技术是最先进的，从1970年开始致力于雨水利用技术的研究与开发，现阶段基本形成了一套完整、实用的理论和技术体系。从20世纪80年代至今经历了3次重大变革，1989年出台的《雨水利用设施标准》(DIN198) 标志着"第一代"雨水利用技术的成熟，1992年出现了"第二代"雨水利用技术，目前的"第三代"雨水利用技术已进入标准化、产业化阶段。从屋面雨水的收集、截污、储存、过滤、渗透、提升、回用到调控都有一系列的定型产品和组装式成套设备。德国的城镇雨洪利用方式主要有三种：一是屋面雨水集蓄系统，使用独立的管道系统从屋顶收集污染较轻的雨水，经简单处理后用于冲洗厕所、绿化和浇洒道路，部分地区利用雨水资源节约市政饮用水率达50%；二是雨水截污与渗透系统，城镇街道雨水管道口均设有截污挂篮以拦截雨水径流挟带的污染物，道路雨水通过路边植生过滤带等渗透补充地下水；三是生态小区雨洪利用系统，新建小区沿着排水管道设有渗透浅沟，表面植有草皮，供雨水径流流过时下渗，同时有部分雨水进入雨水池或人工湿地，作为水景或继续处理利用。到2010年，德国有90%的城镇已经实施了相应的改造，改造后的城镇路面有积水情况减轻，环境友好安全，社会经济价值凸显，生态效果显著。

(3) 日本是一个水资源比较缺乏的国家，所以日本不仅积极倡导农业方面的雨水利用，还在一些大城镇利用屋顶设计雨水收集装置，供冲洗厕所、城镇环保或绿化之用，节约水资源。在日本有数千项雨水利用实例，包括区域性雨水利用设施、学校、公园、事务所大楼、大规模运动场馆等公共设施、住宅区、单体住宅及其他类型的各种雨水利用系统。20世纪80年代，日本开始提倡使用雨水多功能调蓄设施，至今已有大量的工程应用，取得很好的环境效益。日本是在城镇中开展雨水资源化利用规模最大的国家，至今全国雨水资源利用率已达到20%左右。日本城镇雨水利用主要有三种方式：调蓄渗透、调蓄净化后利用、利用人工或天然水体（塘）调蓄雨水，提供环境用水和改善城镇、住区和公园等场所的水生态环境。如东京、福冈、大阪和名古屋大型棒球场的雨水利用系统，集水面在1.6万～3.5万m^2，蓄水池容积1000～2800m^3，经过砂滤和消毒后用于冲洗厕所和绿化，每个系统年利用雨水量在3万m^3以上。有关部门对东京附近20个主要降雨区22万m^2范围，进行长达5年的观测和调查，雨水利用后，平均降雨量为69.3mm的地区，其平均流出量由原来的37.59mm降低到5.48mm，流出率由51.8%降低到5.4%。江户东京博物馆的雨水利用系统是用一个2500m^3的地下雨水池，调蓄从约10000m^2屋面收集的雨水，一次可存100mm的降雨量。收集的雨水经过砂滤后供博物馆冲厕、消防、空调、冲洗地面等用水，雨水利用比率达66.8%～73.4%，可见其节水及经济效果显著。

(4) 英国伦敦年平均降雨量为613mm，面临着严峻的水资源短缺问题。英国伦敦世纪圆顶的雨水收集利用系统利用大型建筑物屋面收集雨水，用于补充景观水。收集的雨水依次通过一级芦苇床、泻湖及三级芦苇床。该处理系统不仅利用自然方式有效地预处理雨水，同时很好地融入当地景观中。由此可见，发达国家对雨水利用的研究起步较早，迄今为止积累了很多经验。

国外雨水资源利用的应用范围广、设施齐全、利用方法多种多样，并且制定了一系列关于雨水利用的政策法规，建立了比较完善的雨水收集和雨水渗透系统。

2. 我国城镇雨水资源化利用概况

在政府部门的支持下，我国已有近60个雨水利用工程得以实施，还有一批不同类型的雨水利用项目在设计或实施中。目前重点是对工程应用进行系统的总结，开发更多的实用装置和设备，为大规模推广应用提供必要的技术支持。

北京是国内最早开展城镇雨水利用研究工作的城市，在技术、政策、应用等方面取得了较好的成果。在技术方面，提出了入渗地下、收集回用和调控排放3种基本模式，建立了小区、河道、城乡联调的多层面雨水利用技术体系，形成了小区、公共区域、河道及砂石坑等多种工程模式。在2008年北京奥林匹克场馆建设中采用了最新的雨水利用技术。第一，北京奥运主体育场雨水利用。如果遇到比赛下雨，硕大的“鸟巢”将用“雨水斗”接水。在“鸟巢”钢结构屋顶密布的网格中，有钢制的天沟，“雨水斗”便暗藏其中。这些“雨水斗”具有足够的虹吸力，可以完全消除顶部漩涡，而且还带有加热部件，可以在冬季融化雨水斗周边的积雪，再顺利将水排出。“鸟巢”建设的一套雨洪利用系统将体育场用地范围内的雨水收集起来，通过处理，与市政优质中水合并，又可以重新利用为体育场的灌溉或卫生间用水等。整套雨水利用系统都围绕着“绿色”奥运的理念，为“鸟巢”打造了优秀的“内部代谢通道”。第二，“水立方”雨水利用。“水立方”屋顶的水是通过收集、初期弃流、调蓄、消毒处理等过程再回用。根据雨水季节特点，雨水处理后回用于水景观补水和冷却塔补水。“水立方”雨水利用系统平均每年可以回用雨水10500m^3，屋面雨水收集面积约2.9万m^2，雨水利用率约为0.76，可以提供10475m^{3}的雨水资源。此外，国家体育馆的集散广场铺装采用了渗水地面材料，使大部分雨水能渗透到地下，也可以收集屋面雨水，经处理后可用于冲厕、浇灌绿化、冲洗道路等。截至2010年，北京市累计完成雨水利用工程1355处，年综合利用雨水5000万m^3，具有良好的运行效果。北京城市雨水利用已进入实质性的实施推广阶段，成为我国城市雨水利用技术的龙头。

上海世博园结合园区建设，探索以先进的雨水资源管理理念对城市雨水径流资源进行管理利用。第一，演艺中心雨水利用。演艺中心总建筑面积12.6万m^3，在建筑设计上，演艺中心采用了光电幕墙系统、江水源冷却系统、气动垃圾回收系统、空调凝结水与屋面雨水收集系统、程控绿地节水灌溉系统等多项环保节能技术，注重可再生材料的应用，其目标是成为一座“绿色生态建筑”。演艺中心将空调凝结水与屋面雨水收集处理，用作道路冲洗和绿地灌溉用水，采用程控型绿地喷灌或微灌等节水灌溉技术，提高水资源利用效率。第二，“阳光谷”雨水收集系统。世博轴上的6个喇叭状阳光谷是以阳光和雨水“为食”的“杂食建筑”。地下空间给人的印象大多是昏暗和沉闷，然而阳光谷的喇叭造型让阳光自然泄入地下，并保持空气流通，让绿色植物在地下也能进行光合作用。“喇叭口”还能作为地下蓄水池，大量雨水通过阳光谷，被存储在世博轴的地下室，经过过滤不仅可以自用，还可供周围场馆使用。

随着水管理体制和水价的科学化、市场化，通过总结一批雨水利用工程的经验，我国城镇雨水利用的快速发展对雨水利用技术的科学性、系统性也提出了更迫切的高要求，从而加快实现城镇雨水利用的标准化和产业化。随着该领域科学研究和工程技术的深入发展，城镇雨水利用将走向与城镇防涝减灾、城镇非点源污染控制和生态环境保护相结合的雨水利用可持续发展道路。

1.4.4 城镇雨水资源化利用中的问题

1. 认清城镇雨水资源利用的重要性

面对我国严重的水危机现状，很多城镇还没有认识到雨水资源在解决城镇水危机中的重要性，并没有将雨洪资源利用列入城镇远景发展规划中，我国城镇雨水利用区域发展严重不平衡。北京、上海等大城市拥有着经济和技术的优势，政府对发展城镇洪水利用这项公益事业较为重视，资金投入大，技术较为成熟。在很多中小城镇，当地政府没有足够重视城镇雨水利用，经济实力有限，很难从有限的财政收入中调拨资金来发展雨水利用事业，很多中小城镇的雨水利用还处在起跑线上。要想发展我国城镇雨水利用事业，各级政府部门要全面认识到我国城镇水资源短缺的紧迫性和雨洪资源的重要性，从长远利益出发，加大政府资金投入力度，树立可持续发展观，才能真正推动我国城镇雨水利用事业的全面发展，促进城镇人水和谐。

2. 提高降雨预报精度

准确的降雨预报是处理城镇雨洪排与滞的关键。当预报有较强降雨来临时，水库和天然河道要适当排放已经存储的雨水，一方面为避免强降雨给城镇防洪带来危险，另一方面是为了使存储的雨水得到净化。气象台负责人指出：夏天的雷雨降雨是一个动态变化的过程，变数较多，因此夏季雷雨预报也是一个逐步更正、调整的过程。因为成因不同，相比冬天的大风天，夏季的雷雨天预报难度较高。目前，根据我国的天气预报的水平，对于是否会降雨，我国的预报准确率为80%，对暴雨的预报准确率为20%，略低于发达国家。实践充分证明，降雨预报如果不够准确，就会对城镇雨洪防治和利用造成很大影响，也会对城镇水资源造成不可估量的浪费。

3. 加强雨洪水质监测工作

有关调查资料表明，我国在城镇雨水利用方面的最大难题是雨水水质不符合利用的基本要求，这是城镇居民难以接受雨洪利用的主要原因。在德国和美国，屋面雨水经过截污装置和简单的过滤，就能满足杂用水的要求。但是在我国许多城镇，雨水的水质就很难通过这种系统达到回用标准。更加严重的是，我国许多城镇的排水管道仍采用雨污合流的方式，这加重了雨洪回收利用的难度。要解决这些问题，首先要减轻城镇空气污染，改善雨水的水质。其次，要改变原有的城镇排水系统，将雨水收集系统和城镇排污系统分开，提高城镇雨水利用效率。最后，有关部门还要加强水质监测，避免雨洪与污水混杂的现象发生。

4. 努力提高全民节水意识

城镇雨水资源利用是缓解城镇水资源短缺的一项重要措施，是“开源”的一种方式，但是同时还要做好“节流”工作。加强宣传教育，提高全民节水意识，不但能够减少水资源的不必要浪费，而且能对雨水利用工作提供有力支持。政府可以利用行政措施和经济手段来调节城镇用水，提高城镇单位水量的产能，做到用水效益最大化。只有提高全民节水意识，才能在全社会形成利用雨水资源的风气，这对于城镇雨水收集工程的建设和雨水资源利用工作的开展起着至关重要的作用。

随着我国经济的飞速发展，我国城镇水资源短缺问题将会更加突出，发展城镇雨水资源利用事业尤为重要。今后，随着社会的发展、科技的进步、城镇雨洪利用方面相关法律法规的不断完善，以及民众对于雨洪资源重要性认识的不断提高，我国城镇雨水资源利用事业也必将得到飞速发展，雨水利用工程的数量也会越来越多，雨水利用工程将会沿着更科学、更高效的方向发展。这无疑将大大缓解我国城镇的缺水问题，为城镇防洪减灾工作做出贡献，最终实现雨水资源充分利用、人水和谐发展的目标。

1.5　城镇雨洪管理理念与方法

1.5.1　城镇雨水管理概述

雨水管理是对自然降水的管控过程，它涉及城市雨水资源的科学管理、减轻城区洪涝、控制雨水径流污染、减缓地下水位下降及生态环境建设的综合利用等方面。雨水管理通过城镇下垫面的产流、汇流，雨水管线以及沟渠，市政排水管线以及城市河流水系等城镇雨水排放系统实现对雨水的管控，时间上包括从雨水落地到最终进入受纳水体的过程。城镇雨水管理涵盖雨水的入渗、收集、处理、回收、再利用以及排放等过程，分为水量管理、水速管理、水质管理和径流路径组织四部分。

1. 水量管理

水量管理是城镇雨水管理的第一环节，根据降水量的大小，将水量管理分为两类。第一类是在短时暴雨雨量偏大或骤增的情况下，通过雨水管理技术措施对雨水进行疏导和量化控制，避免城市局部地区发生地表积水和内涝，这是水量管理的主要内容。第二类是在某时段降水量较小时，将地表径流引入生态雨水设施，增加土壤的入渗量，补充绿地灌溉用水，避免旱季加重城市市政供水负担。

2. 水速管理

雨水径流是地表及流域范围内土壤受到侵蚀的主要原因。不同雨水强度条件下的地貌与降雨形成的径流侵蚀力存在定量关系。采取不同的径流调控措施对于减流蓄水、拦泥阻沙及抗土壤侵蚀过程具有明显的作用。城市地表径流通过硬质空间时水速过快，雨水通道过于集中，水流迅速汇集，易造成局部城市雨水排水设施的负荷过大。暴雨时水流迅速流过地表，雨水在绿地的滞留时间短，即时水量大，入渗面积小，入渗量小，同时由于市政设施中雨水井的高程最低，雨水主要依靠道路排水，常有裸土伴随过量、过速的地表径流流经硬质场地，滞留于道路表面形成短时的雨水冲刷泥浆路径。非雨天气时，滞留土成为城市扬尘的主要原因之一，同时降雨造成了绿地的水土流失。水速管理就是通过改变城市地表形态，经过容量预估，结合植被的滞水作用，营建有组织的地表径流的精细地形，增设绿地空间与城市硬质场地的过渡带，通过必要的过渡措施达到控制水速与承接径流的目的。

3. 水质管理

城镇雨水夹杂着城市地表污染物并流向自然水体，威胁城市水源地。城镇雨水以地表径流的形式迅速通过城市空间，设计物理沉淀设施对雨水进行初步的水质控制，从现状角度来说可以减轻城市市政排水压力，同时有利于城市的水土保持。组织城市绿地与水体及硬质场地的雨水通道，在合适的区域设置具有相应净化容量的城市水环境净化景观空间，使之成为城市与外部自然环境的过渡设施，从而促进流经城市的水体健康地回归自然环境。

4. 径流路径组织

城镇雨水径流路径的设计需要使水量、水速、水质在城市雨水形成径流的过程中达到预期的管理目标。径流路径不仅仅是实体的管道路径，同时也以建筑屋面径流、城市地表径流、绿地入渗、绿地慢行径流、城市河道等雨水路径的方式发生。组织城市雨水径流形成生态通道，将断裂的城市景观斑块在雨水的作用下串联成新型的城市景观廊道，使城市雨水成为微生物迁徙的通道。雨水径流路径的组织是城市水环境规划设计的核心环节。

针对雨水管理的共性问题，不同国家和地区的城镇将雨水水量、水质管理，防洪、内涝管理和城镇开发对城市水文过程的影响综合考虑，陆续发展了低影响开发、水敏感城市设计、海绵城市等多种雨水管理理论，并进行科学的雨水管理实践，形成了颇为完善的雨水管理理念与方法。

1.5.2 最佳管理措施

最佳管理措施（Best Management Practices，BMPs）是对流域水文、土壤侵蚀、生态及养分循环等自然过程产生有益于环境，以及能够减少或预防水资源污染的方法、措施或操作程序的一系列措施。BMPs 最早出现在 1972 年美国发布的《清洁水法》中，主要应用于污水处理领域，强调维护管理、培训等非工程性措施。在 1987 年的《清洁水法》修正案中，首次提出用于雨水管理的最佳管理措施，随后在美国国家污染物排放许可制度（NPDES）中，明确提出利用 BMPs 对雨水径流的排放进行综合管控，控制目标包括水量、水质等多方面。BMPs 发展到现在开始注重利用综合措施来解决水质、水量和生态等问题，在构建 BMPs 系统时，需要综合考虑流域的自然条件、土地利用类型、污染物类型和气候环境等多方面因素，同时在进行水问题调控时，BMPs 技术须满足三点要求：所提供的技术必须是可行的，必须是明确界定的，必须是最佳的。

BMPs 措施可以按照流域的功能特性进行分类，包含工程性 BMPs 和非工程性 BMPs。工程性 BMPs 是以径流过程中的污染控制为主要途径，通过延长径流停留时间、减缓径流流速、增加地下渗透、物理沉淀过滤和生物净化处理等技术手段去除污染物。非工程性 BMPs 主要指通过行为改变来减少导致污染物产生的物质使用，最终减少污染输出，一般主要是指农、林地的耕种和管理措施。农、林地的耕种措施主要是指通过保护土壤表层减轻土壤侵蚀，提高作物对氮、磷等营养元素和农林化学物质的利用率，减缓它们向水体的输入，可以有效减轻农业非点源污染的形成。

1.5.3 可持续排水系统

英国在 1999 年 5 月更新的国家可持续发展战略和 21 世纪议程的背景下，为解决传统排水体制产生的多发洪涝、严重的污染和对环境破坏等问题，将长期的环境和社会因素纳入到排水体制及系统中，建立了可持续城市排水系统（Sustainable Urban Drainage Systems，SUDS）。英国环保局定义“可持续排水系统”为包括对地表水和地下水进行可持续式管理的一系列技术，其旨在以自然水循环的方式和在排水系统上减少城市发生内涝的可能性，同时提高雨水等地表水的利用率兼顾减少河流污染，其除了功能上的优势外，花费的综合成本也低于传统排水系统。

可持续城镇排水系统要求从源头处理径流和潜在的污染源，保护水资源免于点源与非点源的污染。可持续城镇排水系统由传统的以“排放”为核心的排水系统上升到维持良性水循环高度的可持续排水系统，综合考虑径流的水质、水量、景观潜力、生态价值等。由原来只对城镇排水设施的优化上升到对整个区域水系统优化，不但考虑雨水而且考虑城镇污水与再生水，通过综合措施来改善城镇整体水循环。可持续城镇排水系统可分为源头控制、中途控制和末端控制三种途径。其主要考虑四个控制目标：水力指标、水质指标、舒适性指标、生态指标。其中水力指标倾向于防洪排涝的安全，旨在一次性地将一次降雨所产生的径流储存或排除。指定水质指标的目的是防止河流污染，进一步保护生态环境。

相对于传统的排水系统，可持续排水系统具有以下优点：排水渠道多样化，采用效仿自然的雨水控制技术措施，在源头对雨水形成控制，避免传统的管网系统仅利用排水管道作为唯一的排水出口，科学管理径流流量，减少城镇化带来的洪涝问题；传统的排水系统没有考虑初期的雨水污染问题，可持续排水设施具有滞蓄、过滤、净化等作用，可有效减少初期雨水污染，降低排入河道的污染物总量，保护水环境；排水系统与环境格局协调并符合当地社区的需求；可持续排水系统将雨水作为一种宝贵的水资源考虑，尽可能重复利用降雨等地表水资源，鼓励雨水的入渗、补充地下水等，具有显著的社会效益。

1.5.4 水敏感城市

水敏感城市设计（Water Sensitive Urban Design，WSUD）源于澳大利亚。由于澳大利亚气候干燥，降雨量少，导致其大面积国土受干旱灾害的影响，澳大利亚联邦政府于20世纪80年代开始持续地对水行业进行改革，水敏感城市设计就是在对传统的城市发展和雨洪管理模式的反思中产生的，其核心在于强调通过城镇规划和设计的整体分析方法减少自然水资源的负面影响，对雨水的合理收集、循环利用，将供水—雨水—污水的管理视为水循环中相互联系的环节，在城市设计中相互结合，维持生态系统平衡。WSUD认为城市水循环圈中的水资源应视为一个整体，维持水循环的自然流畅以及保护生态环境。在20世纪90年代初这种理念并未得到广泛的认可，到20世纪90年代中期才逐渐受到关注。经过不断的探索与研究，澳大利亚WSUD作为一种结合城市水循环的城市设计新思维已经发展为理论、技术、规范完善的学科，并作为借鉴和学习的对象，被许多国家和地区所接受。

WSUD的目标主要包括：保护和改善城市发展过程中的自然水系统；将景观设计与雨洪管理相结合，设计出能为群众提供观光的娱乐设施；保护城市发展过程中排水水质；通过采用局域滞流措施和减少不透水面积，达到降低雨水径流和径流峰值的目的；尽量降低排水系统的基础设施成本，从而增加其经济价值。WSUD的基本内容包括水量和水质两个方面。在水量方面，城镇防洪排涝系统上、下游的设计洪峰流量、洪水位和流速不超过现状；在水质方面，城镇雨水需收集处理达标后方可排入下游天然河道或水体。雨水水质处理目标要根据下游水体的敏感性程度来确定。WSUD应用灵活，可以在城镇不同发展类型、不同尺度等方面运用，实现降雨径流控制、水质净化、水资源利用等功效，包括现有排水系统升级、新住宅开发、现有住宅改造、工业区、商业区及房地产设计以及道路、人行道和停车场的设计改造。

1.5.5 新加坡ABC计划

新加坡公共事业局（Public Utilities Board）于2006年启动ABC（Active-Beautiful-Clean Water）计划，即新加坡“活力—美观—洁净”计划。其计划转变现有的功能比较单一、实用性差的排水沟渠、蓄水池等设施，结合当地周边城市发展条件，建立生态条件优美、人民居住舒适、可持续发展的空间。其含义包含三个部分：活跃——在水体边打造宜居的、集生活休闲为一体的社区空间，鼓励市民参与并共享；美丽——提倡将水环境打造成观水、戏水的可亲水活力空间，将水与公园、居住区和商业区等活动区的发展融为一体；清洁——通过源头净化、减缓流速、雨水利用等管理计划来提升水质，美化景观，减轻水资源压力。

ABC 计划的特点是将水资源管理整体化、全民参与、实现水资源的可持续利用。ABC 计划的雨洪管理模式主要指源头、路径和去向。源头表示形成雨水路径的位置，解决方案主要有雨水的收集和下渗，处理方式包括屋顶绿化、垂直绿化、透水路面、地面绿化、滞留池等，植被处理有雨水花园、公园、农田、湿地等。这些措施将滞留的多余雨水在避开城市排水管网排水峰值时排出，所剩下的雨水汇集到集中汇水区，经水处理技术改善和提高水质，用于城市其他方面用水。这不仅解决了城市内涝问题，还可以满足城市其他方面的用水。路径是用于输送雨水的方法或途径，解决方案主要是雨水的输送和引流，处理方式主要是通过植被浅沟、引水渠、水路设施等。去向是雨水流向的地方，通过蓄水空间来解决，主要处理方式是蓄水池、湖泊及海洋等。总的来说，雨洪系统既有整体又有局部，空间层次分明。整体是水计划形成的可持续雨水网络，局部是雨水网络中源头、路径、去向的节点。每一局部节点环环相扣，其中任何一个节点都会对系统的整体性产生明显影响，也为水的洁净、储存及再利用提供可能。

ABC 计划实现了自然、人和社区的整体化，对于新加坡提升水体质量、解决城市内涝、建立优美的社区环境、提高城市竞争力起到重要的作用，也成为新加坡城市设计的一大亮点。ABC 计划的发展离不开强烈的政治意愿、完整的项目架构以及当地社区和市民的积极参与等多方面因素，已实施的具体项目效果显著，成为新加坡城市基础设施、环境资源能力和城市品质提升的重要手段。

1.5.6 低影响开发

截至 20 世纪 90 年代中期，美国暴雨管理体制经历了传统排水、调蓄排水、渗透排水、低影响开发暴雨管理体系几个阶段。低影响开发（Low Impact Development，LID）技术提倡采用分散式的小规模雨水处理设施，使区域开发前后的水文特性基本一致，最大限度降低由于区域开发对周围生态环境的影响，建造出一个具有良好水文功能的片区。从理念上而言，暴雨管理体系发展的前两个阶段主要以快排的方式为主，将收集的雨水经过调蓄塘后进入下游水体或直接排入水体。第三阶段强调雨水径流的下渗，但仍是一种以渗透为主的末端处理方式。LID 是一种源头分散措施，尽量让雨水在源头进行消纳和处理。生态修复能力方面，前两个阶段几乎没有生态修复功能；第三阶段对地下水有一定的补给，具有一定的生态修复功能。LID 提倡模拟自然，维持或恢复区域开发前的水文特性，因此对由于土地开发造成的生态破坏有很大的修复能力。建设投资方面，第一个阶段以混凝土管道设施为主，投资费用最大；第二、三阶段主要采用塘、湿地等作为主要生态措施，占地面积大、投资费用高；LID 主要采用生物滞留、人工湿地、透水铺装等小规模、分散式处理措施，占地面积小、投资费用低、灵活性较强。

实践经验表明，城镇雨水问题具有系统性、长期性、复杂性的特点，经过近 30 年的探索和实践，低影响开发技术已被证实是应对城镇雨水问题的有效措施之一，在国外已形成相对完善的法律法规和理论体系。尽管如此，LID 技术的应用依然受技术问题、气候要素、政策法规、公众培训与维护以及成本等因素的限制。其中，技术问题是 LID 受限制的最主要因素。技术问题主要包括：选用何种最经济、合理的 LID 措施来实现雨洪调控、雨水资源利用、水质净化等目标；以及如何对所选用的 LID 措施的各项要素进行设计，而其设计要素涉及设计目标、区域的降水系列、地形条件、土壤要素以及模型模拟等诸多因素。LID 措施如何在我国实现本土化并推广应用，需结合我国国情，拓展和完善 LID 技术理论体系，提出一套有效缓解我国城市化进程所面临的雨水问题的有效措施。

美国雨水管理标准体系中，针对高频率中小降雨事件设计源头减排体积，而针对低频率强降雨事件设计河道保护和洪水控制体积，各体积控制标准之间又逐级包含，即雨水源头减排是城市防洪排涝系统的重要组成部分。在我国，大多数城市的土地开发强度普遍较大，因此，仅在源头采用分散式削减措施，很难实现雨水径流总量和洪峰流量等在开发前后维持不变。低影响开发措施的含义在我国已延伸至源头、中途和末端等不同尺度的综合措施，实现开发后区域水文特征接近于开发前的状态，即广义的低影响开发。

1.5.7　海绵城市

我国城市化进程的加速，导致了城市内涝和干旱频繁发生，以及居民的生活环境愈加恶劣、城市水生态退化严峻等问题，为了解决这些问题，我国提出了海绵城市理念，海绵城市作为一种调水蓄水和雨洪管理模式，正在大力推广和应用。海绵城市理念在 2012 年 4 月的“低碳城市与区域发展科技论坛”中被提到，自 2013 年，试点工程项目在全国开展起来。海绵城市旨在城市开发建设过程中采用源头削减、中途转输、末端调蓄等多种手段，实现城市良性水文循环，提高对径流雨水的渗透、调蓄、净化、利用和排放能力，维持或恢复城市的“海绵”功能。即通过城市规划、建设的管控，从“源头减排、过程控制、系统治理”着手，采用多种技术措施，统筹协调水量与水质、生态与安全、分布与集中、绿色与灰色、景观与功能、岸上与岸下、地上与地下等关系，使城市能够像“海绵”一样，在适应环境变化、抵御自然灾害等方面具有良好的“弹性”，实现自然积存、自然渗透、自然净化的城市发展方式，有利于达到修复城市水生态、涵养城市水资源、改善城市水环境、保障城市水安全、复兴城市水文化的多重目标。

海绵城市由低影响开发雨水系统、城市雨水管渠系统及超标雨水径流排放系统组成，海绵城市建设应统筹三套系统。低影响开发雨水系统可以通过对雨水的渗透、储存、调节、转输与截污净化等功能，有效控制径流总量、径流峰值和径流污染。城市雨水管渠系统即传统排水系统，应与低影响开发雨水系统共同组织径流雨水的收集、转输与排放。超标雨水径流排放系统，用来应对超过雨水管渠系统设计标准的雨水径流，一般通过综合选择自然水体、多功能调蓄水体、行泄通道、调蓄池、深层隧道等自然途径或人工设施构建。以上三个系统并不是孤立的，也没有严格的界限，三者相互补充、相互依存，是海绵城市建设的重要基础元素。海绵城市建设技术途径需综合采用“渗、滞、蓄、净、用、排”等技术措施，有效控制城市降雨径流，最大限度地减少城市开发建设行为对原有自然水文特征和水生态环境造成的破坏。“渗”指利用各种屋面、路面、绿地，从源头收集雨水，让雨水渗入地下，如绿色屋顶、透水路面等。“滞”指通过微地形调节，让地面不平整来减缓雨水汇集速度，降低灾害风险，如雨水花园、植草沟等。“蓄”指把降雨储蓄起来，削减峰值流量，调节径流雨水时空分布，为雨水利用创造条件，如塑料模块蓄水、地下蓄水池。“净”指通过土壤、植物等，对雨水进行净化，改善城市水环境。“用”指将收集起来的雨水进行利用，如浇洒道路、绿化灌溉、消防。“排”指雨水经城市管网、城市防洪排涝（超标雨水径流排放）等设施，排入污水处理厂、河流或湖泊。

1.5.8 韧性城市

2017 年 6 月，中国地震局提出实施的“国家地震科技创新工程”包含了四大计划，韧性城市计划就是其中之一，是我国提出的第一个国家层面的韧性城市建设。2020 年 10 月，《中共中央关于制定国民经济和社会发展第十四个五年规划和二〇三五年远景目标的建议》提出建设韧性城市，韧性城市正式写进了中央文件。根据国际组织倡导地区可持续发展国际理事会定义，韧性城市是指城市能够凭自身的能力抵御灾害，减轻灾害损失，并合理调配资源以从灾害中快速恢复。从长远看，城市能够从过往的灾害事故中学习，提升对灾害的适应能力。韧性城市的主要特征包括鲁棒性（Robustness）：城市抵抗灾害，减轻由灾害导致的城市在经济、社会、人员、物质等多方面的损失；可恢复性（Rapidity）：灾后快速恢复的能力，城市能在灾后较短的时间恢复到一定的功能水平；冗余性（Redundancy）：城市中关键的功能设施应具有一定的备用模块，当灾害突然发生造成部分设施功能受损时，备用的模块可以及时补充，整个系统仍能发挥一定水平的功能，而不至于彻底瘫痪；智慧性（Resourcefulness）：有基本的救灾资源储备以及能够合理调配资源的能力。能够在有限的资源下，优化决策，最大化资源效益；适应性（Adaptability）：城市能够从过往的灾害事故中学习，提升对灾害的适应能力。

城市水平下“韧性”主要表现在：①城市各个方面应对暴雨突袭的能力；②城市用以抵御自然灾害和恐怖主义威胁的综合减灾策略；③城市面对洪涝灾害、食物及水供应不足等慢性压力时，均能有效地维持城市关键功能的能力；④从“韧性”角度出发的城市及基建规划对策，不仅强调规划的技术，更强调市民生活体验，即城市活力；⑤对于韧性城市的理解，不仅停留在防灾减灾方面，更关注到城市的健康、居民的幸福和生活品质；⑥城市防灾、城市安全与预警、应对交通污染和环境变化、应对经济危机和人口老龄化等领域均与韧性城市有关；⑦城市水系统管理的弹性策略包括结构性措施（径流管理、洪水适应、调水和建筑）和非结构性措施（灾害预警、径流管理、雨洪管理、民众教育）。

1.6 城镇雨洪管理体系建设

1.6.1 国外城镇雨洪管理的政策制度

国外城镇雨洪管理设施多种多样，已经出台了一系列政策法规，建立了比较完善的雨水收集和雨水渗透系统，城镇雨洪管理技术日趋成熟。

1. 法律约束

美国制定了相应的法律法规对雨水利用给予支持，以保障雨水的调蓄及利用。1972 年的《联邦水污染调控法》（FWPCA）、1987 年的《水质法案》（WQA）和 1997 年的《清洁水法》（CWA）均强调了对雨水径流及其污染调控系统的识别和管理利用。具体表现为联邦法律要求对所有新开发区强制实行“就地滞洪蓄水”，即改建或新建开发区的雨水下泄量不得超过开发前的水平。在联邦法律基础上，美国各州相继制定了有关雨水利用的法律法规，保证雨水的资源化利用。科罗拉多州（1974 年）、佛罗里达州（1974 年）、宾夕法尼亚州（1978 年）和弗吉尼亚州（1999 年）分别制定了雨洪利用条例。许多州和市还制定了相应的技术手册、规范和标准。如佐治亚州的《雨水管理手册》、北卡罗来纳州的《雨水设计手册》、弗吉尼亚州的《弗吉尼亚雨水管理模式条例》、盖恩斯维尔市的《雨水管理手册》和波特曼市的《雨水管理手册》等。这些技术手册和条例规定新开发区的暴雨洪水洪峰流量不能超过开发前的水平，所有新开发区（不包括独户住家）必须强制实行就地滞洪蓄水。

德国具有完善的雨水利用法律体系，以联邦水法、建设法规、地区法规等法律条文形式要求加强自然环境的保护和水的可持续利用。1986 年和 1996 年两次对《联邦水法》进行修改，分别提出"每位用户有义务节水，保证水供应总量的平衡"和"水的可持续利用"理念，强调排水量零增长。《联邦水法》为各州有关雨水管理法规的建设提供了政策导向。1989 年出台的《雨水利用设施标准》DIN198 对住宅、商业和工业领域雨水利用设施的设计、施工和运行进行管理，在过滤、储存、调控与监测等方面制定了标准。

日本的城市雨水管理在亚洲先行一步，20 世纪 80 年代初期推行"雨水渗透计划"，采取了"雨水地下还原对策"。1988 年成立"雨水贮留渗透技术协会"，1992 年发布"第二代城市下水总体规划"，正式将雨水渗沟、渗塘及透水地面作为城市总体规划的组成部分，要求新建和改建的大型公共建筑群必须设置雨水就地下渗设施，集蓄的雨水主要用于冲洗厕所、浇灌草坪、消防和应急用水。这些计划、规划和非政府性的组织为日本城市雨水资源调控及利用奠定了法规基础，保障了雨水管理的实施。

2. 经济手段

美国在许多地区建立了雨水排放收费机制，以社区为单位进行规划，取得了非常好的效果。不同地区的雨水排放费计算和管理各不相同，华盛顿州 Olympia 市将收费类型分为居民区和非居民区两类，居民区以其等效不透水面积 2528m^2 为一个等效居住单元(ERU)，收取费用为 4.50 美元/(ERU・月)；非居民区则按管理费用、径流水量费用和径流水质费用收取。印第安纳州 Valparasio 县将雨水排放费的费率分为六级，其中单户家庭以 3.00 美元/(ERU・月）为基准进行计算，住宅楼以 2.25 美元/(ERU・月）为基准进行计算，对非居民区则按不透水面积大小分别征收不同的雨水排放费。

德国制定了一系列法规，规定在新建项目之前，无论是工业、商业还是居民小区，均要设计雨洪利用设施，若无雨洪利用设施，政府将征收雨水排放设施费和雨水排放费。雨水排放费的费用与污水排放费一样高，通常为自来水费的 1.5 倍。为了实现排入管网的径流量零增长的目标，德国许多城市根据生态法、水法、地方行政费用管理条例等规定，制定了各自的雨水排放费（也称管道使用费）征收标准，并结合当地降水状况、业主所拥有的不透水地面面积等计算出应缴纳的雨水排放费（由相应的行政主管部门收取）。如汉诺威市从 2001 年起开始征收雨水排放费和污水费，柏林地区每平方米用地每年收取 1 欧元雨水排放费。

3. 激励制度

除了雨水排放费以外，美国各州还以其他多种方式提供经济激励，包括补贴、税收抵免、政府拨款、绿色建筑证书计划等。芝加哥市在绿色屋顶计划中，对于建筑屋顶上的建造绿化面积比例高于 50%或者大于 2000ft^2（约 185.8m^2）的开发商提供"密度奖金"。2006 年对 20 个商用和民用建筑安装有绿色屋顶的用户，提供每户 5000 美元的政府拨款。

居民还可以通过安装集雨桶、植树等方法来获得现金补贴。除上述常见的激励方式外，波特兰还通过雨水排放费的调整来提供激励。雨水排放费涉及私人房产和公共街道两个部分。相关法规规定所有雨水排放费承担者都受益于城市街道系统和环境，并且对其负有责任，所以必须承担公共街道的部分费用。采用指定绿色基础设施的用户可以在私人房产部分享有高达35%的雨水费折扣。但是由于街道所占面积高达整个城市不透水面积的一半，街道径流的污染比私人房产更重，所以对于街道部分的雨水排放费不提供任何折扣。同时，波特兰市已经率先开始对雨水交易计划的可行性进行研究。

德国政府将对没有雨水资源利用设施的用户征收雨水排放设施费和雨水排放费，用于投资补贴雨水项目，鼓励用户投资雨水利用设施，对城市雨水资源进行利用。国家对实施了雨水利用技术处理回用雨水资源的用户不再征收雨水排放费，并且对能够主动使用雨水利用设施和技术的用户给予每年1500欧元的“雨水利用补助”。以汉诺威市为例，对没有雨水利用设施的工程项目征收占建筑物造价2%的雨水排放设施费和雨水排放费，用于投资补贴雨水项目，以此鼓励企业、社区及私人家庭安装雨水利用设施。

日本不少城镇对雨水利用进行资金补助，各种雨水入渗设施得到迅速发展。例如日本东京都墨田区自1996年开始通过建立补助金制度促进雨水利用技术的普及。规定对设置储雨装置的单位和居民（不包括国家单位、地方机关和其他公共团体）实行补助。其中，对于地下储雨装置、中型储雨装置和小型储雨装置分别设置了具体的补助额度和限额。另外，水池补40～120美元/m^2，雨水净化器补1/2～2/3的设备价。这些制度均有效促进了雨水利用技术的应用以及雨水的资源化。

1.6.2 我国城镇雨洪管理的政策制度

我国城镇雨洪管理尚属起步阶段，城镇雨水利用率较低，技术缺乏系统性，更缺少法律、法规等保障体系，与发达国家有一定差距。目前，我国城镇的雨水管理理念较为落后，绝大多数城镇将雨水当作一种“废水”而简单地排放，只注重防洪排涝控制且以简单、直接的“排”为主。对于城镇的雨水利用起步较晚，政策和技术标准的制订相对滞后。2003年3月，北京市规划委员会、北京市水利局联合发布实施了第一个关于城市雨水利用的法规性文件《关于加强建设工程用地内雨水资源利用的暂行规定》（市规发[2003] 258号），明确提出：“凡在本市行政区域内的新建、改建、扩建工程均应进行雨水利用工程设计和建设”。2005年，深圳市将雨水利用研究纳入《水战略与城市规划研究》，这是我国第一部将水资源利用与城市规划通盘考虑的专项规划。2006年9月，中华人民共和国建设部、中华人民共和国质量监督检验检疫总局联合发布了国家标准《建筑与小区雨水利用工程技术规范》GB 50400—2006，主要包括水量和水质、雨水利用系统设置、雨水收集、雨水入渗、雨水储存与回用、水质处理、调蓄排放、施工安装、工程验收等方面的相关规定。2013年3月25日，国务院办公厅发布了《国务院办公厅关于做好城市排水防涝设施建设工作的通知》（国办发〔2013〕23号），要求“2014年底前，编制完成城镇排水防涝设施建设规划，力争用5年时间完成排水管网的雨污分流改造，用10年左右的时间，建成较为完善的城镇排水防涝工程体系”。同时要求各地区旧城改造与新区建设必须树立尊重自然、顺应自然、保护自然的生态文明理念；要控制开发强度，合理安排布局，有效控制地表径流，最大限度地减少对城镇原有水生态环境的破坏，加强城镇河湖水系保护和管理，维护其生态、排水防涝和防洪功能；积极推行低影响开发建设模式，因地制宜配套建设雨水滞渗、收集利用等削峰调蓄设施，增加下凹式绿地、植草沟、人工湿地、可渗透路面、砂石地面、自然地面，以及透水性停车场和广场，提高对雨水的吸纳能力和蓄滞能力。2014年，住房城乡建设部、国家发展改革委联合下发《关于进一步加强城市节水工作的通知》，要求大力推行低影响开发建设模式，按照对城镇生态环境影响最低的开发建设理念，控制开发强度，最大限度地减少对城镇原有水生态环境的破坏，建设自然积存、自然渗透、自然净化的“海绵城市”。

《室外排水设计规范》GB 50014—2006在原国家标准GBJ 14—1987（1997年版）的基础上进行全面修订，并于2006年6月正式实施。之后，分别在2011年、2014年和2016年先后进行过3次局部修订。2011年版局部修订主要针对排水体制、低影响开发、调蓄池等方面，2014年版则针对内涝防治、雨水径流污染控制和雨水管渠设计补充，2016年应海绵城市建设标准协调的要求，对管渠设计重现期和内涝防治重现期等条文进行局部修订。2021年发布的新版《室外排水设计标准》GB 50014—2021是对《室外排水设计规范》GB 50014—2006（2016年版）的全面修订。《室外排水设计标准》GB 50014—2021聚焦行业关注点，以突出排水工程系统性为基础，明确雨水系统的组成和设计要求，雨水系统应包括源头减排、排水管渠、排涝除险等工程性措施和应急管理的非工程性措施。按照雨水系统的组成分别规定设计流量。其中，源头减排设施的设计流量根据年径流总量控制率确定，即根据年径流总量控制率对应的设计降雨量和汇水面积，采用容积法进行计算。雨水管渠的设计流量根据雨水管渠设计重现期确定，采用强度法理论经推理公式或数学模型法计算。排涝除险设施的设计流量根据内涝防治设计重现期及对应的最大允许退水时间确定，内涝防治系统校核应将排涝除险设施、源头减排设施、排水管渠设施作为一个整体考虑，满足内涝防治设计重现期的设计要求。

随着近些年排水行业的发展，结合海绵城市、综合管廊、黑臭水体治理、智慧排水等建设工程的不断推进，城镇雨水管理新工艺日渐成熟，雨水管理政策制度的出台或者修订都伴随着排水专业领域的新要求、新变化，以及技术的发展和工程经验的总结等。

思考题

1. 简要概述雨水径流水质表现出的地域差异性、时间差异性。
2. 城镇防洪与排涝的有何区别与联系？
3. 概述城镇非点源污染的形成过程。
4. 概述城镇雨洪管理的理念与方法。

本章参考文献

[1] 刘德明主编. 海绵城市建设概论：让城市像海绵一样呼吸[M]. 北京：中国建筑工业出版社，2017.

[2] 车伍，李俊奇主编. 城市雨水利用技术与管理[M]. 北京：中国建筑工业出版社，2006.

[3] 刘经强，赵兴忠，王爱福主编. 城市洪水防治与排水[M]. 北京：化学工业出版社，2013.

[4] 李春林，胡远满，刘淼，徐岩岩，孙凤云. 城市非点源污染研究进展[J]. 生态学杂志，2013，32(2)：492-500.

[5] 娄和震，吴习锦，郝芳华，杨胜天，张璇. 近三十年中国非点源污染研究现状与未来发展方向探讨[J]. 环境科学学报，2020，40(5)：1535-1549.

[6] 钟玉秀，王亦宁. 加强城市防洪排涝工作的思考和建议[J]. 中国水利，2017(13)：4-6.

[7] 赵昱. 各国雨洪管理理论体系对比研究[D]. 天津：天津大学，2017.

[8] Barbosa A E, Fermandes J N, David L M. Key issues for sustainable urban stormwater management [J]. Water Research, 2012, 46(20): 6787-6798.

[9] Xu C Q, Jia M Y, Xu M, et al. Progress on environmental and economic evaluation of low-impact development type of best management practices through a life cycle perspective[J]. Journal of Cleaner Production, 2019, 213(10): 1103-1114.

[10] Fatemeh K, Mahmood R G, Baden M. Potential of combined Water Sensitive Urban Design systems for salinity treatment in urban environments[J]. Journal of Environmental Management, 2018, 209 (1): 169-175.

[11] Zubelzu S, Rodríguez-Sinobas L, Andrés-Domenech I, et al. Design of water reuse storage facilities in Sustainable Urban Drainage Systems from a volumetric water balance perspective[J]. Science of The Total Environment, 2019, 663(1): 133-143.

[12] 沈璐. 基于城市雨水管理的景观途径研究[D]. 合肥：安徽农业大学，2013.

第2章　城镇水文学基础理论

水文学是研究大气、地表及地壳内水的分布、运动及变化规律，以及水与环境的相互作用，属于地球科学。能够依靠测验、分析计算和模拟等方法，分析预报自然界中水量和水质的发展趋势及变化规律，进而为水资源的合理开发及利用、洪水预报及控制、水环境保护等方面提供重要的科学依据。随着城镇化的发展，自然水文过程受到了严重影响，而城镇水文学也作为水文学的分支逐步发展起来。城镇水文学是一门综合性很强的边缘学科，对城镇的发展规划、城镇建设、环境保护、市政管理的发展和居民生活都有重大意义。本章以水文学基础知识为核心，主要介绍城镇水文学基本理论，内容涉及城镇水文要素的概念及计算方法、城镇产汇流过程机制及计算、城镇降雨径流污染，最后介绍了城镇化所带来的水文效应，包括热岛效应、雨岛效应及城镇化对径流形成机理的影响。

2.1　城镇水文学原理

水文学按照应用的对象划分，可以分为工程水文学、农业水文学、森林水文学、湿地水文学、环境水文学、生态水文学、水资源水文学及城镇水文学，所以城镇水文学属于应用水文学的范畴，是将水文学的基本原理和方法应用到城镇的建设过程中，并不断丰富、完善、创新而逐步形成的交叉学科，其主要任务是研究城镇及周围地区的水的循环、运动规律以及水与城镇化之间的作用。城镇水文学原理是基于水文学的基本原理和方法进行拓展的，水文学原理的主要内容包括各种水体的形成和演变、水体形成的成因和演变的规律、研究水体形成成因和演变规律的方法。首先正确认识水文循环，它是自然过程中较为关键的过程，水可以以不同形态在不同介质（大气、土壤、冰雪、地下水、海洋等）中存在，通过蒸散发、降水、产汇流、下渗等过程进行转化运移，从而形成自然界的水文循环。城镇水文学原理中不光包括自然水循环，还包括社会水循环，后者指的是通过兴建引水、蓄水、供配水、排水及污水处理等设施来满足人类生活生产需求，实现供、用、耗、排及污水处理等阶段的水循环。城镇水文学原理中比较重要的内容包括降水、径流、下渗及蒸散发等水文要素、城镇产汇流理论、地表径流污染及城镇化带来的各种水文效应。

2.2　城镇水循环的水文要素

2.2.1　下垫面

下垫面是大气与其下界的固态地面或液态水面的分界面，其性质与大气物理状态、化学组成存在密切联系。不同下垫面性质（粗糙度、辐射平衡、热量平衡、辐射差额）对空气流动也有很大影响。传统下垫面包含山脉、河流、沟谷、洼地、草地等自然景观，城镇下垫面不同于传统下垫面。城镇化对下垫面的影响可从农村、早期城镇、中期城镇及晚期城镇四个阶段进行分析。农村阶段指的是某个地区处在耕作或畜牧状态的未开发阶段；早期城镇下垫面的特征是大面积城镇化建筑与当地原有植被共存；中期城镇阶段，大规模城镇混凝土建筑迅速增加，硬化、不透水路面增加；晚期城镇阶段是城镇化进一步发展的结果，即本地原有植被覆盖率减少到最低限度，自然下垫面将几乎被人类活动所改造。

2.2.2 降水

大气中的液态水滴或固态冰雪颗粒，在重力作用下，克服空气阻力，从空中降落到地面的现象称为降水。降水的形式主要为降雨和降雪，此外还有雹、露、霜等。降水是水文循环的重要环节，是陆地各种水体直接或间接的补给源。因此，降水量和降水特征对水文循环和水文规律具有决定性的作用。由于降水资料可直接观测，相比于其他水文要素较易获取，故降雨在水文分析计算、水资源计算、水文预报中成为最直接的依据和输入项。

1. 降水的分类

气流上升凝结是降水的先决条件，空气中水汽含量的大小和冷却程度决定着降水量和降水强度的大小。通常按动力冷却条件可把降水划分为气旋雨、对流雨、地形雨和台风雨4类。

（1）气旋雨。气旋或低压过境而产生的雨称作气旋雨，包括锋面雨和非锋面雨两种。气旋向低压区辐合而引起气流上升导致的降雨称为非锋面雨。锋面雨一般分为冷锋雨和暖锋雨。当冷气团向暖气团逼近时，密度较大的冷气团楔进暖气团的下方，暖气团沿锋面爬升到冷气团的上方，水汽上升凝结降雨，称冷锋雨，如图2-1(a)所示。冷锋雨降雨强度大、历时短，降雨面积较小。当暖气团向冷气团移动，并沿着锋面在冷气团向上滑行，形成云系，此时产生降雨叫暖锋雨，如图2-1(b)所示。暖锋面较平缓，上升冷却较慢，所以降雨强度小，但是降雨历时长、面积大。

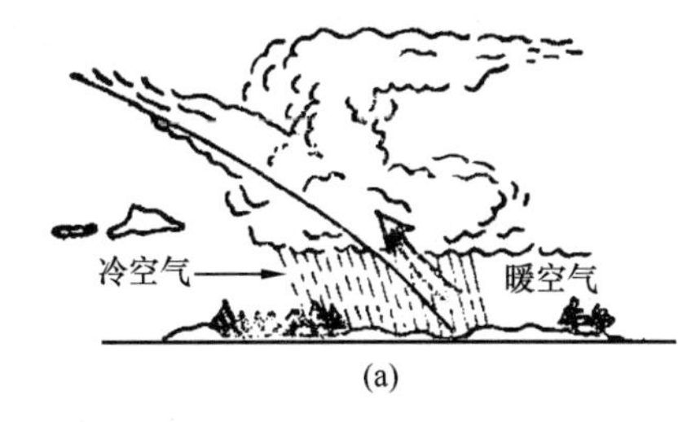

(a)

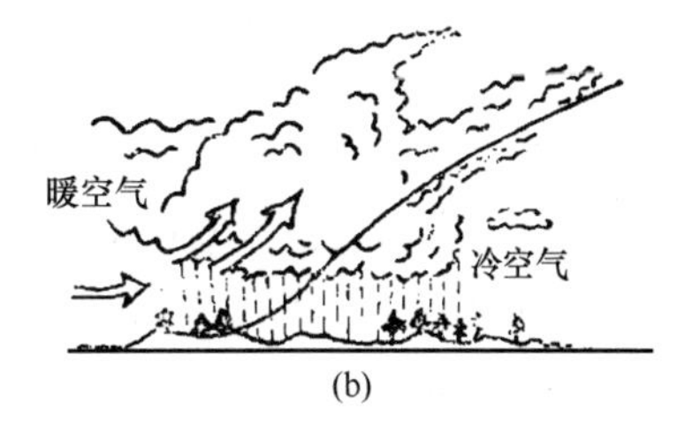

(b)

图2-1 锋面雨示意图

(a) 冷锋雨；(b) 暖锋雨

（2）对流雨。夏季暖湿气团在地面受热增温，下层空气膨胀上升遇到上层冷空气产生热力对流，暖空气上升冷却形成降雨，称对流雨。对流雨多发生在夏季的午后，雨强大、历时短，降雨面积小，常伴有雷电，又称雷阵雨。

（3）地形雨。空气中的暖湿气流遇到高山阻挡时，气流被迫沿山坡爬升，气流上升过程中冷却形成降雨。迎风坡降雨多且集中，背风坡则雨量较少。比如秦岭山脉南北坡的年雨量和月雨量差异明显。由于夏季季风来自南方，南坡为迎风坡，南坡夏季降雨量约为北坡的2倍；相反，冬季季风来自北方时，北坡又为迎风坡，此时北坡雨量大于南坡雨量。

（4）台风雨。当台风登陆后，强大的海洋湿热气团传输到大陆，由此造成台风雨。我国东南沿海诸省，如广东、海南、台湾、福建、浙江等省，由台风造成的雨量占全年总雨量的 20%～30%。台风容易在强对流性云团中产生，台风眼区由于气流下沉，多晴空无云。台风雨降雨强度大，一日暴雨可达数百毫米，且分布不均匀。

2. 降水的影响因素

影响降水的主要因素有地理位置、气象因子及下垫面条件。

（1）地理位置的影响。低纬度地区一般气温高、蒸发大，空气中水汽含量高，故降雨多。南北纬 30°之间的地区产生了地球上大约 70%的雨量，赤道附近最多，逐渐向两极递减。沿海地区空气中水汽含量高，降雨频繁。从地理位置来说，降雨的分布越向内地雨量越少，例如，青岛年降雨量约为 650mm，向西至济南减少为 618mm，再向西到兰州，年降雨减少到 326mm。

（2）气象因子的影响。气温、湿度、气压、风速等是影响降雨的主要因素。我国最主要的气候特征是大陆性季风，冬季蒙古高压常南下形成冷气流，寒潮、霜冻和降雪发生的概率增加，而夏季热带气团带来的暖湿气团会形成降水；秋季以稳定大气结构为主，大部分地区秋高气爽，但西南地区因受西南季风影响，阴雨较多。复杂的天气系统和台风的作用使我国南方地区暴雨多于北方，沿海多于内地。

（3）地形的影响。地形对降雨的直接影响是地形能使气流抬升，从而增加降雨。有些地区的年平均降水量与地面高程关系密切，而地形抬升作用的大小与下垫面的变化程度有密切联系。地形坡度越大，气流抬升作用越强，水汽含量相同的情况下降水量增加的就越多。但有时也会出现降水量随高程的变化达到极大值后，随高程再增加，雨量反而减少的现象。

（4）森林与水面的影响。森林阻碍气流运动，潮湿空气容易积累，有利于降雨。此外，森林地表起伏严重，热力差异显著，这使得空气的对流作用加强，也会增加降雨的概率。海面和湖面由于摩擦力小，气流受到的阻力较小，因此减少了降雨的概率。在温暖季节，水面温度比陆地温度低，水面上空的气温可能出现逆温现象，导致水面上空的气团稳定，不易形成降雨。海洋暖流经过时，贴近地层的气温增高后使得地面上层空气团稳定性降低，有利于降雨的形成；而在寒流经过时，情况恰好相反。

3. 降水的基本要素

降水的基本要素有降水量、降水历时、降水时间、降水强度以及降水面积。

（1）降水量。降水量指在一定时段内降落在一定面积上的总水量。年降水量、月降水量以及时段降水量都是常用的表示方式。次降水量是指某次降水开始至结束时连续一次降水的总量。降水量可用 m^3 或亿 m^3 表示，但通常以深度（mm）表示，即在一定时段内降落在单位面积上的水深。各种水文资料中所指的降水量，除特别指明者外，均指降水深度。

（2）降水历时和降水时间。降水历时指一次降水过程所经历的时间，以 min、h 或 d 计。降水时间则针对某一场降水量而言的时段长，某时间内降雨若干毫米，此时间为该场降雨的降水时间。为了便于比较各地的降水量，规定一定时段的降水量作为标准，如最大一日降水量、最大三日降水量等，这里一日、三日即为降水时间。在降水时间内，降水不一定连续。

（3）降水强度。指单位时间内的降水量，以 mm/min 或 mm/h 计。一般有时段平均降雨强度和瞬时降雨强度之分。

时段平均降雨强度定义为：

$$i^* = \frac{\Delta p}{\Delta t} \tag{2-1}$$

式中 i^*——时段平均降雨强度，mm/min 或 mm/h；

Δt——时段长，min 或 h；

Δp——时段 Δt 内的降雨量，mm。

在式（2-1）中，当降雨时段长无限接近于 0 时，则其极限称为瞬时降雨强度，即

$$i = \lim_{\Delta t \to 0} i^* = \lim_{\Delta t \to 0} i^* \frac{\Delta p}{\Delta t} = \frac{\mathrm{d}p}{\mathrm{d}t} \tag{2-2}$$

式中 i——瞬时降雨强度，其他符号意义同前。

（4）降水面积。指某次降水的笼罩范围水平投影面积，以 km^2 计。

4. 降水特征的表示方法

为了充分反映降水的空间分布和时间变化规律，常用降水过程线、降水累计曲线、等降雨量线以及降水特征综合曲线表示。

（1）降水过程线

一定时段（时、日、月或年）内的降水量在时间上的变化过程，可用曲线或直线图表示。它是分析某区域产流、汇流与洪水的基本资料。此曲线图只包含降水强度、降水时间，而不包含降水面积。由于时段内降水可能时断时续，因此降雨过程线无法反映降水的真实过程。

（2）降水累计曲线

降水累积曲线以时间为横坐标，以自降水开始到各时刻降水量的累积值为纵坐标。曲线上每个时段的平均斜率是各时段内的平均降水强度，即

$$I = \frac{\Delta p}{\Delta t} \tag{2-3}$$

如果所取时段很短，即 $\Delta t \to 0$，则可得出瞬间降雨强度 i，即

$$i = \frac{\mathrm{d}p}{\mathrm{d}t} \tag{2-4}$$

（3）等雨量线

为了表示降雨的空间分布情况，可绘制降雨量等值线图。根据各雨量站的雨量资料，将雨量相等的点连线，即可得到等雨量线图。等雨量线综合反映了一定时段内降水量在空间上的分布变化规律。等雨量线图中包含了某地区的降水量和降水的面积，但无法判断出降水强度的变化过程与降水历时。因降雨量与地形高程有一定关系，绘制时应参考地形等高线图。

（4）降水特征综合曲线

常用的降水特征综合曲线有 3 种。

1）强度—历时曲线。根据一场降雨的记录，统计不同降雨历时内的最大平均雨强，此时纵坐标为雨强，横坐标为历时，点绘成图（图 2-2）。同一场降雨过程中雨强与历时之间成反比关系，历时越短，雨强越高。此曲线的经验公式可表示为：

$$i_t = \frac{s}{t^n} \tag{2-5}$$

式中　t——降水历时，h；

s——暴雨参数，又称为雨力，相当于 1h 的雨强；

n——暴雨衰减指数，一般为 0.5～0.7；

i_t——对应历时 t 的降水平均强度，mm/h。

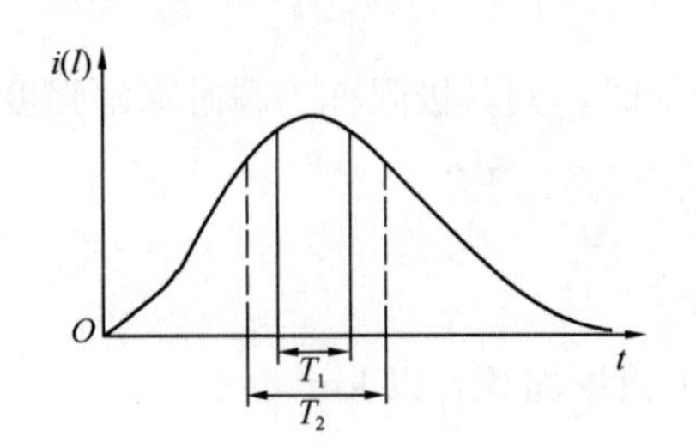

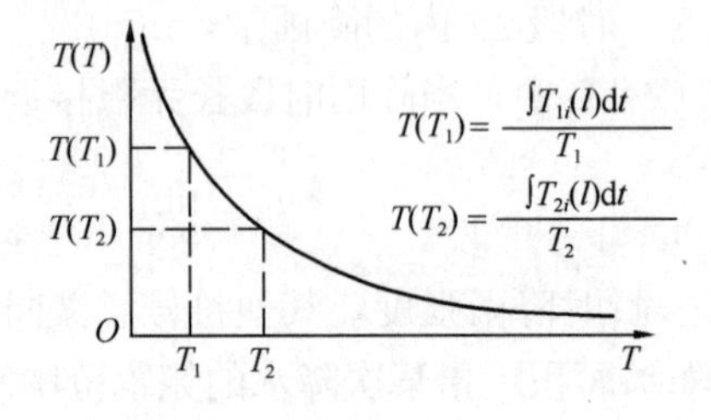

图 2-2　强度—历时关系曲线

2）平均深度—面积曲线。反映同一场降水过程中，平均雨深与面积之间的对应关系，一般面积越大，平均雨深越小。从等雨量线中心起，分别取不同等雨量线所包围的面积及此面积内的平均雨深，点绘而成。

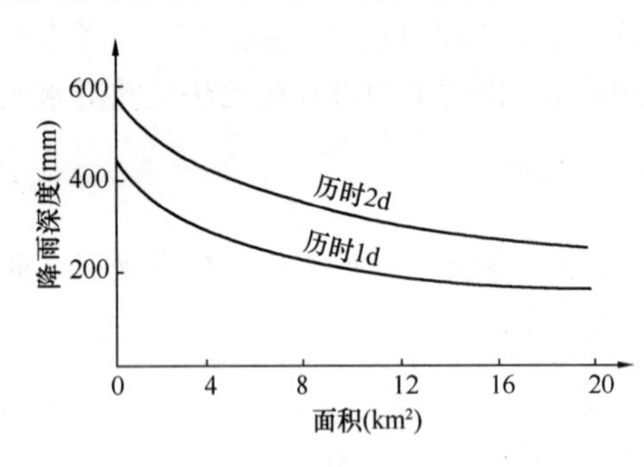

图 2-3　雨深—面积—历时关系曲线

3）雨深—面积—历时曲线。对一场降水，分别选取不同历时（如 1d，2d，……）的等雨量线，利用雨深、面积做出平均雨深—面积曲线，将三者综合点绘于同一张图上。面积一定时，历时越长，平均雨深越大；历时一定时，面积越大，平均雨深越小（图 2-3）。

5. 降水量的计算方法

在水文计算中，降雨量常采用平均降雨深表示。因为实际降雨不均匀，且降雨中心的位置随机性较强，故需要足够的雨量观测站，才能按其资料求得流域平均降雨量。此处列举四种常用计算方法。

（1）算术平均法。当雨量站分布较均匀、稠密时，可用算术平均法求得平均降雨量，取各雨量站同时段雨量的算术平均值作为平均降雨量。计算公式为：

$$x^* = \frac{x_1 + x_2 + \cdots\cdots + x_n}{n} \tag{2-6}$$

式中　x^*——平均降雨量，mm；

$x_1, x_2, \cdots\cdots, x_n$——各雨量站同时段降雨量，mm；

n——雨量站数。

（2）泰森多边形法。当区域内降雨和雨量站分布不均匀时，可用泰森多边形法求得平均降雨量。先将区域内相邻的雨量站用直线连接起来，然后做各条连线的垂直平分线，得到若干个多边形（此时每一多边形内都有一个雨量站），以各多边形的面积占流域面积的百分数作为权重，可求得各雨量站同时段雨量的平均值，并将其作为平均降雨量，如图

2-4 所示。计算公式为：

$$x^{*}=\frac{\sum_{i=1}^{n}x_{i}\cdot f_{i}}{A}=\sum_{i=1}^{n}\frac{f_{i}}{A}x_{i} \tag{2-7}$$

式中　x_i——雨量站 i 的时段降雨量，mm；

　　f_i——雨量站 i 的多边形面积，km^2；

　　A——多边形面积之和，km^2。

泰森多边形法应用较为广泛，但受到降雨空间分布影响较大，计算精度不稳定。

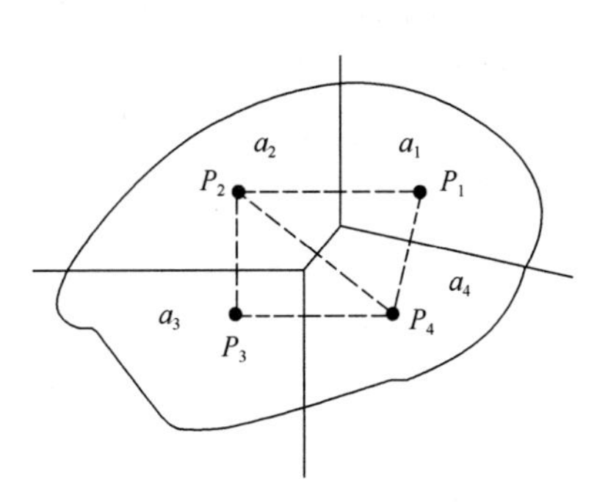

图 2-4　泰森多边形

(3) 降雨量等值线图法。当研究区域面积较大，且地形变化对降雨量影响显著，同时雨量站数量多时，可采用绘制降雨量等值线图求得平均降雨量。首先绘制降雨量等值线图，然后求出各降雨量等值线间的面积，并以相邻降雨量等值线雨量的平均值作为各面积的雨量，以各部分面积作为权重，求得降雨量的加权平均值，并将其作为流域平均降雨量。计算公式为：

$$x^{*}=\frac{\sum_{j=1}^{n}x_{j}\cdot\Delta f_{j}}{A} \tag{2-8}$$

式中　x_j——第 j 组相邻降雨量等值线雨量的平均值，mm；

　　Δf_j——第 j 组相邻降雨量等值线之间的面积，km^2；

　　A——区域面积，km^2。

降雨量等值线图法计算精度高，但绘制降雨量等值线图需要较多的雨量资料，使其应用受到限制。

(4) 距离平方倒数法。将计算区域划分成许多网格，每个网格均为一个长度分别为 Δx 和 Δy 的矩形。网格处的雨量用其周围邻近的雨量站按距离平方的倒数插值求得，即

$$x_{j}=\frac{\sum_{i=1}^{m}(p_{i}/d_{i}^{2})}{\sum_{i=1}^{m}(1/d_{i}^{2})} \tag{2-9}$$

式中　x_j——第 j 个格点的雨量，mm；

　　p_i——第 j 个格点周围邻近的第 i 个雨量站的雨量，mm；

　　d_i——第 j 个格点到其周围邻近的第 i 个雨量站的距离，m；

　　m——第 j 个格点周围邻近的雨量站数目。

由于格点的数目足够多，而且分布均匀，因此根据式 (2-9) 求得每个格点的雨量后，就可按算术平均法计算区域平均雨量，即：

$$\bar{p}=\frac{1}{n}\sum_{j=1}^{n}x_{j}=\frac{1}{n}\sum_{i=1}^{n}\left[\sum_{i=1}^{m}(p_{i}/d_{i}^{2})\Big/\sum_{i=1}^{m}(1/d_{i}^{2})\right] \tag{2-10}$$

式中　n——区域内点格的数目；

　　其他符号意义同前。

在距离平方倒数法中，计算单元为一个网格，而每个单元的雨量则由式（2-9）求得。

2.2.3　径流

对任何区域，一场具有相当数量和足够强度的降水，都会形成一条与之相对应的区域出口断面流量过程线。图2-5是某区域降雨过程线和出口断面的流量过程线。将这次洪水流量过程与降雨过程相比较，不难看出，除了次降水与次洪峰相互对应这一共同点以外，它们之间具有明显的差异。主要表现在：

（1）虽然相互对应，但次降水总量不等于次洪水径流总量。后者总是小于前者，对不同洪水两者之间的差值也不同；

（2）流量过程变化呈现为相对平滑的曲线，流量过程的出现时刻（起涨、洪峰中心）要比降雨过程滞后一段时间；

（3）流量过程总历时要比降雨历时长得多。

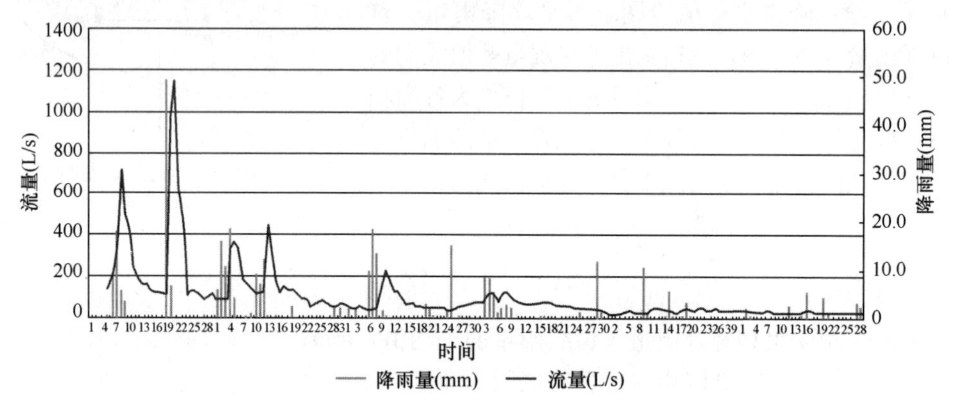

图2-5　降雨（P）与流量(Q) 过程线

随着研究区域面积的大小、下垫面情况、气候条件和降水特征的不同，以上三种差异的量级也有所不同。在天然条件下，降雨与流量过程的这种关系极为复杂。对具有相同时空分布的降水，不同研究区域所产生的流量过程具有完全不同的特性，图2-6为处于截然不同条件下的流量过程。

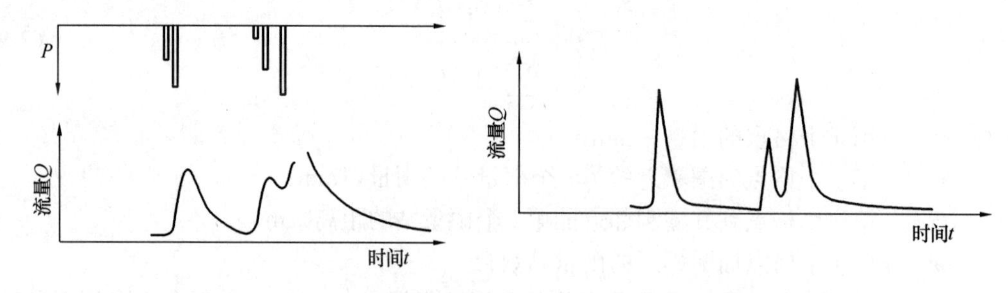

图2-6　不同下垫面条件下的流量过程示意图

大量的实际观测资料表明，当区域面积极小时，流量过程特性的差异表现得更为突出。图2-7代表的是典型流量过程。有的流量过程陡涨陡落，降雨量与径流量相等，且全属地面径流，如图2-7(a) 所示；有的是陡涨陡落，但降水历时长，其重要特征是峰现时间滞后，径流量仅占降雨量的3.6%，如图2-7(b) 所示；有的径流量不大，仅占5%以下，陡涨缓落，退水历时极长，且对小雨强的降水反应灵敏，如图 2-7(c) 所示；有的出现双峰，一陡一缓，如图 2-7(d) 所示。暂时不谈其他条件，仅就流量过程的量与形而言，从这些典型过程中不难看出它们与组成流量的径流成分有关，也就是说径流成分的差异及组成的不同与流量过程的量级及呈现形状有着密切的联系。

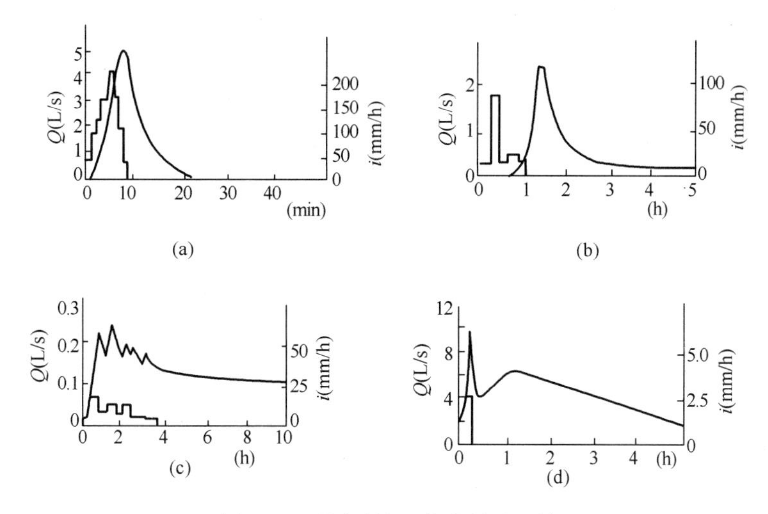

图 2-7 不同下垫面的流量过程线

径流形成过程是一个错综复杂的连续物理过程。为了对这一现象在概念上有一个初步认识，对其进行简单的概化，分为几个阶段性过程来描述：

（1）无雨期：降水前的干旱期，无地面径流发生；

（2）初雨期：除低洼处降水产生少量径流外，降水主要消耗于植物截留、下渗、填洼和蒸发；

（3）变强度降雨继续期：此时区域内植物截留、填洼量均达到最大值，产生超渗雨造成的地面径流，包气带含水量沿着深度增大；

（4）继续降雨直到全部天然储量满足期：当包气带达到饱和时壤中流及地下径流补给量增大；

（5）雨止期：雨止以后，蒸发及散发增强，地面滞蓄量及槽蓄量开始逐渐消退，一般需要经过很长时间，下垫面才能还原到起始状态。

另一种描述径流形成过程的方式如图 2-8所示。据此框图，可把径流形成过程划分为降水过程、蓄渗过程、坡地汇流过程和河网（出口）汇流过程几个相互联

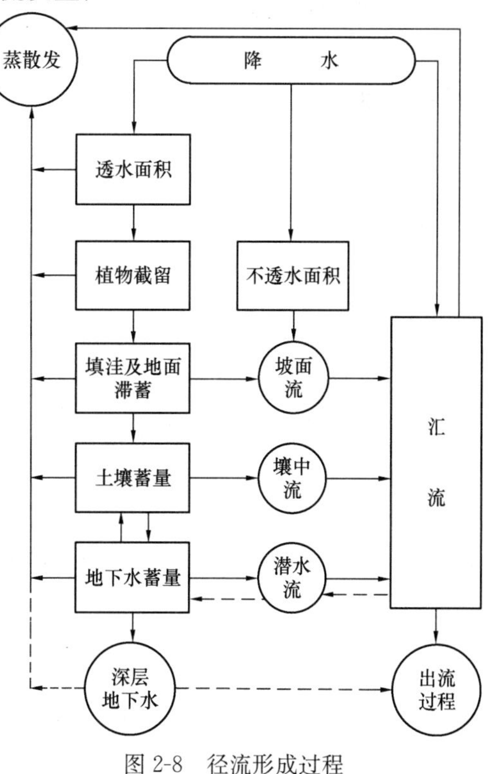

图 2-8 径流形成过程

系的子过程。

(1) 降水过程

从径流形成的角度看，降水是供水过程，是径流形成的必要条件。降水的特征及其时空分布与径流形成有密切关系。

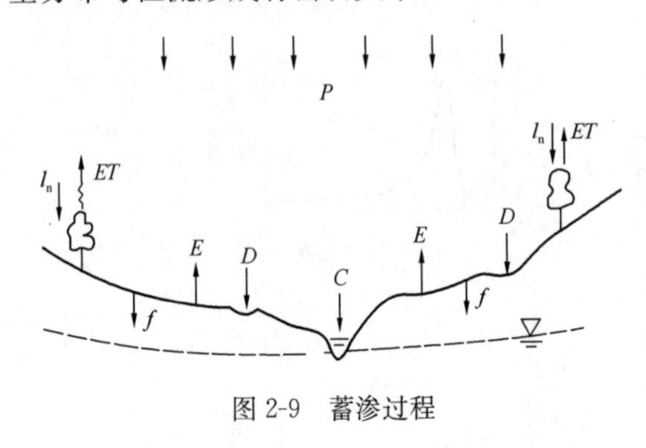

图2-9　蓄渗过程

(2) 蓄渗过程

蓄渗过程是在降水开始以后，发生在坡地上的水文过程（图2-9）。最初时间内的降雨，除小部分降落在积水面上的降雨（C）直接参与地面径流的形成外，大部分降雨并不立刻产生径流，而是消耗于植物截留（I_n）、下渗（f）、填洼（D）和蒸散发（$E+ET$），在城镇中，这部分降雨多消耗于蒸散发。

植物截留量一般不大，它最终将被蒸发耗尽。地面下渗发生在降雨期间和雨止后地面尚有积水的地方。下渗能力在空间上和时间上都是变化的。降雨初期下渗能力较大，随着降雨的持续，呈现出递减的变化趋势，最终逼近于一个稳定值。降雨过程中，雨强小于下渗能力时，雨水将全部渗入土壤中。当雨强大于地面下渗能力时，超过下渗能力的降雨形成地面积水，其余部分降雨渗入土壤中。低洼处产生的积水暂时停蓄在其中。其他地方的积水将沿地面流动填充至近处的洼地，洼地中的水分最终将耗于蒸散发和下渗。如果降雨持续，满足填洼的地方开始产生地面径流。因此，地面径流的产生是有先有后的。下渗的水分一部分要耗于蒸散发，一部分使包气带含水量不断增加。在那些包气带含水量已达到田间持水量的地方，在一定条件下，水分将沿着坡度方向产生侧向流动，形成壤中流或地下径流。当包气带含水量达到饱和含水量时，则具备了形成饱和地面径流的条件。

该阶段内通常把不产生地面径流的降水称为损失量，包括截留量、填洼量及土壤中的持水量，这些水分最终将耗于蒸散发。把降水量与损失量的差值称为径流量或产流量或净雨量，包括地面径流、壤中流和地下径流等。

(3) 坡地汇流过程

坡地汇流过程一般分为坡面漫流或坡面汇流过程。显然，这仅是针对地面产汇流而言的。事实上，在一场降雨过程中既有地面径流产生，还有壤中流和地下径流产生。因此，坡地上的水流现象不仅仅发生在坡地表面，而且可能在坡地垂直剖面上的不同深度处发生，如图2-10所示。此处所谓坡地汇流包括坡面漫流（R_s）、壤中流（R_{ss}）和地下径流（R_g）等。

坡面漫流开始于坡面产生积水后，并随地面径流的大量产生而进一步发展。在坡面漫流过程中，一方面接受降雨补给，一方面继续耗于下渗和蒸散发。因此，地

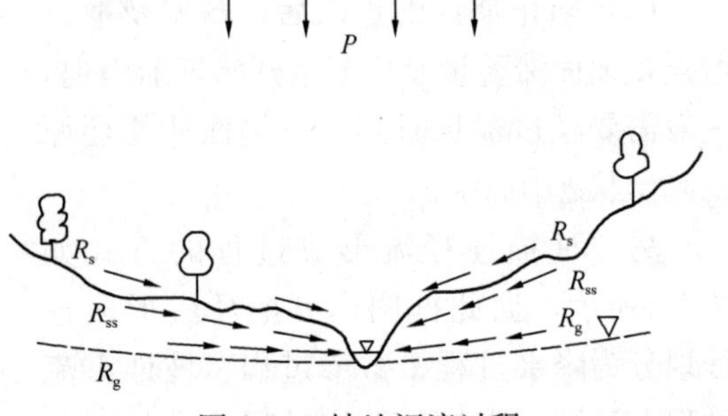

图2-10　坡地汇流过程

面径流的产流过程与坡面漫流过程难以直接分开，它们互相交织在一起。

在坡地上发生壤中流和地下径流的条件与坡面漫流不同。后者始于地面积水出现之后；前者则始于界面以上包气带含水量达到田间持水量之时。它们之间的另一个区别是坡面漫流是一种沿着地表流动的水流，属明渠水流；而壤中流和地下径流都是发生在土壤孔隙中，属于渗流。因此，它们的流速和流程都会有较大的差异。

对一次完整的城镇地面汇流而言，并不一定同时存在坡面漫流、壤中流和地下径流，很有可能这三者交替出现或两两出现。当然三种情况同时出现也是常见的。降雨产生的径流，经过坡地汇流阶段后汇集在出口，开始了径流形成过程的最后一个阶段，即汇流过程。

（4）汇流过程

汇流是指各种径流成分经坡地汇流以洪水波的形式沿着河槽向出口断面汇集的水流过程（图 2-11）。来自坡地的地面径流、壤中流和地下径流，先在出口处汇入附近的水系，再汇入更大的河流，最后汇集至出口断面，形成出口断面流量过程线。至此，一次降雨的径流形成过程结束。当本次降雨形成的径流全部通过出口断面后，地表会恢复到原先状态。

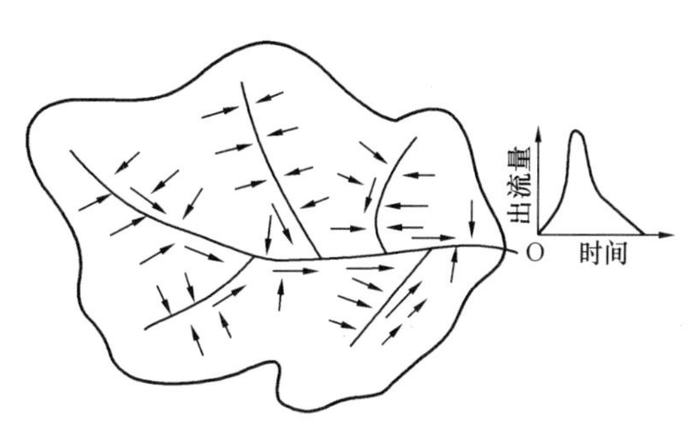

图 2-11 河网汇流过程

将径流形成过程划分为几个子过程来加以描述，只是为了便于对现象的认识和研究，而并不意味着可以把径流形成过程机械地分割开来。

从动力学的观点看，上述径流形成过程实际上是水分在不同下垫面及不同的介质中，在各种力的作用下，沿着不同方向运行和发展的水流运动过程。这种运动可划分为垂直运行和侧向运行两类。垂向的水分运行包括降水、植物截留、填洼、下渗和蒸散发等。侧向的水分运动包括坡面漫流、壤中流、地下径流等。这些水分的不断运动和相互作用构成了径流形成的全部水分运行过程。

2.2.4 下渗

下渗是在一定的供水条件（降水或灌溉）下，水分通过土壤面向土中运动的过程，可用下渗率来定量表示。单位时间内通过单位面积下渗面渗入土中的水量称为下渗率，供水充分时的下渗率被称为下渗容量或下渗能力。对于同一种土壤，下渗率总是小于或等于下渗容量。一般用下渗曲线来表示土壤的下渗规律，根据下渗曲线和供水强度的对比关系进一步确定实际下渗过程。

下渗曲线是一条递减曲线，可分为渗润阶段、渗漏阶段和渗透阶段。渗润阶段时，土壤中的水分主要依靠分子力被土壤颗粒吸附。渗漏阶段时，水分在毛管力和重力作用下，在土壤空隙中向下做不稳定运动，逐步将土壤孔隙填满，直至饱和。渗透阶段时，土壤孔隙被水分充满，水分在重力作用下呈稳定流动。在实际下渗过程中，两个阶段其实并无明显界限，是相互交错的状态。因此，下渗曲线的推求是研究下渗的核心问题。

1. 非饱和下渗理论

非饱和下渗理论是基于非饱和水流运动的基本微分方程式来确定下渗曲线的。

（1）下渗方程及定解条件

当垂向坐标从地面取向上为正时，重力势为 $\Phi_g = -z$，所以下渗过程中总的土水势为：

$$\Phi = \Phi_g + \Phi_m = -z + \Phi_m \tag{2-11}$$

将式（2-11）代入非饱和土壤中垂向运动的水流所遵循的基本微分方程式得：

$$\frac{\partial \theta}{\partial t} = \frac{\partial}{\partial z}\left[K(\theta)\frac{\partial \Phi_m}{\partial z}\right] - \frac{\partial K(\theta)}{\partial z} \tag{2-12}$$

式中　Φ_m——θ 的函数，一般并非单值，为方便计算，假设这个函数为单值函数。

式（2-12）可以改写为：

$$\frac{\partial \theta}{\partial t} = \frac{\partial}{\partial z}\left[K(\theta)\frac{\mathrm{d}\Phi_m}{\mathrm{d}\theta}\frac{\partial \theta}{\partial z}\right] - \frac{\partial K(\theta)}{\partial z} \tag{2-13}$$

令

$$D(\theta) = K(\theta)\frac{\mathrm{d}\Phi_m}{\mathrm{d}\theta} \tag{2-14}$$

式中　$D(\theta)$——扩散率。

$K \sim \theta$ 也为近似单值关系，利用这一条件，最终求得基于非饱和水流运动理论的下渗方程的一般形式为：

$$\frac{\partial \theta}{\partial t} = \frac{\partial}{\partial z}\left[D(\theta)\frac{\partial \theta}{\partial z}\right] - \frac{\mathrm{d}K(\theta)}{\mathrm{d}\theta}\frac{\partial \theta}{\partial z} \tag{2-15}$$

因为将式（2-14）代入式（2-12）所得到的方程式（2-15）与扩散方程相似，故式（2-14）中的 $\mathrm{d}\Phi_m/\mathrm{d}\theta$ 视为土壤水分特性曲线的斜率。扩散率受到滞后作用的影响，有学者提出了扩散率与土壤含水量之经验关系，例如：

$$D(\theta) = ae^{b\theta} \tag{2-16}$$

式中　a，b——经验系数。

下渗方程式（2-15）是一个二阶非线性偏微分方程，必须给出初始条件和边界条件才能求得该方程的确定解。初始条件和边界条件合称为定解条件。初始条件是指供水开始时（$t=0$）土层中土壤含水量沿深度的分布情况。边界条件又分为上边界条件和下边界条件。上边界条件一般指 $z=0$ 处的土壤含水量情况，它反映了供水的具体条件。下边界条件是指土层末端的土壤含水量情况。下渗方程的定解条件是根据下渗过程的具体物理意义来确定的。

基本微分方程式（2-15）和定解条件共同构成下渗物理过程的定解问题。

（2）忽略重力作用时下渗方程的解

当忽略重力作用时，下渗方程式（2-15）变为：

$$\frac{\partial \theta}{\partial t} = \frac{\partial}{\partial z}\left[D(\theta)\frac{\partial \theta}{\partial z}\right] \tag{2-17}$$

此时假设下渗问题为：土层为无限深，由均质土壤组成，土层表面供水充分但是不积水；土层的初始土壤含水量分布均匀。这种下渗问题的定解条件可写成：

$$\theta(z,0) = \theta_0 \tag{2-18}$$

$$\theta(0,t)=\theta_n \tag{2-19}$$

$$\theta(\infty,t)=\theta_0 \tag{2-20}$$

式中 θ_0——初始土壤含水量；

θ_n——饱和土壤含水量。

式（2.17）～式（2.20）构成了忽略重力作用时下渗过程的定解问题。

应用分离变量法可得出上述定解问题解的形式为：

$$\eta(\theta)=zt^{-1/2} \tag{2-21}$$

式中，$\eta(\theta)$ 仅为土壤含水量 θ 的函数，并要求 $\eta(\theta_n)=0$ 和 $\eta(\theta_0)\rightarrow\infty$。得到 $\eta(\theta)$ 的具体形式并非易事，目前仅有菲利普（Philip）于1957年提出了一种数值解法。首要目的是了解忽略重力作用下时下渗曲线的基本特点，并不需要求出 $\eta(\theta)$。

相应于定解问题，式（2-17）～式（2-20）的下渗曲线可用以下方法求得。

由式（2-21）可知，从供水开始到 t 时刻进入土层中的水分，即累积下渗量为：

$$F_p(t)=\int_{\theta_0}^{\theta_n}z(\theta,t)\mathrm{d}\theta=\int_{\theta_0}^{\theta_n}\eta(\theta)t^{-1/2}\mathrm{d}\theta=st^{-1/2} \tag{2-22}$$

$$s=\int_{\theta_0}^{\theta_n}\eta(\theta)\mathrm{d}\theta \tag{2-23}$$

式中 s——土壤吸收度，s 仅与土壤初始含水量有关。

根据式（2-22）可求得忽略重力作用时的下渗曲线表达式为：

$$f_p=\frac{\mathrm{d}F_p}{\mathrm{d}t}=\frac{s}{2}t^{-1/2} \tag{2-24}$$

其图形如图2-12所示。

当扩散率为常数时，可得相应的下渗曲线的解析表达式为：

$$f_p=(\theta_n-\theta_0)\sqrt{\frac{D}{\pi}}t^{-1/2} \tag{2-25}$$

式中 D——常数扩散率。

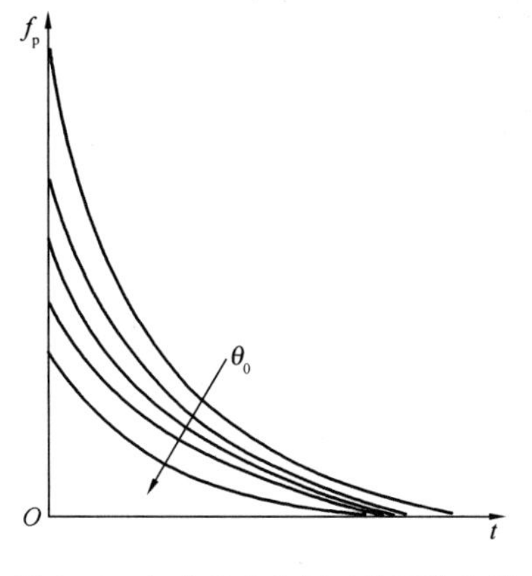

图2-12 忽略重力作用时的下渗曲线

（3）完全下渗方程的解

在上述定解问题中，如不忽略重力作用，则变为：

$$\left.\begin{aligned}&\frac{\partial\theta}{\partial t}=\frac{\partial}{\partial z}\left[D(\theta)\frac{\partial\theta}{\partial z}\right]-\frac{\mathrm{d}K(\theta)}{\mathrm{d}\theta}\frac{\partial\theta}{\partial z}\\&\theta(z,0)=\theta_0\\&\theta(0,t)=\theta_n\\&\theta(\infty,t)=\theta_0\end{aligned}\right\} \tag{2-26}$$

该定解问题的求解更为复杂。菲利普于1957年曾利用无穷级数求得近似解，即令解为：

$$z(\theta,t)=f_1(\theta)t^{1/2}+f_2(\theta)t+f_3(\theta)t^{3/2}+\cdots\cdots=\sum_{i=1}^{\infty}f_i(\theta)t^{i/2} \tag{2-27}$$

式中 $f_1(\theta)$，$f_2(\theta)$，…… ——土壤含水量 θ 的函数，且满足 $f_i(\theta_n)=0(i=1,2,\cdots\cdots)$ 和 $f_1(\theta_0)\rightarrow\infty$ 的条件。

与忽略重力作用情况一样，求出 $f_1(\theta)$，$f_2(\theta)$，$f_3(\theta)$，……也并非易事，如果只是为了给出考虑重力作用时下渗曲线的基本形式，也可不必先求出 $f_1(\theta)$，$f_2(\theta)$，$f_3(\theta)$，……

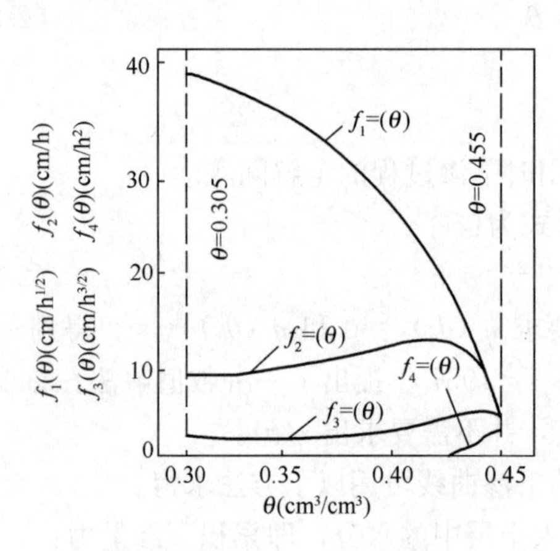

图 2-13　f_1，f_2，f_3，f_4 函数图

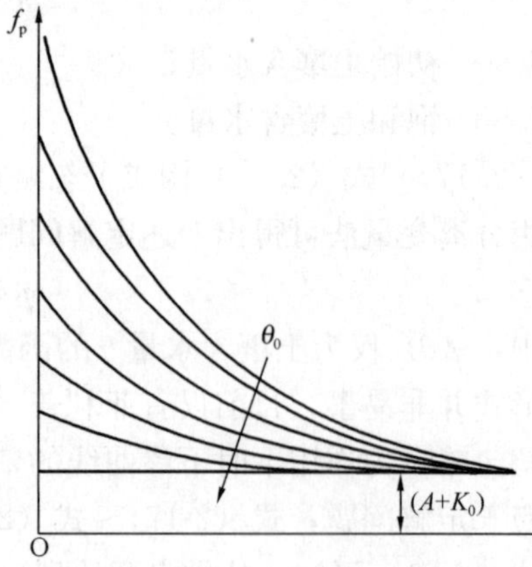

图 2-14　考虑重力作用时的下渗曲线

数值试验证明（图 2-13），式（2-27）中 $f_1(\theta)$ 的作用远远大于 $f_3(\theta)$，$f_4(\theta)$，…… 的作用，因此一般认为只需取前两项就能满足实际应用了。这时式（2-27）变为：

$$z(\theta,t)=f_1(\theta)t^{1/2}+f_2(\theta)t \tag{2-28}$$

考虑重力作用时由式（2-28）推求相应的下渗曲线的方法如下：先求相应的累积下渗曲线。这时累积下渗量包括两部分，其一是被土壤保持的水分；其二是从土柱底部排出的水量。因此有：

$$F_{\mathrm{p}}(t)=\int_{\theta_0}^{\theta_{\mathrm{n}}} z(\theta,t)\mathrm{d}\theta+K_0 t=\int_{\theta_0}^{\theta_{\mathrm{n}}}[f_1(\theta)t^{1/2}+f_2(\theta)t]\mathrm{d}\theta+K_0 t=st^{-1/2}+(A+K_0)t \tag{2-29}$$

式中　K_0——初始土壤含水量 θ_0 时的水力传导度。

$$s=\int_{\theta_0}^{\theta_{\mathrm{n}}} f_1(\theta)\mathrm{d}\theta$$

$$A=\int_{\theta_0}^{\theta_{\mathrm{n}}} f_2(\theta)\mathrm{d}\theta$$

进而可求得相应的下渗曲线的基本形式为：

$$f_{\mathrm{p}}=\frac{s}{2}t^{-1/2}+(A+K_0) \tag{2-30}$$

式中，s，A 和 K_0 只与初始土壤含水量有关。考虑重力作用时下渗曲线的基本形状如图 2-14 所示。

特别地，当扩散率 D 和 $\mathrm{d}K(\theta)/\mathrm{d}\theta$ 均为常数时，可得考虑重力作用时下渗曲线的解析表达式为：

$$f_{\mathrm{p}}=\frac{(\theta_{\mathrm{n}}-\theta_0)k}{2}\left[\frac{\exp(-k^2t/(4D))}{\sqrt{k^2\pi t^2/(4D)}}-erfc\left(\sqrt{\frac{k^2t}{4D}}\right)\right]-k\theta_{\mathrm{n}} \tag{2-31}$$

式中，$k=\mathrm{d}K(\theta)/\mathrm{d}\theta$；$erfc$（）是余误差函数的记号。

2. 饱和下渗理论

饱和下渗理论也是基于土壤水运动规律，不过它使用的是一种简化了的土壤水运动规律。所以讨论饱和下渗理论必须从基本假定入手。

(1) 基本假定

玻特曼（Bodman）和库尔曼（Colman）于1943年观测发现，对于有足够厚度的土层，不同土壤在下渗过程中，尽管土层含水量分布的具体变化不完全相同，但土层的水分剖面都可以划分为四个部分（图 2-15）。

1）饱和带。这一带中土壤处于饱和状态，厚度不大且比较稳定。

2）传递带。这是一个土壤含水量介于田间持水量和饱和含水量之间、梯度小、厚度大，且厚度随下渗时间明显增加的水分带。

3）湿润带。它连接了水分传递带和湿润锋。这一带中土壤含水量随深度迅速减小，且随时间不断下移。原来的位置不断被传递带代替。这一带厚度变化也不大。

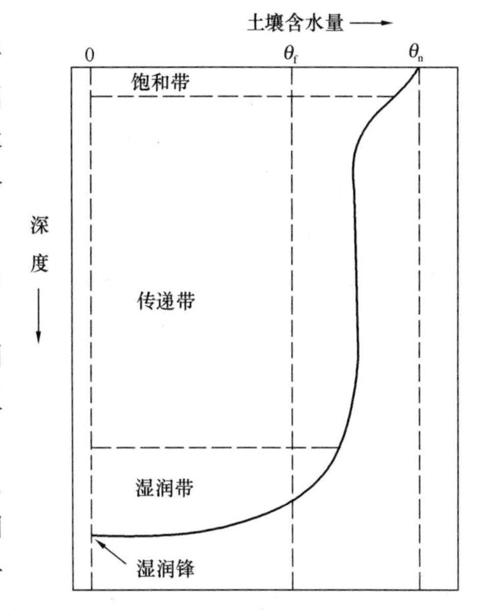

图 2-15 下渗过程中的水分剖面

4）湿润锋。湿润带与原来的干土的交界面称为湿润锋。在湿润锋处，土壤含水量随深度突变，因而产生很大的土水势梯度，驱使水分不断向土层深处渗透。

据此可以把自然界的下渗过程进行概化：以湿润锋为界，其上部分土壤含水量达到饱和，其下仍为初始土壤含水量。当上土层达到饱和或接近饱和时，湿润锋向下移动。下渗过程中土层水分剖面随时间的变化如图 2-16 所示，该过程类似沿深度叠加积木。

(2) 下渗方程的建立

现在根据上述基本假定来建立基于饱和下渗理论的下渗方程。先分析下渗土柱所受到的作用力（图 2-17）。

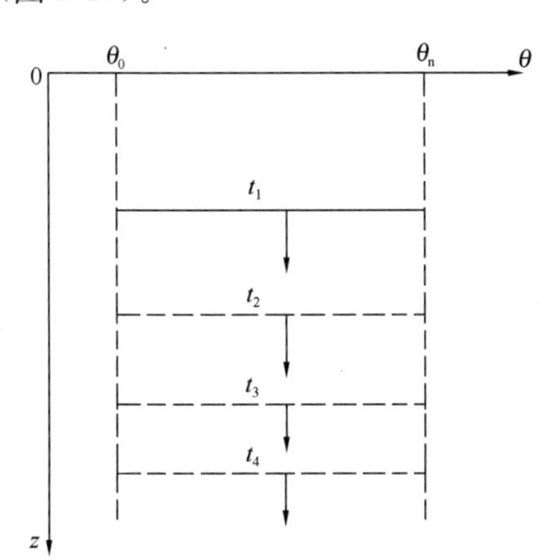

图 2-16 饱和下渗理论的湿润锋下移

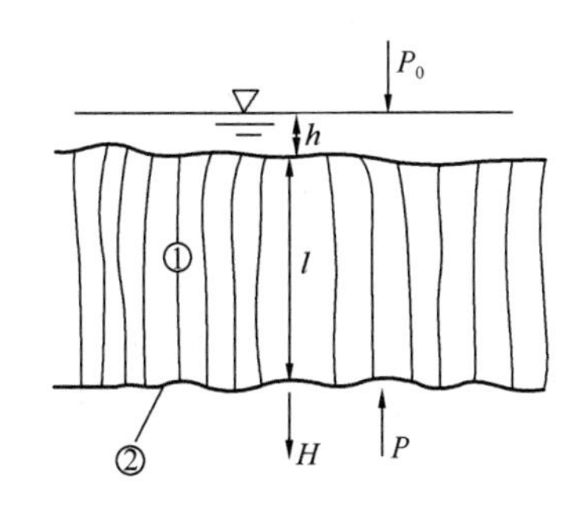

图 2-17 湿润锋上的作用力

①饱和层；②湿润锋

水压力：下渗面上积水对下渗土柱产生的压力。可用下渗面上的积水深 h 表示，方向垂直向下。

重力：下渗土柱中的水重。常用下渗水柱的长度 l 表示，方向垂直向下。由于下渗过程中下渗土柱的不断增长，因此重力是变化的。

毛管力：湿润锋以下非饱和土壤中大大小小毛细管所导致的吸收水分的力。可用毛管上升高度 H 表示，方向垂直向下。毛管力与湿润锋以下的土壤含水量有关。

空气余压力：由于湿润锋以下的空气受到锋面下移压缩而产生的超过大气压的压力差。令 P 为湿润锋以下空气受到压缩而产生的反力，P_0 为大气压力，则空气余压力为 $P-P_0$。空气余压力的方向垂直向上。

这样在饱和下渗理论中，驱使下渗土柱向下移动的作用力为 $h+l+H-(P-P_0)$。对于无限深的土层，且下渗面上不积水，由于 $(P-P_0)=0$ 和 $h=0$，因此驱使下渗土柱向下运动的作用力简化为 $l+H$。

由饱和土壤的达西定律可知，这时的下渗容量为：

$$f_p = K_s\frac{l+H}{l} = K_s\left(1+\frac{H}{l}\right) \tag{2-32}$$

式（2-32）包含有两个未知函数，即 f_p 和 l。为了求出 f_p 的唯一解，必须再建立一个方程式。若下渗土柱的初始土壤含水量为 θ_0，饱和含水量为 θ_n，至时间 t 的下渗土柱长为 l，那么在这一时间内，下渗土柱中增加的含水量为 $(\theta_n-\theta_0)l$，而通过下渗面下渗到下渗土柱中的总水量即累积下渗量为 F_p。因此，根据质量守恒定律，应有：

$$F_p = (\theta_n-\theta_0)l$$

或

$$f_p = (\theta_n-\theta_0)\frac{dl}{dt} \tag{2-33}$$

式（2-33）也是一个包含 f_p 和 l 两个未知函数的方程式。

在式（2-32）和式（2-33）中消去 f_p，得：

$$\frac{dl}{dt} = \frac{K_s}{\theta_n-\theta_0}\left(1+\frac{H}{l}\right) \tag{2-34}$$

这个常微分方程就是饱和下渗理论的基本方程式，也是在饱和下渗理论下湿润锋移动所满足的基本方程式。

（3）下渗曲线的求解

由常微分方程［式（2-34）］容易解得：

$$t = \int_0^l \frac{dl}{\frac{K_s}{\theta_n-\theta_0}\left(1+\frac{H}{l}\right)} = \frac{(\theta_n-\theta_0)H}{K_s}\left[\frac{l}{H}-\ln\left(1+\frac{l}{H}\right)\right]$$

按上式解出 l 较为复杂。但由于 l/H 通常比 1 小得多，所以可取式中 $\ln(1+l/H)$ 项的级数展开的前两项作为其近似值，即：

$$\ln\left(1+\frac{l}{H}\right) \approx \frac{l}{H}-\frac{1}{2}\left(\frac{l}{H}\right)^2$$

代入上述 t 的表达式，得到：

$$t = \frac{(\theta_n-\theta_0)H}{K_s}\left[\frac{1}{2}\left(\frac{l}{H}\right)^2\right]$$

据此便可解出 l 的表达式为：

$$l = \sqrt{\frac{2K_s Ht}{\theta_n - \theta_0}}$$

将此式回代到式（2-26），就可求得饱和下渗理论的下渗曲线为：

$$f_p = K_s + \sqrt{\frac{0.5K_s H(\theta_n - \theta_0)}{t}} = Bt^{-1/2} + K_s \tag{2-35}$$

式（2-35）仅为初始土壤含水量的函数。根据式（2-35）绘出的下渗曲线与图 2-20 相似，不同的是两者当 $t \to \infty$ 时所取的极限不同，图 2-14 中极限值为（$A+K_0$），式（2-35）则为 K_s，在饱和下渗理论下，所谓稳定下渗率，实际上就是饱和水力传导度。饱和下渗理论由格林（Green）和安普特（Ampt）于 1911 年首先提出。

比较式（2-23）、式（2-30）和式（2-35）可知，由饱和下渗理论得到的下渗曲线和由非饱和下渗理论得到的下渗曲线都是 $t^{-1/2}$ 的函数。这也表明了饱和下渗理论所依据的基本假设是成立的。应用饱和下渗理论也可求解更为复杂的问题，由于它一般只需处理常微分方程的解，所以常常比用非饱和下渗理论解决同样的问题容易些。

3. 下渗曲线的经验公式

虽然讨论了下渗曲线的理论推导和下渗曲线的基本特点，但这些研究无法应对复杂情况，为了满足实际需求，构造下渗曲线经验公式的基本思想是：在特定条件下，选择合适的函数形式，并根据曲线拟合情况确定其中的各项参数。如此求得的下渗曲线可认为在该条件下适用。由于取得的下渗资料因具体条件而异，因此下渗曲线经验公式很多。这里仅选择其中常见的、有代表性的加以介绍。

（1）科斯加柯夫（Kostiakov）公式

1931 年，苏联学者科斯加柯夫给出了下列形式的下渗曲线经验公式：

$$f_p = \sqrt{\frac{a}{2}} t^{-1/2} \tag{2-36}$$

式中 a——经验系数；

t——入渗历时。

该公式实际上认为在下渗过程中，下渗容量 f_p 与累积下渗量 F_p 成反比，a 是比例常数。事实上，因为：

$$f_p = \frac{F_p}{a}，即 \frac{dF_p}{dt} = \frac{a}{F_p}$$

所以最后解得式（2-36）。

（2）霍顿（Horton）公式

1932 年，霍顿在研究降雨产流时曾提出一个著名的下渗曲线的经验公式：

$$f_p = f_c + (f_0 - f_c)e^{-kt} \tag{2-37}$$

式中 f_0——初始下渗容量；

f_c——稳定下渗率；

k——经验参数。

霍顿公式实际上认为（$f_0 - f_c$）与（$F_p - f_c t$）成正比，k 是比例常数。事实上，当 $f_0 - f_c = k(F_p - f_c t)$ 时，就可得到下列常微分方程：

$$\frac{\mathrm{d}F_{\mathrm{p}}}{\mathrm{d}t}+kF_{\mathrm{p}}=f_0+kf_{\mathrm{c}}t$$

解此微分方程就能得到式（2-37）。霍顿公式至今被各种水文实践广泛使用。

（3）菲利普（Philip）公式

1957 年，菲利普拟定了下列下渗曲线经验公式：

$$f_{\mathrm{p}}=\sqrt{\frac{a}{2}t^{-1/2}}+f_{\mathrm{c}} \tag{2-38}$$

式中　t——入渗历时；

f_{c}——稳定下渗率；

a——经验参数。

式（2-38）实际上认为在下渗过程中，（$f_{\mathrm{p}}-f_{\mathrm{c}}$）与（$F_{\mathrm{p}}-f_{\mathrm{c}}t$）成反比，$a$ 为比例系数，这是因为当 $f_{\mathrm{p}}-f_{\mathrm{c}}=\dfrac{a}{F_{\mathrm{p}}-f_{\mathrm{c}}t}$ 时，可最终解得式（2-38）。

（4）Green-Ampt 模型

1911 年 Green-Ampt 以毛细管理论为基础，提出了具有相同初始含水量的均质土壤的下渗方程。Green-Ampt 模型假定在积水入渗过程中，土壤含水率剖面中存在陡的湿润锋面，在湿润锋面与土表面间的土壤处于饱和状态，同时湿润锋面处存在一个固定不变的吸力。Green-Ampt 渗透模型的特点是对下垫面存在积水与不存在积水两种情况采用不同的计算方式，当地面没有积水时，降雨全部下渗，当渗透率小于或等于降雨强度时，采用 Green-Ampt 公式计算下渗量。Green-Ampt 入渗模型表示形式为：

$$f=k_{\mathrm{s1}}\frac{h_0+h_{\mathrm{f}}+z_{\mathrm{f}}}{z_{\mathrm{f}}} \tag{2-39}$$

式中　f——入渗率，cm/min；

k_{s1}——土壤饱和导水率，cm/min，主要取决于土壤封闭空气对入渗的影响程度；

h_0——土壤表面积水深度，cm；

h_{f}——湿润锋面吸力，cm；

z_{f}——概化的湿润锋深度，cm。

在 Green-Ampt 入渗模型中主要包括两个特征参数，即土壤饱和导水率和湿润锋面吸力，积水深度可以根据实验条件来决定，概化湿润锋深度可以根据累计入渗量确定：

$$I=(\theta_{\mathrm{n}}-\theta_0)z_{\mathrm{f}} \tag{2-40}$$

式中　I——累计入渗量，cm；

θ_{n}——土壤饱和含水量，$\mathrm{cm^3/cm^3}$；

θ_0——土壤初始含水量，$\mathrm{cm^3/cm^3}$；

z_{f}——概化的湿润锋深度，cm。

对于 Green-Ampt 入渗模型而言，只要获得土壤饱和导水率和湿润锋面吸力就可以计算土壤的入渗特性。

（5）SCS-CN 模型

SCS-CN 模型是美国农业部水土保持局（USDA-SCS）对美国不同地区的小流域降雨径流资料经过多年分析研究得出的一个经验模型。Sheman 最早提出了将降雨－径流数据在二维几何坐标下进行分析。基于这个思路，Victor Mockus 于 1949 年提出基于土壤、土地利用、前期降水、暴雨过程以及年均温度对无观测流域的地表径流进行预测，据此形成了 SCS-CN 模型。

通过对大量实验数据的分析，Victor Mockus 将降雨—径流关系表达为如下形式：

$$PE=\frac{(P-I_a)^2}{(P-I_a+S)} \tag{2-41}$$

式中 PE——累计有效降雨量，mm；

P——累积降雨量，mm；

I_a——初始损失，mm。

径流形成之前的截留和入渗为潜在的最大洼蓄量，在空间上与土壤类型、土地利用状况、农田管理措施以及地面坡度有关，在时间上与土壤含水量有关，可由一个无量纲的参数 CN 确定，其相互关系公式如下：

$$S=25.4(1000/CN-10) \tag{2-42}$$

式中 S——流域最大可能滞留量，mm。

在 SCS 模型中，I_a 与 S 之间的关系常采用经验公式近似确定：

$$I_a=0.2S \tag{2-43}$$

故又可以转换成：

$$PE=\frac{(P-0.2S)^2}{(P+0.8S)} \tag{2-44}$$

2.2.5 蒸散发

蒸散发是蒸发与散发的总称。衡量蒸（散）发程度的定量指标是蒸（散）发率，即单位时间内通过单位面积的蒸发面逸出的水分子数与返回到蒸发面的水分子数的差值（当为正值时）。固定时段内蒸（散）发率的累积值称为蒸（散）发量，如日蒸（散）发量、月蒸（散）发量、年蒸（散）发量等。自然界有各种各样的蒸发面，如水面、裸土表面、植物茎叶、冰雪面和流域表面等。按蒸发面的不同，可以把蒸（散）发划分为水面蒸发、土壤蒸发、植物散发、冰雪蒸发和流域蒸散发等。蒸（散）发量取决于供水、能量和水汽排除条件。在一定的能量条件和水汽排除条件下，供水充分时的蒸（散）发率称为蒸（散）发能力。相同能量条件和水汽排除条件下的蒸（散）发率与蒸（散）发能力之间的关系显然为：供水充分时，两者相等；供水不充分时，蒸（散）发率小于蒸（散）发能力。

1. 水面蒸发

水面蒸发是水面水分从液态转化为气态并逸出水面的过程，是一种供水充分的蒸发，因此较为简单，是目前研究得较为透彻的一种蒸发现象。确定水面蒸发主要的理论途径如下：

（1）热量平衡途径

这种理论所依据的是蒸发过程中遵循的热量平衡关系。对于任一水体（湖泊、水库、河川等），其热量平衡方程可写为：

$$Q_n-Q_h-Q_0=Q_\theta-Q_v \tag{2-45}$$

式中 Q_n——水体吸收的净辐射值；

Q_h——水体传导给大气的热量；

Q_0——用于蒸发的热量；

Q_θ——水体中储蓄热量的增量；

Q_v——水体出入流净热量含量，对于无吞吐的水体，此项为零。

以上各热量项的单位均为 J/cm^2。引进波文（Bowen）比 $R=Q_h/Q_0$，式（2-45）又可写成：

$$Q_n-(1+R)Q_0=Q_\theta-Q_v \tag{2-46}$$

得到水面蒸发的计算公式为：

$$E=\frac{Q_n+Q_v-Q_\theta}{\rho_w L(1+R)} \tag{2-47}$$

式中　L——水的蒸发潜热；

ρ_w——水的密度。

由式（2-46）可知，基于热量平衡理论所导出的水面蒸发计算公式取决于 Q_n、Q_θ、Q_v 和 R。若研究对象是无吞吐的水体，则 $Q_v=0$，所以仅需确定 Q_n、Q_θ 和 R。由于：

$$R=\gamma\frac{T_0-T_a}{e_0-e_a}\frac{P}{1000} \tag{2-48}$$

式中　γ——湿度计常数，当温度以℃计、水汽压以 hPa 计时，它等于 0.66；

T_a——气温；

e_a——空气中的水汽压；

T_0——水面温度；

e_0——T_0 时的饱和水汽压。

以上压强单位均为 hPa，温度单位均为℃。Q_n 和 Q_θ 最终可看作与日照 S 和气温 T_a 有关，所以在热量平衡理论下，水面蒸发被看作是日照和气温的函数：

$$E=f(S,T_a) \tag{2-49}$$

图 2-18 给出了这种函数关系的实例。

应当指出，在应用热量平衡理论计算水面蒸发时，当 $R=-1$ 或饱和差（e_0-e_a）趋于零时，水面蒸发是不能确定的。

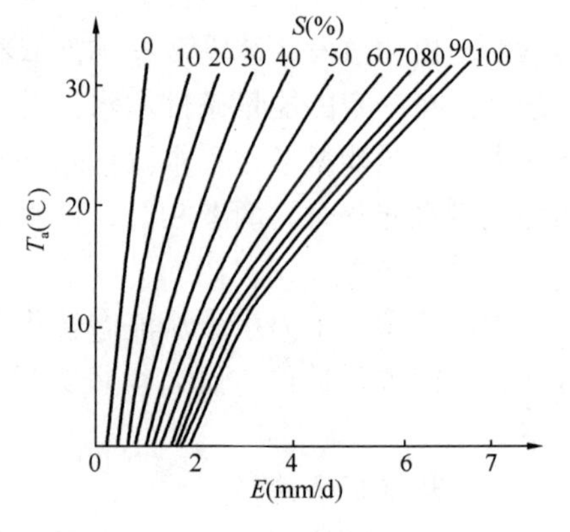

图 2-18　$E=f(S,T_a)$ 曲线

（2）空气动力学途径

从空气动力学角度出发，空气近地层时，根据风速及涡动交换系数随高度变化的特征以及适当的边界条件，求解下列微分方程：

$$u\frac{\partial V}{\partial x}=\frac{\partial}{\partial z}\left(K\frac{\partial V}{\partial z}\right) \tag{2-50}$$

式中　K——涡动交换系数；

u——水平风速，m/s；

x——水平距离，m；

V——由下向上传输的物质量或物理量。

根据扩散理论，利用空气动力学中的关系式，可得到基于扩散理论的水面蒸散发公式：

$$E = \left(\frac{K_w \rho u_2}{K_m p}\right) f[\ln(z_2/k_s)](e_0 - e_2) \tag{2-51}$$

式中 K_w——大气紊动扩散系数，m^2/s；

K_m——紊动黏滞系数，$N \cdot s/m^2$；

u_2——水面以上 z_2 高度处的平均风速，m/s；

p——气压，hPa；

f——函数关系；

k_s——表面糙度的量度；

e_0——饱和水汽压，hPa；

e_2——水面以上 z_2 高度处的水汽压，hPa。

1939 年，桑斯威特和霍尔兹曼利用近地面边界层相似理论，提出计算蒸发的空气动力学方法。假定下垫面均一，动量、热量和水汽传输系数均相等。该假设是蒸发理论的又一突破。但该方法应用的局限性较大，因为大部分下垫面都是非均一的，复杂的下垫面必定对湍流场产生影响，所以计算中往往存在较大误差。

(3) 波文比—能量平衡法

1926 年，波文从能量平衡方程出发，利用波文比—能量平衡法计算蒸发。该方法以能量守恒为基础，即考虑水体得、损和储的能量。对任一水体，能量平衡方程可以写为：

$$R_w = R_s - R_r - R_l - R_h - R_e - R_v + R_a \tag{2-52}$$

式中 R_w——水体储能的增量；

R_s——到达水面的总太阳辐射；

R_r——反射的太阳辐射；

R_l——大气和水体之间的净长波辐射交换（包括来自大气的长波辐射、反射的长波辐射和水体散发的长波辐射）；

R_h——从水体到大气的干热交换；

R_e——用于蒸发的能量；

R_v——蒸发水体带走的能量平流；

R_a——进入水体的净能量平流。

此式忽略了化学和生物过程引起的能量变化及发生在水体底部的热传导和动能与热能的相互转化，这些过程的能量相对较小。

蒸发量计算公式为：

$$E = \frac{R_e}{\rho L} \tag{2-53}$$

式中 L——蒸发潜热（2.430×10^6 J/kg）或 $L = (2.501 - 0.02361 T_0) \times 10^6$ J/kg（T_0 为水面温度，℃）；

ρ——蒸发水体密度，g/cm^3。

1926 年，波文将水汽从水面进入空气的蒸发和扩散过程类比于单位热能从水体表面进入空气的传导过程，引入波文比，即：

$$B = \frac{R_h}{R_e} \tag{2-54}$$

由此得到：

$$E=\frac{R_e}{\rho L}=\frac{R_s-R_r-R_l+R_a-R_w}{\rho L(1+B)} \tag{2-55}$$

波文比可由下式计算，即：

$$B=\gamma\frac{\Delta T}{\Delta e} \tag{2-56}$$

式中　B——波文比；

γ——干湿计常数；

ΔT——两个高度的气温差,℃；

Δe——两个高度的水汽压差，hPa。

波文比—能量平衡法适用的前提是空气温度和湿度垂直梯度一致，该方法观测精度良好，应用广泛。但不适用于下垫面比较潮湿或干燥的情况，此时精度将有所下降。

(4) 综合方法

能量平衡法仅考虑了影响水面蒸发的热量条件，以及动力条件中的水汽扩散作用。空气动力学方法引入了风速和水汽扩散作用，但未考虑太阳辐射。Penman 将能量平衡法和空气动力学方法的优缺点进行结合，提出了确定水面蒸发的综合方法。

1）波文比率法。波文比率法应用波文比率，并假定热量扰动扩散率等于水汽扰动扩散率，对同一区间积分，即：

$$E=\frac{-(R_n+G)}{1+\gamma(\Delta T/\Delta e)} \tag{2-57}$$

2）通用 Penman 法

$$E=\frac{\Delta}{\Delta+\gamma}\left\{-(R_n+G)-\rho\frac{C_p}{\Delta}k\left[(e_a^0-e_a)-(e_0^0-e_0)\right]\right\} \tag{2-58}$$

此式包含水汽压差值，$(e_a^0-e_a)$、$(e_0^0-e_0)$ 分别为高度 a 和蒸发面的水汽压饱和差。该方法有许多变形形式。对于水面，$(e_0^0-e_0)=0$，因此：

$$E=\frac{\Delta}{\Delta+\gamma}\left[-(R_n+G)-\rho\frac{C_p}{\Delta}k(e_a^0-e_a)\right] \tag{2-59}$$

式（2-59）即为 Penman 方程。

2. 土壤蒸发

土壤中的水分通过上升和汽化从土壤表层进入大气的过程称为土壤蒸发。

(1) 土壤蒸发过程及基本规律

土壤水分持续蒸发存在条件限制：①土面热量供应充足，为水分汽化提供条件；②土面水汽压高于大气水汽压；③土面水分充足。根据土壤中水分含量的高低或土壤供水能力的强弱可将土壤蒸发过程划分为三个阶段（图 2-19，$\theta_{断}$ 为毛管断裂含水量，θ_f 为田间持水量）。

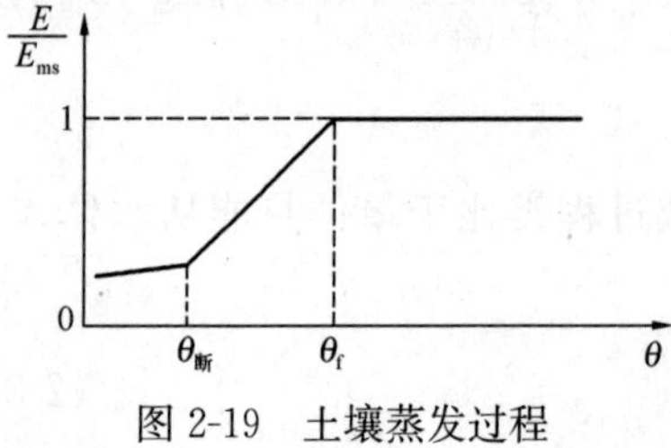

图 2-19　土壤蒸发过程

第一阶段为稳定蒸发阶段：此时土壤含水量达到田间持水量以上或达到饱和，土壤毛管孔隙全部被水充满。土壤中的毛细管全部连通，在毛管力的作用下，水分不断向表层运动，为土壤表层提供水分，水分在地表汽化、扩散的作用下，土壤蒸发量逐渐增大，最后趋于稳定，此时气象因素为影响蒸发的主要原因。

第二阶段为蒸发速率下降阶段：蒸发过程稳定后，土壤水分降低，当土壤含水量与田间持水量接近时，土壤中毛管作用力会下降，土壤表层的供水能力降低，蒸发量随表层土壤含水量的减少而变小。此时，含水量是影响土壤蒸发的主要因素。

第三阶段为蒸发微弱阶段：当土壤含水量进一步与凋萎含水量接近或在其下时，土壤蒸发进入微弱阶段。此时，毛细管水的连续状态消失，毛细管的传导作用停止，土壤内部的水分通过汽化，以薄膜水和气态水的形式经过土壤孔隙向大气运行。因此，土壤水在水汽扩散的作用下向上输移，这种运动缓慢，土壤蒸发强度小且稳定。该阶段气象因素和土壤水分含量都不是主要因素，实际蒸发量只取决于下层土壤含水量和与地下水之间的状态。

裸土蒸发与自由水面蒸发的不同之处在于水分的供给能力不同，并且裸土蒸发所克服的阻力远大于水面蒸发。此外，含水量、相对湿度、扩散系数、毛细管传导度和水力传导度等土壤特性均控制水分的输送过程，从而控制蒸发。

(2) 土壤蒸发研究

长期以来，我国主要借助试验测定或用经验、半经验公式对农田蒸发（有植被的情况）与水面蒸发进行研究，关于土壤蒸发的计算方法鲜有研究。摸清土壤水热传输过程是研究土壤蒸发的基础。在讨论土壤入渗过程时，水分含量较高，土壤中水分运动以液态水为主，但蒸散发过程必然会受到水热相互作用的影响。

在一般情况下，所研究的土壤或植物根区的水流过程，都使土壤水处于非饱和状态。1931 年 Richards 将质量守恒连续性方程与达西定律结合，充分考虑了达西定律与非饱和水流的关系，将原来仅计算饱和流的达西定律引申到非饱和水流中，推导出描述土壤水分运动的基本方程：

$$\frac{\partial \theta}{\partial t}=\frac{\partial}{\partial z}\left(K(\theta)\,\frac{\partial \psi}{\partial z}\right) \tag{2-60}$$

式中 $K(\theta)$——非饱和土壤的导水系数；

θ——土壤含水量；

ψ——非饱和土壤的总水势；

z——土壤深度，地表为 0，向下为正值。

土壤蒸发的定解问题较为复杂，目前只对少数非常简单的情况才有解析解。下面讨论几种简单情况下土壤蒸发的计算问题。

1) 潜水蒸发是指潜水向包气带输送水分，并通过土壤蒸发或（和）植物散发进入大气的过程。由于土壤蒸发或（和）植物散发在土壤表层或根系层中消耗水分，潜水通过毛细管作用不断向表层或根系层补给水分，使土壤蒸发和植物散发持续进行。潜水蒸发速率受土壤导水能力影响。在平原地区，没有降雨、侧向补给及地下径流的情况下，地下水位的消落基本上是潜水蒸发的结果。Gardner 首先从理论上求解潜水蒸发问题，此后关于潜水蒸发的理论和经验计算方法日趋完善。

2) 用实测土水势计算土壤蒸发量建立在“零通量面”的概念上。单位时间通过单位面积土壤某一界面的水分数量称为土壤水分通量，土壤中水分通量为零的界面为“零通量面”。在土壤蒸发过程中，土壤水分向上运移至地表面的通量就是蒸发量，向下运移通过

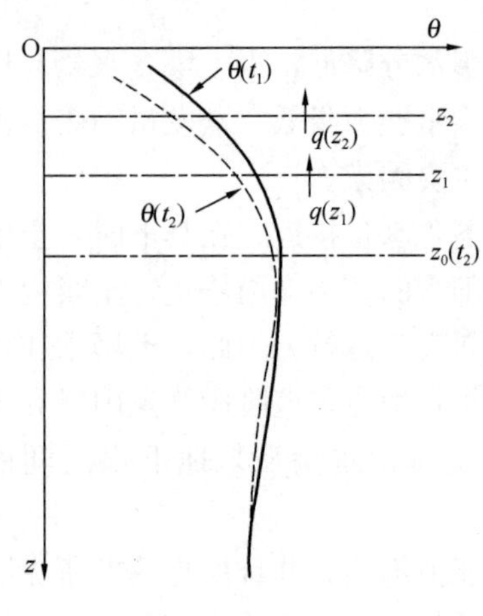

图 2-20　零通量法示意图

某界面的通量认为是地下水补给量。确定零通量面的位置便可判断水分运动方向，即该断面以上土壤水分的运动方向向上。如果能及时测定零通量面埋深位置上部土层的土壤含水率的变化量，便可以推导出土壤实际蒸发量。

如图 2-20 所示，$\theta(t_1)$、$\theta(t_2)$分别为 t_1和 t_2 时测得的土壤含水率垂向分布，若在土壤中任取一土层，其厚度为 d_z，上、下界面分别位于 z_2 和 z_1，则当有向上运行的水分通量 $q(z_2)$和 $q(z_1)$分别通过 z_2 和 z_1时，由水量平衡原理可知

$$\frac{\partial w}{\partial t}=q(z_2)-q(z_1) \tag{2-61}$$

式中　w——界面 z_2 和 z_1之间土层的含水量。

已知 $W=\theta \mathrm{d}z$，$q(z_2)-q(z_1)$又可表示为 $\left(\frac{\partial q}{\partial t}\right)\mathrm{d}z$，于是上式可写成：

$$\frac{\partial \theta}{\partial t}=\frac{\partial q}{\partial t} \tag{2-62}$$

对上式积分可求得界面 z_2 和 z_1水分通量的差值为：

$$q(z_2)-q(z_1)=\int_{z_1}^{z_2}\frac{\partial \theta}{\partial t}\mathrm{d}z \tag{2-63}$$

若取 z_1为零通量面位置（图 2-20 中 $z_0(t_2)$），取 z_2 为土壤表面位置，则 $t_1 \sim t_2$ 时段土壤水分蒸发量 $E_{1\sim 2}$为：

$$E_{1\sim 2}=\int_{t_1}^{t_2}q(z)\mathrm{d}t=\int_{z_1}^{z_2}[\theta(t_1)-\theta(t_2)]\mathrm{d}z \tag{2-64}$$

在根据实测资料计算时，一般使用上式的离散形式，即：

$$E=\sum_{i=1}^{n}\left\{\sum_{j=1}^{m}[\theta(j-1,i-1)-\theta(j,i)]\Delta z\right\}\Delta t \tag{2-65}$$

式中　i——时间步长序号；

n——时间步长的总数；

j——垂向距离步长序号；

m——零通量面位置至土壤表层位置总的垂向距离步长总数；

Δz——垂向距离步长；

Δt——时间步长。

零通量面出现的位置随土水势的变化而变化。在降雨或灌水条件下，土壤含水量自上而下得到补充，所以总土水势表层大于深层，驱使水流向下渗透，此时土水势的垂向分布无方向性差异，土层中不存在零通量面。地表水分垂向补给停止后，土壤水分开始蒸发，土水势随着表层水分的散失开始减小，从而使垂向土水势的梯度变化出现了方向性差异，即出现了极值点，零通量面也随之出现。地表蒸发持续，表层土水势不断减少，零通量面位置不断下移。零通量面位置的移动速度会受到土壤质地、气象条件、地下水埋深等因素的影响和制约。

3. 植物散发

(1) 植物散发机理

植物散发是水分从叶面和枝干向大气散发(蒸发)的过程，又称植物蒸腾。蒸腾作用通过植物气孔(器)进行。组成气孔的保卫细胞受植物体内外条件变化而产生响应，以控制孔开闭，从而引起水蒸气扩散。

植物根系从土壤中吸收水分，通过导管向上移动，在根压和蒸腾作用下输移到叶子。水分进入保卫细胞时，叶子表皮保卫细胞膨胀，使气孔打开，进行散发(图 2-21)。

如果水分持续减少至某一阈值，保卫细胞将处于松弛状态，这时气孔关闭。影响气孔开闭的主要因素是光线强弱、水分补给、温度、湿度和生物化学变化。植物散发主要在白天进行，所以气孔一般白天开夜晚闭，散发强度中午最大，夜间散发较弱。空气温度在 4.5℃以下时，植物几乎停止生长，散发极少；在 4.5℃以上时，每增加 10℃，散发强度约增加 1 倍。空气温度上升会使植物失去气孔调节性能，气孔大开，散发大量水分。

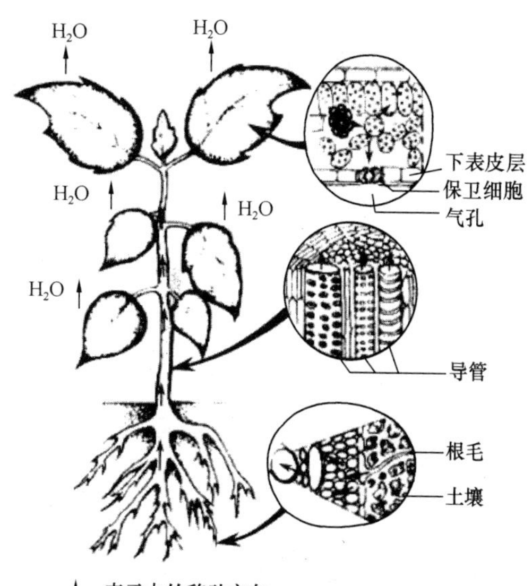

图 2-21 植物散发示意图

植物体与空气接触的任何表面都可存在水分蒸发。植物蒸腾作用可分为气孔蒸腾、角质层蒸腾和周皮蒸腾。气孔在叶表皮所占的相对面积较小(1%左右)，但叶片上气孔数目多、间隔小，扩散阻力不大。此外，气孔内侧的叶肉细胞表面透水性好，排列松散空隙多，表面积大，水分蒸腾受到的阻力更小，所以气孔蒸腾最为重要，角质层富含蜡质，水分扩散过程不易发生，角质膜上有极性小孔，可容许水分通过。当水分多或 pH 高时，单位面积膜上极性小孔数目增多，膜的透水性略为增高。周皮蒸腾是木本植物通过茎表面覆盖的周皮层进行的蒸腾，但是周皮层透水性很差，只有不多的皮孔和裂隙可以允许水蒸气通过。

测定蒸腾速率的方法种类较多。按测定技术划分，有测定失水速率的重量法与容量法，测定空气中因水分蒸腾作用而增加数量的湿度计法(湿敏电阻法、红外线分析仪法、干燥剂吸水增重法等)；按测定对象分，有测定叶片上蒸腾速率的气孔计法、测定毛细管吸水速率的方法，以及测定完整植物群和土壤腾发速率的腾发计(或称蒸散计)。

(2) 植物散发规律

植物根系吸收水分的原理与水分下渗十分相似，可用类似于达西定律的公式形式来计算植物根系吸收的水量，即：

$$q=\frac{\psi\eta}{\psi+\eta}(M-N) \tag{2-66}$$

式中 q——单位时间内植物根系从土壤中吸收的水量；

ψ——土壤导水系数；

η——植物导水系数；

M——叶片的吸力；

N——使水分保持在土壤颗粒表面的吸力。

又由 Dolton 定律可知，叶面和大气间的水量交换，即散发量，应与饱和差成正比，即：

$$E_{\mathrm{p}} = \frac{DD_0}{D+D_0}\rho(e_0 - e) \tag{2-67}$$

式中　E_{p}——植物散发量；

D——植物叶面与大气间的水分交换系数；

D_0——植物细胞薄膜面与叶面之间的水分交换系数；

ρ——空气密度；

e——空气的实际水汽压，hPa；

e_0——叶面温度下的饱和水汽压，hPa。

由于式（2-67）中 $D\rho$（e_0-e）即为散发能力 E_0，故式（2-67）可以写成更为紧凑的形式，即：

$$E_{\mathrm{p}} = \frac{D}{D+D_0}E_0 \tag{2-68}$$

根据质量守恒原理，显然有：

$$q - E_{\mathrm{p}} = \frac{\mathrm{d}W}{\mathrm{d}t} \tag{2-69}$$

式中　W——植物体内的含水量，$\mathrm{d}W/\mathrm{d}t \approx 0$。

所以式（2-69）变为 $q=E_{\mathrm{p}}$，即：

$$\frac{D}{D+D_0}E_0 = \frac{\psi\eta}{\psi+\eta}(M-N) \tag{2-70}$$

从理论上精确求解式（2-70）是困难的，但通过一些由试验获得的知识，是可以求近似解的。由植物散发的物理过程可知，M 不仅与 E_{p} 有关，而且与 ψ、η、N 等有关，而 ψ、N 又是土壤含水量和土壤特性的函数，η 则与植物生理特征有关。因此，由式（2-70）可以推知，$D/(D+D_0)$ 应是土壤含水量和植物生理特征的函数。这样，式（2-67）可以简化为：

$$E_{\mathrm{p}} = \varepsilon\varphi(\theta)E_0 \tag{2-71}$$

式中　ε——反应植物生理特性对散发影响的系数；

$\varphi(\theta)$——土壤含水量的某种函数。

此式的具体表达形式一般可通过实测资料来确定。

4. 蒸散发影响因素

(1) 气象因素

气象因素是影响蒸散发的决定性因素。影响蒸发的气象要素包括饱和水汽压差、太阳辐射、气温、湿度、风和气压等。

水面温度下的饱和水汽压与蒸发面上空实际水汽压之差即饱和水汽压差，是决定水面蒸发最为重要的因素。饱和水汽压差越大，蒸发作用越强烈。气温体现了太阳辐射对蒸散发的影响，同时气温也能改变空气的湿度。温度梯度越大，空气对流越强，湿度梯度越大，水汽扩散越快。所以，气温越高，水面蒸发越快。太阳辐射强度直接影响水面的温度变化，水面温度反映了水分子运动能量的大小。水温越高，水分子运动能量越大，从水面逸出的水分子就越多，因此水面蒸发就越激烈；当水面温度高于大气温度时，水面附近的空气薄且暖轻，易于上升，加速了蒸发作用。风速会促进水汽交换、加强对流扩散，促进水面蒸发，风速越大，水面蒸发越快。气压影响水分的散布，气压增加，水分散布减慢，因此蒸发也随之减小。

（2）蒸发面

水面、裸土、植物叶面、冰雪面和生物体表面等都可以称为蒸发面，且不同的蒸发面存在很大的差异。水面供水条件充分，蒸发受水面物理状态及水汽压差、风速、气温和水质等影响；陆面水分的多少以及不同岩、土性质均会影响陆面蒸发，影响其蒸发的因素除与影响水面蒸发的相同因素外，还有土壤含水量、地下水埋深、土壤结构、土壤色泽、土壤表面特征及地形等因素；生物体表面的蒸发因种群的不同而不同，除受太阳辐射、气温、湿度、风、气压、岩土性质等影响外，还受到生物生理学过程的制约。

（3）水质

溶解物在水中溶解的过程会减少水汽压，进而减小蒸发率，但蒸发率的减小程度低于水汽压的减小程度。海水的蒸发量要比淡水小，因为含有盐类的水溶液常在水面形成一层保护膜，导致蒸发被抑制。水的混浊度虽然与水面蒸发无直接关系，但会影响水对热量的吸收，改变水温，间接影响水面蒸发。水面状况对水面蒸发也有一定影响。水体内水草越多，水面受热条件发生变化，水面蒸发量越大；水体面积越小，水面蒸发量越大。

总之，蒸散发包含了众多方面，同时也受诸多因素的影响，不仅与自然环境、下垫面有关，还与土壤含水量、地下水埋深、作物种类以及水体面积等有关。因此，分析蒸散发规律不仅需要对各项蒸发规律进行单项分析，而且必须考虑多种因素综合研究。

2.3 产汇流理论

城镇地表产汇流过程与自然流域相比有所不同。城镇化改变了下垫面状况，增加了地表不透水区域的面积，增加了城镇地表产流量，提高了径流系数。城镇化下，天然河流被填埋，水系衰减严重且对河网密集区影响较大。此外，城镇地表结构复杂，汇流路径受地表构筑物导水或阻水作用而发生改变，加之受管网排水系统的影响，地表坡面汇流更为复杂。城镇化地区的产汇流过程中的水力特性有所不同，主要体现在：①下垫面入渗特性不同。自然区域下垫面往往是耕地、林地、草地等，降水可以直接入渗，土壤由非饱和到饱和过程中渗透速率逐步稳定。城镇下垫面一般为交通、房屋建筑和绿化用地以及水域，由于下垫面硬化后的孔隙远小于自然土壤孔隙，使得渗透速率要远小于土壤中的渗透速率，导致入渗水量减少，从而增加积水深度。②下垫面阻力作用不同。自然区域下垫面凸凹不平，土壤颗粒相对较粗，摩擦力较大，地面径流在运动过程中所受阻力较大，水流速度相对较慢，而城镇化地区硬化地面的坡度相对单一，表面光滑，地面径流所受阻力较小，流速较快。在城镇化扩张的前提下，降水径流量增加，汇水时间变短，可能造成城镇道路积水和河道洪峰流量增加等问题，进而引发局部和下游地区的水安全问题。

产流过程指降水经过叶面截留、蒸发、填洼、入渗等水量损失后能够形成净雨的水文过程。被地表物体（如植被）阻拦截留的水量称为截留量，会通过蒸发过程回到大气。影响截留量的要素有季节、植被的不同特征性质（密度、树种和植物的种类、树木年龄）及暴雨事件等。蒸散发量是蒸腾过程与水土表面蒸发作用下水汽回到大气过程中总的耗水量。地面洼坑塌陷处能够滞留及蓄存的水量称为填洼量，洼地蓄存的水量取决于下渗或蒸发作用，它的重要性取决于降雨量，降雨量越大，在暴雨径流计算中起的作用就越小。下渗量是经过重力及毛管力的综合作用进入土壤的水量。在产流过程中，无论是植物截留、下渗、填洼、蒸散发及土壤水的运动，水的运行均受制于垂向运行机制，水的垂向运行过程构成了降雨在流域空间上的再分配，从而构成了流域不同的产流机制，形成了不同径流成分的产流过程。

城镇下垫面情况不同，汇流特性也就不同，因此其汇流过程又可细分为坡地汇流、河网汇流和管网汇流三个过程。径流经过各种下垫面，最后汇入河网的过程就是坡地汇流过程；而汇入河网的水流顺着河道流经流域出口断面，这个汇流过程称为河网汇流或河槽集流；径流通过人工构筑物进行汇集称为管网汇流。三个汇流过程随着水系从低级别河流向高级别河流汇合，最后到达流域出口。利用河道水动力学模型可综合演绎每个入河排水口的水流过程，从而准确描述城镇产汇流对河道径流的影响过程。

2.3.1　产流理论

1. 产流机制

产流机制旨在探讨径流形成过程中各种径流成分产生的基本物理条件。由于径流在一定意义上可以说是降水特性和下垫面特性相互作用的产物，因此讨论产流机制应从讨论包气带开始。

（1）包气带和饱和带

将某平面视为研究对象，沿深度方向取一剖面，按地下水界面划分为两个不同的含水带（图 2-22）。地下水面以下土壤颗粒和水分组成的二相系统称为饱和带，此时土壤处于饱和含水状态；地下水面以上土壤颗粒、水分和空气同时存在的三相系统称为包气带，此时土壤含水量未达到饱和。

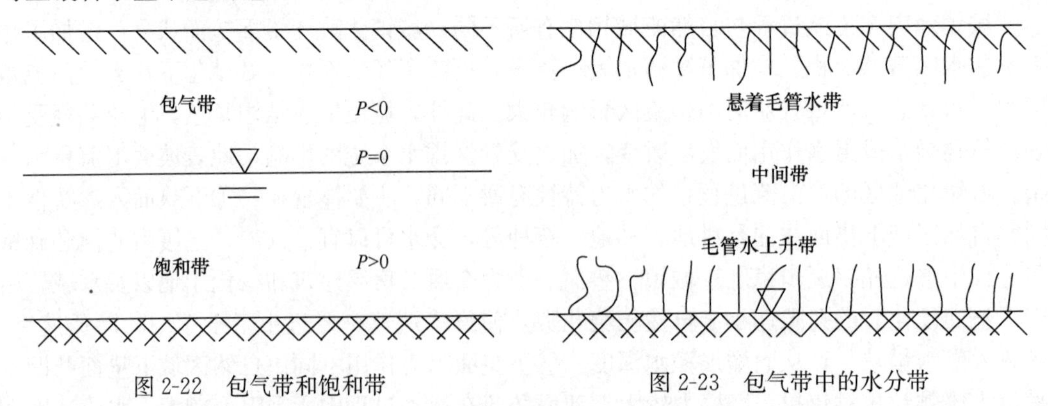

图 2-22　包气带和饱和带　　图 2-23　包气带中的水分带

如果剖面中不存在地下水面，那么饱和带也不存在。这时不透水基岩以上的整个土层属于包气带。特殊情况下，当地下水位或不透水基岩出露地面时，包气带厚度为零，此时可理解为包气带不存在。

包气带又可划分为三带，分别为毛管水上升带、悬着毛管水带以及中间带（图 2-23）。毛管水上升带中水压力小于大气压力，但在毛管力和重力的共同作用下，毛管水上升带中的水无法流入地下水中。毛管水上升带在包气带中的位置会随着地下水位的变动而变化。当地面供水开始后悬着毛管水带才会出现，并随着地表饱和含水层厚度的增加而不断下移。

包气带的上界直接与大气接触，所以包气带既是大气降水的承受面，又是土壤蒸发的蒸发面，因此包气带的土壤水分变化较为剧烈。若包气带中存在植物的根系层，包气带土壤水分的变化还要变得更为复杂。由于这些情况主要发生在悬着毛管水带中，因此在地表径流形成过程中，通常把悬着毛管水带称为影响土层。

（2）包气带的土壤结构

在成土过程中，由于存在淋溶作用和淀积作用，因此土壤将会形成不同层次。淋溶作用指的是渗漏水在土壤中溶解或携带悬浮成分而向下的作用。颗粒较粗、孔隙较大的淋溶层，称为 A 层，是土壤剖面的上层。淀积作用指渗漏水在土层中溶解或悬浮物质的作用。淀积作用导致颗粒较细、孔隙较小的沉积层，称为 B 层，是土壤剖面的第二层。B 层以下是未受淋溶或淀积作用的母质层，称为 C 层。C 层下面是未经风化的基岩，称为 D 层。A 层和 B 层合称为土壤体。考虑上下端土壤性状的差异，每一土壤层又可分为若干亚层（图 2-24）。这里所谓土壤的性状一般是指土壤的质地、结构和色泽等。

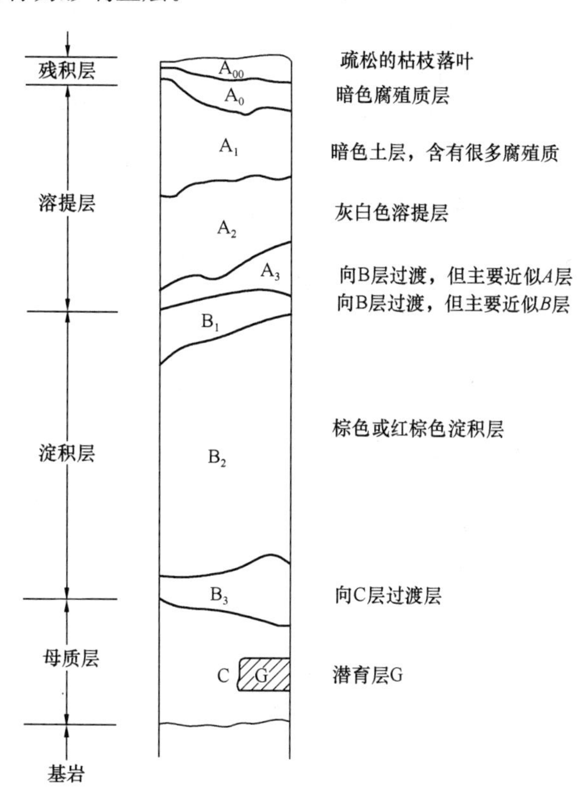

图 2-24 湿润条件下木本植物群落下的典型土壤剖面

以上说的是湿润条件下土壤剖面的成因。对于干旱地区，例如我国黄土高原地区，由于降水稀少，土壤剖面的形成可能与上述不同。黄土高原地区不同深度的土壤颗粒级配大致相同，土层上下比较均匀。

（3）包气带的岩石裂隙和溶隙结构

前面已经提及，当不透水基岩出露地面时，包气带厚度应为零。但当裂隙发育的岩石出露地面时，则表明包气带由岩石及其裂隙构成。裂隙可分为成岩裂隙、构造裂隙和风化裂隙三类。成岩裂隙是岩石形成过程中受到冷却、凝固、脱水等影响，在岩石内部张应力作用下产生的裂隙。构造裂隙是岩石构造应力的结果。

根据裂隙的含水性和导水性，裂隙又可分为开裂隙、闭裂隙和隐裂隙三类。开裂隙上下相连通，含水性和导水性较好。闭裂隙则相反，不具有导水性。隐裂隙则由于裂隙极细，所以也不具有含水性和导水性。对径流形成有意义的显然是开裂隙。

2. 产流过程

产流过程也就是各种径流成分的生成过程，这里仅指由降水扣除损耗后形成净雨的过程，而不涉及各种径流成分向出口断面汇流的过程。产流过程是一个错综复杂的物理过程，受到各种因素的综合影响。一般把这些因素归纳为气象条件与下垫面条件。气象条件主要指降水，此外气温、风速等也是重要的影响因子；下垫面条件则包括植被覆盖、土地利用、土壤类型以及各种人工建筑物等。产流过程模拟也就是降水的损失模拟，包括植物截留模拟、洼地填洼模拟、蒸散发模拟以及下渗模拟四部分。由于前文已经对蒸散发进行了较为详细的论述，这里仅涉及其他几个部分。

(1) 植物截留

研究大暴雨或大洪水时，截留损失通常是忽略不计的。但在水文过程连续模拟中，截留的地位极其重要，其影响程度取决于自然特性、植被覆盖的类型和密度、降水特性、季节等因素。

根据水量平衡原理，有：

$$I_n = P_c - P_g - P_s - E \tag{2-72}$$

式中 I_n——截留损失；

P_c——植被覆盖处的降雨；

P_g——穿透流（通过植被覆盖到达地面的降雨）；

P_s——树干流（沿树干流到地面的降雨）；

E——截留水量蒸发。

一般情况下，式（2-72）需要的截留资料获取并不容易，并且都不是精确值，给实际应用带来诸多不便。因此，许多学者给出了一些经验模型来计算植物截留量，如 Horton 模型、Linsley-Klhler-Paulhus（LKP）模型、Meriam 模型等。这里主要介绍 Horton 模型。

Horton 于 1919 年建立了截留总损失与植被蓄水能力和蒸发之间的关系，即：

$$I_n = S_v + kE_r t_r \tag{2-73}$$

式中 S_v——林冠遮蔽区植被的蓄水能力；

k——植被表面积与其遮蔽面积的比率；

E_r——植被表面蒸发量；

t_r——降雨历时。

这里假定 S_v 已知，该假定的正确性取决于植被特性、降雨特性和前期降雨等。此时不考虑雨量和雨强。

随后，Horton 又提出了用于不同植被类型的一系列经验方程，应用比较广泛的为：

$$I_n = S_v + CP_c \tag{2-74}$$

式中 S_v、C——根据不同的植被得到的经验值；

P_c 含义同式（2-72）。

后来的 Linsley-Klhler-Paulhus（LKP）模型、Meriam 模型都建立在式（2-72）的基础上。

（2）洼地填洼

下垫面不同，洼地在面积、深度、容积、数量等方面可能变化很大。在一次降雨中，部分降雨被洼地拦蓄，无法变成地表径流。这部分被拦蓄的水量称为填洼量。拦蓄水量最终通过蒸发进入大气或下渗进入土壤。但在城镇化影响下，洼地填挖量可以忽略不计。

Horton 在 1939 年经验地估计了人工降雨试验小区的洼地填洼量，Sharp 和 Holtan 于 1942 年做了类似的工作。洼地填洼量也被作为上层土壤储蓄量的一部分纳入概念性模型中。

Ullah 和 Dickinson 于 1979 年提出了洼地容积 V（cm^3）与地表坡度 s（比例）之间的关系，即：

$$V = a e^{(-bs)} \tag{2-75}$$

式中 a、b——常数，取值范围变化较大。

根据这些地表洼地特性，Linsley 于 1975 年推导出洼地储蓄容量 V 与洼地蓄量 S 之间的关系，即：

$$S = V[1 - e^{(-kP_e)}] \tag{2-76}$$

式中 P_e——净雨量；

k——常数。

将式（2-76）对 t 求导，并求解，可得：

$$V = (I - f) e^{(-kP_e)} \tag{2-77}$$

式中 I——雨强；

f——下渗率。

以上方程式均是在径流试验的基础上，研究洼地的地形特征，将这些特征的统计分布及其随时间的变化归因于地表形态的起伏变化。

（3）下渗损失及产流方式

对于一次降水的总降水量来说，满足地表损耗的水分到达包气带表层，开始进入下渗阶段。但由于气候和下垫面条件的差异性，出现了不同的下渗特点，从而导致不同的产流方式，而不同的产流方式又影响整个产流过程的发展，从而呈现出不同的径流特征。

对于不透水下垫面，降雨下渗损失可以通过实验测定。在干旱和半干旱地区，包气带土层较厚，土壤缺水量大，经一次降水后的无法达到田间持水量，产流量主要由雨强超过土壤下渗率的地表径流组成。所以当雨强大于下渗率时，这种产流方式称为超渗产流，适用于干旱、半干旱地区。但是在城镇化影响下，以混凝土路面为代表的下垫面，下渗量极少，除去进入低洼地段的水量与蒸发消耗的水量，其余水量直接参与地表径流的形成，所以往往体现出洪峰流量大的特征。而透水性较好的沥青路面以及其他透水性城镇下垫面，其下渗能力更好，对地表径流的削减效果就更好。一般情况下，降雨强度大于下渗强度时才产生地表径流，其产流量可表示为：

$$R_s = \sum_{t=0}^{n} (i - f) \Delta t \tag{2-78}$$

或

$$R_s = P - (W_B - W_0) \tag{2-79}$$

式中 R_s——产流量；

f——下渗能力；

i——降雨强度；

W_0——雨初土壤含水量；

W_B——雨末土壤含水量。

与超渗产流相反，蓄满产流则假定壤含水量达到蓄满之前不产流，降水量全部补充土壤含水量；当土壤蓄满后，其后的降水量全部产生径流。因此，蓄满产流比较适合湿润地区。它的基本特点是：先满足包气带最大蓄水容量的地方先产流；产流面积随着降雨的进行而不断扩大。这种情况更适合与城镇绿地，其产流量可表达为

$$R = R_s + R_{ss} + R_g = P - W_m + W_0 \tag{2-80}$$

式中　R_s——地表径流；

R_{ss}——壤中流；

R_g——地下径流；

W_m——包气带土壤最大蓄水量；

W_0——包气带土壤初期含水量。

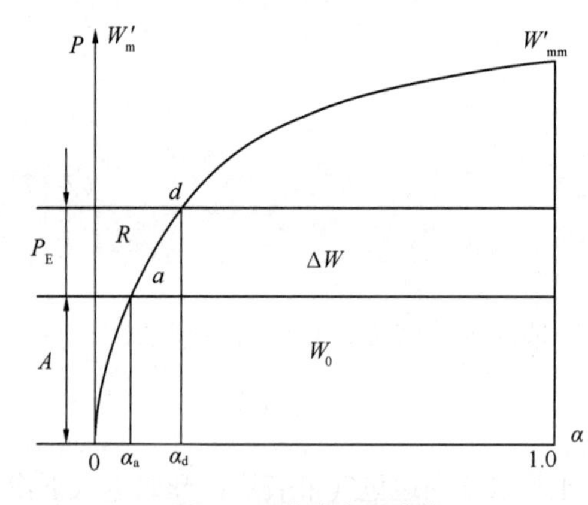

图 2-25　蓄水容量曲线

(4) 蓄满产流与超渗产流

1) 蓄满产流。从 20 世纪 60 年代初开始，赵人俊等人经过对湿润地区暴雨径流进行长期观测，通过降雨、蓄水量以及径流量之间的关系，计算净雨过程，得到确定稳定下渗率和划分地表、地下净雨的方法。蓄水容量曲线是该产流模式最重要的部分（图 2-25）。

蓄水容量的分布是极其复杂的，城镇化的影响下，天然下垫面被人工建筑物或硬化路面代替，用直接测定土壤含水量的办法来建立蓄水容量曲线难以满足实际需求。由于硬化路面不符合蓄满产流原理，所以针对城镇绿地，可利用实测的降雨径流资料选配线型，间接确定蓄水容量曲线，而大量经验分析结果表明，蓄水容量曲线线型以抛物型为宜。经过积分计算得：

$$W'_m = \frac{1}{1+B} W'_{mm} \tag{2-81}$$

$$A = W'_{mm}\left[1 - \left(1 - \frac{W_0}{W'_m}\right)^{\frac{1}{1+B}}\right] \tag{2-82}$$

式中　B——抛物线指数，反映蓄水容量的不均匀性；

W'_{mm}——最大蓄水容量；

W'_m——平均蓄水容量；

W_0——初始含水量。

当 $P_E + A < W'_{mm}$ 时，即局部产流时，有：

$$R = P_E - W'_m\left[\left(1 - \frac{A}{W'_{mm}}\right)^{1+B} - \left(1 - \frac{P_E + A}{W'_{mm}}\right)^{1+B}\right] \tag{2-83}$$

当 $P_E+A>W'_{mm}$时，即全产流时，有：

$$R=P_E-(W'_m-W_0) \tag{2-84}$$

2）超渗产流。其核心就是下渗曲线。进行产流计算时，一般判断雨强 i 是否超过下渗能力 f，用实测的雨强过程扣除下渗过程，即得产流过程。这种计算方法称为下渗曲线法。在城镇，可分别对透水路面、沥青路面或混凝土路面进行下渗观测，以此确定下渗曲线。这里介绍一种简化的下渗曲线法——初损后损法。产流以前的总损失水量称为初损，记为 I_0，后损即产流后下渗的水量，以平均下渗率 $\bar{f}$ 表示。

一般地，可以利用实测降雨径流资料分析各场降雨的 I_0及相应的起始蓄水量 W_0、初损期的平均雨强 $\bar{i}_0$，并建立相关图。

平均下渗率可由下式确定：

$$\bar{f}=\frac{P-R-I_0-P'}{t_R}=\frac{P-R-I_0-P'}{t-t_0-t'} \tag{2-85}$$

式中 P——次降雨量，mm；

P'——后期不产流的雨量，mm；

t_R——超渗历时；

t——降雨总历时；

t_0——初损历时；

t'——后期不产流降雨历时。

根据实测降雨径流资料，分析建立 $\bar{f}$、t_R 及$\bar{i}_0$ 的相关图，根据初损相关图、后损相关图和已知降雨过程来推求产流过程。

2.3.2 汇流理论

1. 汇流机制

在城镇内，降雨通过管网和地面径流汇集到出口处。如果城镇内雨污分流，那么雨水则通过管网汇集在出口河道或者沟渠；污水则沿管线进入污水处理厂。如果雨污不分流，则统一进入污水处理厂。此外，下渗到坡地地面以下土层中的降水，在满足一定条件后，会通过土层中各种孔隙汇集至出口，该过程包含了侧向补给。城镇汇流由地表水流运动、坡地地下水流运动和管网水流运动所组成。图 2-26 是表示汇流过程组成的框图，可以看出汇流被划分为坡地汇流和管网汇流两个阶段。此外，出口断面的流量过程线一般由槽面

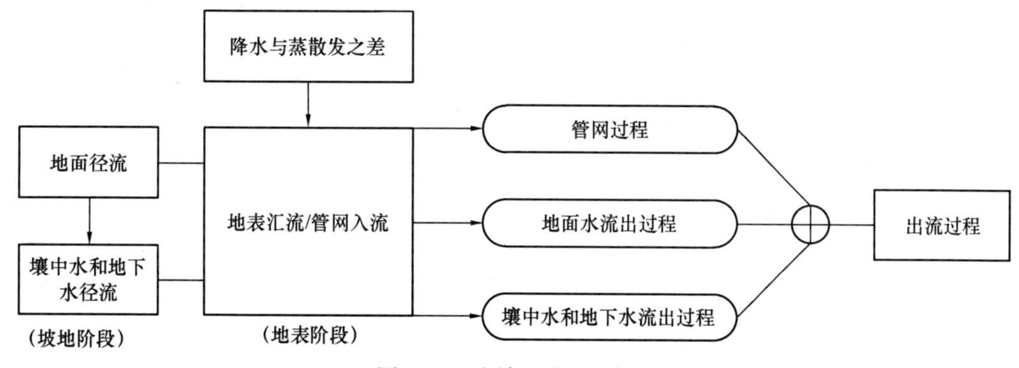

图 2-26 流域汇流过程框图

降水、地面径流和坡地地下径流（包括壤中水径流和潜水）等主要水源汇集至出口断面形成。

不同水源成分由于汇集至出口断面所经历时间不同，在出口断面流量过程线退水段上表现出不同的终止时刻（图2-27）。由分析可知，槽面降水形成的出流终止时间最早，在t_r时刻；坡面流的终止次之，在t_s时刻；终止时间最迟的是坡地地下径流汇流y在t_g时刻。

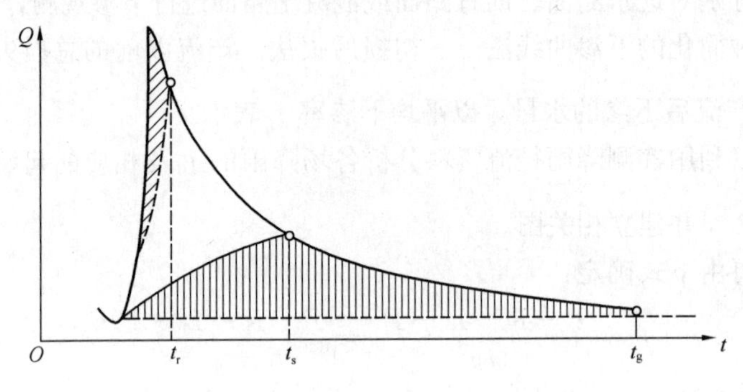

图2-27　不同水源在退水段上的终止时刻

2. 汇流过程

（1）汇流时间

降落在下垫面上的降水质点汇集至出口断面所经历的时间称为汇流时间。由于汇集至出口断面的具体条件各异，不同水源的汇流时间是不一样的。

地面径流的汇流时间等于坡面汇流时间和管网汇流时间之和。令τ_l表示坡面汇流时间，τ_r表示管网汇流时间，τ_w表示总汇流时间，则有

$$\tau_w = \tau_l + \tau_r \tag{2-86}$$

坡面为土壤、植被、岩石等；人类活动，例如混凝土构筑物、城镇绿化和城镇化等也主要在坡面上进行。由于坡面微地形的影响，坡面水流一般呈沟状流，但当降雨强度大，也有可能呈片状流。

坡面流是沿着地表汇入出口处的，所以坡面流是一种具有旁侧入流的汇流现象。坡面流过程中难免遇到下垫面不均一的情况，所以管网中的流速通常要比坡面流流速大得多，坡面流会更加复杂。

下渗到坡面以下土层中的水质点，流动较缓。因此壤中流及地下径流汇流时间长。壤中流、地下径流虽都是岩土孔隙中的水流，但正如产流理论中所讨论的，在表层较疏松土层中形成的壤中流，流速比在地下水面以下的土层中形成的地下径流的流速慢。图2-28给出了两个面积大致相同的流域的逐日流量过程线。其中图2-28(a)表示的是我国浙江省某区域A，面积166km^2，该区域包含的城镇面积较小，植被良好，土层覆盖薄，基岩透水性差。图2-28(b)表示的是我国河北省某区域B，流域面积155km^2，该区域城镇化严重，且植被很差，大部分地区基岩出露地表。比较这两个流域的逐日流量过程线可以发现，区域A一次降雨形成的地下径流大体上10d就可以在出口断面汇集。因此，一年中首尾流量大体相当。而区域B一次降雨形成的地下径流几乎长达10个月才能汇入出口断面，因此一年中年末流量要比年初流量大若干倍。可见，浅层壤中流的汇流比深层地下径流的汇流快得多。

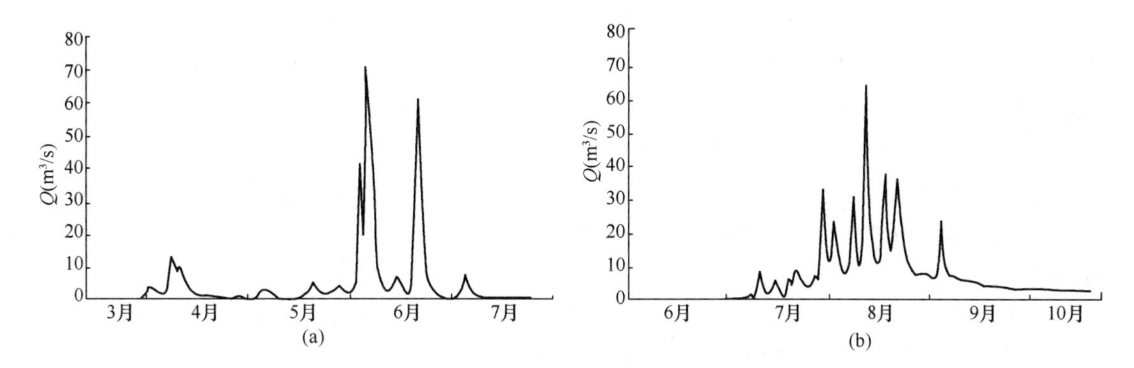

图 2-28 不同研究区域逐日流量过程线的比较

(a) 研究区域 A 流量过程线；(b) 研究区域 B 流量过程线

无论是地面径流、管网汇流、壤中流还是地下径流，它们在汇流时间上的差别在坡地汇流阶段表现更为突出。即使是同一种水源，由于下垫面差异性较大，也具有不同的汇流时间。因此，在汇流研究中，常常使用最大汇流时间和滞时等术语。

最大汇流时间是指最长路径的水质点流达出口断面所花费的时间，按下式近似计算：

$$\tau_w = \frac{L_m}{\overline{v}} \tag{2-87}$$

式中 L_m——从出口断面沿流而上至分水线的最长距离；

$\overline{v}$——平均流速。

有学者认为滞时是一个比最大汇流时间更有意义的术语。滞时定义为净雨过程形心与相应的出流过程线形心之间的时差（图 2-29），其表达式为：

$$K = M_1(Q) - M_1(I) \tag{2-88}$$

式中 $M_1(Q)$、$M_1(I)$——分别为出流过程和相应的净雨过程的一阶原点矩。

如果某地各处流速变化不大，滞时则大体上相当于区域形心处水质点的汇流时间，并可按下式估算：

$$K = \frac{L_0}{\overline{v}} \tag{2-89}$$

式中 L_0——形心至出口断面的直线距离；

$\overline{v}$——与式（2-87）相同。

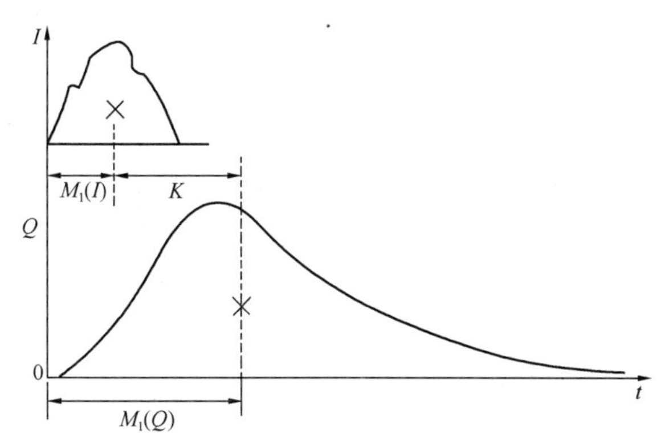

图 2-29 滞时定义

（2）汇流过程

1）坡地汇流过程。坡地汇流阶段，雨水经过产流阶段扣除损失后形成净雨，净雨在坡地汇流过程中，有的沿坡面形成地面径流，有的下渗成为壤中流和地下径流，还有一部分将进入管网。地面径流流速较大且流程短，因此汇流时间较短；地下径流要通过土层中各种孔隙，汇流时间较长；壤中流则介于二者之间。汇流过程模拟主要表现为汇流曲线的确定，等流时线、单位线（包括时段单位线、瞬时单位线、地貌单位线等）等汇流曲线被广泛使用。

1932年，Sherman为了从净雨过程确定径流过程，提出了单位线（UH）概念。定义为单位时间内时空均匀分布的单位净雨（1英寸或10mm）产生的径流过程线。单位时间可以任取一实数。净雨的单位时间确定单位线时间，时间改变，单位线也随之改变。因此，有多少净雨时间（时段），便有多少单位线。

单位线理论假定系统是线性的、不变的，即净雨产生的径流可由线性运算求出。这里需要强调的是，单位线是相应于特定净雨的特定历时，并且有单位总量。常用1h单位线、6h单位线，或1d单位线，1h、6h、1d在这里并不是单位线的历时，而是净雨的历时。因为假定净雨在该时段内均匀发生，其历时决定强度，需要根据实际情况变化。因此，对给定区域有很多单位线，分别相应于指定的净雨历时。

前面提到的单位线均为时段单位线的概念，在实际应用中，它受到时段的限制。若假设净雨历时无限小，则可避免时段单位线依赖于净雨历时所带来的不便，即得到瞬时单位线（IUH）。因此，瞬时单位线指历时趋零但保持单位总量（如10mm），在水文响应单元内均匀分布的净雨形成的径流过程线。

另一方面，如果净雨历时无限长，其强度为单位时间内1个单位（如每小时10mm），如此得到的单位线称为S过程线，或简称为S曲线（SH）。该过程线的形状与S相似，其纵坐标在有限时间或平衡时间最终到达净雨率。

实际应用较多的是纳什瞬时单位线法，它是指单位地面净雨在出口断面形成的地面径流过程线，特点是强度无穷大，历时无穷小，且分布均匀。计算公式为：

$$u(t)=\frac{1}{K\Gamma(N)}\left(\frac{t}{K}\right)^{N-1}\mathrm{e}^{-\frac{t}{K}} \tag{2-90}$$

式中　N——线性水库的个数；

K——线性水库的蓄泄系数；

$\Gamma(N)$——N的伽玛函数。

汇流计算中把瞬时单位线转换为无因次单位线才能使用，一般采用S曲线法。根据曲线S的定义，有：

$$S(t)=\int_0^t u(t)\mathrm{d}t=\frac{1}{\Gamma(N)}\int_0^{t/K}\left(\frac{t}{K}\right)^{N-1}\mathrm{e}^{-\frac{t}{K}}\mathrm{d}\left(\frac{t}{K}\right) \tag{2-91}$$

若线性水库个数N、蓄泄系数K已知，将$t=0$为起点的曲线整体往后平移一个Δt时段，即可得时段为Δt的无因次时段单位线：

$$u(\Delta t,t)=S(t)-S(t-\Delta t) \tag{2-92}$$

地面径流汇流过程假定各单元的无因次单位线都相同，与地面径流深及区域面积的乘积就是地面的出流过程，其利用公式如下：

$$\begin{gathered}for\quad i=1:N\\ for\quad j=1:M\\ QS(i+j-1)=QS(i+j-1)+RS\cdot UH(j)\cdot U\end{gathered} \tag{2-93}$$

式中　U——单位转换系数，$U=\frac{区域面积(\mathrm{km}^2)}{3.6\Delta t(\mathrm{h})}$；

UH——单位线数值；

N——降雨径流计算的时段数；

M——单位线数值的个数；

RS——时段地面净雨，mm；

QS——地面径流流量，m^3/s。

壤中流汇流过程采用线性水库法，利用公式如下：

$$QSS(t)=QSS(t-1)\cdot KKSS+RSS(t)\cdot(1-KKSS)\cdot U \tag{2-94}$$

式中 $KKSS$——壤中流的消退系数；

RSS——时段壤中流；

QSS——壤中流流量。

地下径流汇流过程采用线性水库法，利用公式如下：

$$QG(t)=QG(t-1)\cdot KKG+RG(t)\cdot(1-KKG)\cdot U \tag{2-95}$$

式中 KKG——地下径流的消退系数；

RG——时段地下净雨；

QG——地下径流流量。

出口断面流量为：

$$Q(t)=QS(t)+QG(t)+QSS(t) \tag{2-96}$$

2）管网汇流过程。城镇中涉及的汇流有两种类型：管网汇流和河道汇流，都是基于圣维南方程组，其中管网汇流可采用连续流量、运动波及动力波来求解圣维南方程组，河道汇流可利用马斯京根法和通用蓄量法。

① 圣维南方程组。明渠非恒定流有两大方程：连续性方程和动量方程，它们也是圣维南方程组的基础。

由连续性原理，即质量守恒定律可导出连续性方程，它常写为下式形式：

$$\frac{\partial Q}{\partial x}+\frac{\partial A}{\partial t}=q(x,t) \tag{2-97}$$

式中 Q——流量，m^3/s；

A——过水断面面积，m^2；

$q(x,t)$——单位河长的旁侧入流量，m^3/s。

从水流的连续性方程可以看出，在不考虑旁侧入流的情况下，有：

$$\frac{\partial Q}{\partial x}+\frac{\partial A}{\partial t}=0 \tag{2-98}$$

即河道洪水波运动过程时，过水断面面积随时间的变化与流量沿管长的变化是相互抵消的。

对河道过水断面应用线性动量守恒原理，即牛顿第二定律可导出明渠非恒定流的第二个方程。1871 年圣维南（Saint Venant）导出了描写这种水流运动的基本微分方程组，假定水流是一维的（在垂向和侧向都无加速度），断面流速均匀分布，可用下列一阶非线性双曲型偏微分方程对水流运动进行描述：

$$-\frac{\partial z}{\partial x}=\frac{v}{g}\frac{\partial v}{\partial x}+\frac{1}{g}\frac{\partial v}{\partial t}+\frac{\tau}{\gamma R} \tag{2-99}$$

式中 x——河段长度；

z——水位；

v——过水断面平均流速；

τ——过水断面湿周的平均切应力，可由 $\tau=\gamma\frac{v^2}{C^2}$ 进行求解；

R——过水断面的水力半径（即过水断面面积与湿周的比值）；

g——重力加速度；

γ——水的相对密度。

动力方程也称运动方程或动量方程。它由四部分组成：水面坡度 $-\frac{\partial z}{\partial x}$，动能坡度 $\frac{v}{g}\frac{\partial v}{\partial x}$，波动坡度 $\frac{1}{g}\frac{\partial v}{\partial t}$，以及摩阻坡度 $\frac{\tau}{\gamma R}$。一般习惯于把波动坡度和动能坡度两项合称为惯性项，$\frac{\tau}{\gamma R}$ 称摩阻项。

在有旁侧入流时，需要消耗主流动量以获得水流增量的动量，因此需要将表示“动量阻力”的附加项加入动量方程，并按模拟形式，动量方程可写为：

$$\frac{\partial v}{\partial t}=-g\frac{\partial y}{\partial x}-v\frac{\partial v}{\partial x}+g\left(S_0-S_f-\frac{vr}{gA}\right) \tag{2-100}$$

式中　y——水深；

S_0——底坡；

S_f——阻力坡度。

在不考虑旁侧入流的情况下，联立连续性方程（2-98）和动量方程（2-99）就组成了通常意义上的圣维南方程组。管道汇流计算中可选择连续流量法、运动波法及动力波法来求解圣维南方程组。

连续流量法：假定在某个计算时段内，流量一致且连续。使用曼宁公式建立流速和水深或河长之间关系，对上下游之间管道的入流流量过程线进行阐述。但是该方法只能计算树状的输送管网，无法计算河道贮蓄、回水影响、出入口损失、逆向流或压力流，这种管网的每一个节点只有一个出流。这种演算形式对步长不敏感，仅适用于长序列模拟的初期分析。

运动波法：对每个节点进行简化，并以动力方程的形式建立连续性方程，连续性方程要求水体表面的坡度等于管道坡度。管道内可被输送的最大流量是曼宁方程计算值。如果进入管道口的流量超过了这个值，会在管网系统中损失或者在入口顶部贮存然后重新进入管道。运动波法允许流量在空间和时间上存在变化。当对入流在管道系统进行演算时，出流的流量过程线出现削弱和延迟。这种形式的演算也仅限于树状的管网。如果时段为 5～15min，就可以保持数值稳定性。如果上述影响不明显，那么该方法就是一种精确、有效的方法，特别是对长序列的模拟。

动力波法：该方法产生了理论上最精确的结果，解决了完整的一维圣维南方程，其中包括连续性方程和动量方程以及节点的容量连续性方程。动力波法可以对压力流进行描述，这样流量值就可以超过曼宁方程的计算值。当水深超过最大水深阈值时产生洪水，超额流量有两种路径：从系统中流失，或暂时贮存在高处后重新进入排水系统。由于动力波法将节点水位和管道中流量融合在一起，能够应用到管网出口（即使包含多个下游的转移和回水），所以动力波可以计算管道贮蓄、回水、出入口损失、反向流量和压力流。

② 马斯京根法。马斯京根法是将圣维南流量方程中的水流连续性方程简化为河段水

量平衡方程，并把动力方程简化为河段的水量槽蓄关系，通过河段的入流过程演算为出流过程，其方程如下：

$$Q_{下,2} = c_0 \cdot Q_{上,2} + c_1 \cdot Q_{上,1} + c_2 \cdot Q_{下,1} \tag{2-101}$$

其中：

$$c_0 = \frac{\Delta t - 2k \cdot x}{2k \cdot (1-x) + \Delta t};\ c_1 = \frac{\Delta t + 2k \cdot x}{2k \cdot (1-x) + \Delta t};\ c_2 = \frac{2k \cdot (1-x) - \Delta t}{2k \cdot (1-x) + \Delta t}$$

式中 $Q_{上,1}$、$Q_{上,2}$——时段始、末上断面的入流量，m^3/s；

$Q_{下,1}$、$Q_{下,2}$——时段始、末下断面的出流量，m^3/s；

c_0，c_1，c_2——马斯京根方法的系数；

k——蓄量常数，时间因次；

x——流量比重因子，对于天然河道 x 值一般在 0.2～0.45 之间；

Δt——计算时段，h。

对于河段较长河道洪水演进，通常把长河段分为 N_m 个子河段，每段的 KE、XE 可根据整段的 k、x 推算求出。在实际工作中，往往 Δt 已经定好，求 $k/\Delta t$ 再取整数，就是 N_m 值，即：

$$KE = \frac{k}{N_m} \tag{2-102}$$

$$XE = \frac{1}{2} - \frac{N_m}{2}(1-2x) \tag{2-103}$$

式中 KE——马斯京根法子河段蓄量常数，表示河段传播时间；

XE——马斯京根法流量比重系数，反映河道调蓄能力。

2.4 降 雨 径 流 污 染

2.4.1 地表污染物累积

地表污染物的种类繁多，可大致分为无机物污染、有机物污染、重金属污染及其他类污染。其中无机物污染包括酸、碱和无机盐类等。有机物污染包括耗氧型有机物污染、难降解的有机物污染和水体富营养化污染。重金属污染主要包含汞、镉、铅、铬及砷等生物毒性显著的重元素，也包括具有一定毒性的一般重金属，如锌、铜、镍、锡等。其他类污染主要涉及新型污染物、微生物污染、放射性污染及热污染等。

地表污染物排放表现为晴天累积、雨天排放的特点，即晴天时地表污染物累积和雨时被雨水冲刷进入径流。地表污染物累积的定量研究表明，地表污染物最终累积量不是无限的，随着时间增长会逐渐趋于一个上限值，相应的累积速率在初始时最快，而后逐渐降低，污染物累积随着无雨期或清扫间隔时间的增长而呈现一些特征。流域内污染物的累积过程可以模拟为以无雨期为自变量的指数函数、线性函数或对数函数等，而城市地表污染物的累积过程受地表性质、土地利用类型、灰尘及污染物性质等的影响，运动机理相对复杂，一般可以采用指数模型描述。地表污染物的空间分布规律相对复杂，受下垫面单元特性、地理位置、气候变化、社会经济发展水平及人类生产生活方式等因素影响，呈现差异性明显的分布特性。

2.4.2 地表污染物冲刷

径流形成过程中，对地表污染物会形成冲刷，冲刷过程会再次污染。地表污染物随地表径流的迁移转化主要有分子扩散、移流扩散、紊动扩散和剪切流离散（或弥散）几种方式。

(1) 分子扩散

分子扩散是指由分子的布朗运动而引起的物质迁移。在静水中污染物浓度不均匀时，污染物质将会从浓度高的地方向浓度低的地方移动，形成扩散。分子扩散的快慢与污染浓度分布不均匀的程度（浓度梯度）密切相关。

对于一维分子扩散，扩散方程的形式为：

$$\frac{\partial c}{\partial t} = F\frac{\partial^2 c}{\partial x^2} \tag{2-104}$$

式中 c——某污染物的浓度；

t——时间；

x——扩散方向；

F——分子扩散系数。

(2) 移流扩散

水体处于流动状态时，水体中的污染物会随水质点一起迁移。假定水流只是平移，即所有水流以相同速度运动，此时污染物的迁移现象称为移流扩散。一般认为分子扩散和移流扩散可以先拆分后叠加。这样对于一维移流扩散方程，可以理解为在分子扩散方程中再加入平移推流的扩散量（$u \cdot c$），即：

$$\frac{\partial c}{\partial t} + u\frac{\partial c}{\partial x} = F\frac{\partial^2 c}{\partial x^2} \tag{2-105}$$

式中 u——水的流速；

其余符号同式（2-104）。

(3) 紊动扩散

以上只是考虑了静止液体中的分子扩散和均匀流运动情况下的移流扩散，但自然界中的河流大多处于紊流状态，即由于水流的紊动脉动作用，使污染浓度 c 和流速 u 非常迅速地围绕一个平均值变化，随机的紊动作用同样可以引起水中污染物质的扩散，因此紊动扩散更具有普遍的意义。实践证明，由紊动引起的物质扩散比分子扩散要大得多，在紊流状态下，分子扩散的作用可以被忽略。

一维紊流的紊动扩散方程的形式为：

$$\frac{\partial \overline{c}}{\partial t} + \overline{u}\frac{\partial \overline{c}}{\partial x} = \frac{\partial}{\partial x}\left(D\frac{\partial \overline{c}}{\partial t}\right) + F\frac{\partial^2 \overline{c}}{\partial x^2} \tag{2-106}$$

式中 D——紊动扩散系数；

$\overline{c}$、$\overline{u}$——浓度与流速的时均值；

其余符号同式（2-104）、式（2-105）。

将紊流扩散方程与移流扩散方程相比，显然前者增加了由于水流紊动脉动而引起的扩散项，其扩散量与紊动扩散系数 D 密切相关。

（4）剪切流离散（或弥散）

在移流扩散中，假定水流的运动是按相同速度运动的均匀流；在紊动扩散中，考虑了水流流速围绕平均值的脉动作用。这两种扩散都假定河流横断面上的流速分布是均匀的。但是实际中垂直于流动方向的横断面上流速分布是不均匀的，即存在流速梯度 v，这种水流的状态在水力学上称之为剪切流。由于剪切流流速分布不均匀与断面平均流速分布均匀之间存在差异，将引起附加的物质扩散，把河流横断面上流速分布不均匀而造成的附加扩散，称为剪切流离散。因此在剪切流离散方程中，应加入由于流速梯度的存在而导致的扩散量，其一维离散方程为：

$$\frac{\partial \bar{c}}{\partial t}+\bar{u}\ \frac{\partial \bar{c}}{\partial x}=\frac{1}{A}\ \frac{\partial}{\partial x}\left[A(E+D)\ \frac{\partial \bar{c}}{\partial t}\right] \tag{2-107}$$

式中 E——纵向离散系数；

$\bar{c}$——断面平均浓度；

$\bar{u}$——断面平均流速；

A——河流断面面积；

其余符号同前。

一般来讲，在分子扩散、紊动扩散及剪切流离散中，剪切流离散具有特别重要的作用，这从三者扩散系数的数量级中可明显看出：分子扩散系数 F 一般在 $10^{-10}\sim10^{-9}\mathrm{m^2/s}$，紊动扩散系数 D 一般在 $10^{-6}\sim10^{-4}\ \mathrm{m^2/s}$，纵向离散系数 E 一般在 $10\sim10^3\ \mathrm{m^2/s}$。相较而言，分子扩散所引起的物质迁移一般是微不足道的，在离散方程中已将其忽略；对于有离散作用的河流，由于纵向离散系数 E 要远大于紊动扩散系数 D，因此在很多情况下紊动扩散也可以忽略不计。

需要指出的是，从污染物质在水体中的迁移转化过程来看，虽然河流中的随流推移、紊动扩散及离散等都起作用，但在某种条件下，其中的一种过程可能起主导作用。如当河流流速很快时，流速的推移作用就很大，在这种情况下，水中污染物质的迁移很大程度上受水流的推移作用，而离散扩散等所起的作用相对不明显，这时也可以忽略离散扩散项，着重考虑推流迁移的影响。

目前SWMM模型和STORM模型采用的“一阶负荷模型”可以反映任一时间段内污染负荷与该时段上的径流强度以及停留在地面上的污染量有关。

$$\frac{\mathrm{d}p}{\mathrm{d}t}=-krp \tag{2-108}$$

式中 k——冲洗效率；

r——径流强度；

t——时间。

对上式积分得：

$$P_{\mathrm{t}}=P_0\mathrm{e}^{-kr(t-t_0)} \tag{2-109}$$

式中 P_0——计算开始时刻地面污染物的量；

P_{t}——计算时刻 t 地面污染物的量。

污染物在管道中的迁移转化可以重点关注污水管网污染物的迁移转化研究，污水管网具有结构复杂、空间复杂和功能复杂的特点，城镇地区的污水管网规模大、路线长及种类众多，工业及居民排放的污染物在空间上存在巨大差异。污水管网内存在复杂的物理、化学和生物反应，污水水质沿程不断发生变化，对污水管网内污染物浓度的动态数据采集工作量大且成本高昂，所以可通过模拟进行水质变化研究，可利用的管网水质模型包括活性污泥模型、好氧/厌氧水质转化模型、东部截留干管模型、SEWEX 模型、美国国家环保局模型等。

2.5　城镇化水文效应

2.5.1　热岛效应

因建筑物和混凝土路面等高蓄热体及天然下垫面、绿地减少等因素造成城镇气温明显高于外围郊区气温的现象称为热岛效应。热岛效应受城镇下垫面特性的影响，如人工构筑物、混凝土、柏油路面等，这些人工构筑物改变了下垫面的热力属性，导致人工构筑物吸热快、热容量小，太阳辐射相同的条件下升温速度比自然下垫面更快，所以其表面温度明显高于自然下垫面。城镇地表含水量少，热量散发进入空气，导致空气升温。同时，各种混凝土建筑物与路面对太阳光的吸收率较自然地表高，吸收的太阳辐射就更多，进而使温度升高（图 2-30）。

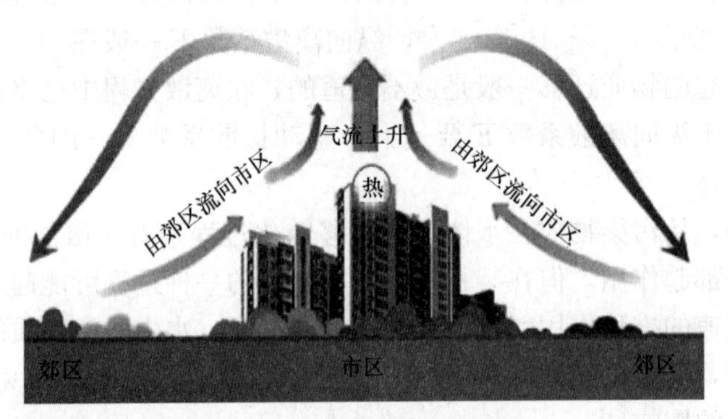

图 2-30　热岛效应示意图

城区大量的建筑物和道路的下垫层主要以砖石、水泥和沥青等材料为主，这些材料热容量、导热率比郊区的下垫层要大得多，对太阳光的反射率低、吸收率大。因此在白天，城镇下垫面温度远远高于上层空气温度，其中沥青路面和屋顶温度可高出 8～17℃。此时下垫层的热量主要以湍流形式传导，推动周围大气上升流动，形成“涌泉风”，并使城区气温升高；在夜间，城镇下垫面主要通过长波辐射提升近地面大气温度。由于城区下垫层保水性差，水分蒸发散耗的热量少（地面每蒸发 1g 水，下垫层失去 2.5kJ 的潜热），所以城区潜热大，温度也相对较高（图 2-31）。

形成热岛效应的主要因素有下垫面、人工热源、水汽影响、空气污染、绿地减少、人口迁徙等。

(1) 人工热源。城镇内大量的锅炉、供热设施等耗能装置以及大量的机动车，这些都能消耗大量能量，大部分以热能形式传给大气层。工业、交通运输以及居民生活都离不开燃料的消耗，每天都在向大气层排放热量。

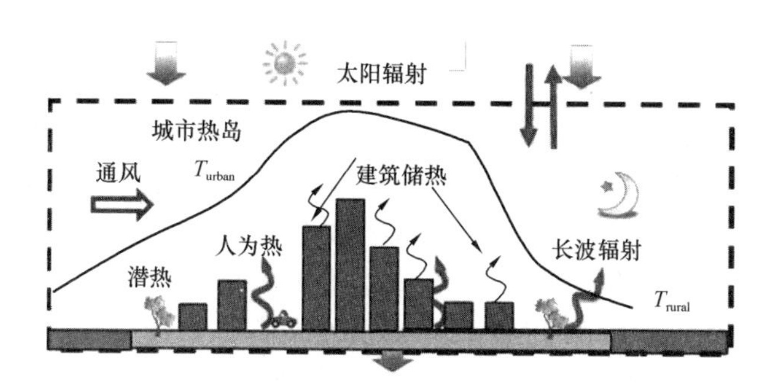

图 2-31 热岛影响因素

(2) 水汽影响。除了绿地能够有效缓解热岛效应之外，水面、风等也是造成热岛的因素。城区密集的建筑群、纵横的道路桥梁，构成较为粗糙的城镇下垫层，因而对风的阻力增大，风速减低，热量不易散失。在风速小于 6m/s 时，可能产生明显的热岛效应，风速大于 11m/s 时，下垫层阻力不起什么作用，此时热岛效应不太明显。

水的热容量大，在吸收相同热量的情况下，升温值最小，比其他下垫面的温度低；水面蒸发吸热，也可降低水体的温度。风能带走城镇中的热量，可以在一定程度上缓解热岛效应。因此进行城镇规划时，要结合当地的风向，应该减少东西走向的建筑物，使得空气便于流通。同时，最好拆掉高墙，建成栅栏式，增加空气流通。

(3) 空气污染。城镇中的各种人类活动，会产生大量的氮氧化物、二氧化碳、粉尘等，这些物质吸收热辐射的能力较强，容易产生温室效应，引起大气的进一步升温。大气污染使城区空气质量下降，烟尘、SO_2、NO_2、CO 含量增加，这些物质都是红外辐射的良好吸收者，致使大气吸收过多的红外辐射而升温。

大气污染在热岛效应中起着相当复杂特殊的作用。来自工业生产、交通运输以及日常生活中的大气污染物在城区浓度特别大，它像一张厚厚的毯子覆盖在上空，白天削弱太阳直接辐射，城区升温减缓，有时可产生“冷岛”效应。夜间它减少下垫面有效长波辐射所造成的热量损耗，起到保温作用，使城镇比郊区“冷却”得慢，形成夜间热岛现象。

(4) 绿地减少。随着城镇化的进程，自然下垫面的减少会导致热量的排放源增加，缓解热岛效应的能力就被削弱了。既然人工构筑物的增加、自然下垫面的减少是引起热岛效应的主要原因，那么增加自然下垫面的比例，便可以有效缓解热岛效应。绿地能吸收大量的太阳辐射，而所吸收的辐射能量不会大量地排放到大气中，而是用于植物蒸腾耗热和在光合作用中转化为化学能。植物通过蒸腾作用不断吸收热量，降低空气的温度。每公顷绿地平均每天可从周围环境中吸收 81.8MJ 的热量，相当于 200 台空调的制冷作用。植物光合作用可吸收空气中的二氧化碳，每公顷绿地每天平均可以吸收 1.8t 的二氧化碳，从而削弱温室效应。植物还能滞留空气中的粉尘和悬浮物，每公顷绿地可以滞留粉尘 2.2t，降低环境中 50%的含尘量，进一步抑制大气升温。

(5) 人口迁徙。我国春节期间人口迁移存在人次多、周期短、方向性强等特点，对热岛效应有显著影响，尤其在夜间。人口大规模迁移会减少热源排放，比如汽车尾气、工业生产、建筑物等其他过程的热源，弱化热岛效应。在超一线城市及一线城市，人口迁移对热岛效应的影响不一定比普通城市强，因为热岛变化受人口流动量、气候背景以及热源构成等因素的影响。例如，冬天北方城镇取暖设施多，所以人为热的释放要比南方城镇大。

由于热平衡的差异，城镇地区的气温要高于周围农村地区（高4～6℃）。导致城镇气温偏高的因素众多，包括：①净太阳能收益，未经过蒸发冷却过程的调节（由于相对缺乏地表水面或植被的蒸散发）；②城镇建筑和交通运输释放的废热（占太阳能输入的1/3）；③高层建筑的“峡谷结构”会捕获太阳能，减少红外线损失。当城镇地区和周围区域形成热循环时，第三种因素的影响能在一定程度上因大风而削弱，但也可能会增加城区的云量和降水。由于热岛中心区域近地气温高，与周围地区形成气压差，周围近地表大气向中心区辐合，导致中心区域形成低压旋涡，容易造成居民生活、工业生产、交通工具耗费燃料形成的硫氧化物、氮氧化物、碳氧化物、碳氢化合物等污染物质在热岛中心区域聚集，危害人们的身体健康。

应对热岛效应的措施主要有：绿化环境、减少排放、合理的城镇规划等。城镇绿化覆盖率与热岛强度成反比，绿化覆盖率越高，则热岛强度越低，当覆盖率大于30%后，热岛效应得到明显削弱；覆盖率大于50%，绿地对热岛的削减作用极其明显。减少人为热源排放，改民用煤为液化气、天然气也是减小热岛效应的有效途径之一。提高能源的利用率，减小空调的使用率，提高建筑物隔热材料的质量，以减少人工热量的排放，改善市区道路的保水性能。

2.5.2　雨岛效应

城镇内高楼大厦阻挡了空气循环，尤其是夏天空调的频繁使用、汽车尾气等造成热量排放严重，使上空热气流累积加剧，形成高温。城镇大气环流较弱，由于热岛所产生的局地气流的幅合上升有利于对流雨的发生和发展，城区空气中凝结核多，如硝酸盐等物质的存在会促进暖云降水作用，同时城镇化使下垫面粗糙度大，延长城区降雨时间。以上因素共同作用下形成雨岛效应。

导致雨岛效应的主要原因有：①热岛效应产生的热岛环流使市区内的上升气流加强，有利于云的形成；②城镇空气中含有较多的凝结核，虽然绝对湿度小，但吸湿性凝结核的增多仍然有利于云的形成；③城镇内空气摩擦阻碍作用使得锋面、切变线等天气系统在市区的移速减慢，云层在市区滞留时间加长；④建筑物加大了空气的被迫抬升，有利于低云的增加。

随着城镇化进程的加快，城镇人口剧增，不透水下垫面以及人工热源等大量增加，绿地、水体等却相应减少。绿地具有缓解雨岛效应的能力，是改善雨岛效应的有效途径之一。要减少雨岛效应的影响，就需要从城镇规划入手，增加城镇绿地所占比例。相应的政策及法律应当对这类问题做出规范，对绿地面积做出明确的要求，并对破坏绿地和水体的行为给予相应的法律制裁；同时，还需要对各种热源的布局做出合理规划的要求。

雨岛效应会导致城镇出现内涝问题。其发生的主要原因是：①所在区域地理环境的影响。由于城镇某个地方的地势较低，降雨来临时雨水就会在这里囤积不易排出，又因为在规划中没有对这类区域的排水问题予以考虑和解决，因此形成一定时间的积水现象；②人为原因。城镇化进程中不合理的施工现象导致局部地区在雨季受到人工构筑物之间的相互作用，每当下雨时这些区域就会发生一段时间内的积涝现象。解决上述两类问题，在城镇规划工作中应当综合考虑下垫面以及周围地势环境来确定如何分布大型建筑物和各类建筑设施的位置，以避免由于人工构筑物的相互作用形成积涝现象。同时，城镇排水系统的合理设置和分布也应当予以重点考虑。

2.5.3 城镇化对径流形成机理的影响

当下垫面为城镇所利用时，该区域就由自然下垫面状态转化为完全的人为状态。建筑物使流域的不透水面积大量增加，通常坡度增加，蓄水能力就大幅度减小。当建筑面积覆盖率达到100%时，植被数量、天然的土地表面和下渗将趋近于零。

图2-32阐明两种极端的情况：一个天然的流域和一个全部城镇化的流域。降落在天然流域的雨水，部分被植物截留，其余雨水落在地上蓄在洼地内或开始渗入土壤，当植物和土壤水分饱和时，超渗降雨开始在地表漫流。此时，壤中流也已开始。然而，因为地下径流比地表径流缓慢，所以它对河川径流的补充过程较长。在城镇内，因为蓄水量和下渗几乎减少到零，蓄满和坡面漫流的发生相对要快些，进入流域的水迅速充满每个洼地，很快形成地表径流，壤中流已不存在，过剩的降雨会增大河川径流。

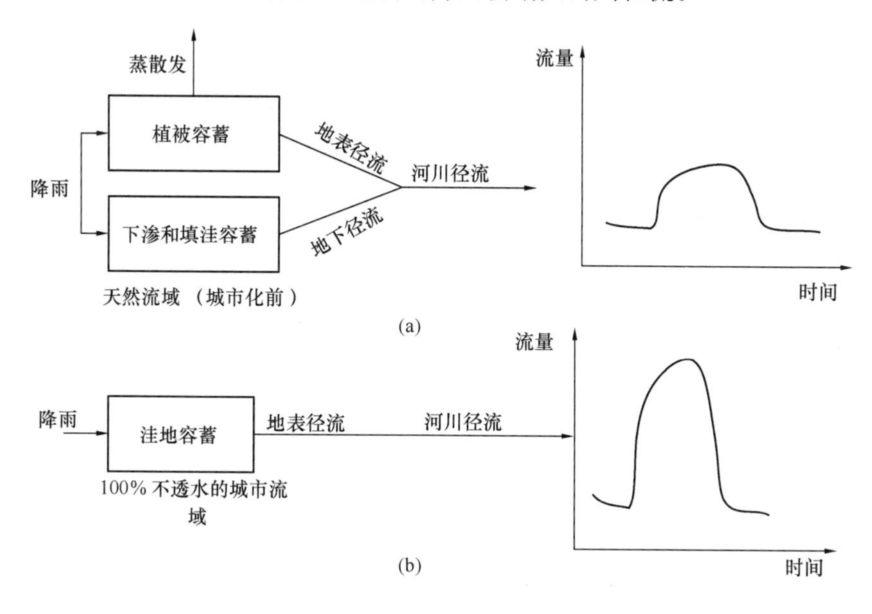

图2-32 天然流域和城镇流域的比较
(a) 自然流域；(b) 完全城镇化的流域

城镇化对径流形成机理的影响主要体现在对城镇水文循环要素的影响，下面从降雨、蒸散发、径流、地下水等方面进行说明。

城镇化对降雨的影响主要表现在：①具有一定的季节性，降雨在夏季受到显著的影响，与之相反的观点是降雨在冬季受到的影响更为显著，存在一定的区域性特征；②影响着不同量级的降雨，尤其显著影响较高量级的降雨，且暴雨发生频率明显增加；③降雨具有明显的时空分布，市区降水量大于郊区，降雨强度也表现为一定范围内的市区大于郊区。主要的影响因素包括热岛效应、气溶胶效应、地形抬升与阻滞作用等，城镇化影响会因城镇地理地形和气候类型不同而表现出一定的差异性。也有学者认为城镇化与降雨特征变化并无直接联系，所以进一步研究城镇化对降雨的响应机制很有必要。

城镇化对蒸散发的影响因素包括4个方面：①植物生理特性；②气温气压、风速、辐射、湿度、蒸发等气象因素；③潜水埋深、岩土和土壤结构的性质；④土壤中含水率的分布及大小。除上述因素外，城镇不透水区域的蒸散发还与洼地储水量、降水量密切相关。与城镇化程度较低时相比，辐射能量会随着日照时数的减少而减少，进而减少蒸散发量。温度升高会增加蒸散发，但是受制于城区较小的植被覆盖和水面面积，以及土壤和潜水蒸发的通道被大量不透水路面阻隔，可能减少实际蒸散发量。超采地下水会降低地下水水位，造成含水层疏干，使得土壤中的潜水及水分蒸发困难；而大量坚硬路面阻隔也会减少降水对土壤的补给。也有学者认为自然下垫面蒸散发量小于城区蒸散发量，但前提是全面考虑建筑物内部、人为热以及渗漏对蒸散发的影响。影响城镇地区蒸散发量增减的因素同时存在，迫切需要基于城镇水循环和不同下垫面蒸散发原理的认识，探究城镇化对蒸散发过程变化的影响机制。

城镇化对径流要素的影响主要表现在产汇流方面。根据径流的形成过程，首先是产流阶段的改变，不透水地面隔断了城镇地区降雨的垂向过程，能够入渗至土壤中的水分十分有限，通过洼地及数量不多的植被进行截留的水量也直线下降，会大大提升降雨直接转变为地表径流的比例。然后是汇流阶段的变化过程，城镇管排系统将产生的水量迅速排入河道，短时间内加速了在河道内的汇流进程，显著加大产生洪水的洪峰流量，提前出现洪峰，降低了汇流的时间，地表径流量随着径流系数的增大而增大。

城镇化对区域地下水的主要影响因素包括土地利用、含水层边界及潜在含水量、地下水补给区的范围和位置。城镇化进程中，由于城镇含水层的补给范围逐渐缩小，导致地下水垂直渗透的补给量下降；过量采掘地下水等行为会极大改变城区含水层的边界条件及潜在含水量，造成地下水位持续下降、不断扩大地下漏斗等现象，从而导致地下水资源锐减及枯竭。同时，城镇密集的建筑物桩基及大规模地下工程造成地下水自然循环流动途径阻拦，如建设地下交通系统时通过抽排设施造成地下水位局部下降。对地下水补给量的影响，通常认为垂直向上的地下水补给会降低，但是总补给量减小与否无法直接断定。原因可能包括两方面：一是超采造成地下水水位降低，诱发抢夺地表水和地下水的现象，增加了地下水的侧向补给；二是地下水补给的重要部分为供排水系统的渗漏。城镇化对地下水的影响要根据地下水系统的不确定性和复杂性全面深入研究，不能简单地概括讨论。

思考题

1. 简述城镇化发展后下垫面与径流的关系。
2. 影响水循环的因素（气候、下垫面和人类活动对降雨、蒸发、下渗和径流的影响）有哪些？
3. 阐述水文循环的作用与意义。
4. 影响流域下渗的主要因素有哪些？
5. 简述降雨量的计算方法以及影响降雨的因素。
6. 详细阐述下渗的物理过程（3个阶段）。
7. 对于我国植被变绿后的增加截留量与下渗量的去向解释，请给出你的观点，并解释为什么？
8. 请列举超渗产流与蓄满产流的概念、区别与联系。
9. 阐述蓄满产流和超渗产流的产流量计算。

10. 请列举影响雨岛效应和热岛效应的因素，并结合实例简述如何缓解热岛和雨岛效应。

本章参考文献

[1] Abtew, W. Evapotranspiration measurement and modeling for three wetland systems in South Florida[J]. Water Resources Bulletin, 1996, 32: 465-473.

[2] Becker L, Yeh W W G. Identification of parameters in unsteady open channel flows[J]. Water Resources Research, 1972, 8(4): 956-965.

[3] Bowen, I. S. the ratio of heat losses by conduction and by evaporation from any water surface[J]. Physical Reviews, 1926, 27: 779-787.

[4] Carmen Hernández-Crespo, Miriam Fernández-Gonzalvo, Miguel Martín, Ignacio Andrés-Doménech, Influence of rainfall intensity and pollution build-up levels on water quality and quantity response of permeable pavements[J]. Science of The Total Environment, 2019, 684: 303-313.

[5] Claborn B J, Billy Joe. Numerical simulation of watershed hydrology[D]. Hydraulic Engineering Laboratory, University of Texas, Rep, 1970.

[6] Cox, L. M. and J. F. Zuzel, A method for determing sensible heat transfer to latelying snowdrifts [J]. Weatern Snow Conf, Proc. 1976, 44: 23-28.

[7] Daniel R. Richards, Peter J. Edwards. Using water management infrastructure to address both flood risk and the urban heat island[J]. International Journal of Water Resources Development, 2018, 34(4): 490-498.

[8] E. J. Winter. Water, Soil and the Plant[M]. London: Macmillan Press, 1974.

[9] Gardner, W. R. Some steady state solutions of the unsaturated moisture flow equation with application to evaporation from a water table[J]. Soil Sci., 1958, 85: 228-232.

[10] Hann, C. T., et al.. Hydrologic Modelling of small Watersheds[J], American Society of Agricultural Engineers, 1984, 23(4): 342-344.

[11] Hargreaves, G. H. and Samni, Z. A. Reference crop evapotranspiration from temperature[J]. TRANSCTION of the ASAE, 1985, 1(2): 96-99.

[12] J. H. Boughton, R. N. Keller, Dissociation constants of hydropseudohalic acids[J]. Journal of Inorganic and Nuclear Chemistry, 1966, 28(12): 2851-2859.

[13] John Sansalone, Saurabh Raje, Ruben Kertesz, et al. Retrofitting impervious urban infrastructure with green technology for rainfall-runoff restoration, indirect reuse and pollution load reduction[J]. Environmental Pollution, 2013, 183: 204-212.

[14] Kite GW, Dalton A, Dion K. Simulation of streamflow in a macroscale watershed using general circulation model data[J]. Water Resources Research, 1994, 30(5): 1547-1559.

[15] Meyer, A. F. Computing runoff from rainfall and other physical data[J]. Transactions, American society of Civil Engineers. 1915, 79: 1055-1155.

[16] Moussavi, M., Hydrologic Systems Modelling of Mountainous Watersheds in Semi-arid regions [C]//phD Thesis, katholieke universiteit Leuven, Belgium, 1988.

[17] Singh V P. Hydrology System vol. 1 Rainfall-Runoff Modelling[M]. Prentice Hall Inc. 1988.

[18] Singh, V. P. and Xu, C-Y. Evaluation and generalization of 13 equations for determining free water evaporation[J]. Hydrological Processes, 1997, 11, 311-323.

[19] [美]辛格(V. P. Singh)著. 水文系统-流域模拟[M]. 赵卫民，戴东，牛玉国译. 郑州：黄河水

利出版社，2000.
[20] W. Ullah，W. T. Dickinson，Quantitative description of depression storage using a digital surface model：I. Determination of depression storage[J]. Journal of Hydrology，1979，42(1)：63-75.
[21] Wong T H F，Laurenson E M. Model of Flood Wave Speed Discharge Characteristics of River[J]. Water Resources Research，1984，20(12)：1883-1890.
[22] Xu，C-Y and Singh，V. P. Evaluation and generalization of radiation-based methods for calculating evaporation[J]. Hydrological Processes，2000，14，339-349.
[23] Xu，C-Y，S. Halldin and J. Seibert，Regional water balance modeling in the NOPEX area：development and application of monthly water balance models[J]. J. Hydrol. 1996，180：211-236.
[24] Yeh W W G，Tauxe G W. Optimal Identification of Aquifer Diffusivity Usasilinearization[J]. Water Resources Research，1971，7(4)：955-962.
[25] Yen B C，Lae K T. Unit Hydrography Derivation for Unganged Watersheds by Stream Order Laws [J]. Journal of Hydrologic Engineering，1997，2(1)：1-9.
[26] [苏]И. М. 库特林. 防止空气和地表水污染[M]. 徐先良译. 北京：新华出版社，1981.
[27] 白杨，王晓云，姜海梅，刘寿东. 城市热岛效应研究进展[J]. 气象与环境学报，2013，29(2)：101-106.
[28] 郭晓寅，程国栋. 遥感技术应用于地表面蒸散发的研究进展[J]. 地球科学进展，2004，19(1)：107-114.
[29] 胡华浪，陈云浩，宫阿都. 城市热岛的遥感研究进展[J]. 国土资源遥感，2005(3)：5-9，13.
[30] 黄妙芬，地表通量研究进展[J]. 干旱区地理，2003，26(2)：159-165.
[31] 李志林，朱庆. 数字高程模型[M]. 武汉：武汉大学出版社，2000.
[32] 刘家宏，王光谦，李铁键. 数字流域模型关键技术研究[J]. 人民黄河，2005，27(6)：1-3，63.
[33] 刘家宏，王浩，高学睿，陈似蓝，王建华，邵薇薇. 城市水文学研究综述[J]. 科学通报，2014，59(36)：3581-3590.
[34] 彭少麟，周凯，叶有华，粟娟. 城市热岛效应研究进展[J]. 生态环境，2005，14(4)：574-579.
[35] 任立良. 流域数字水文模型研究[J]. 河海大学学报(自然科学版)，2000，28(4)：1-7.
[36] 芮孝芳，姜广斌. 洪水演算理论与计算方法的若干进展与评述[J]. 水科学进展，1998，9(4)：389-395.
[37] 芮孝芳. 产汇流理论[M]. 北京：水利电力出版社，1995.
[38] 芮孝芳. 河流水文学[M]. 南京：河海大学出版社，2003.
[39] 芮孝芳. 径流形成原理[M]. 南京：河海大学出版社，2004.
[40] 芮孝芳. 水文学原理[M]. 北京：中国水利水电出版社，2004.
[41] 史军，梁萍，万齐林，何金海，周伟东，崔林丽. 城市气候效应研究进展[J]. 热带气象学报，2011，27(6)：942-951.
[42] 南京水利科学研究院. 水文基本术语和符号标准. GB/T 50095—2014[S]. 北京：中国计划出版社，2015.
[43] 王光谦，刘家宏，李铁键. 黄河数字流域模型原理[J]. 应用基础与工程科学学报，2005，13(1)：1-8.
[44] 王光谦，刘家宏. 数字流域模型[M]. 北京：科学出版社，2006.
[45] 王迎春，郑大伟等. 城市气象灾害[M]. 北京：气象出版社，2009.
[46] 肖荣波，欧阳志云，张兆明，王效科，李伟峰，郑华. 城市热岛效应监测方法研究进展[J]. 气象，2005，31(11)：4-7.
[47] 徐宗学等. 水文模型[M]. 北京：科学出版社，2009.

[48] 叶守泽，詹道江. 工程水文学[M]. 北京：中国水利水电出版社，1999.
[49] 于维忠. 论流域产流[J]. 水利学报，1985，2：1-11.
[50] 张文华，郭生练. 流域降雨径流理论与方法[M]. 武汉：湖北科学技术出版社，2008.
[51] 张勇传，王乘. 数字流域——数字地球的一个重要区域层次[J]. 水电能源科学，2001，19(3)：1-3.
[52] 赵人俊. 流域水文模拟——新安江模型与陕北模型[M]. 北京：水利电力出版社，1984.
[53] 周乃晟，贺宝根. 城市水文学概论[M]. 上海：华东师范大学出版社，1995.

第3章　城镇雨洪管理总体规划

城市水文过程是一个复杂的过程，由自然水循环和社会水循环系统组成，其中，自然水循环系统包括蒸散发、降水、产汇流、下渗、地下水补给和地表地下径流等环节；社会水循环系统包括工业、农业、生活、生态等部门的供水、用水、排水、再生水利用等过程。社会水循环从自然水循环系统中取水，在人类活动的供、用、排、再生水利用的过程中又有一部分水资源通过蒸发、渗漏等形式回到自然水循环系统中，因此，两者之间相互依存、相互影响。本章以解决城市内涝、水体黑臭等问题为导向，以雨水综合管理为核心，结合绿色基础设施与灰色基础设施，统筹“源头、过程、末端”的综合性、协调性原则，分别对城镇水系统规划概论、城镇防洪排涝系统规划、城镇雨水管网系统规划、城镇雨水利用规划几个方面进行了详细介绍，最后以国家首批海绵试点城市西咸新区沣西新城为例，对海绵城市规划案例进行具体分析。

3.1　城镇水系统规划概论

城市水系统是在一定的地域空间内，以城市水资源为主体进行水资源的开发利用和保护，并与自然和社会环境密切相关，且随时空变化的动态系统。该系统不仅包含了相关的自然因素，也融入了社会、经济甚至政治因素。城市水系统是重要的基础设施系统，按照产品水的生产、销售和废水收集与处理流程，可分为取水、制水、用水（分销）、废水收集和处理等几个环节。即把地表水、地下水及其他可利用水资源作为原水，通过输水管送至自来水厂，经过加工处理为产品水，然后通过供水管网分销给消费者；经消费者使用，废弃污水由排水管网收集输送至污水处理厂；处理达标后或排放水体，或经过深度处理后再生利用。海绵城市理念的引入，强调小海绵、中海绵及大海绵多尺度的水循环过程，将由蒸散发、降水、产汇流、下渗、地下水补给及地表地下径流等环节组成的自然水循环过程与原有的城市水系统相融合。具体环节及其联系如图3-1所示。

城市水系统规划的目的是为了协调各子系统的关系，优化水资源的配置，促进水系统的良性循环和保障城市供水安全。其目标是通过控制、协调、引导，对内保障城市供水安全，对外维持水环境安全和协调区域水资源，为城市的可持续发展提供基础保障。城市水系统规划的原则是正向保证和反向约束的对立统一。城市水系统规划要与城市规划和区域水资源条件相适应，既要满足城市发展中的合理需要，又要对城市的发展提出调整和制约的要求。城市水系统规划的内容，总的说来是“对一定时期内城市的水源、供水、用水、排水等子系统及其各项要素的统筹安排和综合管理”。对应于城市规划的不同阶段，城市水系统规划的任务是：在城镇体系规划阶段，做好区域水资源的供需平衡分析，合理选择水源，划定水源保护区；在城市总体规划阶段，划定蓝线控制范围，研究城市规划区内的各类用水需求，确定水系统的发展目标和总体布局；在城市详细规划阶段，确定规划期内

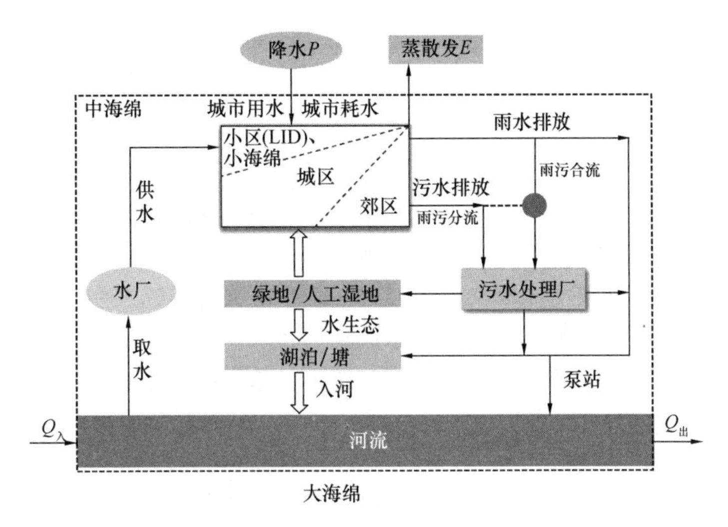

图 3-1 城市水系统主要环节及其联系示意图

水系统建设的规模、详细布局和运行管理方案。

3.1.1 城镇水系统规划的主要内容

(1) 建立水系统区域统筹管理系统，实现水资源优化配置

城镇水系统应与区域水系统的规划相协调，实现客水、地表水、地下水资源的统一规划和管理，打破城镇、部门间的界限，确立城镇供水、节水、排水一体化的管理体制，实现城镇与乡村、地下水与地表水、水质与水量、供水与排水、用水与节水、防洪与排涝等的统筹规划与管理。

(2) 城镇水系统规划必须与城镇规划相协调

水资源是城镇社会经济可持续发展的基础，应考虑水系统的生态支撑能力，以保证城镇空间发展与水系统建设协调发展。在规划过程中，城镇水系统规划应注重与不同阶段的城镇规划内容相适应。在城镇总体规划和控制性规划中对一定时期内城镇的水源、供水、用水、排水、河流水系等系统及其各项设施在用地和强制性控制要素等进行统筹规划，合理布置。城镇规划在选择城镇建设用地和控制城镇规模时要做好水资源的供需平衡分析，制定水系统及其设施的建设、运行和管理方案。

(3) 城镇水系统内部的统筹建设

1) 给水系统倡导分质供水。在规划过程中，按照规划用地性质合理选择不同供水水质标准和供水指标确定分质供水量。如规划可饮用水系统作为城镇主体供水系统，而将低品质水、回用水等建设非饮用水系统，供应园林绿化、冲厕等。

2) 污水系统与中水回用系统共建。随着污水回用重要性的显现，在城镇给水排水规划中，根据中水回用的需要在适当位置建设污水处理厂，规划建设的污水处理厂应有利于中水回用和减轻管网系统负担。

3) 雨水系统规划中统筹生态处置措施。在统筹规划中应综合考虑初期雨水滞留池或场地、漩流器、快速过滤设施、湿地、生态过渡带等设施的空间布置和规模，将道路及城镇的清洁和管理与径流污染控制结合起来。结合现状设置洼地、渗渠等，与带有孔洞的排水管道（带有可调节的溢流阀）连接，形成一个分散的雨水处理系统设在雨水径流形成的

"源头"，如靠近屋面、停车场、道路等。通过雨水在低洼绿地中短期储存和在渗渠中的长期储存，保证尽可能多的雨水得以下渗，使城镇范围内的径流系数接近开发前的状况。

（4）生态型水系空间的统筹规划

对河流水系的保护，以水体及其周边一定范围的陆域为整体进行保护控制，对水系功能的实现和拓展是必需的。在河流平面规划中保持河道其蜿蜒性特征；尽可能外移堤防以恢复河流原有的宽度，给洪水以空间，同时在汛期保持主河道与河滩、池塘和湿地的连接。在河流横断面上，恢复河流断面的多样性，在水陆交错带恢复乡土植被。在沿水深方向恢复河床的渗透性，保持地表水与地下水的联通。

城镇水系统规划的主要环节包括：供水系统、污水系统、雨水系统、受纳水体影响以及地下水管理，下面将具体介绍。

3.1.2 供水系统规划

供水系统具有三个子系统：供水水源、净水厂和配水管网。该系统配置关系如图3-2所示。

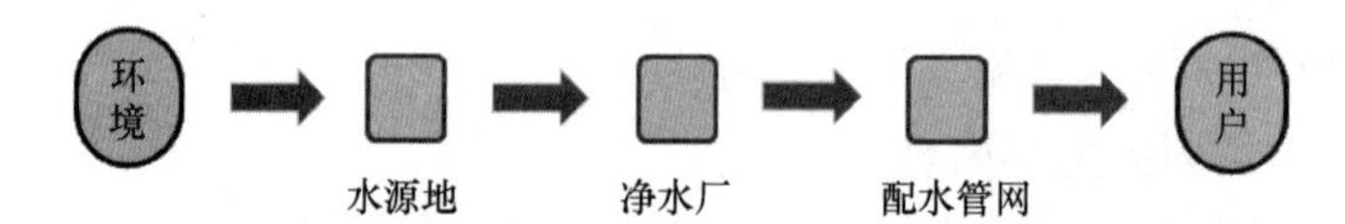

图3-2 供水系统服务链和节点

整个供水体系应满足用户对水质、水量和水压的需求。首先，通过建立有效的水资源保护带、强化水体污染的控制与治理、保证污水处理厂可靠运行等措施保护供水水源；其次，配水管网必须以足够的压力输送充分水量，供生活、商业、工业和市政使用，必须满足高峰阶段、干旱阶段和平常阶段的需求，同时考虑管网漏损率、消防备用水等情况，同时考虑现行国家标准《生活饮用水卫生标准》GB 5749以及各种工业用水的特殊需求，进行供水系统规划。

1. 源水资源

净水供应源头包括地表水、地下水和再生水。

地表水体可分为江河、湖泊、水库和海洋。地表水资源在供水中占据十分重要的地位，其特点主要表现为：①水量较充沛，分布较广泛，总溶解固体含量较低，硬度一般较小；②时空分布不均匀，受季节影响大；③受保护能力差，容易受污染；④泥沙和悬浮物含量较高，常需净化处理后才能使用；⑤取水条件及取水构筑物一般较复杂。河流径流作为地表水资源的重要组成部分，在取水工程中受到广泛关注。地下水源包括泉水、井水、渗渠廊道和存储补充水的含水层。为了从地下取水，需要开挖水井。通常从水井获得的是含水层的水。含水层中的水可能来自地表降雨和水体的渗入，因此需要相当长的时间汇集。尽管通过地质介质的渗入会去除部分污染物，剩余的化学物质（例如砷）可能从地层中溶解或者处于溶液状态，靠近海岸的含水层也可能受到海水污染。水井和泉水通常在产水量上是有限的。面对紧缺的水资源问题，开发利用海水、再生水、雨水、微咸水等非传统水资源已成为水资源利用的重要方向。城市通常具有大范围的饮用水源头，促进了供水的可靠性。发展地区的城市应严格防止在城市区域取用地下水，因为这样的取水方式可能导致地层的永久性沉降，对地面具有负面影响。必要时可以通过在洪水条件下的补充并控制城市区域的地下水位。特殊情况中，可以从屋顶捕获雨水，并在蓄水设施内存储。另外，反渗透（RO）处理厂的发展使得脱盐水越来越可行。回用水的多数科学问题好像已经解决，但是仍需要考虑经济可行和公共健康。

2. 给水处理

各种饮用水源的供应，无论地表水还是地下水，都可能涉及一定的水质问题。大量情况中，水源地水质不满足人类的需求标准。例如，可能需要去除颗粒固体，来自农业径流的硝酸盐和磷等。此外，通常需要通过向水中投加氯或者利用臭氧来杀灭致病菌。给水处理由此产生。净水厂的处理规模从几个住宅的污水量到数十万立方米每天。处理工艺取决于源水的水质以及用水意图，分为物理、化学两大类。单元处理工艺可分为：初步沉淀、初步混合、絮凝、沉淀、过滤、消毒和深度处理技术（处理无机、有机或放射性物质）等。处理系统通常位于室外或建筑物内，包括混凝土制和钢制水箱、滤池、提升过滤、药剂送料设备、其他机械设备，以及电气控制系统。

3. 输配水系统

给水工程是向用户供应生活、生产等用水的工程。给水工程的任务是供给城市居民区、工业企业、铁路运输、农业、建筑工地以及军事上的用水，并须保证上述用户对水量、水质和水压的要求，同时要担负用水地区的消防任务。城市供水管网通常布置为环状形式，配水管网为有压管流，这意味着城市区域的地形变化通常不会限制管网的布局。同时要做好管网分区，以方便识别漏水或者未计量用水。当漏水导致特定管道破裂时，管网的结构完整性将被破坏，管道的修理可能使污染物进入管网，因此修理后的给水管为保障安全用水，需在使用之前冲洗整个系统。同时，管网中压力的波动主要由于流量突增或者关闭阀门或者漏水点的出水而引起，可能对管网的运行和结构完整性很危险，在特定位置处需采取防水锤措施。

3.1.3 污水系统规划

住户、工业、商业和公共用户使用后的污水通过污水系统收集、输送、处理和处置。污水系统包括排水管道、污水处理厂、排放管道和污泥处理系统（图 3-3）。

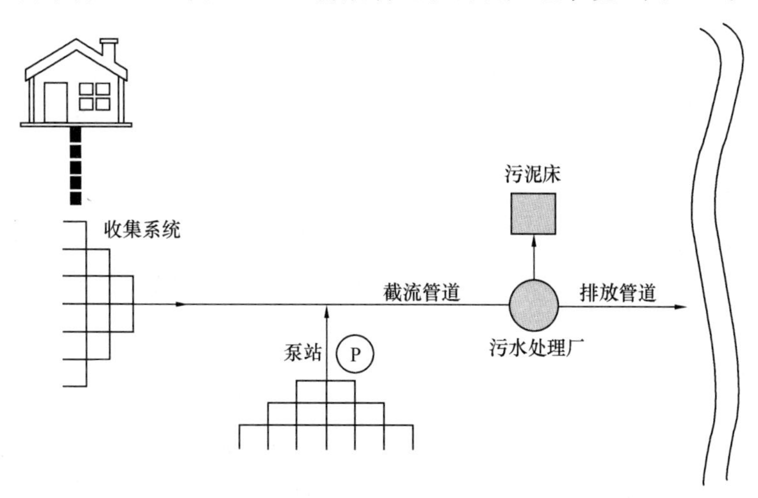

图 3-3 污水系统

按照污水的来源，大致可以将污水分为四类。

第一类：工业废水。指来自工业生产过程中产生的废水和废液，其中包括随水流失的工业生产用料、中间产物、副产品以及生产过程中产生的污染物。

第二类：生活污水。指居民日常生活中排出的废水，主要来自居住建筑和公共建筑，如住宅、机关、学校、医院、商店、公共场所及工业企业卫生间等。

第三类：商业污水。来自商业设施而且某些成分超过生活污水的无毒、无害的污水。如餐饮污水、洗衣房污水、动物饲养污水等。

第四类：地表径流。来自降雨、融雪、高速公路下水等。

分流制排水管道仅输送生活和工业污水，合流制排水管道则输送污水和雨水混合在一起的废水，混合污水被输送到污水处理厂进行处理。当超出污水处理厂能力时，合流制排水管道具有雨季溢流点。排水管道一般采取重力自流方式，在地形限制重力流的地方，可以采用压力排水管道。

污水系统的需求与用水相关。国家相关标准已给出污水水量计算方法和出水水质相关要求。《室外排水设计标准》GB 50014—2021 指出：结合建筑内部给排水设施水平确定，可按当地相关用水定额的 90%采用。通过比较用水和污水处理记录，可以确定百分比，百分比将随季节和一日内的时间变化。

1. 收集和输送系统

供水系统通常为压力下的环路管道，而污水系统通常为树状管，重力流。和供水系统一样，污水设施通常在地下，通过检查井和交汇井连接管道。在污水产生的地方、设施和其他排放点设置排水系统的进口点。其他系统主要包括排水立管、合适的通风、建筑的排水管道，最终到达室外市政排水管道。

市政排水管道直径通常在 300mm 以上，向下游方向逐渐增大管道尺寸，最终到达污水处理厂。为了保持污水的流速、保持排水管道清洁和输送污水中的物质，系统设计成具有逐渐向下的坡度。

常用的管道收集系统有混凝土管道、铸铁管道、钢管、塑料管道、陶土管道和砖砌渠道等。

2. 污水处理系统

生活用水主要指冲洗、食物准备、处置卫生废物等对饮用水的使用。伴随着大范围的工业使用，水流中带入了大量的污染物和其他物质。将未受处理的污水排放到自然环境，可能导致受纳水体的严重恶化。因此希望降低污水中污染物的化学浓度，例如营养物质、重金属和有害细菌。

污水处理系统分为一级处理、二级处理和深度处理。一级处理包括基本的物理过程，例如格栅和沉淀，可以去除漂浮和可能沉降的固体；二级处理包括生物和化学工艺，为了去除多数有机物；深度处理则可以去除营养物质或者特殊的成分。

进入污水处理厂之前，工业废水可能包含了酸、高温、有毒药剂、油脂等，污水处理厂的工艺很难对其进行降解且会增加进水污染物负荷，因此必须进行预处理。

现场系统（分散式处理系统）可用于单独家庭和住宅群，组件包括化粪池、油脂分离池、双层沉淀池、处置场、处置床、砂滤池、回流颗粒介质滤池等。

3. 污泥处置系统

来自污水处理厂的污泥需要进一步处理，工艺包括提升、粉碎、除砂、浓缩稳定、消毒、脱水、干燥、降热和最终处置等。

3.1.4 雨水系统规划

随着城市化进程的加快，原有的土壤绿地下垫面被不透水地面替代，因此限制了降雨的下渗，增加了地表径流。暴雨事件中，这些径流根据当地地形，迅速累积成为地表积水。为了应对过多的降雨径流，需要将它转换到人工明渠或地下管道后排入合适的水体。建造高成本的雨水管网，意味着需要输送特定重现期降雨的流量。较高重现期下的雨水管道将为满流，导致明渠的越顶，或者地下管道的超载。对于高重现期的降雨，将发生地表积水。需要注意的是，雨水管网总是难以满足超高重现期的暴雨事件。

最初城市区域（部分）为自然汇水面积，包含了自然地表河网。当城市开发时，许多这样的自然河流被填充，或者形成人工排水管网的一部分。对于剩下一些较大的河流，其汇水面积超过了城市区域，对于超高重现期的暴雨事件，这些河流也易出现洪水。

可以看出，城市内涝积水是一个复杂的过程，通常是由自然和人工排水网络排水能力不足引起，为此许多国家，例如美国、澳大利亚和加拿大，在排水系统中进行了特殊的处理，即利用地下管网处理较小重现期的降雨事件（小型系统）；结合地面水流路径，处理更严重、较高重现期的暴雨（大型系统）（图 3-4）。

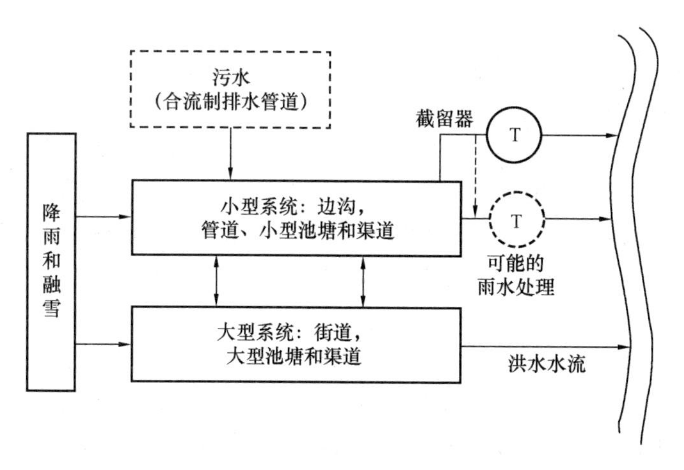

图 3-4　大型系统

小型雨水系统类似于污水收集系统，利用重力管道从产生点排向处置点，主要依赖边沟、小的沟槽、涵洞和雨水管渠、停流塘和渠道。大型系统类似于水坝中的应急泄洪道，主要用于排除小概率较大洪水事件，它靠近于街道、大型明渠、小溪和河流。合流制排水管道系统（Combined sewer system，CSS）类似于小型雨水系统，它包含连接器、调节器和处理设施。CSS 通常通过截流管道输送旱季流量到污水处理厂。如果超过了截流器或者污水处理厂的能力，将发生合流制溢流污染。

雨水系统仅仅在降雨事件中发挥作用。不同区域的雨水有较大差异，从来自绿地的较清洁径流，到来自工业场地的污染径流。随着暴雨的变化，径流体积和流量显著不同，雨水管道直径也会有很大差距。

3.1.5 地表受纳水体

处理后的或者未被处理的污水以及雨水必须在自然环境中处置。通常出流将排向受纳水体，例如河流、湖泊或者沿海水体，这些受纳水体本身也具有一定的自净能力。例如，许多城市在过去直接将原生污水排向这些受纳水体。然而，它们的处理能力很有限，许多情况下，由于溶解氧在短期的急剧下降，或者由于有毒化合物长期的累积，使其产生不可恢复的污染。此外，污水直接排向受纳水体的后果还包括漂浮物的大量累积，例如塑料袋和卫生纸等被河岸植被捕获，或者冲刷到靠近海洋排放口的河岸。为了有效缓解对受纳水体的严重影响，营造良好的水文循环机制和实现可持续绿色发展，对于点状污染源废水需强制要求处理后再排放，面源污染废水则须通过分散的绿色基础设施来控制水中污染物排放总量。

城市区域与相连接的河流关系复杂。城市化使下渗量减小，加剧了来自原来自然汇水区域的径流，并减少了径流的响应时间（由于较高的地表漫流和管道水流速度）。更为严重的后果是出流中潜在各种高浓度的污染物。同时，来自合流制排水管道溢流的稀释污水，以及未处理污水的事故性排放，都会引起了受纳水体的严重恶化。这些水体的水质改善，需要在将整个排水系统，包括收集管网、污水处理厂和受纳水体集成的系统下解决。最后，城市河流或者靠近城市区域的沿海水体也可能承担来自极端事件风险。

3.1.6　地下水管理

在一定条件下，地下水的变化也会引起沼泽化、盐渍化、滑坡、地面沉降等不利自然现象。尽管城市区域中铺砌的不透水地表限制了降雨的下渗，地下水仍连续地在城市地下流动。地下水的特性除了地质构造影响之外，还取决于大量其他因素的影响。例如通过渗透地表的降雨下渗、污水管网渗漏，以及来自地面的径流引发地表水和地下水的相互作用等，这些均使得地下水具有增加的趋势。对于源头控制，通过多孔路面、渗坑和渗渠等增加源头下渗，可以有效缓解降雨径流对排水系统的作用，尽可能恢复城市区域存在之前的地下水状态。当然，对于最初受到不良污染排放或过度开采的地区仍无法达到期望的目标。这些情况下，为了维护地下水水位低于特定数值，要限制建筑物和其他基础设施的高度，有计划地取水。除此之外，需考虑地下水与供水和排水管网的相互作用。通常配水管网在加压下运行，管道或者薄弱接口处的破裂会导致从管道向地下的渗漏。如果配水管道中的压力基于各种原因有所下降，例如水泵故障，那么管道周围地下水的压力会导致水渗入到管道，可能对配水管网的水质造成严重影响。与地表积水和相应排水管网中的排放相比，地下水改变的响应时间相当缓慢，但是上升的地下水位可能会破坏建筑物，导致地表积水，尤其是使地表中的洼地增多。

我国作为人口大国，农业是城市发展的基础，但是不断增加的化肥及农药的使用量，造成了大量化肥及农药随着降水或人工灌溉流入河道中，造成地下水污染。部分地方城市在现代化发展的过程中，过度追求经济效益而忽视了对环境的保护，粗放型生产模式并未完全革新，各种传统工业技术对资源及环境造成严重破坏。虽然已经建立了较为完善的排污工作管理体系，但制度监督落实情况较差。部分不法企业直接将生产废水排入周围河道，造成严重地下水污染。

3.2　城镇防洪防涝规划

洪涝灾害的防治是城市防灾的重要部分，各城市的总体规划中都有防洪的内容，在市政设施规划中还有雨水排除规划的内容。防洪规划主要是要保证上游的客水不进入城区，城市雨水管道主要解决城市内部低重现期雨水的排除，但是，一旦发生超过雨水管道设计标准的降雨时，城市内就可能产生内涝和积水，如果积水出现在交通干道（如下凹式立交桥区）处，就会造成交通中断或堵塞，如果积水漫过地下设施的出入口，则可能造成地下设施被淹没。因此，有必要对于超过雨水管道设计标准，而又低于城市防洪标准的洪涝水体的处置进行研究，使其不对城市的正常运行产生影响。

近年来，全球气候变化导致的极端天气频发，城市局地暴雨灾害的频度和强度不断增加，影响范围日益扩大。同时，城市规模扩大加剧了热岛效应，城市区域的降雨规律发生了明显改变，城市局地短历时超标准降雨频繁发生。虽然城市内涝和积水造成的危害没有洪水大，但其发生的频率比洪水高，对城市正常运行的影响也是客观存在的。所以，必须针对超过雨水管道设计标准的降雨产生的内涝积水问题加以研究并提出解决措施，即针对城市排涝问题进行系统研究。

3.2.1 城镇防洪防涝规划的基础资料

1. 城市概况分析

城市概况分析主要是对城市位置与区位情况，城市地形地貌概况，城市地质、水文、气候条件，城市社会、经济情况等基本情况进行整理分析。同时，对总体规划中关于城市性质、职能、规模、布局等内容进行解读，分析其中与城市排水相关的绿地系统规划、城市排水工程规划、城市防洪规划、道路交通设施规划、城市竖向规划等内容。

2. 城市排水设施现状及防涝能力评估

（1）城市排水设施现状调查

为了更好地、有针对性地编制城市排涝规划，需要对城市排水设施的现状进行分析评估，需要调查的主要数据包括：城市排水分区，每个排水分区的面积和最终排水出路，城市内部水系基本情况（如长度、流量、流域面积等以及城市雨水排放口信息现状），城市内部水体水文情况（如河流的平常水位、不同重现期洪水的流量与水位、不同重现期下的潮位等），城市排水管网现状（如长度、建设年限、建设标准、雨水管道和合流制管网情况），城市排水泵站情况（如位置、设计流量、设计标准、建设时间、运行情况）。同时，对可能影响到城市排涝防治的水利水工设施，比如梯级橡胶坝、各类闸门、城市调蓄设施和蓄滞空间分布等也需要进行调研。

（2）城市排水设施及其防涝能力现状评估

对于城市排水设施及其排涝能力，在现状调查与资料搜集的基础上，宜采用水文学或水力学模型进行评估。其中，对于排水设施能力应根据现状下垫面和管道情况利用模型对管道是否超载及地面积水进行评估；同时，需要通过模型确定地表径流量、地表淹没过程等灾害情况，获得内涝淹没范围、水深、水速、历时等成灾特征，并根据评估结果进行风险评价，从而确定内涝直接或间接风险的范围，进行等级划分，并通过专题图示反映各风险等级所对应的空间范围。

对于模型的应用，在此阶段应建立城市排水设施现状模型，包括排水管道及泵站模型（包含现状下垫面信息）、河道模型（包括蓄滞洪区）、现状二维积水漫流模型等，才能满足现状评估的需求。对于小城市，如果确无能力及数据构建模型，也可采用历史洪水（涝水）灾害评估的方法进行现状能力评估和风险区划分。

城市防洪工程规划具有综合性特点，专业范围广，市政设施涉及面多。因此，在工程设计中要搜集整理各种相关资料，一般包括地形地貌、河道（山洪沟）纵横断面图、地质资料、水文气象资料、社会经济资料等。

3.2.2　城镇防洪防涝规划的基本原则

主要防洪措施有以蓄为主和以排为主两种。

1. 以蓄为主的防洪措施

（1）水土保持。修筑谷坊、塘、坡，植树造林以及改造坡地为梯田，在流域面积内控制径流和泥沙，不使其流失，并防止其进入河槽。

（2）水库蓄洪和滞洪。在城市防范区域的上游河道适当位置处利用湖泊、洼地或修建水库来滞蓄排水，削减下游的洪峰流量，以减轻或消除洪水对城市的危害。调节枯水期径流，增大枯水期水流量，保证洪水、航运及水产养殖等。

2. 以排为主的防洪措施

（1）修筑堤防。筑堤可增加河道两岸高程，提高河槽安全泄洪能力，有时也可起到束水固沙的作用，在平原地区的河流上多采用这种防洪措施。

（2）整治河道。对河道截角取值及加深河床，加大河道的通水能力，使水流通畅，水位降低，从而减少洪水的威胁。

3. 防洪防涝对策选择

城市所处的地区不同，其防洪对策也不相同，一般来说，主要有以下几种情况：

（1）在平原地区，当大、中河流贯穿城市，或从市区一侧通过，市区地面高程低于河道洪水位时，一般采用修建防洪堤来防止洪水浸入城市。

（2）在有河流贯穿的城市，当河床较深，洪水的冲刷易造成对河岸的侵蚀并引起塌方，或在沿岸需设置码头时，一般采用挡土墙护岸工程。这种护岸工程常与修建滨江道路结合。

（3）城市位于山前区，地面坡度较大，山洪出山的沟口较多。对于这类城市一般采用排（截）洪沟。而当城市背靠山、面临水时，则可采取防洪堤（或挡土墙护岸）和截洪沟的综合防洪措施。

（4）当城市上游近距离内有大、中型水库，面对水库对城市形成的潜伏威胁，应根据城市范围和等级，提高水库的设计标准，增大拦洪蓄洪的能力。对已建成的水库，应加高加固大坝，有条件时可开辟滞洪区，而对市区河段则可同时修建防洪堤。

（5）城市地处盆地，市区低洼，暴雨时所处地域的降雨易汇流而造成市区被淹没。一般可在市区外围修建围堰或抗洪堤，而在市内则应采取排涝的措施（修建排水泵站），后者应与城市雨水排除统一考虑。

（6）位于海边的城市，当市区地势较低，易受海潮或台风袭击威胁，除修建海岸堤外，还可修建防浪堤，对于停泊码头，则可采用直立式挡土墙。

3.2.3　城镇防洪防涝规划内容

很多城市靠近江、河、湖泊，遇水位上涨，洪水暴发，对城市生产生活有很大的威胁，因此在新建城市和居民点选址时，就应当把防洪问题作为比较方案的内容之一。现有城市在制订规划方案时，应把防洪规划包括在内。

1. 城市防洪规划的内容

搜集城市地区的水文资料，如江、河、湖泊的年平均最高水位，年平均最低水位，历史最高水位，年降水量（包括年最大、月最大、五日最大降雨量），地面径流系数等。

调查城市用地范围内，历史上洪水灾害的情况，绘制洪水淹没地区图和了解经济损失的数字。

靠近平原地区较大江河的城市应拟订防洪规划，包括确定防洪的标高、警戒水位，修建防洪堤、排洪阀门、排内涝工程的规划。

山区城市应结合所在地区河流的流域规划全面考虑，在上游修筑蓄洪水库、水土保持工程，城区附近疏导河道、修筑防洪堤岸，在城市外围修建排洪沟等。

有的城市位于较大水库的下方，应考虑泄洪沟渠，考虑万一溃坝时，洪水淹没的范围及应采取的工程措施。

2. 城市排涝规划的内容

城市排涝规划编制主要应包括以下几个主要方面：城市概况分析、城市排水设施现状及防涝能力评估、规划目标、城市防涝设施工程规划、超标降雨风险分析、非工程措施规划。

城市排涝工程规划主要包括 3 方面内容：雨水管道及泵站系统规划、城市排水河道规划以及城市雨水控制与调蓄设施规划。

（1）雨水管道及泵站系统规划。

此部分规划内容与传统的城市雨水排除规划内容基本一致，在确定排水体制、排水分区的基础上，进行管道水力计算，并布置排水管道及明渠。

（2）城市排水河道规划。

此部分规划内容与传统的城市河道治理规划内容基本一致，在确定河道规划设计标准及流域范围的基础上，进行水文分析，并安排河道位置及确定河道纵横断面。

（3）城市雨水控制与调蓄设施规划。

在明确不同标准下城市居住小区和其他建设项目降雨径流量要求的基础上，应首先确定建设小区时雨水径流量源头削减与控制措施，并核算其径流削减量。如果通过建设小区后雨水径流量源头削减不能满足需求，则需要结合城市地形地貌、气象水文等条件，在合适的区域结合城市绿地、广场等安排市政蓄涝区对雨水进行蓄滞。

由于城市排涝系统是一个整体，以上三个方面也彼此影响，因此有必要构建统一的模型对上述三方面进行统一评价调整。具体过程为：

首先，根据初步编制的雨水管道及泵站系统规划、城市内部排水河道规划以及城市雨水控制与调蓄设施规划，分别构建雨水管道及泵站模型（含下垫面信息）、河道系统模型、调蓄设施系统模型，并将上述三个模型进行耦合。

其次，根据城市地形情况构建城市二维积水漫流模型，并与一维的城市管道、河道进行耦合。

再次，通过模型模拟的方式模拟排涝标准内的积水情况。

最后，针对积水情况拟订改造规划方案并带入模型进行模拟，得到最终规划方案。在制定规划方案时，应在尽量不改变原雨水管道和河道排水能力的前提下，主要采用调整地区的竖向高程、修建调蓄池、雨水花园等工程措施，并对所采取措施的效果进行模拟分析。

3.2.4　城镇防洪排涝与总体规划

城市的地理位置和具体情况不同，洪水类型和特征不同，因而防洪防涝标准、防洪防涝措施和布局也不同。但是城市防洪规划必须遵循一定的基本原则，归纳起来就是：城市防洪规划要以流域防洪规划和城市发展总体规划为基础，综合治理，对超标准洪水提出合理对策；城市防洪防涝设施要与城市给水、排水、交通、园林等市政设施相协调，保护生态平衡；防洪防涝建设要因地制宜、就地取材、节约土地、降低工程造价。

1. 城市防洪规划与流域防洪规划的关系

（1）对流域防洪规划的依赖性

城市防洪规划服从于流域防洪规划，指的是城市防洪规划应在流域防洪规划指导下进行，与流域防洪有关的城市上下游治理方案应与流域或区域防洪规划一致，城市范围内的防洪工程应与流域防洪规划相统一。城市防洪工程是流域防洪工程的一部分，而且又是流域防洪规划的重点，因此城市防洪总体规划应以所在流域的防洪规划为依据，并应服从流域防洪规划。有些城市的洪水灾害防治，还必须依赖于流域性的洪水调度才能确保城市的安全，临大河大江城市的防洪问题尤其如此。

城市防洪总体设计，应考虑充分发挥流域防洪设施的抗洪能力，并在此基础上进一步考虑完善城市防洪措施，以提高城市防洪标准。

（2）城市防洪规划的独立性

相对于流域防洪规划，城市防洪规划有一定的独立性。流域防洪规划中一般都已经将流域内城市作为防洪重点予以考虑，但城市防洪规划不是流域防洪规划中涉及城市防洪内容的重复，两者研究的范围和深度不同。流域或区域防洪规划注重于研究整个流域防洪的总体布局，侧重于整个流域防洪工程及运行方案的研究；城市防洪是流域中的一个点的防洪。流域防洪规划由于涉及面宽，不可能对流域内每个具体城市的防洪问题做深入研究。因此，城市防洪不能照搬流域防洪规划的成果。对城市范围内行洪河道的宽度等具体参数，应根据流域防洪的要求作进一步的比选优化。

2. 城市防洪规划与城市总体规划的关系

（1）以城市整体规划为依据

城市防洪规划设计必须以城市总体规划为依据，根据洪水特性及其影响，结合城市自然地理条件、社会经济状况和城市发展的需要进行。

城市防洪规划是城市总体规划的组成部分，城市防洪工程是城市建设的基础设施，必须满足城市总体规划的要求。所以，城市防洪规划必须在城市总体规划和流域防洪规划的基础上，根据洪（潮）水特性和城市具体情况，以及城市发展需要，拟订几个可行防洪方案，通过技术经济分析论证，选择最佳方案。

与城市总体规划相协调的另一重要内容是如何根据城市总体规划的要求，使防洪工程的布局与城市发展总体格局相协调。需要协调的内容包括：城市规模与防洪标准、排涝标准的关系；城市建设对防洪的要求；防洪对城市建设的要求；城市景观对防洪工程布局及形式的要求；城市的发展与防洪工程的实施程序。在协调过程中，当出现矛盾时，首先应服从防洪的需要，在满足防洪的前提下，充分考虑其他功能的发挥。正确处理好这几方面的关系，才能使得防洪工程既起到防洪的作用，又能有机地与其他功能相结合，发挥综合效能。

(2) 对城市总体规划的影响

城市防洪规划也反过来影响城市总体规划。由于自然环境的变化，城市防洪的压力逐年增大，一些原先没有防洪要求或防洪任务不重的城市，在城市发展中对防洪问题重视不够，使得建成区地面处于洪水位以下，只能通过工程措施加以保护；开发利用程度很高的旧城区，实施防洪的难度更大。因此，城市发展中应对新建城区的防洪规划提出要求，包括：防洪、排涝工程的布局，防洪、排涝工程规划建设用地，建筑物地面控制高程等，特别是平原城市和新建城市，有效控制地面标高，是解决城市洪涝的重要措施。

(3) 防洪工程规划设计要与城市总体规划相协调

防洪工程布置，要以城市总体规划为依据，不仅要满足城市近期要求，还要适当考虑远期发展需要，要使防洪设施与市政建设相协调。

1) 滨江河堤防作为交通道路、园林风景时，堤宽与堤顶防护应满足城市道路、园林绿化要求，岸壁形式要讲究美观，以美化城市。

2) 堤线布置应考虑城市规划要求，以平顺为宜。堤距要充分考虑行洪要求。

3) 堤防与城市道路桥梁相交时，要尽量正交。堤防与桥头防护构筑物衔接要平顺，以免水流冲刷。通航河道应满足航运要求。

4) 通航河道，城市航运码头布置不得影响河道行洪。码头通行口高程低于设计洪水位时，应设置通行闸门。

5) 支流或排水渠道出口与干流防洪设施要妥善处理，以防止洪水倒灌或排水不畅，形成内涝。同时，还可以开拓建设用地和改善城市环境。在市区内，当两岸地形开阔，可以沿干流和支流两侧修筑防洪墙，使支流泄洪通畅。当有水塘、洼地可供调蓄时，可以在支流口修建泄洪闸。平时开闸宣泄支流流量，当干流发生洪水时关闸调蓄，必要时还应修建排水泵站相配合。

蓄滞洪区是防洪体系中不可缺少的重要组成部分，滞洪区的建设和规划要从流域整体规划和城市总体规划出发，以城市可持续发展作为基本目标，充分利用现有工程和非工程措施，根据地形和地貌，以及流域特点和地理位置进行规划。

3.3 城镇雨水管网系统规划

随着城市化进程和路面普及率的提高，地面的存水、滞洪能力大大下降，雨水的径流量增大很快，通过建立一定的雨水贮留系统，一方面可以避免水淹之害，另一方面可以利用雨水作为城市水源，缓解用水紧张。

城市雨水管网系统是由雨水口、雨水管渠、检查井、出水口等构筑物组成的整套工程设施。城市雨水管渠规划布置的主要内容有：确定排水流域与排水方式，进行雨水管渠的定线；确定雨水泵房、雨水调蓄池、雨水排放口的位置。

在一座城市中，有时是混合制排水系统，即既有分流制也有合流制的排水系统。在制定排水方式和进行雨水管渠改造的时候，不能盲目要求必须合流改分流，而应该根据实际情况因地制宜地选择具体的排水体制。混合制排水系统一般是在具有合流制的城市需要扩建排水系统时出现的。在大城市中，因各区域的自然条件以及修建情况可能相差较大，因地制宜地在各区域采用不同的排水体制也是合理的。如美国的纽约以及我国的上海等城市便是这样形成的混合制排水系统。

3.3.1 设计资料的调查及设计方案的确定

任何一场暴雨都可用雨量计记录中的两个基本数值（降雨量和降雨历时）表示其降雨过程。通过对降雨过程的多年（一般具有 20 年以上）资料的统计和分析，找出表示暴雨特征的降雨历时、暴雨强度与降雨重现期之间的相互关系，作为雨水管渠设计的依据。这就是雨量分析的目的。

1. 雨量分析的几个要素

在水文学课程中，对雨量分析的诸要素如降雨量、降雨历时、暴雨强度、降雨面积、降雨重现期等已详细叙述，本书只着重分析这些要索之间的相互关系及其应用。

(1) 降雨量（Rainfall）

降雨量是指降雨的绝对量，即降雨深度。用日表示，单位以“mm”计，也可用单位面积上的降雨体积“L/hm^2”表示，在研究降雨量时，很少以场次降雨量为对象，而常以单位时间表示。

年平均降雨量：指多年观测所得的各年降雨量的平均值。

月平均降雨量：指多年观测所得的各月降雨量的平均值。

年最大日降雨量：指多年观测所得的一年中降雨量最大一日的绝对量。

(2) 降雨历时（Rainfall duration）

是指连续降雨的时段，可以指一场雨全部降雨的时间，也可以指其中个别的连续时段。用 t 表示，以“min”或“h”计。

(3) 暴雨强度（Rainfall intensity）

是指某一连续降雨时段内的平均降雨量，即单位时间的平均降雨深度，用 i 表示。

$$i = \frac{H}{t} (\mathrm{mm/min}) \tag{3-1}$$

在工程上，常用单位时间内单位面积上的降雨体积 q [L/（s · hm^2）] 表示。q 与 i 之间的换算关系是将每分钟的降雨深度换算成每公顷面积上每秒钟的降雨体积，即：

$$q = \frac{10000 \times 1000i}{1000 \times 60} = 167i \tag{3-2}$$

式中 q——暴雨强度，L/（s · hm^2）。

(4) 降雨面积和汇水面积（Rainfall area and catchment area）

降雨面积是指降雨所笼罩的面积，汇水面积是指雨水管渠汇集雨水的面积。用 F 表示，以公顷或平方千米为单位（hm^2 或 km^2）。任一场降雨在降雨面积上各点的降雨强度都是不相等的，即降雨是非均匀分布的。但城镇的雨水管渠或排洪沟汇水面积较小，一般小于 $100km^2$，最远点的集水时间不超过 60～120min，可近似认为汇水面积上各点降雨强度一致。

(5) 降雨频率和重现期（Rainfall frequency and recurrence interval）

降雨是一种偶然事件，某一大小的暴雨强度出现的可能性一般是可预知的。因此，需要通过大量的观测资料进行统计分析，计算其发生的频率，推论今后发生的可能性。某特定值暴雨强度的频率是指等于或大于该值的暴雨强度出现的次数与观测资料总项数之比的百分数。频率小的暴雨强度出现的可能性小，反之则大。在实际中常用重现期代替频率一词。某特定值暴雨强度的重现期是指等于或大于该值的暴雨强度可能出现一次的平均间隔时间，单位用年（a）表示。重现期与频率互为倒数。

2. 设计资料的调查

做好雨水管道系统的规划设计必须以可靠的资料为依据。设计人员接受设计任务后，需做一系列的准备工作。一般应先了解、研究设计任务书或批准文件的内容，弄清本工程的范围和要求，然后赴现场踏勘，分析、核实、收集、补充有关的基础资料。进行排水工程（包括污水管道系统）设计时，通常需要有以下几方面的基础资料：

（1）有关明确任务的资料

凡进行城镇（地区）的排水工程新建、改建和扩建工程的设计，一般需要了解与本工程有关的城镇（地区）的总体规划以及道路、交通、给水、排水、电力、电信、防洪、环保、燃气、园林绿化等各项专业工程的规划。这样可进一步明确本工程的设计范围、设计期限、设计人口数；拟用的排水体制；污水处置方式；受纳水体的位置及防治污染的要求；各类污水量定额及其主要水质指标；现有雨水、污水管道系统的走向，排出口位置和高程，存在的问题；与给水、电力、电信、燃气等工程管线及其他市政设施可能的交叉；工程投资情况等。

（2）有关自然因素方面的资料

1）地形图。进行大型排水工程设计时，在初步设计阶段要求有设计地区和周围 25～30km 范围的总地形图，比例尺为 1∶1000～1∶2000，等高线间距为 1～2m。中小型设计，要求有设计地区总平面图，城镇可采用比例尺 1∶5000～1∶1000，等高线间距为 1～2m；工厂可采用比例尺 1∶500～1∶2000，等高线间距为 0.5～2m。在施工图阶段，要求有比例尺 1∶500～1∶2000 的街区平面图，等高线间距为 0.5～1m；设置排水管道的沿线带状地形图，比例尺 1∶200～1∶1000；拟建排水泵站和污水处理厂处，管道穿越河流、铁路等障碍物处的地形图要求更加详细，比例尺通常采用 1∶100～1∶500，等高线间距为 0.5～1m。另还需排出口附近河床横断面图。

2）气象资料。包括设计地区的气温（平均气温、极端最高气温和最低气温）、风向和风速、降雨量资料或当地的雨量公式、日照情况、空气湿度等。

3）水文资料。包括接纳污水的河流的流量、流速、水位记录，水面比降，洪水情况和河水水温、水质分析化验资料，城市、工业取水及排污情况，河流利用情况及整治规划情况。

4）地质资料。主要包括设计地区的地表组成物质及其承载力；地下水分布及其水位、水质；管道沿线的地质柱状图；当地的地震烈度资料。

（3）有关工程情况的资料

有关工程情况的资料包括道路的现状和规划，如道路等级，路面宽度及材料；地面建筑物和地铁、其他地下建筑的位置和高程；给水、排水、电力、电信电缆、燃气等各种地下管线的位置；本地区建筑材料、管道制品、电力供应的情况和价格；建筑、安装单位的等级和装备情况等。

污水管道系统设计所需的资料范围比较广泛，其中有些资料虽然可由建设单位提供，但往往不够完整，个别地方不够准确。为了取得准确、可靠、充分的设计基础资料，设计人员必须到现场进行实地调查踏勘，必要时还应去提供原始资料的气象、水文、勘测等部门查询。将收集到的资料进行整理分析、补充完善。

3. 设计方案的确定

在掌握了较为完整、可靠的设计基础资料后，设计人员根据工程的要求和特点，对工程中一 些原则性的、涉及面较广的问题提出了不同的解决办法，这样就构成了不同的设计方案。这些方案除满足相同的工程要求外，在技术经济上是互相补充、互相对立的。因此必须对各设计方案深入分析其利弊和产生的各种影响。比如，对城镇（地区）排水工程设计方案的分析中必然会涉及排水体制的选择问题，接纳工业废水并进行集中处理和处置的可能性问题，污水分散处理或集中处理问题，与给水、防洪等工程协调问题，污水处理程度和污水、污泥处理工艺的选择问题，污水出水口位置与形式选择问题，设计期限的划分与相互衔接的问题等，其涉及面十分广泛且政策性强。又如，对城镇污水管道系统设计方案分析中会涉及污水管道的布局、走向、长度、断面尺寸、埋设深度、管道材料，与障碍物相交时采用的工程措施，中途泵站的数目与位置等诸多问题。为了使确定的设计方案符合国家有关方针、政策，既技术先进，又切合实际、安全适用，具有良好的环境效益、经济效益和社会效益，对提出的设计方案需进行技术经济比较。通常，进行方案比较与评价的步骤和方法是：

（1）建立方案的技术经济数学模型

建立主要技术经济指标与各种技术经济参数、各种参变数之间的函数关系，也就是通常所说的目标函数及相应的约束条件方程。建模的方法普遍采用传统的数理统计法。由于我国的排水工程，尤其是城市污水处理方面的建设欠账多，有关技术经济资料尚不完善，加之地区差异很大，目前国内建立的技术经济数学模型多数采用标准设计法。各地在实际工作中对已建立的数学模型存在应用上的局限性与适用性。当前在缺少合适的数学模型的情况下，可以凭经验选择合适的参数。

（2）求解技术经济数学模型

这一过程为优化计算的过程。从技术经济角度讲，首先，必须选择有代表意义的主要技术经济指标为评价目标；其次，正确选择适宜的技术经济参数，以便在最好的技术经济情况下进行优选。由于实际工程的复杂性，有时解技术经济数学模型并不一定完全依靠数学优化方法，而用各种近似计算方法，如图解法、列表法等。

（3）方案的技术经济比较

根据技术经济评价原则和方法，在同等深度下计算出各方案的工程量、投资以及其他技术经济指标，然后进行各方案的技术经济比较。

排水工程设计方案技术经济比较常用的方法有：逐项对比法、综合比较法、综合评分法、两两对比加权评分法等。

（4）综合评价与决策

在上述分析评价的基础上，对各设计方案的技术经济、方针政策、社会效益、环境效益等作出总的评价与决策，以确定最佳方案。综合评价的项目或指标，应根据工程项目的具体情况确定。

上述方案比较与评价的步骤只反映了技术经济分析的一般过程，实际上各步骤之间有时是相互联系的，有时受条件限制时，不一定非要依次逐步进行，而是根据问题的性质可以适当省略或者是采取其他办法。比如，可省略建立数学模型与优化计算步骤，根据经验选择适宜的参数。

经过综合比较后所确定的最佳方案即为最终的设计方案。

3.3.2 城市雨水排水体制的选择

在城市和工业企业中通常有生活污水、工业废水和雨水。这些污水是采用一个管渠系统来排除，或是采用两个或两个以上各自独立的管渠系统来排除。污水的这种不同排除方式所形成的排水系统，称为排水系统的体制（简称排水体制）。排水系统的体制一般分为合流制和分流制两种类型。

1. 合流制排水系统

合流制排水系统是将生活污水、工业废水和雨水混合在同一个管渠内排除的系统。最早出现的合流制排水系统，是将排出的混合污水不经处理直接就近排入水体，国内外很多老城市以往多采用这种合流制排水系统。但由于污水未经无害化处理就排放，使受纳水体遭受严重污染。现在常采用的是截流式合流制排水系统。这种系统是在临河岸边建造一条截流干管，同时在合流干管与截流干管相交前或相交处设置溢流井，并在截留干管下游设置污水处理厂。晴天和初降雨时所有污水都排送至污水处理厂，经处理后排入水体，随着降雨量的增加，雨水径流也增加，当混合污水的流量超过截流干管的输水能力后，就有部分混合污水经溢流井溢出，直接排入水体。截流式合流制排水系统较前一种方式前进了一大步，但仍有部分混合污水未经处理直接排放，成为水体的污染源，这是它的严重缺点。国内外在改造老城市的合流制排水系统时，通常采用这种方式。

2. 分流制排水系统

分流制排水系统是将生活污水、工业废水和雨水分别在两个或两个以上各自独立的管渠内排除的系统。排除生活污水、城市污水或工业废水的系统称污水排水系统；排除雨水的系统称雨水排水系统。由于排除雨水方式的不同，分流制排水系统又分为完全分流制和不完全分流制两种排水系统。在城市中，完全分流制排水系统具有污水排水系统和雨水排水系统；而不完全分流制只具有污水排水系统，未建雨水排水系统，雨水沿天然地面、街道边沟、水渠等原有渠道系统排泄，或者为了补充原有渠道系统输水能力的不足而修建部分雨水道，待城市进一步发展再修建雨水排水系统转变成完全分流制排水系统。在工业企业中，一般采用分流制排水系统。然而，往往由于工业废水的成分和性质很复杂，不但与生活污水不宜混合，而且彼此之间也不宜混合，否则将造成污水和污泥处理复杂化，以及给废水重复利用和回收有用物质造成很大困难。所以，在多数情况下，采用分质分流、清污分流的几种管道系统来分别排除。但当生产污水的成分和性质同生活污水类似时，可将生活污水和生产污水用同一管道系统排放。生产废水可直接排入雨水道，或循环使用重复利用。图 3-5 为具有循环给水系统和局部处理设施的分流制排水系统，生活污水、生产污水、雨水分别设置独立的管道系统。含有特殊污染物质的有害生产污水，不允许与生活或生产污水直接混合排放，应在车间附近设置局部处理设施。冷却废水经冷却后在生产中循环使用。如条件允许，工业企业的生活污水和生产污水应直接排入城市污水管道，而不作单独处理。

3.3.3 合流制雨水管渠系统规划

1. 合流制管渠系统的使用条件和布置特点

常用的有截流式合流制管渠系统，它是在临河的地方设置截流管，并在截流管上设置溢流井。晴天时，截流管以非满流状态将生活污水和工业废水送往污水处理厂处理。雨天

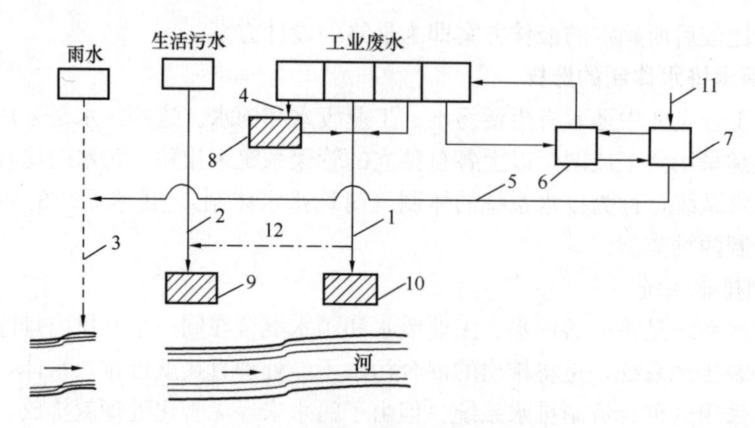

图 3-5　工业企业分流制排水系统

1—生产污水管道系统；2—生活污水管道系统；3—雨水管渠系统；4—特殊污染生产污水管道系统；5—溢流水管道；6—泵站；7—冷却构筑物；8—局部处理构筑物；9—生活污水处理厂；10—生产污水处理厂；11—补充清洁水；12—排入城市污水管道

时，随着雨水量的增加，截流管以满流状态将生活污水、工业废水和雨水的混合污水送往污水处理厂处理。当雨水径流量继续增加到混合污水量超过截流管的设计输水能力时，溢流井开始溢流，并随雨水径流量的增加，溢流量增大。当降雨时间继续延长时，由于降雨强度的减弱，溢流井处的流量减少，溢流量减小。最后，混合污水量又重新等于或小于截流管的设计输水能力，溢流停止。合流制管渠系统因在同一管渠内排除所有的污水，所以管线单一，管渠的总长度减少。但合流制截流管、提升泵站以及污水处理厂都较分流制大，截流管的埋深也因为同时排除生活污水和工业废水而要求比单设的雨水管渠的埋深大。在暴雨天，有一部分带有生 活污水和工业废水的混合污水溢入水体，使水体受到一定程度的污染。由于合流制排水管渠的过水断面很大，晴天流量很小，流速很低，往往在管底造成淤积，降雨时雨水将沉积在管底的大量污物冲刷起来带入水体，形成污染。因此，排水体制的选择，应根据城镇和工业企业的规划、环境保护要求、污水利用情况、原有排水设施、水质、水量、地形、气候和水体等条件，从全局出发，通过经济技术比较，综合考虑确定。一般地说，在下述情形下可考虑采用合流制管渠系统：

(1) 排水区域内有一处或多处水源充沛的水体，其流量和流速都足够大，一定量的混合污水排入后对水体造成的污染危害程度在允许的范围以内。

(2) 街坊和街道的建设比较完善，必须采用暗管渠排除雨水，而街道横断面又较窄，管渠的设置位置受到限制时，可考虑选用合流制。

(3) 地面有一定的坡度倾向水体，当水体高水位时，岸边不受淹没。污水在中途不需要泵汲。

显然，上述条件的第一条是主要的，也就是说，在采用合流制管渠系统时，首先应满足环境保护的要求，即保证水体所受的污染程度在允许范围内，只有在这种情况下才可根据当地城市建设及地形条件合理地选用合流制管渠系统。

当合流制管渠系统采用截流式时，其布置特点是：

(1) 管渠的布置使所有服务面积上的生活污水、工业废水和雨水都能合理地排入管渠，并能以可能的最短距离坡向水体。

（2）沿水体岸边布置与水体平行的截流干管。在截流干管的适当位置上设置溢流井，使超过截流干管设计输水能力的那部分混合污水能顺利地通过溢流井就近排入水体。

（3）必须合理确定溢流井的数量和位置，以便尽可能减少对水体的污染，减小截流干管的尺寸和缩短排放渠道的长度。从对水体的污染情况看，合流制管渠系统中的初期雨水虽被截留处理，但溢流的混合污水总比一般雨水脏，为改善水体卫生，保护环境，溢流井的数量宜少，且其位置应尽可能设置在水体的下游。从经济上讲，为了减小截流干管的尺寸，溢流井的数量多一点好，这可使混合污水及早溢入水体以降低截流干管下游的设计流量。但是，溢流井过多会增加溢流井和排放渠道的造价，特别在溢流井离水体较远、施工条件困难时更是如此。当溢流井的溢流堰口标高低于水体最高水位时，需在排放渠道上设置防潮门、闸门或排涝泵站，为减少泵站造价和便于管理，溢流井应适当集中，不宜过多。

（4）在合流制管渠系统的上游排水区域内，如果雨水可沿地面的街道边沟排泄，则该区域可只设置污水管道。只有当雨水不能沿地面排泄时，才考虑布置合流管渠。

目前，我国许多城市的旧市区多采用合流制，而在新建区和工矿区则一般多采用分流制，特别是当生产污水中含有毒物质，其浓度又超过允许的卫生标准时，则必须采用分流制，或者必须预先对这种污水单独处理到符合要求后，再排入合流制管渠系统。

2. 合流制排水管渠系统的水力计算要点

合流制排水管渠一般按满流设计。水力计算的设计数据包括设计流速、最小坡度和最小管径等，基本上和雨水管渠的设计相同。合流制排水管渠的水力计算内容包括：

（1）溢流井上游合流管渠的计算；

（2）截流干管和溢流井的计算；

（3）晴天旱流情况校核。

溢流井上游合流管渠的计算与雨水管渠的计算基本相同，只是它的设计流量要包括雨水、生活污水和工业废水。合流管渠的雨水设计重现期一般应比同一情况下雨水管渠的设计重现期适当提高，有人认为可提高10%～25%，因为虽然合流管渠中混合废水从检查井溢出街道的可能性不大，但合流管渠泛滥时溢出的混合污水比雨水管渠泛滥时溢出的雨水所造成的损失要大一些，为了防止出现这种情况，合流管渠的设计重现期和允许的积水程度一般都需从严掌握。

对于截流干管和溢流井的计算，主要是要合理确定所采用的截流倍数n_0。根据n_0值，决定截流干管的设计流量和通过溢流井泄入水体的流量，然后即可进行截流干管和溢流井的水力计算。从环境保护的角度出发，为使水体少受污染，应采用较大的截流倍数。但从经济上考虑，截流倍数过大，会大大增加截流干管、提升泵站以及污水处理厂的造价，同时造成进入污水处理厂的污水水质和水量在晴天和雨天的差别过大，给运行管理带来相当大的困难。为使整个合流管渠排水系统的造价合理和便于运行管理，不宜采用过大的截流倍数。通常，截流倍数n_0应根据旱流污水的水质和水量以及总变化系数，水体的卫生要求，水文、气象条件等因素确定。我国《室外排水设计标准》GB 50014—2021规定采用2～5，并规定，采用的截流倍数必须经当地卫生主管部门的同意。在工作实践中，我国多数城市一般都采用截流倍数$n_0=3$。美国、日本及部分欧洲国家，多采用截流倍数$n_0=$

3～5；苏联则按排放条件的不同来规定 n_0 值（表3-1）。目前，由于人们越来越关心水体的保护，采用的 n_0 值有逐渐增大的趋势，例如美国，对于供游泳和游览的河段，采用的 n_0 值甚至高达30以上。

不同排放条件下的 n_0 值　　表3-1

序号	排放条件	n_0
1	在居住区内排入大河流	1～2
2	在居住区内排入小河流	3～5
3	在区域泵站和总泵站前及排水总管的端部，根据居住区内水体的不同特性	0.5～2
4	在处理构筑物前根据不同的处理方法与不同构筑物的组成	0.5～1
5	工厂区	1～3

截流倍数的设置直接影响环境效益和经济效益，其取值应综合考虑受纳水体的水质要求、受纳水体的自净能力、城市类型、人口密度和降雨量等因素。当合流制排水系统具有排水能力较大的合流管渠时，可采用较小的截流倍数，或设置一定容量的调蓄设施。根据国外资料，英国截流倍数为5，德国为4，美国一般为1.5～5。我国的截流倍数与发达国家相比偏低，有的城市截流倍数仅为0.5。

关于晴天旱流流量的校核，应使旱流时的流速能满足污水管道最小流速的要求。当不能满足这一要求时，可修改设计管段的管径和坡度。应当指出的是，由于合流管渠中旱流流量相对较小，特别是在上游管段，旱流校核时往往不易满足最小流速的要求，此时可在管渠底设低流槽以保证旱流时的流速。或者加强养护管理，利用雨天流量刷洗管渠，以防淤塞。

3. 城市旧合流制排水管渠系统的改造

城市排水管渠系统一般随城市的发展而相应地发展。最初，城市往往用合流明渠直接排除雨水和少量污水至附近水体。随着工业的发展和人口的增加与集中，为保证市区的卫生条件，便把明渠改为暗管渠，污水仍基本上直接排入附近水体，也就是说，大多数的大城市，旧的排水管渠系统一般都采用直排式的合流制排水管渠系统。有关资料表明，城市排水管道中合流制排水系统占排水管道总长度的比例，德国、英国、日本为70％左右，丹麦约占45％，日本东京高达90％，德国科隆市高达94％。我国绝大多数大城市也采用这种系统。但随着工业与城市的发展进步，直接排入水体的污水量迅速增加，势必造成水体的严重污染，为保护水体，理所当然地提出了对城市已建旧合流制排水管渠系统的改造问题。

目前，对城市旧合流制排水管渠系统的改造，通常有如下几种途径：

（1）改合流制为分流制

将合流制改为分流制可以完全杜绝溢流混合污水对水体的污染，因而是一个比较彻底的改造方法。现有合流制排水系统，应按城镇排水规划的要求，实施雨污分流改造。由于雨水、污水分流，需处理的污水量将相对减少，污水在成分上的变化也相对较小，所以污水处理厂的运转管理较易控制。通常，在具有下列条件时，可考虑将合流制改造为分流制：①住房内部有完善的卫生设备，便于将生活污水与雨水分流；②工厂内部可清浊分流，便于将符合要求的生产污水接入城市污水管道系统，将生产废水接入城市雨水管渠系统，或可将其循环使用；③城市街道的横断面有足够的位置，允许设置由于改成分流制而增建的污水管道，并且不至于对城市的交通造成过大的影响。一般地说，住房内部的卫生设备目前已日趋完善，将生活污水与雨水分流易于做到，但工厂内的清浊分流，因已建车间内工艺设备的平面位置与竖向布置比较固定而不太容易做到，至于城市街道横断面的大小，则往往由于旧城市（区）的街道比较窄，加之年代已久，地下管线较多，交通也较频繁，常使改建工程的施工极为困难。

（2）保留合流制，修建合流管渠截流管

由于将合流制改为分流制往往因投资大、施工困难等原因而较难在短期内做到，所以目前旧合流制排水管渠系统的改造多采用保留合流制，修建合流管渠截流干管，即改造成截流式合流制排水管渠系统。这种系统的运行情况前文已述。但是，截流式合流制排水管渠系统并没有杜绝污水对水体的污染。溢流的混合污水不仅含有部分旱流污水，而且夹带有晴天沉积在管底的污物。据调查，1953—1954 年，由伦敦溢流入泰晤士河的混合污水的 5 日生化需氧量浓度平均竟高达 221mg/L 而进入污水处理厂的污水的 5 日生化需氧量也只有 239～281mg/L。可见，溢流混合污水的污染程度仍然是相当严重的，它足以对水体造成局部或整体污染。

（3）对溢流的混合污水进行适当处理

合流制管渠系统溢流（Combined system overflow，CSO）水质复杂，污染严重。水中含有的大量有机物、病原微生物以及其他有毒有害物质，特别是晴天时形成的腐烂的沟道沉积物，对受纳水体的水质构成了严重威胁。合流制管渠系统溢流处理的工艺较多，技术相对比较成熟，人工湿地技术、调蓄沉淀技术、强化沉淀技术、水力旋流分离技术、高效过滤技术、消毒技术等都有成功应用，其中水力旋流分离器、化学强化高效沉淀池等已有多项专利产品问世。对于溢流的混合污水的污染控制与管理，相关政策的制定非常重要，美国、日本、德国、英国和加拿大等国都制定了 CSO 控制的中长期规划，并形成了相关政策和措施，而国内这方面的工作尚刚刚起步。

（4）对溢流的混合污水量进行控制

为减少溢流的混合污水对水体的污染，在土壤有足够渗透性且地下水位较低（至少低于排水管底标高）的地区，可采用提高地表持水能力和地表渗透能力的措施来减少暴雨径流，从而降低溢流的混合污水量。例如，采用透水性路面或没有细料的沥青混合料路面，据美国的研究结果，这样可削减高峰径流量的 83%，且载重运输工具或冰冻不会破坏透水性路面的完整结构，但需定期清理路面以防阻塞。也可采用屋面、街道、停车场或公园里为限制暴雨进入管道的暂时性连续蓄水塘等表面蓄水措施，还可将这些表面的蓄水引入干井或渗透沟来削减高峰径流量。

3.3.4 分流制雨水管渠系统规划

1. 分流制雨水管渠系统平面布置特点

雨水管渠系统的布置，要求使雨水能顺畅及时地从城镇和厂区内排出去。一般可以从以下几个方面考虑：

（1）充分利用地形，就近排入水体。为尽可能地收集雨水，在规划雨水管线时，首先按地形划分排水区域，再进行管线布置。为减少雨水干管的管径和长度、降低造价，雨水管应本着分散和就近排放的原则布置。在雨水水质符合排放水质标准的条件下，雨水应尽量利用自然地形坡度，以重力流方式和最短的距离排入附近的池塘、河流、湖泊等水体中，以降低管渠工程造价。

当地形坡度变化较大时，雨水干管宜布置在地面标高较低处或溪谷线上；当地形平坦时，雨水干管宜布置在排水流域的中间，以便于支管就近接入，尽可能地扩大重力流排除雨水的范围。

雨水管渠接入池塘或河道的出水口的构造一般比较简单，造价不高，增多出水口不致大量增加基建费用，而由于雨水就近排放，管线较短，管径也较小，可以降低工程造价。因此雨水干管的平面布置宜采用分散式出水口的管道布置形式，这在技术上、经济上都是较合理的。

当河流的水位变化很大、管道出口离水体很远时，出水口的建造费用很高，这时就不宜采用过多的出水口，而应考虑集中式出水口的管道布置。这时，应尽可能利用地形使管道与地面坡度平行，可以减小管道埋深，并使雨水自流排放而不需设置提升泵站。当地形平坦且地面平均标高低于河流的洪水水位，或管道埋设过深而造成技术经济上不合理时，就要将管道出口适当集中，在出水口前设置雨水泵站，暴雨期间雨水经提升后排入水体。由于暴雨形成的径流量很大，雨水泵站的造价及运行费用很高，利用率低，而且使用的频度不高，因此要尽可能使通过雨水泵站的流量减到最小，以节省泵站的工程造价和运行费用。宜在雨水进泵站前的适当地点设置调节池。

（2）根据城市规划布置雨水管道。通常应根据建筑物的分布、道路布置及街区内部的地形等布置雨水管道，使街区内绝大部分雨水以最短距离排入街道低侧的雨水管道。

道路通常是街区内地面径流的集中地，所以道路边沟最好低于相邻街区地面标高，尽量利用道路两侧边沟排除地面径流。雨水管渠应平行道路敷设，宜布置在人行道或草地带下，不宜布置在快车道下或交通量大的干道下，以免积水影响交通或维修管道时破坏路面，当道路宽度大于40m时，可考虑在道路两侧分别设置雨水管道。

雨水干管的平面和竖向布置应考虑其他地下构筑物（包括各种管线及地下建筑物等）在相交处相互协调，雨水管道与其他各种管线（构筑物）在竖向布置上要求的最小净距如表3-2所示。进行城市竖向规划时，应充分考虑排水的要求，以便能合理利用自然地形就近排出雨水，还要满足管道埋设最小覆土厚度和最不利点的要求。另外，对竖向规划中确定的挖方或填方地区，雨水管渠布置必须考虑今后的地形变化，进行相应处理。在有池塘、坑洼的地方，可考虑雨水的调蓄。在有连接条件的地方，应考虑两个管道系统之间的连接。

（3）合理布置雨水口。雨水口的布置应根据地形及汇水面积确定，使雨水不致漫过路口面而影响交通，宜设在对行人方便的地方，因此一般在街道交叉路口的汇水点、低洼处设置雨水口。街道两旁雨水口的间距，主要取决于街道纵坡、路面积水情况及雨水口的进水量，一般为25～60m（图3-6），街道交汇处雨水口的设置位置与路面的倾斜方向有关。雨水口的构造以及在道路直线段上设置雨水口的距离详见第5.4.1节。为了保障其有效的泄水能力，雨水口要考虑设置污物截流设施。

排水管道与其他管线（构筑物）的最小净距 **表 3-2**

<table>
<tr><th colspan="2">名称</th><th>水平净距（m）</th><th>垂直净距（m）</th><th>名称</th><th>水平净距（m）</th><th>垂直净距（m）</th></tr>
<tr><td colspan="2">建筑物</td><td>见注 3</td><td>—</td><td>乔木</td><td>见注 5</td><td>—</td></tr>
<tr><td colspan="2">给水管</td><td>见注 4</td><td>0.15 见注 4</td><td>地上柱杆</td><td>1.5</td><td>—</td></tr>
<tr><td colspan="2">排水管</td><td>1.5</td><td>0.15</td><td>道路侧石边缘</td><td>1.5</td><td>—</td></tr>
<tr><td rowspan="5">燃气管</td><td>低压</td><td>1.0</td><td>—</td><td>铁路</td><td>见注 6</td><td>—</td></tr>
<tr><td>中压</td><td>1.5</td><td>—</td><td>电车路轨</td><td>2.0</td><td>轨底 1.2</td></tr>
<tr><td>高压</td><td>2.0</td><td>—</td><td>架空管架基础</td><td>2.0</td><td>—</td></tr>
<tr><td rowspan="2">特高压</td><td rowspan="2">5.0</td><td rowspan="2">—</td><td>油管</td><td>1.5</td><td>0.25</td></tr>
<tr><td>压缩空气管</td><td>1.5</td><td>0.15</td></tr>
<tr><td colspan="2" rowspan="2">热力管沟</td><td rowspan="2">1.5</td><td rowspan="2">—</td><td>氧气管</td><td>1.5</td><td>0.25</td></tr>
<tr><td>乙炔管</td><td>1.5</td><td>0.25</td></tr>
<tr><td colspan="2">电力电缆</td><td>1.0</td><td>—</td><td>电车电缆</td><td>—</td><td>0.50</td></tr>
<tr><td colspan="2" rowspan="2">通信电缆</td><td rowspan="2">1.0</td><td>直埋 0.5</td><td>明渠渠底</td><td>—</td><td>0.50</td></tr>
<tr><td>穿埋 0.15</td><td>涵洞基础底</td><td>—</td><td>0.15</td></tr>
</table>

注：1. 表中数字除注明以外，水平净距均指外壁净距，垂直净距系指下面管道的外顶与上面管道基础底间净距。

2. 采取充分措施（如结构措施）后，表中数字可以减小。

3. 与建筑物水平净距，管道埋深浅于建筑物基础时，一般不小于 2.5cm（压力管不小于 5m）；管道埋深深于建筑物基础时，按计算确定，但不小于 3m。

4. 与给水管水平净距，给水管管径小于或等于 200mm 时，不小于 1.5m，给水管管径大于 200mm 时，不小于 3m。

与生活给水管道交叉时，污水管道、合流管道在生活给水管道下面的垂直净距不小于 0.4m。当不可避免在生活给水管道上面穿越时，必须予以加固。加固长度不应小于生活给水管道的外径加 4m。

5. 与乔木中心距离不小于 1.5m；如遇现状高大乔木时，则不小于 2m。

6. 穿越铁路时应尽量垂直通过，沿单行铁路敷设时，距路堤坡脚或路堑坡顶应不小于 5m。

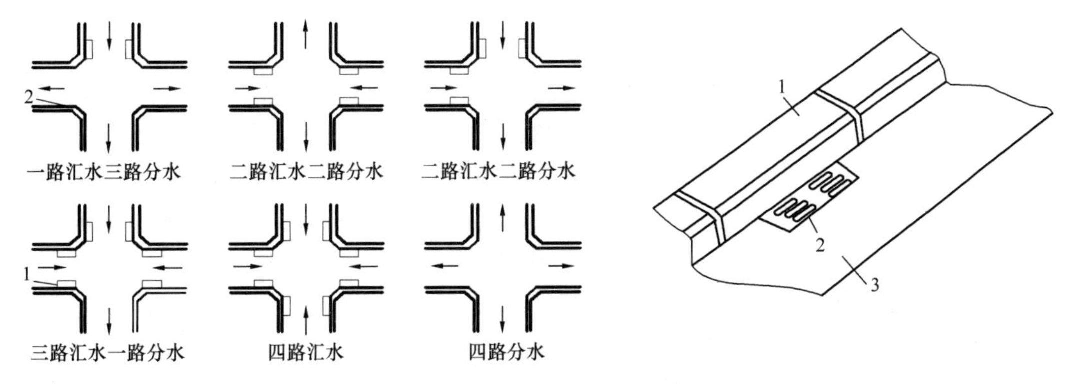

图 3-6 道路交叉路口雨水口的布置

1—雨水口；2—路边石；3—街道

（4）雨水管道采用明渠还是暗管，应结合具体条件确定。在城市市区或工厂内，由于建筑密度较高，交通量大，雨水管渠一般采用暗管排水。在地形平坦地区，管道埋设深度或出水口设置深度受到限制的地区，可采用加盖板渠道排除雨水的方案，更为经济有效，且维护和管理方便。在建筑密度较低、交通量较小的地方，如城市郊区，考虑采用明渠，以节约工程投资，降低管道造价。当排水区域到出水口的距离较长时，也宜采用明渠。但明渠容易滋生蚊蝇，影响环境卫生。

在雨水干管的起端，路面雨水应尽可能采用道路边沟排水，从而可以减少暗管长度100～150m，这对于降低整个管渠工程的造价是很有意义的。在实际工程中，应结合实际情况，充分考虑各方面的因素，力争实现整个工程系统的最优化。

为了保证连接处良好的水力条件，雨水暗管和明渠衔接处需采取一定的工程措施（图 3-7 和图 3-8）。当管道接入明渠时，在管道接口处应设置挡土的端墙，连接处的土明渠应加铺砌，铺砌高度不低于设计标高，铺砌长度自管道末端算起 3～10m。并且最好适当跌水，当跌水高差为 0.3～2m 时，需作 45°斜坡，斜坡应加铺砌。当跌差大于 2m 时，应按水工构筑物设计。明渠接入暗管时，除了采取以上措施，还应设置格栅，栅条间距为 100～150mm。也宜适当跌水，在跌水前 3～5m 处即需进行铺砌。

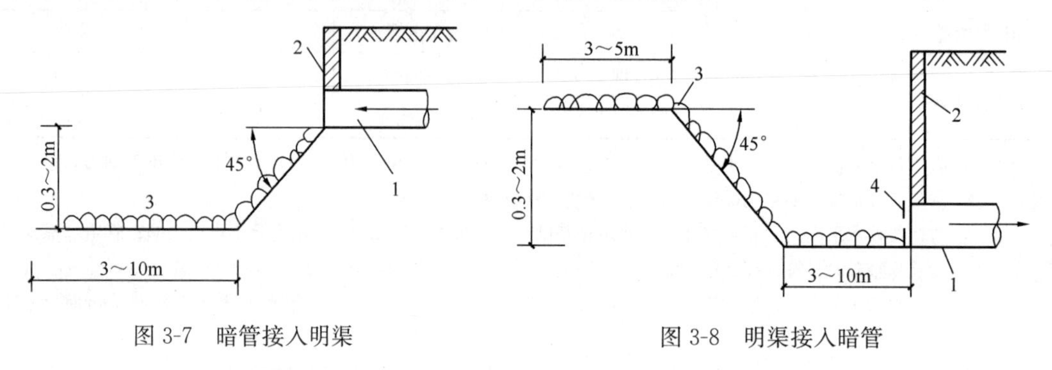

图 3-7　暗管接入明渠　　　　图 3-8　明渠接入暗管

图 3-7、图 3-8 中，1—暗管；2—挡土墙；3—明渠；4—格栅

（5）设置排洪沟排除设计地区以外的雨洪径流。靠山麓建设的工厂和居住区，雨季时设计地区外大量雨洪径流会直接威胁工厂和居住区，因此除了在工厂和居住区设置雨水道外，尚应考虑在设计地区周围或超过设计区设置排洪沟，以拦截从分水岭以内排泄下来的雨洪，引入附近水体，保证工厂和居住区的安全。

（6）调蓄水体的布置。应充分利用地形，选择合适的河湖水面和洼地作为调蓄池，以降低沟道设计流量、调节洪峰、减少泵站的数量。必要时，还可以开挖一些池塘、人工河，以达到储存径流、就近排放的目的。调蓄水体的布置应与城市总体规划相协调，将调蓄水体与消防规划、景观规划结合起来，起到游览、娱乐、休闲、消防贮备用水的作用，在缺水地区，可以将贮存的水量用于农田灌溉和市政绿化。

当雨水排水系统设计管段的计算流量确定之后，即可使用水力学计算公式计算合理的管渠断面尺寸，并绘制设计图纸和编写设计文件。

2. 分流制雨水管渠系统的设计步骤和水力计算

（1）收集和整理设计地区的各种原始资料，包括地形图，城市或工业区的总体规划，水文、地质、暴雨等基本设计数据。

（2）确定当地暴雨强度公式。根据当地的雨量记录及有关气象资料，确定符合当地暴雨规律的暴雨强度公式。

（3）划分排水流域和管道定线。根据地形的分水线和铁路、公路、河道等对排水管道布置的影响情况，并结合城市的总体规划或工厂的总平面布置，划分排水流域，进行管渠定线，确定雨水的水流方向。

(4) 进行雨水管渠系统的平面布置。如充分利用地形，就近排入水体；根据城市规划布置雨水管道；合理设置雨水口；确定雨水管道采用明渠或暗管等。

(5) 划分设计管段与沿线汇水面积。各设计管段汇水面积的划分应结合地面坡度、汇水面积的大小以及雨水管道布置等情况进行，雨水管渠设计管段的划分应使设计管段范围内地形变化不大，管段上下端流量变化不多，无大流量交汇，一般以 100～200m 为一段。如果设计管段划得较短，则计算工作量增大；设计管段划得太长，则设计方案不经济。

管渠沿线汇水面积的划分，要根据实际地形条件而定，当地形平坦时，则根据就近排除的原则，把汇水面积按周围管渠的布置用等分角线划分；当有适宜的地形坡度时，则按雨水汇入低侧的原则划分，按地面雨水径流的水流方向划分汇水面积，并将每块面积进行编号，计算其面积，并在图中注明。根据管道的具体位置，在管道转弯处、管径或坡度改变处、有支管接入处或两条以上管道交汇处以及超过一定距离的直线管段上，都应设置检查井。把两个检查井之间流量没有变化且预计管径和坡度也没有变化的管段定为设计管段，设计管段上下游端点的检查井设为节点，并从管段上游往下游按顺序进行设计管段和节点的编号。

(6) 确定雨量参数的设计值。根据各流域的具体条件，确定设计暴雨的重现期、地面径流系数和集水时间，并根据排水流域内各类地面的面积或所占比例，计算出该排水流域的平均径流系数。也可根据规划的地区类别采用区域综合径流系数。设计时应结合该地区的地形特点，汇水面积的地区建筑性质和气象特点确定重现期，根据建筑物的密度情况、地形坡度和地面覆盖种类、街坊内置雨水暗管与否，确定雨水管道的地面集水时间。

(7) 确定管渠的最小埋深。在保证管渠不被压坏、不冻坏和满足街坊内部沟道的衔接的要求下，确定沟道的最小埋深。管顶最小的覆土厚度，在车行道下时一般不小于 0.7m，管道基础应设在冰冻线以下。

(8) 设计流量的计算。根据流域条件，选定设计流量的计算方法，列表计算各设计管段的设计流量。

(9) 雨水管道系统的水力计算。在确定设计流量后，便可以从上游管段开始依次进行各设计管段的水力计算，确定出各设计管段的管径、坡度、流速；根据各管段坡度，并按管顶平接的形式，确定各点的管内底高程及埋深。根据流域的具体条件，进行泵站、调节池、排洪沟的设计计算。

(10) 绘制雨水管道平面图及纵剖面图。

设计阶段不同，图纸要求表现的深度亦有所不同。初步设计阶段的管道平面图就是管道总体布置图。通常采用比例尺 1∶5000～1∶10000；图上有地形、地物、地貌、河流、风玫瑰图或指北针等。雨水管道用粗实线绘制，在管线上画出设计管段起讫点的检查井并编上号码，标出各管段的服务面积，可能设置的泵站、出水口等构筑物。初步设计的管道平面图上还应将主干管各设计管段的长度、管径和坡度在图上注明。此外，图上应有管道的主要工程项目表和说明。

施工图设计阶段的管道平面图比例尺常用 1∶1000～1∶5000，图上内容基本同初步设计，而要求更为详细确切。要求标明检查井的准确位置及雨水管道与其他管线或构筑物交叉点的具体位置、高程，地面设施包括人行边道、房屋界限、电线杆、街边树木等。图上还应有图例、主要工程项目表和施工说明。

污水管道的纵剖面图反映管道沿线的高程位置，它是和平面图相对应的。图上用单线条表示原地面高程线和设计地面高程线，用双线表示管道高程线，用双竖线表示检查井。图中还应标出沿线支管接入处的位置、管径、高程；与其他管线、构筑物或障碍物交叉点的位置和高程；沿线地质钻孔位置和地质情况等。在剖面图的下方有一表格，表中列有检查井编号、管道长度、管径、地面高程、管内底高程、埋深、管道材料、接口形式、基础类型。有时也将流量、流速、充满度等数据注明。采用比例尺一般横向为 1∶500～1∶2000，纵向为 1∶50～1∶200。

3.4　城镇雨水利用规划

3.4.1　雨水综合利用的概念及原则

1. 雨水利用的概念

我国城镇内涝频发和城市生态安全等问题日益突出，雨水利用逐渐受到重视。雨水相较于普通生活生产污水更加干净且处理工艺简单，同时在极端天气情况下水量丰富。因此，水资源缺乏、水质性缺水、地下水位下降严重、内涝风险较大的城市和新建开发区等应优先雨水利用。

雨水利用包括直接利用和间接利用。雨水直接利用是指雨水经收集、贮存、就地处理等过程后用于冲洗、灌溉、绿化和景观等；雨水间接利用是指通过雨水渗透设施把雨水转化为土壤水，其设施主要有地面渗透、埋地渗透管果和渗透池等。雨水利用、污染控制和内涝防治是城镇雨水综合管理的组成部分，在源头雨水径流削减、过程蓄排控制等阶段的不少工程措施是具有多种功能的，如源头渗透、回用设施，既能控制雨水径流量和污染负荷，起到内涝防治和控制污染的作用，又能实现雨水利用。

2. 雨水利用的原则

雨水利用应根据当地水资源情况和经济发展水平合理确定，利用的原则是：

(1) 水资源缺乏、水质性缺水、地下水位下降严重、内涝风险较大的城市和新建开发区等宜进行雨水综合利用；

(2) 雨水经收集、贮存、就地处理后可作为冲洗、灌溉、绿化和景观用水等，也可经过自然或人工渗透设施渗入地下，补充地下水资源；

(3) 雨水利用设施的设计、运行和管理应与城镇内涝防治相协调。

3.4.2　城镇雨水利用的内容及方法

1. 雨水利用的内容

城镇雨水利用主要包括三大部分，分别是雨水收集利用系统汇水面的选择、初期雨水的弃流方式的制定以及雨水的利用方式选择。

(1) 雨水收集利用系统汇水面的选择

选择污染较轻的汇水面的目的是减少雨水渗透和净化处理设施的难度和造价，因此应选择屋面、广场、人行道等作为汇水面。对屋面雨水进行收集时，宜优先收集绿化屋面和采用环保型材料屋面的雨水；不应选择工业污染场地和垃圾堆场、厕所等区域作为汇水面，不宜选择有机污染和重金属污染较为严重的机动车道路的雨水径流。当不同汇水面的雨水径流水质差异较大时，可分别收集和贮存。

（2）初期雨水的弃流

由于降雨初期的雨水污染程度高，处理难度大，因此应弃流。对屋面、场地雨水进行收集利用时，应将降雨初期的雨水弃流，弃流的雨水可排入雨水管道，条件允许时，也可就近排入绿地。弃流装置有多种设计形式，可采用分散式处理，如在单个落水管下安装分离设备；也可采用在调蓄池前设置专用弃流池的方式。一般情况下，弃流雨水可排入市政雨水管道，当弃流用水污染物浓度不高，绿地土壤的渗透能力和植物品种在耐淹方面条件允许时，弃流雨水也可排入绿地。

（3）雨水的利用方式

雨水利用应根据雨水的收集利用量和相关指标要求综合考虑，在确定雨水利用方式时，应首先考虑雨水调蓄设施应对城镇内涝的要求，不应干扰和妨碍其防治城镇内涝的基本功能。应根据收集量、利用量和卫生要求等综合分析后确定。雨水水质受大气和汇水面的影响，含有一定量的有机物、悬浮物、营养物质和重金属等，可按污水系统设计方法，采取防腐、防堵措施。

2. 雨水利用的方法

城镇雨水利用是将直接排入河流或大海而损失的雨水，利用一些技术方法将其收集、贮留或渗入地下，用来涵养地下水，有效抑制城镇暴雨径流，还可作为城镇震灾等非常时期的水源，改善城镇水环境，恢复生物多样性。城镇雨水利用主要为直接和间接利用。直接利用表现在雨水收集、雨水贮留、雨水处理等；间接利用表现为雨水渗透等技术。还可将直接和间接利用结合起来，这样就形成城镇雨水利用的完整体系。按利用方法主要可分为三类：城镇雨水的直接利用、城镇雨水的间接利用、城镇雨水直接利用和间接利用的结合。

（1）直接利用

将雨水收集处理后直接利用是城镇雨水利用的直接过程。建筑物屋面雨水主要由水落管收集，路面和绿地雨水用雨水口收集。在进入后续的处理系统之前，需要设置与污水一样前期拦截大块污染物的格栅。并设溢流管道，以排除少量初期污染严重的雨水和避免暴雨期间的雨水的漫流。收集处理后的雨水主要用于城镇的绿地浇灌、路面喷洒、景观补水等，可有效缓解城镇供水压力。

（2）间接利用

将雨水渗透回灌，以补充地下水是城镇雨水利用的间接过程。一些国家的雨水设计体系已经把雨水渗透列入雨水系统设计的考虑因素。但是目前我国城镇雨水的设计体系仍然是雨污合流制，并且为“直接排放水体”的模式，无法获得削减地面径流量、减轻污染负荷、补充地下水源、改善生态环境等综合效益。

（3）城镇雨水的直接利用与间接利用的结合

城镇雨水直接和间接利用并不是独立的两个过程，可以在利用过程中将两方面有效结合起来，更能充分利用城镇雨水资源。

3.4.3 城镇雨水利用技术

1. 雨水收集

在城市，雨水收集主要包括屋面雨水、广场雨水、绿地雨水和污染较轻的路面雨水等。应根据不同的径流收集面，采取相应的雨水收集和截污调蓄措施。

（1）屋面雨水收集

屋面是城市中最适合和常用的雨水收集面。屋面雨水的收集除了屋顶外，根据建筑物的特点，有时候还需要考虑部分垂直面上的雨水。对斜屋顶，汇水面积应按垂直投影面计算。屋面雨水收集利用的方式按泵送方式不同可以分为直接泵送雨水利用系统、间接泵送雨水利用系统、重力流雨水利用系统三种方式，分别见图 3-9～图 3-11。

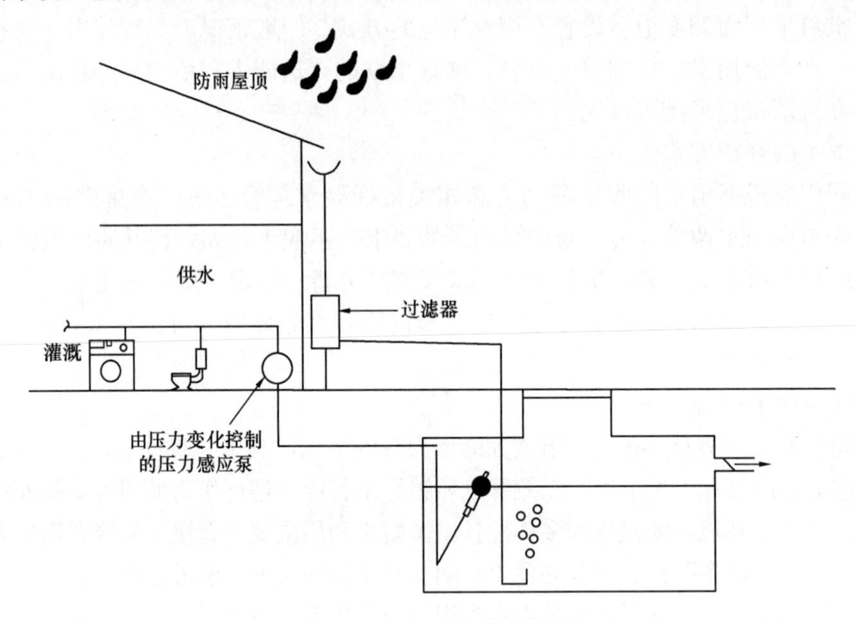

图 3-9　直接泵送雨水利用系统

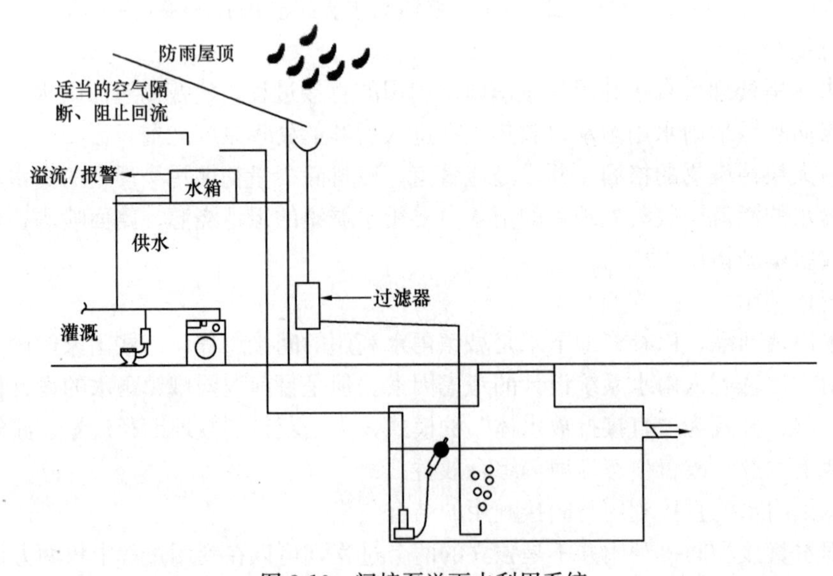

图 3-10　间接泵送雨水利用系统

屋面雨水收集方式按雨水管道的位置分为外收集系统和内收集系统，雨水管道的位置通常已经由建筑设计确定。但在实际工程中，如有可能，应该与建筑设计师协调，根据建

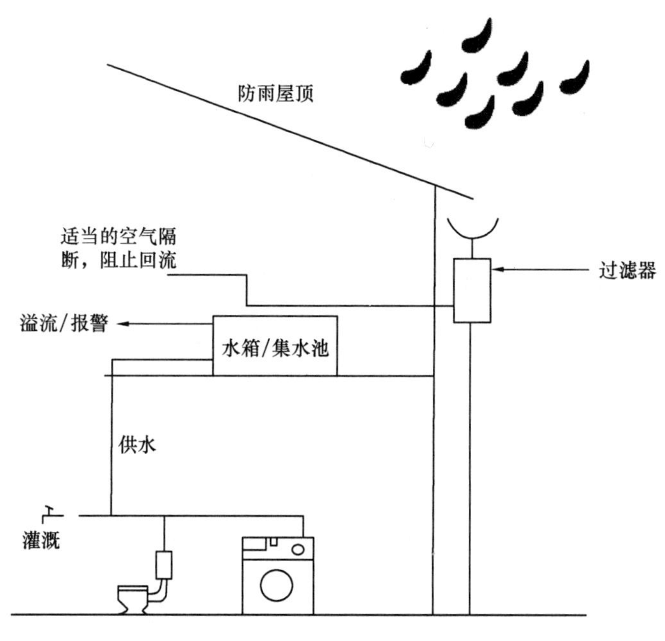

图 3-11 重力流雨水利用系统

筑物的类型、结构形式、屋面面积大小、当地气候条件及雨水收集系统的要求，经过技术经济比较来选择最佳的收集方式。一般情况下，应尽量采用外收集方式或两种收集方式综合考虑。对一些采用雨水内排水的大型建筑，最好在建筑设计时就考虑处理好与雨水收集利用的关系，避免后期改造的困难。

（2）路面雨水收集

路面雨水收集系统可以采用雨水管、雨水暗渠、雨水明渠等方式。水体附近汇集面的雨水也可以利用地形通过地表面向水体汇集。

雨水管设计施工经验成熟，但接入雨水利用系统时，由于雨水管埋深影响，靠重力流汇集至贮水池会使贮水池的深度加大，增加造价，有些条件下会受小区外市政雨水管衔接高程的限制。雨水暗渠或明渠埋深较浅，有利于提高系统的高程和降低造价，便于清理以及与外管系的衔接，但有时受地面坡度等条件的制约。利用道路两侧的低绿地或有植被的自然排水浅沟，是一种很有效的路面雨水收集截污系统。雨水浅沟通过一定的坡度和断面自然排水，表层植被能拦截部分颗粒物，小雨或初期雨水会部分自然下渗，使收集的径流雨水水质沿途得以改善。但受地面坡度的限制，还涉及与园林绿化和道路等的关系，例如：浅沟的宽度以及深度往往受到美观、场地等条件的制约，所负担的排水面积会受到限制；可收集的雨水水量也会相应减少。因此，需要根据区域的各种条件综合分析，因地制宜，有时也可以将这几种方式结合使用。

（3）停车场、广场雨水收集

停车场、广场等汇水面的雨水径流量一般较集中，收集方式与路面类似。但需要注意，由于人们的集中活动和车辆的泄漏等原因，如管理不善，这些场地的雨水径流水质会受到明显影响，需采取有效的管理和截污措施。

（4）绿地雨水收集

绿地既是一种汇水面，又是雨水的收集和截污措施，甚至还是一种雨水的利用单元。但作为一种雨水汇集面，其径流系数很小，在水量平衡计算时需要注意，既要考虑可能利用绿地的截污和渗透功能，又要考虑通过绿地径流量会明显减少，可能收集不到足够的雨水量。应通过综合分析与设计，最大限度地发挥绿地的作用，达到最佳效果。如果需要收集回用，一般可以采用浅沟、雨水管渠等方式对绿地径流进行收集。

2. 雨水径流截污措施

为了保证雨水利用系统的安全性和提高整个系统的效率，还应该考虑在雨水收集面或收集管路实施简单有效的源头截污措施。雨水收集面主要包括屋面、广场、运动场、停车场、绿地甚至路面等。应根据不同的径流收集面和污染程度，采取相应的截污措施。

（1）屋面雨水截污措施

1）截污滤网装置。屋面雨水收集系统主要采用屋面雨水斗、排水立管、水平收集管等。沿途可设置一些截污滤网装置拦截树叶、鸟粪等大的污染物，一般滤网的孔径 2～10mm，用金属网或塑料网制作，可以设计成局部开口的形式以方便清理，格网可以是活动式或固定式。截污装置可以安装在雨水斗、排水立管和排水横管上，应定期进行清理。

这类装置只能去除一些大颗粒污染物，对细小的或溶解性污染物无能为力，适用于水质比较好的屋面径流或作为一种预处理措施。

2）花坛渗滤净化装置。可以利用建筑物四周的一些花坛来接纳、净化屋面雨水，也可以专门设计花坛渗滤装置，既美化环境，又净化了雨水。屋面雨水经初期弃流装置后再进入花坛，能达到较好的净化效果。在满足植物正常生长要求的前提下，尽可能选用渗滤速率和吸附净化污染物能力较大的土壤填料。要注意进出口设计，避免冲蚀及短流。一般 0.5m 厚的渗透层就能明显降低雨水中的污染物含量，使出水达到较好的水质。

3）屋面初期雨水弃流装置。初期雨水弃流装置是一种非常有效的水质控制技术，合理设计可控制径流中大部分污染物，包括细小的或溶解性污染物。弃流装置有多种设计形式，可以根据流量或初期雨水排除水量来设计控制装置。国内外研究表明，屋面雨水一般可按 2mm 控制初期弃流量，对有污染性的屋面材料，如油毡类屋面，可以适当加大弃流量。国外已有一些定型的截污装置和初期雨水弃流装置，包括弃流池、切换式或小管弃流井、雨落管弃流装置、高效率弃流装置等，目前国内的产品很少。

（2）路面雨水截污措施

由于地面污染物的影响，路面径流水质一般明显比屋面的差，必须采用截污措施或初期雨水的弃流装置，一些污染严重的道路则不宜作为收集面来利用，在路面的雨水口处可以设置截污挂篮，也可在管渠的适当位置设其他截污装置。路面雨水也可以采用类似屋面雨水的弃流装置。国外有把雨水检查井设计成沉淀井的实例，主要去除一些大的污染物。井的下半部为沉渣区，需要定期清理。

（3）停车场、广场雨水截污措施

由于停车场、广场中人的集中活动和车辆的泄漏等原因，雨水径流水质容易受到污染，为保证雨水水质，需采取有效的管理和截污措施。在停车场或广场周边设置植被浅沟来收集雨水并截留、净化初期雨水污染物，当停车场或广场较大时，也可以利用周边的绿化带设计面积较大生物滞留区，这也是一种生态型的雨水滞留净化设施，可以种植不同的花卉植物，具有良好的景观效果。

有些情况下，还应考虑设计初期雨水弃流装置，将污染较严重的初期雨水就近排入污水管道，对汽车租赁和修理企业泄漏污染量较大的停车场不宜用于雨水的收集，但也应采取类似措施，以减少对环境的污染。

（4）绿地雨水截污措施

绿地本身就是一种有效的径流截行净化设施，其他的功能还有调蓄雨水（低势绿地）和增加下渗，合理的设计可发挥综合作用。当采用浅沟、雨水管渠等方式对绿地径流进行收集时，还需要注意控制由绿地带来的颗粒物、杂草等污染物，溢流台坎、滤网、挂篮等方式可有效地拦截杂草和大颗粒的污染物。

3. 雨水调蓄

所谓的雨水调蓄是雨水调节和储存的总称。传统意义上雨水调节的主要目的是削减洪峰流量。通常，利用管道本身的容量调节流量是有限的。如果在城市雨水系统设计中利用一些天然洼地和池塘作为调蓄池，将雨水径流的高峰流量暂存其内，待流量下降后，再从调蓄池中将水慢慢排出，则可降低下游雨水干管的尺寸，提高区域防洪能力，减少洪涝灾害。此外，当需要设置雨水泵站时，在泵站前设置调蓄池，可降低装机容量，或少泵站的造价。此类雨水调蓄池的常见方式有溢流堰式或底部流槽式等。雨水利用系统中的雨水调蓄，是为满足雨水利用的要求而设置的雨水暂存空间，待雨停后将储存的雨水净化后再使用，雨水调蓄兼有调节的作用。当雨水调蓄池中仍有部分雨水时，则下一场雨的调节容积仅为最大容积和未排空水体积的差值。在雨水利用尤其是雨水的综合利用系统中，调节和储存往往密不可分，两个功能兼而有之，以下称之为雨水调蓄（池）。在雨水利用系统中还常常兼沉淀池之用，一些天然水体或合理设计的人造水体还具有良好的净化和生态功能。

为了充分体现“节水、节能、节地”和可持续发展的思想，有条件时可根据地形、地貌等条件，结合停车场、运动场、公园、绿地等建设集雨水调蓄、防洪、城市景观、休闲娱乐等于一体的多功能调蓄池。

（1）雨水调蓄池

雨水调蓄池的方式有许多种，根据调蓄池位置的不同，可分为地下封闭式、地上封闭式、地上开敞式（地表水体）等。地下封闭式调蓄池可以是混凝土结构、砖石结构、玻璃钢、塑料与金属结构等；地上封闭式调蓄池常见玻璃钢、塑料与金属结构等；地上开敞式常利用天然池塘、洼地、人工水体、湖泊、河流等进行调蓄。

雨水调蓄池的位置一般设置在雨水干管（渠）或有大流量交汇处，或靠近用水量较大的地方，尽量使整个系统布局合理，减少管道系统的工作量。可以是单体建筑单独设置，也可以是建筑群或区域集中设置。

设计地表调蓄池时尽量利用天然绿地或池塘，减少土方，减少对原地貌的破坏，并应与景观设计相结合。

1）地下封闭式调蓄池。目前地下调蓄池一般采用钢筋混凝土或砖石结构，其优点是节省占地，便于雨水重力收集；避免阳光直接照射，保持较低的水温和良好的水质，藻类不易生长，防止蚊蝇滋生；安全。由于该调蓄池增加了封闭设施，具有防冻、防蒸发功效，可常年蓄水，也可季节性蓄水，适应性强。可以用于地面用地紧张、对水质要求较高的场合。但施工难度大，费用较高。设计时应根据当地建筑材料情况选用结构形式。

2）地上封闭式调蓄池。地上封闭式调蓄池一般用于单体建筑屋面雨水集蓄利用系统中，常用玻璃钢、金属或塑料制作。其优点是安装简便、施工难度小、维护管理方便，但需要占地面空间，水质不易保障。该方式调蓄池一般不具备防冻功效，季节性较强。

3）地上开敞式调蓄池。地上开敞式调蓄池属于一种地表水体，其调蓄容积一般较大，费用较低，但占地较大，蒸发量也较大。地表水体分为天然水体和人工水体。一般地表敞开式调蓄池体应结合景观设计和小区整体规划以及现场条件综合设计，设计时往往要将建筑、园林、水景、雨水的调蓄利用等以独到的审美意识和技艺手法有机地结合在一起，达到完美的效果。作为一种人工调蓄水池，一般不具备防冻和减少蒸发的功能。对数十座城市二百多个住宅小区景观水池的调研表明，渗漏率超过 50%。因此，在结构选择、设计和维护中注意采取有效的防渗漏措施十分重要。一旦出现渗漏，修复将是非常困难和昂贵的工作，尤其对较大型的调蓄池。在报建区域内有池塘、洼地、湖泊、河道等天然水体时应优先考虑利用它们来调蓄雨水。

人工水体是雨水利用与景观设计相结合的常用方式，其构造和防渗形式有多种，按照驳岸的构型可分为规则式驳岸、自然式驳岸和混合式驳岸等几种。规则式驳岸指用块石、砖、混凝土砌筑的集合形式的岸壁，如常见的重力式驳岸、半重力式驳岸、扶壁式驳岸等。规则式驳岸多属永久性的，要求有较好的建筑材料和较高的施工技术，其特点是简洁规整，但缺少变化，对水质保障不利。

（2）雨水管道调蓄

雨水直接利用管道进行调蓄也是调蓄的一种方式。管道调蓄可以与雨水管道排放结合起来一起考虑，超过一定水位的水可以通过溢流管排除。溢流口可以设置在调蓄管段上游或下游，由于雨水管系设有溢流口，所以对调蓄管段上游管系不会产生排水风险的加大。但是，管道中的调蓄空间并未完全被利用，而且管道底部容易沉泥，有时又被搅动带入下游水体产生污染。这种方式可以削减洪峰，在流量控制出水管处设置开启闸门也可用于雨水直接利用或渗透系统中。

（3）雨水调蓄与消防水池的合建

水质等条件满足要求时雨水调蓄水池可以与消防水池合建，但由于雨水的季节性和随机性，此时必须设计两路水源给消防水池供水。其他用水严禁使用消防储备水。一般可设置自动控制系统，在用水过程中，当池中水位到达设定的消防储备水位时，其他用水供水系统应自动停泵。当水位低于设定的消防水位时，应自动启动自来水补水系统，还可设定自来水补水高水位，控制自来水补水系统自动停泵，自来水补水高水位可以与雨水进水低水位平齐，之上是雨水调蓄空间。

（4）雨水多功能调蓄

所谓多功能调蓄就是把雨水的排洪、减涝、利用与城市的生态环境和其他社会功能更好地结合，高效率地利用城市土地资源的一类综合性的城市治水和雨洪控制与利用设施。通过合理设计，它们能较大幅度地提高防洪标准，减低排洪设施的费用，更经济、更显著地调蓄利用城市雨水资源和改善城市生态环境。这类设施与一般雨水调蓄池最明显的区别就是，暴雨设计标准较高、规模大，而在非雨季或没有大的暴雨时，这些设施可以全部或部分正常发挥城市景观、公园、绿地、停车场、运动场、市民休闲集会和娱乐场所等功能，从而显著提高对城市雨水科学化管理的水平和效益投资比。城市雨洪多功能调蓄设施的作用和意义可以概括为：①城市雨水资源和土地资源的有效利用，减少雨洪危害；②为城市创造更多优美的景观；③创造与自然和谐交融的空间，改善城市的生态环境等。

4. 雨水处理与净化技术

根据雨水的不同用途和水质标准，城市雨水一般需要通过处理后才能满足使用要求。一般而言，常规的水处理技术及原理都可以用于雨水处理。但也要注意城市雨水的水质特性，根据其特殊性来选择、设计雨水处理工艺，以实现最高效率。雨水处理可以分常规处理和非常规处理，常规处理指经济适用，应用广泛的处理工艺，主要有沉淀、过滤、消毒和一些自然净化技术等，非常规处理则是指一些效果好但费用较高或适用于特定条件下的工艺，如活性炭技术、膜技术等。本书重点介绍雨水常规处理工艺。

（1）沉淀

沉淀通常可分为四种类型：自由沉淀、絮凝沉淀、成层沉淀和压缩沉淀，关于沉淀的理论分析与描述可参考其他相关文献。雨水水质的特点决定其主要为自由沉淀，沉淀过程相对比较简单。雨水中密度大于水的固体颗粒在重力作用下沉淀到池底，与水分离。沉淀速率主要取决于固体颗粒的密度和粒径。但雨水的实际沉淀过程也很复杂，因为不同的颗粒有不同的沉降速率，一些密度接近于水的颗粒可能在水中停留很长时间。而且，对降雨过程中的连续流沉淀池，固体颗粒不断随雨水进入沉淀池，流量随降雨历时和降雨强度变化，水的紊流使颗粒的沉淀过程难以精确描述。在雨水利用系统中，如果不考虑降雨期间进水过程，雨停后池内基本处于静止沉淀状态，沉淀的效果良好。

城市雨水有较好的沉淀性能。但由于各地区土质、降雨特性、汇水面等因素的差异，造成雨水中的可沉悬浮固体颗粒的密度、粒径大小、分布及沉速等不同，其沉降特性和去除规律也不尽相同；沉淀的去除率和初始浓度有关，初始浓度越高，沉淀去除率也越高。不同初始浓度的径流雨水达到相同去除率所需沉淀时间不同。

（2）过滤

雨水过滤是使雨水通过滤料（如砂等）或多孔介质（如土工布，微孔管、网等），以截留水中的悬浮物质，从而使雨水净化的物理处理法。这种方法既可作为用以保护后续处理工艺的预处理，也可用于最终的处理工艺。雨水过滤的处理过程主要是悬浮颗粒与滤料颗粒之间粘附作用和物理筛滤作用，在过滤过程中，滤层空隙中的水流一般属于层流状态。被水流携带的颗粒将随着水流流线运动，当水中颗粒迁移到滤料表面上时，则在范德华引力和静电力相互作用，以及某些化学键和某些特殊的化学吸附力下，被粘附于滤料表面或者滤表面上原先粘附的颗粒上。此外，也会有一些絮凝颗粒的架桥作用，在过滤后期，表层筛滤作用会更明显。

过滤不仅可以去除雨水中悬浮物，而且部分有机物、细菌、病毒等将随悬浮物一起被除去。残留在滤后水中的细菌、病毒等失去悬浮物的保护或依附，在滤后消毒过程中也容易被杀灭。直接过滤对 COD 的去除率较低，根据水质的不同有时可能仅为 25%左右，而接触过滤可达 65%以上，接触过滤对 SS 的去除率可达 90%以上，对雨水中的氨、金属及病原体等污染物的去除率分别可以达到：TN>30%，金属>60%，细菌 35%～70%。

（3）消毒

雨水经沉淀、过滤或滞留塘、湿地等处理工艺后，水中的悬浮物浓度和有机物浓度已较低，细菌的含量也大幅度减少，但细菌的绝对值仍可能较高，并有病原菌的可能。因此，根据雨水的用途，应考虑在利用前进行消毒处理。

消毒是指通过消毒剂或其他消毒手段灭活水中绝大部分病原体，使雨水中的微生物含量达到用水指标要求的各种技术。雨水消毒也应满足两个条件：经消毒后的雨水在进入输送管前，水质必须符合相关用水的细菌学指标的要求；消毒的作用必须一直保持到用水点处，以防止可能出现的病原体危害或再生长。

雨水中的病原体主要包括细菌、病毒及原生动物胞囊、卵囊3类，能在管网中再生长的只有细菌。消毒技术中通常以大肠杆菌类作为病原体的灭活替代参数。消毒方法包括物理法和化学法。物理法主要有加热、冷冻、辐照、紫外线和微波消毒等。化学法是利用各种化学药剂进行消毒，常用的化学药剂有各种氧化剂（氯、臭氧、溴、碘、高锰酸钾等）。

（4）自然净化

1）植被浅沟与缓冲带。植被浅沟和植被缓冲过滤带在前文已述及，它们既是一种雨水截污措施，也是一种自然净化措施，当径流通过植被时，污染物由于过滤、渗透、吸收及生物降解的联合作用被去除，植被同时也降低了雨水流速，使颗粒物得到沉淀，达到雨水径流水质控制的目的。

2）生物滞留系统。生物滞留设施类似于植被浅沟和缓冲带，是在地势较低的区域种植植物，通过植物截流、土壤过滤滞留处理小流量径流雨水，并可对处理后雨水加以收集利用的措施。生物滞留适用于汇水面积小于1hm^2的区域，为保证对径流雨水污染物的处理效果，系统的有效面积一般为该汇水区域不透水面积的5%～10%。生物滞留系统由表面雨水滞留层、种植土壤覆盖层、植被及种植土层、砂滤层和雨水收集等部分组成。

3）雨水土壤渗滤技术。人工土壤—植被渗滤处理系统应用土壤学、植物学、微生物学等基本原理，建立人工土壤生态系统，改善天然土壤生态系统中的有机环境条件和生物活性，强化人工土壤生态系统的功能，提高处理的能力和效果，特别是把雨水收集、净化、回用三者结合起来，构成一个雨水处理与绿化、景观相结合的生态系统，是一种低投资、节能、运行管理简单、适应性广的雨水处理技术，适用于城市住宅小区、公园、学校、水体周边等。

4）雨水湿地技术。城市雨水湿地大多为人工湿地，它是一种通过模拟天然湿地的结构和功能，人为建造和控制管理的与沼泽地类似的地表水体，它利用自然生态系统中的物理、化学和生物的多重作用实现对雨水的净化作用。根据规模和设计，湿地还可兼有削减洪峰流量、调蓄利用雨水径流和改善景观的作用。雨水人工湿地作为一种高效的控制地表径流污染的措施，投资低、处理效果好、操作管理简单、维护和运行费用低，是一种生态化的处理设施，具有丰富的生物种群和很好的环境生态效益。

根据不同的目的、内容、建造方法和地点等，雨水人工湿地可分为不同的类型，按雨水在湿地床中流动方式的不同，一般可分为表流湿地和潜流湿地两类。

5）雨水生态塘。雨水生态塘是指能调蓄雨水并具有生态净化功能的天然或人工水塘。雨水生态塘按常态下有无水可分为三类：干塘、延时滞留塘和湿塘。干塘通常在无暴雨时是干的，用来临时调蓄雨水径流，以对洪峰流量进行控制，并兼有水处理功能；延时滞留塘时干时湿，提供雨水暂时调蓄功能，雨后缓慢地排泄贮存的雨水；湿塘是一种标准的永久性水池，塘内常有水，可以单独用于水质控制，也可以和延时塘联合使用。

雨水生态塘的主要目的有：水质处理，削减洪峰与调蓄雨水，减轻对下游的侵蚀。在住宅小区或公园，雨水生态塘通常设计为湿塘，兼有储存、净化与回用雨水的目的，并按照设计标准排放暴雨，设计良好的湿塘也是一种很好的水景观，适合大量动植物的繁殖生长，改善城市和小区环境。

3.4.4　城镇雨水利用系统举例

1. 屋面雨水集蓄利用系统

雨水集蓄利用系统主要用于家庭、公共和工业三方面非饮用水，如浇灌、冲厕、洗衣、冷却循环等中水系统。集雨面主要是屋顶。屋顶材料以瓦质屋面和水泥混凝土屋面为主。雨水集蓄利用系统可以设置为单体建筑物的分散式系统，也可在建筑群或小区中集中设置。系统由集雨区（通常是屋顶）、输水系统、截污净化系统（如过滤）、储存系统（地下水池或水箱）以及配水系统等几部分组成。有时还设有渗透设施，并与贮水池溢流管相连，当集雨量较多或降雨频繁时，部分雨水可以进行渗透。为了消除人们对雨水水质的担心和顾虑，还采用了一些革新技术。如采用可渗透的中隔墙将地下贮水池分成两个小室，可以起到有效的过滤作用。雨水集蓄利用系统除了用于家庭非饮用水以外，还可用于公用事业或工业项目。Ludwigshafen（路德维希港）已经运行十年的公共汽车洗车工程，利用 1000m^2 屋面雨水作为冲洗水源，除紧急情况外，几乎所有的水源均是雨水。法兰克福 Poss-mann 苹果榨汁厂将屋顶花园雨水作为冷却循环水源，是工业项目雨水利用的成功范例。

2. 雨水屋顶花园利用系统

雨水屋顶花园利用系统是削减城镇暴雨径流量、控制非点源污染和美化城镇的重要途径之一，也可作为雨水集蓄利用的预处理措施。屋顶类型既有平屋型，也有坡屋顶；既有单层建筑，也有多层和高层建筑。为了确保屋顶花园不漏水和屋顶下水道通畅，可以考虑在屋顶花园的种植区和水体（水池、喷泉等）中再增加一道防水和排水措施。屋顶材料中，关键是植物和上层土壤的选择。植物应根据当地气候条件来确定，还应与土壤类型、厚度相匹配。上层土壤应选择孔隙率高、密度小、耐冲刷、可供植物生长的洁净天然或人工材料。

3. 雨水截污与渗透系统

与屋面雨水不同，道路雨水主要排入下水道或渗透补充地下水。在德国，城镇街道雨水口均设有截污挂篮，以拦截雨水径流携带的污染物。城镇中使用了大量可渗透的铺装材料，以减小径流。如城镇铁路轨道沿线多以低洼绿地或草皮砖为主；许多步行道用精心排列的铺地石和透水砖铺设而成；树池中则以疏松的树皮、木屑、碎石、镂空金属盖板等覆盖。在许多小区沿着排水道建有渗透浅沟，表面覆有植被。有些来自屋顶和不可避免的非渗透铺装的径流雨水则排入雨水渗透管（沟），超过渗透能力的雨水则进入雨水池或人工湿地，作为水景或继续下渗。这一开放的排水系统与传统的封闭的排水系统相比，减少了下游的洪峰流量、流速和径流体积、污染物得到过滤、补充了地下水、减少了下游排水系统的压力，同时还可增加植物的多样性、改善生态环境，有些小区甚至实现了雨水零排放。

4. 生态小区雨水利用系统

生态小区雨水利用系统是 20 世纪 90 年代开始在德国兴起的一种综合性雨水利用技术。该技术利用生态学、工程学、经济学原理，通过人工设计，依赖水生植物系统或土壤的自然净化作用，将雨水利用与景观设计相结合，从而实现环境、经济、社会效益的和谐与统一。具体做法和规模依据小区特点而不同，一般包括屋顶花园、水景、渗透、中水回用等。此外，有些小区建造出集太阳能、风能和雨水利用水景于一体的花园式生态建筑。柏林 Potsdamer 广场 Daimlerchrysler 区域城镇水体工程设计是雨水生态系统成功范例。该区域年产径流雨水量 2.3 万 m^3。采取的主要管理措施：建有屋顶花园 4hm^2，雨水贮存池 3500m^3，主要用于冲厕和浇灌绿地（包括屋顶花园）；建有人工湖 12hm^2，人工湿地 1900m^2。雨水先收集进入贮存池，在贮存池中，较大颗粒的污染物可经沉淀去除，之后用泵将水输送至人工湿地和人工水体。通过基层、植物和藻类等来净化雨水。此外，还建有自动控制系统，可对水质进行连续监测和控制。主要监控指标有：磷、氮、碳、氧和 pH。在这里，水不断循环，鸭子、水鸟、鱼等动物都可栖息在水体中或水体周围，建筑、水、生物达到了高度和谐和统一。

我国城镇雨水利用起步较晚。2001 年水利部发布的《雨水集蓄利用工程技术规范》SL 267—2001 为广大农村地区雨水利用奠定了基础，对城镇雨水利用的指导性不强。目前，北京、上海、大连、南京、长岛等许多城镇已相继投入研究和应用，取得了一些成就。但在以下方面亟待加强：(1) 虽然雨水利用的社会效益、环境效益显著，但由于目前我国的水价偏低，单从经济效益来看往往不可行，故必须尽快出台我国城镇雨水利用的相关政策、法规。(2) 我国各地区差异较大，雨水收集和利用的技术与管理措施无法统一，应因地制宜地制定各地区的雨水利用技术规范和标准。(3) 与节约用水一样，城镇雨水利用是一项功在当代、利在千秋的公益事业，应通过各种渠道加以宣传，进行公众教育，取得民众的理解和支持。(4) 加大投入进行研究，在一些城镇率先建成一批示范工程，从而对全国城镇雨水利用起带动作用。(5) 与发达国家相比，我国城镇雨水利用最大的难题之一是雨水水质较差，所以必须寻求并实施减少城镇雨水径流污染的最佳管理模式和技术措施。

3.5　海绵城市规划实例

3.5.1　海绵城市建设雨水系统构建总体思路

海绵城市建设需统筹协调城市开发建设的各个环节，针对海绵城市建设中系统性不强的问题，城市建设主管部门提出了城市水生态、水环境、水资源和水安全的海绵城市建设绩效综合考核指标，引导城市系统治水、综合治水、生态治水。规划阶段，应遵循低影响开发理念，明确其控制目标，并结合城市开发区域或项目特点确定相应的规划控制指标，落实低影响开发设施建设的主要内容。设计阶段，应对不同低影响开发设施及其组合进行科学合理的平面与竖向设计，在建筑与小区、城市道路、绿地与广场、水系等规划建设中，应统筹考虑景观水体、滨水带等开放空间，建设低影响开发设施，构建低影响开发雨水系统。低影响开发雨水系统的构建与所在区域的规划控制目标、水文地质条件等密切相关。海绵城市建设雨水系统构建途径如图 3-12 所示。

3.5.2　研究区域简介

1. 区域概况

西咸新区位于陕西省西安市和咸阳市建成区之间，东距西安市中心 10km，西距咸阳市中心 3km，是西安国际化大都市未来拓展的重点区块。与西安、咸阳主城相接，与西安高新区、阎良区、临潼区相邻，与西安经济技术开发区、浐灞生态区、国际港务区隔渭河相望。西咸新区辖空港新城、沣东新城、秦汉新城、沣西新城、泾河新城五个组团。沣

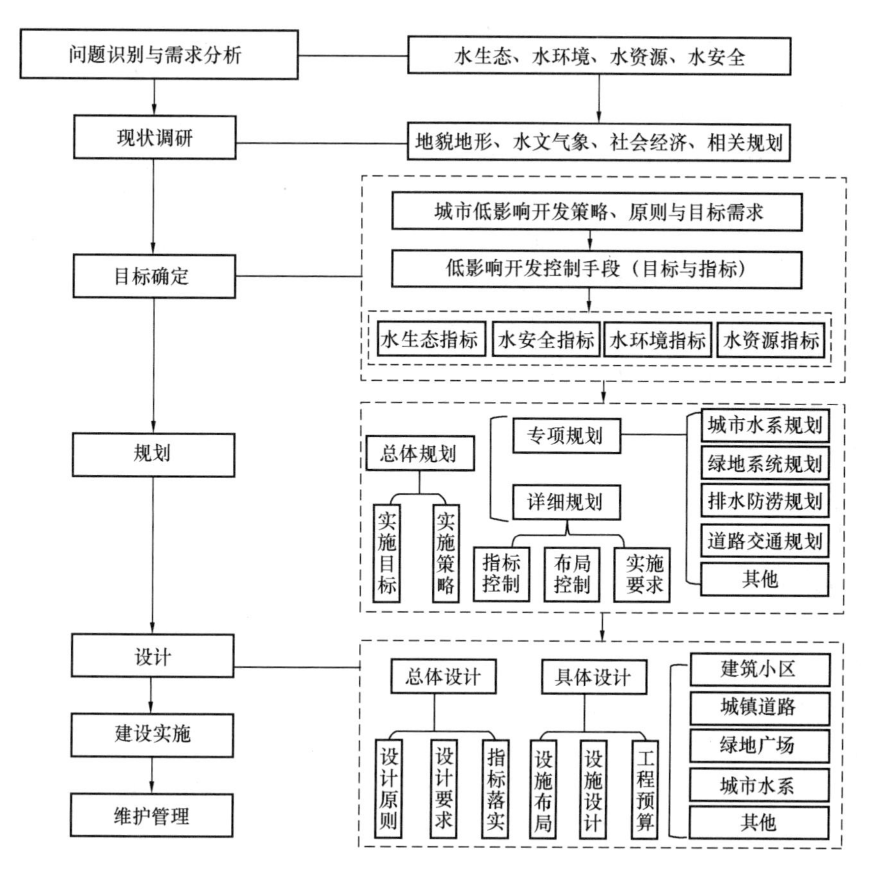

图 3-12 海绵城市建设雨水系统构建途径

西新城东至沣河，南至大王镇及马王街办南端，西至规划中的西咸环线，北至渭河南岸，规划范围包括户县的大王镇，长安区的马王街道、高桥街道，秦都区的钓台街道、陈杨寨街道 5 个镇（乡）办、91 个村。总规划面积 143km²，规划建设用地 64km²，海绵城市试点区域总面积 22.5km²。

2. 水文条件

沣西新城属温带大陆性季风型半干旱、半湿润气候区。在大气环流和地形综合作用下，夏季炎热多雨，冬季寒冷干燥，四季干、湿、冷、暖分明。全年光照总时数 1983.4h，年平均气温 13.6℃，最热月份为 7 月，月绝对最高气温可达 43℃；最冷月份为 1 月份，绝对最低气温为－19℃。年平均相对湿度 74%，相对湿度最高值出现在阴雨连绵、气温渐降的 9 月，最低值出现在降雨较少、气温骤升的 6 月。沣西新城历年各月风向以西风为主，平均风速 1.5m/s，最大风速 17 m/s，冬季历史上最大积雪厚度 24cm，历史上最大冻土深度 19cm，无霜期 219d。根据沣西新城附近秦都区国家基本气象站 1960—2014 年日最大降雨量和 1981—2010 年月平均降雨量的统计分析，沣西新城多年平均降水量约 520mm，其中，7～9 月降雨量占全年降雨量的 50%左右，且夏季降水多以暴雨形式出现，易造成洪、涝和水土流失等自然灾害。

3. 地质条件

沣西新城地处华北地台南缘，渭河断陷盆地中部，地跨西安凹陷与咸阳凸起两个次级构造单元交汇部。新生代以来区内堆积了巨厚的松散沉积物，地下300m以内皆为第四纪松散堆积物，含水岩性为砂、砂砾卵石和部分黄土。各含水层在垂直方向与弱透水层成不等厚互层或夹层重叠。尤其是数十米的粗粒相冲积层，蕴藏着丰富的地下水资源。根据地下水的赋存条件和水力特征，分为潜水和承压水两类。

据中国地震局资料，西安凹陷与咸阳凸起以渭河断陷为界，前者为渭河谷底，后者属于黄土台塬。新生代以来，区内以垂直升降运动为主，沉积了巨厚的新生代地层。影响用地主要断裂有两组：渭河东西向断裂组主要沿渭河南北两岸分布；渭河北西向断裂组主要分布于关中东部，历史上曾有频繁的地震活动记载。岩土类型：沣西新城基底为以冲积为主及冲洪积的粉砂质黏土、黏土质粉砂及砂、砾石。承载力标准值在200kPa左右。部分土地存在砂土液化现象。在具体建设时，需对场地进行处理。

3.5.3 问题识别与需求分析

1. 问题识别

(1) 水资源短缺，非常规水源利用少

沣西新城多年平均水资源总量为4761.4万m^3，地下水为4295.1万m^3，地表水与地下水重复计算量为178.0万m^3。

沣西新城人均水资源量为264.5m^3/人，远低于全国人均水资源量。随着沣西新城的快速发展，人口大幅增加、城市化水平不断提升，水资源的需求也将快速增长，水资源环境超载问题严重。

沣西新城地处陕西省关中平原，境内河流多位于下游段，受地形高程条件限制，不具备修建调蓄工程的条件；且区域内渭河、沣河等主要河流水质较差，无法作为城市水源，导致大量水资源流失，工程型缺水问题突出。

现状区域供水结构不合理，地下水供水量比重较大；地表水次之；非常规水源利用率几乎为零；区域供水结构仍有进一步优化的空间。未来应在提高地表水供水率的同时，加大雨水、再生水等非常规水源利用量，进一步优化供水结构，增强供水安全性、可靠性。

(2) 污水系统不完善，水体污染严重

沣西新城现状仅有咸阳市一座南郊污水处理厂，该污水处理厂近期处理规模为4万t/d，目前平均污水量已达到2.6～3万t/d，而目前污水主要来自西宝高速以北的区域，且污水管网普及率较低，如果按《咸阳市沣河新区控制详细规划》，将西宝高速以南至康定路区域的污水接入，必然超过目前4万t/d的处理能力。随着区域的快速发展，对环境的要求不断提高，污水处理能力与沣西新城发展严重不匹配，急需修建污水处理厂。污水收集系统不完善，污水干管系统没有完全形成，部分已建成的污水管道排放能力无法满足现状需求，且存在部分合流管道。无管网覆盖地区，污水多以漫流形式就近排入农田、渗渠或水体，严重污染河流。

根据《住房城乡建设部办公厅 环境保护部办公厅关于公布全国城市黑臭水体排查情况的通知》，全国地级及以上城市黑臭水体名单，沣西新城范围内没有黑臭水体。但地表水体的污染情况仍不容乐观。

渭河、沣河等主要河流受到不同程度的污染，主要超标项目为氨氮、化学需氧量、生化需氧量。新河整体呈地表水环境劣Ⅴ类水平，其中氮、磷、COD、粪大肠杆菌浓度等极高，超标倍数在10～100倍；新河上游沣西入境段面水质优于下游断面的水质，沿线工厂存在间歇式集中偷排情况。

受灌区农药、化肥不合理使用，沣西新城及周边地区潜水受到一定程度污染，溶解性总固体、亚硝酸盐类、氯化物超标。治理污染、保护水资源任务十分艰巨。

(3) 夏季降雨集中，雨水管道系统不完善，内涝风险较大

沣西新城多年平均降水量520mm，7～10月降雨量占全年降雨量的55.3%以上，冬季11～次年2月仅占全年降雨量的5%～8%，且夏季降水多以暴雨形式出现，易造成洪、涝和水土流失等自然灾害。

沣西新城所在黄河区（大西安地区）4类雨型从多到少依次为Ⅰ型、Ⅱ型、Ⅳ型和Ⅲ型，比例为46.2%、22.0%、17.2%、14.7%。从相对频次来看，沣西新城夏季（6～8月），Ⅰ型降雨占夏季总降雨次数的52.2%，发生频次占绝对优势，即大部分降雨量都集中在降雨前期，为短历时、高强度前锋雨型。

由于规划区域大部分为新建区，干管系统没有形成，随着区域的发展，还需新建大量排水管道，健全排水管网系统。

(4) 湿地生态保育与延展任务重，水生态脆弱

沣渭三角洲湿地、新渭沙湿地、沣沙湿地等水域湿地，物种较为丰富，是水禽重要的栖息场所。目前湿地保护区面临着生态本底缩减、面源污染等诸多问题，水生态环境脆弱。

2. 需求分析

通过以上分析，确定沣西新城海绵城市建设的三大愿景：以稳定的水资源支撑城市发展、以洁净的水环境提升城市品质和以自然的水循环保障城市安全。

(1) 通过“补水”“蓄水”“释水”缓解水资源短缺

目前，新城内用水大部分来自地下水开采，存在水源单一、水量不稳定、地下水超采等风险。受地理位置及平原地形的影响，沣西新城无法建设大型雨水收集设施，而通过海绵城市的建设，可提供如下三种途径补充水资源：①增加中小型雨水回用工程设施，将雨水回用于绿化灌溉、道路浇洒等城市杂用水；②构建水源涵养型城市下垫面，加大地表水与地下水之间的连通性，补充过度开采的地下水，提高水源的供给量；③通过过滤和生物净化削减面源污染，减少水体污染，缓解水质型缺水问题。

(2) 通过“护水”“净水”“活水”提升水生态环境品质

通过海绵城市建设可有效解决初期雨水径流污染问题：①新建地区按照低影响开发模式开发建设，通过低影响开发设施分散、源头控制雨水径流量和雨水水质，减少进入河湖的面源污染；②旧城改造区域加强雨污分流改造，因地制宜建设雨水湿地及滞留塘，进行初期雨水的生态净化；③对污染河湖水体进行生态净化和修复，逐步改善水环境；④通过再生水为河道补水，维持河道的生态需水量。

(3) 通过“渗水”“滞水”“排水”“治水”解决城市洪涝风险

由于沣西新城雨季短时强降雨多发，暴雨时洪峰流量大，河流水位猛涨，河水外溢情况时有发生；加之暴雨时城市建设区内径流量急剧增大，无法重力自流排入河流，导致城市内涝时有发生，城市防洪压力大。沣西新城可通过以下四个途径缓解城市内涝风险：①通过在不同层面规划中落实海绵城市技术要求，建设项目按照低影响开发模式开发建

设，实现雨水径流的源头控制；②完善排水管渠系统建设，进行雨污分流改造；③对雨水进行过程控制，结合公园水体、湿地绿廊公园等调蓄雨洪；④对河道进行整治，提升河道防洪标准。

3.5.4　规划目标与原则

1. 规划目标

西咸新区是 2014 年 1 月 6 日国务院正式批复设立的第七个国家级新区，作为大西安新中心，以打造“丝绸之路经济带重要支点、中国向西开放重要枢纽、西部大开发新引擎、中国特色新型城镇化范例”为发展定位。沣西新城将高标准推动海绵城市建设，构建完善的城市低影响开发系统、排水防涝系统、防洪系统，并使其与城市生态保护系统相结合，逐步建立“制度完善、机制健全、手段先进、措施到位”的管理体系，为把沣西新城建设成为未来西安国际化大都市综合服务副中心和战略性新兴产业基地的“现代开放之城”“创新产业之城”提供安全保障。

通过海绵城市建设，综合采取“渗、滞、蓄、净、用、排”等措施，最大限度减少城市开发建设对生态环境的影响，将 85%的降雨就地消纳和利用，到 2020 年，城市建成区 20%以上的面积达到目标要求；到 2030 年，城市建成区 80%以上的面积达到目标要求。通过构建“自然海绵与人工海绵”的城市海绵系统，提升城市生态品质，增强风险抵抗能力。从而实现缓解城市内涝、削减径流污染负荷、提高雨水资源化水平、降低暴雨内涝控制成本、改善城市景观等多重目标，构建起可持续、健康的水循环系统，有力促进生态田园城市的建设，探索新型城镇化新路（表 3-3）。

试点区域建设目标汇总表　　　　**表 3-3**

目标层次	指标	目标值
总体建设目标	年径流总量控制率	85%
	排水防涝标准	50 年一遇（工商业建筑物和居民住宅的底层不进水；道路中有一条车道积水不超过 15cm，积水时间不超过 30min）
	城市防洪标准	100 年一遇
水资源目标	雨水收集利用率	替代市政杂用水比例 10%～15%
	污水再生利用率	30%
	地下水保护	试点区域地下水水位控制达标率 70%
水环境目标	年雨水径流污染物削减率	TSS 削减率 60%
	雨污分流比例	100%
	地表水体水质标准	沣河沣峪口至沣河入口段执行地表水环境Ⅲ类标准，其余水体水质标准执行地表水环境Ⅳ～Ⅴ类标准
水生态目标	可渗透面积比例	新建城区不低于 40%，旧改项目不低于 30%
	天然水域保持率	天然水域面积不得减少
水安全目标	水系防洪标准	渭河、沣河 100 年一遇设防，新河 50 年一遇设防
	供水保障率	供水保障率不低于 95%，力求达到 100%；水质达标率达到 100%

2. 规划原则

(1) 理念转变——生态为本、自然循环

改变传统思维和做法，对雨水径流实现由“快速排除”“末端集中”向“慢排缓释”“源头分散”的转变，综合运用“渗、滞、蓄、净、用、排”等措施，贯彻“节水优先、空间均衡、系统治理、两手发力”的治水思路，充分发挥山水林田湖对降雨的积存作用，充分发挥自然下垫面对雨水的渗透作用，充分发挥湿地、水体等对水质的自然净化作用，努力实现城市水体的自然循环。

(2) 系统实施——因地制宜、回归本底

根据沣西新城降雨、土壤、地形地貌等因素和经济社会发展条件，综合考虑水资源、水环境、水生态、水安全等方面的现状问题和建设需求，坚持问题导向与目标导向相结合，因地制宜地采取“渗、滞、蓄、净、用、排”等措施。

加强规划引领，因地制宜确定海绵城市建设目标和具体指标，完善技术标准规范。综合考虑沣西新城的自然水文条件、土壤状况、原有排水系统基础、经济社会发展条件等因素，坚持因地制宜、因地施策。以规划确定的排水片区为单元全面推进沣西新城的海绵城市建设工作，重点结合城市道路、公园绿地、建筑小区和市政设施等建设项目统筹推进。同时选择沣西新城本地的适用技术、设施和植物配种，降低建设维护成本。

(3) 协同推进——规划引领、强化管控

海绵城市建设系统性、综合性、创新性强，在规划编制中应注重海绵城市建设各相关部门的统筹和协调。加强沣西新城规划、财政、建设、环保等部门的联动推进、紧密合作，带动社会力量和投资形成合力，共同推动规划区海绵城市建设工作，主动推广政府和社会资本合作（PPP）、特许经营等模式，吸引社会资本广泛参与海绵城市建设。

(4) 注重管理——政策保障、过程管理

利用西咸新区和沣西新城的体制机制优势和新型城镇化的机遇，构建规划建设管控制度、投融资机制、绩效考核与奖励机制、产业发展机制等，推动海绵城市工作的规范化、标准化、制度化，保障海绵城市建设工作的长效推进。同时，综合采用工程和非工程措施提高低影响开发设施的建设质量和管理水平，提高海绵工程质量，消除安全隐患，保障公众及建筑物安全。

(5) 集中与分散相结合

近期重点进行重点区域集中的海绵建设，凸显规模效益，展示海绵城市建设成效；已建片区改造和新建区域建设同步进行，新建区域全面落实海绵城市建设要求，已建片区结合城市更新、道路新建改造、轨道交通建设等有机更新逐步推进。

(6) 功能与景观相结合

推广绿色雨水基础设施，统筹发挥自然生态功能和人工干预功能，实施源头减排、过程控制、系统治理；在规划设计中要重视和兼顾景观效果，实现环境、经济和社会综合效益的最大化。

(7) 绿色与灰色相结合

通过源头减排、过程控制和末端处理等措施，优先利用绿色雨水基础设施，并重视地下管渠等灰色雨水基础设施的建设，绿色与灰色相结合，综合达到排水防涝、径流污染控制、雨水资源化利用等多重目标。

3.5.5　规划内容与策略

1. 用地规划

试点区域现状土地利用主要为城乡居民点建设用地、农田用地、公共管理与公共服务设施用地等。其中建设用地面积为 8.42km²，非建设用地面积为 14.12km²。根据《西咸新区总体规划》《西咸新区信息产业园控制性详细规划》《西咸新区——沣西新城分区规划》等相关规划，沣西新城是未来西安国际化大都市综合服务副中心和战略性新兴产业基地。试点区域大部分用地位于西咸新区信息产业园内部，园区以信息服务和信息技术产业为主导，建设集软件研发、电子商务、总部办公、商业服务和居住配套为一体的科技园区升级版。试点区域未来用地类型主要以工业用地、居住用地、商业服务业设施用地、公共管理和公共服务用地为主。建设用地面积为 21.36km²，非建设用地面积为 1.18km²（表 3-4）。

试点区域规划用地平衡表　　**表 3-4**

用地性质	面积（hm²）	总项比例（%）
居住用地	287.33	12.75
公共管理与公共服务设施	128.33	5.69
商业服务业设施用地	198.61	8.81
工业用地	409.37	18.16
道路与交通设施用地	819.27	37.03
公共设施用地	15.99	0.71
绿地与广场用地	254.72	11.30
特殊用地	7.33	0.33
非建设用地	117.57	5.22
总计	2253.72	1.00

2. 指标分解思路

利用 SWMM 构建数字化模型，逐级分解海绵城市建设目标，将海绵城市建设的目标和控制指标分解至每个地块和每条城市道路，明确建筑与小区、城市绿化、城市道路和城市水系的海绵城市建设控制指标，以达到雨水径流控制的总体目标。指标分解的技术路线分为三大部分，包括排水分区目标分解、各类用地控制目标分解和各地块设施控制指标分解。具体步骤如下：

（1）排水分区年径流总量控制率目标初步分解。根据排水分区的规划用地性质、绿地数量、末端控制设施规模等，通过反复核算，将重点片区年径流总量控制率 85%分解至不同的排水分区。

（2）各类用地年径流总量控制率目标初步分解。以控制性详细规划中每个地块为单元，按不同用地性质初步设定各地块目标，保证地块控制容积的和等于分区总控制容积。

（3）地块建设控制指标初步设定。设定各类地块详细控制指标，包括下沉式绿地（省区滞留设施）的建设比例、可渗透地面面积比例、绿色屋顶覆盖比例、不透水下垫面径流控制比例等。

（4）道路指标初步设定。鉴于道路的特殊性，其控制指标不宜过高，一般应比地块的指标低。道路建设控制指标包括下沉式绿地（生物滞留设施）的建设比例，人行道透水铺装的建设比例等。

（5）搭建SWMM模型。利用SWMM软件，基于地块、道路、集中调蓄设施和规划管网构建水力模型进行仿真模拟，计算地块年径流总量控制率是否可以达到初步设定的值。根据计算结果，结合技术经济分析，依据总体最优化的原则调整地块和道路建设控制指标，直至达到采用最少的设施满足规划区85%年径流总量控制率的结果。

3. 核心策略

（1）源头管控，出流管制，分散净化消纳雨水。以径流总量、峰值、水质为管控目标，考虑不同用地之间、源头与末端之间的指标联动与分担，从源头分散滞蓄、净化及消纳雨水。

（2）灰绿交融、分级调蓄，蓄排结合防治内涝。空间上，优化绿地布局，构建分级错落的生态滞蓄开放空间。顺应自然地形，从“源头地块→管网或生态排水沟渠→生态滞蓄空间→城内水系或调蓄枢纽→城外水系”的有序排放雨水。

（3）流域协同、近远兼治，系统治理水体污染。从流域治理的角度，治理水体污染、跨区域联动、封堵排污口、污水厂提标改造、清淤、生态修复人工湿地等方式，水岸共治。

（4）蓝绿交织、水岸相融，防洪生态双重保障。构建基于“防洪与防涝”，考虑“城市绿地＋城市内河”“外围滩面＋城市外河”，对河流水系、滩面进行生态修复，提升防洪标准。

（5）活水开源、三水融合，破解北方缺水困局。将雨水、再生水等非常规水资源，与地表水、地下水有机融合、互为补偿。充分利用雨水、再生水补充景观、河道、浇洒等，实现水资源化利用。实现区域水资源均衡，解决缺水问题。

3.5.6 建设成效

结合城市内涝治理、黑臭水体治理、公园绿地生态功能提升等，最大限度提升海绵城市建设效果，形成了一整套海绵城市技术策略及工程体系，建成了一批精品项目和片区（图3-13），编制了一批建设技术标准，在提升城市品质、改善人均环境、促进产业发展方面取得了显著效果。

1. 水生态保持良好

（1）深入分析降雨及产汇流特征、土壤下渗规律等本底条件，以雨水问题为导向，科学合理确定试点区域年径流总量控制率目标。通过试点项目实施落地及规划建设管控程序的贯彻执行，有效保障试点区域近、远期年径流总量控制率达标。经项目监测及模拟分析，试点区域现状年实测降雨年径流总量控制率为86.09%，1～6号汇水片区现状年径流总量控制率目标分别达到：85.12%，85.96%，86.95%，87.05%，86.97%，85.97%，满足考核目标要求。项目实施层面，已完工的16个建筑小区类项目均采用雨落管断接，雨水经有组织径流充分滞蓄、消纳后通过末端蓄水模块（雨水池）及生物滞留设施溢流等方式接入市政雨水管网。

（2）试点区域生态岸线保持良好。试点期间，结合河道治理、水体水质保障及景观提升等工程建设要求，重点开展了渭河、沣河及新河（沣西新城段）滩面治理及水生态修复工程，从长远角度有效改善河道水环境质量及驳岸生态景观。

（3）试点区域地下水水位回升明显。监测结果显示，2016—2017年试点区地下水平均埋深较2013—2015年平均回升3.43m。

(a)　(b)

(c)　(d)

(e)

图 3-13　建设成效（一）

(a) 西部云谷二期绿色屋顶；(b) 总部经济园雨水花园；(c) 同德佳苑小区透水铺装；
(d) 秦皇大道生物滞留；(e) 白马和公园

(f)

图 3-13 建设成效（二）

(f) 中心绿廊

(4) 试点建设期间，无侵占水体开发建设行为，水域面积总体有增无减。一方面，天然水域面积保护已列入河湖水系保护、蓝线管理办法等相关法规管控体系及城市规划中，现有河湖水系、塘洼等天然水域面积得到充分保护，其中渭河水域面积较 2015 年试点前增加约 25.4%，新河水域增加约 5.7%，沣河水域增加约 22.7%。另一方面，通过试点区水生态类项目的有效实施，在发挥城市雨洪调蓄功能的同时合理提升了试点区总体水面率，截至目前，人工水域面积增加约 $17hm^2$，占试点区域总面积的 0.8%。

2. 水环境改善显著

(1) 水系水质情况改善明显。试点期间，渭河、沣河（试点区域段）水质基本稳定在《地表水环境质量标准》GB 3838—2002 Ⅳ类标准，且 TN、TP、COD_{Cr} 等指标较试点前有不同程度降低，且下游断面水质不劣于甚至优于来水。新河（试点区域段）现状水质为轻度黑臭，但随着排污口关停、截污纳管、污水处理厂提标等综合措施陆续落地，新河水质已较 2016 年逐步好转。随着源头污染整治、内源治理、人工湿地强化处理、活水循环及境外协作等系统整治策略逐步落地，新河黑臭情况必将得到彻底改善。目前正在协同上游污染区水行政及环境保护主管部门制定基于流域考虑的系统治理规划，化零为整，提高成效。

(2) 摸清降雨及径流冲刷污染底数，初步探明典型海绵雨水设施径流总量控制率与污染物削减率关系。监测模拟分析结果显示，试点区域面源污染削减程度良好，其中，现状年（2018 年）TSS 负荷削减率为 67.31%，规划年为 79.88%，且雨水管网无污水混接排入，雨水直排末端水体时均已采取生态治理措施。

3. 水资源有效利用

试点区域水资源利用做到近期有重点，远期有规划、有管控。

（1）雨水资源充分回收、净化并利用。试点区域已实施且已充分开展雨水回用的建筑小区项目合计12处，雨水回用设施规模合计3113m^3，年雨水回用量约17000m^3，主要用于小区绿化浇灌和邻近道路浇洒；水体景观类项目（中心绿廊一期）1处，雨水调蓄容积28000m^3，年雨水回用量约49170m^3，主要用于景观水体回补及邻近绿地浇洒。总体折合年雨水资源化利用率约11.05%。

（2）集中建设污水处理设施，再生水规划利用途径合理有效。将渭河、沣河污水处理厂建设作为重点项目实施PPP打包推进，与PPP公司签订再生水回购合约。污水集中处理设施建成后，再生水资源充分回用于道路及市政绿地浇洒、中心绿廊及新渭沙湿地生态补水等，再生水资源利用率预计可达40%以上。

4. 水安全有效保障

试点区域从城市防洪安全、内涝风险防控出发，着力构建水安全保障体系。

（1）试点区积涝点基本消除，排水防涝能力显著提升。试点期间通过低影响开发建设、排水管网提标与连通、市政管网及泵站建设、中心绿廊雨洪调蓄枢纽建设等系统工程落地，2年一遇降雨条件下，试点区域10处积涝点完全消除。经实际监测及模型模拟论证，区域排水防涝能力明显提升。

（2）防洪安全满足国家标准。根据国家规范确定渭河、沣河、新河沣西段防洪标准分别为：100年一遇、100年一遇、50年一遇，并按相关国家标准开展了渭河、沣河及新河防洪治理工程建设。截至目前，已完成沣西新城渭河全段防洪工程，完成沣河堤防工程全部设计及12.5km施工，完成新河堤防工程全部设计及2km施工。

思考题

1. 简述城镇水系统规划的内容及其主要环节。
2. 气候变化和城市化背景下，城市雨水系统规划应如何构建？
3. 城镇防洪防涝规划的基本原则是什么？
4. 城镇雨水管网系统规划需调查的资料有哪些？
5. 论述现有排水体制及其特点。
6. 简述合流制排水管渠系统的水力计算要点。
7. 简述分流制雨水管渠系统的设计步骤。
8. 简述城镇雨水利用技术及其特点。
9. 简述雨水径流污染控制措施及其原理。
10. 简述海绵城市建设雨水系统构建途径。

本章参考文献

[1] 夏军．城市绿色发展的水系统理论与智慧管理[R]，2020.
[2] 李肖亮，刘婷．城镇水系统统筹规划研究[J]．科技信息，2010(7)：334.
[3] 宋兰合．城市水系统规划概述[J]．城市规划通讯，2005(12)：13-14.
[4] 李树平主编．城市水系统[M]．上海：同济大学出版社，2015.
[5] 张智主编．城镇防洪与雨水利用[M]．第2版．北京：中国建筑工业出版社，2016.
[6] 任杨俊，李建牢，赵俊侠．国内外雨水资源利用研究综述[J]．水土保持学报，2000(1)：88-92.

[7] 张晶．城市雨水利用与城市水环境改善的研究[D]．大连：大连理工大学，2004.
[8] 李俊奇，车伍，施曼．城市雨水利用与节约用水[J]．城镇供水，2001(2)：40-41.
[9] 车伍，汪慧贞，任超，等．北京城区屋面雨水污染及利用研究[J]．中国给水排水，2001，17(6)：57-61.
[10] 李俊奇，车伍．德国城市雨水利用技术考察分析[J]．城市环境与城市生态，2002(1)：47-49.
[11] 史晓伟，杨月肖．城市规划区绿色空间规划分析[J]．城市建筑，2020，17(33)：164-165.
[12] 刘元梅，马超达．城市规划区绿色空间规划研究[J]．冶金管理，2020(17)：119-120.
[13] 杨振山，张慧，丁悦，孙艺芸．城市绿色空间研究内容与展望[J]．地理科学进展，2015，34(1)：18-29.
[14] 叶林．城市规划区绿色空间规划研究[D]．重庆：重庆大学，2016.
[15] 张长滨．重大事件主导的城市绿色空间整合研究[D]．北京：北京林业大学，2016.
[16] 付晓．北京城市绿色空间时空变化及其生态服务功能响应[D]．北京：北京林业大学，2013.
[17] 董璐．关于城市规划区绿色空间规划探讨[J]．城市建设理论研究(电子版)，2019(6)：16.
[18] 程秋爽．基于鸟类栖息地营造的城市边缘区绿色空间规划设计[D]．北京：北京林业大学，2020.
[19] 薛妍．公园城市理念下的遂宁城市新区绿色空间规划研究[D]．广州：华南理工大学，2020.

第 4 章　城镇低影响开发系统设计

低影响开发（Low Impact Development，LID），是 20 世纪 90 年代末发展起来的暴雨管理和面源污染处理技术，旨在通过分散的、小规模的源头控制来达到对暴雨所产生的径流和污染的控制，使开发地区尽量接近于自然的水文循环。低影响开发设施一般具有渗透、调节、储存、传输、截污、净化等主要功能，各类低影响开发技术又包含若干不同形式的低影响开发设施。在实际工程应用中，需结合区域水文地质条件、水资源状况以及经济指标分析，按照因地制宜和经济高效的原则选择适宜的低影响开发技术及其组合方式。本章主要介绍城镇低影响开发系统典型设施（透水铺装、生物滞留系统、绿色屋顶、雨水渗井、雨水湿地、调节塘、植草沟、植被缓冲带）的概念与结构、应用范围、设计原则和方法、管理与维护等。

4.1　低影响开发设施分类及其关键参数

低影响开发设施一般具有渗透、调节、储存、传输、截污、净化等主要功能。在实际工程应用中，需结合区域水文地质条件、水资源状况以及经济指标，按照因地制宜和经济高效的原则选择适宜的低影响开发技术及其组合方式。各类低影响开发技术又包含若干不同形式的低影响开发设施，如透水铺装、绿色屋顶、生物滞留池、下沉式绿地、雨水湿地、渗透塘、渗井、湿塘、干塘、蓄水池、调节塘、植草沟、渗管/渠、植被缓冲带、雨水初期弃流设施等。不同低影响开发设施的功能作用、控制目标和经济性比选如表 4-1 所示。低影响开发设施的选择需考虑区域地形、土壤条件、地下水位等因素，土壤渗透条件较好、地下水位较低、径流水质较好、无特殊雨水回用需求的区域，可优先选择雨水渗透设施，以辅助解决市政管渠排水能力不足、提标改造难等问题。自重湿陷性黄土、膨胀土和高含盐土等特殊土壤的场所不宜采用雨水渗透设施。有雨水回用需求的区域，可选择蓄水池、雨水罐、雨水湿地等雨水储存回用设施，达到雨水资源化利用、节约水资源的目的。雨水综合调蓄可通过一种或多种低影响开发设施组合来实现。通过构建多功能调蓄设施，非暴雨时可兼作公园、绿地、运动场等，充分利用城市土地资源，发挥峰值流量削减、径流污染控制、自身景观或休闲娱乐功能等多种海绵功能。

低影响开发设施比选一览表　　**表 4-1**

低影响开发单项设施	功能					控制目标			经济性	
	雨水集蓄利用	地下水补给	峰值流量削减	雨水净化	传输	径流总量	径流峰值	径流污染	建造费用	维护费用
透水铺装	○	●	◎	◎	○	●	◎	◎	低	低
绿色屋顶	○	○	◎	◎	○	●	◎	◎	高	中

续表

低影响开发单项设施	功能					控制目标			经济性	
	雨水集蓄利用	地下水补给	峰值流量削减	雨水净化	传输	径流总量	径流峰值	径流污染	建造费用	维护费用
下沉式绿地	○	●	◎	◎	○	●	◎	◎	低	低
简易型生物滞留池	○	●	◎	◎	○	●	◎	◎	低	低
复杂型生物滞留池	○	●	◎	●	○	●	◎	●	中	低
渗透塘	○	●	◎	◎	○	●	◎	◎	中	中
渗井	○	●	◎	◎	○	●	◎	◎	低	低
湿塘	●	○	●	◎	○	●	●	◎	高	中
雨水湿地	●	○	●	●	○	●	●	●	高	中
蓄水池	●	○	◎	◎	○	●	◎	◎	高	中
雨水罐	●	○	◎	◎	○	●	◎	◎	低	低
调节塘	○	○	●	◎	○	○	●	◎	高	中
调节池	○	○	●	○	○	○	●	○	高	中
传输型植草沟	◎	○	○	◎	●	◎	○	◎	低	低
干式植草沟	○	●	○	◎	●	●	○	◎	低	低
湿式植草沟	○	○	○	●	●	○	○	●	中	低
渗管/渠	○	◎	○	○	●	◎	○	◎	中	中
植被缓冲带	○	○	○	●	—	○	○	●	低	低
初期雨水弃流设施	◎	○	○	●	—	○	○	●	低	中
人工土壤渗滤	●	○	○	●	—	○	○	◎	高	中

注：●——强，◎——较强，○——弱。

低影响开发设施模型模拟过程中，不同的低影响开发模块包括表面层、土壤层、内部储水层和排水管渠层等不同的结构构造，各层计算参数影响不同功能层的模拟效果。城市雨洪管理模型 SWMM 中仅考虑填料层（土壤层）空隙度、持水率、枯萎点、导水率、导水坡度、吸水高度等，但不考虑填料中发生的生化反应。在实际的低影响开发设施填料配制中，需综合考虑填料吸附能力、氮磷本底含量、有机质含量和生物多样性等因素。以生物滞留系统为例，影响其运行效能的设计参数除填料种类及其组合方式外，还包括入流浓度（inflow concentration）、重现期（recurrence interval）、汇流比（discharge ratio）、淹没区高度（submerged zone height）、蓄水层高度（ponding depth）、下渗速率（infiltration rate）、排空时间（emptying time）等。其中，内部淹没区高度具有增加雨水滞留量、抵消与延长干燥期相关的营养冲刷、创造反硝化厌氧条件等，但对其的设计需同时考虑溶解氧、温度、pH 和碳源等因素。在海绵城市建设工程中，各类低影响开发设施的设计参数、运行效果是海绵城市建设有效性的重要组成部分，典型低影响开发设施关键参数与效果评估指标如图 4-1 所示。低影响开发设施的类型多样，由于其不同的结构、经济技术特点而适用于不同特征的区域，对径流水量及其污染控制效果上也有一定的差异。如何选用最经济、合理的低影响开发措施来实现雨洪调控、雨水资源利用、水质净化等目标；如何对所选用的低影响开发措施的各项要素进行设计，而其设计要素涉及设计目标、区域的降水序列、地形条件、土壤要素及模型模拟等诸多因素均是需要考究的问题。现有低影响开发单体设施的设计方法可概括为数值计算法、单体设施模型预测法和区域模拟中的低影响开发模块模拟计算法。

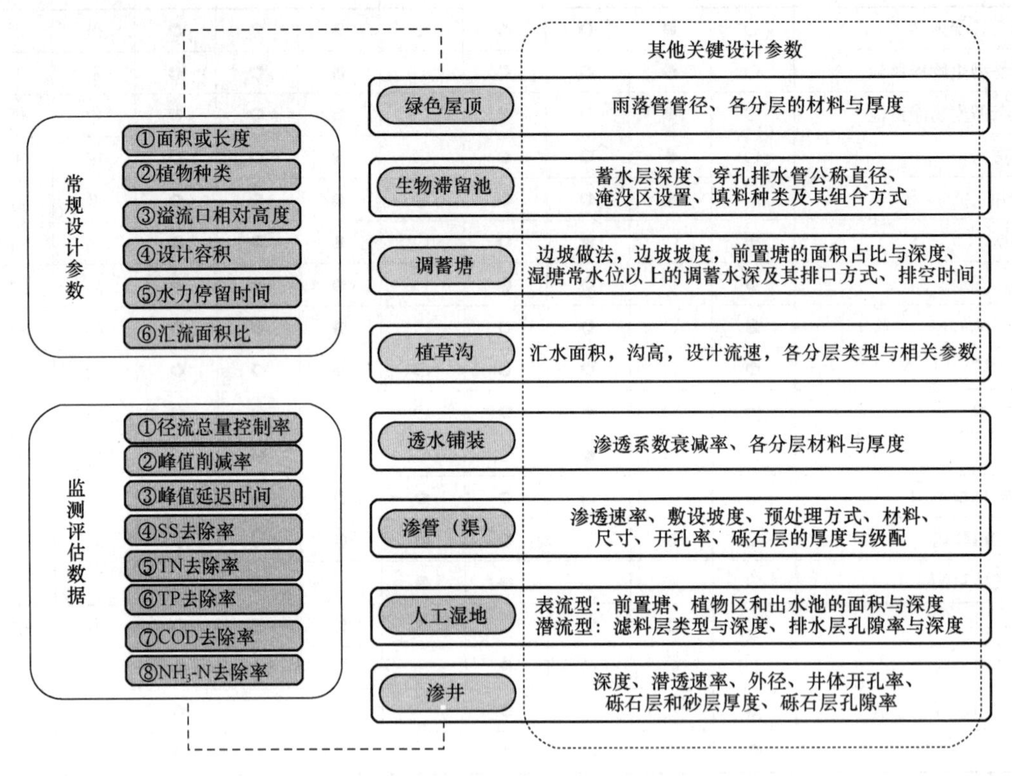

图 4-1 典型 LID 设施所需设计参数

4.2 低影响开发设施设计一般原则

低影响开发设施一般基于同一理念即海绵城市低影响开发理念进行设计建造，因此设计时在总体设计、安全规定、设计流程、适用场地规定、设计计算、模型模拟设计、植物选择与设计、场地设计等方面存在通用的一般原则。本节对一般原则进行总结，为 LID 设施的设计与应用提供一定的依据，特殊设计要求在下节阐述单项 LID 设施设计时另行说明。

4.2.1 低影响开发设施总体设计一般规定

（1）海绵城市建设应遵循“源头减排、过程控制、末端治理”相结合的原则，加强统筹，各系统之间应相互衔接。

（2）建设项目应采取源头控制、溢流排放等措施，注重雨水滞蓄空间及径流排除，并与周边公共设施相衔接；雨水管渠系统应保证接纳和转输雨水，并达到相应标准；排放水体或调蓄空间应有消纳排水区域雨水的能力。

（3）低影响开发设施设计应注重与城市管网系统的结合，并应与竖向、绿化、景观、建筑相协调。选择适宜的技术路线和设施，通过优化竖向，合理组织雨水的汇流、调蓄、处理、利用和排放。

(4) 场地设计应遵循生态优先的原则，加强自然水体保护。场地内原有自然水体、湿地、坑塘在满足建设要求的基础上宜保留和利用。不得破坏场地与周边原有水体的竖向关系，应维持原有水文条件，保护区域生态环境和防涝安全。

(5) 竖向设计应符合下列规定：应有利于径流汇入设施。道路横断面设计应优化道路横坡坡向、路面与道路绿化带及周边绿地的竖向关系等，便于雨水径流汇入绿地内的海绵设施。满足防涝系统的需求，并与城市排水防涝系统衔接。

(6) 应结合竖向设计合理划分汇水分区，应遵循分散为主、集中为辅、集中与分散相结合的原则，合理布局源头雨水控制与利用设施。

(7) 雨水径流组织设计应满足下列规定：当汇流距离较远或仅凭竖向无法保证有效汇流时，宜优先选择植草沟、线性排水沟等设施将地表径流导流至雨水控制与利用设施。海绵设施应设有溢流排放设施，并与雨水管网和排涝设施有效衔接。海绵城市建设设计应对各排水分区控制指标进行复核，确认是否满足管控单元的指标要求，具备条件时宜采用计算机模拟分析。海绵城市源头控制措施应通过溢流排水与外排设施衔接，雨水外排设计标准不应低于规划标准，外排水总量、峰值流量不应大于开发建设前水平。

(8) 城市建筑与小区、道路、绿地与广场、水系低影响开发雨水系统建设项目，应以相关职能主管部门、企事业单位作为责任主体，落实有关低影响开发雨水系统的设计。城市规划建设相关部门应在城市规划、施工图设计审查、建设项目施工、监理、竣工验收备案等管理环节，加强对低影响开发雨水系统建设情况的审查。适宜作为低影响开发雨水系统构建载体的新建、改建、扩建项目，应在园林、道路交通、排水、建筑等各专业设计方案中明确体现低影响开发雨水系统的设计内容，落实低影响开发控制目标。

4.2.2 低影响开发设施设计安全规定

低影响开发设施设计应确保人员安全，并应符合下列规定：雨水控制与利用设施不应对周边建（构）筑物、道路等产生不利影响；设施设计不应对居民生活造成不便，不应对卫生环境产生危害；污染严重的工业区、加油站、传染病医院等区域，不应采用渗透设施，避免对地下水体造成污染；当利用城市水体、城市绿地及不与地下室相连的下沉式广场等空间作为滞蓄空间时，应采取保障公众安全的防护措施，设置必要的警示标识；利用绿地作为滞蓄设施时，应对引入的径流进行沉淀、过滤等截污措施，防止对绿地内植被生长造成影响；自重湿陷性黄土、膨胀土和高含盐土等特殊土壤地质场所和可能造成陡坡坍塌、滑坡灾害的场所，严禁设置入渗设施。

4.2.3 低影响开发设施及其组合方式设计流程

低影响开发设施的平面布局、竖向高程、构造，及其与城市雨水管渠系统和超标雨水径流排放系统的衔接关系等是城市水管理中的重要内容，设计的总体技术路线如图 4-2 所示。

(1) 低影响开发雨水系统的设计目标应满足城市总体规划、专项规划等相关规划提出的低影响开发控制目标与指标要求，并结合气候、土壤及土地利用等条件，合理选择单项或组合的以雨水渗透、储存、调节等为主要功能的技术及设施。

(2) 低影响开发设施的规模应根据设计目标，经水文、水力计算得出，有条件的应通

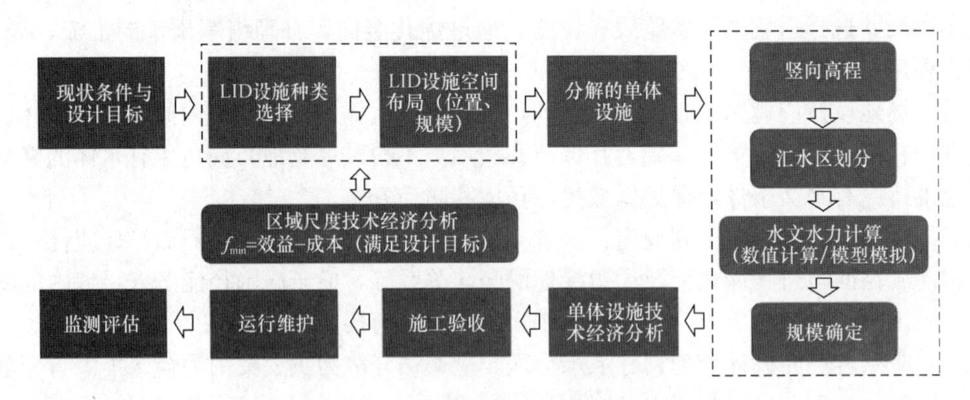

图 4-2　典型地影响开发设施设计流程

过模型模拟对设计方案进行综合评估，并结合技术经济分析确定最优方案。

（3）低影响开发雨水系统设计的各阶段均应体现低影响开发设施的平面布局、竖向高程、构造，及其与城市雨水管渠系统和超标雨水径流排放系统的衔接关系等内容。

（4）低影响开发雨水系统的设计与审查应与园林绿化、道路交通、排水、建筑等专业相协调。

4.2.4　低影响开发设施项目地块设计

1. 建筑小区

建筑屋面和小区路面径流雨水应通过有组织的汇流与转输，经截污等预处理后引入绿地内的以雨水渗透、储存、调节等为主要功能的低影响开发设施。因空间限制等原因不能满足控制目标的建筑小区，径流雨水还可通过城市雨水管渠系统引入城市绿地与广场内的低影响开发设施。建筑小区海绵城市建设应注重源头减排，需满足规划关于径流总量、径流污染、径流峰值的控制要求。建筑小区设计应按海绵城市建设要求因地制宜采取：屋面雨水断接至绿地、下凹式绿地、生物滞留设施、透水路面及溢流排水等措施消纳、净化雨水。纳入规划指标的蓄水空间及新增水体应报规划核定并纳入规划管理。老旧小区及城市更新改造项目应消除内涝、雨污混接、错接等问题；当市政管道为分流制时，老旧小区及城市更新还应包括雨污分流改造。低洼区域应消除内涝。新建项目应限制地下空间的过度开发，规划方案应为雨水回补地下水提供渗透路径。建筑小区在建设或改造前应对项目存在的涉水问题及市政条件进行调查调研。

应充分结合现状地形地貌进行场地设计与建筑布局，保护并合理利用场地内原有的湿地、坑塘、沟渠等。应优化不透水硬化面与绿地空间布局，建筑、广场、道路周边宜布置可消纳径流雨水的绿地。建筑、道路、绿地等竖向设计应有利于径流汇入低影响开发设施。低影响开发设施的选择除生物滞留设施、雨水罐、渗井等小型、分散的低影响开发设施外，还可结合集中绿地设计渗透塘、湿塘、雨水湿地等相对集中的低影响开发设施，并衔接整体场地竖向与排水设计。景观水体补水、循环冷却水补水及绿化灌溉、道路浇洒用水的非传统水源宜优先选择雨水。按绿色建筑标准设计的建筑与小区，其非传统水源利用率应满足现行国家标准《绿色建筑评价标准》GB/T 50378 的要求，其他建筑小区宜参照该标准执行。有景观水体的小区，景观水体宜具备雨水调蓄功能，景观水体的规模应根据降雨规律、水面蒸发量、雨水回用量等，通过全年水量平衡分析确定。雨水进入景观水体之前应设置前置塘、植被缓冲带等预处理设施，同时可采用植草沟转输雨水，以降低径流污染负荷。景观水体宜采用非硬质池底及生态驳岸，为水生动植物提供栖息或生长条件，并通过水生动植物对水体进行净化，必要时可采取人工土壤渗滤等辅助手段对水体进行循环净化。

屋顶坡度较小的建筑可采用绿色屋顶，宜采取雨落管断接或设置集水井等方式将屋面雨水断接并引入周边绿地内小型、分散的低影响开发设施，或通过植草沟、雨水管渠将雨水引入场地内的集中调蓄设施。建筑材料也是径流雨水水质的重要影响因素，应优先选择对径流雨水水质没有影响或影响较小的建筑屋面及外装饰材料。水资源紧缺地区可考虑优先将屋面雨水进行集蓄回用，净化工艺应根据回用水水质要求和径流雨水水质确定。雨水储存设施可结合现场情况选用雨水罐、地上或地下蓄水池等设施。当建筑层高不同时，可将雨水集蓄设施设置在较低楼层的屋面上，收集较高楼层建筑屋面的径流雨水，从而借助重力供水而节省能量。

建筑小区道路横断面设计应优化道路横坡坡向、路面与道路绿化带及周边绿地的竖向关系等，便于径流雨水汇入绿地内低影响开发设施。路面排水宜采用生态排水的方式。路面雨水首先汇入道路绿化带及周边绿地内的低影响开发设施，并通过设施内的溢流排放系统与其他低影响开发设施或城市雨水管渠系统、超标雨水径流排放系统相衔接。路面宜采用透水铺装，透水铺装路面设计应满足路基路面强度和稳定性等要求。

建筑小区绿化在满足改善生态环境、美化公共空间、为居民提供游憩场地等基本功能的前提下，应结合绿地规模与竖向设计，在绿地内设计可消纳屋面、路面、广场及停车场径流雨水的低影响开发设施，并通过溢流排放系统与城市雨水管渠系统和超标雨水径流排放系统有效衔接。道路径流雨水进入绿地内的低影响开发设施前，应利用沉淀池、前置塘等对进入绿地内的径流雨水进行预处理，防止径流雨水对绿地环境造成破坏。有降雪的城市还应采取措施对含融雪剂的融雪水进行弃流，弃流的融雪水宜经处理后排入市政污水管网。低影响开发设施内植物宜根据水分条件、径流雨水水质等进行选择，宜选择耐盐、耐淹、耐污等能力较强的乡土植物。

2. 城市道路

道路径流雨水应通过有组织的汇流与转输，经截污等预处理后引入道路红线内、外绿地内，并通过设置在绿地内的以雨水渗透、储存、调节等为主要功能的低影响开发设施进行处理。低影响开发设施的选择应因地制宜、经济有效、方便易行，如结合道路绿化带和道路红线外绿地优先设计下沉式绿地、生物滞留带、雨水湿地等。

城市道路应在满足道路基本功能的前提下达到相关规划提出的低影响开发控制目标与指标要求。为保障城市交通安全，在低影响开发设施的建设区域，城市雨水管渠和泵站的设计重现期、径流系数等设计参数应按现行国家标准《室外排水设计标准》GB 50014 中的相关规定执行。人行道宜采用透水铺装，非机动车道和机动车道可采用透水沥青路面或透水水泥混凝土路面，透水铺装设计应满足有关标准规范的要求。道路横断面设计应优化道路横坡坡向、路面与道路绿化带及周边绿地的竖向关系等，便于径流雨水汇入低影响开发设施。规划作为超标雨水径流行泄通道的城市道路，其断面及竖向设计应满足相应的设计要求，并与区域整体内涝防治系统相衔接。路面排水宜采用生态排水的方式，也可利用道路及周边公共用地的地下空间设计调蓄设施。路面雨水宜首先汇入道路红线内绿化带，当红线内绿地空间不足时，可由政府主管部门协调，将道路雨水引入道路红线外城市绿地内的低影响开发设施进行消纳。当红线内绿地空间充足时，也可利用红线内低影响开发设施消纳红线外空间的径流雨水。低影响开发设施应通过溢流排放系统与城市雨水管渠系统相衔接，保证上下游排水系统的顺畅。城市道路绿化带内低影响开发设施应采取必要的防渗措施，防止径流雨水下渗对道路路面及路基的强度和稳定性造成破坏。城市道路经过或穿越水源保护区时，应在道路两侧或雨水管渠下游设计雨水应急处理及储存设施。雨水应急处理及储存设施的设置，应具有截污与防止事故情况下泄露的有毒有害化学物质进入水源保护地的功能，可采用地上式或地下式。道路径流雨水进入道路红线内外绿地内的低影响开发设施前，应利用沉淀池、前置塘等对进入绿地内的径流雨水进行预处理，防止径流雨水对绿地环境造成破坏。有降雪的城市还应采取措施对含融雪剂的融雪水进行弃流，弃流的融雪水宜经处理后排入市政污水管网。低影响开发设施内植物宜根据水分条件、径流雨水水质等进行选择，宜选择耐盐、耐淹、耐污等能力较强的乡土植物。城市道路低影响开发雨水系统的设计应满足现行行业标准《城市道路工程设计规范》CJJ 37 的相关要求。

3. 绿地与广场

城市绿地、广场及周边区域径流雨水应通过有组织的汇流与转输，经截污等预处理后引入城市绿地内的以雨水渗透、储存、调节等为主要功能的低影响开发设施，消纳自身及周边区域径流雨水，并衔接区域内的雨水管渠系统和超标雨水径流排放系统，提高区域内涝防治能力。低影响开发设施的选择应因地制宜、经济有效、方便易行，如湿地公园和有景观水体的城市绿地与广场宜设计雨水湿地、湿塘等。

城市绿地与广场应在满足自身功能条件下，达到相关规划提出的低影响开发控制目标与指标要求。城市绿地与广场宜利用透水铺装、生物滞留设施、植草沟等小型、分散式低影响开发设施消纳自身径流雨水。城市湿地公园、城市绿地中的景观水体等宜具有雨水调蓄功能，通过雨水湿地、湿塘等集中调蓄设施，消纳自身及周边区域的径流雨水，构建多功能调蓄水体/湿地公园，并通过调蓄设施的溢流排放系统与城市雨水管渠系统和超标雨水径流排放系统相衔接。规划承担城市排水防涝功能的城市绿地与广场，其总体布局、规模、竖向设计应与城市内涝防治系统相衔接。城市绿地与广场内湿塘、雨水湿地等雨水调蓄设施应采取水质控制措施，利用雨水湿地、生态堤岸等设施提高水体的自净能力，有条件的可设计人工土壤渗滤等辅助设施对水体进行循环净化。应限制地下空间的过度开发，为雨水回补地下水提供渗透路径。周边区域径流雨水进入城市绿地与广场内的低影响开发设施前，应利用沉淀池、前置塘等对进入绿地内的径流雨水进行预处理，防止径流雨水对绿地环境造成破坏。有降雪的城市还应采取措施对含融雪剂的融雪水进行弃流，弃流的融雪水宜经处理（如沉淀等）后排入市政污水管网。低影响开发设施内植物宜根据设施水分条件、径流雨水水质等进行选择，宜选择耐盐、耐淹、耐污等能力较强的乡土植物。

4.2.5　低影响开发设施规模计算

1. 控制雨水径流总量计算

（1）计算所需控制的雨水径流总量：建设用地内应对雨水径流峰值进行控制，需控制利用的雨水径流总量应按下式计算。当及降雨资料具备时，也可按多年降雨资料分析确定。

$$W = 10(y_c - y_0)h_y F \tag{4-1}$$

式中　W——需控制及利用的雨水径流总量，m^3；

y_c——现状雨量径流系数；

y_0——控制径流峰值所对应的径流系数，应符合当地海绵城市规划控制要求；

F——汇水面积，m^2；

h_y——设计日降雨量，mm。

（2）计算现状综合径流系数：综合径流系数宜按表4-2选用，汇水面积的综合径流系数应按下垫面种类加权平均计算：

$$Y_z = \frac{\sum F_i Y_i}{F} \tag{4-2}$$

式中　Y_z——综合径流系数；

F——汇水面积，m^2；

F_i——汇水面上各类下垫面面积，m^2；

Y_i——各类下垫面的径流系数。

雨量径流系数　　**表4-2**

绿化屋面（基质层厚度大于300mm）	雨量径流系数
硬屋面、未铺石子的平屋面、沥青屋面	0.3～0.4
铺石子的平屋面	0.8～0.9
混凝土或沥青路面及广场	0.6～0.7
沥青表面处理的碎石路面及广场	0.8～0.9
级配碎石路面及广场	0.5～0.6
干砌砖石或碎石路面及广场	0.45～0.55
非铺砌的土路面	0.4
绿地	0.3
水面	0.15
地下室覆土绿地（≥2500mm）	0.15
地下室覆土绿地（<500mm）	0.3～0.4
透水铺装地面	0.08～0.45
下沉广场（50年及以上一遇）	—

（3）年径流总量控制率用设施径流体积控制规模核算，条件允许时应采用模型模拟进行核算。

（4）项目对应年径流总量控制率对应设计调蓄容积，可采用容积法进行计算。

$$W = 10Y_z hF \tag{4-3}$$

式中　W——设计调蓄容积，m^3；

Y_z——综合径流系数；

h——设计降雨量，mm；

F——汇水面积，hm^2。

（5）设施总调蓄容积应按下式计算：

$$W_0 = W_1 + W_2 + W_3 + W_4 \tag{4-4}$$

式中　W_0——设施总调蓄容积，m^3；

W_1——下凹绿地调蓄容积，m^3；

W_2——植草沟调蓄容积，m^3；

W_3——生物滞留设施调蓄容积，m^3；

W_4——雨水调蓄容积，m^3。

2. 低影响开发设施设计规模

现有LID单项设施规模的设计方法可概括为数值计算法、单体设施模型和区域模拟中的LID模块计算。数值计算法主要有：容积法、流量法和水量平衡法，设计目标包括径流总量、径流峰值与径流污染控制。低影响开发设施以径流总量和径流污染为控制目标进行设计时，设施具有的调蓄容积一般应满足“单位面积控制容积”的指标要求，设计调蓄容积一般采用容积法进行计算；植草沟等转输设施，其设计目标通常为排除一定设计重现期下的雨水流量（可通过推理公式计算）；水量平衡法主要用于LID设施储存容积的计算。按照容积法计算设施储存容积，同时为保证设施正常运行，再通过水量平衡法计算设施关键设计参数，通过经济分析确定设施设计容积的合理性并进行调整。设施调蓄容积按式（4-5）计算，渗透量按式（4-6）计算。调节塘、调节池等调节设施，以及以径流峰值调节为目标进行设计的蓄水池、湿塘、雨水湿地等设施的容积应根据雨水管渠系统设计标准、下游雨水管道负荷（设计过流流量）及入流、出流流量过程线，经技术经济分析后合理确定，调节设施容积按式（4-8）计算。

渗透设施一般可分为两种：一种是绿色屋顶、透水路面等以雨水下渗为主，没有明显的蓄水能力的设施，这类设施可通过参与综合雨量径流系数计算的方式确定其规模。另一种是雨水花园、渗透塘等具有蓄水空间的渗透设施。渗透设施有效调蓄容积计算公式：

$$V_s = V - W_p \tag{4-5}$$

式中　V_s——渗透设施的有效调蓄容积，m^3；

V——渗透设施进水量，m^3；

W_p——渗透量，m^3。

渗透设施渗透量计算公式：

$$W_p = KJA_st_s \tag{4-6}$$

式中　W_p——渗透量，m^3；

K——土壤（原土）渗透系数，m/s；

J——水力坡降，一般可取$J=1$；

A_s——有效渗透面积，m^2；

t_s——渗透时间，s，指降雨过程中设施的渗透历时，一般可取2h（7200s）。

雨水转输设施主要是指植草沟、旱溪等以雨水传输为主要功能的雨水设施，其设计目标通常为排除一定设计重现期下的雨水流量，可通过推理公式来计算一定重现期下的雨水流量，如式（4-7）所示。

$$Q = \psi qF \tag{4-7}$$

式中　Q——雨水设计流量，L/s；

ψ——流量径流系数；

q——设计暴雨强度，L/（s·hm^2）；

F——汇水面积，hm^2。

雨水储存设施主要指雨水塘、蓄水池、雨水湿地等以雨水储蓄为主要功能的雨水设施，其规模可根据以下式计算：

容积计算法：

$$V = 10H\varphi F \tag{4-8}$$

式中 V——设计调蓄容积，m^3；

H——设计降雨量，mm；

φ——综合雨量径流系数；

F——汇水面积，hm^2。

4.2.6 低影响开发设施植物选择与设计原则

1. LID 设施对植物选择的基本要求

植物作为 LID 设施不可或缺的构成要素，对 LID 设施功能的发挥具有重要影响。国外多个城市的雨水管理手册对 LID 设施的植物选择、设计和维护等方面均有详细介绍；有学者针对单项设施中不同植物对水分的敏感度、污染物去除率和设施微环境对植物的影响等进行了大量研究，发现科学合理的植物选择和设计是 LID 设施充分发挥雨水调控功能的关键。不同功能 LID 设施对植物的特性有严格要求（表 4-3），须根据设施功能特点选择植物。

LID 设施植物选配要求一览表 **表 4-3**

技术类型（主要功能）	单项设施	需选配的植物类型			
		耐湿	耐旱	耐冲刷	净化能力
调蓄类	雨水湿地	++	+	−	++
	调节塘	++	+	−	++
传输类	植草沟	−	++	++	+
截污净化类	植被缓冲带	+	+	++	++
	生物滞留系统	++	++	+	++
	绿色屋顶	−	++	++	+
渗滞类	雨水渗井	−	−	−	−
	透水铺装	+	++	−	−
	植被缓冲带	+	+	++	++

注：++能力强；+能力一般；−能力弱。

渗滞类：LID 设施土壤结构层通常选择渗透性能好的材料，雨期时要求对汇入的雨水迅速下渗和短期滞留，如雨水花园、绿色屋顶等。雨水花园对雨水具有暂时滞留功能，但设计渗透时间一般不超过 48h，不会形成较长时间的积水，因此宜选择长时耐旱、短时耐淹的植物。研究表明，土壤渗透性能与植物根长密度、根表面积密度呈正相关，可选择根系发达的植物并通过合理密植增加根系密度，提高土壤渗透能力并减少杂草竞争。此外，雨水花园的结构和功能类型不同，对植物的要求也不同，不同结构和功能类型雨水花园对植物的要求如表 4-4 所示。绿色屋顶则宜选择生长较慢、抗逆性强、管理粗放的植物，不宜选择深根性和根系穿刺性强的植物。

不同结构和功能类型雨水花园对植物的要求　　表 4-4

类型		对植物的要求
结构	底部无防渗膜	长时耐旱、短时耐淹，根系发达
	底部有防渗膜	长时耐旱、短时耐淹，根系无穿刺性
功能	边缘区	耐旱能力强
	缓冲区	耐冲刷、耐旱能力强，一定的耐淹能力
	蓄水区	耐淹能力、净化能力强，一定的耐旱能力

调蓄类：LID 设施中具有雨水调节和储存功能的设施，通常面积较大，宜结合绿地、其他城市开放空间等场地设计为多功能调蓄水体，可有效削减较大区域的径流总量、径流污染和峰值流量。调蓄类 LID 设施以干塘和湿塘为代表，干塘通过对径流雨水暂时性储存，达到削峰、错峰的目的，放空时间多小于 24h，一般不具备改善水质的功能，因此宜选择根系发达、长时耐旱、短时耐淹的植物；湿塘要求在全年或较长时间内保持一定水位，除具有干塘功能外，还具有雨水净化功能，宜选择长时耐淹且净化能力强的水生植物或水陆两栖植物。

截污净化类：LID 设施以径流污染为控制目标，优先选择耐污能力、净化能力强的植物；对有可能汇入融雪径流的设施，宜选择耐盐碱植物。常用的截污净化类设施有雨水湿地和植被缓冲带等。雨水湿地是水陆交接、构造复杂的生态系统，通过物理、生物措施净化雨水，对植物的抗污和净化能力要求较高。根据功能和水环境条件，可将雨水湿地分为边缘区、预处理区、沼泽区、深水区，不同分区对植物的要求应有差异（表 4-5）。植被缓冲带是坡度较为平缓的植被区，具有减缓径流流速、控制径流污染的功能，宜选择根系发达、耐冲刷且具有一定净化能力的植物。

雨水湿地不同功能区对植物的要求　　表 4-5

分区	对植物的要求
边缘区	耐旱能力强，且具有一定耐冲刷、抗污能力
预处理区	长时耐旱、短时耐淹，且净化能力强
沼泽区	净化能力强且抗一定水淹，如挺水植物
深水区	净化能力强且抗深水淹，如沉水、浮水和部分挺水植物

转输类：常用的转输类 LID 设施，以植草沟为代表。植草沟是种植植被的景观性地表沟渠排水系统，雨水在植草沟中靠重力流输送，有一定的坡度要求。植草沟设计纵坡通常为 0.5%～5%，边坡坡度（垂直/水平）控制在 1/2～1/3。在植物选择方面，宜选择株高为 100～200mm 的多年生草本植物。此外，结构和功能类型不同，对植物的要求应有差异（表 4-6）。配置过程中，宜选择多种植物组合种植，增加驱蚊植物，适当密植，以减少蚊虫隐患，提升延阻能力，形成稳定的植物群落。

2. LID 设施适应性植物的选择

我国植物资源丰富，但能积极适应 LID 设施生境特点的园林植物种类较少，通过使用植物来提升城市植物多样性是一种有效的补充方法。大型 LID 设施如雨水湿地等，适合木本和植物结合的配置模式，有利于湿地生态系统的稳定；中小型 LID 设施如雨水花园、绿色屋顶等，更适合以植物为主的配置模式，能够适应多变的城市环境。

不同结构和功能类型的植草沟对植物的要求　　表 4-6

	类型	对植物的要求
结构	边坡植物，底部碎石	抗倒伏，根系发达，耐冲刷能力强
	边坡碎石，底部植物	长时耐旱、短时耐淹，且具有一定耐冲刷能力
功能	有净化功能	同结构类型且具有较强的净化能力
	无净化功能	视结构类型而定

植物景观是以多年生植物为主，利用生态学原理，经人工混合建植并模拟自然植物群落的景观形式。植物具有抗逆性强、稳定性高、种类丰富、观赏价值高、混植灵活及建植维护成本低的特点，所建立的植物群落强调功能优先，最大化实现自我更新和调整，充分发挥植物群落的生态效益，能有效应对恶劣天气变化，同时减少维护成本和能源消耗，对城市 LID 设施的设计和管理具有巨大价值。在英国、美国等国家已有一些成熟案例的应用，其雨水控制功能和观赏效果逐渐获得肯定。

适用于 LID 设施的植物景观，首先要根据 LID 设施特点进行植物筛选，根据 LID 设施生境、功能特征拟定植物基本属性指标，可通过层次分析法（简称 AHP）建立综合评价指标体系，对植物进行评分分级，进一步筛选植物。以公园绿地中雨水花园为例，综合评价指标体系分为 3 层：目标层即公园绿地中雨水花园适应性草本植物综合评价；准则层即草本植物的功能属性、观赏属性、养护管理属性、经济属性 4 个方面；具体指标层即草本植物的具体综合评价指标，其中，功能属性指标包含耐旱性、耐湿性、耐冲刷性、净化能力、土壤要求 5 项具体指标；观赏属性包含绿期、花期、株形、果实观赏性 4 项具体指标；维护管理属性包含浇灌频次、修剪频次 2 项具体指标；经济属性包含建植成本 1 项具体指标。一般 4 种指标的重要性由高到低为：功能属性＞观赏属性＞养护管理属性＞经济属性，说明在公园绿地的雨水花园中，适应性草本植物的选择应将功能属性放在首位，有利于此类设施雨水控制功能的发挥；观赏属性居第 2 位，是雨水花园植物景观营造的前提和关键影响因素；养护管理属性和经济属性是在植物选择中应统筹考虑的指标类别。我国雨季集中在夏季，春、秋、冬季干旱少雨，所以要求植物需具有良好的耐旱能力；另外，由于雨水花园的功能特点是短时蓄水，则要求植物需有一定的短时耐淹能力；同时，雨水花园应尽量做到“四季延绿，三季有花”，所以绿期也是植物选择的重要衡量指标之一；雨水花园结构及功能特点要求植物需有一定的净化能力、耐冲刷能力。需要特别说明的是，不同设施的植物综合评价指标体系有所差异，主要体现在评价指标的选取及专家对指标重要程度的评定。如绿色屋顶，选择功能属性、生长属性、观赏属性、维护管理属性、经济属性作为准则层指标。其中，功能属性应包含耐贫瘠性、耐寒性、耐旱性、抗污性、净化能力 5 项具体指标；生长属性包含根穿刺性 1 项具体指标；观赏属性、维护管理属性和经济属性的具体指标不变。根据绿色屋顶的功能特点，各项评价指标的权重发生相应变化，按上述方法可重新构建绿色屋顶的植物综合评价指标体系。

3. LID 设施植物景观设计

低影响开发设施景观设计时应遵循如下原则：

（1）生态优先　生态性应作为LID设施植物群落设计的优先考虑因素。与传统园艺种植相比，在植物选择上首先考虑植物环境压力（旱、涝、土壤基质等）、种间竞争等生态因素，充分利用环境压力控制种间竞争达到平衡状态，即能够形成稳定的、自然更迭的群落结构，后期则无需进行大量管理维护。而传统园艺种植较注重植物个体、色彩及个体间组合观赏效果，后期针对不同物种采取不同维护措施以维持观赏效果，在物种选择上无需过多考虑生境条件及种间关系。

（2）整合搭配　一个结构稳定且景观效果丰富的植物群落观花季节应覆盖春、夏、秋季，并根据花期垂直分层配置，花期越早，植株应越低。春季开花植物应位于群落最底层，夏季开花植物位于中层，秋季开花植物应选择株高较高的植物，位于群落最高层，种植密度应随株高的增加而减少，防止低层植物生长不佳。数量配比上，使用70%的春季开花低层植物、20%的春夏开花中层植物及10%的秋季开花高层植物组成的植物群落较为理想。

（3）景观格局　以雨水花园为例，草本植物群落应在满足“分区选种，过渡自然”的原则下，形成“集聚—离散—均衡”的空间格局。选择观赏性较高且视觉冲击力较为突出的主导物种进行集聚种植，为植物群落提供结构支撑；体量稍大且生态位不与优势种冲突的伴生物种进行离散种植，强化植物群落结构，丰富群落色彩和形态种类；选择体量较小且绿期较长的补充物种均匀散落在植物群落中，填补剩下空白的生态位，使景观结构更加协调平衡。

（4）植物空间营造　群落高度、围合方式会影响植物空间营造。根据群落高度可将植物空间分为封闭型、开放型两类，具体配置以草本植物为例，如表4-7所示。

以雨水花园为例参考配置模式　　**表4-7**

技术类型	上层	中层	下层	配置方式
封闭型	斑茅＋狼尾草	拂子茅＋千屈菜＋翅果菊	垂盆草＋耳草＋紫花地丁＋牛筋草	控制群落高度在150cm以上，上层和中层选择直立型植物，底层搭配耐阴性较强的植物，适当增加种植密度
开放型	蓍草＋山桃草＋拂子茅	美女樱＋鸢尾＋玉簪＋萱草	酢浆草＋紫花地丁＋麦冬	控制群落高度100cm以下，株高由近及远逐渐增加，群落层次明显

1）封闭型。植物群落高耸，对空间起到明显的分隔作用，封闭感强烈；但是植物群落与周边场地边界较为明显，游人视线较为闭塞，空间私密性较强。

2）开放型。植物由近及远呈从低到高的生长态势，群落层次明显，与周边环境渗透性较强，游人视线开阔，空间开放性较强明显，游人视线较为闭塞，空间私密性较强。根据植物围合方式，可分为外向型和内向型两种植物空间。外向型：设施规模较小，常设置在场地中央或一旁。植物种类多样且配置集中，易形成强烈的视觉焦点，突出设施亮点，游人从设施外部观赏植物景观，亦可称为观赏型设施。内向型：设施规模较大，游憩场地置于设施中央或一旁，绿色植物形成场地边界。游人可进入设施内游憩、观赏，功能性设施与游憩场地相结合形成私密的驻足空间，亦可称为游憩型设施。

4.3 透 水 铺 装

4.3.1 概念与结构

透水铺装是指将透水良好、孔隙率较高的材料应用于铺装结构，在保证一定路面强度和耐久性的前提下，使雨水能够顺利进入铺装结构内部，并向下渗入土基，从而达到雨水还原地下水、清除地表径流等目的铺装形式。透水铺装按照面层材料不同，可分为透水砖铺装、透水水泥混凝土铺装和透水沥青混凝土铺装，嵌草砖、园林铺装中的鹅卵石、碎石铺装等也属于渗透铺装。

由于透水铺装所有的透水材料都是利用混合料与骨料之间的空隙下渗雨水的，所以透水铺装所用的铺面材料压实度和密实度都很低，其28d抗压强度一般在14～30MPa之间，抗弯拉强度在2～3MPa之间。因此，透水铺装适用停车场、公园、广场、人行道以及交通量较小的路面场地，尤其对排水不畅通的道路是最为理想的调控措施。不同于传统的铺装形式单纯地要求结构满足承载力的要求，透水铺装结构要同时兼顾透水性以及结构稳定性。透水混凝土路面结构自上而下可采用透水混凝土面层、透水基层、路基。透水沥青路面结构自上而下可采用透水沥青面层、透水基层、透水垫层、反滤隔离层、路基。透水基层可选用级配碎石、大粒径透水性沥青混合料、骨架空隙型水泥稳定碎石。透水垫层可采用粗砂、砂砾、碎石等透水性好的粒料类材料。路基顶面应设置反滤隔离层，可选用粒料类材料或土工织物（图4-3）。

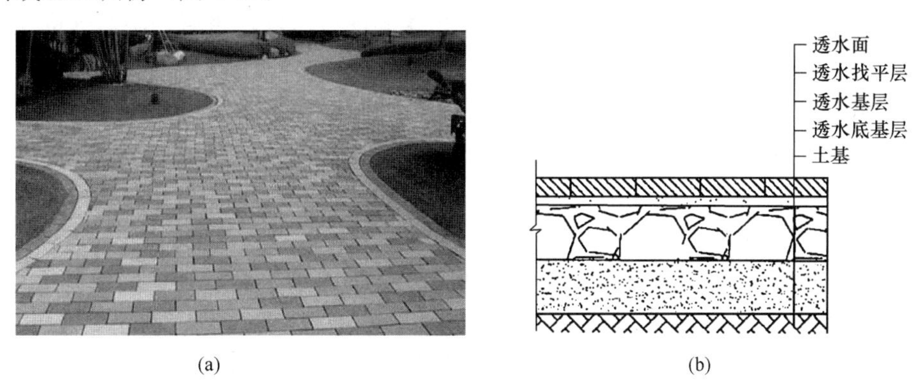

图4-3　透水铺装示意图

（a）透水铺装效果图；（b）透水铺装结构示意图

透水铺装结构应符合现行行业标准《透水砖路面技术规程》CJJ/T 188、《透水沥青路面技术规程》CJJ/T 190和《透水水泥混凝土路面技术规程》CJJ/T 135的规定。透水铺装还应满足以下要求：①透水铺装对道路路基强度和稳定性的潜在风险较大时，可采用半透水铺装结构。②土地透水能力有限时，应在透水铺装的透水基层内设置排水管或排水板。③当透水铺装设置在地下室顶板上时，顶板覆土厚度不应小于600mm，并应设置排水层。

4.3.2 应用范围

透水砖铺装和透水水泥混凝土铺装主要适用于广场、停车场、人行道以及车流量和荷载较小的道路，如小区道路、市政道路的非机动车道等，透水沥青混凝土路面还可用于机动车道。透水铺装应用于以下区域时，还应采取必要的措施防止次生灾害或地下水污染的发生：①可能造成陡坡坍塌、滑坡灾害的区域，湿陷性黄土、膨胀土和高含盐土等特殊土壤地质区域；②使用频率较高的商业停车场、汽车回收及维修点、加油站及码头等径流污染严重的区域。

如果透水铺装路面在气候寒冷的地区使用就会存在一定的挑战：为了除雪而在道路上面撒盐或沙子是常见的做法，但是这会影响到透水铺装的使用效率，因为沙子会堵塞透水材料的空隙，而且盐中的氮化物会随着雨水渗透到地下造成地下水的污染。另外，在冬季渗透到铺装下的雨水会引起冻胀。当然这些风险的避免可以通过局部的设计调整和良好的后期维护工作实现。

透水铺装来替代传统的硬化地表，可增加地面的透水性，使得雨水可以及时渗入地下土壤，削减洪峰、减少水土流失、涵养地下水源，进而起到雨水收集作用。透水铺装的应用不仅可以有效降低地表径流系数，削减径流和洪峰流量，同时还能补充还原地下水，保持土壤湿度，维护地下水及土壤的生态平衡。而且透水铺装独特的孔隙结构在吸热和储热功能方面接近于自然植被所覆盖的地面，调节城市空间的温度和湿度，可在一定程度上缓解城市热岛效应。

4.3.3　设计方法

1. 透水铺装构造特点

透水铺装主要分为两类：一类是材料本身具有透水性能；另一类是采用透水的制作与铺装形式。这两类的铺设结构基本相似，主要由透水面层、透水滤层、蓄水层和原土层组成。透水铺装由于其承压能力没有不透水铺装强，因此透水铺装一般适用于人行道、广场、停车场以及车流量较少的道路。其中，人行道、停车场和广场的渗透铺装可以不设置底层排水层，这样可以让雨水直接下渗至下层土壤。而公路则需要将下渗的雨水迅速排除，以免影响其基础的稳定性。

以下分别介绍几种典型的透水铺装的构造要点：

（1）多孔沥青透水地面：典型的多孔沥青透水地面为表面沥青层（避免使用小骨料，沥青重量比为 5.5%～6%，孔隙率为 12%～16%，厚度为 6～7cm）、沥青层下设两层碎石（上层碎石粒径为 1.3cm，厚 5cm；下层碎石粒径为 2.5～5cm，厚 10～15cm，孔隙率为 38%～40%）。多孔混凝土地面构造类似于多孔沥青地面，只是表层为无砂混凝土，厚度为 10～15cm，孔隙率为 15%～25%。

（2）透水砖：透水砖的原材料可为瓷、硬质陶、优质混凝土粒料、橡胶颗粒、破碎玻璃等，砖块厚度一般为 60mm 或 80mm，透水砖铺装主要由透水砖、砂垫层、级配碎石基层和夯实土壤组成。

（3）嵌草砖：嵌草砖是由各种形状孔隙的混凝土砖组成，由于其中有植物生长，是一种生态性能较好的透水铺装形式。压力过大会导致嵌草砖的砖块发生沉降或错位，因此嵌草砖不宜设置在交通量较大的地段；嵌草砖的孔隙较多、较大，会造成行走不便，因此嵌草砖在人行道的应用也较少；停车场是嵌草砖应用最为广泛的区域。

（4）透水面砖：透水面砖是由一定级配的粗骨料、胶结材料和水等经特殊工艺制作而成的用于路面的砖形预制品。将粒径比较接近的砂、石颗粒用无机或有机胶凝材料搅拌混合压制成型，使各种材料胶结在一起，从而形成有通道孔的砖坯。这种渗透路面铺装形式多用于人行道的铺装。透水砖在铺设时常使用非连续级配砾石垫层，因为其集料间的空隙具有较大的贮水能力。在非连续级配的砾石垫层中，石子的尺寸为 6～75mm。垫层材料应能最大限度地储存、过滤和处理进入路面砖表面的暴雨径流中的污染物。透水砖垫层中的水一般应在 24h 内渗走。透水砖找平层可采用中、粗砂，透水混凝土等材料。铺装工艺对降雨径流的影响主要是基于对铺装层的渗透系数和铺装层蓄水量的影响，从而影响降雨径流。当选用的铺装工艺使得从面层到垫层的渗透系数和孔隙率依次增大时，透水砖能消纳的降雨量也增大，反之则减小。

（5）透水性草皮砖：透水性草皮砖是指带有各种形状孔隙的混凝土块，开孔率可达 20%～30%，因在空隙中可种植草类而得名。透水性草皮砖最早于 1961 年出现在德国，至今在国内外均已得到广泛使用，且多用于城区各类停车场、生活小区及路边。草皮砖中生长的草类，其叶、茎、根系均能起到减缓径流流速、延长径流时间的作用。且有实验结果证明：草皮砖对于铅、锌、铬等重金属具有一定的去除效果。草皮砖的径流系数为 0.05～0.35，具体的数值取决于基础碎石层的蓄水性能和地面坡度等因素。草皮砖的铺设过程主要包括石子垫层、砂垫层、植草砖、填土播草种。

2. 透水铺装关键设计要素

在透水铺装地面设计时，首先根据铺装场地、使用功能、生态功能等要求确定设计降雨重现期，然后根据降雨重现期确定铺装层渗透系数，依据确定的渗透系数，计算铺装层容水量，确定各结构层的厚度，最后根据前面计算的降雨量、入渗量、容水量核算铺装地面的径流系数是否满足要求。若不满足，调整参数，如降雨重现期、渗透系数，铺装工艺、形式、材料，厚度等，然后依据上述流程重新计算，直到满足条件为止。

（1）参数计算：透水铺砖地面设计时，主要确定和计算的参数有铺装层容水量、铺装层渗透系数、铺装层厚度、径流系数等。铺装层容水量与个结构层的孔隙率和厚度有关，计算公式为：

$$W_p = h_m \delta_m + h_l \delta_l + h_j \delta_j + h_d \delta_d \tag{4-9}$$

式中 W_p——透水铺装层容水量，mm；

h_m——设计面层厚度，mm；

δ_m——面层孔隙率；

h_l——设计考虑层厚度，mm；

δ_l——面层孔隙率；

h_j——设计基层厚度，mm；

δ_j——基层孔隙率；

h_d——设计垫层厚度，mm；

δ_d——垫层孔隙率。

铺装容水量应当能满足在设计降雨强度下，地面不产生积水。一般考虑到安全性，透水地面的容水能力不低于重现期为两年的降雨量。

（2）铺装层渗透系数：是由面层、渗滤层、垫层的渗透系数共同决定的。透水面层是铺装层的最上层，其渗透系数起决定性作用，因此，首先确定透水面层应满足的渗透系数。同时，为保证雨水顺利下渗，渗滤层和垫层的渗透系数不应小于面层的渗透系数。研究显示，透水地面的透水性能会随着使用年限的增加而降低。综上所述，透水面层的渗透系数应大于 5 年一遇 5min 降雨平均强度的 2 倍，即：

$$K_{MZ} \geqslant 2i_{5,5} \tag{4-10}$$

式中　K_{MZ} ——透水铺装渗透系数，mm/min；

$i_{5,5}$ ——5 年一遇 5min 降雨强度。

（3）铺装层厚度：为各结构层厚度之和，即：

$$H_p = h_m + h_l + h_j + h_d \tag{4-11}$$

式中　H_p——铺装层厚度，mm；

h_m——设计面层厚度，mm；

h_l——设计滤层厚度，mm；

h_j——设计基层厚度，mm；

h_d——设计垫层厚度，mm。

（4）径流系数：对于场地确定的透水铺装地面，径流系数应按照场地雨洪调控的目标确定，一般依据设计降雨强度、渗透铺装容水量、铺装层渗透系数综合计算。表 4-8 是典型透水铺装的关键设计要素。

透水铺装关键设计要素　　**表 4-8**

关键设计要素	实施要求
选址	应距地下水最高水位 90cm 以上；水平距离饮水井 30m 以上
土壤	当地土壤渗透性大于 1cm/h
材料	应考虑饱和条件下的材料强度及持久性
溢流口	应高出渗透路面 5cm 左右
防淤积	引导携带泥沙的径流远离渗透路面，应设防堵塞措施

透水铺装设计时还应满足以下要求：透水铺装对道路路基强度和稳定性的潜在风险较大时，可采用半透水铺装结构。土地透水能力有限时，应在透水铺装的透水基层内设置排水管或排水板。当透水铺装设置在地下室顶板上时，顶板覆土厚度不应小于 600 mm，并应设置排水层。

4.4　生　物　滞　留

4.4.1　概念与结构

生物滞留系统主要通过植物—土壤—填料渗滤径流雨水，净化后的雨水渗透补充地下水或通过系统底部的穿孔收集管输送到市政系统或后续处理设施（图 4-4、图 4-5）。通过增加蒸发和渗透模拟自然的水文过程，达到滞留、净化雨水的目的，其主要用于处理高频率的小降雨以及小概率暴雨事件的初期雨水，超过处理能力的雨水通过溢流系统排放生物滞留设施分为简易型生物滞留设施和复杂型生物滞留设施，按应用位置不同又称作雨水花园、生物滞留带、高位花坛、生态树池等。

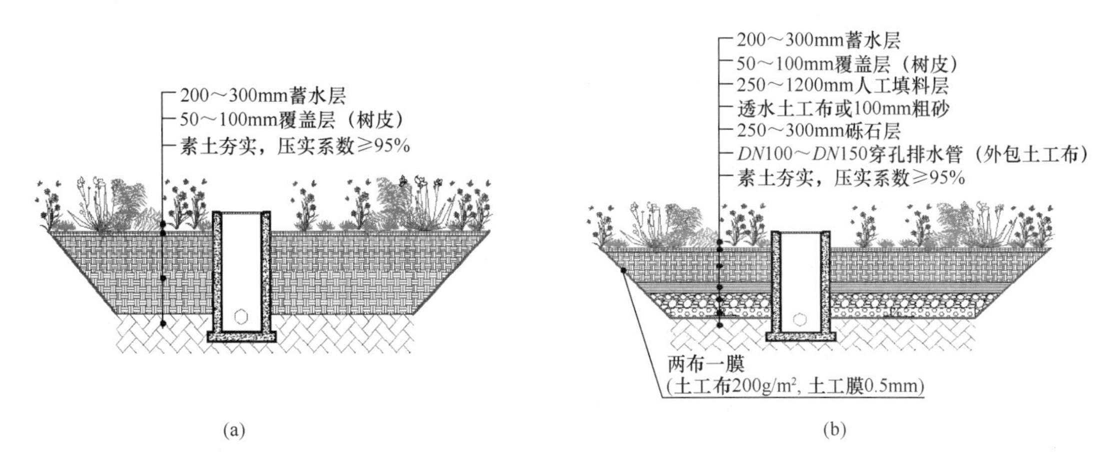

图 4-4 生物滞留系统结构示意图

（a）简易型；（b）复杂型

图 4-5 生物滞留设施

（a）雨水花园；（b）生物滞留带；（c）高位花坛；（d）生态树池

4.4.2 应用范围

生物滞留设施主要适用于生活小区内建筑、道路及停车场的周边绿地，以及城市道路绿化带等城市绿地内。对于径流污染严重、设施底部渗透面距离季节性最高地下水位或岩石层小于 1 m 及距离建筑物基础小于 3 m（水平距离）的区域，可采用底部防渗的复杂型生物滞留设施。生物滞留设施形式多样、适用区域广、易与景观结合，径流控制效果好，建设费用与维护费用较低；但地下水位与岩石层较高、土壤渗透性能差、地形较陡的地区，应采取必要的换土、防渗、设置阶梯等措施避免次生灾害的发生，这样将增加建设费用。它是低影响开发中的一项重要技术，由于其在延缓降雨径流、降低污染物负荷的同时具有显著的景观美学价值，且造价较低，相对较易实施。

4.4.3　设计方法

生物滞留适用于新建、改建和扩建的城市道路及建筑小区道路雨水利用工程，其应与主体工程同步设计、同步施工、同步运行；室外总平面设计、雨水管网设计、园林景观设计等均应与生物滞留工艺设计相互配合、相互协调。生物滞留自上而下依次为：蓄水层（滞流层）、覆盖层、植被及种植土层、特殊填料层、砾石排水层，设计项包括：入流形式、处理容量、植物搭配、雨水排放与收集、边壁处理。

1. 规模设计

（1）生物滞留设施设计方法

常用的设计方法主要有蓄水层有效容积法、基于达西定律的渗滤法以及基于汇水面积的比例估算法。

1）基于达西定律的渗滤法：根据渗滤的基本规律，用下式计算：

$$A_{\mathrm{f}} = \frac{V}{t_{\mathrm{f}} v} \tag{4-12}$$

$$V = A_{\mathrm{d}} H \varphi \tag{4-13}$$

式中　A_{f}——生物滞留设施的表面积，m^2；

V——设计径流总量，m^3；

t_{f}——蓄水层中的水被消纳所需的时间，s；

A_{d}——汇流面积，m^2；

H——设计降雨量（按设计要求确定），m；

φ——径流系数。

2）蓄水层有效容积法：是一种在水量平衡的基础上，利用蓄水层的有效容积消纳径流雨水的设计方法。根据植被淹没的状态又分为两种情况：

① 部分植被的高度小于最大蓄水层高度，则植被在蓄水层中所占体积按下式计算：

$$A_{\mathrm{f}} = \frac{H A_{\mathrm{d}} \varphi}{h_{\mathrm{m}} - f_{\mathrm{v}} h_{\mathrm{v}}} \tag{4-14}$$

式中　A_{f}——生物滞留设施的表面积，m^2；

h_{v}——淹没在水中的植被平均高度，m；

h_{m}——最大蓄水高度，m；

f_{v}——植物横截面积占蓄水层表面积的比例；

A_{d}——汇流面积，m^2；

H——设计降雨量（按设计要求决定），m；

φ——径流系数。

② 植被高度均超出蓄水层高度，则：

$$A_{\mathrm{f}} = \frac{H A_{\mathrm{d}} \varphi}{h_{\mathrm{m}}(1 - f_{\mathrm{v}})} \tag{4-15}$$

式中 A_f——生物滞留设施的表面积，m^2；

h_m——最大蓄水高度，m；

f_v——植物横截面积占蓄水层表面积的比例；

A_d——汇流面积，m^2；

H——设计降雨量（按设计要求确定），m；

φ——径流系数。

实际应用中大多采用第二种情况进行计算，主要用于处理初期雨水，处理的雨水径流量一般按 12mm 的降雨量设计。

3）基于汇水面积的比例估算法：计算简单，但需通过多年的工程经验积累才能建立这样的公式，且精度不高，对降雨特征变化较大和不同标准要求的适应性较差。

$$A_f = A_d \beta \tag{4-16}$$

式中 A_f——生物滞留设施的表面积，m^2；

A_d——汇流面积，m^2；

β——生物滞留设施表面积占其汇流总面积的比值，以下简称面积比值。

（2）多目标雨水生物滞留设施的设计方法

我国多数城市区域雨水径流污染严重，应分别设计满足体积、洪峰及污染物削减等要求的多目标生物滞留设施计算方法，同时在选择雨水花园的建造模式时，也要有针对性地选定相应的设计参数和建造模式。多目标雨水生物滞留设施的设计方法包括完全水量平衡体积削减法：部分水量平衡洪峰削减法和目标污染物削减法等。

1）完全水量平衡体积削减法：主要以体积削减为设计目标，其设计充分利用系统可提供的贮存容积，提出以下包括渗滤和滞留在内的完全水量平衡法，并确定其面积和深度等。

① 径流雨水量可采用下式计算：

$$V = A_d H \varphi \tag{4-17}$$

式中 V——设计径流总量，m^3；

A_d——汇流面积，m^2；

H——设计降雨量，m，可根据当地的降雨特性和设定的削减雨水的目标确定；

φ——径流系数。

② 设施下渗量可采用下式计算：

$$S = \frac{60K\ (d_f + h)\ A_f T}{d_f} \tag{4-18}$$

式中 T——计算时间，min，常按一场雨 120min 计算；

A_f——生物滞留设施的表面积，m^2；

d_f——种植土和填料层总深度，m；

h——蓄水层设计平均水深，m；

K——种植土渗透系数。令 K_1 为种植土渗透系数，K_2 为填料外土壤的渗透系数，当雨水花园底层设有防渗膜或 K_2 远小于 K_1（一般人工填料的渗透系数大于种植土的渗透系数）时，K_2 起限制主导作用，此时下渗量较小可忽略不计，即 $S=0$；当雨水花园底部有排水穿孔管或 K_2 远大于 K_1 时，取 $K= K_1$；当

$K_2 < K_1$时，取 $K=K_2$。

③ 蓄水量。当设施中的径流量大于同时段的土壤渗透量时，必然在蓄水层中形成积水。假定生物滞留设施中的植被高度均超出上部蓄水高度，则实际蓄水量如下式所示：

$$V_w = A_f h_m (1 - f_v) \times 10^{-3} \tag{4-19}$$

式中　A_f——生物滞留设施的表面积，m^2；

h_m——最大蓄水高度，m；

f_v——植物横截面积占蓄水层表面积的比例。

④ 空隙储水量：

$$G = n \times A_f \times d_f \tag{4-20}$$

式中　n——种植土和填料层的平均空隙率，一般取 0.3 左右；

A_f——生物滞留设施的表面积，m^2；

d_f——种植土和填料层总深度，m。

⑤ 表面积计算。结合上述公式可得生物滞留设施的面积：

$$A_f = \frac{A_d H \varphi d_f}{60KT(d_f + h) + h_m(1 - f_v) d_f + n d_f^2} \tag{4-21}$$

式中　A_f——生物滞留设施的表面积，m^2；

A_d——汇流面积，m^2；

H——设计降雨量（按设计要求决定），mm；

φ——径流系数；

d_f——种植土和填料层总深度，m；

T——计算时间，min，常按一场雨 120min 计算；

f_v——植物横截面积占蓄水层表面积比例；

K——种植土渗透系数；

h——蓄水层设计平均水深，m；

h_m——最大蓄水高度，m。

当 $S=0$，亦即 $K=0$ 时，上式可化为：

$$A_f = \frac{A_d H \varphi d_f}{h_m(1 - f_v) + n d_f^2} \tag{4-22}$$

此方法主要针对一场雨的雨量来设计，其目的不仅是用来处理初期雨水，而是要在净化雨水的基础上削峰减量，最终实现无溢流外排现象。如果将处理后的水加以收集利用，也应采用此法进行计算。但是要注意生物滞留设施主要是消纳较频繁事件的雨水径流，而非极端事件，所以一般根据当地降雨特性和设施的削减目标选用一个合适的降雨量。

2）部分水量平衡洪峰削减法：由于峰值流量较大，降雨强度大，且持续时间较短，为安全起见，只能充分利用蓄水层的贮存容积和降雨时间内能下渗的容积来削减峰值流量所产生的径流体积，因此叫部分水量平衡峰值削减法。

$$A_f = \frac{A_d H \varphi d_f}{60KT(d_f + h) + n d_f^2} \tag{4-23}$$

式中　A_f——生物滞留设施的表面积，m^2；

d_f——种植土和填料层总深度，m；

A_d——汇流面积，m^2；

H——设计降雨量（按设计要求决定），mm；

φ——径流系数；

d_f——种植土和填料层总深度，m；

T——计算时间，min，常按一场雨 120min 计算；

K——种植土渗透系数；

h——蓄水层设计平均水深，m。

其中的渗透系数 K 值取种植土的渗透系数（填料渗透系数一般大于种植土的渗透系数），且蓄水层的最大深度可取 400mm，以减少所需的设施面积。因此，在选择植物时应尽量选择高棵的植物，避免较大的淹没水深损坏植物。

3）目标污染物削减法：以污染物削减为目标，其渗滤过程中水的流态可近似看作是一个活塞流，因此可采用两参数一级动力学来设计生物滞留设施的表面积：

$$A_f = \frac{Q}{-K_T\ (h_{max}f_v + nd_f)}\ln\frac{C_0 - C'}{C_e - C'} \tag{4-24}$$

$$K_T = K_{20}gT \tag{4-25}$$

式中 A_f——生物滞留设施的表面积，m^2；

C_0——进水污染物浓度，mg/L；

C'——生物滞留系统中污染物的背景浓度，mg/ L；

C_e——出水污染物浓度，mg/ L；

K_T——污染物去除速率常数，L /d；

K——温度为 20℃时，设施对污染物的去除速率常数，L /d；

d_f——种植土和填料层总深度，m；

f_v——植物横截面积占蓄水层表面积的比例；

gT——不同温度下污染物去除速率常数的修正系数。

针对不同的污染物（如 TSS、COD、TN、TP 等），K_T的取值不同，应根据具体条件，通过试算确定出主导污染物，以之为目标计算生物滞留设施表面积。

2. 填料设计

现阶段，生物滞留系统填料设计形式主要有分层填料和混合填料两类。以分层填料形式填充的生物滞留系统自上而下分别为覆盖层、种植土层、人工填料层、粗砂层和砾石排水层。以混合填料形式填充的生物滞留系统自上而下分别为覆盖层、混合填料层、粗砂层和砾石排水层。国外相关设计中多采用混合填料的方式，生物滞留传统填料 BSM (Bioretention Soil Media) 配比为 30%～60%砂、20%～30%表层土以及 20%～40%有机物质。为提高生物滞留设施的运行效果，生物滞留填料的改良已成为国内外研究的热点问题，推荐的典型配比方式如表 4-9 所示。

生物滞留填料组成及配比 **表 4-9**

研州机构或研究者	填料组成及配比	配比类型
美国北卡罗来纳州	85%～88%沙、8%～12%黏土和粉沙、3%～5%有机质	质量比
美国特拉华州	1/3 沙、1/3 泥炭、1/3 有机质	体积比

续表

研州机构或研究者	填料组成及配比	配比类型
美国马里兰州	50%沙、30%表层土、20%有机质（木屑、树叶堆肥）	体积比
FAWB	推荐砂壤土，同时可添加10%～20%的矿物质	体积比
胡爱兵等	65%砂、25%～30%壤质土、5%～10%营养土	质量比
潘国艳等	65%～70%粗沙、30%～35%炭土	质量比
罗艳红	90%河沙、5%粉煤灰、5%有机质	质量比

注：FAWB为澳大利亚生物滞留推广协会。

按填料材料来源将生物滞留设施填料分为：直接取自于大自然的天然填料；由2种及以上的材料经过物理、化学等反应而成的人工合成填料。从表4-10可知，生物滞留设施目前所用填料多为天然填料，这是因为天然填料能更多地满足生物滞留设施填料的要求。人工合成填料使用较少，一方面原因是其稳定性有待加强，其次是因为造价较高，不够经济实用，更主要原因是现在生物滞留设施构造相关研究还处于初步发展阶段，新型人工合成填料的研发、实践应用研究还明显不足。从已有研究发现，人工合成材料对某些污染物的去除率远高于很多天然填料，且用量较少，说明它具有良好的发展前景。

生物滞留系统填料种类 **表4-10**

来源分类	大类	具体种类
天然填料	沙类	沙子、硅砂、豆砾石、沙、细沙、粗沙、河沙、吹填沙、石英砂、黏土质粉沙等
	矿石类	石子、沸石、粉煤灰、川、板岩、火山岩、珍珠岩、蛭石等
	泥土类	沙质土壤、壤质沙土、壤土、泥炭、草炭土、膨润土四、黄土、紫色土、盆栽土壤等
	植物有机类	树皮、桧柏覆盖物、硬木覆盖物、松树覆盖物、锯末、有机堆肥、椰子纤维等
人工合成填料	矿石燃烧产物	碳源、炉渣等
	化合物	淀粉-丙烯酸接枝共聚物、聚丙烯酰胺等
	化工行业有机废物	给水厂污泥、铝合金水处理残渣、污泥热解残渣等

美国马里兰州乔治王子郡早在1993年便发布了《生物滞留设施设计手册》，推荐使用壤质沙土、沙质壤土、壤土等高渗透系数的天然土壤作为填料。国外学者主要针对填料的去污、渗透、蓄水等功能开展了相关改良研究，国内学者则主要进行筛选及改良去污填料的相关研究。选用80cm高沙质土壤、80cm高壤质沙土（10%含沙率）和20cm高豆砾石及壤质沙土混合物（含沙石量10%）作为生物滞留系统填料，采用30个240L容量玻璃筒系统来测试对营养物的去污效果，结果发现TP、TN在对照组中的去除率分别为73%、41%，增加植被之后去污率分别提升至91%、81%，说明生物滞留设施加上植物种植能大大加强构造填料的整体去污能力。采用黏土质粉沙并添加15%的有机堆肥作为过滤介质，能平均去除93.7%的除冰盐（氯化钠）。生物滞留设施的过滤层基质对其滞留雨水径流有重要作用，67%细粒、30%中粒、3%粗粒的沙和30%细粒、48%中粒、22%粗粒的

板岩混合填料能增强土壤饱和导水率。50％的膨润土、17％的淀粉—丙烯酸接枝共聚物和33％的聚丙烯酰胺复合填料具有115g/g的吸水能力，证明复合材料具有优秀的吸水、滞留性能。一个生物滞留设施若有50cm的低营养表层土和60cm的多孔介质层，则能更有效地促进雨水渗透。

国内学者根据国内雨水条件，兼顾削减径流量和污染物总量，推荐采用渗率系数$K \geqslant 10^{-5}m/s$、净化效果好的人工材料，并针对各构造层填料的选择提出相关建议。改良剂的选择需从取材的便捷性、适用性与经济性考虑，常见改良剂中给水厂污泥为城市给水厂原水净化处理过程中产生的残余物（颗粒、胶体和部分可溶性物质）；绿沸石、麦饭石和蛭石都属硅酸盐矿物；草炭土即泥炭土，是沼泽发育过程的产物；粉煤灰是燃煤电厂产生的主要固体废弃物；海绵铁（主要是氧化铁）是由铁矿石（或氧化铁球团）低温还原所得的低碳多孔状产物。生物滞留设施构造填料组成及深度对去污效果有重要作用，使用大颗粒的新型填料比传统沙土填料能更有效地增强生物滞留系统对道路雨水径流的渗透速率。渗透速率较低的生物滞留池有更好的去污效果。在构造填料中添加4％～5％的给水厂污泥改良填料，有利于高效强化生物滞留设施对营养物的去污效果，对磷的吸附能力可以提高约4倍，同时该研究还根据上海地势土壤条件，通过研究建议选用锯末等有机质含量5％、土壤含量35％～45％、吹填沙含量50％～60％的混合物作为生物滞留设施改良填料。

3. 其他参数设计

（1）入流设计

入流系统是生物滞留的一个重要组成部分，其结构可影响到生物滞留的净化效果和使用寿命。入流系统设计参数包括入流形式是管道流（适合屋面雨水）还是表面流豁口（路面径流）、入流流速。目前应用较普遍的就是在道路边石上预留豁口，将径流导入滤沟之中。在设施入口处设置岩石或配水堰渠可达到均匀配水和消能的作用，充分发挥生物滞留的效果，而雨水进入设施后的入流形态（流速的设计与控制）的改变可有效提高生物滞留氮素去除效能，一方面均匀配水提高了内部填料与雨水径流的接触面积，充分发挥填料的吸附效果；另一方面可达到缓释慢排的作用，还可延长雨水径流与设施内部填料的接触时间，提高沉淀吸附效率。入流口设计应满足以下要求：

1）应使全部的道路径流均匀分配至整个系统之中；

2）在生物滞留入口内侧应铺设一层砾石，砾石层宽度宜略大于入水口宽度，以起到消能、分割水流及防冲刷效应，流速$<0.5 \sim 1.0m/s$。

3）为提高设施的进水能力，豁口数量可适当增加，但考虑到景观学和行车安全等方面因素，豁口数量不宜增加过多。

（2）处理容量

处理容量即为生物滞留所要达到的径流总量控制率所对应的设计水量或达到目标污染物净化效果填料所要达到的处理容量。具体包括生物滞留的设计汇流比、纵向深度与组合和填料的特性要求。

1）考虑气候条件、地理位置和设计目标等，典型生物滞留设施表面积占汇水面积的比率为5％～10％。

2）蓄水层深度关系到设施的安全可靠性，一般取10～30cm，且蓄水层边缘最高处宜低于道路边缘 3～5cm，设计时同时考虑土壤的渗透性能和植物的耐淹程度。

3）覆盖层宜采用树皮落叶等，应均匀平铺与整个设施之上，一般为 5cm 左右。覆盖层一方面防止入流雨水对设施种植土层的直接冲刷；另一方面，吸附截留污染物，较多的腐殖质含量和潮湿的环境为微生物的生长和有机物的分解提供了良好的环境。

4）种植土层一般选用当地壤土，且以渗透系数较大的砂质壤土为宜，若土壤渗透系数较小，可采用沙、土混合以提高渗透性能。厚度不宜低于 25cm，以保证设施内植株的根系生长，当设施内栽种较大灌木时，种植灌木处土层厚度宜适当增加。种植土层对径流雨水有过滤截留作用，主要为植物的生长提供必要的营养物质。

5）可根据设计需要考虑是否设置特殊填料，厚度一般为 20～50cm，主要目的是增强生物滞留设施填料的吸附性能，或提供必要条件提高目标污染物的去除效果。常见的特殊填料有粉煤灰、高炉渣、沙等，其粒径以 2～5mm 为宜，特殊填料可单独使用，也可联合使用，若设计中无需特殊填料，该层可用种植土代替。

6）排水层中所用砾石直径一般为 300mm 左右，排水层中常埋设有 Φ110mm 或 Φ160mm 穿孔管，砾石应洗净且粒径不小于穿孔管穿孔孔径。

7）生物滞留总深度（不含蓄水层）不宜小于 0.6m。考虑干湿交替频率与干旱时间可在设施底部设置一定的淹没区（提高硝态氮的去除），另外可考虑加入 5%体积的护根覆盖物或木屑来增加碳源。

（3）植物搭配

生物滞留内植物选取时应尽量符合以下要求：

1）尽量选取本地常用绿化植物，且以多年生四季植物为主；

2）耐旱并短期耐水淹，耐水时间应大于 2d；

3）可以根据装置建造地点和环境可以适当选取一些景观类植物；

4）植物的净化能力和耐污能力强，具有较高营养盐去除率的植物可以维护生物滞留稳定运行、增长设施运行寿命。

对于西安及周边地区，较适合的生物滞留植物主要有：麦冬草、黑麦草、黑眼苏三、万寿菊、黄杨、小叶女贞、黄叶女贞、水蜡、月季等，可根据景观需要搭配种植。

（4）雨水排放与收集

雨水排放口是生物滞留必要的配套设施，包括底部雨水收集设施和溢流排放设施。径流雨水经过处理设施后可以直接下渗补给地下水，也可以通过底部穿孔排水管输送至蓄水池进行雨水收集。生物滞留设施应设溢流口，溢流口标高应根据土壤的下渗能力、植被耐淹程度等确定，溢流口标高宜高于生物滞留表面 10～30cm。穿孔排水管应采用透水土工布包裹以防止泥沙等进入。

冬季气温低，系统的渗透能力和净化能力降低，因此，冬季降雨期间要注意对溢流口和底部排水口进行定期检查，防止其结冰导致的溢流不畅等问题或设施的破损。

（5）边壁处理

根据地下水位高低、土壤渗透能力和环境条件等，生物滞留设施可设计为防渗型或渗透型两种。防渗型设施底部素土夯实，表面用防渗土工膜或水泥等建筑材料处理，穿孔管设在砾石排水层底部，经生物滞留处理后的径流雨水全部进入穿孔管中，适合离建筑物较近或地下水位较低的区域；不防渗型设施底部不设防渗膜，不得浇筑水泥等材料，处置的径流雨水全部渗入地下，适合地下水位较低、土壤渗透能力强的区域，两种类型生物滞留靠近行车道一侧应铺设防渗膜为宜。

4.5 绿 色 屋 顶

4.5.1 概念与结构

绿色屋顶也称种植屋面、屋顶绿化等，根据种植基质深度和景观复杂程度，绿色屋顶又分为简单式和花园式，基质深度根据植物需求及屋顶荷载确定，简单式绿色屋顶的基质深度一般不大于150mm，花园式绿色屋顶在种植乔木时基质深度可超过600mm。绿色屋顶可有效减少屋面径流总量和径流污染负荷，具有节能减排的作用，但对屋顶荷载、防水、坡度、空间条件等有严格要求（图4-6）。

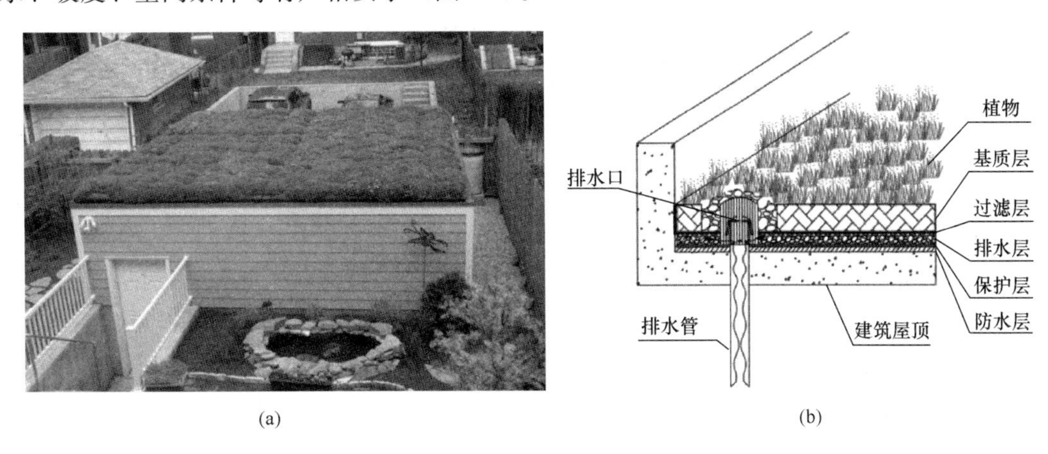

(a)　　(b)

图4-6　绿色屋顶

(a) 绿色屋顶效果图；(b) 绿色屋顶结构图

4.5.2 应用范围

绿色屋顶是建设生态城市的一项重要举措，能缓解城市热岛效应，调节城市小气候、净化空气，提高城市绿化率，美化景观，在水文角度看绿色屋顶由于植物和土壤对雨水的截留和吸收作用，加之太阳的蒸发蒸腾作用可以大幅降低屋顶的雨水径流量，延缓地表径流产生时间，降低洪峰流量，净化水质。绿色屋顶适用于符合屋顶荷载、防水等条件的平屋顶建筑和坡度≤15°的坡屋顶建筑。

4.5.3 设计方法

1. 绿色屋顶构造特点

简单式绿色屋顶以铺设植被草皮、攀缘植物为主，重量范围在50～145kg/m²，整体高度在7～20cm。由于其具有施工工艺简单、建造成本低、建设速度快、维护管理简便等特点，因此，传统型绿色屋顶优先用于城市化程度较高、建设密度大、历史悠久以及传统水利措施不便改造的区域。同时，传统型绿色屋顶可以使防水卷材的使用寿命较普通屋顶延长5～10年。除此之外，如果植物选择合适，土壤配置合理的话，该类型绿色屋顶基本不需要额外施肥和灌溉。

花园式绿色屋顶拥有植被、高大乔木、灌木、人行路、长椅、亭台、小型游乐场和其他景观，甚至可以设置屋顶停车位和防火设施，重量范围在145～490kg/m^2，整体高度在15～100cm。因为其构造复杂和荷载较大，所以该类型绿色屋顶的建造往往受到屋顶承载能力的限制。这种类型的屋顶大多建在具备良好养护条件的平屋顶或地下车库顶板上，它已不再是传统意义上的绿色屋顶。如果建筑物的荷载能力足够，花园式屋顶可成为休闲和娱乐的延伸空间，它需要像普通花园一样维护、灌溉、修剪和割草等。因此，合理的规划和良好物种选择对于该类型屋顶非常重要，很大程度上可以降低建造成本和维护费用。一般而言，只要气候条件允许，几乎所有的植物都适于花园式屋顶，但考虑到安全性和经济性，应当避免选择侵占性强的植物，以免破坏屋面结构层。

绿色屋顶的建筑构造、材料等虽有众多种类，但其标准构造大致相同，均由结构层、防水层、根阻层、排水层、隔离过滤层、种植基层和植被层组成。而参与屋面雨水管理的主要结构层为植被层、种植基质层和排（蓄）水层。

种植基质层是指满足植物生长条件，具有一定渗透性能、蓄水能力和空间稳定性的轻质覆土材料层。为使植物生长良好，同时尽量减轻屋顶的附加荷重，绿色屋顶的种植基质不宜直接选用地面的自然土壤（主要是由于自然土壤太重且保水性能差），而应选用孔隙率高、密度小、耐冲刷、可供植物生长的洁净天然或人工材料。通常选用浮石、火山石、沸石、膨胀页岩、膨胀黏土、炉渣等与土壤的混合料，或者专门的介质土，其厚度根据植物种植种类和建筑物的承载力综合确定。隔离过滤层的主要作用是防止排水管道堵塞和排水管泥沙淤积，滤除被水从种植层冲走的泥沙。

通常采用在排水层上铺设一层既能透水又能过滤的聚酯纤维无纺布等材料作过滤层，其规格一般为150～300g/m^2，接口处土工布之间的搭接长度不小于15cm。排（蓄）水层位于保护层和防水层之上、过滤层下，可与屋顶雨水管道相接。排水层的作用是在顺畅排除雨水的同时收集和贮存部分屋面雨水，这样既能保证屋顶绿化生长的需要，又能暂时延缓屋面雨水排泄，缓解每年降雨高峰期城市排水管网的压力。排水层多采用砾石、陶粒等材料铺设，现今排水层多由蓄排水盘和保湿毯组成。

根阻层主要用于防止植物根系穿透防水层，一般由合金、橡胶、高密度聚乙烯和聚乙烯等材料铺设。防水层应优先选择耐植物根系穿透的防水材料，且防水材料在铺设时应向建筑侧墙面延伸。防水层主要由塑料、水泥砂浆抹面组成。结构层在设计时除考虑由屋面防水层、根阻层、排水层、隔离过滤层、种植基质层和植被层所带来的静荷载外，还应考虑由其他因素所带来的动荷载，需要注意的是在屋顶绿化时要验算屋顶结构承载力。

2. 绿色屋顶植物选择与设计

植被是绿色屋顶发挥生态效益、控制雨水径流和改善径流水质的主要功能层之一，因此，植物的选择应以适应屋顶绿化和生态环境特点为基本出发点。植被应根据当地气候、土壤类型来确定，同时应与土壤厚度相匹配。一般应选择耐旱、耐寒、耐涝、耐贫瘠、耐浅土层，且抗风性强、生长缓慢、耐修剪、存活时间较长的本土生长的常绿品种。在植物的选择、种植和管理方面应借助园林工程师的帮助。

绿色屋顶在欧美国家的应用较为广泛，其管理相对粗放，构造轻、土壤层薄，主要作用是控制雨水径流、改善建筑环境。作为绿色屋顶的主要覆盖层，植物可以通过对雨水的截留和吸收，大大降低屋面雨水的径流量和径流速度，并对雨水进行净化、收集和利用。绿色屋顶的种植土层厚度一般为5～30cm，植物根系的长度不能超过种植土层的厚度。因此，应当选择浅根系的植物。屋顶的植物处于高处，受风吹影响大，因此，应当选择抗风力强的植物。为减少对植物的维护管理，最好选择抗性强、可粗放管理的植物。常见的植物有八宝景天、紫花地丁、草地早熟禾、佛甲草、垂盆草等。

3. 绿色屋顶关键要素设计

绿色屋顶的设计和建造是通过利用建筑物的屋顶、平台、女儿墙和墙面等开辟绿化场所。由于其空间布局受到建筑物固有的平面限制和建筑结构承重制约，因此，其规划设计是一项难度大、限制多的园林规划设计项目。在设计时应综合考虑实用、精美、安全三个基本原则，使得屋顶绿化率保证在50%～70%，以发挥绿化的生态效益、环境效益和经济效益。

绿色屋顶设计的荷载问题：绿色屋顶在设计时除了考虑各结构层的设计和施工问题外，还应解决其荷载问题、防水与排水问题。荷载是衡量屋顶单位面积上承受重量的指标，是建筑物安全和屋顶绿化成功的保障。用作绿化的屋顶应采用整体浇筑预制装配的钢筋混凝土面板作为结构层。一般情况下，要求屋顶能提供350kg/m^{2}以上的外加荷载能力，且必须做到：平台允许承载重量＞（一定厚度种植层最大湿重＋一定厚度排水物质重量＋植物重量＋其他物质重量）。在具体设计时，除考虑屋面静荷载外，还应考虑非固定设施、人员数量流动、外加自然力等荷载。

绿色屋顶设计时的防水排水问题：在满足承重要求后，应对整个屋顶做好防水排水处理。为了保障屋顶不漏水和排水的通畅，可以考虑设置双层防水排水设施。即在建筑物屋顶原有防水和排水系统的基础上，在种植层底部再增设一道防水与排水设施。种植层的排水可通过排水层中的排水管或者排水沟流到排水口，再通过雨水管排入地面其他雨水利用或者渗透设施。绿色屋顶的排水不仅要设计排水口，还应设置溢流口，以便于暴雨情况下，超出土壤渗透能力的降雨可以通过溢流口直接排放，而不会造成屋顶淹水。雨水收集管可适当填充卵石，或在溢流口设置滤网用于拦截树叶和杂草。典型绿色屋顶设计注意事项见表4-11。

绿色屋顶关键设计要素 **表4-11**

关键设计要素	实施要求
屋面坡度	宜1∶12～5∶12，利用径流重力排出； 当坡度较大时，应有防止土壤侵蚀的措施
屋顶结构	有足够的载荷能力，屋面孔口周围宜堆积石块等防护材料
防水层	宜采用水泥砂浆防护防水层
排水层	采用砾石等材料，深度由屋顶设计载荷能力和蓄水量决定
土壤	不能过重，有植物生长足够的养分
植物	当地物种，搭配一些常绿植物

4.6 雨水渗井

4.6.1 概念与结构

雨水渗井指通过井壁和井底进行雨水下渗及净化处理渗排设施（图4-7）。为增加渗透效果，一般可在渗井周围设置水平渗排管，渗排管周围铺设砾（碎）石。渗井占地面积小，建设和维护费用较低，但其水质和水量控制作用有限。

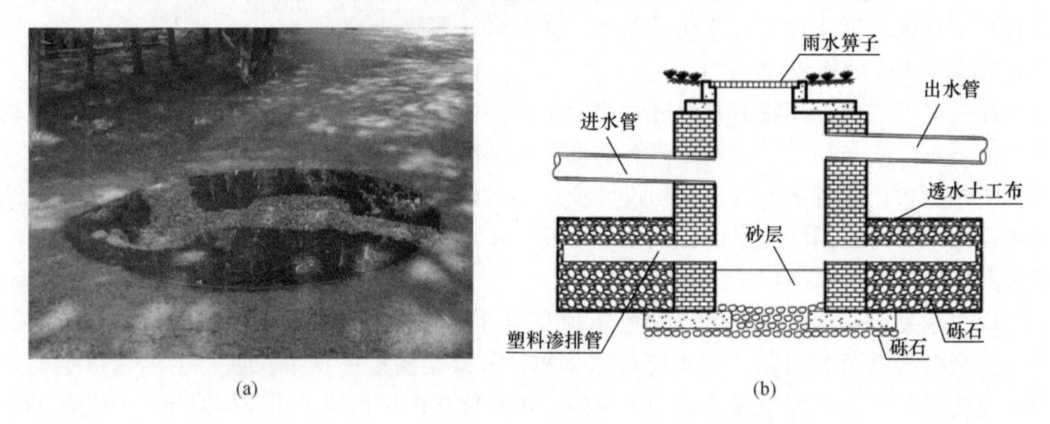

图 4-7　雨水渗井
(a) 现场照片；(b) 结构图

4.6.2　应用范围

雨水渗井主要适用于城市建筑小区、绿地与广场、停车场或污染较轻的道路红线外两侧。雨水通过渗井下渗前宜设置植草沟、植被缓冲带、沉沙池等设施对雨水进行预处理；对于污染较重的区域，需根据具体的污染特征，进行必要的预处理。渗井应用于径流污染严重、设施底部距离季节性最高地下水位或岩石层小于 1m 及距离建筑物基础水平距离较近的区域时，应采取必要的措施防止发生次生灾害。

4.6.3　设计方法

雨水渗井主要用于快速渗滤屋面、绿地或污染较轻的路面雨水，排除积水点，减少内涝灾害。一般情况下，根据渗井施工现场水文地质条件，若雨水渗井为了处理大范围降雨径流，可选择较大的汇流比，如 100∶1～200∶1，但根据雨水渗井中填料类型与来水水质情况，可降低暴雨重现期，如 0.5 年、1 年、2 年一遇 90min 降雨；若雨水渗井是为了应对极端暴雨天气，消除内涝灾害，则可降低汇流比，如 50∶1～100∶1，提高暴雨重现期，如 5 年、10 年、20 年一遇 90min 降雨。雨水渗井关键设计要素见表 4-12。

雨水渗井关键设计要素　　　　表 4-12

关键设计要素	实施要求
设计暴雨处理量	由地方或国家机构确定
土壤渗透性	≥0.7～1.3cm/h
贮存时间	3d
回填	干净的骨料，四周为工程过滤布
径流过滤	在径流入井前过滤漂浮的有机材料和固体废物
溢出结构	评估干井对地表径流的容量，提供外溢非侵蚀性的固定渠道
井深	0.9～3.6m
水文设计	由地方或国家机构确定

由于各地一般都具有制砖的条件，所以砖砌渗井的采用是比较普遍的。在山区如石料方便，也可以采用料石或片石造井。该渗井结构一般直径较大，深度较小，最浅一般只有几米，是历史上使用最为悠久、最普遍，且其结构和施工方法都较为简单的一种渗井结构。砌体渗井一般包括集水区、井筒、疏水部分。在高速公路改扩建工程中，为解决通道排水问题，常规方法为采取在一侧修筑钢筋混凝土渗井的方案。但是钢筋混凝土渗井开挖面积大、工期长、成本高。波纹钢管以其安装速度快、重量轻、耐久性好、适应地基的变形能力强等诸多优点已经逐步应用于国内相关工程中。

新型渗井在传统渗井结构设计的基础之上，综合考虑区域水文地质条件、经济性和可行性，包括：钢筋混凝土滤料池＋多个玻璃钢管组合渗井结构、砌体结构滤料池＋单玻璃钢管组合渗井结构形式和钢筋混凝土预制管等渗井结构形式（表 4-13）。

新型渗井结构形式特点及适用范围 **表 4-13**

<table>
<tr><th colspan="2">渗井结构形式</th><th>适用范围</th><th>特点</th></tr>
<tr><td rowspan="2">渗滤池＋玻璃钢管渗井组合结构</td><td>钢筋混凝土滤料池＋多个玻璃钢管组合结构</td><td>汇水面积较大区域</td><td rowspan="2">优点：换填方便，不受地域及环境影响；玻璃钢管强度高、耐久性好、自重轻；流量大的区域可采用钢筋混凝土滤料池＋多个玻璃钢管组合渗井结构，流量小的区域采用砌体结构滤料池＋单玻璃钢管组合渗井结构形式；
缺点：造价高</td></tr>
<tr><td>砌体结构滤料池＋单个玻璃钢管组合结构</td><td>汇水面积较小区域</td></tr>
<tr><td colspan="2">钢筋混凝土预制管渗井结构形式</td><td>—</td><td>优点：造价低；不受地域及环境影响；耐久性好；
缺点：自重较大，结构安全与渗井侧壁开孔的数量及大小密切相关</td></tr>
</table>

滤料池＋玻璃钢管渗井为钢筋混凝土滤料池与玻璃钢管组合结构形式，如图 4-8、图 4-9 所示，具体实施时，将玻璃钢管埋深至砂层处，并在玻璃钢管上部设置混凝土垫层，在垫层上部设置混凝土结构作为滤料池。

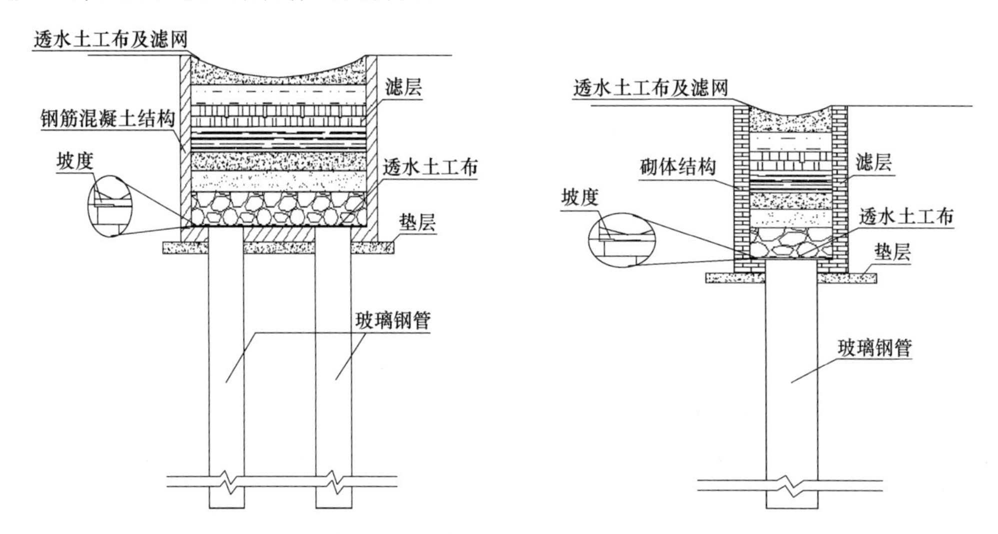

图 4-8 钢筋混凝土滤池＋多个玻璃钢管组合渗井　图4-9 砌体结构滤池＋单个玻璃钢管组合渗井

渗井采用玻璃钢管，壁厚不小于 15mm，打入砂层部分管壁开孔，开孔率 5%～8%，孔径宜 15～20mm；池底及池壁采用强度等级不低于 C30 的混凝土，采用双排配筋，具体构造要求参见《矩形钢筋混凝土蓄水池》05S804。渗滤池下部垫层采用灰土及混凝土垫层相结合，且混凝土强度宜为 C20；渗滤池底部坡度一般不大于 3%；井口均采用钢筋网片覆盖，并在钢筋网片之上再加一层筛网；人工开挖至井底标高后，先进行素土夯实，夯实系数根据施工地质条件，参照《建筑地基处理技术规范》JGJ 79—2012 进行施工；渗井玻璃钢管需深入中砂层≥0.5m，距地下最高水位大于 1m。

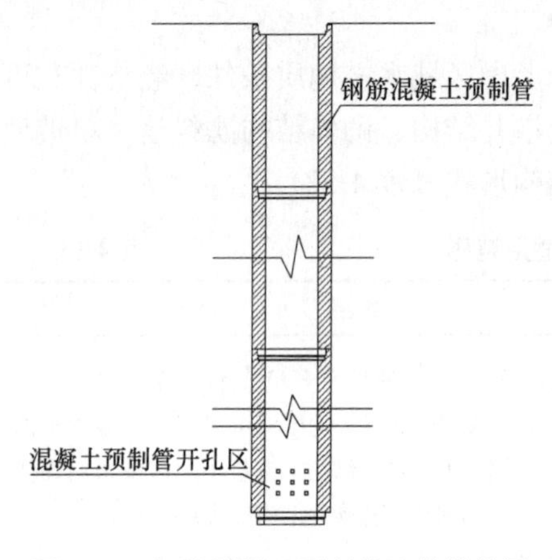

图 4-10　钢筋混凝土预制管渗井结构图

钢筋混凝土预制管渗井由一系列单位高度的预制钢筋混凝土管组合而成，通过管底及最下端管壁渗水。即将钢筋混凝土管放置至地下砂层，将先预制好的混凝土管搭接，在距砂层 1m 下开孔，提高其渗透速度，结构形式如图 4-10 所示。

渗井结构按正常使用极限状态验算裂缝，允许最大宽度裂缝 W_{max}≤0.2mm。钢筋骨架纵向钢筋直径不得小于 4mm。纵向钢筋环向间距不得大于 400mm。纵向钢筋直径原则上应与环向钢筋直径保持一致，但在环向钢筋直径小于 5mm 时，为保证钢筋骨架的纵向刚度，也取 5mm。渗井结构沿壁厚方向必须双层配筋，且内、外环向钢筋净保护层不小于 20mm。纵向钢筋两端混凝土净保护层厚度不小于 10mm。（1）当井径为 3m 时，井壁厚度不应小于 0.2m，井身采用环向双层配筋，埋深在 3～9m 时，单位高度范围内开孔率最高应控制在 1.5%以内，配筋率不应小于 0.7%；埋深在 3m 以内时，单位高度范围内开孔率最高应控制在 2.5%以内，配筋率不应小于 0.6%；（2）当井径为 2m 时，井壁厚度不应小于 0.15m，井身采用环向双层配筋，埋深在 9m 以内时，单位高度范围内开孔率最高应控制在 3%以内，配筋率不应小于 0.4%；（3）当井径为 1m 时，井壁厚度不应小于 0.15m，井身采用环向双层配筋，埋深在 9m 以内时，单位高度范围内开孔率最高应控制在 10%以内，配筋率不应小于 0.2%。实际工程中，如果混凝土强度等级高于 C30，一般钢筋用量不作调整，当混凝土强度等级为 C40 时，其钢筋用量可降低 3%。环筋直径小于或等于 8mm 时，应采用滚焊成型；环筋直径大于 8mm 时，应采用滚焊成型或人工焊接成型，当采用人工焊接成型时，焊点数量应大于总连接点的 50%且均匀分布，且钢筋连接处理应符合相关规定。钢筋骨架设保护层卡，其形状、数量分布不作具体规定，可按行间隔约 500mm、两行交错分布考虑。根据设计确定渗井浇筑方式（现浇或预制），渗井结构厚度，对渗井轮廓适当扩大后，即可下挖渗井；当采用钢筋混凝土护壁时，下挖一定深度后，现场浇筑钢筋混凝土，等达到一定强度后，采用沉井的方式，在渗井轮廓内进行下挖，逐渐下沉护壁，并不断接高护壁，不断下挖，依次循环直至达到设计的渗井深度。当采用钢波纹管护壁时，可按渗井轮廓先下挖 4m 后，将组装完成的钢波纹管（高度 4m）整体吊入渗井，就位准确后，采用粉质黏土或砂质粉土将钢波纹管外侧的空隙填充密实，确保钢波纹管与土壁的紧密接触；再将组装完成的钢波纹管（缩径，高度 3m），按照制作钢筋混凝土护壁的方法完成挖井和下沉钢波纹管后，再组装钢波纹管（缩径，高度 3m），再下挖，直至达到渗井的设计深度。无论采用钢筋混凝土还是采用钢波纹管护壁，均要求在施工中不断校正渗井的垂直度。

4.7 雨 水 湿 地

4.7.1 概念与结构

雨水湿地利用物理、水生植物及微生物等净化雨水，是一种高效的径流污染控制设施。雨水湿地分为雨水表流湿地和雨水潜流湿地，一般设计成防渗型，以便维持雨水湿地植物所需要的水量。雨水湿地常与湿塘合建并设计一定的调蓄容积。雨水湿地与湿塘的构造相似，一般由进水口、前置塘、沼泽区、出水池、溢流出水口、护坡及驳岸、维护通道等构成。进水口一般布置碎石，作为水流缓冲区，防止径流冲刷；前置塘主要用于对流入湿地的雨水进行预处理；沼泽区包括浅水区（0～30cm）与深水区（30～50cm），为不同的水生动植物提供栖息合适环境；湿地中雨水停留时间一般不超过 24h，以 10～15h 为最佳处理时间；出水池水深一般为 80～120cm，水容量占总容量的 10%左右。植物选择以耐污染、抗逆性强、景观效果好的乡土植物为主，以提高雨水净化能力与景观效果（图 4-11、图 4-12）。

图 4-11 雨水湿地效果图

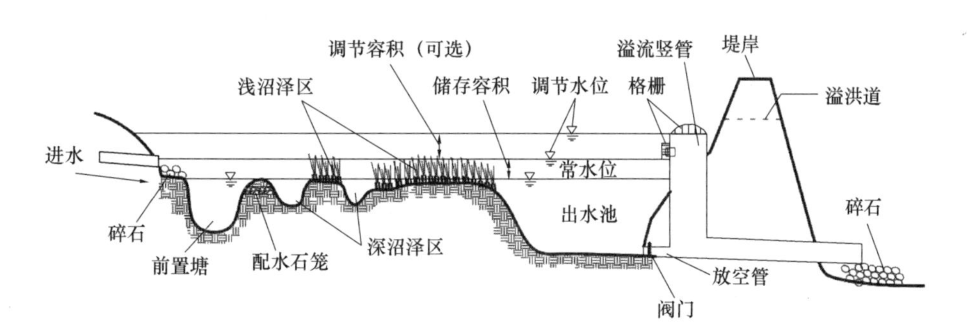

图 4-12 雨水湿地结构图

由于很难控制恒定入流，并基于满足雨水径流调蓄容积的考虑，雨水湿地一般设计为表流湿地或者以表流为主的复合流湿地。为满足雨水湿地的多功能要求，从雨水径流的特点以及湿地功能模块角度出发，将雨水湿地分为 2 个主要的功能模块：沉积塘和沼泽区，各功能分区的组合构成雨水湿地的整体。各模块的主要功能及设计方法介绍如下：

在湿地前端设置具有一定水域空间的沉积塘，雨水径流进入后，缓冲径流流速的同时，大量的固体悬浮物在此处沉积且不易发生再悬浮，可以保护湿地核心功能区不被破坏，也方便后期维护清淤。沉积塘的设计要保证雨水径流充分缓冲，悬浮物有足够的沉积空间。一般沉积塘的规模可采用面积占湿地总面积的百分比的经验算法。有学者提出一种设计沉积塘的方法：沉积塘进行分区设计（径流缓冲区和悬浮物沉降区），径流缓冲区是一个冲刷坑，用于集中缓冲径流的冲刷，能量消散后，水以较慢的速度移动，流经悬浮物沉降区，使径流中颗粒物沉入塘底。

沼泽区提供更大的调蓄空间的同时，可以对径流雨水进行进一步净化。沼泽区也采用分区的方式设计，分为进水区、净化区和滞留区3个部分，每区顺序排列并具有特定功能。进水区主要功能是进一步沉积颗粒物以及减缓流速，减少水流对下游设施的冲击，分散水流，保证进入净化区的水流相对稳定均匀。净化区是雨水湿地发挥水质净化功能的核心区域，由一个或多个密集种植的线性植物单元组成。主要作用是提供一个低流速的环境，雨水径流经过一系列深浅不一的沼泽，细小的悬浮物在这里滞留，各种污染物在这里得到有效净化。在净化区，蜿蜒曲折的水流路径要好于直线的水流路径，可以更有效地减缓流速，延长水流路径，增加雨水的滞留时间。沼泽深浅不一，有助于提高群落的稳定性，提高多种污染物的综合净化能力，并具有美学和生态价值。为保证湿地足够的滞留空间和时间而设置滞留区，雨水径流经过前几个功能区以后，在这个区域的水质较好，这个区域也非常适合设计亲水景观区，供人们休闲游憩。

4.7.2　应用范围

雨水湿地适用于具有一定空间条件的建筑小区、城市道路、城市绿地、滨水带等区域。

4.7.3　设计方法

1. 雨水湿地规模设计

为维护植被和保证水流速度，雨水湿地需规定最小流域面积。如果土壤底部的水或地下水是足够的，那么可以设计成较小的排水流域。此外，水的预测量一定要包含在分析的数据中。在任何类型的雨水湿地系统中必须采取预处理措施，以减少来流的速度并捕获较粗的沉积物和碎屑。由于没有与前池相关联的总悬浮固体清除率的规定和要求，因此将其纳入到雨水湿地设计中纯粹是为了更便于维护。前池可以用土、碎石或混凝土制成并符合下列要求：

（1）前池的设计应考虑由水流流入水池对其造成的冲刷。

（2）前池应提供10%的最小蓄水以便能够在清理期间容纳预期沉淀物。

（3）为了便于维护和预防蚊虫，在9h内能完成排水。前池在降雨后72h内不应该有蓄水。

（4）表面前池必须达到或超过预制冲刷孔的尺寸。如果用的是混凝土前池，至少应该有两个排水孔以便于排除低水位的水。

由于降雨以及流域汇水面和降雨径流存在许多复杂、不确定因素，既要保证湿地滞蓄和削减雨水径流的能力，又要维持湿地水文功能及植被生长，如何合理确定雨水湿地规模是个难题。湿地面积占汇水区百分比计算法（CDAW）是一种相对粗略的经验算法。这种算法不考虑流域土地利用及土壤状况，将流域的面积作为确定雨水湿地规模的最主要因素，其值为雨水湿地面积与汇水区面积的百分比。水质控制容积法（WQV）主要是为控制径流污染而提出，是指保证水质目标条件下所需处理的雨水的体积，是目前发达国家广泛采用的方法。通常情况下，雨水径流存在初期冲刷效应（初期雨水径流中污染物含量在整个径流过程中最高），并且中小降雨事件在全年所有降雨事件中出现的频率最高，对年平均径流量的贡献最大，WQV 以保证拦截污染相对较重的初期雨水径流，并保证容纳和处理全年大比例场次（一般为 80%～90%）的降雨为目标确定湿地规模，从而达到控制径流总量以及净化径流水质的双重目的。不同控制目标对应的湿地容积设计方法。除了应对小降雨事件外，某些特殊情况下雨水湿地还需要提供超出水质控制容积设计标准的下游河道及泛洪区侵蚀风险控制以及极端暴雨事件控制等，河道保护容积（1～2 年一遇）、漫滩洪水保护容积（2～10 年一遇）和极端暴雨保护容积（100 年一遇）均可以作为设计雨水湿地规模的依据。

基于雨洪管理模型的湿地规模设计方法：雨洪管理模型可以动态模拟区域降水产生的各种水文过程，包括降水、径流、蒸发、融雪以及污染物迁移和累积过程等，广泛应用于洪涝风险分析、雨水管理系统的规划设计以及评估等多个方面。目前，应用较广的雨洪模型主要有：SWMM、XP－SWMM、PC－SWMM、SLAMM、Info Works、Mike－Urban、SUSTAIN 及 MUSIC 等，模型中的雨水管理设施模块，可以用于模拟雨水湿地、雨水塘、植被过滤带、雨水花园等多种不同类型的雨水设施在单一降雨事件和长期降水气象条件下的滞蓄、渗透及蒸发等水文过程，使雨水设施的设计和应用更科学、更有效率。

2. 雨水湿地植物设计

植物在雨水湿地中扮演重要的角色，所起的作用多种多样，是雨水湿地设计的关键之一。植物可以吸收和净化雨水径流中携带的多种污染物，尤其在净化区，丰富且茂盛的植被非常关键。植物的茎、叶能够在一定程度上滞留雨水，减缓雨水径流，促进水流的均匀，植物根系还能够吸收渗透到土壤中的雨水，并维持土壤长期的渗透性能。此外，植物也是雨水湿地中最重要的景观元素，使雨水湿地充满生机和美感。

雨水湿地系统大跨度的水文条件也为植物的生长提出了挑战，雨水湿地中植物的选择与设计要保证充分发挥植物功能并保证植物在不同水文条件下生长良好。具体的选择原则如下：①优先选择本土植物，慎用外来物种，本土植物比外来物种能够更好地忍耐雨水湿地的干湿交替环境。②选取具有较高的耐冲刷、耐污染特性的植物。③保证足够的植被覆盖率，不但可以保证污染物净化效果，还可以防止杂草入侵。④植被一般设计成带状，有助于保证水流的均匀。⑤不同水文条件的分区种植，可将雨水湿地沼泽区分为 4 个区域（入口、干湿交替区、浅水区、深水区），进行与湿地水文相匹配的植物设计，保证植物生长。植物分区设计及种植推荐如表 4-14 所示。

植物分区设计及种类推荐 **表 4-14**

湿地分区	功能特点	推荐植物
入口	缓冲径流	耐冲刷植物，如香蒲、芦苇
干湿交替区	干湿交替小于 0.2m	湿生及水陆两栖植物、如千屈菜、菖蒲、莎草、柳属植物
浅水区	水深范围 0.2～0.5m	挺水植物、如香蒲、芦苇、水葱、慈姑、鸢尾
深水区	水深范围 0.5～2.0m	沉水、浮水及部分挺水植物、如金鱼藻、狐尾藻、睡莲、凤眼莲、荷花、荇菜

3. 雨水湿地关键要素设计

雨水湿地设计时还应满足以下要求：进水口和溢流出水口应设置碎石、消能坎等消能设施，防止水流冲刷和侵蚀。雨水湿地应设置前置塘对径流雨水进行预处理。沼泽区包括浅沼泽区和深沼泽区，是雨水湿地主要的净化区，其中浅沼泽区水深范围一般为 0～0.3m，深沼泽区水深范围为一般为 0.3～0.5m，根据水深不同种植不同类型的水生植物。雨水湿地的调节容积应在 24h 内排空。出水池主要起防止沉淀物的再悬浮和降低温度的作用，水深一般为 0.8～1.2m，出水池容积约为总容积（不含调节容积）的 10%。湿地的使用受限于工程用地的自然条件，包括降雨量、土壤条件和地下水位高度等。土壤应以小颗粒者为佳，这样的土壤渗水性差，雨水滞留时间就会增加，如果土壤颗粒大、含沙多，应该在雨水湿地底部加隔水层。

4.8 调　节　塘

4.8.1 概念与结构

调节塘也称干塘，以削减峰值流量功能为主，一般由进水口、调节区、出口设施、护坡及堤岸构成，也可通过合理设计使其具有渗透功能，起到一定的补充地下水和净化雨水的作用（图 4-13、图 4-14）。调节塘可有效削减峰值流量，建设及维护费用较低，但其功能较为单一。调节塘的调节区深度通常为 0.6～3m，可种植水生植物降低径流流速、提升净化效果，若塘底具备渗透功能，应距离建筑水平距离不小于 3m，距地下水位高度不小于 1m，出水设施宜设为多级出水口调节水位，控制外排径流。

图 4-13　调节塘实物图

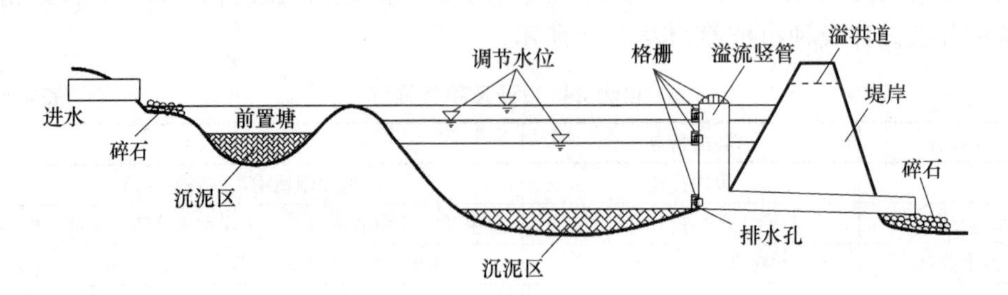

图 4-14　调节塘结构示意图

4.8.2 应用范围

调节塘适用于建筑小区、城市绿地等具有一定空间条件的区域，可布局在源头地块、街区公园、下游滨河公园，或结合河道洪泛区设置；可源头分散布置、下游集中布置，也可源头、末端结合进行布置，形成“源头、子排水分区、流域/排水分区”三级规划布置形式。调节塘可有效削减峰值流量，建设及维护费用较低，但其功能较为单一，宜利用下沉式公园及广场等与湿塘、雨水湿地合建，构建多功能调蓄水体。

4.8.3 设计方法

由于调节塘设计阶段一般不会涉及进出水构筑物的详细设计，无需根据出水构筑物尺寸、下游尾水水位等结合水力计算确定调蓄规模。因此，设计阶段调节塘规模主要通过水文计算确定。调节塘的设计标准可根据管渠排水设计标准及内涝防治设计标准确定，根据相关规范，设计重现期标准分别为2～10年和20～100年，兼顾径流总量标准时，可根据年径流总量控制率及对应的设计降雨量标准和设计排空时间确定底部滞蓄容积。当调节塘的三级调蓄容积和形态确定后，即可进一步确定相应的三级调蓄水位和占地面积。

对于源头地块和街区尺度内的调节塘，其汇水面积一般较小，当汇水面积$<2km^2$时，可采用合理法计算调节塘规模；当流域汇水面积$>2km^2$时，应采用非线性水库或单位线法进行产汇流计算。《城镇雨水调蓄工程技术规范》GB 51174—2017指出，计算峰值调节设施规模时，宜采用3～24h较长设计降雨历时进行试算复核，并采用适合当地的设计雨型。实际上，当采用合理法进行城市小流域径流量计算时，设计降雨历时不应小于其上游流域的集水时间，否则将无法获取全流域参与汇流时形成的最大径流峰值流量，导致规模计算偏小；而对于城市小流域，集水时间一般较短，例如，当边沟或管渠集中汇流的设计流速为1m/s、集水时间为1h时，汇流路径长为3.6km，对于宽为1km的矩形流域，其面积已达到$3.6km^2$，超出了合理法的适用范围。因此，城市小流域调节塘的设计降雨历时取2h即可满足要求。对于设计雨型，从技术经济角度考虑，城市排水防涝工程一般以最不利条件进行设计，即调控最大峰值流量，因此，设计暴雨一般采用单峰雨型作为设计雨型，双峰雨型或更复杂的雨型则更适宜作为校核雨型或预报雨型，用于评估复杂降雨情景下工程设施的径流控制效果。美国丹佛的暴雨设计标准规定，小流域调节塘的设计暴雨采用设计降雨历时为2h的单峰雨型。

设计降雨过程线确定后，需计算调节塘的入流和出流流量过程线，由于我国规范中并没有给出计算方法，可参照美国丹佛的方法，基于合理法推求流域在调节塘进水口处的径流过程线。该方法符合合理法的径流汇流计算原理，且经过实测数据验证，可供我国借鉴采用。当设计降雨历时大于集水时间时，全流域参与下游进水口径流过程，各时刻的设计降雨强度为前集水时间T_c内的平均降雨强度，见式（4-26）和式（4-27）。

$$I(T)=\frac{1}{T_c}\sum_{t=T-T_c}^{t=T}\Delta P(t) \quad T_c<T\leqslant T_d \tag{4-26}$$

$$Q(T)=0.167\varphi AI(T) \quad T_c<T\leqslant T_d \tag{4-27}$$

当设计降雨停止时，径流量按“流量—时间”线性关系减小，如式（4-28）和式（4-29）所示。

$$Q(T)=0.167Q(T_d)(1-\frac{T-T_d}{T_c}) \; T_d<T\leqslant(T_d+T_c) \tag{4-28}$$

$$Q(T_d) = 0.167\varphi AI(T_d) \tag{4-29}$$

式中　T_d——设计降雨历时，120min；

$Q(T_d)$——降雨结束时刻的径流量，m^3/s；

$I(T_d)$——T_d～T_c时段内的平均降雨强度，按式（4-29）计算，mm/min。

规模计算：当入流径流过程线确定后，可对调节塘出流过程线进行简化，其中，对于参与调蓄量计算的出流流量的上升段，出流量按“流量—时间”线性关系增加至允许排放的峰值流量 Q_a，对应的峰现时间为 T_p，调蓄量按式（4-30）～式（4-32）计算。允许排放的峰值流量可根据流域开发前的外排峰值流量取值，也可按下游既有排水防涝系统的接纳能力取值。

$$O(T) = Q_l + \frac{Q_a - Q_l}{T_p} \quad 0 \leqslant T \leqslant T_p \tag{4-30}$$

$$S(T) = \sum_{t=0}^{t=T} [I(t) - O(t)]\Delta t \quad 0 \leqslant T \leqslant T_p \tag{4-31}$$

$$S_m = S(T_p) \tag{4-32}$$

式中　$O(T)$——T 时刻的出流量，m^3/s；

Q_l——排水防涝设施的排水能力，m^3/s；

Q_a——允许排放的峰值流量，m^3/s；

T_p——出流峰值的峰现时间，min；

$S(T)$——T 时刻的累计调蓄量，m^3；

$I(t)$——t 时刻的进水径流量，m^3/s；

S_m——最大调蓄量，m^3；

$S(T_p)$——T_p时刻的累计调蓄量，m^3。

4.9　植　草　沟

4.9.1　概念与结构

植草沟指种有植被的地表沟渠，可收集、输送和排放径流雨水，并具有一定的雨水净化作用，可用于衔接其他各单项设施、城市雨水管渠系统和超标雨水径流排放系统。除转输型植草沟外，还包括渗透型的干式植草沟及常有水的湿式植草沟，可分别提高径流总量和径流污染控制效果。

植草沟的构造有多种，根据其横断面形状，有三角形、梯形、抛物线形、矩形，而其纵断面形式则因植草沟类型的不同略有差异。标准传输植草沟是指开阔的浅植物型沟渠，沟底采用透水性土壤，正常处理时植物的叶片露出，它通常用于将集水区的径流引导和传输至其他地表水处理设施。干植草沟是指开阔且覆盖有植被的沟渠，沟底通常采用改良的透水土壤作为过滤层，并在过滤层底部铺设地下排水管道或沟渠用于对雨水的传输、渗透、过滤和滞留能力进行一定的强化，从而保证雨水的处理和传输效果。湿植草沟系统与标准传输植草沟相类似，但是沟底采用不透水土壤，设计成湿式的沼泽状态，以加强处理效果。

植草沟通常位于道路两侧居多，能适应多种环境，造价相对低廉，建设在路旁的植草沟可以代替传统的雨水口和排水管网。植草沟通常长至少 30m，宽 0.6m，坡度范围一般在 0.5%～0.6%之间，流速尽量控制在 0.8m/s。如坡度过大时可设置成台阶型或增加卵石挡水墙，减缓径流流速，防止出现雨水冲刷侵蚀。此外，植草沟入水口处应设置一个预处理池或设置消能坎，以过滤较大的杂物，防止径流冲刷（图 4-15）。

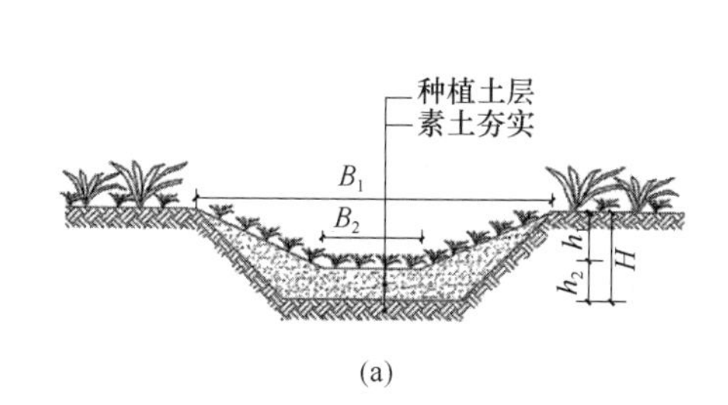

(a)

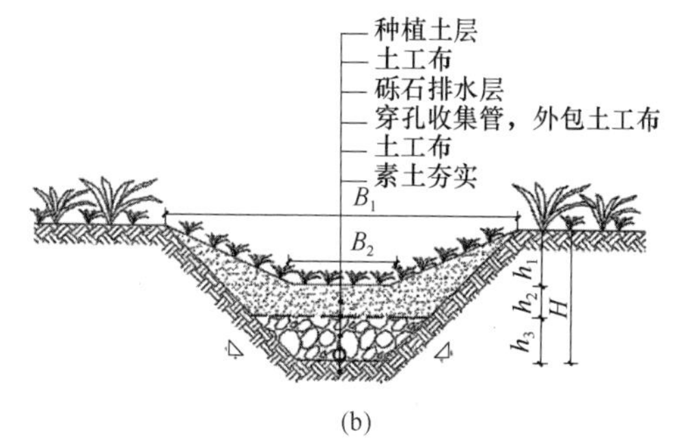

(b)

图 4-15　植草沟

（a）转输型植草沟；（b）渗排型植草沟

4.9.2　应用范围

植草沟适用于建筑小区内道路，广场、停车场等不透水面的周边，城市道路及城市绿地等区域，也可作为生物滞留设施、湿塘等低影响开发设施的预处理设施。植草沟也可与雨水管渠联合应用，场地竖向允许且不影响安全的情况下也可代替雨水管渠。

标准转输植草沟多应用于高速公路的排水系统，在人口密度较低和径流量较小的居住区、工业区、商业区等也可使用，用于替代普通排水管道。干植草沟系统较适用于居住区，但需要进行定期的割草等维护工作，以有效保持植草沟的干燥。湿植草沟系统一般用于高速公路的排水系统，也可用于过滤屋顶径流或者小型停车场等，但不适用于居住区，其原因在于渠底长时间的湿润状态，容易导致蚊蝇的滋生和异味的产生。这三种类型的植草沟系统都可应用于乡村和城市化地区，但是，由于植草沟的边坡较小，因此占地面积较大，一般不适用于高密度地区。也可作为生物滞留设施、湿塘等低影响开发设施的预处理设施。植草沟具有建设及维护费用低，易与景观结合的优点，但已建城区及开发强度较大的新建城区等区域易受场地条件制约。植草沟具有较长距离传输雨水径流的功能，当地表径流以较低流速经植草沟截留、植物过滤和渗透，雨水径流中的多数悬浮颗粒污染物和部分溶解态污染物可得到有效去除，既可以防止土壤冲蚀，还可起到水土保持的作用。植草沟固体悬浮物和有毒物质的去除率可以达到 30%～70%，氮、磷营养物和耗氧物质的去除率为 10%～20%。在完成地表径流输送功能的同时，实现控制和削减进入受纳水体的径流水量和污染物负荷的目的。

4.9.3　设计方法

1. 植草沟构造特点

在植草沟的设计中要综合考虑集水区、土壤条件、边坡和纵坡等设计因素，以保证达到最佳的设计效果，关键设计要素见表 4-15。植草沟一般适用于汇水面积小于 $2hm^2$ 的场地，其要求的场地坡度也不大，一般不超过 4%。植草沟的边坡应小于 1∶3，设计较缓的边坡可以增加植草沟的湿润周界（植草沟断面的边缘长度），增加湿润周界的长度，可以减缓径流的速度，提供雨水与植被接触的机会，达到更好的渗透和过滤的效果，同时可以在雨水径流流入植草沟前进行预处理，提高植草沟的去污能力。沟渠的断面有三种选择：梯形、抛物线形和三角形，断面的底部宽度既要保证有最小的过滤面层，又要避免分流的发生。

植草沟关键设计要素　　　　**表 4-15**

设计参数	实施要求
设计暴雨处理量	由当地市政管理机构确定
流域	46m 的透水区域和 23m 的不透水区域的排水漫流
坡度	最小坡度为 1.0%，最大坡度视地形具体条件确定推荐 土壤渗透率在 0.7～1.3cm/h 时采用干草沟
漫流	排水不能超过 1m/s
尺寸	过滤带的尺寸由需处理的径流量决定，推荐最小长度 7.5m
水力停留时间	6～8min
最大径流速度	0.8m/s
曼宁系数	0.03
草的高度	50～150mm
最大断面高度	0.6m

在所有要考虑的设计要素中，纵向坡度是影响植草沟设计的最重要因素。较缓的纵向坡度一般可以降低径流速度，增加植草沟对雨水的处理能力，但是容易积水；若采用较陡的纵向坡度，径流的流速随之增大，雨水的损失量减少，但是处理效果下降，更容易造成冲蚀。雨水在植草沟中靠重力流输送，所以其纵向坡度的确定十分重要。①如果植草沟纵向坡度 i 值偏小，径流流速慢，对植草沟的冲刷就会小，这样不但不会对植草沟沟底造成冲刷，而且还会对径流污染物产生很好的过滤效果。如果流速慢，雨水在植草沟的输送过程中的渗透量就变大，会使泄水能力降低，对路基造成的危害增大。②如果 i 值偏大，雨水的径流流速也随之变大，输送过程中雨水的损失量减少，但会对植草沟沟底造成冲蚀，且过滤效果差。这两种情况都应当避免，对于情况一，可以通过在植草沟底部增加渗沟的办法来增大排水效果；对于情况二，可以在沟底设置一些卵石来防止冲刷。总之根据具体情况可以对植草沟的构造进行适当的调整。根据试验结果和实际应用情况，植草沟 i 的取值范围通常为 0.3%～2%，当 i 小于 0.3%时存在洪涝风险。断面边坡坡度是控制断面尺

寸的参数，通常断面边坡坡度（i_0）的取值范围是1/4～1/3，这样径流能够以较浅的深度、较低的流速在植草沟内流动，此时断面湿周较大，边坡侵蚀较少，能保证植草沟合理安全的使用，同时能增强对污染物的过滤作用。

植草沟中草的高度、最大有效水深及断面高度这几个参数相关性较强，需综合分析以确定取值。当草过高时，在水流冲击下稳定性较差，所以草的高度可取50～150mm，最大有效水深为草高度的一半。当汇水面较大和设计重现期较高时（可按照雨水管渠设计重现期取值），雨水径流量很大，植草沟的宽度也随之增大，同时也就增加了占地面积。为了同时兼顾植草沟的输水能力，保证暴雨时雨水能够顺利地通过植草沟排出，植草沟的深度应大于最大有效水深，但一般最大不宜超过0.60m。为了防止雨水径流对植草沟表层土壤以及覆盖植被的冲蚀，应特别注意植草沟中特大降雨事件的径流流速。植草沟底部应尽量设计成圆端型，这样可以减少冲刷，宽度范围为0.15～2m。当设计底宽大于2m时，应在植草沟纵向增设水流分离装置，防止植草沟侵蚀和底部顺流沟渠化。植草沟的长度应根据具体的平面布置情况取值，此因素可按照设计流量及植草沟的具体断面形式而定，主要原则是防止沟底冲刷破坏。采用植草沟替代现行设计中的沟渠，其排水能力和效果应该是一致的。因此，设计现场生态型排水系统的排水能力的依据是根据原设计排水系统的排水能力并结合理论计算方法，对生态型排水系统进行设计计算。

为了保证超出植草沟能力范围的雨水能够安全排至下游水体或雨水管网，溢流装置是必不可少的。当植草沟遇到道路时，为了保证雨水的顺畅通行，应该在道路下方设置管道，但同时管道的出入口处容易造成侵蚀或堵塞现象，可用卵石等进行消能分流处理。影响植草沟能力的因素主要有过水断面的形状和面积、水力坡度（沟的底坡）以及沟壁的粗糙系数。进行水力计算的目的是确定排泄设计流量所需的植草沟的断面形状和尺寸，同时检查其流速是否会引起冲刷或淤积。某一时刻的水面线与河底线包围的面积称为过水断面。过水断面不一定是平面，其形状与流线的分布情况有关。只有当流线相互平行时，过水断面才为平面，否则为曲面。过水断面面积多是从已设计的过水断面图上量算出来的。如果断面图纵向、横向比例尺相同，可用求积仪或方格法直接量算；也可把图划为若干梯形或三角形，分别用梯形、三角形面积公式计算，每一个水位都对应有一个过水断面面积。也可借助CAD软件，按照1∶1比例绘出其断面形状，然后直接计算其面积。

植草沟设计时应满足以下要求：浅沟断面形式宜采用倒抛物线形、三角形或梯形。植草沟的边坡坡度（垂直∶水平）不宜大于1∶3，纵坡不应大于4%。纵坡较大时宜设置为阶梯型植草沟或在中途设置消能台坎。植草沟最大流速应小于0.8m/s，曼宁系数宜为0.2～0.3。转输型植草沟内植被高度宜控制在100～200mm。

2. 植草沟的植物选择与设计

植草沟的植物选择与雨水花园类似，应选择根系发达、既耐涝又耐旱的植物；植物的种植密度应稍大，以提高对雨水径流的延缓程度。美国俄勒冈州波特兰市是一座雨洪管理基础设施构建完善的城市，其雨水基础设施有绿色街道、生态屋顶、雨洪广场等。渗滤植草沟通常布置在人行道绿带、街旁绿地等，植物配置以耐涝、耐旱的草本植物为主，很少采用乔灌草的复合栽植模式，植物种类包括灯心草、发草、鸢尾、三裂叶荚蒾、风箱树等。溢流植草沟主要应用于建筑屋面的雨洪管理，通常承接落水管，沿建筑外墙面布置，承接来自建筑屋面及外部场地中的雨水径流。溢流植草沟较多地采用乔灌草复合的栽植方式，少量布置单层的草本层。植被除了耐涝、耐旱外，大多具有耐阴性。

3. 植草沟的规模设计

植草沟的规模是根据设计降雨径流量 Q 确定的：

$$Q = qF\varphi \times 10^{-3} \tag{4-33}$$

式中 Q——设计降水径流量，m^3/s；

φ——汇水面综合径流系数；

q——设计降雨强度，$L/(s \cdot hm^2)$，由当地降雨强度公式计算得出；

F——汇水面积，hm^2。

植草沟输送的水量可用曼宁公式表示：

$$Q = AR^{\frac{2}{3}} i^{\frac{1}{2}} / n \tag{4-34}$$

式中 A——横断面面积，m^2；

R——横断面的水力半径（水力半径指输水断面的过流面积与输水断面和水体接触的边长即湿周之比，用于计算输水渠道的输水能力），m；

i——浅沟的纵向坡度；

n——曼宁系数（阻力系数）。

植草沟断面形式主要有抛物线形、梯形和三角形，合理的设计参数和横断面尺寸是确定设计规模的关键。a 为断面上底，m；b 为断面下底，m；h 为断面的高，m；e 为断面斜边的水平长度，m；i 为纵向坡度；i_0 为断面边坡坡度。按横断面为梯形考虑：

$$A = h(b + e) \tag{4-35}$$

$$R = \frac{h(b + e)}{b + 2\sqrt{h^2 + e^2}} \tag{4-36}$$

由于设计参数之间具有相关性，需综合考虑、合理取值，满足植草沟关键设计要素实施要求，保证运行效果。

4.10 植被缓冲带

4.10.1 概念与结构

植被缓冲带是一项水土保持治理措施，指在河道与陆地交界的一定区域内建设乔灌草相结合的立体植物带，在农田与河道之间，经植被拦截及土壤下渗作用减缓地表径流流速，并去除径流中的部分污染物，植被缓冲带坡度一般为2%～6%，宽度不宜小于2m（图4-16、图4-17）。植被缓冲带建设与维护费用低，但对场地空间大小、坡度等条件要求较高，且径流控制效果有限，主要有以下功能：

（1）保护易受腐蚀的地区或提供备份优质水源。

（2）对天然的排水功能及植物进行最大限度保护。

（3）将集中降水的时间下降到最低限度。

（4）对地表扰动的最小化。

（5）制定景观维护保养的最低要求，用以鼓励保留和种植原有的植物并将草坪的使用降低到最低限度。

图 4-16 植被缓冲带效果图

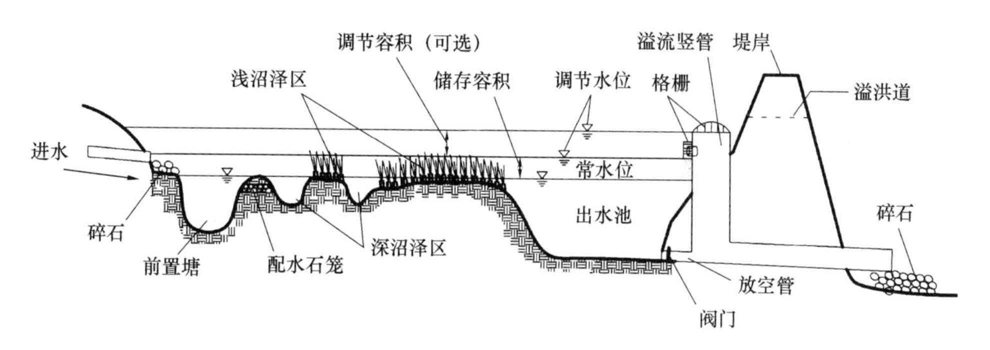

图 4-17 植被缓冲带示意图

4.10.2 应用范围

植被缓冲带适用于道路等不透水面周边，可作为生物滞留设施等低影响开发设施的预处理设施，也可作为城市水系的滨水绿化带，但坡度较大（大于 6%）时其雨水净化效果较差。

人们对草地过滤带的长期有效性存在疑问，认为过滤带有可能达到一种物质平衡或饱和，从而导致过滤的沉淀物和养分的重新释放，或被转化为更易移动的形式，这种情况在磷输入量较多时尤其会发生。由于草地植被生物量小和根系浅，限制了其在拦截地下侧向流及其养分方面的功效。相比之下，林木过滤带是更复杂的生物环境系统，不仅具有高的地上和地下生物量，寿命也很长，这些特性使其对非点源和点源污染物都能实现更有效的控制。植被缓冲带建设与维护费用低，但对场地空间大小、坡度等条件要求较高，且径流控制效果有限。相对于其他的措施，它占地面积较大而且雨水径流流经路径的长度有限，是其主要缺点。

4.10.3 设计方法

1. 植被缓冲带构造特点

植被缓冲带为坡度较缓的植被区，一般设置在径流产生区域和受纳水体之间，是由灌木、草类覆盖的带状区域，其充分利用自然植物和土壤净化固体悬浮物和有机污染物，造价低，土壤渗透性要求不高。根据植被类型可划分出多种过滤带，包括草地过滤带、灌木过滤带、林木过滤带以及两类以上植被构成的复合过滤带。草地过滤带因容易管理和投资较少而应用最普遍，对去除农田地表径流沉积物和污染物的效果显著。目前植被缓冲带的设计目的已不仅仅是从防止土壤侵蚀、固堤护坡出发，还考虑到了这个水陆交错带作为一个特殊的群落生态系统生态廊道的作用，并充分发挥其环境生态效益和自然灾害的避留场地功能，及为各种野生动物提供生境，进行生物多样性保护。

植被过滤带的构建要素包括植物的组成和配置及过滤带形状和大小（长、宽及与点源面积的比值）等。过滤带的有效性随其构建要素的变化而明显不同。植被缓冲带呈带状，通常是一个坡度在2%～6%的缓坡，宽度不宜小于2m，其上需要种植大量生长密集的耐水湿植物。一般由草坡、拦水坝组成，拦水坝由种植草、多孔植草混凝土、碎石过滤层和多孔管组成，它可以在草坡的底部形成一个浅水塘，有助于改善雨水的水质。在植被缓冲带的顶部应该设置一个砾石层，它作为预处理装置，可以在雨水进入植被缓冲带前沉淀雨水中的泥沙等大颗粒物质。植被缓冲带最多可削减40%的径流量，并削减70%～90%的固体沉淀物、25%～65%的营养物和耗氧物质。但是同渗透沟一样，植被缓冲带无法消除可溶解的无机盐类污染物。过滤带宽度一般不大，多用在道路、不透水铺装周围，坡度平缓的区域宜设置，不宜设置在坡度大的区域。

2. 植被缓冲带植物选择与设计

过滤带的植被配置是考虑采用什么植物和如何配置，要从垂直和水平两个结构层面考虑。植被的垂直结构分层，就是要丰富物种的生活性，乔、灌、藤、地被都应包含，确保群落内部生态系统的稳定。水平结构就是要注意物种间栽植时的密度控制，及不同物种栽植到一起是否能共存的问题。因地制宜地对缓冲带乔、灌、草的比例进行搭配。灌、草植物带靠近农田，主要发挥其截污作用；靠近水体的灌、乔植物带主要起到稳定堤岸、降低径流流速的作用，两者是相辅相成的。植被缓冲带中植物的选择，应秉着乡土树种为主，适地适树的原则，坚持缓冲带生态效益最大的同时，也可以适当兼顾经济效益，群落中穿插些经济树种。成年株和幼龄株混合栽植，适当增加物种的年龄跨度。慢生种和速生种混合栽植，速生种可快速成林，作为先锋树种，优化林下的生境条件；慢生种生长慢，一般寿命长，可提高群落的系统稳定性。深根性树种和浅根性树种混合种植，提高群落植物根系的层次性，从而增加了植物根系对河岸的稳固能力和对径流中营养物质的净化能力。

当然，最好的群落植物搭配是原生态、自然状态下的植物群落。所以，在对植被缓冲带的物种进行选择和搭配时，以一个当地自然状态下生长良好的植物群落为参照系，对设置的植被带进行结构调整和物种多样性的规划是比较理想的。不同植被类型对缓冲带起到的功能不同，相同植被类型对污染物的消减作用也有不同，而具体植物类别和物种则需根据具体自然条件和具体要求来确定。如许多研究者建议采用草本植被过滤源于农田径流中的污染物和养分，而对河岸植被过滤带而言，最好选用乔木或灌木或乔、灌、草相结合，效果才会更理想。为控制农田非点源污染，美国农业部国家资源保护局制定了河岸林缓冲带设计指导的“多植物种河岸缓冲带（MSRBS）”的设计方案：20m宽的过滤带，首先紧靠河岸种植4～5排树（1.2m×1.8m），然后是2排灌木（0.9m×1.8m），最后是7m宽靠近农田的草地。MSRBS过滤带需要一定程度的管理：树木带一般不进行营林管理，除偶尔移走一些珍贵树种；灌木带则需加以经营，以刺激养分吸收、增强过滤效果；草被带的目的在于减慢地面径流和增加养分吸收，也可通过放牧或刈割增强功能。

河岸植被缓冲带要起到良好的生态效益，其设置的宽度及其内部植物群落的配置都至关重要。从水边直到受水体影响作用消失的区域可以划分为三个空间区域：滨岸区、中间过渡区、近农作物区。滨岸区，群落配置以乔木、灌木搭配为主，乔木宜多选用速生树种，种植行成片。乔木发达的根系，可以有效护土固堤，降低水体温度，改善水生生境。内部生长的速生乔木，还要一定的经济价值。中间过渡区，群落配置以乔木、低矮灌木搭配为主，乔木宜多选用慢生树种，注意物种选择及搭配，为生物多样性的保护提供良好的生境。近农作物区，植物配置以草本为主，适当的栽植一些低矮的灌木，其作用主要是降雨后地表径流产生的初期，对径流有直接的阻滞，降低径流的速度。

3. 植被缓冲带其他关键设计要素

植被缓冲带的设计主要从空间位置、宽度和坡度、群落植被配置四个方面来考虑。在城市用地极度紧张的今天，每一块土地的利用都要发挥其最大的社会经济效益。合理的植被缓冲带的设置，也可以收到事半功倍的效果。缓冲带一般与地表径流方向垂直，设置在岸边的下坡位置。缓冲带要注意其整体生态效益，如果选址不合理或是局部生态效益不足，径流就会绕过主体缓冲带而直接流入受纳水体。

植被过滤带一般设于污染点源的下坡，常为长方形，植被过滤带越宽，过滤作用越显著，但过宽需占更多土地和投入更多的人力物力。因此，如何确定合适的宽度，使过滤效果好并占地最少，是设计植被过滤带时必须首先考虑的问题。缓冲带的宽度和坡度的设置，应该放到一起来考虑。缓冲带每宽一米，就会多一分生态效益，但其宽度又不可能无限制地扩大。要从资金的投入、要实现的主体作用和主管部门提出的具体要求和规范几方面来综合考虑。不同的学者针对缓冲带设置的作用不同，给出了建设缓冲带的不同宽度；相同作用的缓冲带，由于其立地类型、周围环境等外界因素的影响，设立的宽度差异也可能会很大。在美国，会有不低于3％的农业用地用来作为永久性的植被缓冲区域来防止区域非点源污染的发生。坡度是对缓冲区宽度设置影响最大的因素。在考虑坡度的设置时，主要从立地条件表面的粗糙系数和径流对地表的冲刷能力两方面来分析。适当减缓坡度可以增加地表径流与植被带的接触时间，从而使植被有充足的时间来吸收、沉淀、降解径流中的营养物质与杀虫剂。一般而言，随着坡度的增加，地表径流的速度及其侵蚀能力都会增加。小于5％的坡度对于缓冲带的构建是比较理想的，当坡度再增大时，地表径流就很难形成均匀的流速，从而加大对地表的冲刷。缓冲带的坡度每增加一个百分比，宽度就要相应地扩大0.12～0.42m，才能平衡其径流速度和侵蚀能力。许多研究证实，3m宽的过滤带对过滤地表径流沉积物已很有效，但一般建议植被过滤带最小应为9m宽，而且宽度需随坡度的增加而增大。同时，在设计过滤带宽度时要充分考虑径流来源区域的大小。

植被缓冲带的设计还要考虑其位置、规模、植被和当地的水文地质条件等因素，如表4-16所示。如果设计和维护合理，草坡过滤带能够发挥较强的去污能力。它不仅可以降低径流速率、拦截泥沙并过滤径流中污染物，还能作为其他雨水处理措施的预处理部分使用。

植被缓冲带关键设计要素 **表4-16**

构造要点	实施要求
设计暴雨处理量	由当地市政管理机构确定
流域	46m的透水区域和23m的不透水区域的排水漫流
坡度	最小坡度为1.0％，最大坡度视地形具体条件确定，推荐土壤渗透率在0.7～1.3cm/h时采用干草沟

续表

构造要点	实施要求
漫流	排水不能超过 1m/s
尺寸	过滤带的尺寸由需处理的径流量决定，推荐最小长度 7.5m

经过排水区的雨水必须均匀分布并且流速低于峰值流速，以维持水流。当发生此现象时，排水区必须有均匀分布的浅坡来维持水流，与植被过滤带的上游边缘相连的下游边缘必须与雨水径流的方向相垂直。排水区的长度通过代表流动路径的径流方向进行测量，最大长度为 30.48m。

有多种不同的植被可以被运用到过滤带中，然而为了确保达到 TSS 清除率，仅限使用下面的植物：①草坪草；②牧场草；③种植树林；④已有的森林区域。为了保证最佳的效果，植物必须是健康而茂密的。为维持贯穿的水流，所需的植被过滤带长度通过下面几点进行管控：①过滤带的斜坡；②过滤带中的植物；③排水区的土壤：若排水区不可渗透，则土壤的不可渗透性等级应低于表面区域的等级。

4.11　低影响开发系统管理维护

4.11.1　低影响开发设施一般维护

（1）公共项目的低影响开发设施由城市道路、排水、园林等相关部门按照职责分工负责维护监管。其他低影响开发雨水设施，由该设施的所有者或其委托方负责维护管理。

（2）应建立健全低影响开发设施的维护管理制度和操作规程，配备专职管理人员和相应的监测手段，并对管理人员和操作人员加强专业技术培训。

（3）低影响开发雨水设施的维护管理部门应做好雨期来临前和雨期期间设施的检修和维护管理，保障设施正常、安全运行。

（4）低影响开发设施的维护管理部门宜对设施的效果进行监测和评估，确保设施的功能得以正常发挥。

（5）应加强低影响开发设施数据库的建立与信息技术应用，通过数字化信息技术手段，进行科学规划、设计，并为低影响开发雨水系统建设与运行提供科学支撑。

（6）应加强宣传教育和引导，提高公众对海绵城市建设、低影响开发、绿色建筑、城市节水、水生态修复、内涝防治等工作中雨水控制与利用重要性的认识，鼓励公众积极参与低影响开发设施的建设、运行和维护。

4.11.2　典型设施管理维护

1. 透水铺装

（1）表面清理。为减少泥沙堆积，保证设施的孔隙度，每年至少进行 1～2 次的表面清理，清理封堵孔隙可采用风机吹扫、高压冲洗或真空清扫等方法。

（2）透水性沥青路面的养护应及时清除表面存在的黏土类抛洒物。在冬季，透水性沥青路面宜及时清除积雪，防止路面结冰。不宜采用机械除冰，不得撒灰或灰渣。

（3）渗透能力恢复。可利用高压水流冲洗透水砖表面或利用真空吸附法清洁透水砖表面进行恢复。

(4) 表面破损及不均匀沉降处理。

(5) 透水水泥混凝土路面出现裂缝和集料脱落的面积较大时，必须进行维修。

(6) 杂草清除。应视需要定期清扫、吸尘来降低路面有机物含量进而限制杂草的生长且尽量不使用除草剂。

(7) 积水处理。当降雨量大于当地设计降雨量时，视情况对区域内积水进行清除。

(8) 车辆限制。道路管理部门应限制渣土车、施工车等易产生细小颗粒物的车辆进入透水机动车道路面。

(9) 有害物质防治。道路监管部门应禁止透水路面区域存放任何有害物质，防止地下水污染。

(10) 冬季维护。只有当路面系统的积雪难以溶解时才可以适当使用融雪剂。可使用有机硅类油基或水基密封材料喷洒表面，达到增进颜色、防止泛碱、提高透水铺装表面抗冻融性能等效果。

2. 生物滞留系统

(1) 在大降雨事件后应检查其运行状况、畅通情况。在每次大降雨事件后应检查基质冲刷、植被生长的情况。

(2) 设施检查。设施建成的第一年，每月进行 1 次例行检查，检查的区域主要包括：入口区和溢流区（防侵蚀）、蓄水区（垃圾清除）、出水口（防止出现死水现象）。

(3) 防渗检测。建筑周边 3m 内绿地和绿地下包含地下室或者车库的，应进行防渗检测，系统运行稳定后，可以每季度检查 1 次。运行第一年，每次降雨量大于当地设计降雨量时，需要对设施防渗措施进行渗漏检测，防止路基被破坏；运行稳定后每年检查 2 次。

(4) 破坏性检测。运行第一年的前两个季度，每次降雨量大于当地设计降雨量时，应对预处理设施结构破坏性进行检查；运行稳定后每年检查 2 次。

(5) 水质检测。定期对出水水质检测，出水水质不符合设计要求时应换填填料。

(6) 土壤检测。每年进行两次土壤检测，确保其适宜于植物的生长。如有必要，需对种植土进行更换。

(7) 土壤 pH 控制。每年检测 1 次种植土的 pH，使其保持在正常水平。

(8) 垃圾与沉积物清理。定期清除垃圾及沉积物，要保证溢流口和入口处无堵塞现象，并防止调蓄空间因沉积物淤积导致调蓄能力不足的现象。

(9) 植被灌溉。根据植物的生长状况，进行合理的灌溉。

(10) 植被养护。每年至少进行 2 次植被覆盖度检查和植被修剪，及时更替枯死和入侵植被。修剪工作应尽可能使用较轻的修剪设备，以免影响土壤的松软度。

(11) 水土保持维护。若种植土层被雨水径流冲蚀，应及时更换。

(12) 农药使用控制。不使用或尽可能少地使用杀虫剂和除草剂来控制植被的病害虫和杂草。

(13) 进水口、溢流口检测和修复。进水口不能有效收集汇水面径流雨水时，应加大进水口规模或进行局部下凹等；进水口、溢流口因冲刷造成水土流失时，设置碎石缓冲或采取其他防冲刷措施；进水口、溢流口堵塞或淤积导致过水不畅时，应修理进口和出口处水流冲刷造成的土壤堆积区。

(14) 汛期维护。在汛期前，对设施及其周边的雨水口进行清淤维护；在汛期，定期清除绿地上的杂物；加强植物的维护管理，及时补种雨水冲刷造成的植物缺失。

（15）设施修复。由于坡度较大导致流速较大引起冲刷时，应增设挡水堰或抬高挡水堰、溢流口高程；边坡出现坍塌时，应及时加固：当调蓄空间雨水的排空时间超过设计排空时间时，应及时置换树皮覆盖层或表层种植土；水质不符合设计要求时应换填填料。如由于大暴雨造成结构性破坏的要进行边坡加固、进水及出水口修理。

（16）应急处理。若设施中的土壤被有害材料污染，应迅速移除受污染的土壤并尽快更换合适的土壤及材料；若积水超过设计排空时间，应检查暗渠堵塞情况；可应用中心曝气或深翻耕改善土壤渗透性。

3. 绿色屋顶

（1）应及时补种、修剪植物，清除杂草，防治病虫害。

（2）溢流口堵塞或淤积导致过水不畅时，应及时清理垃圾与沉积物。

（3）排水层排水不畅时，应及时排查原因并修复。

（4）屋顶出现漏水时，应及时修复或更换防渗层。

4. 雨水渗井

（1）进水口出现冲刷造成水土流失时，应设置碎石缓冲或采取其他防冲刷措施。

（2）设施内因沉积物淤积导致调蓄能力或过流能力不足时，应及时清理沉积物。

（3）当渗井调蓄空间雨水的排空时间超过36h时，应及时置换填料。

5. 雨水湿地

（1）应定期巡检雨水湿地、湿塘外围的警示牌、安全防护设施，如有损坏或缺失，应及时修复完善。

（2）雨水湿地、湿塘内及周边的垃圾、杂物应及时清理。

（3）雨水湿地、湿塘进水口、溢流口因冲刷造成水土流失时，应设置碎石缓冲或采取其他防冲刷措施。

（4）雨水湿地、湿塘进水口、溢流口的垃圾与沉积物应定期清理，每月不少于1次。

（5）应在雨季前清理前置塘/预处理池内的沉积物，每年不少于1次。

（6）前置塘/预处理池内沉积物淤积超过50%时，应及时清淤。

（7）护坡出现坍塌时应及时加固。

（8）应及时收割、补种、修剪植物，清除杂草。

（9）在干旱季节、雨期应适时调节雨水湿地、湿塘的水位，在暴雨前应至少提前1d将设施内水位排放至最低。

6. 调节塘

（1）应定期检查调节塘的进口和出口是否畅通，确保排空时间达到设计要求，且每场雨之前应保证放空；

（2）其他管理维护措施参照雨水湿地等。

7. 植草沟

（1）应及时补种、修剪植物，清除杂草。

（2）进水口不能有效收集汇水面雨水径流时，应加大进水口规模或进行局部下凹等。

（3）进水口因冲刷造成水土流失时，应设置碎石缓冲或采取其他防冲刷措施。

（4）沟内沉积物淤积导致过水不畅时，应及时清理垃圾与沉积物。

（5）边坡出现坍塌时，应及时加固。

（6）由于坡度较大导致沟内水流流速超过设计流速时，应增设挡水堰或抬高挡水堰高程。

8. 植被缓冲带

植被缓冲带管理维护要求与植草沟类似。

4.11.3 典型设施维护频次

低影响开发设施的常规维护内容及频次可参照表 4-17。

典型低影响开发设施常规维护内容及频次 **表 4-17**

典型设施	维护内容	维护频次	备注
透水铺装	疏通透水能力	2～4 次/年	雨期之前和期中
	面层裂缝、破损修补	按需	
生物滞留	植物修剪	2～4 次/年	植物正常生长、保持景观秀美，不影响设施正常运行
	进水口、溢流口清淤	按需	暴雨前、后
绿色屋顶	植物修剪及清除杂草	2～4 次/年	视植物、杂草生长情况而定
	浇灌	按需	视天气情况不定期浇灌
	排水层及溢流口检修	按需	暴雨前、后
雨水渗井	沉积物及垃圾清理	2～4 次/年	雨期之前和期中，保证下渗正常
	进水管、出水管、截污篮检修	按需	日降雨大于等于两年一遇
雨水湿地、调节塘	前置塘清淤	2～3 次/年	雨期之前和期中
	调蓄空间沉积物清理	1 次/年	视沉积物实际量而定
	植物修剪	2～4 次/年	植物正常生长、保持景观秀美，不影响设施正常运行
植草沟、植被缓冲带	沉积物、垃圾及杂物清除	按需	暴雨前、后
	浇灌	按需	旱季视天气情况浇灌
	表面冲蚀及边坡塌陷修缮	按需	暴雨后

4.11.4 典型设施成本计算

参照《海绵城市建设技术指南低影响开发雨水系统构建（试行）》中北京地区部分低影响开发单项设施以及查阅相关文献，海绵城市雨洪管理技术的基建成本和管理维护成本参见表 4-18，具体成本还应根据当地情况具体确定。

典型设施的基建成本和管理维护成本参考 **表 4-18**

LID 措施	单位基建成本（元/m^2）	单位平均建设成本（元/m^2）	单位维护成本[元/(m^2·年)]	平均单位维护成本[元/(m^2·年)]
渗透铺装	210～1500	855	2.4～15	8.7
雨水花园	500～1200	850	30～80	55
下凹式绿地	200～300	250	2.5～3.5	3
植草沟	60～450	255	4～8	6

续表

LID 措施	单位基建成本（元/m²）	单位平均建设成本（元/m²）	单位维护成本[元/(m²·年)]	平均单位维护成本[元/(m²·年)]
雨水桶	30～100	65	2～5	2.5
绿色屋顶	100～300	200	4～8	6
生态湿地	500～1000	800	30～80	55
生态护岸	800～2000	1400	50～100	75

思考题

1. 低影响开发设施的定义及其主要功能是什么？
2. 生物滞留设施有哪些主要设计参数？
3. 简述低影响开发设施设计规模的计算方法。
4. 简述低影响开发设施植物选择与设计的原则。
5. 简述透水铺装的分类。
6. 生物滞留传统填料组成是什么？
7. 绿色屋顶有哪些关键设计要素？
8. 简述新型雨水渗井结构形式及其特点。
9. 简述植草沟构造特点与关键设计要素。
10. 简述低影响开发设施常规维护的内容。

本章参考文献

[1] 中华人民共和国住房城乡建设部. 海绵城市建设技术指南——低影响开发雨水系统构建（试行）[Z]，2014.

[2] 蒋春博，李家科，高佳玉，吕鹏，姚雨彤，李怀恩. 海绵城市建设雨水基础设施优化配置研究进展[J]. 水力发电学报，2021，40(3)：19-29.

[3] Atchison D，Severson L. RECARGA user's manual version 2.3[Z]. University of Wisconsin-Madison，Civil and Environmental Engineering Department Water Resources Group，2004.

[4] 肖佩，曾瑾滢，何丽波. 湖南地区雨水花园植物景观设计探究[J]. 现代园艺，2017(24)：116-117.

[5] 张军，董彩丽，王崇，李治阳. 生物滞留设施研究进展[J]. 环境工程，2016，34(7)：1-5，65.

[6] 陈嵩. 雨水花园设计及技术应用研究[D]. 北京：北京林业大学，2014.

[7] 王佳，王思思，车伍，等. 雨水花园植物的选择与设计[J]. 北方园艺，2012，(19)：77-81.

[8] 梁彦兰，陈晓霞，王昭娜. 基于层次分析法的豫北地区雨水花园植物综合评价[J]. 水土保持通报，2019，39(1)：120-124.

[9] 王思思，吴文洪. 低影响开发雨水设施的植物选择与设计[J]. 园林，2015(7)：16-20.

[10] 杨绪莲，柴艳龙. 园林植物在海绵城市建设中的选择与应用[J]. 工程建设与设计，2020(1)：111-113.

[11] 马晓霞. 多孔隙透水路面应用及设计[J]. 邢台职业技术学院学报，2020，37(5)：57-60，65.

[12] 王俊岭，王雪明，张安，张玉玉. 基于“海绵城市”理念的透水铺装系统的研究进展[J]. 环境工程，2015，33(12)：1-4，110.

[13] 赵飞，张书函，陈建刚，孔刚，龚应安. 透水铺装雨水入渗收集与径流削减技术研究[J]. 给水排

水，2011，47(S1)：254-258.
［14］ 赵亮. 城市透水铺装材料与结构设计研究[D]. 西安：长安大学，2010.
［15］ 宋珊珊. 基于低影响开发的场地规划与雨水花园设计研究[D]. 北京：北京林业大学，2015.
［16］ 高晓丽，张书函，肖娟，等. 2015. 雨水生物滞留设施中填料的研究进展[J]. 中国给水排水，31(20)：17-21.
［17］ 殷利华，赵寒雪. 雨水花园构造及填料去污性能研究综述[J]. 中国园林，2017，33(5)：106-111.
［18］ 张军，张松，柏双友，华佳，聂永山. 生物滞留系统的水文效应与污染物的去除研究[J]. 环境工程，2015，33(8)：17-21.
［19］ 林子增，何秋玫. 生物滞留池系统组成及工程设计参数优化[J]. 净水技术，2019，38(12)：116-121.
［20］ 王佳，王思思，车伍. 低影响开发与绿色雨水基础设施的植物选择与设计[J]. 中国给水排水，2012，28(21)：45-47，50.
［21］ 刘颖圣，刘文苑，闾邱杰. 浅谈栽培基质和植物在华南地区轻型绿色屋顶中的选择及应用[J]. 现代园艺，2019(22)：125-127.
［22］ 黄丽霞. 海绵城市技术影响下的屋顶绿化植物配置研究[J]. 南方农业，2015，28(9)：13-16.
［23］ 王佳，王春连，吴珊珊. 基于海绵城市理念的雨水湿地设计及应用[J]. 北方园艺，2017(19)：104-111.
［24］ 李玲璐，张德顺. 基于低影响开发的绿色基础设施的植物选择[J]. 山东林业科技，2014，44(6)：84-91.
［25］ 王振宇，阳雨平，杨楚思. 基于海绵城市视角的城市雨水湿地设计初探[J]. 环境工程，2017，35(6)：5-9.
［26］ 朱一文，王文亮. 基于水文方法的暴雨调节塘规模计算[J]. 中国给水排水，2020，36(7)：114-117，122.
［27］ 刘燕，尹澄清，车伍. 植草沟在城市面源污染控制系统的应用[J]. 环境工程学报，2008(3)：334-339.
［28］ 马晓谦，苏继东，吴厚锦. 公路生态型植草沟设计技术[J]. 交通标准化，2011(Z2)：78-81.
［29］ 孟莹莹，陈茂福，张书函. 植草沟滞蓄城市道路雨水的试验及模拟[J]. 水科学进展，2018，29(5)：636-644.
［30］ 叶洁华，许铭宇. 生态植草沟在城市绿地中的应用研究[J]. 山东林业科技，2018，48(3)：69-72.
［31］ 傅大宝，姜红. 海绵城市理念下植草沟的设计方法研究[J]. 中国给水排水，2017，33(20)：70-75.
［32］ 庞璐，李艳，张景华. 重庆LID设施的植物选择与配置[J]. 南方农业，2017，11(1)：51-54.
［33］ 王良民，王彦辉. 植被过滤带的研究和应用进展[J]. 应用生态学报，2008(9)：2074-2080.
［34］ 曾立雄，黄志霖，肖文发，雷静品，潘磊. 河岸植被缓冲带的功能及其设计与管理[J]. 林业科学，2010，46(2)：128-133.
［35］ 诸葛亦斯，刘德富，黄钰铃. 生态河流缓冲带构建技术初探[J]. 水资源与水工程学报，2006(2)：63-67.

第5章　城镇雨水管渠系统设计

雨水管渠系统，即传统的雨水管网系统，也称为小排水系统，其通过城市内某地块的雨水管道、明渠等设施，将收集的雨水汇入雨水主干管或明渠，最后将雨水输送至末端排放口。雨水管渠系统的设置目的是为了减少因低强度降雨事件带来的不便，降低经常重复出现的破坏及频繁的街道维护需求，及时排除暴雨形成的地面径流。雨水管渠系统是城市雨水系统的重要组成部分，如何经济合理地设计雨水管渠系统，对保护城镇居住区与工业企业免受洪灾，以及保障城镇居民的生命安全和生活生产的正常秩序具有重要作用。本章主要介绍雨水管渠系统的设计要求及设计计算、雨水管渠系统构筑物（雨水口及连接暗井、检查井、雨水泵站、出水口、调节池）的设计，以及立体交叉道路排水的设计与计算。

5.1　雨水管渠系统的设计要求

雨水管渠系统包括道路街沟（偏沟）、边沟、雨水口、雨水管（暗渠）、明渠、检查井、泵站、出水口、调节池等传统构筑物，这些所组成的一整套工程设施成为整个城镇的雨水管渠系统。在整个系统中，雨水管道是主要的组成部分，也是最重要的部分。无雨情况下，雨水管道内是无流量的，降雨时雨水管道流量的大小取决于降雨历时长短和汇水面积大小。较小降雨时水流可能低于雨水管道的通水能力；暴雨时水流可能超过雨水管道的通水能力而成为压力流，甚至溢出地面引起积水。合理而经济地进行雨水管道设计成为整个系统正常运行的保障。雨水管渠要满足不淤积、不冲刷的要求。因此对雨水管渠系统水力计算的参数有具体的规定。

（1）设计充满度。雨水中主要含有泥沙等无机物质，但是比污水清洁得多，对环境的污染较小，加上暴雨径流量大，而相应较高设计重现期的暴雨强度的降雨历时一般不会很长，且从减少工程投资的角度来讲，雨水管渠允许溢流。故管道应按满流设计（即$h/D=1$），明渠应留不小于0.2m的超高，街道边沟应有不小于0.03m的超高。

（2）设计流速。由于雨水中夹带的泥沙量比污水大得多，为了防止地面雨水携带的泥沙等无机物质进入雨水管渠造成堵塞，雨水管渠系统的最小设计流速应大于污水管渠，满流时管道内的最小设计流速为0.75m/s。明渠便于清淤疏通，可采用较低的设计流速，一般为0.4m/s。为了防止雨水管渠管壁因冲刷而损耗，影响及时排水，雨水管道的设计流速不得超过一定的限度。由于这项最大流速只发生在暴雨时，历时较短，所以雨水管道内的最高允许流速可以高一些。对雨水管渠最大设计流速规定为：金属管道最大设计流速为10.0m/s；非金属管道最大设计流速为5.0m/s，经过试验验证可适当提高；明渠水深为$h_1=0.4\sim1.0$m范围内时的最大设计流速值见表5-1，若水深不在该范围内，则需要按表5-1的规定值乘以相应系数，$h_1<0.4$m的系数为0.85；$1.0\text{m}<h_1<2.0$m的系数为1.25；$h_1\geq2.0$m的系数为1.40。

（3）最小管径和最小设计坡度。为了养护便利，便于管道的清阻除塞，雨水管道的管径不能太小，因此规定了最小管径。为了保证管内不发生沉积，雨水管内的最小坡度应按最小流速计算确定。雨水管道和合流管道的最小管径为 300mm，塑料管最小坡度为 0.002，其他管最小坡度为 0.003；雨水口连接管管径为 200mm，最小坡度为 0.01。

（4）最小覆土厚度。管顶最小覆土深度应根据管材强度、外部荷载、土壤冰冻深度和土壤性质等条件，结合当地埋管经验确定。管顶最小覆土厚度宜为：在人行道下 0.6m，在车行道下一般不小于 0.7m，基础应设在冰冻线以下。

（5）最大埋深。在干燥土壤中，管道最大埋深一般不超过 7～8m；在多水、流沙、石灰岩地层中，一般不超过 5m；若最大埋深超过 7～8m，则需要加设泵站。

（6）雨水管渠的衔接方法。由于雨水管渠是按照满流设计的，所以一般采用管顶平接，特殊情况下可采用跌水连接，当下游管径小于上游管径时，可采用管底平接。

明渠最大设计流速 **表 5-1**

明渠材料	最大设计流速（m/s）	明渠材料	最大设计流速（m/s）
粗沙或低塑性粉质黏土	0.8	草皮护面	1.6
粉质黏土	1.0	干砌块石	2.0
黏土	1.2	浆砌块石或浆砌砖	3.0
石灰岩和中砂岩	4.0	混凝土	4.0

值得注意的是，针对排水负荷大的已建城区，单纯使用提标改造的方法仍难以应对更大的暴雨，因此，仅提高城市雨水管渠规模无法解决城市内涝问题，还需源头减排和超标雨水径流排放系统的共同作用。

5.2 雨水管渠系统的设计流量

我国地域宽广，气候差异很大，南方多雨，年平均降雨量可高达 1600mm/年，而北方少雨干旱，西北内陆个别地区年平均降雨量少于 200mm/年。因此，不同地区城市排水管网的设计规模和投资具有很大差别。降雨量的计算必须根据不同地区的降雨特点和规律，这对正确设计城市雨水管网特别重要。正确计算雨水设计流量，经济合理地设计雨水管道，使之具有合理和最佳的排水能力，最大限度地及时排除雨水，避免洪涝灾害，又不使建设规模超过实际需求，避免投资浪费，提高工程投资效益，具有非常重要的意义和价值。《室外排水设计标准》GB 50014—2021 规定，计算雨水设计流量应采用推理公式法；当汇水面积超过 2km^{2}时，宜考虑区域降雨和地面渗透性能的时空分布不均匀性和管网汇流过程等因素，采用数学模型法计算雨水设计流量。

5.2.1 推理公式法

推理公式法是以暴雨形成洪水的成因分析为基础，考虑影响洪峰流量的主要因素，建立理论模式，并利用实测资料求得公式中的参数。推理公式法至今已有 100 多年的历史，该公式使用简便，所需资料不多，并且已积累了丰富的实际应用经验，被国内外广泛应用。但是，推理公式法适用于较小规模排水系统的计算，当应用于较大规模排水系统的计算时会产生较大误差。我国目前采用恒定均匀流推理公式，恒定均匀流推理公式法基于以下三个假设：降雨在整个汇水面积上的分布是均匀的；降雨强度在选定的降雨时段内均匀不变；汇水面积随集流时间增长的速度为常数。即采用式（5-1）计算雨水设计流量，设计暴雨强度根据式（5-2）计算。

$$Q = \Psi q F \tag{5-1}$$

式中　Q——雨水设计流量，L/s；

Ψ——径流系数，其值小于1；

F——汇水面积，hm^2；

q——设计降雨强度，$L/(s \cdot hm^2)$。

$$q = \frac{A_1(1 + C\lg P)}{(t + b)^n} \tag{5-2}$$

式中　q——设计降雨强度，$L/(s \cdot hm^2)$；

P——设计重现期，年；

t——降雨历时，min；

A_1、C、b、n——地方参数，根据统计方法计算。

由于推理公式法假定降雨强度在集流时间内均匀不变，即降雨为等强度过程，且假定汇水面积按线性增长，即汇水面积随集流时间增长的速度为常数。而实际上降雨强度是随时间变化的，汇水面积随时间的增长是非线性的。并且，径流系数取值仅考虑了地表的性质，地面集水时间的取值一般也是凭经验，因此在计算雨水管道设计流量时，计算结果也可能会产生较大误差。一些学者对推理公式进行补充、改进，使计算结果更符合实际。如德国在推理公式的基础上采用时间系数法和时间径流因子法计算雨水管道的设计径流量等。

1. 径流系数Ψ的确定

降落在地面上的雨水，一部分被植物和地面的洼地截留，一部分渗入土壤，其余部分沿地面流入雨水管渠，这部分进入雨水管渠的雨水量称为径流量。径流量与降雨量的比值称为径流系数Ψ，其值常小于1。影响径流系数的因素很多，主要是降雨条件（如降雨强度、降雨历时、雨峰位置、前期雨量、降雨强度递减情况、全场雨量、年雨量等）和地面条件（如地面覆盖情况、地面坡度、汇水面积及其长宽比、地下水位、管渠疏密程度等）。例如，屋面为不透水材料覆盖的Ψ值较大，而非铺砌的土路面Ψ值较小；地形坡度大，雨水流动较快，其Ψ值也大。但影响Ψ值的主要因素为地面覆盖种类的透水性；此外，还与降雨历时、暴雨强度及暴雨雨型有关。例如，降雨历时较长，地面已经湿透，地面进一步渗透减少，Ψ就大；暴雨强度大，其Ψ也大。目前，在雨水管渠设计中，径流系数通常采用按地面覆盖种类确定的经验数值，如表5-2所示。

径流系数取值　　　　**表5-2**

地面种类	Ψ	地面种类	Ψ
各种屋面、混凝土和沥青路面	0.85～0.95	干砌砖石和碎石路面	0.35～0.40
大块石铺砌路面和沥青表面处理的碎石路面	0.55～0.65	非铺砌土路面	0.25～0.35
级配碎石路面	0.40～0.50	公园和绿地	0.10～0.20

通常汇水面积是由各种性质的地面覆盖所组成，随着它们占有的面积比例变化，Ψ值也各异，所以整个汇水面积上的平均径流系数Ψ_{av}是按各类地面面积用加权平均法计算

得到，即：

$$\Psi_{av}=\frac{\sum F_i\Psi_i}{F} \tag{5-3}$$

式中 F_i——汇水面积上各类地面的面积，hm^2；

Ψ_i——相应于各类地面的径流系数；

F——全部汇水面积，hm^2。

在设计中，也可采用综合径流系数，表5-3为城市区域规划设计中建议的综合径流系数取值范围。随着城镇化进程的加快，不透水面积相应增加，为适应这种变化对径流系数产生的影响，设计时径流系数 Ψ 应适当增加。当然，一些新建城区由于绿化面积增加，或者综合考虑雨水收集利用时，综合径流系数有所降低，应根据具体情况作相应调整。综合径流系数高于0.7的地区应采用渗透、调蓄等海绵城市建设技术措施。径流系数可按表5-2和表5-3的规定取值，汇水面积的综合径流系数应按地面种类加权平均计算，可按表5-2和表5-3的规定取值，还应核实地面种类的组成和比例的规定，可以采用的方法包括遥感监测、实地勘测等。

城市综合径流系数 **表5-3**

区域情况	Ψ
城市建筑密集区	0.60～0.70
城市建筑较密集区	0.45～0.60
城市建筑稀疏区	0.20～0.45

在设计中，也可以采用区域综合径流系数。一般市区的综合径流系数 Ψ=0.5～0.8，郊区的 Ψ=0.40～0.60。我国部分城市采用的综合径流系数 Ψ 见表5-4。随着城市化的进程加快，不透水面积相应增加，为适应这种变化对径流系数值产生的影响，设计时径流系数值可取较大值。

综合径流系数 **表5-4**

<table>
<tr><th>城市</th><th>综合径流系数</th><th>城市</th><th colspan="2">综合径流系数</th></tr>
<tr><td>北京</td><td>0.5～0.7</td><td>扬州</td><td colspan="2">0.5～0.8</td></tr>
<tr><td>上海</td><td>0.5～0.8</td><td>宜昌</td><td colspan="2">0.65～0.8</td></tr>
<tr><td>天津</td><td>0.45～0.6</td><td>南宁</td><td colspan="2">0.5～0.75</td></tr>
<tr><td>乌兰浩特</td><td>0.5</td><td>柳州</td><td colspan="2">0.4～0.8</td></tr>
<tr><td>南京</td><td>0.5～0.7</td><td rowspan="2">深圳</td><td>旧城区</td><td>0.7～08</td></tr>
<tr><td>杭州</td><td>0.6～0.8</td><td>新城区</td><td>0.6～0.7</td></tr>
</table>

2. 重现期 P 的确定

雨水管渠设计重现期应根据汇水地区性质、城镇类型、气候状况和地形特点等因素确定。不同国家和地区对传统雨水管渠系统的设计标准有不同的规定，例如美国ASCE雨水系统设计标准中，根据不同的用地类型，雨水管渠系统设计重现期规定为2～10年；纽约州环境保护部制定的雨水管渠系统设计建设规范中规定，雨水管渠系统设计重现期为10～15年。我国雨水管渠设计重现期按照表5-5选取。重现期越大，设计排水量与设计规模也随之增大，排水越顺畅，但是需要的资金多；若采用小的重现期，投资成本低，但是难以保证系统的安全性。值得注意的是，在对比国内外标准时，欧美国家编制城市暴雨强度公式时多采用年最大值法，而我国以往普遍采用的是年多个样法，现阶段北京、南京、无锡、杭州等许多城市多采用年最大值法或年最大值法与年多个样法相结合的方法。采用年最大值法需要从每年每个历时中选取一个最大值，按大小排列作为基础资料，并用 TM 表示其重现期。采用年多个样法需要在每年每个历时选择 6～8 个最大值，不论年次，将每个历时的子样数据按大小次序排列，再从中选择资料年数的 3～4 倍的数目的最大值作为统计的基础资料，并用 TE 表示其重现期。

现阶段面临以下问题：①如何应用和衔接新公式与过去的系统、如何解决年最大值法的新公式在同样重现期（主要为小重现期）下的暴雨强度可能小于原公式的问题，并调整到新的排水设计标准中等。这些问题如果得不到合理解决，公式修编对改善排水及提高防涝的功效将难以体现。②针对已建排水系统的扩建或改造，必将面临耗资巨大、实施困难、拆迁、耗时等多方面难题，尤其是在人口、建筑密度大，场地空间有限，地下管线拥挤等限制因素较多的老城区和已建城区，仅通过提标改造的方法难以应对大暴雨引起的城市内涝及其他雨水方面的问题。因此，解决城市内涝问题仍需要结合源头减排措施和超标雨水径流排放系统。人口密集、内涝易发且经济条件较好的城市，宜采用规定重现期的上限；新建地区应按表 5-5 中的重现期执行，原有地区应结合地区改建、道路建设等更新排水系统，并按表 5-5 中的重现期执行；同一排水系统可采用不同的设计重现期。

国内雨水管渠设计重现期（单位：年）　　**表 5-5**

城区类型 / 城市类型	中心城区	非中心城区	中心城区的重要地区	中心城区地下通道和下沉式广场
超大城市（常住人口超过 1000 万人）和特大城市（常住人口在 500 万～1000 万人之间）	3～5	2～3	5～10	30～50
大城市（常住人口在 100 万～500 万人之间）	2～5	2～3	5～10	20～30
中等城市（常住人口在 50 万～100 万人之间）和小城市（常住人口小于 50 万人）	2～3	2～3	3～5	10～20

3. 设计降雨历时（集水时间）t 的确定

极限强度理论即认为降雨强度随降雨历时的增长而减小的规律性，同时，认为汇水面积的增长与降雨历时成正比，而且汇水面积随降雨历时的增长较降雨强度随降雨历时增长而减小的速度更快。雨水管道设计的极限强度理论包括两部分内容：汇水面积上最远点的雨水流到集流点时，全部面积产生汇流，雨水管道的设计流量最大；降雨历时等于汇水面积上最远点的雨水流到集流点的集水时间时，雨水管道发生最大流量。

根据极限强度原理，雨水管渠的设计降雨历时等于汇流时间时，雨水流量最大。因此，设计中通常用汇水面积最远点的雨水流到设计断面的时间作为设计降雨历时。设计降雨历时包括地面集水时间和管渠内流行时间两部分，计算如下：

$$t = t_1 + t_2 \tag{5-4}$$

式中　t——设计降雨历时，mim；

t_1——地面集水时间，min；

t_2——管渠内雨水流行时间，min。

地面集水时间 t_1 是指在雨水从汇水面积的最远点流到位于雨水管道起始端点第一个雨

水口所需的地面流行时间，如图 5-1 所示。地面集水时间的确定需考虑地面集水距离、汇水面积、地形坡度、道路纵坡和宽度、地面覆盖和降雨强度等因素的影响，这些因素直接决定着水流沿地面或边沟的流行速度。但在上述诸因素中，地面集水时间主要取决于地面集水距离和地形坡度。在实际应用当中，要准确地计算 t_1 值是困难的，故一般采用经验数值。《室外排水设计标准》GB 50014—2021 规定，地面集水时间视距离长短和地形坡度及地面覆盖情况而定，一般采用 $t_1=5\sim15$min。在建筑密度较大、地形较陡、雨水口分布较密的地区或街区内设置的雨水暗管，宜采用较小的 t_1 值，可取 $t_1=5\sim8$min。而在建筑密度较小、汇水面积较大、地形较平坦、雨水口布置较稀疏的地区，宜采用较大值，一般可取如 $t_1=10\sim15$min。起点井上游地面流行距离以不超过 120～150m 为宜，应采取雨水渗透、调蓄等措施，延缓集流时间。如果 t_1 选用过大，将会造成排水不畅，致使管道上游地面经常积水；如果 t_1 选用过小，又将使雨水管渠尺寸加大而增加工程造价，在设计中应结合具体条件确定。

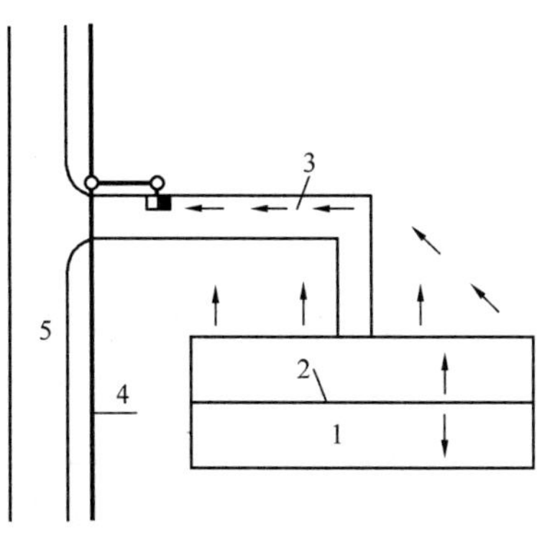

图 5-1 地面集水时间 t_1 示意

1—房屋；2—屋面分水线；3—道路边沟；4—雨水管；5—道路

管渠内雨水流行时间 t_2 是指雨水在管渠内的流行时间，即：

$$t_2=\sum\frac{L}{60v} \tag{5-5}$$

式中 L——各管段的长度，m；

v——各管段满流时的水流速度，m/s；

60——单位换算系数，1min=60s。

4. 汇水面积

汇水面积（也称为流域面积）指的是雨水管渠汇集和排除雨水的地面面积，单位一般为 hm^2 或 km^2。一般的大雷雨能覆盖 1～5km^2 的地区，有时可高达数千平方千米。一场暴雨在其整个降雨的面积上雨量分布并不均匀，但是，对于城市排水系统，汇水面积一般较小，一般小于 100km^2，其最远点的集水时间往往不超过 3～5h，大多数情况下，集水时间不超过 60～120min。因此，可以假定降雨量在城市排水小区面积上是均匀分布的，采用自记录雨量计所测得的局部地点的降雨量数据可以近似代表整个汇水面积上的降雨量。

上述雨水管渠设计流量计算公式是基于极限强度理论推求而得，在全部面积参与径流时发生最大流量。但实际工程中径流面积的增长未必是均匀的，且面积随降雨历时的增长不一定比降雨强度减小的速度快，这种情况主要表现为：汇水面积呈畸形增长；汇水面积内地面坡度变化较大，或各部分径流系数明显不同。所以在这两种情况下，管道的最大流量不是发生在全部汇水面积参与径流，而是发生在部分面积参与径流。应根据具体情况分析最大流量可能发生的情况，并比较选择其中的最大流量作为相应管段的设计流量。

5.2.2 数学模型法

当采用数学模型进行工程设计时，应结合当地的水文、气象、地质、地貌等因素对模型的适用性和相关参数进行分析和评估，对管道路径、管径和地面标高等参数进行核实，并按照历年典型降雨时的实测数据进行数学模型的校正。利用数学模型法设计流量过程线按以下四个步骤进行：

（1）设计暴雨。设计暴雨主要包括设计暴雨量和设计暴雨过程。设计暴雨量可按城市暴雨强度公式计算。设计暴雨过程可按以下三种方法确定：①设计暴雨统计模型，对降雨过程资料和雨峰位置进行收集、整理，其方法与编制城市暴雨强度公式的采样方式一致，根据选定重现期部分的降雨资料，采用统计分析方法确定设计降雨过程；②芝加哥降雨模型，根据自记雨量资料统计分析城市暴雨强度公式，同时采集雨峰位置系数，其取值为降雨雨峰位置与降雨总历时的比值；③采用当地水利部门推荐的降雨模型、降雨雨型资料，必要时需做适当修正，并摒弃超过 24h 的长历时降雨。

（2）汇水流域面积。应根据雨水口布置划分汇水流域，计算汇水流域面积。

（3）地表径流。地表径流主要通过雨水口流量过程线来表征，主要包括地表产流过程和地表汇流过程。前者是计算降雨扣除地表蒸发、植物截留、地面洼蓄和土壤入渗后所得的净雨量过程；后者是计算各流域的产流汇集到雨水口的入流过程。

（4）管网汇流。地表汇流形成后通过城市排水管网进一步汇集。排水管网可按"节点—管线"结构进行概化。管道中的水流模拟通常采用圣维南（Sanint-Venant）方程组求解流速和水深，即对连续方程和能量方程联立求解，模拟渐变非恒定流。

5.3　雨水管渠系统的水力计算

雨水管渠系统水力计算的目的在于合理、经济地选择管道断面尺寸、坡度和埋深。由于这种计算是遵循水力学规律的，所以称作管道的水力计算。雨水管渠水力计算按满管均匀流考虑，水力计算公式见式（5-6）、式（5-7）。非恒定流计算条件下的雨水管渠水力计算应根据具体数学模型确定。

$$v=\frac{1}{n}R^{\frac{2}{3}}\ I^{\frac{1}{2}} \tag{5-6}$$

$$Q=\frac{1}{n}AR^{\frac{2}{3}}\ I^{\frac{1}{2}} \tag{5-7}$$

式中　Q——流量，m^3/s；

A——过水断面面积，m^3；

R——水力半径，m；

I——水力坡度；

n——管壁粗糙系数，该值根据管渠材料取值，见表 5-6；

v——流速，m/s。

雨水管壁粗糙系数　　**表 5-6**

管渠材料	粗糙系数 n	管渠材料	粗糙系数 n
混凝土管、钢筋混凝土管、水泥砂浆抹面渠道	0.013～0.014	土明渠（包括带草皮）	0.025～0.030
水泥砂浆内衬球墨铸铁管	0.011～0.012	干砌块石渠道	0.020～0.025
石棉水泥管、钢管	0.012	浆砌块石渠道	0.017
UPVC 管、PE 管、玻璃钢管	0.009～0.010	浆砌砖渠道	0.015

5.4 雨水管渠系统的构筑物

5.4.1 雨水口及连接暗井

雨水口是设在雨水管道或合流管道上用来收集雨水的构筑物。地面上的雨水经过雨水口和连接管流入管道上的检查井后进入排水管渠，从而控制了从道路上进入地下排水系统的径流量。雨水口的设置应根据道路（广场）、街坊以及构筑物的情况、地形、土壤条件、绿化情况、降雨强度的大小及雨水口的泄水能力等因素确定。雨水口设置的位置应能保证迅速有效地收集地面雨水，一般应设在交叉口路口、路侧边沟的一定距离处以及设有道路边石的低洼地方，以防止雨水漫过道路造成道路及低洼地区积水而妨碍交通。在十字路口处，应根据雨水径流情况布置雨水口，详见第 3.3.4 节。雨水口不适宜设在道路分水点上、地势较高的地方、道路转弯的曲线段、建筑物门口、停车站前及其他地下管道上等。

雨水口的形式和设置数量主要根据汇水面积上产生的径流量的大小和雨水口的泄水能力来确定。雨水口的形式分为平箅式和立箅式。一般一个平箅（单箅）雨水口可排泄 15～20L/s 的地面径流量，该雨水口设置时宜低于路面 30～50mm，在土质地面上宜低于路面 50～60mm。雨水口的间距根据道路几何特性和水面设计漫幅确定。道路上雨水口的间距一般为 25～50m（视汇水面积大小而定），在路侧边沟上及路边低洼点处，雨水口的设置间距还要考虑道路的纵坡，当道路纵坡大于 0.02 时，雨水口间距可大于 50m，其形式、数量和布置应根据具体情况和计算确定。坡段较短时可在最低点处集中收水，此时雨水口的数量或面积应适当增加。雨水口深度不宜大于 1m，并根据需要设置沉泥槽。按路拱中心线一侧的每个节点计算，在截水点和径流量较小的地方一般设单箅雨水口，汇水点和径流量较大的地方一般设双箅雨水口，汇水距离较长、汇水面积较大的易积水地段常需设置三箅或选用联合式雨水口，在立交桥下道路最低点一般要设十箅左右。雨水口的泄水能力和适用条件如表 5-7 所示。

雨水口形式及泄水能力 **表 5-7**

形式	给水排水标准图集		泄水能力（L/s）	适用条件
	原名	编号		
路缘石平箅式	边沟式	S2353	20	有路缘石的道路
路缘石立箅式	—	—	—	有路缘石的道路
路缘石立孔式	侧立式	S2356	约 20	有路缘石的道路，箅隙容易被树叶堵塞的地方
路缘石平箅立箅联合式	—	—	—	有路缘石的道路，汇水量较大的地方
路缘石平箅立孔联合式	联合式	S2356	30	有路缘石的道路，汇水量较大且箅隙容易被树枝叶堵塞的地方
地面平箅式	平箅式	S2358	20	无路缘石的道路、广场、地面

续表

形式	给水排水标准图集		泄水能力（L/s）	适用条件
	原名	编号		
路缘石小箅雨水口	小雨水口	S23510	约 10	降雨强度较小，城市有路缘石的道路
钢筋混凝土箅雨水口	钢筋混凝土箅雨水口	S23518	约 10	不通行重车的地方

注：大雨时易被杂物堵塞的雨水口，泄水能力应按乘以 0.5～0.7 的系数计算。

1. 雨水口的构成

雨水口从构造上可由进水箅、井筒和连接管三部分组成，如图 5-2 所示。

（1）进水箅。进水箅可用铸铁制品或钢筋混凝土、石料制品。钢筋混凝土或石料制成的进水箅可以节约钢材，但是其进水能力远远不如铸铁进水箅。一些城市为了加强钢筋混凝土或石料进水箅的进水能力，将雨水口处的边沟沟底下降数厘米，但给交通带来了不便，甚至会引起交通事故。进水能力与进水箅条的方向有关，箅条与水流方向平行比垂直的进水效果好，因此一些地方将进水箅条设计成纵横交错的形式，如图 5-3 所示，以便排泄路面上从不同方向流来的雨水。

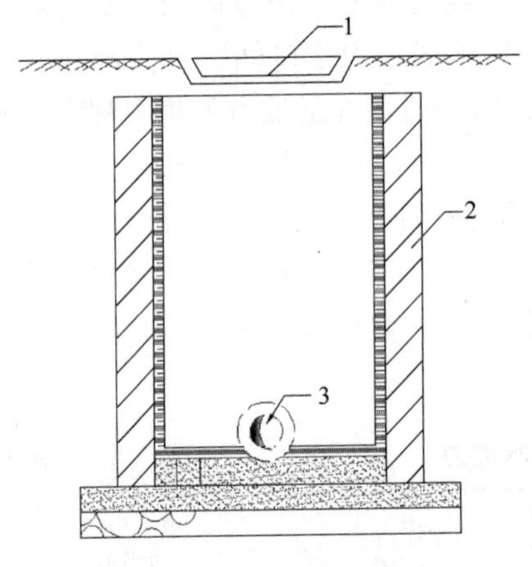

图 5-2　平箅雨水口构造

1—进水箅；2—井筒；3—连接管

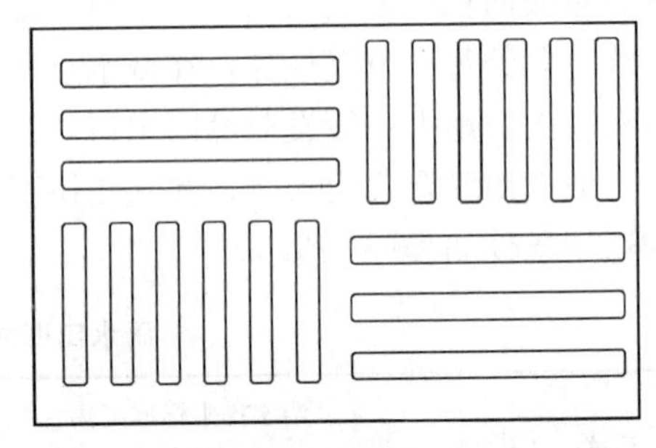

图 5-3　箅条交错排列的进水箅

（2）井筒。雨水口的井筒可用砖砌或用钢筋混凝土预制，也可以采用预制的混凝土管。井筒高度一般不大于 1m，在寒冷地区，为防止冰冻，可根据经验适当加大深度。在泥沙量大的地区可设置沉泥槽。根据泥沙量的大小，雨水口底部可做成无沉泥井或有沉泥井（又称截留井）的形式，如图 5-4 所示。当道路的路面较差，地面上积秽很多的街道或菜市场等，泥沙、石屑等污染物容易随水流入雨水口，因此，为避免这些污染物进入管道而造成堵塞，常采用设置沉泥井式雨水口截流进入雨水口的粗重杂质。设有沉泥井的雨水口，井底积水易滋生蚊虫，天暖多雨的季节要定时加药。为保证发挥其作用，对设有沉泥井的雨水口需要及时清除井底的截留物，否则不但失去截留作用，而且可能散发臭味。清掏方法可使用手动污泥夹、小型污泥装载车，也可使用抓泥车和吸泥车，其清掏积泥的效率更高。

(3) 连接管。雨水口以连接管接入检查井，连接管管径应根据箅数及泄水量通过计算确定。连接管的最小管径一般为 200mm，连接管坡度一般为 0.01，雨水连接管的长度一般不宜大于 25m，连接管串联雨水口（即接在同一连接管上的雨水口）的个数不宜超过 3 个。当管道的直径大于 800mm 时，也可在连接管与管道连接处不另设检查井，而设连接暗井，如图 5-5 所示。

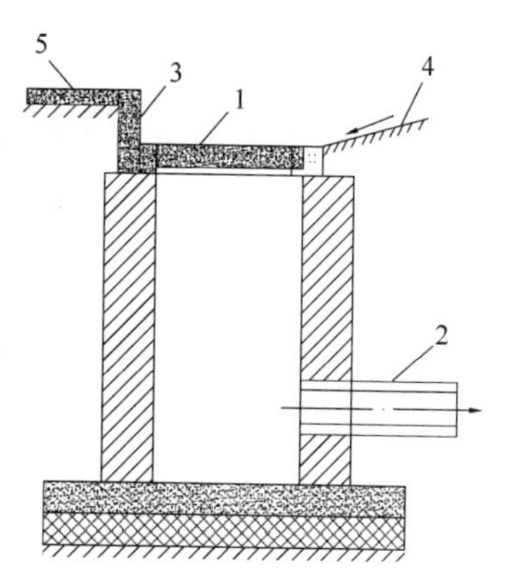

图 5-4 有沉泥井的雨水口
1—进水箅；2—连接管；3—侧石；4—道路；5—人行道

2. 雨水口的类别

雨水口按进水箅在街道上的设置位置可分为边沟雨水口、边石雨水口以及两者相结合的联合式雨水口。边沟雨水口也称边沟平箅雨水口或平箅雨水口，其进水箅是水平放置的，稍低于边沟底水平位置，一般宜低于路面 30～40mm，箅条与水流方向平行，并使周围路面坡向雨水口。边石雨水口的进水箅设在

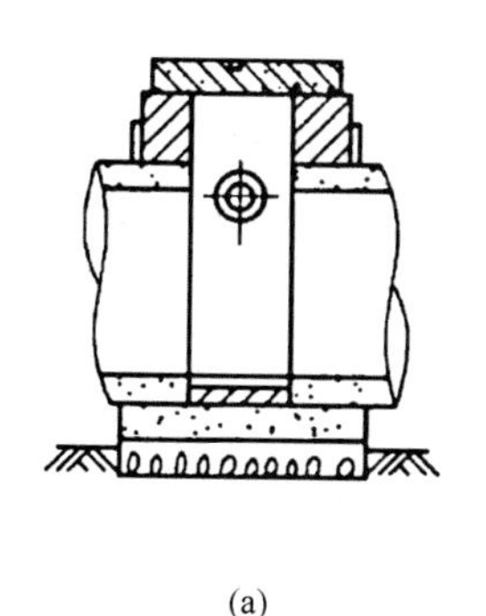
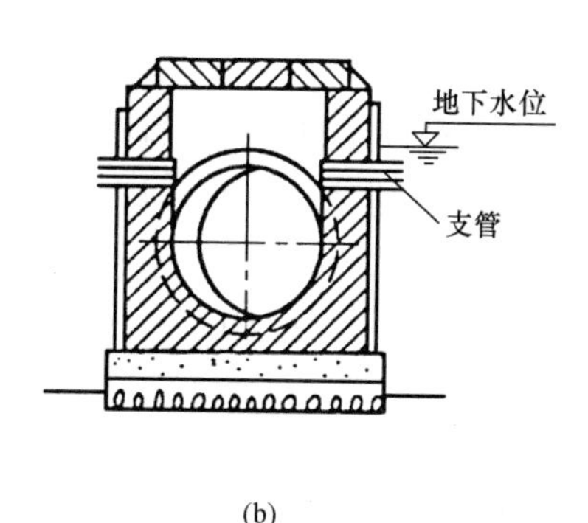

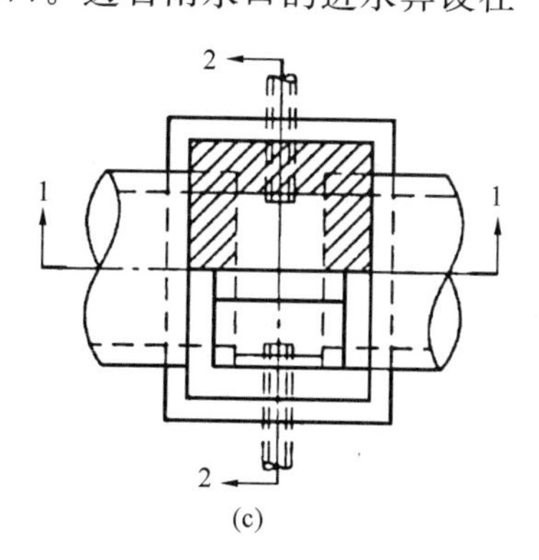

(a) (b) (c)

图 5-5 连接暗井
(a) 1-1 剖面；(b) 2-2 剖面；(c) 平面图

道路的侧边石上，箅条与雨水流向呈正交，进水孔底面应比附近路面略低。边石雨水口分为立孔式和立箅式。边石雨水口适用于有道牙的路面以及箅条间隙容易被树叶等杂物堵塞的地方。边石雨水口的泄水能力按 20L/s 计算。联合式雨水口是在道路边沟底和边石侧面都安放进水箅，进水箅呈折角式安放在边沟底和边石侧面的相交处，如图 5-6 所示。联合式雨水口截流能力强，适用于有道牙的道路以及汇水量较大且箅条容易堵塞的地方。联合式雨水口泄水能力可按 30L/s 计算。为了提高雨水口的进水能力，目前我国许多城市已采用双箅联合式或三箅联合式雨水口，这两种雨水口都扩大了进水箅的进水面积，从而保证了进水效果。

在选择雨水口形式时，应满足以下要求：①应选择进水量大、进水效果好的雨水口。铸铁平箅进水空隙长边方向与雨水径流的方向一致时，进水效果好，其中 750mm×450mm 的铁箅进水量较大，应用较广泛；②应选择构造简单，易于施工、养护，并且尽可能设计或选用装配式进水口；③应考虑安全、卫生等。合流管道的雨水口宜加设防臭设施。按道路情况和泄水量的大小，还有其他形式的雨水口，在设计时可结合当地具体条件选用。

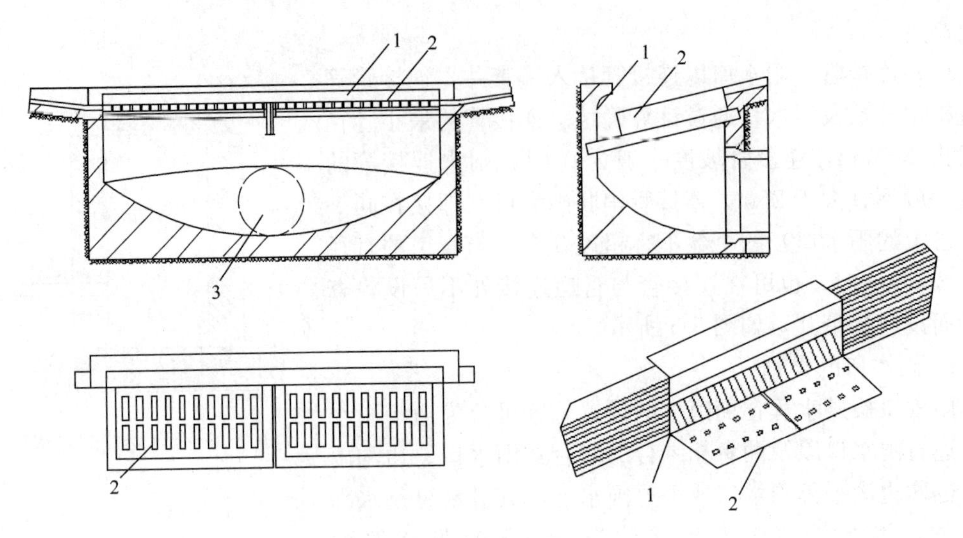

图 5-6　双箅联合式雨水口
1—边石进水箅；2—边沟进水箅；3—连接管

3. 道路雨水口处流量的确定

雨水口处的流量由两部分组成：上游雨水口未及时排除的雨水量以及该雨水口汇水面积上的径流量。这些水量会有一部分无法进入雨水口，即转输流量。因此雨水口的截流量为：

$$Q_a = Q_1 - Q_2 - Q_c \tag{5-8}$$

式中　Q_a——雨水口的截流量，m^3/s；

Q_1——该雨水口汇水面积上的径流量，m^3/s；

Q_2——上游雨水口未及时排除的雨水量，m^3/s；

Q_c——该雨水口转输流量，m^3/s。

如果雨水口分布均匀，$Q_2 = Q_c$；或者如果雨水口能够将本段及上游雨水全部流留，$Q_2 = 0$，$Q_c = 0$，则雨水口的截流量为：

$$Q_a = Q_1 \tag{5-9}$$

一般情况下，在具有一定坡度的道路上，雨水口可以截流 70%～80%的地面径流，因此道路上雨水口处设计流量计算如下：

$$Q = Q_1 + Q_2 = Q_a + Q_c \tag{5-10}$$

考虑到雨水口的堵塞情况，在计算雨水口处的流量时要注意选择重现期，一般情况下，此处的重现期应大于管渠设计时选择的重现期，例如美国一些州，市区道路上雨水口处水量设计时采用的重现期一般为 5～10 年，主要道路为 10 年，在我国以前的设计规范中没有明确规定，但在《室外排水设计标准》GB 50014—2021 中明确："雨水口和雨水连接管流量应为雨水管渠设计重现期计算流量的 1.5 倍～3 倍"。在计算道路雨水口处的流量时，集水时间一般选 5min。

4. 雨水口的泄水能力和效率

雨水口的泄水能力直接影响雨水的排除效果，也间接影响道路交通安全，如果造成过多的雨水渗入路面，则会影响路面的结构性能。通常雨水口很难截除整个边沟流量。雨水口泄水能力（或收水能力）Q_i为雨水口截流的边沟流量。未被雨水口截流的部分水流称作旁流，或称继续流，其计算公式如下：

$$Q_b = Q - Q_i \tag{5-11}$$

式中 Q_b——旁流，m^3/s；

Q——边沟总流量，m^3/s；

Q_i——雨水口的截流能力，m^3/s。

雨水口的截流效率 E 定义为在给定条件下，雨水口截流量占边沟总流量的百分比，表示为：

$$E = \frac{Q_i}{Q} \times 100\% \tag{5-12}$$

雨水口的泄水能力与边沟横断面坡度、道路粗糙系数、边沟纵向坡度、上游来流量、雨水口几何尺寸以及是否采用低洼布置相关。通常雨水口的泄水能力随边沟流量的增大而增大，而截流效率通常随边沟流量的增大而减小。

5. 边沟雨水口水力学

（1）雨水口布置在雨水聚集位置

边沟雨水口布置在雨水聚集位置，不考虑道路的横、纵坡。水浅时，边沟雨水口没有被全部浸没，所以水流沿孔口四周流入，近似堰流，按照式（5-13）计算；当水深时，雨水口全部浸没，为孔流，按照式（5-14）计算：

$$Q_w = \frac{2}{3} C_d \sqrt{2g} P_e Y^{1.5} \tag{5-13}$$

$$Q_0 = C_d m A_0 \sqrt{2gY} \tag{5-14}$$

式中 Q_w——堰流流量，m^2/s；

C_d——流量系数，0.6～0.7；

g——重力加速度，$9.81m/s^2$；

P_e——有效堰长，m；

Y——有效水深，m；

Q_0——孔流流量，m^2/s；

A_0——孔口面积，m^2；

m——孔口有效面积系数。

目前，堰流和孔流之间的界限并不是非常清晰。从理论上来说，当雨水口周围的雨水高度达到一定值，使得堰水位—流量关系曲线与孔水位—流量关系曲线相交时，即可能发生水力现象的转换。在实际中，当雨水达到一定深度时，雨水口的截流能力可通过式（5-13）和式（5-14）分别计算，计算后取二者中最小值。

$$Q_a = \min(Q_w, Q_0) \tag{5-15}$$

（2）雨水口布置在具有一定坡度的位置

雨水口布置在具有一定坡度的位置，雨水口截流量由两部分组成：在雨水口宽度范围内沿道路纵坡方向流向雨水口的纵向流量和在雨水口宽度范围外流向雨水口的侧向流量。其中纵向流量在道路总径流量中的比例为：

$$E_B = \frac{Q_B}{Q} = 1 - \left(1 - \frac{B}{l}\right)^{\frac{8}{3}} \tag{5-16}$$

式中　E_B——纵向流量在总径流量中的比例；

Q_B——纵向流量，m^3/s；

Q——雨水口设计流量，m^3/s；

B——雨水口宽度，m；

l——水流扩散宽度，m。

侧向流量 Q_x 在总径流量 Q 中的比例为：

$$E_x = \frac{Q_x}{Q} = 1 - E_B \tag{5-17}$$

式中　E_x——侧向流量在总径流量中的比例。

当采用边沟雨水口时，箅子对纵向流雨水的截流比是由雨水箅的长度、平均断面流速以及由于雨水箅的影响造成的飞溅速度决定的。飞溅速度 v_0（水流刚刚开始飞跃雨水口的临界速度）是雨水箅类型和箅子宽度的函数，须针对不同的箅子形式做水工试验得出。

雨水箅的截流能力是由纵向流和侧向流共同决定的。当 $v>v_0$ 时，纵向流的截流比例 R_B 可由式（5-18）计算：

$$R_B = 1 - 0.295(v - v_0) \tag{5-18}$$

式中　R_B——纵向流的截流百分比；

v_0——飞溅速度，m/s；

v——平均断面流速，m/s。

对于大多数情况，$v \leqslant v_0$，$R_B=1$。侧向流的截流比例 R_x 可由下式计算：

$$R_x = \frac{1}{\left(1 + \frac{0.0828v^{1.8}}{i_{横} L_e^{2.3}}\right)} \tag{5-19}$$

式中　R_x——侧向流的截留百分比；

L_e——雨水口有效长度，m；

$i_{横}$——道路横坡,%。

因此，总的截流量 Q_a 为：

$$Q_a = R_B Q_B + R_x Q_x = [R_B E_B + R_x(1 - E_B)]Q \tag{5-20}$$

6. 边石雨水口水力学

（1）雨水口布置在雨水聚集位置

边石雨水口布置在雨水聚集位置，不考虑道路的横、纵坡。水浅时孔口不是完全被淹没，类似于侧边堰流，采用式（5-13）计算。水深没顶后，雨水口的排水能力采用式（5-14）计算，有效水深为水面到雨水口中心高度差。

（2）雨水口布置在具有一定坡度的位置

在具有一定坡度处设置边石雨水口，满足完全截流雨水流量的设计径流量 Q 所需要的雨水口的长度 L_t，可由式（5-21）计算：

$$L_t = 0.817Q^{0.42} i_{纵}^{0.3} \left(\frac{1}{n i_{横}}\right)^{0.6} \tag{5-21}$$

式中　L_t——将雨水完全截流所需的雨水口总有效长度，m；

n——曼宁粗糙系数，沥青路面一般取0.016；

$i_{横}$——道路横坡，%；

$I_{纵}$——道路纵坡，%。

实际的立式雨水口的有效长度应该小于但尽量接近L_t。路边立式雨水口的截流能力可由式（5-22）计算：

$$Q_a = Q\left[1-\left(1-\frac{L_e}{L_t}\right)^{1.80}\right] \tag{5-22}$$

式中 Q_a——雨水口截流能力，m^3/s；

L_e——雨水口的实际有效长度，m。

7. 联合式雨水口水力学

联合式雨水口在使用过程中，如果其中一个堵塞了，另一个仍然可以继续使用。然而，通过经验公式对二者进行设计，常建立在二者独立运行的基础上。联合式雨水口之间的相互作用目前仍然没有被完全认识。相互独立运行的假设相当于立式雨水口紧邻平箅式雨水口的下游，即立式雨水口接收平箅式雨水口的转输流量。如果平箅式雨水口的截流比例为100%，那么立式雨水口就不会接收雨水。理论上，联合式雨水口的过流能力是平箅式雨水口和立式雨水口过流量的总和。

5.4.2 检查井

为便于对排水管道系统进行定期检修、清通和连接上、下游管道，须在管道适当位置设置检查井。当管道发生严重堵塞或损坏时，检修人员可下井疏通和检修。检查井通常设置在管道的交汇、转弯和管径、坡度及高程变化处。检查井的平面形状一般为圆形，如图5-7所示，大型管渠的检查井也有矩形和扇形。检查井尺寸的大小应按管道埋深、管径和操作要求确定。

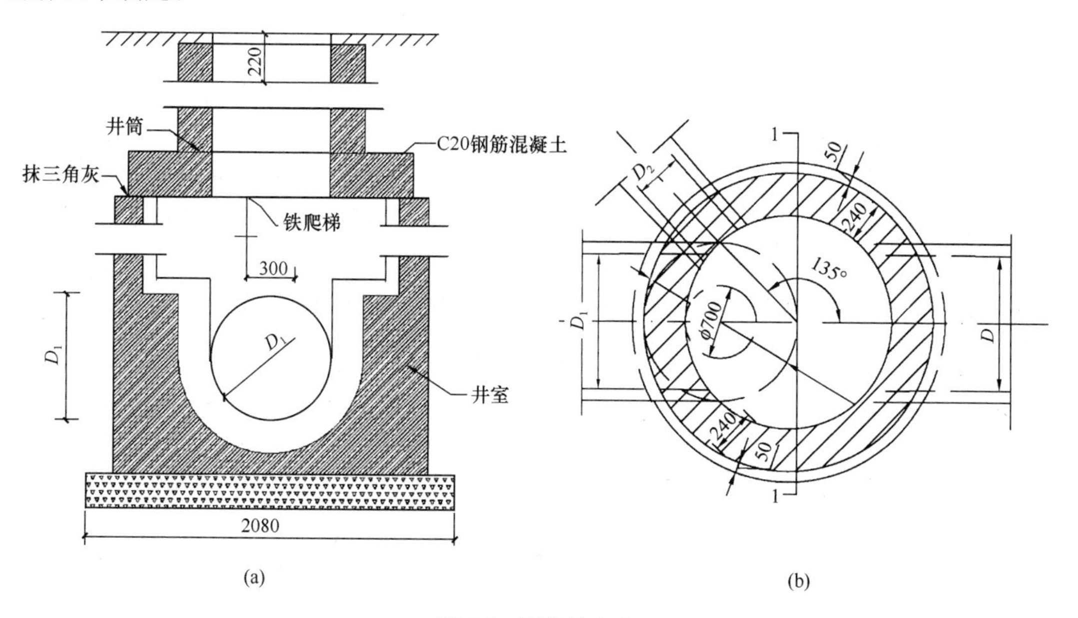

图5-7 圆形检查井

（a）1-1剖面图；（b）平面图

为了防止检查井泄漏而影响建筑物基础，以及清理方便，要求井中心至建筑物外墙的距离应不小于3m。接入检查井的支管管径大于300mm时，支管数量不宜超过3条。检查井在直线管段的最大间距应根据疏通方法等具体情况确定，在不影响街坊接户管的前提下，宜按表5-8的规定取值。管径越大，间距越大。无法实施机械养护的区域，检查井的间距不宜大于40m。

检查井在直线段的最大间距　　表5-8

管径（mm）	300～600	700～1000	1100～1500	1600～2000
最大间距（m）	75	100	150	200

检查井由井基础、井底、井身、井盖及井盖座等组成，如图5-8所示。

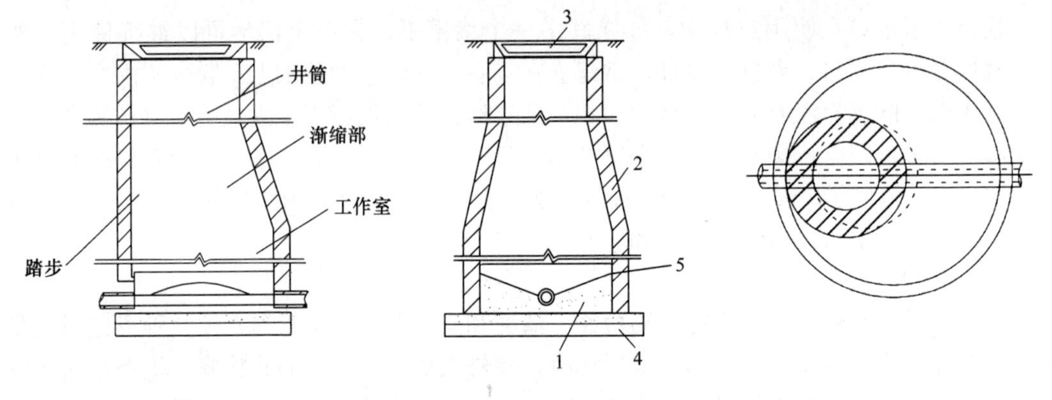

图5-8　检查井构造图

1—井底；2—井身；3—井盖及井盖座；4—井基础；5—沟肩

（1）井底。检查井的井底材料一般采用低强度等级混凝土，基础采用碎石、卵石、碎砖夯实或低强度等级混凝土。为使水流流过检查井时阻力小，井底应设连接上、下游管道半圆形或弧形流槽，两侧为直壁。雨水管道的检查井流槽顶与0.5倍管径处相平。流槽两侧至检查井壁间的底板（称沟肩）应有一定宽度，一般应不小于20cm，以便养护人员在井下立足，并应有0.02～0.05的坡度坡向流槽，以防止检查井内积水时淤泥沉积。在管渠转弯或管渠交汇处，流槽中心线的弯曲半径应按转角大小和管径确定，并且不得小于大管的管径，其目的是为了使水流畅通。检查井井底各种流槽的平面形式如图5-9所示。根据某些城市排水管道的养护经验，为有利于管渠的清淤，应每隔一定距离（约200m），将井底做成落底为0.5～1.0m的沉积槽。

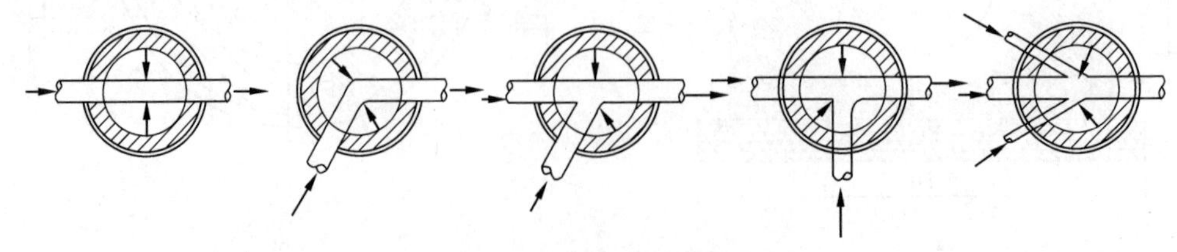

图5-9　检查井底槽的形式

（2）井身。检查井井身的材料可采用砖、石混凝土或钢筋混凝土。我国目前多采用砖砌，以水泥砂浆抹面，而国外多采用钢筋混凝土预制、聚合物混凝土预制等。井身的平面形状一般为圆形或正方形，但在大直径管道的连接处或交汇处，可做成矩形或其他形状。检查井的井身构造与是否需要工人下人有密切关系。检查井分为不下人的浅井和需要下人的深井。不需要下人的浅井构造简单，一般为直壁筒形，井径一般在 500～700mm，如图 5-10 所示。

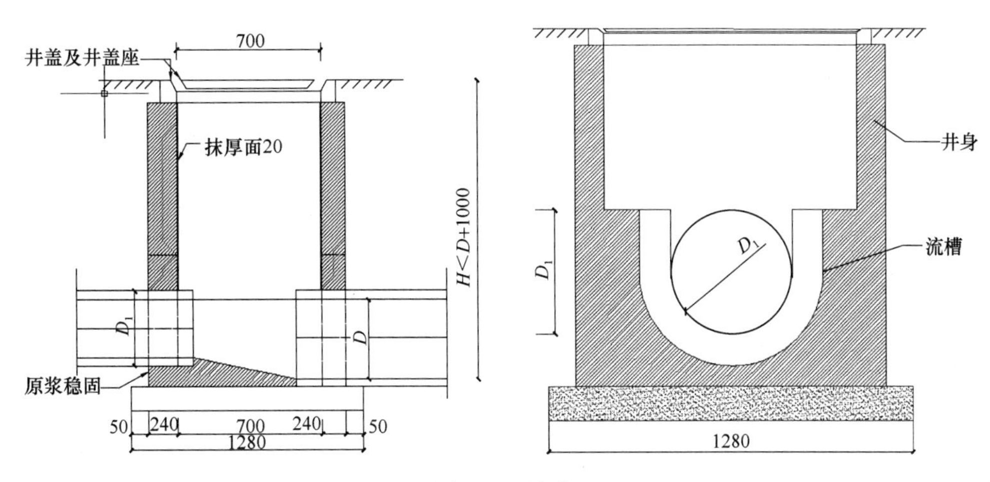

图 5-10　浅井

而对于经常需要下人检修的检查井，其井口大于 800mm 为宜。在构造上可分为工作室、渐缩部和井筒三部分。工作室是养护时工人进行临时操作的地方，因此不宜过分狭小，其直径不能小于 1m，其高度在埋深许可时一般采用 1.8m 或更高，雨水（合流）检查井由管底算起。为降低检查井造价，缩小井盖尺寸，井筒直径比工作室小，考虑到工人在检修时出入安全和方便，直径不应小于 0.7m。井筒与工作室之间可采用锥形渐缩部连接，渐缩部高度一般为 0.6～0.8m，另外，也可以在工作室顶偏向出水管道一边加钢筋混凝土盖板梁，井筒则砌在盖板梁上。为便于工人检查时上下方便，井身在偏向进水管的一边保持直立，并设有牢固性好、抗腐蚀性强的爬梯。

(3) 井盖和井盖座。检查井的井盖常用圆形，其直径为 0.65～0.70m，可采用铸铁或钢筋混凝土材料制造。在车行道上一般采用铸铁井盖和井盖座，为防止雨水流入，盖顶略高出地面。在人行道或绿化地带内可采用钢筋混凝土制造的井盖及井盖座，如图 5-11 和图 5-12 所示。

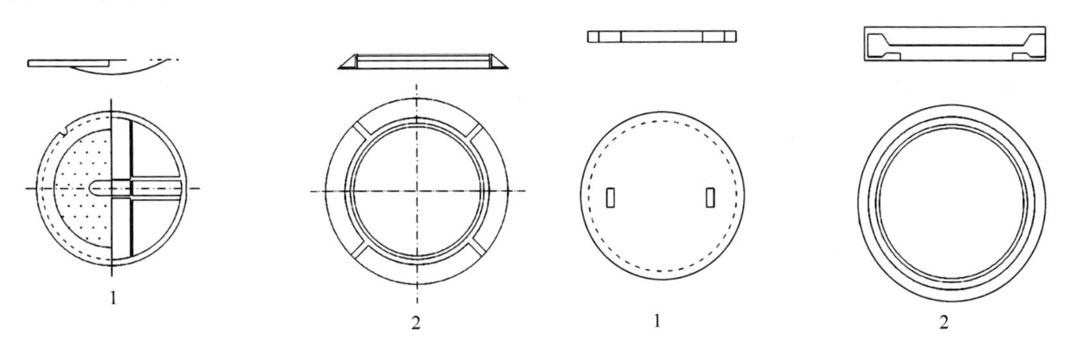

图 5-11　轻型铸铁井盖及井盖座
1—井盖；2—井盖座

图 5-12　轻型钢筋混凝土井盖及井盖座
1—井盖；2—井盖座

合流制管渠上可采用雨水检查井。排除具有腐蚀性的工业废水的管渠，要采用耐腐蚀性管材和接口，同时也要采用耐腐蚀性检查井，即在检查井内做耐腐蚀衬里（如耐酸陶瓷衬里、耐酸陶板衬里、玻璃钢衬里），或采用花岗石砌筑。

5.4.3 雨水泵站

当雨水管道出口处水体水位较高，雨水不能自流排泄，或者水体最高水位高出排水区域地面时，都应在雨水管道出口前设置雨水泵站。雨水泵站所抽升的水一般含有大量的杂质，并且来水的流量逐日逐时都在变化。雨水泵站设计流量可按泵站进水总管的设计流量计算确定。当立交道路设有盲沟时，其渗流水量应单独计算。设计扬程应按设计流量时集水池水位与受纳水体平均水位差和水泵管路系统的水头损失确定。雨水泵站由机器间、集水池、格栅、辅助间组成，有时还附设有变电所。机器间内设置水泵机组和附属设备。格栅和吸水管安装在集水池内，集水池还可以在一定程度上调节来水的不均匀性，使泵能较平稳地工作。格栅又称拦污栅，其将水中粗大的固体杂质拦截，防止杂质堵塞和损坏泵。辅助间一般包括贮藏室、修理间、休息室和厕所等。

雨水泵站具有流量大、扬程小的特点，所以一般选择轴流泵或混流泵，设计时多采用ZLB型轴流泵。轴流泵与混流泵是叶片式泵中比转数较高的一种泵，均依靠叶轮的高速旋转完成其能量转换。轴流泵叶轮出水的水流为轴向流，液体质点在叶轮中流动时主要受到的是轴向升力。轴流泵的工作是以空气动力学中机翼的升力理论为基础的，其叶片与机翼具有相似形状的截面，一般称这类形状的叶片为翼型，如图5-13所示。当流体绕过翼型时，在翼型的首端A点处分离为两股流，分别经过翼型的上表面（即轴流泵叶片工作面）和翼型的下表面（轴流泵叶片背面），并同时在翼型的尾端B点汇合。由于沿翼型下表面的路程要比上表面路程长，因此，流体沿翼型下表面的流速要比沿翼型上表面流速大，翼型下表面的压力小于上表面，流体对翼型将有一个由上向下的作用力 P。同样，翼型对于流体也将产生一个反作用力 P'，此 P' 的大小与 P 相等，方向由下向上，作用在流体上。混流泵叶轮出水的水流方向为斜向流，液体质点在叶轮中流动时既受到离心力的作用，又受到轴向升力的作用。

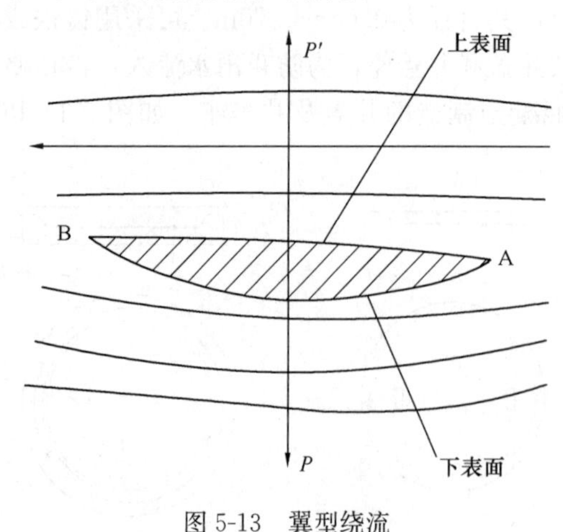

图5-13　翼型绕流

1. 雨水泵站的基本形式

雨水泵站的基本形式有“干室式”（图5-14）与“湿室式”（图5-15）。“干室式”雨水泵站分3层，上层是电动机间，安装立式电动机和其他电气设备；中层为机器间，安装泵的轴和压水管；下层是集水池。机器间与集水池之间用不透水的隔墙分开，集水池的雨水，除了进入泵以外，不允许进入机器间，因而电动机运行条件好，检修方便，卫生条件也好，但是其结构复杂、造价较高。“湿室式”雨水泵站的电动机层下面是集水池，泵浸于集水池内。“湿室式”雨水泵站结构虽比“干室式”泵站简单，造价较低，但泵的检修不如“干室式”方便，泵站内比较潮湿，且有臭味，不利于电气设备的维护和管理工人的健康。

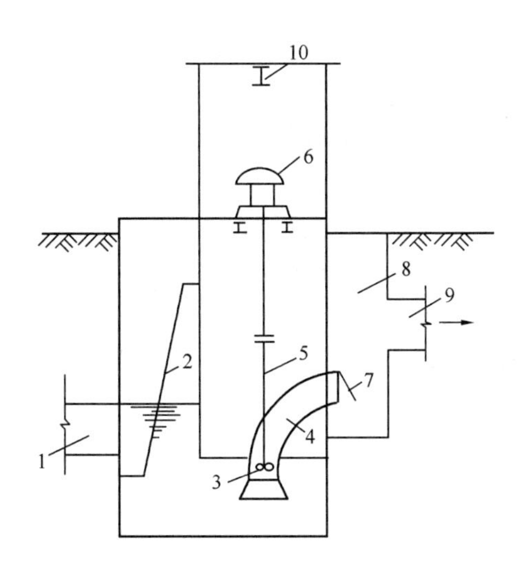

图 5-14 “干室式”雨水泵站

1—来水干管；2—格栅；3—水泵；4—压水管；5—传动轴；6—立式电动机；7—拍门；8—出水井；9—出水管；10—单梁吊车

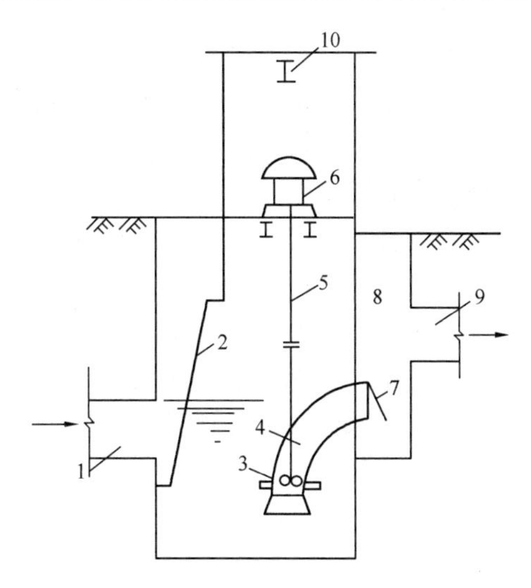

图 5-15 “湿室式”雨水泵站

1—来水干管；2—格栅；3—水泵；4—压水管；5—传动轴；6—立式电动机；7—拍门；8—出水井；9—出水管；10—单梁吊车

雨水泵站的占地随流量、性质等有所不同，如表 5-9 所示。

雨水泵站不同流量占地面积 **表 5-9**

设计流量（m^3/s）	泵站性质	占地面积（m^2）	
		城区、近郊区	远郊区
<1	雨水	400～600	500～700
	合流	700～1000	800～1200
1～3	雨水	600～1000	700～1200
	合流	1000～1300	1200～1500
3～5	雨水	1000～1500	1200～1800
	合流	1300～2000	1500～2200
5～30	雨水	1500～8000	1800～10000
	合流	2000～8000	2200～10000

2. 泵的选择

雨水泵站在大雨和小雨时设计流量的差别很大，所以泵的选型首先应满足最大设计流量的要求，但也必须考虑到雨水径流量的变化，不能忽视小流量。为了适应来水流量的变化，雨水泵一般不宜少于 2～3 台。大型雨水泵站按雨水道设计流量选泵，小型雨水泵站（流量在 2.5m^3/s 以下）泵的总抽水能力可略大于雨水道设计流量。宜选用同一型号的泵，型号不宜太多。如必须大小泵搭配时，其型号也不宜超过两种。如采用一大二小三台泵时，小泵出水量不小于大泵的 1/3。泵的扬程必须满足从集水池平均水位到出水池最高水位所需扬程的要求。雨水泵可以在旱季检修，通常不设备用泵。

3. 集水池的设计

由于雨水管道设计流量大，在暴雨时，泵站在短时间内要排出大量雨水，如果完全用集水池来调节，往往需要很大的容积；另外，接入泵站的雨水管渠断面积很大，敷设坡度又小，也能起一定的调节水量的作用。因此，在雨水泵站设计中，一般不考虑集水池的调节作用，只要求在保证泵正常工作和合理布置吸水口等所必需的容积。一般采用不小于最大一台泵30s的出水量。由于雨水泵站大都采用轴流泵，而轴流泵没有吸水管，集水池中水流的情况会直接影响叶轮进口的水流条件，从而影响泵的性能。因此，必须正确地设计集水池，否则会使泵工作受到干扰而使泵的性能与设计要求大大不同。

由于水流具有惯性，流速越大其惯性越明显，因此水流不会轻易改变方向。集水池的设计必须考虑水流的惯性，以保证泵具有良好的吸水条件，不致产生各种涡流以及旋流。在泵的吸水井中，可能产生凹洼涡、局部涡、同心涡以及水中涡流，如图5-16所示。水中涡流附着于集水池底部或侧壁，一端延伸到泵进口内。在水中涡流中心产生气蚀作用。由于吸入空气和气蚀作用会改变泵的性能，效率下降，出水量减少，并使电动机过载运行，还会产生噪声和振动，使运行不稳定，导致轴承磨损和叶轮腐蚀。旋流由于集水池中水的偏流、涡流和泵叶轮的旋转而产生。旋流扰乱了泵叶轮中的均匀水流，从而直接影响泵的流量、扬程和轴向推力。旋流也是造成机组振动的原因。

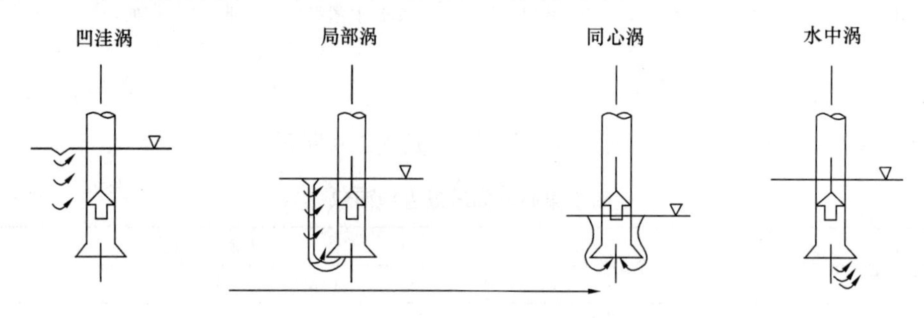

图5-16　产生涡流的种类

集水池的一般规定如下：

(1) 集水池的最小容积（有效容积）。雨水泵房应采用不小于最大一台泵30s的出水量，一般采用30～60s。

(2) 集水池的有效水深。进水管设计水位减去过格栅水头损失至集水池最低水位之差，一般采用1.2～2.0m。

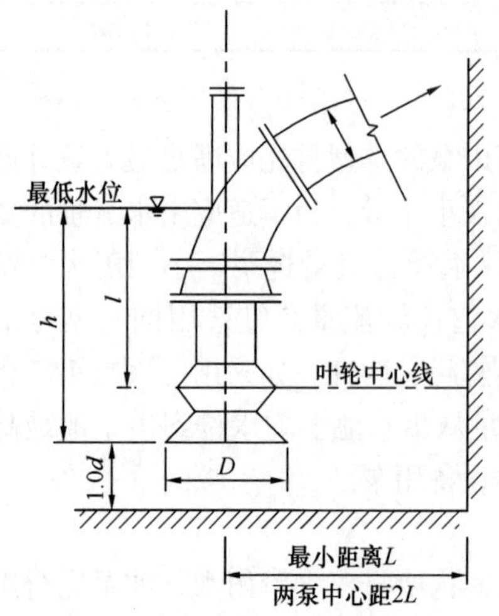

图5-17　立式轴流泵的最低水位

(3) 集水池的水位。最高水位按进水管满流时水位减格栅水头损失计。立式轴流泵的最低水位如图5-17所示。配备多台泵的泵房应考虑中水位，一般在最高和最低水位之间1/2处。

(4) 排空和清泥。将集水池用闸板分为2个格，轮换使用，可临时设污泥泵抽吸排空。

集水池的设计注意事项如下：①使进入池中的水流均匀地流向各台泵；②泵的布置、吸入口位置和集水池形状的设计，不致引起旋流；③ 集水池进口流速尽可能缓慢，一般不超过0.7m/s，泵吸入口的行近流速以取0.3m/s以下为宜；④流线不要突然扩大和改变方向；⑤在泵与集水池壁之间，不应留过多的空隙；⑥在一台泵的上游应避免设置其他的泵；⑦应取足够的淹没水深，防止空气吸入形成涡流；⑧进水管管口要做成淹没出流，使水流平稳地没入集水池中，因为这样进水管中的水不致卷吸空气并带到吸水井中；⑨在封闭的集水池中应设透气管，排除集存的空气；⑩进水明渠应设计成不发生水跃的形式；⑪为了防止形成涡流，在必要时应设置适当的涡流防止壁与隔壁。

由于集水池（吸水井）的形状受场地大小、施工条件、机组配置等的限制，当不可能设计成理想的形状和尺寸时，为了防止产生空气吸入涡、水中涡及旋流等，可设置涡流防止壁，其形式有三种，如图 5-18 所示。形式 1，当吸水管与侧壁之间的空隙大时，可防止吸水管下水流的旋流，并防止随旋流而产生的涡流。但是，如设计涡流防止壁中的侧壁距离过大时，会产生空气吸入涡。形式 2，可以防止因旋流淹没水深不足所产生的吸水管下的空气吸入涡，但是这种形式不能防止旋流。形式 3 为预计到因各种条件在水面有涡流产生时，用多孔板防止水面空气吸入涡流。

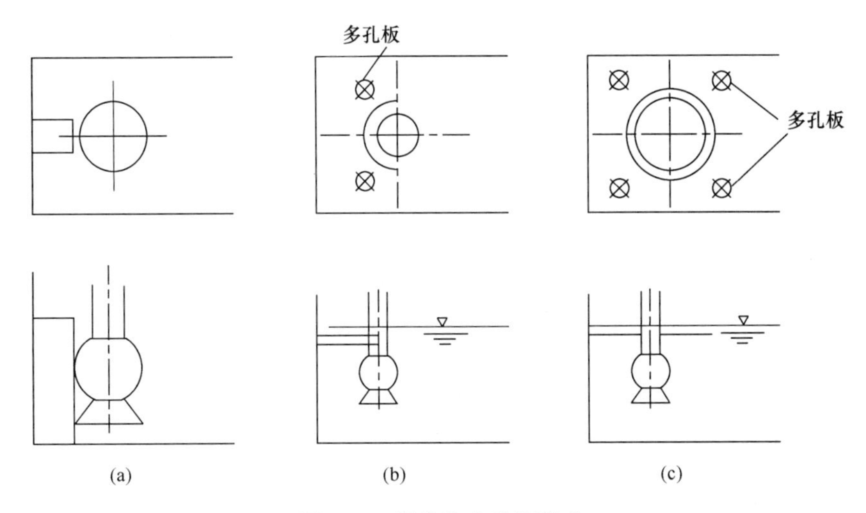

图 5-18 涡流防止壁的形式

（a）形式 1；（b）形式 2；（c）形式 3

4. 出流设施

雨水泵站的出流设施一般包括出流井、出流管、超越管（溢流管）、排水口，如图 5-19 所示。出流井中设有各泵出口的拍门，雨水经出流井、出流管和排水口排入天然水体中。拍门可以防止水流倒灌入泵站。可以多台泵共用一个出流井，也可以每台泵各设一个。溢流管的作用是当水体水位不高，同时排水量不大时，或在泵发生故障或突然停电时，用以排泄雨水。因此，在连续溢流管的检查井中应装设闸板，平时该闸板关闭。排水口的设置应考虑对河道的冲刷和对航运的影响，所以应控制出口水流速度和方向，一般出口流速应控制在 0.6～1.0m/s。流速较大时，可以在出口前采用八字墙放大水流断面。出流管的方向最好向河道下游倾斜，避免与河道垂直。

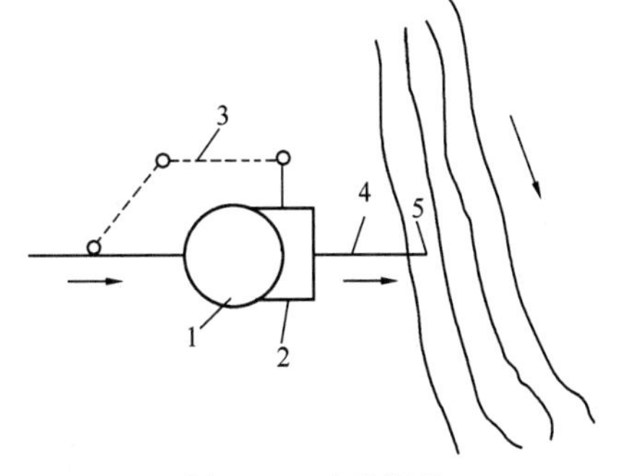

图 5-19 出流设施

1—泵站；2—出流井；3—溢流管；4—出流管；5—排出口

5. 内部布置与构造特点

雨水泵站中泵一般都是单行排列，每台泵各自从集水池中抽水，并独立地排入出流井中。出流井一般放在室外，当可能产生溢流时，应予以密封，并在井盖上设置透气管或在出流井内设置溢流管，将倒流水引回集水池中。吸水口和集水池之间的距离应使吸水口和集水池底之间的过水断面积等于吸水喇叭口的面积。这个距离一般在吸水口直径的一半时（即 $D/2$）最好，增加到吸水口直径时（即 D），泵效率反而下降。如果这一距离必须大于 D，为了改善水力条件，在吸水口下应设一涡流防止壁（导流锥），并采用图5-20所示的吸水喇叭口。吸水口和池壁距离应不小于 $D/2$，如果集水池能保证均匀分布水流，则各泵吸水喇叭口之间的距离应等于 $2D$，如图5-21所示。图5-21（a）及（b）所示的进水条件较好，图5-21（c）的进水条件不好，在不得不从一侧进水时，应采用图5-21（d）的布置形式。因为轴流泵的扬程低，所以压水管要尽量短，以减少水头损失。压水管直径的选择应使其流速水头损失小于泵扬程的4%～5%。压水管出口不设闸阀，只设拍门。

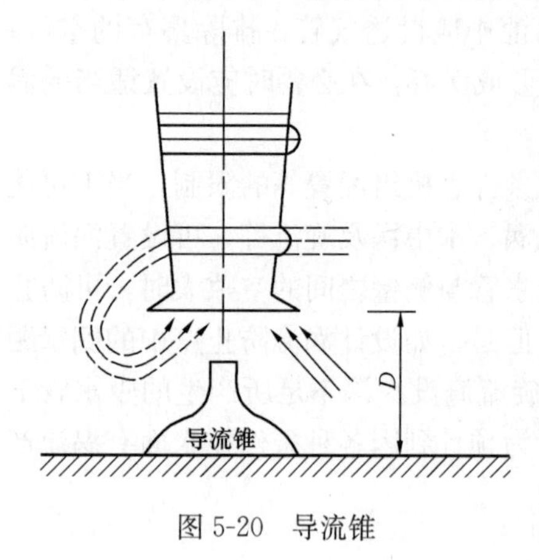

图5-20　导流锥

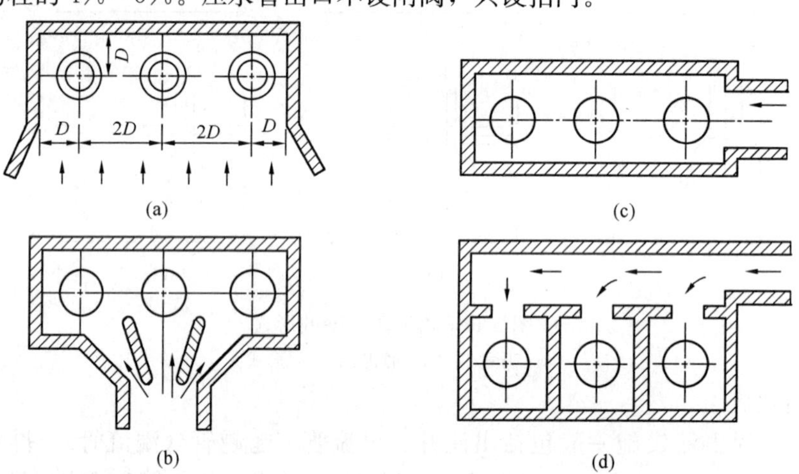

图5-21　雨水泵吸水口布置

（a）布置形式1；（b）布置形式2；（c）布置形式3；（d）布置形式4

集水池中最高水位标高一般为来水干管的管顶标高，最低水位一般略低于来水干管的管底标高。对于流量较大的泵站，为了避免泵房太深，施工困难，也可以略高于来水管渠管底标高，使最低水位与该泵流量条件下来水管渠的水面标高齐平。泵的淹没深度按泵产品样本的规定采用。

泵传动轴长度大于1.8m时，必须设置中间轴承。水泵间内应设集水坑及小型泵以排除泵的渗水，该泵应设在不被水淹之处。相邻两机组基础之间应设有过道，以便工作人员通行。当电动机容量大于55kW时，净距不小于1.2m；当电动机容量不大于55kW时，净距不小于0.8m；当电动机容量小于20kW时，过道宽度适当缩减。

在设立式轴流泵的泵站中，电动机间一般设在水泵间之上。电动机间应设置起重设备，在房屋跨度不大时，可以采用单梁吊车；在跨度较大或起重量较大时，应采用桥式吊车。电动机间地板上应有吊装孔，该孔在平时用盖板盖好。采用单梁吊车时，为方便起吊工作，工字梁应放在机组的上方。如果梁正好在大门中心时，则可使工字梁伸出大门 1m 以上，设备起吊后可直接装上汽车，节省劳力，运输也比较方便，但应注意大门上面过梁的负荷问题。除此之外，也有将大门加宽，使汽车进到泵站内，以便吊起的设备直接装车。

当电动机功率在 55kW 以下时，电动机间净空高度应不小于 3.5m；在 100kW 以上时，应不小于 5.0m。为了保护泵，在集水池前应设格栅。格栅可单独设置或附设在泵站内，单独设置的格栅井通常建成露天式，四周围以栏杆，也可以在井上设置盖板。附设在泵站内，必须与机器间、变压器间和其他房间完全隔开。为便于清除格栅，要设格栅平台，平台应高于集水池设计最高水位 0.5m，平台宽度应不小于 1.2m，平台上应做渗水孔，并装上自来水龙头以便冲洗。格栅宽度不得小于进水管渠宽度的 2 倍。格栅栅条间隙可采用 50～100mm。格栅前进水管渠内的流速不应小于 1m/s，过栅流速不超过 0.5m/s。

为了便于检修，集水池最好分隔成进水格间，每台泵有各自单独的进水格间，在各进水格间的隔墙上设砖墩，墩上有槽或槽钢滑道，以便插入闸板。闸板设两道，平时闸板开启，检修时将闸板放下，中间用黏土填实，以防渗水，如图 5-22 所示。

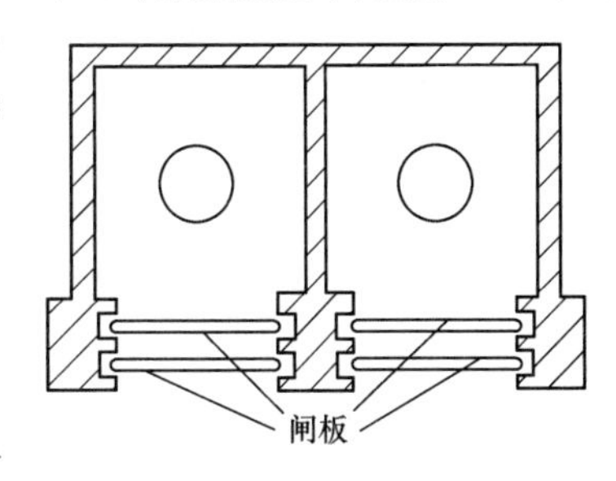

图 5-22 集水池闸板

5.4.4 出水口

出水口可分为淹没式与非淹没式。淹没式出水口一般用于污水管道，也可用于雨水管道。非淹没式出水口主要用于雨水管道，管底标高在水体最高水位以上，一般在常水位以上，以免水体水倒灌。一字式和八字式的出水口分别如图 5-23、图 5-24 所示，当出口标高比水体水面高得多时，应考虑设置单级或多级跌水。出水口常用形式和适用条件如表 5-10 所示。

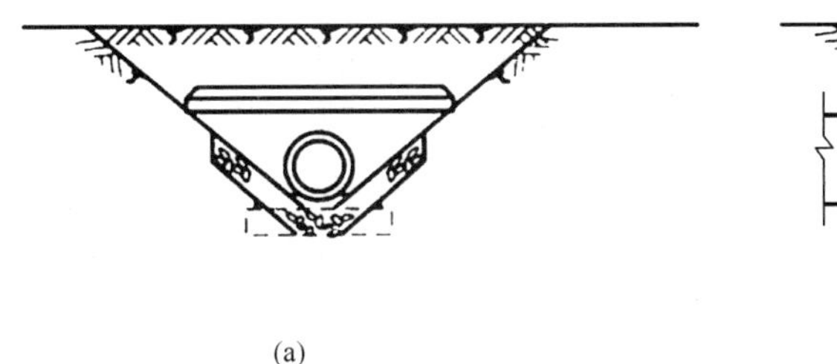
(a)

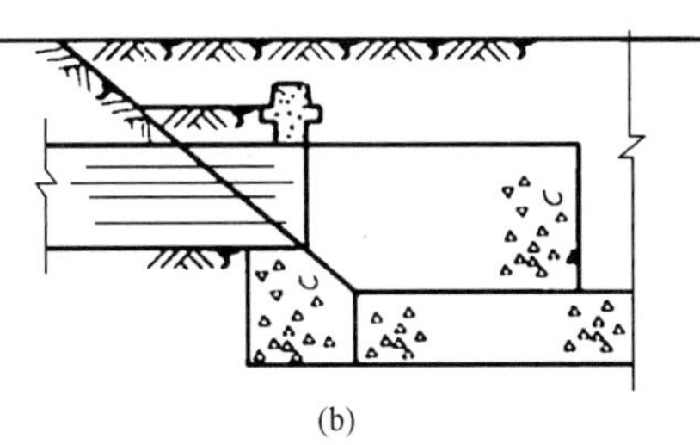
(b)

图 5-23 一字式出水口

(a) 正视图；(b) 侧视图

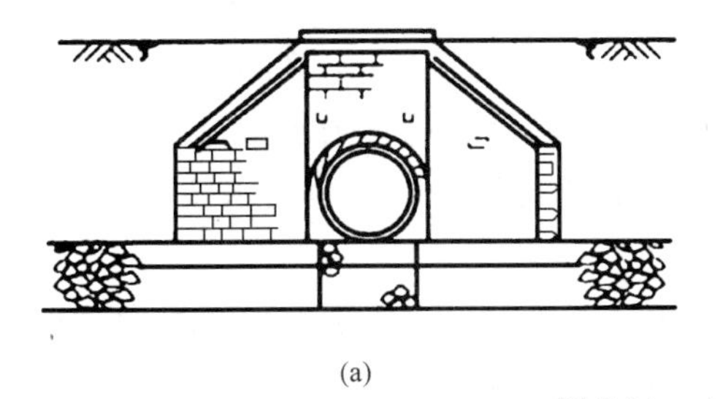
(a)

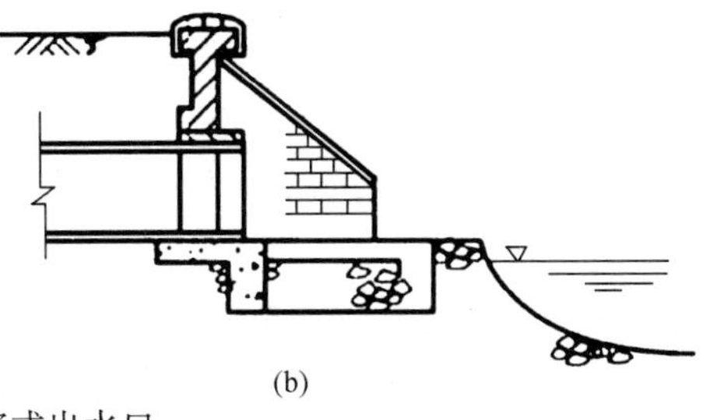
(b)

图 5-24 八字式出水口

(a) 正视图；(b) 侧视图

常用出水口形式及适用条件　　表 5-10

出水口形式	适用条件	出水口形式	适用条件
一字出水口	排出管道与河渠顺接处，岸坡较陡时	淹没出水口	排出管道末端标高低于正常水位时
八字出水口	排出管道排入河渠岸坡较平缓时	跌水出水口	排出管道末端标高高出洪水位较大时
门字出水口	排出管道排入河渠岸坡较陡时		

5.4.5　调节池

随着城市的发展，建筑面积逐步加大，建筑密度也相应增加，路面硬化等都造成不透水地面的面积不断增加，使雨水径流量增大，是城市出现严重内涝的根本原因。这时，利用管道本身的空隙容量调节最大流量往往是不够的，这就需要在雨水管渠系统上设置较大容积的调节池。调节池的作用包括：①降低下游管渠的设计流量，降低整个管网的造价。②能使雨水管渠的设计有较大的灵活性，设置调节池可以将上游的流量引入调节池内，雨水高峰流量过后再排入下游管道，则可使下游管渠仍能使用，从而解决城市雨水管渠排水能力不足的问题。③在雨水不多的干旱地区，可用于蓄积雨水综合利用。④利用天然洼地或池塘、公园水池等调节径流，可以充分利用雨水资源补充景观水体，美化城镇环境。⑤能改善合流制管渠系统在暴雨时的溢流水质。

调节池可分为两类：一类是自然调节池，如城市内有可利用的自然池塘、洼地、湖泊等。自然调节池的位置取决于自然地形条件；另一类是人工调节池，即城市内不具备自然调节池的条件，而需人工修建的调节池。人工调节池的形式分为溢流堰式、底流槽式和泵汲式。

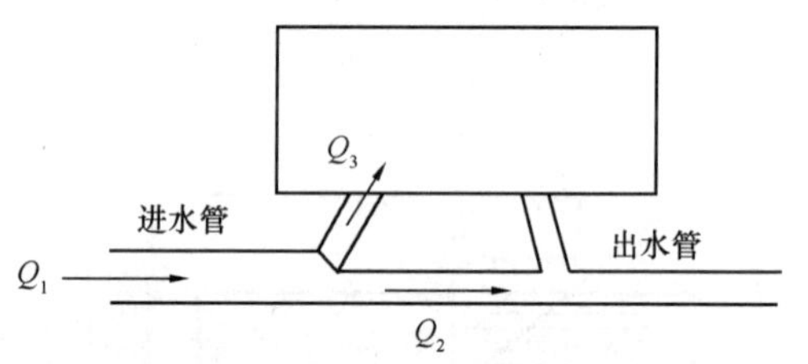

图 5-25　溢流堰式调节池简图

溢流堰式调节池适用于陡坡地段。进水管高，管顶和调节池最高水位相平；出水管低，管底和调节池最低水位相平（图 5-25）。当 $Q_1 < Q_2$ 时，不溢流；当 $Q_1 > Q_2$ 时，开始以 Q_3 的流量溢流，$Q_3 = Q_1 - Q_2$；当 $Q_1 = Q_{max}$ 时，Q_3 也相应达到最大，随 Q_1 的降低，Q_3 也相应降低。

底部流槽式调节池如图 5-26 所示，适用于地形平坦而管道埋深较大的地段。雨水管道流经调节池中央，上下游的雨水管道在调节池中通过池底的流槽连接。池底为斜面，池顶和地面相平，管道的埋设深度即为调节池深度。这种调节池是将雨水干管接入池内，而在池内变成渐缩断面的明槽，一直缩小到等于出水管为止。当雨水径流量小时，雨水通过水槽流出；当雨水径流量大时，池内逐渐被高峰时的多余水量充满，池内水位逐渐上升；随着径流量的减少直至小于下游干管的通过能力时，池内水位才逐渐下降，至排空为止。

泵汲式调节池又称中部侧堰式调节池，如图 5-27 所示，适用于地形平坦而管道埋深不大的地段。管渠旁有一洼地，洼地的高程低于管渠，有较大的容量。下游管渠可以作为起点管渠设计，雨停后用泵把洼地的水抽到下游管道，使洼地恢复有效调节容积。

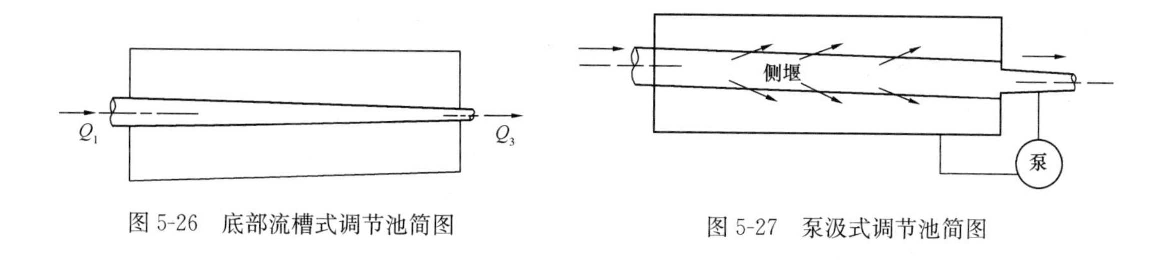

图 5-26 底部流槽式调节池简图

图 5-27 泵汲式调节池简图

5.5 立体交叉道路排水

随着国民经济的飞速发展，全国各地修建的公路、铁路立交工程逐日增多。立交工程多设在交通繁忙的主要干道上，车辆多、速度快。立交工程往往比周围干道低 2～3m，形成盆地，加之纵坡很大，立交范围内的雨水径流很快就汇集至立交最低点，极易造成严重的积水。若不及时排除雨水，便会影响交通，甚至造成事故。

5.5.1 立体交叉道路排水特点

立体交叉道路排水与一般道路排水不同，具有以下特点：

（1）要尽量缩小汇水面积，以减少设计流量。立交的类别和形式较多，每座立交的组成部分也不完全相同，但其汇水面积一般应包括引道、坡道、匝道、跨线桥、绿地以及建筑红线以内的适当面积（约 10m）。在划分汇水面积时，如果条件许可，应尽量将属于立交范围的一部分面积划归到附近另外的排水系统；或采取分散排放的原则，即高水高排（地面高的水接入较高的排水系统，可自流排出）；低水低排（地面低的水，接入另一个较低的排水系统，不能自流排除的需经泵站抽升）。这样避免所有雨水都汇集到最低点造成排泄不及时而积水。同时还应有防止地面高的水进入低水系统的拦截措施（图 5-28）。

（2）注意地下水的排除。当立交工程最低点低于地下水位时，为保证路基经常处于干燥状态，使其具有足够的强度和稳定性，需要采取必要的措施排除地下水。通常可埋设渗渠或花管，用来吸收、汇集地下水，使其自流入附近排水干管或河湖。若高程不允许自流排出时，则设泵站抽升。

（3）排水设计标准高于一般道路。由于立交道路在交通上的特殊性，为保证交通不受影响，排水设计标准应高于一般道路。雨水管渠设计重现期不应小于 10 年，位于中心城区的重要地区，其设计重现期应为 20～30 年，同一立交的不同部位可采用不同的重现期；径流系数 ψ 宜为 0.9～1.0；地面集水时间应根据道路坡长、坡度和路面粗糙度等计算确定，宜为 2～10min。

（4）雨水口布设的位置要便于拦截径流。立交的雨水口一般沿坡道两侧对称布置，越接近最低点，雨水口布置越密集，往往开始为单箅或双箅，到最低点增加到 8 箅或 10 箅。另一种布置形式为在立交最低点，横跨路面布置一排（或对应两排）雨水口，这种截流式虽截流量较大，但对车辆行驶不便，不如前一种好。面积较大的立交，除坡道外，在引道、匝道、绿地中的适当距离和位置也应布置一些雨水口。处于最高位置的跨线桥，为了不使雨水流经过长的距离，通常由泄水孔将雨水排入立管，再引入下层的雨水口或检查井

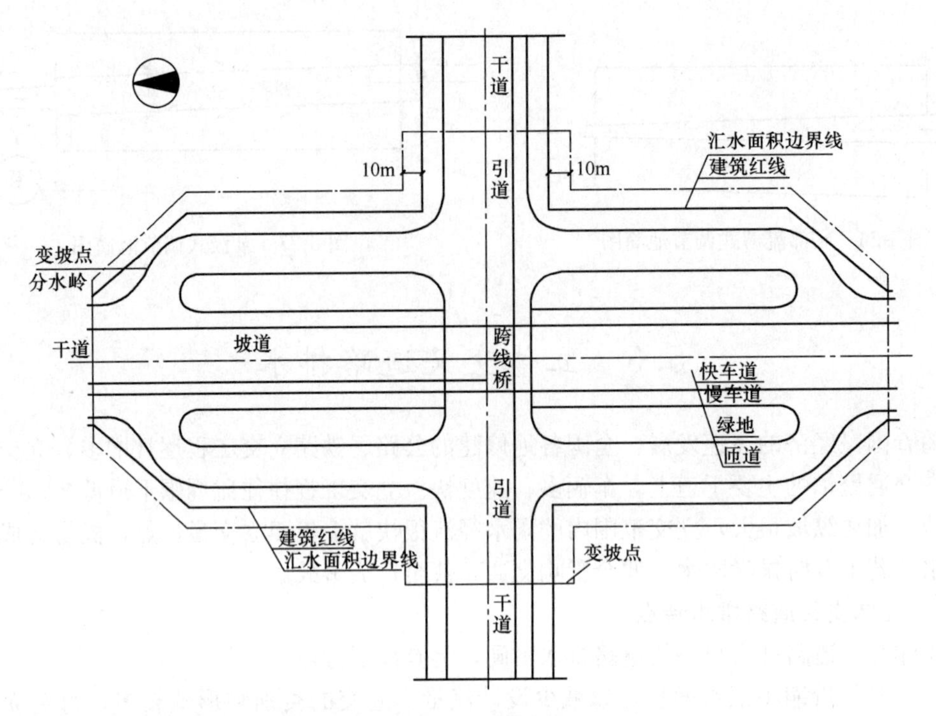

图 5-28　立体交叉道路排水汇水面积

中。雨水口布置的数量应与设计流量相符合，并应考虑到树叶杂草等堵塞的不利情况，一般在计算出雨水口的总数后，还应视重要性乘以 1.2～1.5 的安全系数。

（5）管道布置及断面选择。立体交叉道路排水管道的布置应与其他市政管道综合考虑，要避开与立交桥基础和与其他市政设施的矛盾。如不能避开时，应从结构上考虑加固、加设柔口或改用铸铁管材等，以解决承载力和不均匀下沉问题。此外，立交工程的交通量大，排水管道的维护管理较困难，一般可将管道断面适当加大，起点最小断面应不小于 400mm，以下各段设计断面均应比计算的加大一级。

（6）对于立交地道工程，当最低点位于地下水位以下时，应采取排水或降低地下水位的措施。宜设置独立的排水系统并保证系统出水口畅通，排水泵站不能停电。

5.5.2　立体交叉道路排水的形式

1. 自流排水

自流排水是最经济的排水措施，它不需要专职的管理人员，也不消耗能源。因此，在考虑立体交叉道路排水方案时，应在总体规划允许的范围内，尽量自流排出。

2. 先蓄后排

洪峰时，如水体（或干管）水位高于立交路面最低点，可将不能自流排出的流量暂时引入蓄水池贮存，错开历时较短的洪峰，待水体（或干管）水位回落，再自流排出。先蓄后排需要具备的条件包括：立交附近有排水干管或河道，只要修建较短的出水管即可在洪峰过后将蓄水池放空；汇水面积较小，蓄水量不大，一场雨产生的全部水量不宜超过 1000m^3；在立交用地内有布设蓄水池的合适位置；与其他市政管道无大的交叉矛盾，立交内雨水管道能自流接入蓄水池蓄水，蓄水池也能自流接入干管或河道泄空。

（1）蓄水池容量计算

蓄水池容量的确定，与汇水面积、全场雨量、降雨强度、降雨持续时间有关。一般情况下汇水面积为已知数，重现期 P 按规范选用，降雨持续时间 t 由设计人员根据当地降雨资料加以统计分析后选定。由 P、t 查出 q，则蓄水池容量：

$$w = Fqt \times \frac{60}{100} \ (\mathrm{m^3}) \tag{5-23}$$

式中 F——汇水面积，$\mathrm{hm^2}$；

q——设计降雨强度，$\mathrm{L/(s \cdot hm^2)}$；

t——设计降雨持续时间，min。

另一种方法，即在当地几十年的降雨记录中，找出 0、100mm、150mm、200mm 以上的降雨各若干场，经过研究分析，确定采用其中的某一数值作为设计标准，按全场降雨的流量全部存蓄考虑，即用其一场雨的降雨量 H 乘以汇水面积，则蓄水池容量为：

$$w = 10000F\frac{H}{1000} = 10FH \ (\mathrm{m^3}) \tag{5-24}$$

式中 F——汇水面积，$\mathrm{hm^2}$；

H——降雨量，mm。

（2）清泥设备

沿蓄水池引进 DN75 自来水管，池壁设有 DN50 钢管，高程距池底 0.5m，每隔 4m 安装 DN19 喷嘴一个，压力 0.2MPa 左右，可将池内淤积的泥沙冲洗至水池最低点，再排入下水道或河道中，也可以采用人工或机械清除。

（3）闸门尺寸及控制

设进出水闸门，闸门尺寸应根据来水量确定，一般与来水干管相同，为了节约造价，也可比来水管小 1～2 级。设配水井调节水量，配水井大小根据来水管和出水管流量计算。闸门控制：正常使用时靠电动控制，有故障时可靠手轮启闭。电动闸门自动启动，用逻辑元件控制线路，有液位控制器反映水位的变化。

5.6 设计实例

【例 5.1】雨水管道设计实例

某开发区地形南高北低，西高东低，区域内有天然河道作为雨水最终出路，河道流向自南向北，选取规划区内一个汇水区域布置雨水管道并进行水力计算。暴雨强度公式如式（5-25）所示，汇水流域路网图如图 5-29 所示。

$$q = \frac{2210.87(1 + 2.915\lg P)}{(t + 21.933)^{0.974}} \ [\mathrm{L/(s \cdot hm^2)}] \tag{5-25}$$

【解】

（1）划分排水流域：根据城市总体规划图，按实际地形划分排水流域。排水流域划分一般以自然河道、地形高点、铁路及高速为界。

（2）管道定线：根据地形，结合道路竖向，在规划路网上定出支干管线路，并确定井位。规划阶段一般一个街区一处井位，井位确定后进行检查井节点编号，如图 5-30 所示。

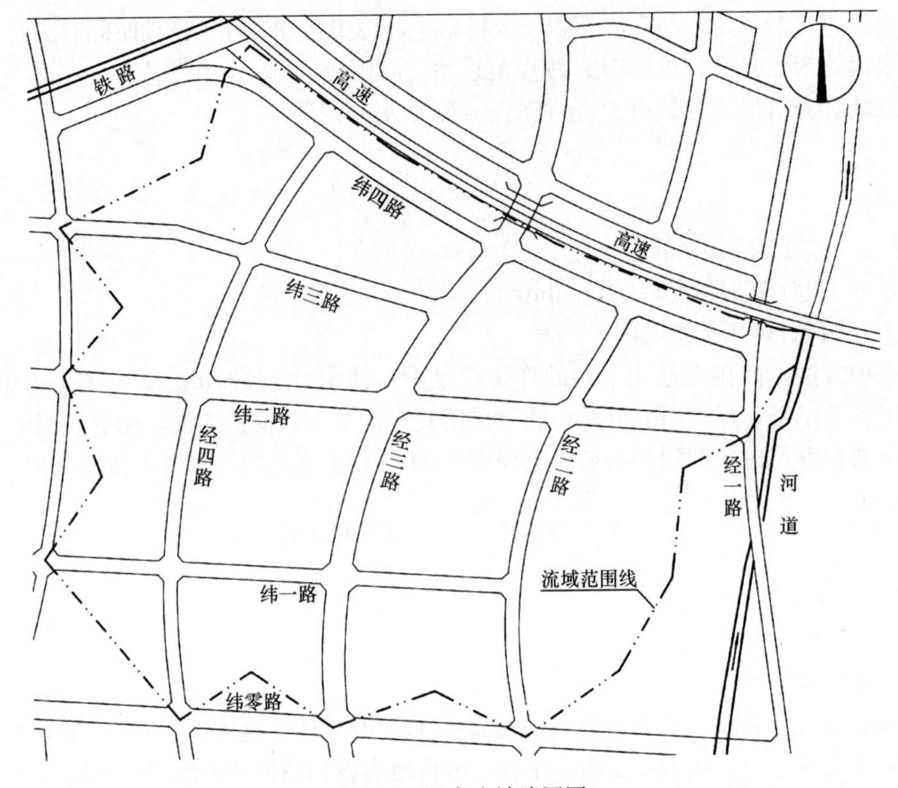

图 5-29　汇水流域路网图

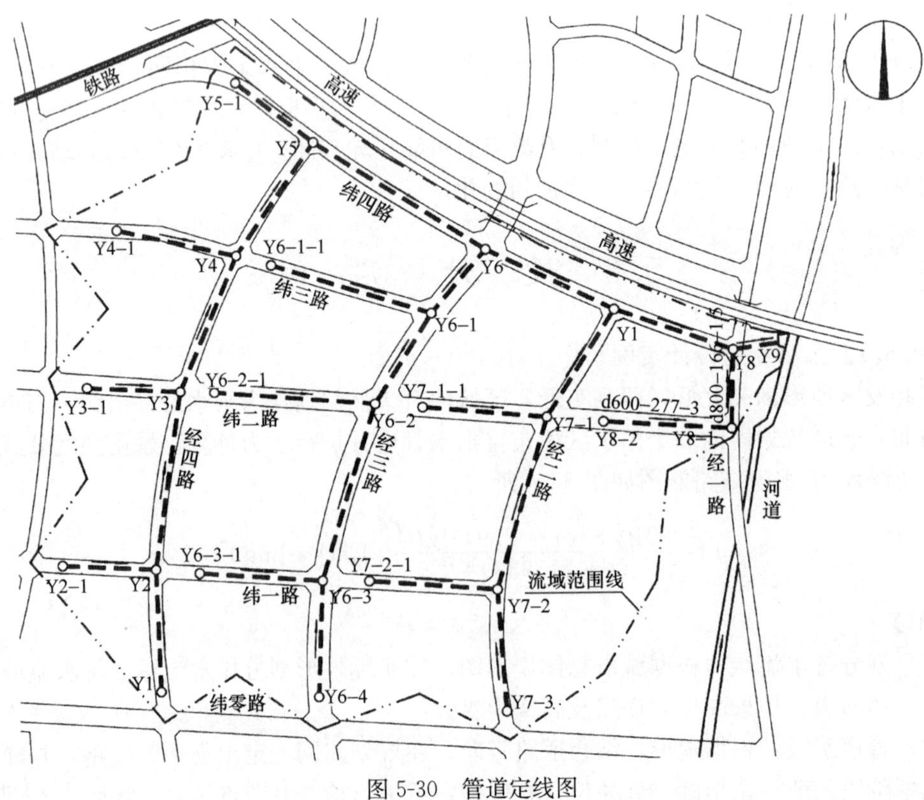

图 5-30　管道定线图

（3）确定控制高程：根据现状及规划有关条件，如规划路面高程、现状河道高程，确定检查井及控制点的高程。

（4）根据地形地势，将流域内各地块划分流域并标注各流域面积及流向，如图5-31所示。

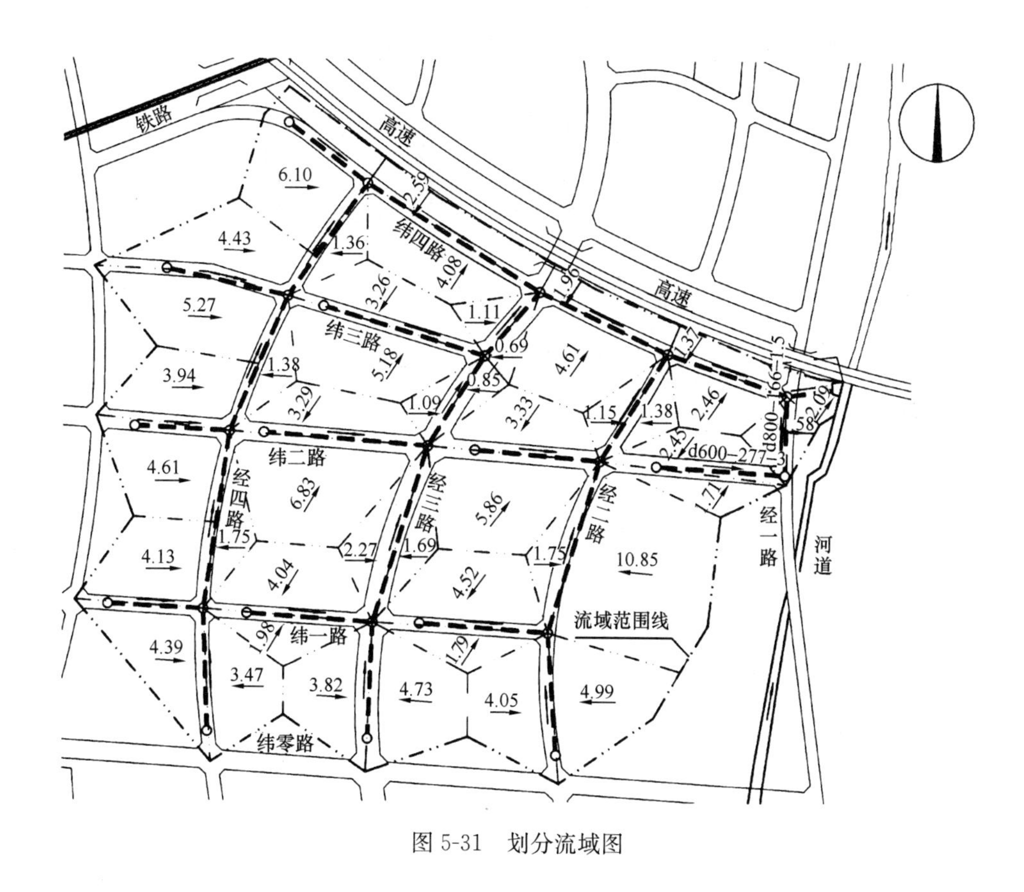

图5-31 划分流域图

（5）选定设计数据，包括设计降雨的重现期、地面集水时间和径流系数，进行水力计算，确定管渠断面、纵坡及高程。

1）根据城市总体规划和《室外排水设计标准》GB 50014—2021，确定设计降雨重现期为2年；

2）根据《室外排水设计标准》GB 50014—2021，确定主线地面集水时间为7min，支线地面集水时间为10min；

3）根据城市总体规划，该区域用地性质以住宅和绿地为主，确定综合径流系数为0.6；

4）进行水力计算，见表5-11。水力计算完成后，确定了雨水管道的断面尺寸、坡度和高程，将计算成果返回至图面，如图5-32和图5-33所示。

（6）由于市政道路下管线较多，为减少各管线之间的碰撞，雨水管道一般埋深较大。本案例中地形纵坡较大，为保证管道埋深在合适的范围内，管段中间设置有跌水，各段跌水值详见水力计算表（表5-11）第25列。

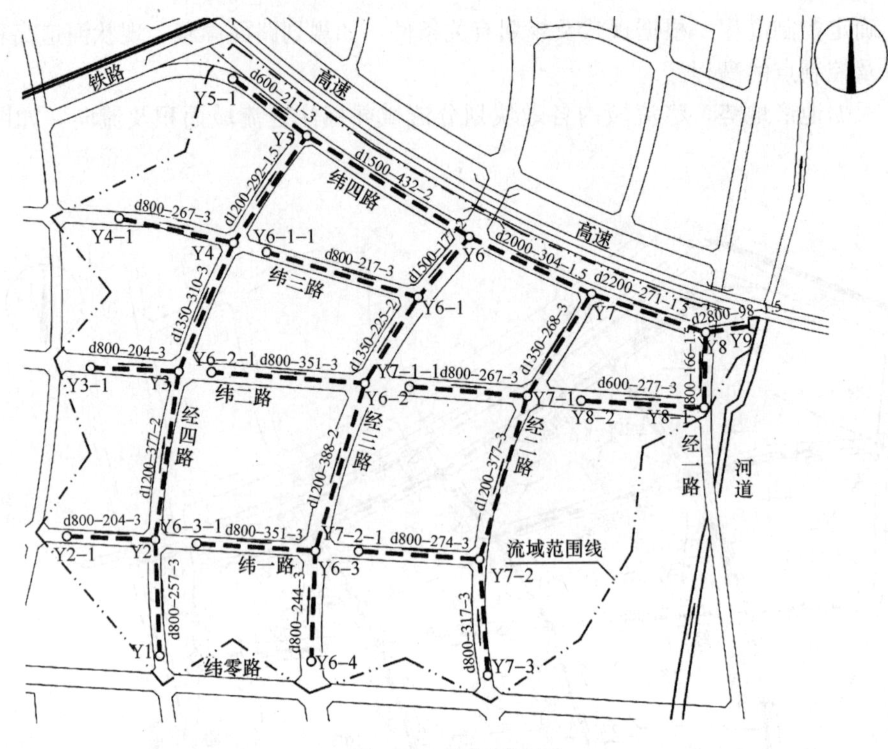

图 5-32　规划平面图

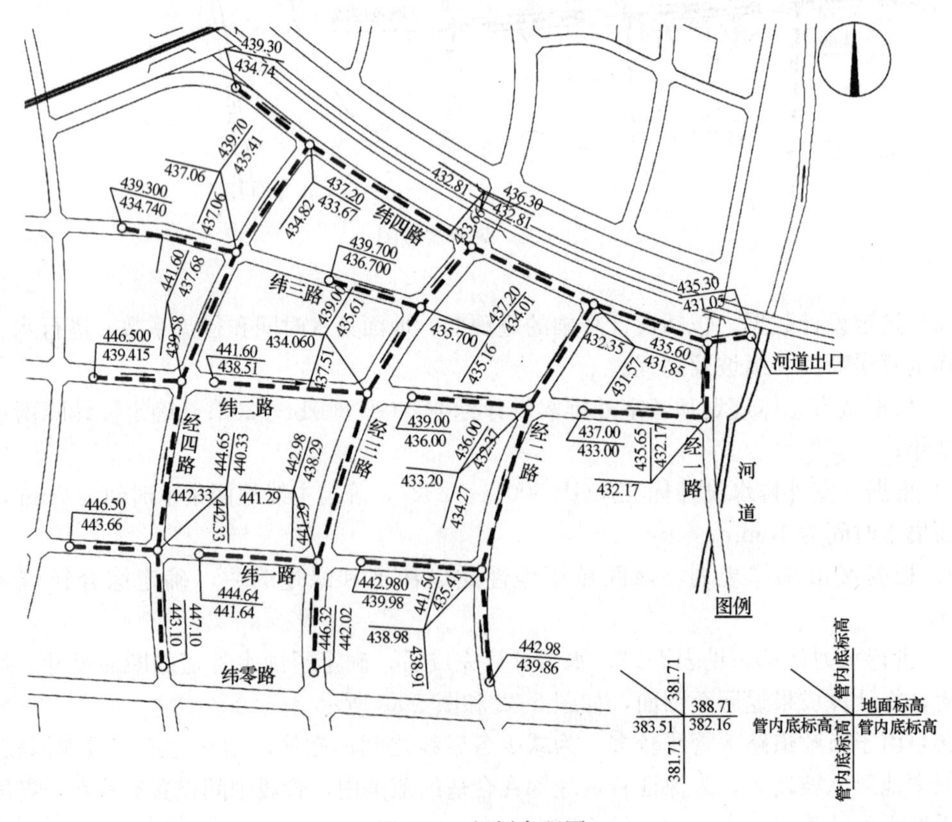

图 5-33　规划高程图

雨水管道水力计算表 表 5-11

序号	管段			水流时间		汇水面积 F（hm^2）					径流系数 f	$f \cdot F$	q [L/(s·hm^2)]	设计流量 (L/s)	应用流量 (L/s)	管径 (mm)	坡度 (‰)	流速 (m/s)	地面标高（m）		设计管底标高		管底坡降 (m)	管底跌落 (m)	沿程跌落 (m)	管内底埋深 (m)	
	编号		间距 (m)	集水时间 t_1 (min)	管内流行时间 t_2 (min)	面积1	面积2	传输	增加	累计									起	止	起	止				起	止
	1	2	3	4	5	6	7	8	9	10	11	12	13	14	15	16	17	18	19	20	21	22	23	24	25	26	27
1	Y1	Y2	257	7.00	2.97	4.39	3.47		7.86	7.86	0.6	4.72	156.58	738.45	724.26	800	3	1.44	447.10	444.65	443.10	442.33	0.77		2.0	4.00	2.32
2	Y2	Y3	377	9.97	4.08	8.74	1.75		10.49	18.35	0.6	11.01	142.36	1567.34	1743.52	1200	2	1.54	444.65	441.60	440.33	439.58	0.75	0.40	1.5	4.32	2.03
3	Y3	Y4	310	14.05	3.10	9.21	1.38		10.59	28.94	0.6	17.36	126.63	2198.74	2386.90	1350	2	1.67	441.60	439.70	437.68	437.06	0.62	0.15	1.5	3.93	2.64
4	Y4	Y5	292	17.15	2.72	10.53	1.36		11.89	40.83	0.6	24.50	116.84	2862.29	3161.22	1500	2	1.79	439.70	437.20	435.41	434.82	0.58	0.15	1.0	4.29	2.38
5	Y5	Y6	432	19.87	4.02	4.08	2.59		6.67	47.5	0.6	28.50	109.43	3118.61	3161.22	1500	2	1.79	437.20	436.30	433.67	432.81	0.86	0.00	0.0	3.53	3.49
6	Y6	Y7	304	23.89	2.70	4.61	1.96	40.80	47.37	94.87	0.6	56.92	100.05	5695.23	5895.96	2000	1.5	1.88	436.30	435.60	432.81	432.35	0.46	0.50	0.0	3.49	3.25
7	Y7	Y8	271	26.59	2.26	2.46	1.37	39.67	43.50	138.37	0.6	83.02	94.63	7856.17	7602.13	2200	1.5	2.00	435.60	435.30	431.85	431.44	0.41	0.20	0.0	3.75	3.86
8	Y8	Y9	98	28.85	0.71	1.05	1.04	5.74	7.83	146.2	0.6	87.72	90.53	7940.96	8778.19	2200	2	2.31	435.30	435.30	431.24	431.05	0.20	0.00	0.0	4.06	4.25
9	Y6-4	Y6-3	244	10.00	2.82	3.82	4.73		8.55	8.55	0.6	5.13	142.24	729.68	724.26	800	3	1.44	446.32	442.98	442.02	441.29	0.73		3.0	4.30	1.69
10	Y6-3	Y6-2	388	12.82	4.19	2.27	1.69	6.02	9.98	18.53	0.6	11.12	130.98	1456.18	1743.52	1200	2	1.54	442.98	439.00	438.29	437.51	0.78	0.40	1.5	4.69	1.49
11	Y6-2	Y6-1	225	17.02	2.25	1.06	0.85	10.12	12.03	30.56	0.6	18.34	117.22	2149.29	2386.90	1350	2	1.67	439.00	437.20	435.61	435.16	0.45	0.15	1.0	3.39	2.04
12	Y6-1	Y6	177	19.27	1.65	1.11	0.69	8.44	10.24	40.8	0.6	24.48	110.98	2716.81	3161.22	1500	2	1.79	437.20	436.30	434.01	433.66	0.35	0.15	0.0	3.19	2.64
13	Y7-3	Y7-2	317	10.00	3.67	4.05	4.99		9.04	9.04	0.6	5.42	142.24	771.50	724.26	800	3	1.44	442.98	441.50	439.86	438.91	0.95		3.5	3.12	2.60
14	Y7-2	Y7-1	377	13.67	3.33	1.75	10.85	6.31	18.91	27.95	0.6	16.77	127.95	2145.70	2135.37	1200	3	1.89	441.50	436.00	435.41	434.27	1.13	0.40	1.5	6.10	1.73
15	Y7-1	Y7	268	16.99	2.19	1.15	1.38	9.19	11.72	39.67	0.6	23.80	117.28	2791.56	2923.34	1350	3	2.04	436.00	435.60	432.37	431.57	0.80	0.15	0.0	3.63	4.03
16	Y8-2	Y8-1	277	10.00	3.88	1.71	2.45		4.16	4.16	0.6	2.50	142.24	355.02	336.30	600	3	1.19	437.00	435.65	433.00	432.17	0.83		0.0	4.00	3.48
17	Y8-1	Y8	166	13.88	2.72	1.58			1.58	5.74	0.6	3.44	127.20	438.08	512.13	800	1.5	1.02	435.65	435.30	432.17	431.92	0.25	0.20	1.5	3.48	3.38

【例 5.2】 调蓄池设计实例

某开发区雨水流域总流域面积约 772.0hm^2（其中汇水Ⅰ区 308.68hm^2，汇水Ⅱ区 463.32hm^2），如图 5-34 所示。雨水在管道末端依靠泵站提升排入河道，试设置调蓄池，降低该泵站规模。

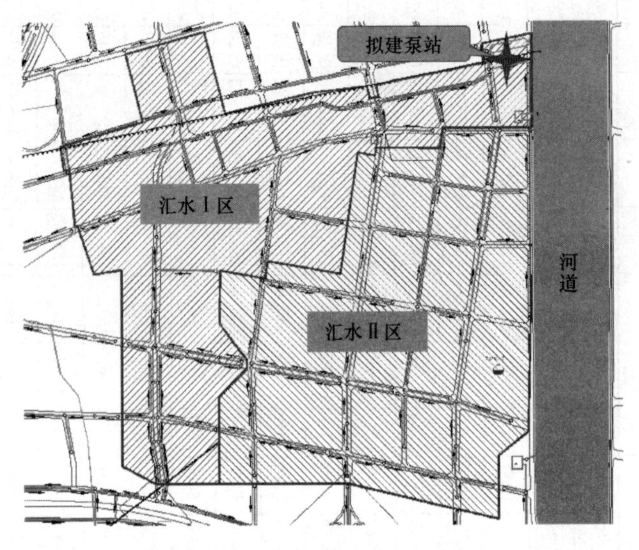

图 5-34　雨水流域示意图

已知：

（1）暴雨强度公式：

$$q = \frac{2210.87(1 + 2.915\lg P)}{(t + 21.933)^{0.974}}\ [\mathrm{L/(s \cdot hm^2)}] \tag{5-26}$$

（2）综合径流系数 $\psi = 0.60$；

（3）雨水管渠设计重现期为 5 年；

（4）降雨历时为 $t = t_1 + t_2 = 72$（min），其中，地面集水时间 $t_1 = 10$min，管渠雨水流行时间 $t_2 = 62$min。

【解】

（1）推理公式法：采用脱过系数法进行设计计算，拟建泵站设计进水量为 28.8m^3/s，降雨历时 72min，为削减洪峰流量设置调蓄池，脱过系数 α 取 0.65，泵站设计规模为 $3.2\times10^4 m^3$ 离线洪峰调蓄＋18.8m^3/s 水泵提升。该工程总流域面积 772.0hm^2，远大于 200hm^2，由于推理公式法和脱过系数法（脱过系数法是一种采用由径流成因所推理的流量过程线推求调蓄容积的方法，其适用范围与暴雨强度公式的适用范围相同）基于的假设条件，即降雨在整个汇水面积上的分布是均匀的；降雨强度在选定的降雨时段内均匀不变；汇水面积随集流时间增长的速度为常数，在较大规模排水系统中并不完全成立，计算时会产生较大误差，推理公式法计算结果仅作为参考。

（2）数学模型法：采用 InfoWorks 6.5 软件进行模拟分析，根据泵站模拟运行过程线进行有调蓄和无调蓄两种泵站模拟方案（表 5-12）。

泵站模拟方案一览表 表 5-12

设计方案	洪峰调蓄（$\times10^4m^3$）	提升规模（m^3/s）
方案一	1.8	21.0
方案二	无	30.0

流域范围内 C6 点区域地势最低，降雨过程中最易内涝，软件模拟时，以区域内特征点 C6 积水深度介于 5～15cm 为控制标准，按照两种方案进行模拟，具体模拟情况如图 5-35 和图 5-36 所示（C6 位于☆处）。

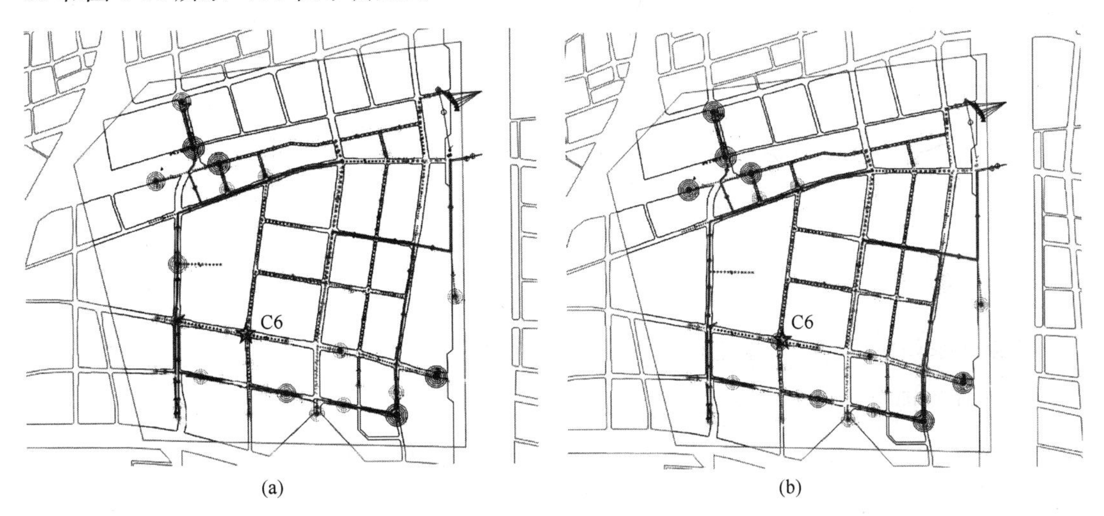

图 5-35 区域模拟情况
（a）方案一；（b）方案二

由图 5-36 可见，各方案 C6 点最大积水深度均满足控制标准且积水能迅速消退，说明各方案均满足防涝要求。

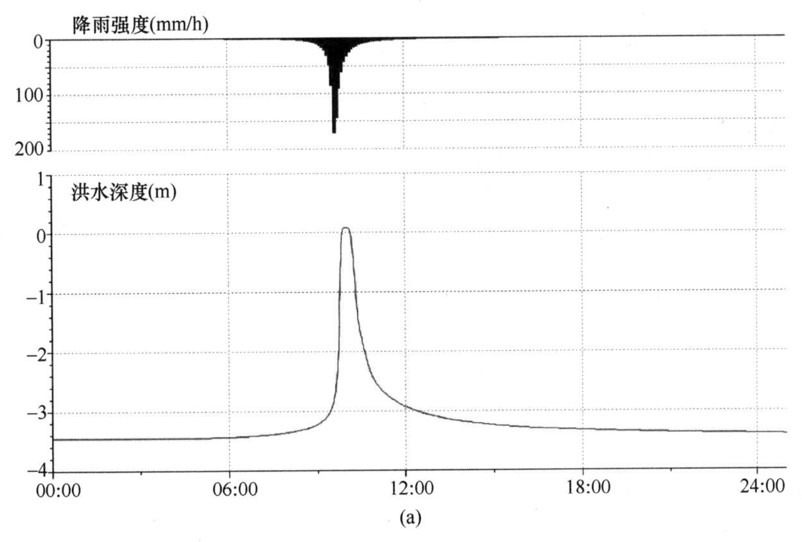

图 5-36 特征点 C6 积水情况（一）
（a）方案一

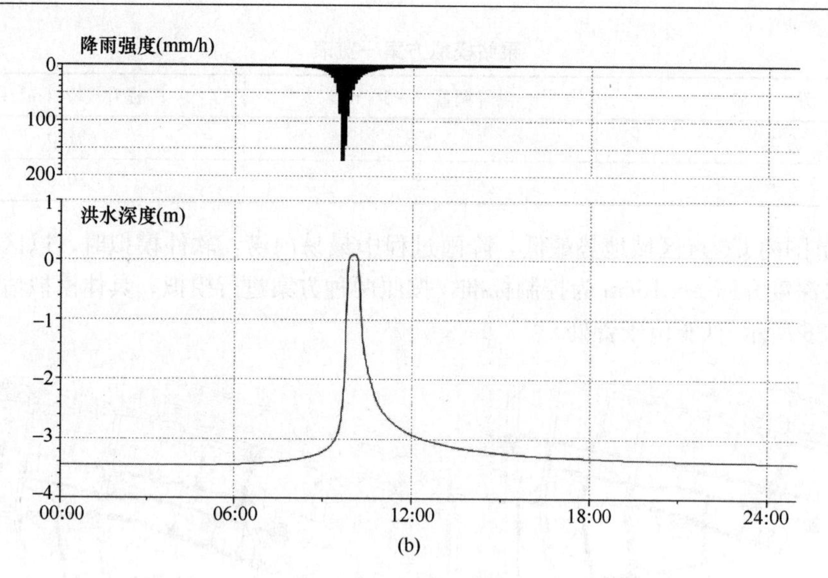

(b)

图 5-36　特征点 C6 积水情况（二）

（b）方案二

方案一泵站模拟运行流量过程线如图 5-37 所示。

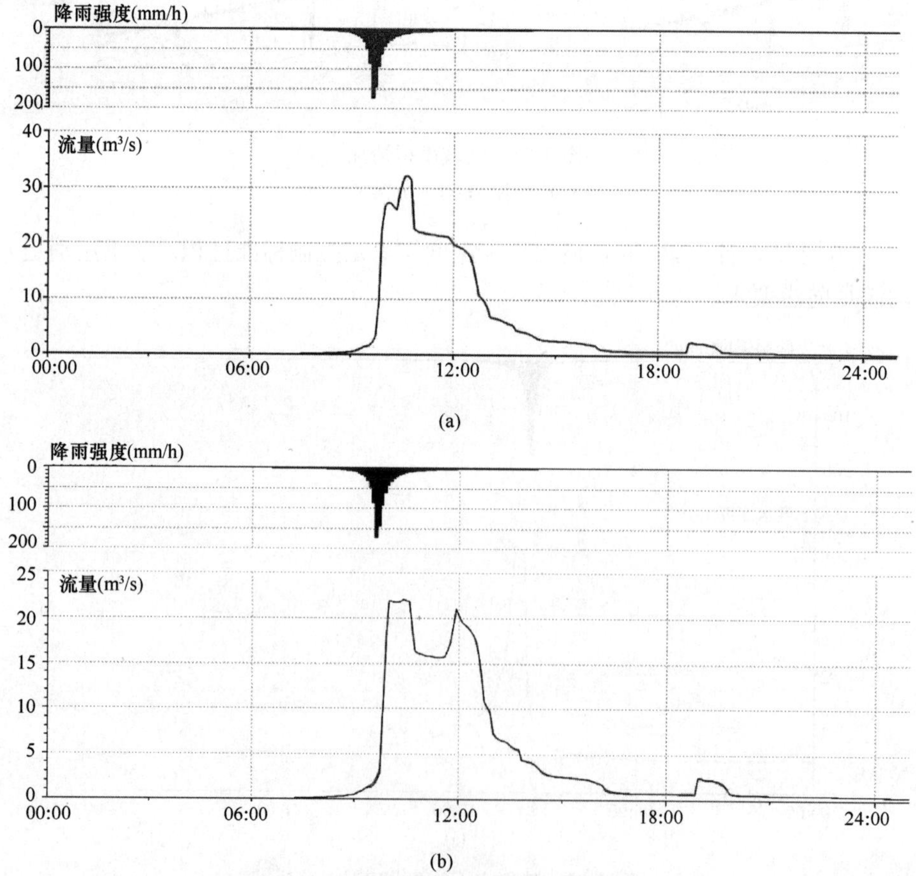

图 5-37　泵站模拟运行流量过程图（一）

（a）进水管道；（b）水泵

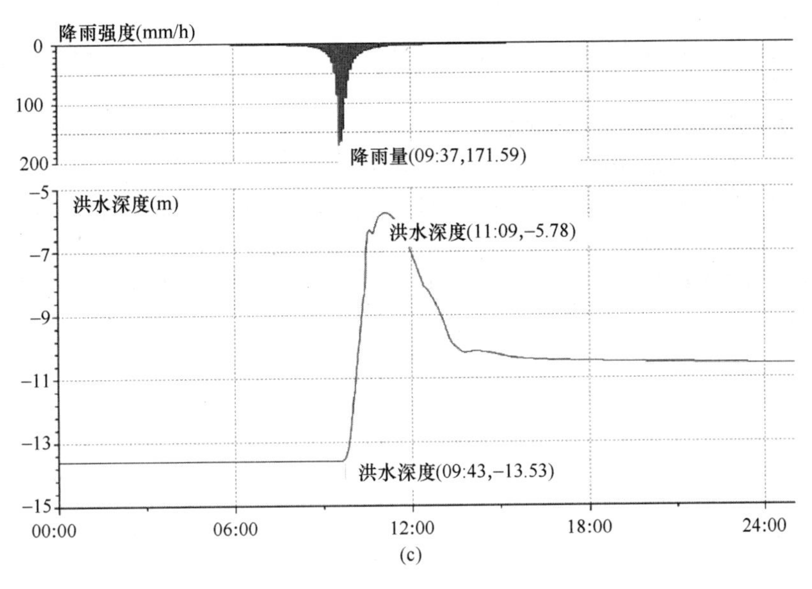

(c)

图 5-37　泵站模拟运行流量过程图（二）
（c）洪峰调蓄池

由图 5-37（a）和（b）可知，泵站进水管道峰值流量约 30.0m^3/s，方案一在设置离线洪峰调蓄池的情况下水泵提升规模削减至 21.0m^3/s，表明离线洪峰调蓄池削峰效果显著；图 5-37（c）中洪水深度线为洪峰调蓄池水位线，洪水深度值为水位线标高与调蓄池室外地面标高的差值。由图 5-37（c）可知，在降雨开始后 9h 37min，降雨强度达到最大值，约 171.59mm/h；9h 43min 时，洪峰调蓄池进水闸门开启进行蓄水，此时洪水深度约−13.53m，然后水位迅速升高。至 11h 9min 时，洪峰调蓄池内水位达到最高水位，洪水深度约−5.78m，此时达到满池工况。

（3）方案确定

通过对比推理公式法计算得出的一种泵站规模及数学模型法模拟得出的 4 种泵站规模可知，推理公式法采用规范规定的上限 5 年设计重现期（特大城市、中心城区雨水管渠设计重现期为 3～5 年）所计算的结果小于数学模型法，同时推理公式法无法兼顾内涝防治需求。从 InfoWorks 模拟结果可知，方案一可有效控制流域径流污染，有洪峰调蓄，可提高泵站运行的安全性；方案二为无调蓄泵站方案。

思考题

1. 雨水管渠系统水力计算的参数有何规定？
2. 简述利用数学模型法设计流量过程线的步骤。
3. 雨水管渠的充满度能否按满流设计？
4. 简述雨水口的形式和设置数量。
5. 简述立体交叉道路排水的特点。

本章参考文献

[1]　季民，黎荣，刘洪波，郭纯园主编. 城市雨水控制工程与资源化利用[M]. 北京：化学工业出版

社，2017.
[2]　李天璟，高廷耀．联邦德国雨水径流量设计的两种主要方法[J]．建筑技术通讯(给水排水)，1986(5)：34-36.
[3]　吴俊奇，曹秀芹，冯萃敏主编．给水排水工程．第 3 版[M]．北京：中国水利水电出版社，2015.
[4]　许仕荣主编．泵与泵站．第 6 版[M]．北京：中国建筑工业出版社，2017.
[5]　李树平，刘遂庆主编．城市排水管渠系统．第 2 版[M]．北京：中国建筑工业出版社，2016.
[6]　张智主编．排水工程上册．第 5 版[M]．北京：中国建筑工业出版社，2015.
[7]　中国建筑设计研究院有限公司．室外排水设计标准．GB 50014—2021[S]．北京：中国计划出版社，2021.

第6章　城镇超标雨水径流排放系统设计

海绵城市建设统筹了低影响开发雨水系统、城市雨水管渠系统及超标雨水径流排放系统。三套系统相互衔接、相互补充、共同作用，构成了一个整体，综合达到较高的排水防涝标准。其中，超标雨水径流排放系统也称为大排水系统、城市防涝系统或滞洪排涝系统，是指应对发生超标暴雨或极端天气下发生特大暴雨情况的蓄排系统。本章主要介绍超标雨水径流排放系统的组成、设计水量、总体设计要求，并且详细介绍了城镇水体、调蓄设施、行泄通道和排洪沟等的设计原则及方法。城镇超标雨水径流排放系统设计中要以城镇总体规划和城镇内涝防治专项规划为依据，并应根据地区降雨规律和暴雨内涝风险等因素，统筹规划，合理确定建设规模、布局等。

6.1　系统组成及设计水量

超标雨水径流排放系统的设施可分为“排放设施”与“调蓄设施”，如行泄通道（内河、沟渠、道路等）、多功能调蓄水体（雨水湿地、湿塘等）、调蓄设施（调蓄池、深层隧道、下沉式绿地、下沉式广场、下凹式绿地等）、自然水体（湖泊、河道等）等。设施在形式上包括灰色和绿色设施，具体也有非设计设施和设计设施之分。非设计设施是由自然条件形成的，设计设施由工程师合理设计而成。

超标雨水径流排放系统的设施往往具有多功能和多用途。例如，道路的主要功能是交通运输，但在暴雨期间，某些道路可以是雨水汇集、行泄的天然通道。因此，道路的过水能力、道路在暴雨期间的受淹情况和暴雨对道路交通功能的影响是内涝防治设计中必须考虑的因素。城镇中的绿地和广场是居民休闲、娱乐和举行大型集会的场所，如果设计成下凹式，这些设施可以在暴雨期间起到临时蓄水、削减峰值流量的作用，减轻排水管渠系统的负担，避免内涝发生。但是同一设施的不同功能往往会有冲突，例如道路的积水会影响运输功能，下凹式绿地和下沉式广场可能会影响美观性。因此，应综合考虑其各项功能，在确保公众生命和财产安全的前提条件下，明确在不同情况下各项功能的主次地位，做出有针对性的安排。

在实际应用中，通常将多种措施进行组合，共同发挥作用。当降雨超过小排水系统能力时，仅部分雨水能被雨水管渠系统输送，其余未进入雨水管渠的雨水与雨水管渠中可能溢出的雨水共同形成地表径流。此时，通过超标雨水径流排放系统的地表、地下排蓄设施进行控制，避免内涝发生。

超标雨水径流排放系统的设计重现期在20～100年之间，大于雨水管渠设计重现期，根据城镇类型、内河水位变化和积水影响程度等，比较经济与技术后，通过表6-1查得。并应符合下列规定：①人口密集、内涝易发且经济条件较好的城市，宜采用规定的上限；②目前不具备条件的地区可分期达到标准；③当地面积水不满足表6-1的要求时，应采取渗透、调蓄、设置雨洪行泄通道和内河整治等措施；④对超过内涝设计重现期的暴雨，应采取预警和应急等控制措施。但是，对比于国外发达国家，如英国内涝防治设计重现期为 30～100 年，美国内涝防治设计重现期为 100 年，日本内涝防治设计重现期为 150 年，我国内涝防治设计重现期的标准明显不足。

国内外内涝防治设计重现期 表 6-1

城镇类型	重现期（年）	地面积水设计标准
超大城市（常住人口超过 1000 万人）	100	居民住宅和工商业建筑物的底层不进水； 道路中一条车道的积水深度不超过 15cm
特大城市（常住人口在 500 万～1000 万人之间）	50～100	
大城市（常住人口在 100 万～500 万人之间）	30～50	
中等城市（常住人口在 50 万～100 万人之间）、小城市（常住人口小于 50 万人）	20～30	

注：表中所列设计重现期适用于采用年最大值法确定的暴雨强度公式。

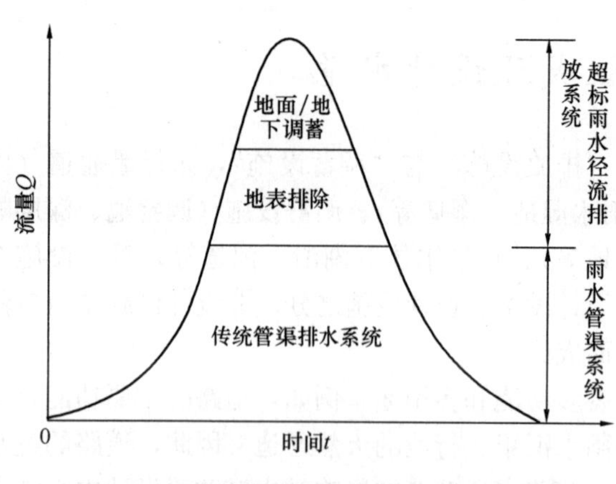

图 6-1 雨水管渠系统与超标雨水径流排放系统的关系

雨水管渠系统和超标雨水径流排放系统主要在形式、目标和设计标准方面有所不同。超标雨水径流排放系统与雨水管渠系统之间既相对独立，又密切关联，如图 6-1 所示。当遇到特大暴雨时，仅依靠雨水管渠系统的排水能力不足以应对，需要超标雨水径流排放系统补充、救援。采用地面或地下输送、临时存储等方式缓解城市内涝现象，能减少强降雨径流对人们财产和生命安全造成的损害，使城市内的重要设施能正常运行，确保人们的出行安全。超标雨水径流排放系统能在不依赖雨水管渠系统的情况下正常工作，足以取代雨水管渠系统进行工作。但是在强降雨期间，考虑经济的前提下，超标雨水径流排放系统不能由雨水管渠系统取代。超标雨水径流排放系统应合理地设计，以免增加雨水管渠系统的建设和维护费用。

城镇超标雨水径流排放系统的设计水量可采用推理公式法和数学模型法计算。推理公式法同雨水管渠系统的方法，见式（5-1）、式（5-2）。虽然用于城镇内涝防治系统的设计暴雨强度公式的形式与用于雨水管渠的相同，但是内涝防治系统考虑较长降雨时间即 3～24h，以及考虑较大汇水面积上的积水，所以用于城市雨水管渠设计的暴雨强度公式，不能直接用于超标雨水径流排放系统。有条件的地方，应编制适用于城镇超标雨水径流排放系统的暴雨强度公式，即长降雨历时的暴雨强度公式。数学模型法的公式也同于雨水管渠系统，但是各项参数应按超标雨水径流排放系统取值，采用长降雨时间即 3～24h，统计资料和年最大值法编制。

6.2 总 体 设 计

6.2.1 超标雨水径流排放系统的规划方法

1. 超标雨水径流排放系统的规划方法

在总体规划阶段，应明确超标雨水径流排放系统控制目标，预留和保护自然雨水径流通道及河流、湿地、沟渠等天然蓄排空间，提出用地布局及竖向相关要求。控制性详细规划层面应细化竖向控制，落实蓄排设施调蓄容积、内涝防治重现期等控制指标，保障蓄排空间及其与周边的竖向衔接。为落实总体规划的要求，弥补控制性详细规划在用地之间、子系统之间竖向衔接性的不足，在控制性详细规划编制的全过程，应协调海绵城市专项规划、排水防涝规划、绿地系统规划等专项规划，保障以汇水分区为基本单元，落实和细化竖向及空间布局，保障各子系统的完整性和衔接性。具体的，应对道路、绿地、水系蓄排设施的蓄排能力、上下游竖向衔接等进行重点分析。在修建性详细规划阶段及设计阶段，应进一步落实和细化蓄排设施的规模、平面位置及场地高程，保障超标雨水径流排放系统各蓄排设施之间，及其与防洪系统之间衔接顺畅。超标雨水径流排放系统规划方法如图6-2 所示。

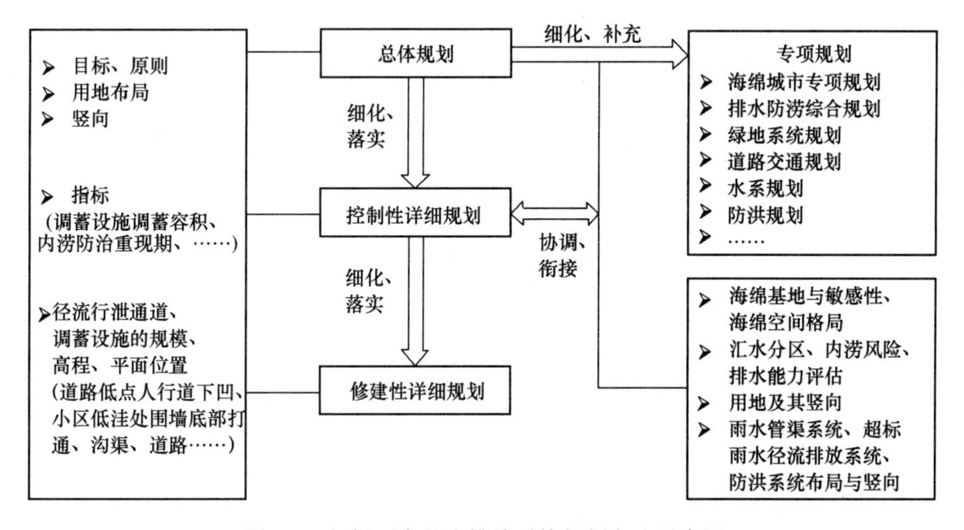

图 6-2 超标雨水径流排放系统规划方法示意图

对各层级城镇规划中超标雨水径流排放系统蓄排设施规划指标进行梳理，在城镇总体规划、专项规划阶段，结合内涝防治标准，通过泛洪分析、近远期发展目标等，并结合周边空间条件综合确定区域中蓄排设施的重点建设区域。在详细规划阶段，以汇水区径流峰值流量为控制目标与指标，可以根据总体规划阶段提出的内涝防治标准，结合各尺度排水系统、汇水区水文分析，确定调蓄设施、行泄通道等的规模与位置。以调蓄设施调蓄容积为控制目标与指标，根据各地块的具体条件，合理选择相应设计标准，计算方法包括水文过程线法、流量过程线法、径流曲线数法（SCS 法）、修正的合理化公式法等。以径流行泄通道安全性（流速×水深）为控制目标与指标，保证道路径流行泄通道的主要功能，使行人、行车不发生危险。

城镇超标雨水径流排放系统构建依赖城镇整体竖向、用地规划。在规划阶段，地表蓄排系统应结合当地水文、地形条件及内涝风险等因素，统筹规划，合理布局。设计阶段根据内涝风险分析，评估区域现状排水能力、地表滞蓄及径流路径，确定内涝防治标准，依据场地现状条件选择超标雨水径流排放系统的形式等，然后利用水力计算、模型模拟等手段确定地表行泄通道或大型调蓄设施等的规模、竖向关系。

（1）用地、竖向规划衔接。超标雨水径流排放系统构建需要对城镇整体竖向、用地进行分析，对不同地区的用地特征和竖向需求进行优化调整。海绵城市专项规划编制要求中提出分析自然生态空间格局，明确保护与修复要求。超标雨水径流排放系统规划需要明确不同用地的保护、修复、调整。在此基础上将城镇规划用地以竖向规划划定三种类型：保护型、控制型和引导型。保护型的超标雨水径流排放系统竖向规划是结合现状地貌进行特征识别和整体保护，对于作为城镇排涝水系的沟渠、水塘、河道等加以保留和保护，禁止城镇开发建设等行为影响水系防涝功能的正常发挥。控制型的超标雨水径流排放系统竖向规划是利用 GIS 分析现状高程，分析其竖向控制框架和薄弱环节，结合地形、径流汇集路径、道路行泄通道、内涝积水点改造等多种因素进行竖向、用地控制，同时根据城镇绿线、蓝线、紫线等的控制要求，优化和完善超标雨水径流排放系统蓄排设施的布局、形式等。引导型的超标雨水径流排放系统竖向规划是识别城镇的低洼区、潜在湿地区域，结合控制目标和建设需求，通过地形的合理利用和高程控制，以减少土方量和保护生态环境为原则，确定超标雨水径流排放系统规划方案和设施，引导城镇规划建设。在上述三大类型的基础上，按其地貌特征、现状需求、目标导向、用地布局等归纳为多种类型的用地。可将超标雨水径流排放系统规划细化分为 6 个小类，根据其自身的现状特征和竖向需求，制定相应的优化策略，用地竖向分类及优化措施如表 6-2 所示。

用地竖向分类及优化措施　　**表 6-2**

用地竖向分类			现状特征和竖向需求	优化措施
保护型	生态	绿地廊道、现有坑塘、沟渠	包括山、水、林、田、湖生态敏感性识别，生态建设为主	区内道路竖向满足排涝要求，保留滞洪区、天然坑塘等水面空间
	历史	历史街区、地段及建筑	整体保护为主，局部改造修复，满足内涝防治要求	周边道路标高与之衔接，改善排水条件，必要时可进行局部改造
控制型	保持完善	现状成熟地区、重大基础设施、规划保留用地	现状地形坡度适宜，防涝排水状况良好，以维持现状地势为主，部分地区改造及修复	竖向规划应尽量采用现状高程，局部改造也应与周边地形相协调
	综合治理	低洼地区、积水节点	地形条件较差，部分地区排水困难，因地制宜完善竖向，合理选择蓄排设施	给出解决排涝问题的建议措施，如增加排水管道、调整道路坡度、断面，疏通排涝河道、设泵站，增加调蓄
引导型	整体改造	城镇综合改造、城区再开发、城镇更新区	城区用地布局调整，以竖向整体优化为主，引导城镇更新	结合地区的整体更新，通过地形的优化调整，改善整个地区的排水能力，改善道路、用地竖向条件
	新区开发	城镇新区建设	落实排水防涝及海绵城市建设思路、建立和完善高程控制体系	结合现状地形条件和新区开发要求，通过完善的用地竖向控制，注意天然蓄排空间的预留保护，引导城镇建设

(2) 专项规划衔接。专项规划阶段应根据城镇总体规划确定的目标，为详细规划阶段提出更明确的控制要求。城镇超标雨水径流排放系统应与城镇总体规划，绿地、竖向、水系、道路与交通系统专项规划、排水防涝综合规划等相关规划协调。针对城镇专项规划提出规划衔接要点。

1）排水防涝综合规划。不同降雨情景下城镇排水系统总体评估、内涝风险评估等，普查城镇现状排水分区；城镇雨水管渠系统拓扑根据超标雨水径流排放系统方案调整；确定城镇防涝标准，落实大小排水系统建设目标；开展地形 GIS 分析，明确地表漫流路径，优化径流行泄通道、调蓄设施等。

2）绿地系统规划。提出不同类型绿地的规划建设目标、控制目标，如用于调蓄周边客水的绿地调蓄容积等分析绿地类型、特点、空间布局，合理确定调蓄设施的规模和布局城镇绿地与周边集水区有效衔接，明确汇水区域汇入水量，满足可调蓄周边雨水的要求。

3）水系规划。充分利用城镇天然水体及人工水体作为超标雨水径流的调蓄设施。应满足总规蓝线和水面率要求，保证水体调蓄容量。根据河湖水系汇水范围，注意滨水区的调蓄功能，与湖泊、湿地等水体的布局与衔接，与内涝防治标准、防洪标准相协调

4）道路交通规划。以现状调研和模型模拟等方式确定城镇积水点的位置、范围，明确城镇易积水路段径流控制目标道路断面、竖向设计满足地表径流行泄通道的排水要求。保证道路通行和安全的前提下充分利用道路自身和周边绿地设置地表行泄通道。

5）城镇用地规划。城镇用地适用性评价，超标雨水径流排放系统蓄排设施布局合理及用地调整。保留天然水体、沟渠等蓄排空间。内涝风险严重区域调整用地。

2. 已建、新建城区超标雨水径流排放系统规划设计

针对已建城区超标雨水径流排放系统的建设，对现状管网、地表漫流情况等空间和竖向条件的评估尤其重要，部分地区通过道路断面微调实现排水标准的较大幅度提高，而并非需要在所有地区都对排水管道进行更新改造，或增加建设大型调蓄池/调蓄隧道。对于内涝风险较为严重区域应重点评估分析，在有条件的地区可以在源头建设 LID 设施，则综合源头 LID、排水管道、道路路面排水会更大幅度地提高区域的综合排水防涝标准。老城区排水管渠设施已基本形成，短期内进行大规模的管网翻新、蓄排设施建设影响较大，部分老城区也难以一次性达到内涝防治要求，可结合地区的整体改造和城镇易涝点的治理，从源头控制、过程蓄排结合、优化汇水路径、提高排水管渠排水能力、建设超标雨水控制设施等多方面入手，分阶段达到标准。

新建城区应充分利用城镇的现状地形条件，评估地表径流通道，为超标径流预留排放通道，识别保护现状坑塘、湿地、河道等天然蓄排空间，选择内涝风险较小区域进行开发。新区道路建设过程需衔接道路与排水专业，评估道路的排水能力及下游受纳体调蓄能力，考虑超标雨水径流排放系统的相关要求。

3. 不同地形的城镇超标雨水径流排放系统规划设计

海绵城市构建原则之一为因地制宜，同样超标雨水径流排放系统作为海绵城市多目标雨水系统之一，也需要遵循因地制宜的原则。我国不同城镇之间降雨特征、排水系统状况、地形地貌等条件均有所差异，对于不同地形城镇的超标雨水径流排放系统构建，其技术路线也不尽相同。

例如，青岛为海滨丘陵地形，地势东高西低，三面环海，地下排水管道依势而建，这

一地形特征使得当降雨超过雨水管渠系统排水能力后，仍可沿地表道路、周边竖向等地势排入大海。相对于这种地形条件下，超标雨水径流排放系统规划设计更具有实施价值的是地表行泄通道。

山地城镇道路竖向受地形影响较大，道路坡度较陡，与丘陵地形类似，地表径流行泄通道容易选择，但应着重考虑依靠交通干道进行地表排水的安全性。对于平原城镇，地势低平，起伏缓和，很难依靠城镇本身竖向、汇流路径等达到内涝防治高标准的要求，此时调蓄设施的规划比地表行泄通道较有价值，更多地依赖蓄排组合设施实现超标雨水径流排放系统高标准要求。

对于水网城镇，水系河网是其主要的行洪通道及调蓄空间。在其进行超标雨水径流排放系统规划时，可根据地理特征，在不影响其功能的条件下，充分利用河道、低洼坑塘、湿地等作为雨水调蓄空间。暴雨前应预先降低内河水位，增大河道调蓄容积。水网较密的城镇，其可作为道路行泄通道的道路就越多，并且应要求河道两侧的道路坡向河道，与河道竖向有效衔接。具有复合地形的城镇，如济南城区兼有坡地和平原城镇的双重特性，城区高程变化大，汇水区域有明显分区。其地势高差造就上游行洪河道坡降陡、下游坡降缓，城镇土地开发强度大导致下游大量蓄滞洪区被侵占，城镇道路行洪风险较大、低洼区域内涝严重。总体上说，地势高差造成的道路行洪及内涝可以通过工程措施解决排水通道，可重点建设大排水通道、地面竖向的调整、泄洪通道等蓄排组合设施。

6.2.2　超标雨水径流排放系统的布局要求

（1）应根据城镇的自然条件、社会经济、涝灾成因、治理现状和市政建设发展要求，结合城镇防洪防潮工程总体布局综合分析，统筹规划，实现截、排、蓄综合治理。

（2）应充分利用现有河道、沟渠等将涝水排入承泄区，充分利用现有的湖泊、洼地滞蓄涝水。

（3）应自排与抽排相结合，有自排条件的地区，应以自排为主。受洪（潮）水顶托、自排困难的地区，应设挡洪（湖）排涝水闸，并设排涝泵站抽排。

（4）超标雨水径流排放系统应根据城镇地形条件、水系特点、承泄条件、原有排水系统及行政区进行分区、分片治理。

（5）如果城区有外水汇入时，可结合城镇防洪工程布局，根据地形、水系将部分或全部外水导入至城区的下游。

6.2.3　自排与抽排

城镇排涝分为自排和抽排两部分。自排是指堤防外江（河）不涨水或水位低于防洪排涝闸关闸水位时，堤防保护区内设计标准下的暴雨洪水能及时通过防洪排涝闸自流排出堤防外。对于自排标准，虽然城镇排涝各区域支流的地形及出口高程不一样，但自排主要在堤防与支流出口处设闸，其孔口尺寸的大小对工程量及投资影响较小，因此自排标准一般取不低于堤防标准的年最大 24h 的设计暴雨量。自排流量需根据排涝区不允许淹没的范围、调蓄区容积及排涝区内低影响开发设施情况计算确定。

抽排则是堤防外江（河）涨水、防洪排涝闸关闸后，堤防保护区内内涝防治设计标准下的暴雨洪水能及时通过排涝泵站抽排出堤防外。抽排标准越高，抽排流量越大，相应地装机容量越大，投资就越大。抽排区域支流的地形及出口高程不一样，选取的抽排标准也不同。选择抽排标准时，应根据各排水区支流的地形、出水口高程和关闸后外江涨水到退水开闸的过程，即按雨洪同期遭遇的排频标准计算选取。对于城市，由于支流较多，排水区划分太多，这样做工作量较大，一般取某一排水区支流的排水口关闸水位、关闸后外江涨水到退水的过程统一计算雨洪同期遭遇不同频率不同时间组合的设计暴雨量，再根据该设计暴雨量和各排涝区不允许淹没的范围、调蓄容积及排涝区内表面硬化情况，计算确定各排涝区抽排流量。这种设计方法对于排水口高程及关闸水位较高的排涝区，计算确定的抽排流量可能偏大，泵站排涝偏于安全；对于排水口高程及关闸水位较低的排涝区，计算确定的抽排流量可能偏小，泵站排涝可能偏于不安全，但仍是比较科学的。

无论自排还是抽排，排涝流量均与设计暴雨的标准、排涝区内是否有调蓄区有较大关系，设计暴雨的标准越高，排涝区的汇流量就越大，反之汇流量就越小；同一设计暴雨的标准，如果没有排涝调蓄设施，排涝流量就越大，反之排涝流量就越小。

6.2.4 超标雨水径流排放系统的水文分析

通过对超标雨水径流排放系统的水文分析，确定城镇治涝的设计参数和规划。超标雨水径流排放系统水文分析的基本任务是对所研究的水文变量或过程，做出尽可能正确的概率描述，从而对未来的水文情势做出概率性预估，以便在此基础上做出最优的治涝规划设计和决策。

1. 设计暴雨的确定

设计暴雨是指符合指定设计标准的暴雨量及其时空分布，能推求出设计洪水。设计暴雨包括各历时的设计点暴雨量、设计面暴雨量、设计暴雨的时程分配和设计暴雨的面分布等。设计暴雨可通过雨量站、当地的《暴雨参数等值线图》或相关图表等资料收集和选择。建立设计站和周边的雨量站（要求雨量站有较长的实测资料）之间的相关关系，并对设计站的暴雨资料进行插补延长。插补延长方法包括：①邻站与本站距离较近，地形差别不大时，可直接移用邻站资料；②本站邻近地区测站较多时，大水年份可绘制同次暴雨等值线图进行插补，一般年份可采用邻近各站的平均值；③本流域暴雨与洪水的相关关系较好时，可利用洪水资料插补延长面平均暴雨资料。对得到的暴雨资料进行对比分析，选用适当的数值。如果两组或多组的数据比较接近，反映的规律基本相同，相互取得验证，这说明该两组或多组的数据是比较可靠、合理的，可以从得到验证的两组或多组的数据中，选取偏于安全的一组数据来确定设计暴雨参数。当缺少实测的水文资料时，应根据暴雨统计参数推求得到设计洪水。

设计暴雨成果的合理性分析可以从以下几方面进行：①对本流域，将各历时雨量理论频率曲线绘在一张图上时，曲线在实用范围内不相交，暴雨的均值随历时的增加而增加，当历时较短时，变差系数 C_v 值较小，随历时的增加 C_v 值增大，当历时增加到一定程度时 C_v 值出现最大值，然后随着历时的继续增加 C_v 值又逐渐减小；②结合气候、地形条件将本流域的分析成果与邻近地区的统计参数进行比较；③各种历时的设计暴雨量应与邻近地区的特大暴雨实测记录相比较，检查设计值是否安全可靠。

2. 设计涝水的确定

内涝防治规划所预测发生的最大洪水就是设计涝水。设计涝水总量与峰值、设计涝水过程线、分期设计涝水和设计涝水的地区组成等均是设计涝水应确定的内容。城镇排涝设计洪水的确定与传统的水文计算不同，不仅需要取得暴雨均值、变差系数 C_v 和偏差系数 C_s，还需要确定设计暴雨的雨型。根据现有的水文计算方法或程序，可以推求以小时计的

24h设计暴雨过程。

3. 内外河水位遭遇分析

城区内的排涝工况如何，主要取决于江河中洪水位及其变化过程。当外江河的洪水位比较低，并且低于城区内排涝沟渠的设计水位时，城区内的积水可以通过排洪涝沟渠自排；当外江河的洪水位比较高，并且高于城区内排涝沟渠的设计水位时，城区内的积水则要通过泵站进行提排。因此，城区外江河水位的相对高差，对城区的排涝工况有重要的影响。由此可见，城区外江河水位的遭遇分析，是进行城镇排涝规划的重要内容。

城区内外江河水位的遭遇分析，应依据江河的水位观测资料通过统计分析，计算城区各频率洪水与外江河水位的遭遇情况，从而确定城区内外水位的设计组合，为编制城镇排涝规划提供依据。对于有感潮的河道，还要考虑到潮水位的顶托影响。

4. 治涝设计水位的确定

排涝泵站治涝设计水位是计算泵站设计扬程的依据，泵站在设计扬程下排水流量必须满足设计要求，也可以说泵站在设计内、外水位工况下，其除涝能力要达到设计标准。泵站除涝标准用设计频率暴雨量来表示。当外河水位与圩内暴雨有密切相关性，不同标准的设计频率暴雨会遭遇不同的外水位。泵站要满足不同设计除涝标准的暴雨，其设计外水位也不同，设计外水位和除涝标准相关联。

水闸是调节水位、控制流量的水工建筑物，具有挡水和泄水的双重功能，在防洪治涝等方面应用十分广泛。治涝设计水位是确定排涝水闸规模的重要参数，确定治涝设计水位也是水闸设计工作中的重要部分。根据对城区内外江河水位的遭遇分析成果，可以确定各种排涝工程的城区内外江河水位的组合，以此确定在自排工况下城区内外江河的治涝设计水位，以及在提排工况下的特征水位和特征扬程，为排涝渠系、水闸和泵站的规划设计提供依据。

6.2.5　城镇内涝排涝分区的确定

在进行超标雨水径流排放系统设计时，应按涝区下垫面条件和排水系统的组成情况进行分区，并分别计算各分区的设计涝水。分区设计涝水应根据当地或自然条件相似的相邻地区实测涝水资料分析确定，同时结合市区内河涌水系分布、堤围现状、人工湖等滞洪区进行划分，再按市区地形特征、水体洪潮水位等因素将排涝分区大致归纳为三类排涝模式，分别为强排水模式、缓冲式排水模式、区域排涝模式。

1. 强排水模式

该模式适用于地面高程低于河涌水面线的地区，分为两种：一种为一级排水模式，雨水经管道收集后，集中由泵站提升排入外围河网；另一种为二级排水模式，雨水经管道收集后，集中由泵站提升排入区内河网，再经泵站排入外围水体。

2. 缓冲式排水模式

该模式适用于地面高程高于河涌水面线的地区，分为两种：圩区排水模式，主要应用于地面高程虽然高于区内河涌水面线，但低于外围水体水面线的区域，区内雨水就近排入圩内河道，通过圩内河网的调节，再由泵站排入圩外水体；另一种模式为自流排水模式，地形较高区域的雨水自流排入外围水体。由于管网投资少，运行费用低，后者是应用最多的排涝模式，但其对地面高程有较高的要求。

3. 区域排涝模式

该模式适用于片区内河涌水系丰富，可用于雨水调蓄的河道容积大。分为一级排涝模式和两级排涝模式两种。一级排涝模式在暴雨前预降区内河网水位，暴雨期间区内河网用于调节；两级排涝模式适用于有低洼圩区的片区，暴雨前预降河网水位，暴雨期间河网用于调蓄，再经泵站抽排至外围水体。

排涝分区的注意事项：排涝分区的划分应遵守经济性和因地制宜的原则，在水网圩区排涝分区时，应当特别重视以下两个方面：①尊重城区排蓄系统的现状。城镇排涝的历史经验证明，城区排涝区现有的排蓄体系与周围环境经过长时间的共存，逐渐趋于相对稳定，维持自然的排蓄体系，有利于水生态和水环境的保护，同时也可以避免因拆迁、移民、征地和赔偿带来的民事纠纷。排蓄系统的改造应当尽量不削弱河网、蓄水区的调蓄能力，不改变水陆过渡带的现状，这样可以更好地保护水生态。②确保排洪渠体系排水能力。治理城镇内涝是一项极其复杂的系统工程，是一项投资巨大的基础设施工程，需要根据具体情况逐步推进。在进行排涝分区的过程中，关键要确保排洪渠体系排水能力，并且要注意：如果进行排涝区的整合和兼并，势必会造成排涝（洪）渠道的延长，由于水网圩区地势比较平缓，因而会减小排涝（洪）渠道的纵坡，降低渠道的排涝（洪）能力；如果减小排涝（洪）渠道的纵坡，除了需要增加渠道的过水断面面积外，还会造成流速降低，很容易出现泥沙的淤积，导致排涝（洪）渠道体系排水不顺畅，从而影响排涝体系的正常运行。

6.3 城镇水体的规划设计

城镇水体包括河道、湖泊、池塘和湿地等自然或人工水体。宜利用现有城镇水体作为排涝除险设施。河道、湖泊、池塘、湿地等天然或人工水体本身具有较大的容积，因此，在不影响其平时功能的条件下，充分利用水体对雨水径流的调节能力，发挥其降低城镇内涝灾害的作用。

城镇水体的规划、水系修复与治理，应满足城镇总体规划中蓝线和水面率的要求，不应缩减其现有的调蓄容量，为达到内涝防治设计重现期标准，应保证一定的水面率。并且应尽量保留原有的河道、湖泊等自然水体，充分利用城镇自然水体，不仅有利于维持生态平衡，改善环境，而且可以调节城镇径流，减少排水工程规模，发挥综合效应。城镇水体在非降雨期间，可作为城镇景观水体或休闲娱乐设施，为确保设施正常安全运行，应制定不同运行模式相互切换的管理制度。

1. 自然水体的规划设计

城镇天然河道包括城镇内河和过境河道，是城镇内涝防治系统的重要组成部分。城镇内河的主要功能是汇集、接纳和储存城镇区域的雨水，并将其排放至城镇过境河流中。城镇内河应具备区域内雨水调蓄、输送和排放的功能。城镇过境河流承担接纳外排境内雨水和转输上游来水的双重功能。河道排涝应关注长历时（一般为 24～72h）的降雨总量，并根据河道应承担的调蓄容积确定河道和相关排涝设施的规模。城镇河道应按当地的内涝防治设计标准统一规划，并与防洪标准相协调。应对河道的过流能力进行校核。内河应满足城镇内涝防治设计标准中的雨水调蓄、输送和排放要求，过境河道应具备洪水期排除设计标准条件下内涝防治设计水量的能力。当内涝防治系统运行时，应对河道的水位、水量进行校核，不能满足标准要求时，应采用河道拓宽、疏浚和取弯等各种工程措施，使其达到内涝防治设计标准。其中，河道取弯可以有效提高河道的调蓄容积，增加水流在河道中的停留时间，削减下游的洪水峰值流量。当上述工程措施受限时，还可采取设置人工沟渠等其他方式。当城镇内河通过闸、泵站或其他方式与过境河道连通时，连通设施应采取防止倒流的措施。城镇内河设计超高应考虑弯曲段水位壅高，并应大于 0.5m。城镇内河的水位应统一调度，并且暴雨前，预先降低城镇内河水位；暴雨后，一般地区应在 24h 内将内河水位排至设计水位以下，重要地区可根据需要将内河涝水排除时间缩短；有条件的地区可将在排除时间内最高水位控制在设计水位以下。城镇区域内自然水体调蓄容量应根据其地理位置、功能定位、调蓄需求、水体形状、水体容量和水位等特点，经综合分析后确定。

2. 人工水体的规划设计

城镇人工水体在城镇内涝防治系统中主要是延缓雨水径流进入下游的时间，防止暴雨期间地表径流过快汇集。城镇人工水体的调蓄能力应根据城镇内涝防治系统规划，结合地形条件、水系特点等确定。城镇人工水体可采用重力流自排和泵站排放相结合的方式，有自排条件的地区，应以自排为主；高水（潮）位时不能自排或有洪（潮）水顶托倒灌情况的地区，一般应在排水出口设挡洪、潮排涝水闸，并应设泵站排放。也要适当多设排水口，利于低水（潮）位时自流排放。兼有景观环境、防洪等多种功能的人工水体，应保证各种功能的协调，避免相互影响。

用于排涝除险调蓄的城镇人工水体的设计，应按规划的水资源配置和调蓄要求进行分析计算，确定水体的常水位和控制水位、水体调蓄量和置换量、水体水质状态等。人工水体的调蓄水深一般大于 1.0m，主要考虑调节水深过小，用地会增加，为节约用地降低工程投资，有条件的地区可以考虑增加调节水深，并和周边环境协调。调蓄水体的水位控制，通常应在其常年水位的基础上合理确定，同时应充分考虑周边已建或规划建设用地的控制标高情况。一般情况下，当调蓄水体和城镇排水管渠相通时，由于城镇排水管渠覆土一般为 1.0～1.5m，要起到调蓄的作用，雨水能够排入人工水体，考虑到内涝期间雨水管渠已经承压运行，因此，人工水体的最高水位宜低于城镇建设用地控制标高 1.0m 以上，才能满足一般的调蓄需要。

6.4 调蓄设施的规划设计

6.4.1 隧道调蓄工程设计

国内外许多城市面临内涝频发、径流污染严重等严峻问题，尤其是特大型城市的降雨量高度集中，极端暴雨频发，仅依靠建设传统的浅层地下排水系统可能难以彻底解决城市内涝及径流污染问题。并且，国内过去秉承“重地上、轻地下”的城市开发建设模式，导致城市排水设施基础薄弱，加之城市建设密度高、空间条件有限、地表硬化率高、地下管线复杂、轨道交通纵横交错等特点，以及施工周期因素的制约，全面升级改造雨水管道的技术经济性差，实施难度巨大。尤其是在建成区或中心城区，许多雨洪措施难以推广且快速见效。隧道调蓄工程是指埋设地下空间的大型排水隧道，其作为一种城市排水的创新方式，具有线性收集、调蓄容量可扩展、兼顾污染物控制与雨水系统提标功能以及环境影响相对较小、充分利用地下深层空间等特点，是解决城市排水问题的有效方法之一。巴黎、伦敦、芝加哥、东京和新加坡等众多大城市已有隧道调蓄工程应用，并取得了较好的效果。其主要可以解决以下问题：一是可以提高区域的排水标准和内涝防治标准；二是在合流制地区可以进行污水集中输送，实现污水有效收集处理；三是可以大幅度削减初期雨水面源污染和合流制排水系统溢流污染，改善环境水体的水质。在降雨量大、暴雨频繁的中心城区，在现有浅层排水系统改造困难的情况下，建设隧道调蓄工程是一种有效手段。

隧道调蓄工程的设置应符合城镇地下空间开发和管理的要求，并与相关规划相协调。应避免与传统的地下管道和地下交通设施发生冲突。隧道调蓄工程的调蓄容量，应根据内涝防治设计重现期的要求，综合考虑源头减排设施、排水管渠设施和其他排涝除险设施的规模，经数学模型计算后确定。如还需兼顾径流污染控制的功能，其调蓄容量可适当增大。隧道调蓄工程内部设施的运行维护操作，应按现行国家标准《城镇雨水调蓄工程技术规范》GB 51174 和现行行业标准《城镇排水管道维护安全技术规程》CJJ 6 的有关安全规定执行。

1. 深层隧道排水系统及其分类

深层隧道排水系统一般指埋设深度较大（一般超过地下 40m）、管径较大的城镇排水调蓄隧道。城市深层隧道排水系统的运行方式因功能目标不同而略有差异，一般可分为两大工况，即降雨时的运行工况和降雨结束后的运行工况。在降雨时，为减轻浅层排水管网的压力，减少城市路面积水，避免对河道水环境造成冲击，超过现有系统截流能力的多余雨水将由竖井进入到地下的深层隧道蓄存。在降雨结束后，隧道中储存的雨污水通过泵站输送至浅层管网，从而进入地面污水处理厂进行处理。但是，由于城市深层隧道排水系统的工程大、投资高，需要慎重考虑其适用条件、目的以及合理的设计规模，科学论证其建设的必要性和可行性。城市深层隧道排水系统一般适用于溢流口较多而密集且溢流水量大，或积水点多而密集且积水严重，或传统的地面及地下排放、存储设施不具备空间条件或难以快速奏效等情况，以及经济发达的城市。城市深层隧道排水系统建成后，将与现有浅层排水系统耦合构成城市的排水系统，共同承担城市排水任务。按功能区主要分为防洪排涝型隧道、污染控制型隧道、功能复合型隧道三类。

（1）防洪排涝型隧道。防洪排涝型隧道按照场地、径流排放及运行条件等可分为排涝隧道和排洪隧道。排涝隧道主要收集与调蓄超标雨水产生的径流；排洪隧道主要截流和接纳上游洪水或超过河道输送能力的洪水排放至下游水体。典型案例如日本东京“江户川深隧工程”（图 6-3）。隧道位于东京 16 号国道下方 50m 处，全长 6.3km，内径为 10.6m，隧道将 5 座深约 70m、内径约 30m 的竖井连接起来，将收集到的雨水统一汇集到一座大型蓄水池“调压水槽”，再通过 4 台大功率水泵排入一级大河流江户川。调蓄量约为 $6.7\times10^5m^3$，最大排洪量可达 $200m^3/s$。该隧道调蓄工程对日本埼玉县、东京都东部首都圈的防洪泄洪起到了至关重要的作用。在正常状态和普通降雨时，该隧道不必启动，污水及雨水经常规、浅埋的下水道和河道系统排入东京湾；而当诸如台风、超标准暴雨等异常情况出现，并超过上述串联河流的过流能力时，竖井的闸门便会开启，将洪水引入深层下水道系统存储起来；当超过调蓄规模时，排洪泵站自行启动，经江户川将洪水抽排入东京湾。

我国香港荔枝角雨水排放隧道系统沿主径流垂直方向设置，将西九龙腹地集水区的雨水通过埋深为 40m，全长为 2.5km，直径为 4.9m 的分支隧道，以及长为 1.2km、直径为 4.9m 的倒虹吸隧道排入维多利亚港，分流高地雨水，实现“高水高排”，减少上游高地雨水流入市区排水系统，有效降低了荔枝角、长沙湾等区域内涝风险，提高市区排水标准。

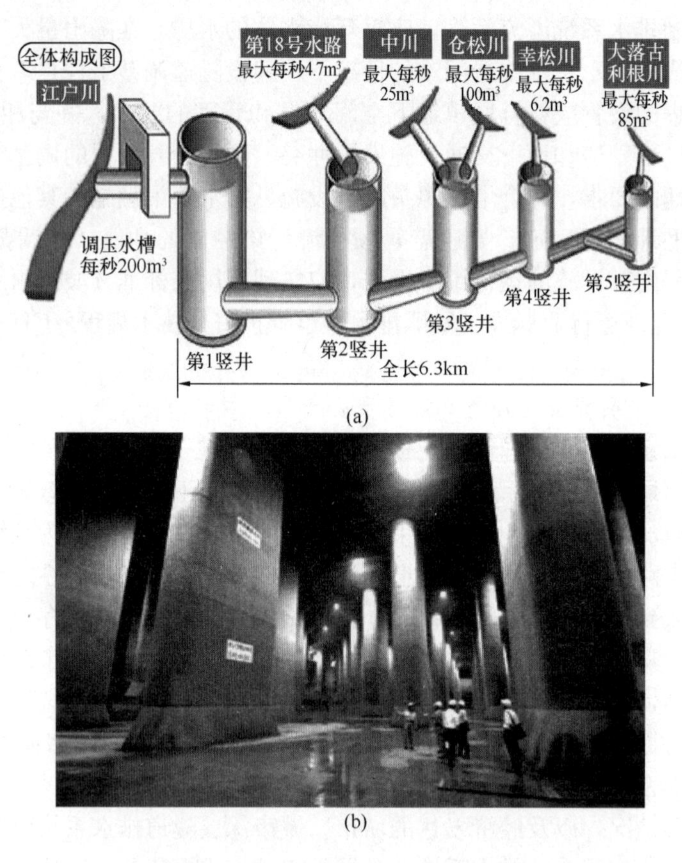

(a)

(b)

图 6-3　日本东京“江户川深隧工程”

(a)“江户川深隧工程”构成图；(b)“江户川深隧工程”现场图

(2) 污染控制型隧道。污染控制型隧道以污染控制为目的，分为污水输送隧道以及溢流污染控制隧道两种。污水输送隧道是一种埋深较大的污水输送干管，主要对区域污水进行收集，并统一输送至污水处理厂处理排放，典型的如新加坡深层隧道污水系统(DTSS)，如图 6-4 所示。新加坡多年平均降水量为 2355mm，地势低洼且四面环海，因此其常年遭受雨洪困扰。新加坡排水系统为雨污分流制，由分散的 6 个污水处理厂和 130 个污水泵站组成，污水处理厂规模小且靠近住宅区，常年散发臭味。为解决现存问题，新加坡公用事业局建设了一条长 48km、直径 3.6～6m、埋深 18～55m 的污水隧道，以及长 50km 的污水连接管，依靠重力将污水收集并输送至污水处理厂进行处理。隧道与竖井之间的设计独具创新：管片衬砌中添加钢纤维与合成纤维，隧道内的二次衬砌由抗微生物腐蚀的混凝土制成，并覆盖一层高密度聚乙烯，穿过海底的隧道在管片衬砌与混凝土衬砌之间添加一层防水膜，使其抗腐蚀，防止细菌、微生物以及下水道气体等对隧道造成的损害，并且抗水；隧道内装设光纤监测系统，光缆将直接嵌入隧道衬砌中，可远程监测隧道结构的完整性，也可以检测深层隧道周边的建筑工程施工或地震等事件造成的地层扰动与影响；竖井内安装隔离闸，在工程运营维护期间，隔离闸将某段隧道隔离，污水绕过隔离段，通过隧道网络流入主隧道，为工人提供安全的作业环境；隧道沿线地面安装气流管理系统，将隧道内的异味导向远离居民区的气味控制设施中进行处理。工程建成后，污水处理厂的污水泵站只需要进行一次提升即可，取代了中途污水泵站，管理了城市污水的同时又解决了扩建污水处理厂所带来的用地紧张的问题。

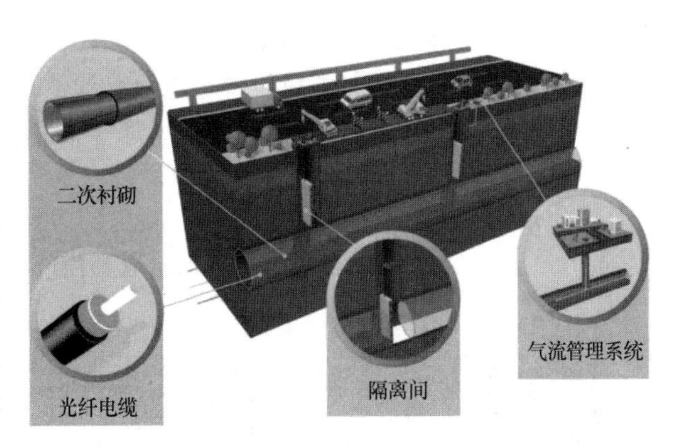

图 6-4 新加坡深层隧道污水系统（DTSS）结构图

工程应用较多的溢流污染控制隧道多应用于老城区合流制区域，用于降雨期间收集并存储合流制区域超过截流管道能力的合流制溢流污水，或部分兼顾收集新建区分流制系统的初期雨水径流，雨停后将其输送至污水处理厂处理后排放。典型的如波士顿 CSO 存储隧道、英国 LEE 隧道和泰晤士河 Tideway 隧道、澳大利亚悉尼 Northside Storage 隧道、美国 Atlanta West Area 合流制溢流污染控制隧道等。这类隧道相当于大型截流管道和调蓄池，一般沿溢流口设置，平行于截流干管、河流或海岸线，可有效地将多个溢流口串联起来。但是，这种隧道多位于排水系统下游，仅用来储存和处理超过截流管能力的合流制溢流污水，因而通常很难解决上游汇水区域的积水问题。

（3）功能复合型隧道。功能复合型隧道兼具防洪排涝、溢流污染控制、城市交通等多种功能，其工程案例最多。典型的工程案例如美国芝加哥 TARP 项目，是世界上第一个在地下岩石层修建的大型蓄水工程。一期工程包括 4 段深层隧道，开挖于地下 60～105m 的岩石层，隧道总长 176km，直径为 3～10m。一期工程包括 3 个排水泵站，250 多个入流竖井，600 多个浅层连接和管控结构。二期工程包括 3 个由采沙后留下的地表深坑水库，其主要目的是解决城市洪涝，但其巨大的储存空间仍可减少城市雨污溢流。

TARP 项目的运行包括降雨期间的入流阶段和无雨期间的排水阶段。入流阶段的运行目标为：充分利用深层隧道空间；最大限度蓄存污水；避免瞬变流和间歇喷涌现象。为减少污水漫溢，雨污分流的污水管网排入深层隧道的水量不受闸门控制；雨污合流管网和地面溢流排入深层隧道的水量由进水口的闸门系统控制。通常，当深层隧道充满度达到 60%时，进水闸门可能被关小或关闭，限制雨污合流管网和地面溢流的入流量，以保证不受闸门控制的污水能排入深层隧道。深层隧道系统的入流过程是一个复杂的流体动力学过程，有时入流过快，深层隧道中的气体不能及时排除，会产生间歇喷涌现象，大量水体从竖井中喷出，危害附近行人及车辆。为避免间歇喷涌现象发生，在短历时的强降雨来临时，一些进水闸门要保持关闭，以减缓深层隧道入流速度，使深层隧道中空气能及时排出。排水阶段的运行目标为：①最大限度利用深层隧道蓄滞空间；②最大限度处理所收集的雨污水；③保证一定流速，将深层隧道中的沉积物降至最低；将耗电费用减至最低。为满足上述目标，雨污抽排量依深层隧道蓄水量、污水处理能力及气象预报而定。

吉隆坡“精明隧道”（Stormwater Management And Road Tunnel）将高速公路隧道与泄洪隧道叠加设计，兼具泄洪排涝与城市交通双重功能，如图6-5所示。隧道全长9.7km，分三种运行模式。第一种模式：洪水流量低于$70m^3/s$，仅开通“底层水道”泄洪；第二种模式：洪水流量在$70\sim150m^3/s$，开启“一层车道”泄洪；第三种模式：洪水流量高于$150m^3/s$，整个隧道全部用于泄洪。隧道的设计蓄水容量为300万m^3的雨水，其中蓄水池为60万m^3，“精明隧道”的排水通道和汽车通道分别为75万m^3和25万m^3，泄洪池为140万m^3。

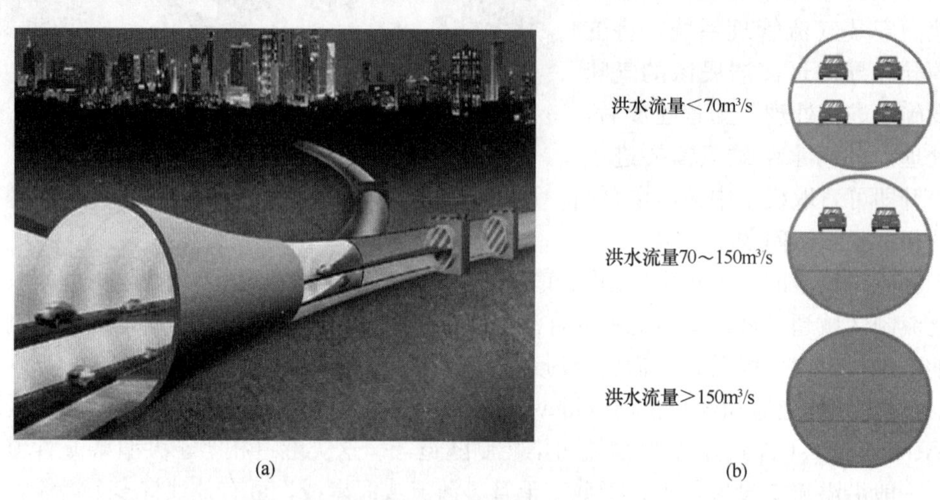

图6-5 吉隆坡“精明隧道”

(a) 吉隆坡“精明隧道”概念图；(b) 吉隆坡“精明隧道”运行模式

我国的工程案例如广州东濠涌隧道、上海苏州河深层调蓄管道工程等，兼顾溢流污染控制和城市内涝防治功能的复合型隧道。广州东濠涌隧道是对东濠涌浅层排水系统的补充和提升，可以最大限度地发挥控制溢流污染和缓解内涝的效能。线路长1.77km，内径为5.3m，埋深33m。雨季可作为东濠涌流域合流污水和初期雨水的调蓄隧道，在雨后通过尾端排空泵站提升到浅层管渠排水系统，再送到猎德污水处理厂处理。启用深层隧道排水系统后，东濠涌深层排水隧道可以提高全流域截污蓄污能力，减少东濠涌流域各支涌（或渠箱）开闸次数，削减雨期东濠涌流域70%以上的合流溢流污染，将河涌雨期返黑返臭的次数减少80%以上，提高了东濠涌流域的水环境质量，具有重大的环境效益。并且东濠涌的行洪标准能从现在的15年一遇提升到50年一遇。

2. 深层隧道排水系统的组成

深层隧道排水系统主要包括主隧道、衔接设施、预处理设施、竖井、排水泵站、通风（除臭）设施、排泥除砂设施、监测与控制管理系统等。

(1) 主隧道

主隧道是系统的重要组成部分，用于对合流污水、初雨和暴雨的调蓄、输送。其规模一般通过模拟分析来确定，隧道系统布局及与原有排水系统的合理衔接直接影响隧道的功能和投资效益，隧道的直径根据不同功能也有所不同。

(2) 衔接设施

衔接设施是连接现有管道系统、地面设施、溢流口、积水点和主隧道的配套设施。防洪排涝型隧道需要与排水箱涵、河道衔接，污染控制型隧道需要与污水主干管、污水泵站连接。

（3）预处理设施

隧道需设置格栅、沉砂池等用于去除大的杂质，减少管道淤积。格栅间隙和沉砂池的设计需要结合竖井类型、用地条件、水质特点、后续的排水处理等综合考虑。

（4）竖井

竖井作为合流污水或暴雨径流通过浅层管网进入深层隧道排水系统的进水点，其直径大小可根据溢流量、积水量或进水量、隧道运行方式等合理设计。排水竖井主要有5种类型：①涡旋式竖井，其基本原理是竖井入口呈涡旋状，能使水流产生离心力并靠向垂直竖井井壁，水流在竖井中螺旋下落，通常在底部设有除气室除去多余的空气。该类型具有多种构造，尤其适用于大流量和大落差的排水竖井。②螺旋坡道竖井，利用螺旋旋转坡道使水流引入竖井中，螺旋坡道的坡度、半径等需根据流量和竖向落差计算确定，适用于大流量和大落差的排水系统。③挡板式竖井，又称层叠式竖井。在竖井内设有交错的挡板，水流进入竖井后由一块挡板倾泻到下一块挡板的形式被输送和消能，适用于大流量和大落差的排水系统。④跌落式竖井，是最常用的一种竖井，它允许水流自由下落，没有任何消能或限制掺气措施，适用于小流量和小落差的排水竖井。⑤靴型竖井，其命名是因为该竖井和除气室结构形状像一只靴子。竖井内水流沿着垂直隔墙倾泻跌落底部，带入相当分量的空气，因此需要大型的除气室，适用于大流量和大落差的排水系统。靴型竖井已在几个大型排水系统中使用，包括芝加哥的TARP和密尔沃基深层隧道排水系统。竖井也可作为人的降落通道、工作用的坑道、紧急疏散点和隧道气体的排气孔等。由于井深很大，需要在底部修筑增强设施来抵御水流进入隧道时的巨大冲击。日本江户川隧道的入流井采用了“涡旋式落差轴”的建造方法，引导水流沿着坑壁螺旋向下流入坑内，最大限度减少洪水的冲击力。

（5）排水泵站

隧道需依靠水泵转输、放空或排江（海）隧道内的污水。排水泵站一般由排水泵、控制设备及附属设备组成。对于防洪排涝型隧道，需按照排水要求设计泵站规模，设置排空泵组以及设置排洪泵组。对于污染控制型隧道，依据在合理时间内将隧道内设计存储量转移至污水处理厂，以及处理厂规模来设计泵站流量，以防污染物静置时间过长而大量沉淀，影响系统后续的运行与维护。

（6）通风（除臭）设施

隧道内需设置通风口用于隧道在充水过程中排放气体。通风孔口的设计大小应与通风井的最大容许空气流速相匹配，一般不应超过10m/s。污水隧道和合流调蓄隧道在进水竖井的预处理过程中还需设置臭气收集处理设施。

（7）排泥除砂设施

排泥除砂设施位于隧道末端，一般采用水力冲洗和抽砂泵等方式用以清除小颗粒的泥砂。

（8）监测与控制管理系统

整个隧道系统的运行结合浅层排水系统水质、液位、水量等综合信息进行控制，并通过中央控制系统进行调度控制运行和管理。控制中心对隧道系统所有的连接点和泵站实行

24h监测，操作人员追踪、监测、报告所有的实时数据，及时评价系统运行状况并适时做出调控。

3. 深层隧道排水系统的关键问题

（1）排水工艺

根据不同的功能目标，深层隧道排水系统和现状浅层系统截流点有所差异，截流方式也不同。以控制溢流污染为目标的深层隧道排水系统，通常在现有浅层系统末端设置接入点，将超过系统截流能力的降雨初期雨水截流进入深层隧道排水系统即可，一般可采用“堰、闸”结合的截流方式；而以防洪排涝为目标的深层隧道排水系统，则需在现有浅层系统的中前段部分设置截流点，将超标雨水接入深层隧道排水系统，通常可通过闸门控制的方式即可；如果二者均需兼顾，或者排水系统实际运行水位高于设计水位，则截流点及截流方式更加复杂，需要通过计算机水力模型进行模拟分析与验证。

涉及问题包括：①截流进入深层隧道排水系统的水是否需进行除渣、除砂是值得研究的问题。美国芝加哥TARP工程采用“直接跌水”的方式，将现有浅层排水系统的超标雨水或溢流污水引入深层隧道排水系统；我国香港的雨水排水隧道采用“格栅”的预处理方式，广州东濠涌深隧试点工程则采用“格栅＋沉砂”的预处理方式。是否需要采用除渣、除砂等预处理工艺，应结合工程目标、现状排水系统水质水量特点及深层隧道调蓄系统运行控制策略等综合比较分析确定。此外，受系统截流水量变化幅度大、埋设深度较深、用地限制以及运行管理需求等因素影响，常规的格栅除污机和沉砂池是否适用也值得商榷。因此，深层排水调蓄系统的前置预处理工艺及其设备选型也需要深入研究。②入流竖井的消能及消声。由于深层隧道埋深较大，竖井入流过程中的消能问题和较大落差产生的噪声问题应受到高度重视，处理不当将影响到工程的结构安全和正常运行。另外，因入流竖井一般设置在城市建成区内，如何减小竖井入流过程中产生的噪声影响也需要认真研究。③系统排气、隧道排空以及底泥清淤等。其中，系统的排气是关系到系统能否正常运行的关键因素，多座竖井入流条件下，如隧道内气体无法及时排除则将会产生较大危害。隧道排空时间需要根据下游排水系统接纳能力确定，排空时间较长，不但影响到系统工程效益的发挥，而且隧道内存储的溢流污水或初期雨水会厌氧化而产生臭气，带来新的环境问题；排空时间较短，则下游系统的负担显著增加。此外，由于埋深较大，系统末端一般需设置提升泵站。提升水泵具有流量小、扬程超高、转速高等特点，目前市政领域常用的水泵不能满足要求，对水泵等设备的选型也需要广泛调研与深入研究。隧道排空后，其底泥的清淤也需要结合前置预处理、分段冲洗措施以及机械检修等手段综合考虑，否则会影响到调蓄容积的高效利用。为了尽量减少清淤工作量，需要对隧道进行防淤设计，包括流速、坡降等水动力学参数设计。

（2）工程水力学

目前成功应用的工程案例几乎均通过物理模型和数值模拟对工程水力学进行了研究。其主要涉及两方面问题：①入流竖井的水力特性，包括入流方式、水流流态与流速分布、水面线与压强分布、排气方式和气流速度。通过研究确定合理的入流方式以确保不同入流流量可平稳输送至深层调蓄隧道内，避免出现空化空蚀、气体顶托等现象；在入流过程中尽可能少掺气，且最大限度消能、消声，减少对结构的冲击、喘振等。②深层调蓄隧道内部水力学特性，包括不同入流工况条件下气固液三相迁移规律、明满流交替运行水力瞬变特性以及滞留气团运动特性等。隧道内的滞留气团危害不容忽视，轻则会影响到调蓄容量的利用、影响入流效果、气团破裂对隧道结构壁产生危害，重则会因“气爆”发生安全事故。

（3）结构与施工

由于深层排水调蓄隧道系统一般设置在城市建成区内，建筑林立，大型市政设施众多，加上深层隧道的超埋深以及明满流交替运行，这些不利因素对隧道结构与施工提出了前所未有的挑战，结构受力、抗浮、防水、防腐、关键节点连接以及施工工艺等都将是技术难题。①入流竖井是超深超大基坑，体量巨大，通常采用地下连续墙工法，然而在城市建筑密集区域实施该工法往往没有施工场地，且面临成槽困难、接头防水、结构稳定等诸多挑战。②调蓄隧道异于常规盾构地铁和车行隧道，结构内壁承受不同范围和深度的水压力，且处于明满流交替运行状态，隧道结构受力及防水、防腐等将面临极大挑战。调蓄隧道工程规模较大，隧道推进及管片拼装的效率极大地影响工程进度和实施情况，需要对其中涉及的快速接头、同步推进拼装技术进行研究。根据工程功能需求，调蓄管涵需要与入流井或通风井连接。受不同的建设条件限制，调蓄管涵顶部与竖井直接连接或调蓄管涵与侧面竖井连接技术等也值得深入研究。

（4）运行管理

深层排水调蓄系统的运行管理涉及深层排水调蓄系统与浅层排水系统的整体调度，浅层与深层流量的合理分配与控制，与气象雨情、受纳水体的联动等方面。深层隧道排水系统承担的功能越多，耦合的系统越多，则运行和调度越复杂。通常情况下，需要建立集地理信息系统、地下排水管网系统、深层排水调蓄系统以及耦合的数字化模型系统，进行各种运行工况的模拟与分析，才能为运行管理和调度提供技术支撑。

（5）效果模拟评价

深层隧道排水系统效果模拟评价多以城市水文过程模型为辅助工具。城市水文过程模拟模型的应用主要集中在城市产汇流与暴雨内涝过程方面，通过将整个城市的水循环看作一个系统，运用水文学耦合水动力学的方法来描述这一系统中的有关水文过程和水循环通量。目前应用较广泛的城市水文模型包括 SWMM 模型、InfoWorks ICM 和 MIKE URBAN 模型等，利用城市水文模型可进行城市暴雨径流预报、污水排放的环境效应分析、城市雨水污水排水设计、城市管网的水流过程以及城市水循环和伴生过程模拟，并据此来评价分析深层隧道排水系统在不同降水情景下的排水防涝及污染物削减效果，以便更好地对工程方案进行优化。这种模拟评价技术刚刚起步，目前在武汉城市深层隧道排水系统规划中发挥了一些作用。

4. 深层隧道排水系统的优劣势分析

深层隧道排水系统作为缓解城市内涝的一种先进手段，具备许多优点：①避免路面开挖，降低对交通和环境破坏的程度。②避免工程与现有的地下公用设施或基础设施产生冲突。③隧道的布设不会受现有路网影响，可以采用直线设计，节约了土地资源。④提高了排水管网的截流倍数，控制面源污染。⑤可辅助海绵城市消除内涝。海绵城市通过“海绵体”将城市积水蓄存或者下渗为地下水。当地下水位上升，“海绵体”饱和以后，剩余积水仍未解决。武汉市（海绵城市试点城市）水务局统计资料显示，从 2016 年 6 月 30 日至 7 月 2 日，降雨达到 22.5 个东湖的水量及全年 1/3 的雨量，6 个城区降雨量超过 200mm，部分地区甚至4h的降雨就达到240mm。超强降雨引起江水倒灌是此次武汉内涝的主要原因。连续超强的降雨、外江水位的不断上涨，使城市"海绵体"失去作用，而深层隧道排水系统助力海绵城市可消除内涝。⑥可缓解水危机现状。我国是缺水国家，每年却把大量的雨水当作灾害因素排入大海，与此同时，却进行大规模的跨流域调水，将局部的水危机转给其他流域和地区，从而导致全面的水危机。大型的深层隧道排水系统可将雨水储存起来，缓解城镇水资源匮乏的问题。北京市水务局统计资料显示：北京属重度缺水地区，人均水资源占有量不足300m^3，而北京年均降雨总量为98.28亿m^3。据了解，北京拟建2条深层隧道，总长约100km，蓄滞能力可达800万m^3，既可以保证暴雨或洪水来袭时的城市安全，又可以缓解水危机。

但是深层隧道排水系统也存在一些不足之处：①系统运行管理较为复杂，并且污水提升成本较高；②容易产生污泥沉淀淤积，清理维护成本较高；③耗时较长，工程难度大，如芝加哥隧道工程建设10年之久。虽然深层隧道排水系统存在一些不足，但是其在解决城市内涝和溢流污染等方面仍发挥着重要作用。

5. 深层隧道排水系统的规划建议

虽然在国外成功应用的案例较多，也发挥了较好的工程效益。但由于不同城市之间的气象条件、水文地质、排水系统的建设与运行管理方式等均存在差异，所以不能完全照搬国外的成功经验。

（1）深层隧道排水系统规划设计必须坚持雨污分流。由于雨水污染小，经过分流后，可直接排入城市内河，经过自然沉淀，既可作为天然的景观用水，也可作为供给喷洒道路的市政用水，故雨水经过净化、缓冲流入河流，可以提高地表水的使用效益。同时，让污水排入污水管网，并通过污水处理厂处理，实现污水再生回用。雨污分流后能加快污水收集率，提高污水处理率，避免污水对河道地下水造成污染，明显改善城市水环境，降低污水处理成本。

（2）深层隧道排水系统管线布设时应处理好深层隧道、浅管和河道之间的关系。深层隧道管线应根据城市内涝风险评估报告中确定的城市内涝积水点，布设在城市易涝区。以北京为例，解决北京西山洪水的构想为：如果2012年7月21日特大暴雨中心（全市平均降雨量215mm，暴雨中心达541mm）发生在北京西山地区，将是北京更大的灾难性事件。沿西山开挖截洪沟，建设地下深层隧道排水系统，导入到永定河，避免山区洪水与城区内涝叠加冲击城区。为减轻超标准降雨给城区"东排"增加的排涝压力，根据中心城河流水系特点及近年积水分布情况，提出：在城市西部建设以分流削峰为主的排水廊道，在城市东部建设以蓄滞为主的调蓄廊道。除此之外，要重视深层隧道、浅管和河道的有效结合。深层隧道工程不是要重建一个城市排水系统，它应该是在原有治水管网基础上的提升与深化，只有深层隧道、浅管和河道的管路畅通，深层隧道的功能才能正常发挥，否则就可能出现有暴雨时，下面的深层隧道的大部分空间未被利用，上面的管网又"顶不住"的现象。浅层排水管网和深层隧道工程构成城市排涝系统，同时要连通城市内外的天然水系河道，将防洪和排涝进行有效链接。此外，深层隧道排水系统在设计时应注重对地下水的隔离保护，防止雨水污染地下水，所以要注重深层隧道排水系统的防水设计。

从长远的角度考虑，深层隧道排水系统设计防涝标准应设为百年一遇，有些城市即使过去没有遭遇过百年一遇的暴雨，并不代表未来的几年、十几年内不会出现百年一遇的极端降雨。中国气象局统计显示，暴雨极值天气出现的概率以每年20%的速率增加，短历时暴雨强度、极端降雨日数也在不断增加，故深层隧道排水系统设计防涝标准设为百年一遇是合理的。

6.4.2　绿地和广场设计

城镇绿地是重要的内涝防治设施，因此应保证一定的绿地率。在城镇内涝防治系统中，城镇绿地按其功能可分为源头调蓄绿地和排涝除险调蓄绿地。从承担的主要作用看，设置在源头的下凹式绿地主要用于削减或延缓进入雨水管渠的径流，雨水径流超过绿地本身承受能力时进入雨水管渠。新建、改建或扩建的城镇道路绿化隔离带可结合用地条件和绿化方案设置为下凹式绿地。用于排涝除险的绿地主要用来接纳周边汇水区域在排水管渠设施超载情况下的溢流雨水，充当"可受淹"设施。用于排涝除险的城镇绿地高程应低于路面高程，地面积水可自动流入，通常不设溢流设施。目前我国许多城镇中的大量绿地广场出于景观考虑，一般设置成高出地面，对解决城镇内涝问题作用甚微，应从海绵城市建设理念出发，逐步加以改造提升。

用于排涝除险调蓄的下沉式广场的设计，应综合考虑广场构造和功能、整体景观协调性、安全防护要求、积水风险、积水排空时间和其他现场条件，并应符合现行国家标准《城镇雨水调蓄工程技术规范》GB 51174 的有关规定。目前国内外均建有下沉式广场，这些广场平时作为休闲活动场所，雨天成为雨水调蓄设施。城镇广场的建设应按多功能、多用途的原则，在内涝风险较大的地区宜设计为下沉式。下沉式广场除满足广场的常规功能外，也能起到防治内涝的作用，成为城镇内涝防治系统的重要组成部分。可利用的下沉式广场包括城镇广场、运动场、停车场等，但行政中心、商业中心、交通枢纽等所在的下沉式广场不应作为排涝除险调蓄设施。值得注意，用于排涝除险调蓄的城镇绿地和广场，应设置安全警示牌，标明调蓄启动条件、淹没范围和最高水位。

6.5　行泄通道的规划设计

行泄通道作为一种排涝除险的设施，承担防涝系统中雨水径流输送和排放功能的通道，包括城市河道、明渠、道路、生态用地等。地表径流行泄通道主要有地表漫流（竖向控制）、道路路面及带状生态沟渠等形式。其中，地表漫流主要通过竖向规划设计实现。良好的竖向条件作为"非设计地表径流行泄通道"，利于排水防涝。此外，非常重要的是，还应重视道路低点渐变下凹的人行道、小区低洼处底部打通的围墙等的设计，以便于地表径流顺畅汇入设计的径流行泄通道及调蓄设施内。

应对降雨超出源头减排设施和排水管渠设施控制能力，对排水系统发生故障的风险进行评估。对城镇内涝风险进行评估之后，在内涝风险大的地区宜结合其地理位置、地形特点等设置雨水行泄通道。例如当经济损失较大时，需要考虑为超出源头减排设施和排水管渠设施控制能力的雨水设置临时行泄通道。应制定暴雨运行模式下的预案，在相应的暴雨预警条件和地面积水条件下采取适当的安全隔离措施。

6.5.1　行泄通道的设计要求

以道路作为排涝除险的行泄通道时应符合下列规定：

（1）城镇排水系统下游管渠担负的流量较大，使得下游地区发生内涝的风险大，宜在城镇排水系统下游选取合适路段作为行泄通道。

（2）道路行泄通道设计应综合考虑周边用地的高程、漫流情况下的人行和车行、周边敷设的市政管线的影响，避免行泄通道的设计造成其他系统的损失。

（3）行泄通道上的雨水应就近排入水体、管渠或调蓄设施，设计积水时间不应大于12h，并应根据实际需要缩短。

（4）达到设计最大积水深度时，周边居民住宅和工商业建筑物的底层不得进水。行泄通道积水深度若超出行车安全最大深度时需封闭道路，保障城市安全。行泄通道不应选择城镇交通主干道、人口密集区和可能造成严重后果的道路，同时也不应选择在城镇重要区域。对于城镇易积水地区，根据以往统计情况，宜规划新建或改建行泄通道，以辅助排除易积水地区雨水，减小内涝风险。

（5）行泄通道不应设置转弯。

（6）作为行泄通道的城镇道路及其附属设施应设置行车方向标识、水位监控系统和警示标志。警示标志和积水深度标尺应设置在距离雨水行泄通道安全范围之外，保证处于安全位置的行人或司机能够清楚地阅读警示标志的内容和标尺上的刻度。警示标志内容应清晰、醒目，其形式与交通标志一致，也可以采用电子显示屏等设备。积水深度标尺宜采用木制或塑料标尺，白底黑字。采用电子显示时，应保证强降雨条件下的电源供给。

（7）鉴于地表漫流系统的复杂性，作为行泄通道的道路排水系统宜采用数学模型法校核积水深度和积水时间。

（8）道路表面的积水宽度，应根据道路的汇水面积和道路两侧雨水口的设置情况和泄水能力进行计算。

当道路表面积水超过路缘石，延伸至道路两侧的人行道、绿地、建筑物或围墙时，其过水能力应符合下列规定：

（1）过水断面沿道路纵向发生变化时，应根据其变化情况分段计算。

（2）当过水断面变化过于复杂时，可对其简化，简化过程应遵循保守的原则估算断面的过水能力。

（3）对于每个过水断面，其位于道路两侧的边界，应选取离道路中心最近的建筑物或围墙。

（4）每个复合过水断面应细分为矩形、三角形和梯形等标准断面，分别按曼宁公式计算后确定。相邻过水断面之间的分界线不应纳入湿周的计算中。

6.5.2　行泄通道的设计步骤

超标雨水径流排放系统的地表行泄通道的设计流程如图6-6所示。当汇水面积较大时，建议采用模型模拟分析，模拟城市管网、地表径流行泄通道与周边调蓄空间、末端河道的综合耦合作用。

（1）确定地表径流行泄通道。地表径流行泄通道的选择应依据当地水文条件、地形地貌分析，并通过不同降雨条件下的内涝风险评估等综合确定。

（2）汇水区域水文分析。包括下列内容：区域降雨资料调研分析；汇水区域总边界、整体竖向、用地构成分析；分析确定汇水区道路路网布局与竖向；分析道路作为排水通道时的径流区域范围及其水力特性；分析区域内道路周边可用于设计生态沟渠的绿地布局；分析雨水管道的设计重现期及雨水管道和雨水口淤堵情况；分析其他相关的水问题，如内

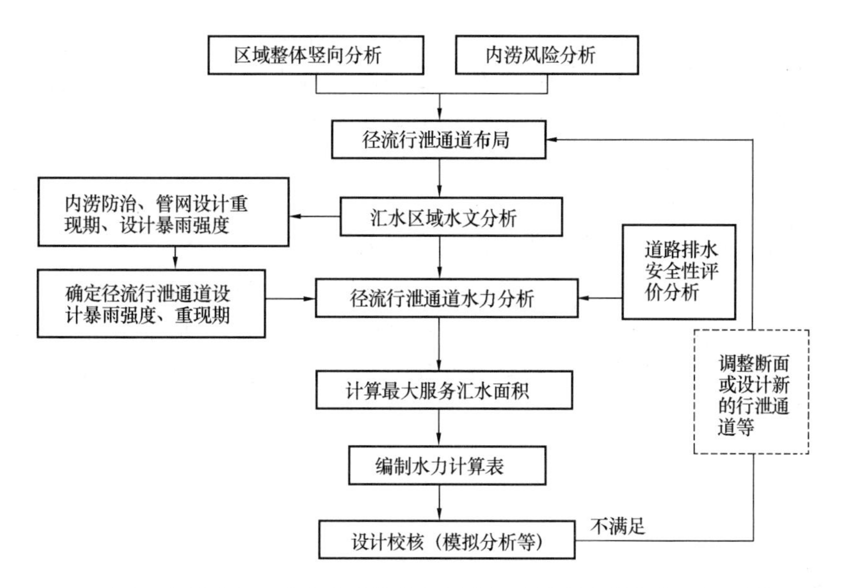

图 6-6 超标雨水径流排放系统的地表径流行泄通道规划设计流程图

涝、水污染等；明确地表排水方向；明确汇水区关键节点竖向、断面控制要求，如汇流路径交叉点，道路交叉口等。

（3）确定地表径流行泄通道的设计重现期与暴雨强度。地表径流行泄通道的设计降雨选择有以下 4 个步骤：①选择适合的内涝防治设计重现期；②确定超过小排水系统的流量；③确定合适的设计降雨历时；④确定设计降雨的暴雨强度。综合考虑城镇类型、内河水位变化、积水影响程度和管网重现期等，经技术经济比较，按表 6-1 确定行泄通道排水设计重现期。

确定内涝防治标准后，根据设计降雨资料，确定内涝防治、管渠设计暴雨强度，进而计算地表径流行泄通道的设计暴雨强度及对应的设计重现期：

$$I_1 = I_2 - I_3 \tag{6-1}$$

式中 I_1——行泄通道的设计降雨强度，L/(s • hm²)；

I_2——内涝防治标准的设计降雨强度，L/(s • hm²)；

I_3——管道的设计降雨强度，L/(s • hm²)。

首先，应确定设计降雨历时，降雨历时一般按设计控制断面的汇流时间确定。例如，将道路路面概化成排水明渠，汇流时间为径流从汇水面远端流至道路路面的地面流行时间，通常采用运动波公式进行计算。需注意的是，该方法是通过计算对应降雨历时下的设计暴雨强度再反映到重现期，未考虑管道汇流时间与径流行泄通道汇流时间的差异，以及暴雨情景下，管道压力流时的实际排水能力会大于其满管流设计重现期标准等，也未考虑分散式源头减排设施对径流雨水的蓄滞作用，所以该方法计算结果较为保守，利用该设计降雨强度计算得出的服务面积应为最不利情况，因此下文（5）中计算得出的道路/沟渠服务面积为可服务的最大汇水面积。

（4）道路排水安全性评价分析。确定地表行泄通道时，应明确道路超标雨水径流排放系统设计标准。道路路面作为行泄通道时，应保证行人、行车交通安全及对道路周边建筑物不造成较大的影响，这就使得道路路面排水应满足一定的流速、水深等要求。目前国内规范建议采用道路积水深度标准，如表 6-1 中规定道路中一条车道的积水深度不超 15cm（即为路缘石露出地面以上的高度），即利用道路路面排水的最大水深不应超过 15cm。同时也应对超标降雨情景下道路行泄通道积水情况（即漫幅）进行分析，分别对道路行泄通道的每条车道的积水深度进行分析，确保其满足要求。

（5）地表径流行泄通道水力计算。对于道路路面，其排水能力根据道路断面形式、纵坡等确定，可采用地表漫流和道路边沟流，通过修正后的曼宁公式进行计算。对于沟渠，其排水能力计算可参照明渠均匀流计算公式，道路路面与沟渠组合使用时，需对二者排水能力进行叠加计算。道路路面过水断面沿道路纵向发生变化时，应根据其变化情况分段计算。若过水断面变化过于复杂，可简化并选择最不利断面进行保守计算。

对于三角形断面，当道路横坡为单一坡度时（图 6-7），路面排水按式（6-2）、式（6-3）计算：

$$Q_s = \frac{0.376}{n_0} S_x^{1.67} S_L^{0.5} T^{2.67} \tag{6-2}$$

$$T = \left(\frac{n_0 Q_0}{0.376 S_x^{1.67} S_L^{0.5}}\right)^{\frac{3}{8}} \tag{6-3}$$

式中　Q_s——雨水口宽度范围外纵向流量，m^3/s；

n_0——粗糙系数；

S_x——道路横向坡度；

S_L——道路纵向坡度；

T——路面积水宽度，m；

Q_0——道路表面流量，m^3/s。

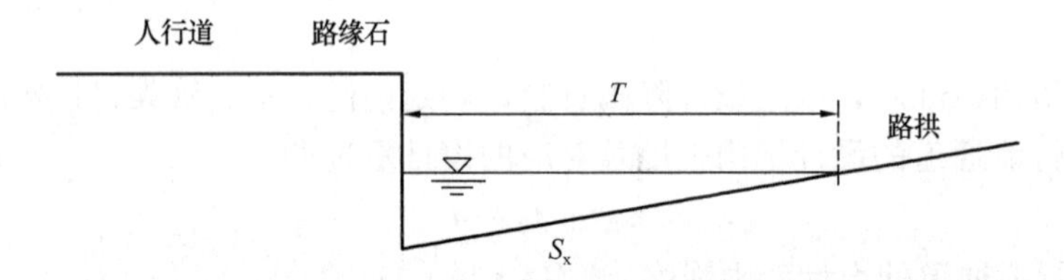

图 6-7　单一坡度道路过水断面

对于复合断面（图 6-8），路面排水按式（6-4）～式（6-6）计算：

$$Q_0 = Q_s + Q_w \tag{6-4}$$

$$Q_s = \frac{0.376}{n_0} S_x^{1.67} S_w^{0.5} (T - W)^{2.67} \tag{6-5}$$

$$E_0 = \frac{Q_w}{Q_0} = \frac{1}{1 + \dfrac{S_w/S_x}{\left(1 + \dfrac{S_w/S_x}{T/W - 1}\right)^{2.67} - 1}} \tag{6-6}$$

式中　Q_w——雨水口宽度范围内纵向流量，m^3/s；

Q_0——道路表面流量，m^3/s；

Q_s——雨水口宽度范围外纵向流量，m^3/s；

S_x——道路横向坡度；

S_w——边沟横向坡度；

T——路面积水宽度，m；

W——雨水口宽度，m；

E_0——雨水口正面截流分数，%；

n_0——粗糙系数。

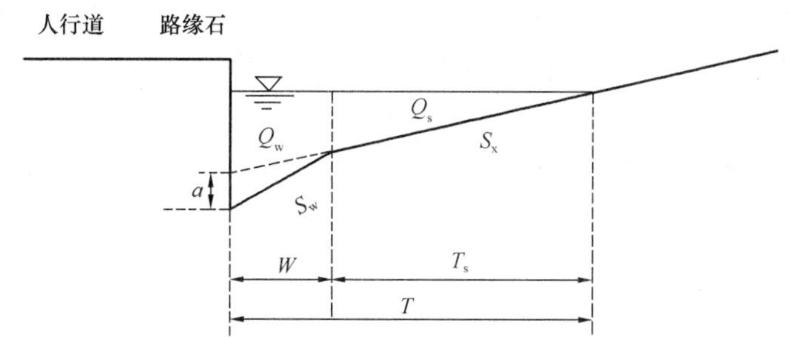

图 6-8 复合坡度道路过水断面

（6）计算地表径流行泄通道最大服务汇水面积。根据得到的径流行泄通道排水能力和设计暴雨强度，可计算径流行泄通道的最大服务汇水面积，然后与实际的道路汇水面积进行对比，分析是否满足要求。需指出的是，式（6-7）适用于小汇水区域（一般小于 $2km^2$）的设计计算。当汇水面积较大时（大于 $2km^2$），可利用模型模拟进行辅助分析。

$$A = \frac{Q}{\psi I_1} \tag{6-7}$$

式中 A——最大服务汇水面积，hm^2；

Q——道路/沟渠流量，L/s；

ψ——综合径流系数；

I_1——暴雨强度，$L/(s \cdot hm^2)$。

实际情况下，当暴雨发生时，汇水区域内的超标雨水径流并非全部汇入市政道路中，而是更多滞留在了汇水区域内部，即汇水区域内部的积水在一定程度上缓解了外围市政管道和道路路面的排水压力，起到了“被动调蓄”或“非设计调蓄”的功能。

（7）编制水力计算表。按照划分的计算断面，计算每个子汇水区域内的地表径流行泄通道是否满足设计要求，并编制水力计算表。

（8）设计校核。当地表径流行泄通道的过水能力不满足设计要求时，需对纵向坡度、断面进行调整，或设计新的地表径流行泄通道，并重新进行水文、水力计算，确保满足设计要求。

6.6 排洪沟的设计与计算

在山区和丘陵地区，位于山坡或山脚下的工厂和城镇常常会受到山洪的威胁。山区地形坡度大，集水时间短，洪水历时也不长，所以水流急、流势猛，且水流中还夹带着砂石等杂质，冲刷力大，容易使山坡下的工厂和城镇受到破坏而造成严重损失。因此，为了尽量减少洪水造成的危害，保护城镇、工厂的生产和人民生命财产安全，除了要及时排除建成区内的暴雨径流外，还应在工厂和城镇受山洪威胁的外围开沟，以拦截并排除建成区以外、分水线以内沿山坡倾泻而下的山洪流量，并通过排洪沟道将洪水引出保护区，排入附近水体。排洪沟设计的任务就在于开沟引洪，整治河沟，修建构筑物等，以便有组织、及时拦截并排除山洪径流，保护山坡下工厂和城镇的安全。

6.6.1　设计防洪标准

为了准确、合理地拟定某项工程规模，需要根据该工程的性质、范围以及重要性等因素，选定某一频率作为计算洪峰流量的标准，称为防洪设计标准。实际工作中一般常用重现期衡量设计标准的高低，即重现期越大，则设计标准就越高，工程规模也就越大；反之，设计标准低，工程规模小。根据我国现有山洪防治标准及工程运行情况，山洪防治标准如表 6-3 所示。根据我国城市防洪工程的特点和防洪工程运行的实践，城市防洪标准如表 6-4 所示。此外，我国的水利电力、铁路、公路等部门，根据所承担的工程性质、范围和重要性，也会制定部门的防洪标准。

山洪防治标准　　表 6-3

工程等级	防护对象	防洪标准	
		频率（%）	重现期（年）
二	大型工业企业、重要中型工业企业	2～1	50～100
三	中小型工业企业	5～2	20～50
四	工业企业生活区	10～5	10～20

城市防洪标准　　表 6-4

工程等级	保护对象			防洪标准	
	城市等级	人口（万人）	重要性	频率（%）	重现期（年）
一	大城市、重要城市	＞50	重要的政治、经济、国防中心及交通枢纽，特别重要的大型工业企业	＜1	＞100
二	中等城市	20～50	比较重要的政治、经济中心，大型工业企业，重要中型工业企业	2～1	50～100
三	小城市	＜20	一般性小城市、中小型工业企业	5～2	20～50

6.6.2　设计洪峰流量

在进行防洪工程设计时，首先要确定洪峰设计流量，然后根据该流量拟定工程规模。排洪沟属于小汇水面积上的排水构筑物。一般情况下，小汇水面积没有实测的流量资料，往往采用实测暴雨资料间接推求设计洪水量，并假定暴雨与其所形成的洪水流量同频率。同时考虑到山区河流流域面积一般只有几平方千米至几十平方千米，平时水小，甚至干枯；汛期水量急增，集流快。因此，在确定排洪沟设计流量时，以推求洪峰流量为主，而不考虑洪水总量及其径流过程。相应于防洪设计标准的洪水流量，称为设计洪峰流量，有三种方法计算设计洪峰流量。

1. 洪水调查及设计洪峰流量的估算法

洪水调查主要是深入现场，勘查洪水位的痕迹，了解留在河岸、树干、沟道及岩石上的洪痕，推导它发生的频率。根据调查的洪痕，测量河床的横断面和纵断面，按均匀流公式计算设计洪峰流量：

$$v = \frac{1}{n} R^{\frac{2}{3}} I^{\frac{1}{2}} \tag{6-8}$$

$$Q = wv \tag{6-9}$$

式中 Q——设计洪峰流量，m^3/s；

v——河槽的流速 m/s；

R——河槽水力半径（即河槽的过水断面与湿周之比），m；

I——河槽水面比降；

w——河槽的过水断面面积，m^2；

n——河槽粗糙系数。

最后通过流量变差系数和模比系数法，将调查得到的某一频率的流量换算成设计频率的洪峰流量。

2. 推理公式法

推理公式有中国水利水电科学院水文研究所公式、小径流研究组公式和林平一公式三种。中国水利水电科学研究院水文研究所提出的推理公式已得到广泛应用，最适合用于流域面积为 40～50km^2的地区，其公式如下：

$$Q = 0.278 \frac{\psi S}{\tau^n} F \tag{6-10}$$

式中 Q——设计洪峰流量，m^3/s；

S——暴雨雨力，mm/h；

ψ——洪峰径流系数；

τ——流域的集流时间，h；

F——流域面积，km^2；

n——暴雨强度衰减指数。

3. 地区性经验公式

地区性经验公式使用方便，计算简单，但地区性很强。相邻地区采用时，必须注意各地区的具体条件是否一致，否则不宜套用。地区经验公式可参阅各省（区、市）水文手册。应用最普遍的是以流域面积 F 为参数的一般地区性经验公式：

$$Q = kF^n \tag{6-11}$$

式中 Q——设计洪峰流量，m^3/s；

F——流域面积，km^2；

k、n——随地区及洪水频率而变化的系数和指数。

上述各公式中各项参数的确定，可以参阅《给水排水设计手册》中有关洪峰流量计算一节。

6.6.3 排洪沟的设计要点

排洪沟的设计涉及面广，影响因素复杂，应根据建筑区的总体规划、山区自然流域范围、山坡地形及地貌条件、原有天然排洪沟情况、洪水流向及冲刷情况以及当地工程地质、水文地质、当地气象等综合考虑，合理布置排洪沟。

（1）工业或居住区傍山建设时，建筑区选址时应对当地洪水的历史及现状做充分调研，摸清洪水汇流面积及流动方向，合理布置排洪沟，避免把厂房建筑或居住建筑设在山洪口上，不与山洪主流顶冲。

（2）排洪沟的布置应与建筑区的总体规划密切配合，统一考虑。建筑设计时，应重视排污问题。排洪沟应尽量设置在建筑区的一侧，避免穿绕建筑群，并尽可能利用原有的天然沟，必要时可作适当整修，但不宜大改动，尽量不改变原有沟道的水力条件。排洪沟与建筑物或山坡开挖线之间应留有不小于3m的距离，以防冲刷房屋基础及造成山坡塌方。在设计中要注意保护农田水利工程，不占或少占肥沃土地。

排洪沟的设置位置应与铁路、公路及建筑区排水结合起来考虑。尽量选择在地形较平缓、地质较稳定的地区，避免穿越铁路、公路，以减少交叉构筑物。特别是进出口地区，以防由于水力冲刷而变形，尽量避免因沟道转折过多而增加桥、涵的投资，造成沟道水流不顺畅，转弯处“小水淤、大水冲”的状况。

（3）排洪沟的走向应尽量利用自然地形坡度，大部分应沿地面水流的垂直方向，使截流的山洪水能以最短距离靠重力排入受纳水体。一般情况下，排洪沟不设中途泵站。当排洪沟截取几条截流沟的水流时，在交汇处截流沟应尽可能斜向下游，并与排洪沟成弧线连接，以使水流能平缓进入排洪沟内，防止冲刷。

（4）排洪沟的断面形式常采用梯形断面明渠，当建筑区地面较窄，或占用农田较多时可采用矩形断面明渠。但是当排洪沟通过市区或厂区时，由于建筑密度较高、交通量大，应采用暗渠。排洪沟所用的材料及加固形式应根据沟内最大流速、当地地形及地质条件、当地材料供应等情况而定。排洪沟一般常用片石、块石铺砌，不宜采用土明渠。图6-9为常用排洪明渠的断面形式及加固形式。当排洪沟较长时，应分段按不同流量计算其断面，断面必须满足设计要求。排洪沟的超高一般采用0.3～0.5m，截洪沟的超高为0.2m。

（5）排洪明渠平面布置的基本要求：

1）进口段

为使洪水能顺利进入排洪沟，进口形式和布置非常重要。其形式应根据地形、地质及水力条件合理选择。常用的进口形式有两种：一种是排洪沟直接插入山洪沟，衔接点的高程为原山洪沟的高程，适用于排洪沟与山沟夹角小的情况，也适用于高速排洪沟；另一种是侧流堰式，将截流坝的顶面做成侧流堰渠与排洪沟直接相接，此形式适用于排洪沟与山洪沟夹角较大且进口高程高于原山洪沟沟底高程的情况。

为防止洪水冲刷变形，进口段应选择在地形和地质条件良好的地段。通常进口段的长度不小于3m，在进口段的上段一定范围内应进行必要的整治，以使衔接良好，水流通畅。

2）出口段

排洪沟出口段布置应不致冲刷排放地点（河流、山谷等）的岸坡，因此出口段应选择在地形较平缓、地质条件良好的地段，并采取护砌措施。此外，出口段宜设置渐变段，逐渐增大底宽，以减小单宽流量，降低流速；当排洪沟出口与河沟交汇时，其交汇角对于下游方向要大于90°，并做成弧形弯道，做适当铺砌，以防冲刷。为防止河水倒灌、排水不畅，出口标高宜在相应的排洪设计重现期的河流洪水位以上，一般要在河流常水位以上。

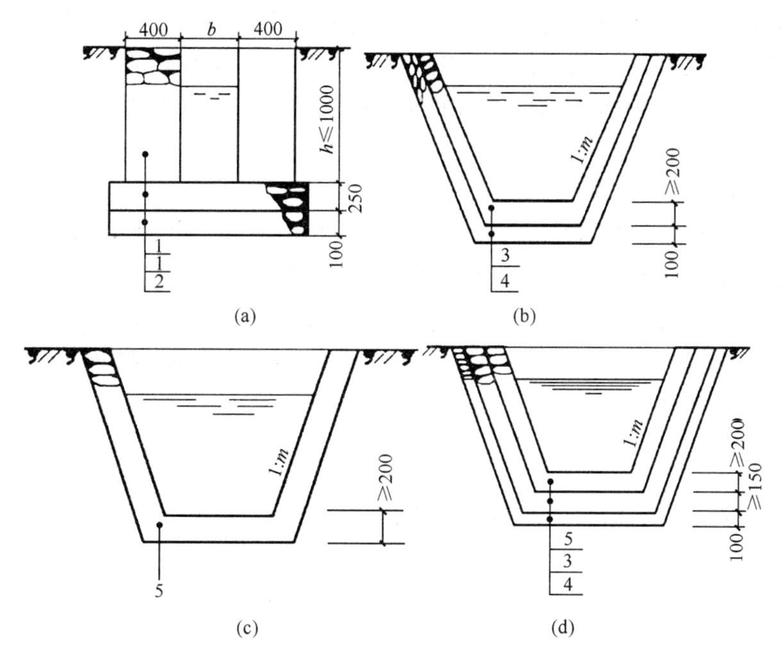

图 6-9 常用排洪明渠断面及其加固形式

(a) 矩形片石沟；(b) 梯形单层干砌片石沟；(c) 梯形单层浆砌片石沟；
(d) 梯形双层浆砌片石沟
1—M5 砂浆砌块石；2—三七灰土或碎（卵）石层；3—单层干砌片石；
4—碎石垫层；5—M5 水泥砂浆砌片（卵）石

3）连接段

当排洪沟受地形限制走向无法布置成直线时，应保证转弯处有良好的水流条件，不应使弯道处受到冲刷。一般平面上转弯处的弯曲半径不应小于 5～10 倍的设计水面宽度。当有浆砌块石铺面时，弯曲半径应不小于 2.5 倍的设计水面宽度。

排洪沟的安全超高一般采用 0.3～0.5m。在弯道处，由于水流因离心力作用，使水流轴线偏向弯曲段外侧，设计时外侧沟高应大于内侧沟高，即弯道外侧沟高除考虑沟内水深及安全超高外，还应增加沟内外侧水位差 h 的 1/2。同时应加强弯道处的护砌。当排洪沟的宽度发生变化时，应设置渐变段连接，渐变段的长度为 5～10 倍两段沟底宽度之差。

（6）排洪沟纵坡的确定：排洪沟的纵坡应根据地形、地质、护砌、原有排洪沟坡度以及冲淤情况等条件确定，一般不小于 1%。设计纵坡时，应使沟内水流速度均匀增加，以防止沟内产生淤积。当纵坡很大时，为防止冲刷，应考虑设置跌水或陡槽，但不得设在转弯处。一次跌水高度通常为 0.2～1.5m。陡槽纵坡一般为 20%～60%，多采用片石、块石或条石砌筑，也有采用钢筋混凝土浇筑，其终端应设消力设施。

（7）排洪沟的最大流速：为了防止山洪冲刷，应按流速的大小选用不同的铺砌加固沟底池壁的强度。表 6-5 为不同铺砌的排洪沟对最大流速的规定。

（8）排洪渠的护面形式：为了提高排洪渠的抗冲刷能力，增大渠道中水的流速，以减小渠道的过水断面面积，节省土石方的开挖量，降低渠道的工程费用，或者是为了减少渠道的渗漏，以减少防护区内地下水排水设备的容量和排水工程费用，应当对排洪渠的渠底和边坡进行必要的护砌。根据我国城市防洪设计的实践经验，排洪渠的砌护类型主要有砌石护面、黏土护面、混凝土和钢筋混凝土护面、沥青混凝土护面和塑料薄膜护面等。

1）砌石护面

排洪渠的砌石护面主要有干砌石护面和浆砌石护面两种。由于干砌石护面工程造价大大低于其他护面形式，因此在排洪渠护面中经常采用。其主要作用是提高渠道的抗冲能力，护面的厚度一般为0.10～0.30m。由于浆砌石护面取材方便、施工简单、防护效果好，所以在排洪渠道中被广泛采用。浆砌石护面既可用于提高渠道的抗冲能力，又可防止渠道渗漏，护面的厚度一般为0.20～0.30m。

2）黏土护面

黏土是一种含砂粒极少、具有很强黏性的土壤，由于水分不容易从中通过，所以黏土是良好的防渗材料。黏土护面主要用于排洪渠的防渗，护面厚度一般为0.30～0.60m，护砌的高度应超出最高水位0.30～0.75m。为了防止黏土产生干裂，黏土护面的表层应当用护面层加以保护。

3）混凝土和钢筋混凝土护面

混凝土和钢筋混凝土护面是渠道防渗、防冲的结构形式，在渠道底部和边坡防护中应用最普遍。这类护面具有可以减小渠道糙率、防止渠道产生渗漏、提高渠道抗冲能力等特点，其护面厚度一般为0.10～0.20m，护砌的高度应超出渠道中的最高设计水位，并且不小于0.15m。根据施工方法不同，混凝土和钢筋混凝土护面又可分为现场浇筑和预制块拼装两种。

4）沥青混凝土护面

沥青混凝土是指经人工选配具有一定级配组成的矿料与一定比例的沥青材料，在严格控制条件下拌制而成的混合料。沥青混凝土护面既可以提高渠道的防冲、抗渗能力，还可以减小渠道表面的糙率，其护面厚度一般为0.10～0.15m。

5）塑料薄膜护面

塑料薄膜护面是以塑料薄膜作为防渗基材，与无纺布复合而成的土工防渗材料。塑料薄膜护面主要用于防止渠道的渗漏，具有良好的防渗效果。为了保护塑料薄膜护面，防止其受到机械性破坏，塑料薄膜护面的表面应覆盖0.30m厚的土层作为保护层。

常用铺砌及防护渠道的最大设计流速　　表6-5

铺砌及防护类型	水流平均深度（m）			
	0.4	1.0	2.0	3.0
	平均流速（m/s）			
单层铺石（石块尺寸15cm）	2.5	3.0	3.5	3.8
单层铺石（石块尺寸20cm）	2.9	3.5	4.0	4.3
双层铺石（石块尺寸15cm）	3.0	3.7	4.3	4.6
双层铺石（石块尺寸20cm）	3.6	4.3	5.0	5.4

续表

铺砌及防护类型	水流平均深度（m）			
	0.4	1.0	2.0	3.0
	平均流速（m/s）			
水泥砂浆砌软弱沉积岩石块，石块强度不低于 MU10	2.9	3.5	4.0	4.4
水泥砂浆砌中等强度沉积岩石块	5.8	7.0	8.1	8.7
水泥砂浆砌，石材强度等级不低于 MU15	7.1	8.5	9.8	11.0

6.6.4 排洪沟的水力计算

1. 直线段排洪沟水力计算

直线段排洪沟水力计算采用均匀流计算公式，同式（6-8）、式（6-9）。对于新建排洪沟，如果已知设计洪峰流量，排洪沟过水断面尺寸的计算方法是：首先假定排洪沟水深、底宽、纵坡、边坡系数，可根据式（6-8）求出排洪沟的流速（应满足表 6-5 中最大流速的规定），再根据式（6-9）求出排洪沟通过的流量；若计算流量与设计流量误差大于 5%，则重新修改水深值，重复上述计算，直到求得两者误差小于 5%为止。若是复核已建排洪沟的排洪能力，则排洪沟水深、底宽、纵坡、边坡系数等均为已知，根据式（6-8）、式（6-9）求出排洪沟通过的流量。

2. 弯曲段水力计算

由于弯曲段水流因离心力作用而产生的外侧与内侧的水位差，故设计时外侧沟高大于内侧沟高，即弯道外侧沟高除了考虑沟内水深及安全超高外，还应增加水位差 h 的 1/2，h 按下式计算：

$$h=\frac{v^2 B}{Rg} \tag{6-12}$$

式中 v——排洪沟平均流速，m/s；

B——弯道宽度，m；

g——重力加速度，m/s^2；

R——弯道半径，m。

思考题

1. 雨水管渠设计重现期与内涝防治设计重现期分别是多少？
2. 雨水管渠系统与超标雨水径流排放系统有何种关系？
3. 简述超标雨水径流排放系统的布局要求。
4. 简述深层隧道排水系统的分类。
5. 简述行泄通道的设计要求。

本章参考文献

[1] 季民，黎荣，刘洪波，郭纯园主编．城市雨水控制工程与资源化利用[M]. 北京：化学工业出版社，2017.

[2]　刘家宏，夏霖，王浩，邵薇薇，丁相毅. 城市深隧排水系统典型案例分析[J]. 科学通报，2017，62(27)：3269-3276.
[3]　王耀堂. 道路用于城市大排水系统规划设计方法与案例研究[D]. 北京：北京建筑大学，2017.
[4]　王广华，陈彦，周建华，陈贻龙，李文涛，杨先华，李昀涛. 深层排水隧道技术的应用与发展趋势研究[J]. 中国给水排水，2016，32(22)：1-6，13.
[5]　胡龙，戴晓虎，唐建国. 深层排水调蓄隧道系统关键技术问题分析[J]. 中国给水排水，2018，34(8)：17-21.
[6]　上海市政工程设计研究总院(集团)有限公司. 城镇雨水调蓄工程技术规范. GB 51174—2017[S]. 北京：中国计划出版社，2017.
[7]　上海市政工程设计研究总院(集团)有限公司. 城镇内涝防治技术规范. GB 51222—2017[S]. 北京：中国计划出版社，2017.

第7章 初期雨水与合流制溢流污染控制

初期雨水，顾名思义就是降雨初期时的雨水。由于降雨初期，雨水溶解了空气中的大量酸性气体、汽车尾气、工厂废气等污染性气体，降落地面后，又由于冲刷屋面、沥青混凝土道路等，使得初期雨水中含有大量的污染物质，甚至超出普通城市污水的污染程度。初期雨水经雨水管直排入河道，会给水环境造成一定程度的污染。因此，必须合理界定初期雨水，并因地制宜地进行处理，从而有效保护水体环境。

合流制排水系统（combined sewer system，CSS）是城市排水系统的重要组成部分，包括雨、污合流制管道收集系统和末端控制系统，用同一套管道收集和传输雨水和污水，最终退水到受纳水体中。世界上很多城市最早建设的大多是合流制排水系统。如英国伦敦的排水系统就是建于1860年左右并且一直沿用至今的合流制排水系统。合流制排水系统有一个很明显的优点，那就是只用建设一根管道，投资小，地下空间需求小。然而，合流制的弊端也很明显。在面临较强降雨的时候，可能会有未经处理的雨污混合水通过溢流口溢流排入受纳水体，从而污染水环境。有必要对合流制排水系统溢流污染的发生规律和控制方法进行研究，并提出相应的控制措施。

7.1 初期雨水污染特性

7.1.1 初期冲刷现象及其描述

20世纪80年代末开始，国内外学者在城市雨水径流污染控制研究中提出了初期冲刷（First Flush）的概念，并针对初期冲刷的定义、成因、影响因素以及初期冲刷过程中的污染物迁移规律进行了研究。

1. 浓度初期冲刷

早期对初期冲刷的认识主要基于雨水径流的污染物浓度随时间的变化规律，研究发现雨水径流中污染物的浓度峰值常常出现在径流初期，因此当初期径流中污染物浓度明显高于后期径流时，即存在初期冲刷。这种基于浓度过程曲线的初期冲刷现象又称为浓度初期冲刷（Concentration First Flush）。这种描述方法的优点是直观而简单，但也有明显的局限性：仅考虑污染物浓度随时间的变化，并未涉及雨水径流量的变化和污染物总量及其在径流过程中的分配。

在很多情况下，初期雨水的污染物浓度虽然很高，但降雨初期的径流量较小，所挟带的污染物与次降雨径流污染物总量的比例不一定高。因而，仅采用浓度过程曲线难以准确描述初期冲刷现象。

2. 质量初期冲刷及其判别

由于浓度初期冲刷定义的局限性，国内外学者又提出了质量初期冲刷（Mass First Flush）的概念。当雨水径流初期污染物的累积输送速率大于径流量累积输送速率时，即降雨初期占径流总量较小比例的雨水径流中挟带了占本次降雨污染负荷较大比例的污染物时，认为存在初期冲刷，可以用下式表示：

$$\frac{M(t)}{V(t)}=\frac{\int_0^t Q(t)C(t)\mathrm{d}t/\int_0^T Q(t)C(t)\mathrm{d}t}{\int_0^t Q(t)\mathrm{d}t/\int_0^T Q(t)\mathrm{d}t}\approx\frac{\sum_{i=0}^{k}\bar{Q}(t_i)\bar{C}(t_i)\Delta t/\sum_{i=0}^{n}\bar{Q}(t_i)\bar{C}(t_i)\Delta t}{\sum_{i=0}^{k}\bar{Q}(t_i)\Delta t/\sum_{i=0}^{n}\bar{Q}(t_i)\Delta t}>1 \tag{7-1}$$

式中　$M(t)$——t 时刻的污染物输送速率；

$V(t)$——t 时刻的径流量输送速率；

$Q(t)$——t 时刻的径流流量；

$C(t)$——t 时刻雨水径流中的污染物浓度；

t——降雨历时；

T——次降雨的降雨历时；

$\bar{Q}(t_i)$——连续测样的平均流量；

$\bar{C}(t_i)$——连续测样的污染物平均浓度；

Δt——连续测样的时间增量。

当 t 处于降雨历时 T 的初期且 $M(t)/V(t)>1$ 时，代表初期冲刷现象发生。在实际研究中，很难得到径流量 $Q(t)$ 和径流污染物浓度 $C(t)$ 的连续变化关系。因而，为便于试验研究，可以进行如式（7-1）中的近似变化。

3. 典型的冲刷曲线及初期冲刷现象的量化

根据质量初期冲刷的定义，对于次降雨事件的任一种污染物，绘制无量纲累积曲线来判断是否有初期冲刷现象发生。以 $M(t)$ 为纵坐标、$V(t)$ 为横坐标作图，可得次降雨污染物无量纲累积曲线，图 7-1 给出了几种代表性的曲线形式来描述不同的冲刷规律。

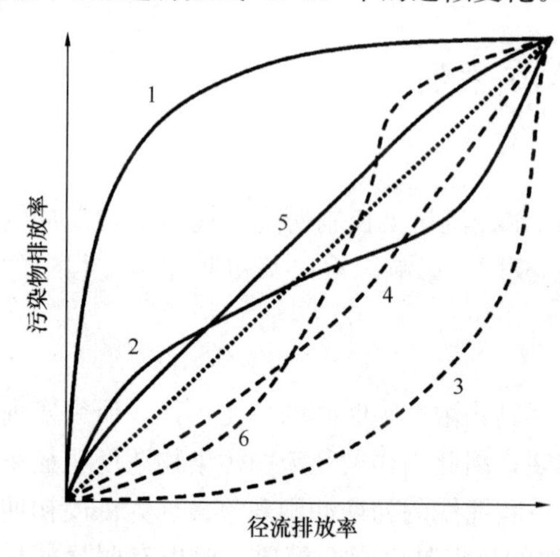

图 7-1　几种典型的冲刷规律曲线

图 7-1 中的对角线表示整个降雨过程中径流污染物的均衡迁移，即污染物排放速率在场次降雨事件中不变，$M(t)/V(t)=1$，将其作为初期冲刷存在与否的判别线。当曲线前段位于对角线上方时，初期径流中污染物排放率大于径流排放率，存在初期冲刷现象（曲线 1、2 和 5），且曲线前段越高，初期冲刷现象越明显、越强烈；反之曲线前段位于对角线下方时，污染物排放率小于径流排放率，初期冲刷现象不存在（曲线 3、4 和 6）。

部分国外学者对初期冲刷的量化描述如表 7-1 所示。

部分国外学者提出界定初期冲刷现象的量化比例　　表 7-1

研究者	初期径流体积占比（%）	污染物占比（%）	提出时间
Stahre and Urbonas	20	>80	1990 年

续表

研究者	初期径流体积占比（%）	污染物占比（%）	提出时间
Wanielista and Yousef	25	>50	1993 年
Hsaget 等	30	>80	1995 年
Bertrand-Krajewski 等	30	>80	1998 年
Deletic	20	>40	1998 年

质量初期冲刷概念及量化描述方法似乎比浓度初期冲刷更科学合理，但随着研究的深入和大量试验数据的积累，一些研究者发现，符合上述界定的初期冲刷现象较少见，在有些研究中出现的概率甚至不足 1%，这说明在不同研究条件下，采用固定的比例来界定初期冲刷也有不足。

事实上，降雨、汇水区域、污染物的累计等条件会有很大的不同，径流污染物冲刷规律具有很大的随机性、多变性和复杂性，因此不能一概而论，必须对不同条件下的初期冲刷分别研究和讨论。为避免片面和绝对，应该从相对意义上来定义或理解初始冲刷现象：当无量纲累积曲线前段部分明显高于对角线时，即可认为有初期冲刷现象发生；曲线偏离判别线的不同距离代表初期冲刷强度的不同，曲线的前段越高于判别线，初期冲刷现象越明显。从量化的角度看，两者相差越大，初期冲刷越明显。

7.1.2 初期雨水水质特征和主要影响因素

1. 初期雨水的界定

由于降雨冲刷过程的不确定性，目前对初期雨水的界定尚没有统一的定论。现有对于初期雨水的界定方法可总结为四类：基于水质、基于时间、基于降雨量和基于径流深。

（1）基于水质的界定方法

基于水质的初期雨水径流界定方法认为，随降雨开始后径流水质到达某个值之前的降雨径流为初期雨水。张琼华等利用初雨量化模型将降雨中携带超过 50%的污染负荷的雨水径流界定为初期雨水；杨丰恺等利用 SWMM 模型模拟各污染物中随降雨的变化规律，发现 COD 的浓度下降得最慢，最终以 COD>50mg/L 作为初期雨水的界定标准。基于水质对初期雨水的界定，可在一个汇流区域的总排出口安装监测设备，实时监测出口雨水的污染物浓度，根据相关规定或标准，以一个特定的污染浓度界限划分出初期雨水与后续雨水。根据降雨径流中污染物浓度整体呈现下降趋势的规律，对前期污染较严重的雨水作为初期雨水进行收集、处理，对后期水质较好的雨水实行直接排放或利用。理论上来说，以水质界定初期雨水对污染控制的效果较好，但水质变化难以控制，甚至在污染比较严重的区域中，整场径流污染物都高于界定值。此外，目前监测系统还不完善，存在诸如进水单元易堵塞、分析仪表分析频率不满足需求、设备易发生故障、维护费用高等问题。因此，限制了这一方法的应用。

（2）基于时间的界定方法

基于时间的界定方法将开始降雨后某段时间内所形成的径流界定为初期雨水。目前，基于时间界定初期雨水的研究结果差异较大。考虑环境保护，应对设计的需求，相关规范通常以经验值确定初期雨水，如《化工建设项目环境保护工程设计标准》GB 50483—2019 直接给定初期雨水时间 10～20min；《给水排水工程快速设计手册》（2014 版）给出初期8min的降雨为初期雨水。事实上，区域的功能性质、降雨强度条件、污染控制目标等都会对初期雨水的界定产生影响，如化工建设区域与一般建筑和小区相比初期雨水时间明显较长，暴雨、大雨、中雨及小雨条件下初期雨水时间的长短各有不同。相关规范和文献中以时间划分初期雨水的参考值如表7-2所示。

基于时间界定初期雨水相关研究结果　　**表7-2**

时间	控制目标	适用条件	参考文献
10～20min	—	适用化工建设项目	《化工建设项目环境保护工程设计标准》GB 50483—2019
8min	—	适用建筑与小区	《给水排水工程快速设计手册》(2014版)
10min	50%污染负荷	热带城市降雨条件	Ming等，2014
10min	70%～80%污染负荷	暴雨条件	李畅等，2017
20min	60%污染负荷	大雨、中雨条件	
9min	大量污染物	深圳市、小雨条件	叶志辉等，2010
30min	污染物浓度稳定	小雨条件	袁宏林等，2011
	水质由于Ⅴ类水	中雨	白建国等，2013

总体看，以时间划分界定初期雨水能够较好地通过时间节点把控污染，但其不足在于忽视了产流、汇流的过程。对于汇流面积较大的区域，在相同时间内，强度差异较大的降雨产生的径流量也相差较大，会出现距截流设施较远处的含污雨水与距截流设施较近的洁净雨水同时到达的情况。

（3）基于降雨量的界定方法

基于降雨量的界定方法将降雨量到一定值时所形成的径流界定为初期雨水。目前，基于降雨量界定初期雨水的主要目的有年径流总量控制和污染控制，相关规范和文献中以降雨量划分初期雨水的参考值如表7-3所示。针对污染控制，《石油化工给水排水系统设计规范》SH 3015—2019根据经验直接给出石油化工区域初期雨水为15～30mm。针对径流总量控制，由于我国地域广阔，气候差异较大，控制相同初期雨水所达到的控制目的也相差较大，如初期控制降雨量为8mm时，径流总量控制率在极端干旱地区为70%～90%，半湿润地区为20%～40%，湿润地区为40%～50%，说明地域差异以及降雨的不确定性对初期雨水范围影响较大。除此之外，降雨强度也会对初期雨水的范围有所影响，例如在观澜河流域控制7mm初期降雨量时，小雨条件下径流总量控制率能达到70.4%，中、大雨仅为26.9%。

基于降雨量界定初期雨水相关研究结果　　**表7-3**

目标	降雨量	区域与控制效果	文献来源
径流控制	8mm	极端干旱地区：70%～90%； 半湿润地区：20%～40%； 湿润地区40%～50%	车伍等，2016
	12.7mm（半英寸） /25.4mm（一英寸）	西北干旱地区：95%/98%； 东南沿海湿润地区：30%～40%/50%～60%	Deng等，2005

续表

目标	降雨量	区域与控制效果	文献来源
径流控制	7mm	深圳观澜河流域： 70.4%（小雨）； 29.6%（中、大雨）	王健等，2014
	9.7mm	滇池流域：50%	张勤等，2014
	12.5mm	经验值	路军等，2010
污染控制	15～30mm	天津：大量污染物	《石油化工给水排水系统设计规范》SH 3015—2019

（4）基于径流深的界定方法

基于径流深的界定方法将降雨形成的径流累积到一定深度时的雨水界定为初期雨水。根据前人的研究，以径流深直接界定初期雨水主要以污染控制为目的，相关规范与文献中以径流深界定初期雨水范围的参考值如表7-4所示。由表可见，不同下垫面和地区的初期雨水范围相差较大。

基于径流深界定初期雨水相关研究结果　　表7-4

径流深	区域与控制效果	文献来源
1.5mm	长沙某小区雨水井：大量污染物	廖雷，2015
12.5mm	天津市政道路，经验值	路军，2010
6～8mm	台湾工业区排水口：60%污染负荷	Chang，2008
10mm	台湾工业区排水口：80%污染负荷	
1～3mm	屋面	北京市地方标准《雨水控制与利用工程设计规范》DB11/685—2013
2～5mm	小区路面	
7～15mm	市政路面	
10mm	马来西亚柔佛：50%	Ming等，2014

整体来看，以降雨量和径流深划分初期雨水可结合地表产、汇流原理，相对来说其理论意义和实际运用价值较充分，认可度较高。但也存在一定不足，比如两次甚至多次降雨间隔时间较短，后期降雨携带污染负荷明显降低，或者集雨区域面积较大，通过累积深度来计量势必造成大量的清洁水资源的浪费。以降雨量划分多针对径流总量的控制，以径流深划分多针对污染控制，但实际上降雨量和径流深之间也可利用径流系数近似换算，例如Ming等研究者在最终确定马来西亚柔佛的初期径流深为10mm的结果则是以研究区域综合径流系数与降雨量换算得来的。

2. 城市初期雨水水质的主要影响因素

影响初期冲刷的因素较多，在国内外许多研究中均有分析，主要影响因素有汇水面性质、污染物特性、季节和温度、降雨特性、降雨事件间隔时间等。

（1）汇水面性质影响

汇水区域特性除汇水区域规模和污染程度外，汇水区域的坡度、平整度、不透水面积比例、植被情况等也是重要的影响因素。在其他条件相同的情况下，坡度越大、不透水面积比例越高、表面越平整光滑，初期冲刷作用就越明显。

研究结果表明，汇水面性质对径流水质有重要影响。以屋面为例，屋面材料的种类是最重要的因素。城市屋面目前较多地采用沥青油毡屋面（平顶）和瓦屋面（坡顶），油毡屋面明显比瓦屋面污染严重。沥青油毡屋面部分污染物指标如表7-5所示。屋面材料的类新旧程度等也是影响水质污染的重要原因。研究表明，油毡材料更换后，屋面初期径流水质有明显改善。

沥青油毡屋面部分污染物指标　　**表7-5**

指标	浓度（mg/L）	指标	浓度（mg/L）
COD	457	总氮	12.2
酚类	0.1	硫酸盐	74.6
合成洗涤剂	4.4	铅	0.009
石油类	16	锌	1.36
氰	0.038	铁	0.44
总磷	0.43	锰	0.06

道路径流水质主要取决于路面污染状况，随机性和变化幅度更大。路面的各种污染物是最直接的污染原因。市区主要交通道路的污染因素多，一般比居住区路面雨水污染严重。道路初期雨水的COD和SS浓度一般都超过城市污水。

（2）污染物特性的影响

污染物特性主要指溶解性和非溶解性、颗粒大小和密度等。显然，溶解性或容易被径流冲刷挟带的污染物越多，初期冲刷现象会越明显，反之亦然。

（3）季节和温度的影响

温度对于初期雨水径流的水质有重要影响。气温主要对沥青油毡屋面雨水中的COD有明显影响，而对瓦面和其他无机材料屋面的影响很小。4～5月和夏季的降雨初期径流COD较高，主要原因是经过漫长的冬、春旱季，屋顶积累了大量沉积物和污染物，在4～5月被初期几场降雨冲刷下来，在随后发生的降雨中，屋面径流水质有所好转。但进入夏季后，气温升高和日照增强，黑色的沥青油毡极易吸热变软、老化分解，由于沥青为石油的副产品，其成分比较复杂，许多污染物可能溶入水中。一般日照越强、气温越高，沥青油毡屋面材料的分解就越明显，屋面雨水中的COD就越高，主要为溶解性的难降解有机物。由于具体条件不同，每场降雨初期径流的COD具有随机性，但污染最严重的屋面径流一般都发生在每年的最初几场降雨和夏季高温期。

由于道路的定期清扫和路面材料等原因，道路径流水质受季节和气温的影响程度小于屋面，主要由路面污染程度、降雨条件等因素决定。

（4）降雨特性的影响

降雨特性主要指次降雨事件的降雨量、降雨强度和降雨历时等特性。对城市建筑屋面和道路雨水多年的监测研究发现，降雨强度、降雨量和降雨历时对初期雨水水质的影响较为显著。一般来说，针对小汇水面，降雨量和降雨强度越大、降雨历时越短，则初期冲刷现象越明显。当然，具体还取决于降雨的时程分配。

降雨强度和降雨量是影响屋面径流水质的重要因素。它们对屋面污染物具有冲刷、稀释和溶解等多重作用。图 7-2 是两种不同降雨强度条件下屋面径流水质的变化规律，具有代表性。图 7-2（a）所示是一场短时暴雨，15min 降雨量为 4mm，由于冲刷强度大，初期径流 SS 浓度高达 1985mg/L，COD 和 SS 浓度均在 12min 后达到稳定。图 7-2（b）的降雨强度很小，1h 降雨仅 1.4mm，因冲刷作用小，初期径流 SS 浓度仅 166mg/L，COD 约 50min 后才趋于稳定。

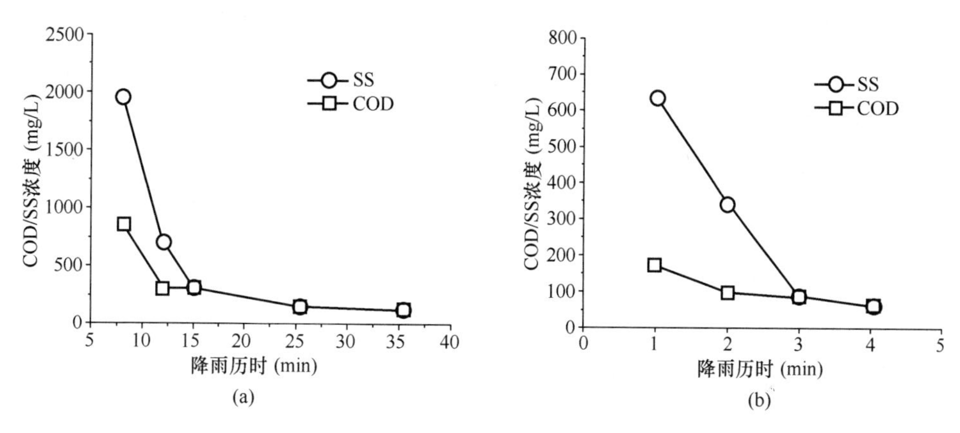

图 7-2 降雨强度对屋面径流水质的影响

由于降雨强度和降雨量对径流污染物浓度有明显影响，因此分析降雨径流污染物负荷（总量）显得更为重要。对多场降雨水质数据的计算表明，每场降雨屋面径流 COD 负荷平均值数量级分别为：平顶油毡屋面 2000mg/m^2 左右，坡顶瓦屋面 400mg/m^2 左右，SS 浓度在 400～600mg/m^2 左右，具体数值取决于每场降雨的条件，会有较大幅度的变化。

由于路面的特点不同，地形、地貌和路面污染状况等因素相差较大，降雨强度或冲刷作用的影响更为复杂。三个取样点多场降雨数据的模型计算结果表明，每场降雨产生的径流污染负荷平均值分别为：市区道路 3000mg/m^2 和 7000mg/m^2 左右，居住区道路 2000mg/m^2 和 1700mg/m^2 左右。

（5）降雨事件间隔时间

两场降雨事件间隔时间也是影响初期冲刷的重要因素。在不考虑其他因素的情况下，降雨间隔时间越长，污染物积累越多，初期冲刷现象越明显。通常，每年雨期第一场降雨的初期冲刷现象较为明显。

7.1.3 典型区域初期雨水水质分析

1. 道路

为探究道路雨水径流中重金属的季节变化规律、地理位置因素和人为因素对重金属含量的影响，根据西安市城区内道路类型、路面材质、交通量、人流量等因素选择 5 个采样点，以 2013 年全年的降雨样品作为研究对象，测定雨水径流中重金属 Cd、Zn、Fe、Mn、Al、Pb 的质量浓度。研究结果表明：Cd 的浓度低于地表水环境质量Ⅰ类标准，受地理位置、人为活动以及季节变化的影响极小。Zn 的浓度在地表水环境质量标准第Ⅰ类和第Ⅱ类标准之间，与地理位置、人为活动以及季节变化没有明显关系。Fe 的浓度因地理位置不同而异，交通繁忙、商业活动较多的小寨地区四季雨水径流中的 Fe 浓度均较高，均为城市供水水质标准的 3 倍。校园秋季雨水中 Fe 浓度为水质标准的 2 倍，其他 3 个季节水质正常。人为因素对雨水中Fe的浓度有一定的影响，人流量大的区域雨水中Fe的浓度相对较高。冬季燃煤对雨水中Mn的浓度影响较为明显。Mn只在冬季雨水中的浓度略高于城市供水水质标准；地理位置、人为活动、区域职能对Mn的含量均没有明显的影响。Al的含量在城市供水水质标准限值内，受人流量、区域职能、季节变化影响较小，受地理位置影响较大。Pb的含量受路面交通环境和冬季煤炭燃烧的影响较大，在车辆交通繁忙的地点，Pb的含量明显增高；Pb的含量受季节变化影响较为明显，冬季＞春季＞夏季＞秋季；人流量对Pb的含量影响不大；下垫面对Pb的含量影响明显，柏油路面上的雨水径流中Pb含量最高，石板路面上Pb的含量在其次，塑胶路面上Pb的含量最少。

总结起来为以下几点：

（1）一年四季中，雨水中Cd和Zn受外界环境的影响较小，浓度均很低；Al只受到地理位置的影响，雨水径流中Cd、Zn、Al的质量浓度均正常，对环境没有污染。

（2）商业活动、道路交通对雨水中Fe含量的影响较大，人为活动对Fe含量的影响次之。冬季燃煤是Mn含量增高的最重要的因素。

（3）大量的交通运输会增加雨水径流中Pb的含量。建议推广无铅汽油的使用，以减少城市雨水径流中铅金属的含量。

2. 工业区

为研究深圳大工业区初期雨水水质污染特征，分别选择深圳大工业区6个功能区作为监测点监测初期雨水中污染物浓度。结果表明：深圳大工业区居住区和商业区初期雨水COD污染最严重，COD浓度高于典型城市生活污水，最高分别达到1467.00mg/L、1333.00mg/L；出口加工区及高科技工业和现代物流业区域的初期雨水总氮、总磷浓度略低于其他区域。初期雨水中COD、氨氮、总磷浓度与SS浓度存在线性相关关系，而总氮浓度与SS浓度的线性相关性较差，不同区域随降雨历时变化规律波动各异。大工业区各区域均检测出微量的汞、铜、锰重金属。深圳大工业区附近河流SS、COD、总氮、氨氮、总磷浓度受初期雨水影响较大。

3. 绿地/农田

为研究农田非点源污染物在降雨过程中初期冲刷效应的变化规律，在太湖地区何家浜流域划定若干块水稻田作为研究区域，并分别选取单块封闭水稻田沿河岸的直入河点和多块水稻田沿沟渠汇流后的沟渠入河点为采样点，分析降雨初期污染物的冲刷规律。结果表明，初期雨水对水稻田污染物的冲刷强度从颗粒态悬浮物（SS）、颗粒态氮（PN），颗粒态磷（PP）到溶解态氮、磷逐渐减弱，其中最明显的是SS。计算得各污染物的冲刷效应强度从大到小依次为：SS＞PP＞总磷＞TN总氮＞颗粒态氮＞磷酸盐＞硝态氮。封闭小区域的初期冲刷效应非常明显，非封闭大区域的初期效应相对较弱。

7.2 初期雨水污染控制措施

7.2.1 初期雨水弃流

1. 弃流量的确定

《建筑与小区雨水控制及利用工程技术规范》GB 50400—2016中明确规定，弃流量应按下垫面实测收集雨水的COD_{Cr}、SS、色度等污染物浓度确定。当无资料时，屋面径流弃流厚度可采用 2～3mm，地面径流弃流厚度可采用 3～5mm；弃流后雨水径流中污染物浓度可采用：COD 70～100mg/L，SS20～40mg/L，色度 10～40 度。初期径流弃流量应按下式计算：

$$W_i = 10 \times \delta \times F \tag{7-2}$$

式中 W_i——初期径流弃流量，m^3；

δ——初期径流弃流厚度，mm；

F——汇水面积，hm^2。

在实际应用中，由于不同地区降雨特征、项目现场状况、控制目的等相差较大，直接采用推荐的初期径流弃流厚度计算弃流量不能保证其适用性，因此，根据前人的研究，目前主要有两种方式来确定初期雨水弃流厚度：一种是根据已有研究成果或者相关规范例如《建筑与小区雨水控制及利用工程技术规范》GB 50400—2016（以下简称《规范》）给出的参考值，结合实地降雨监测数据，选择合适的弃流厚度来确定弃流量；另一种是基于污染物浓度随时间变化的冲刷规律模型，以削减污染负荷率最大来确定弃流厚度。以下对这两种方法进行简单介绍。

（1）参考值法

初期雨水研究成果具有地区特异性，只有基于当地特定条件得到的初期雨水弃流量才具有指导意义。因此对初期径流的研究尚未形成统一的体系，部分学者根据已有研究结果，直接选用不同的弃流深度，然后通过实地降雨监测，讨论不同弃流量对径流中污染的控制率，以污染控制率确定最终弃流量，这种方法简单且能直观地反映弃流效果，但易受降雨特征的影响，可能会与实际监测结果相差较大。如张伟等监测了北京某大学的沥青屋面和金属屋面的降雨径流，采用《规范》所给出的屋面弃流厚度为 3mm 的参考值，得到初期雨水弃流 3mm 可以实现 66.91%～85.25%的 SS 和 COD 污染控制效果，但弃流后径流中 SS 和 COD 浓度不能完全满足《规范》的要求。魏晨根据一般经验选用 2mm、4mm 和 6mm 的屋面初期弃流量，并通过对重庆市某高校屋面径流的监测，计算污染物指标在不同弃流量下的弃流率，最终确定 COD 最佳弃流量为 4mm，弃流率超过 78%，SS、浊度和色度最佳弃流量为 2mm，弃流率约为 52%、16.6%和 42%。

直接采用参考值的方法简单便捷，但需基于对研究区域雨水径流水质状况有一定的了解的基础上，而在缺少实测数据的地区，这种方法明显不适用，且降雨特征、区域污染状况等的不确定性，也使得这种方法的适用性很有限。

（2）污染物趋势变化法

以污染物趋势变化法确定初期雨水弃流量，主要依据国内外学者根据大量实测曲线统计分析确定的汇水面污染物冲刷模型，即根据污染物浓度随时间变化的冲刷规律，近似认为每场雨的降雨量随时间的变化趋势符合线性关系，并以平均降雨量计算，从而可以推导出汇水面污染物随降雨量变化的规律模型：

$$P = H/t \tag{7-3}$$

$$C_t = C_0 e^{-Kt} = C_0 e^{-K\frac{H}{P}} \tag{7-4}$$

$$C_t = C_0 e^{-K_h H} \tag{7-5}$$

式中 H——径流开始 t 时的累计降雨量，mm；

t——形成径流后的降雨持续时间，min；

P——平均降雨强度 mm/min；

C_0——初始时径流中的污染物浓度，mg/L；

C_t——径流过程中 t 时刻的污染物浓度，mg/L；

K——综合冲刷系数（经验值，见表7-6），min^{-1}；

K_h——以降雨量为变量时的综合冲刷系数（经验值），mm^{-1}，$K_h=\frac{K}{P}$ 根据 K 值的变化范围，得出 K_h 的变化范围为0.05～5。

K 的经验值　　表 7-6

平均降雨强度（mm/min）	K 值
0.01～0.05	0.007～0.04
0.05～0.4	0.04～0.1
>0.4	0.08～0.2

利用以上原理，有学者通过对雨水的监测，假定降雨量随时间是线性变化的，拟合出径流中污染物随降雨量的削减变化趋势图，以削减率最大时的降雨量确定为初期雨水弃流量。隋涛对滨州学院教学楼屋面、学院路面汇流口以及城区主干道路口进行实地监测发现，不同汇水面弃流量不同，屋面初期雨水弃流量为4mm；学校路面雨水弃流量为5mm；主干道为7mm。陈民东对邯郸市某学校的屋面和路面降雨径流进行取样分析，确定出该市屋面和路面初期雨水弃流量分别为3mm和6mm，能分别去除COD总量的78.3%和77.9%。罗秀丽对城市屋面初期雨水污染特征研究表明，弃流2～3mm的初期径流，能去除26.39%～100%的污染负荷。此方法确定初期径流弃流量对径流中污染物的控制效果较好，且有一定理论依据，但由于概化了降雨量随时间的变化趋势，因此与实际情况有一定差距。

2. 弃流方式

（1）雨水弃流方式的分类

考虑到弃流方式较多，为了便于分类，供设计人员参考选用，本书按实现弃流的原理，将不用机械动力的弃流方式归为“主动式”，采用机械动力的归为“机械式”，主要目的是从文字上对产品进行一目了然的分类区别。

1）主动弃流类。此类型弃流一般不需要机电设备，只要有降雨就主动完成排放或储存一部分雨水，达到弃流的目的。按实现弃流的方式不同，可分为容积型、渗透井型、大小管型。

2）机械弃流类。此类型弃流方式采用中央控制器，按既定的编程完成弃流。按控制弃流的指示、指标的不同，可分为雨量型和流量型。

（2）主动弃流类

1）容积型。容积式雨水初期弃流装置（图7-3）的工作原理是利用雨水径流的冲刷规律，降雨时初期雨水储存在雨水弃流池中，当水池中的储水量等于雨水初期弃流量时，收集管开始收集雨水。

2）渗透井型。渗透井（雨水口）一般有一定的储水空间（图7-4），储存的水利用多孔的井壁下渗涵养地下水，从弃流角度来看，其作用类似于分散设置的容积式弃流井，同

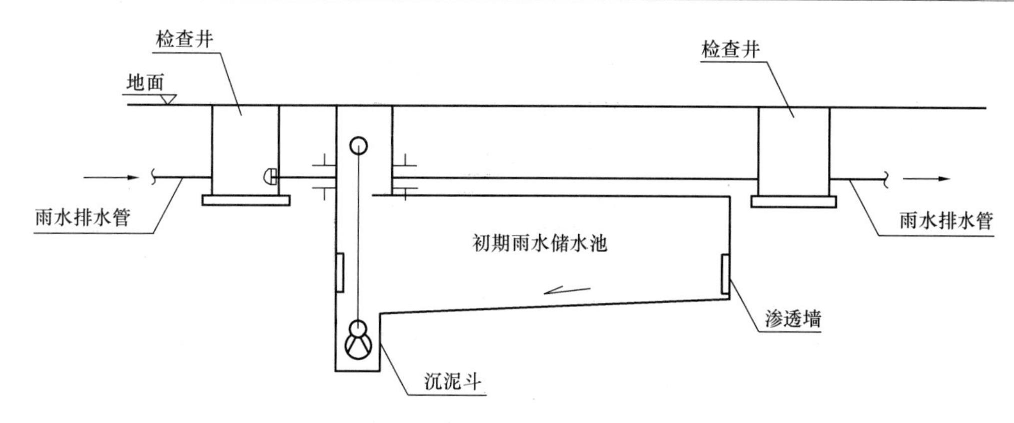

图 7-3 容积式弃流池安装示意

样起到了初期雨水弃流的目的，同时也是消除场地面源污染的手段之一。

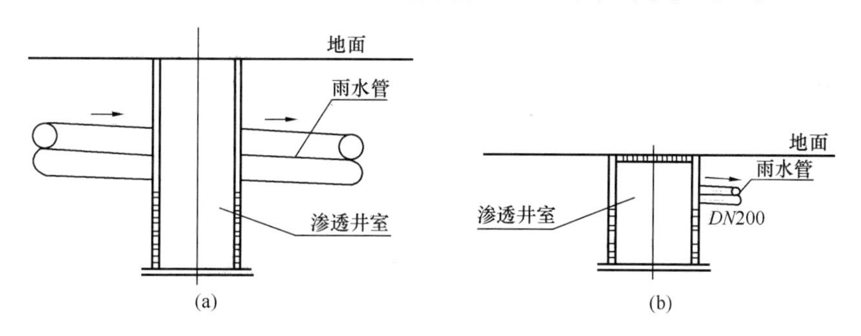

图 7-4 渗透弃流井（雨水口）安装示意

（a）渗排弃流检查井；（b）渗排雨水口

3）大小管型。利用降雨过程表现出初期水质差而流量小的特点，在室外雨水检查井底部设置一根初期雨水弃流小管，在检查井溢流水位设置一根溢流雨水的排水管(图 7-5)。

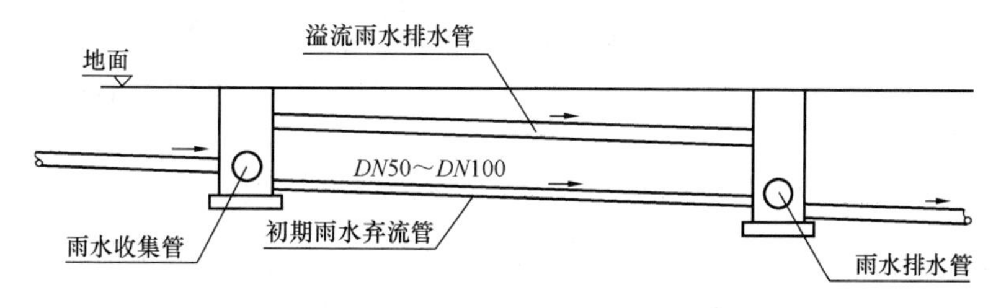

图 7-5 大小管弃流方式安装示意图

水质差的初期小流量的雨水首先通过小管排走，超过小管排水能力的后期径流进入雨水收集系统，超过雨水收集系统能力的雨水通过溢流管排至小区雨水排水管内，保证雨水收集区域的排水安全。

（3）机械弃流类

1）流量型。流量型初期雨水弃流装置是使用智能流量计测得雨水径流量，通过中央控制器，按既定的编程完成弃流，达到雨水初期弃流的要求。流量型弃流装置有在室外总管上集中设置和在虹吸立管上分散设置两种形式，如图 7-6、图 7-7 所示。

2）雨量型。雨量型初期雨水弃流装置与流量型初期雨水弃流装置的主要区别，是雨

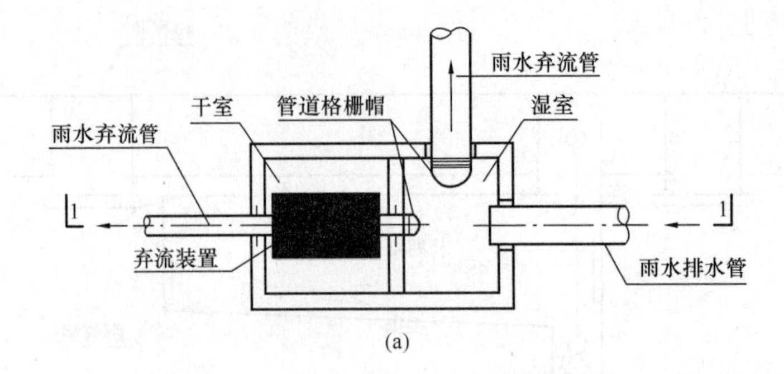

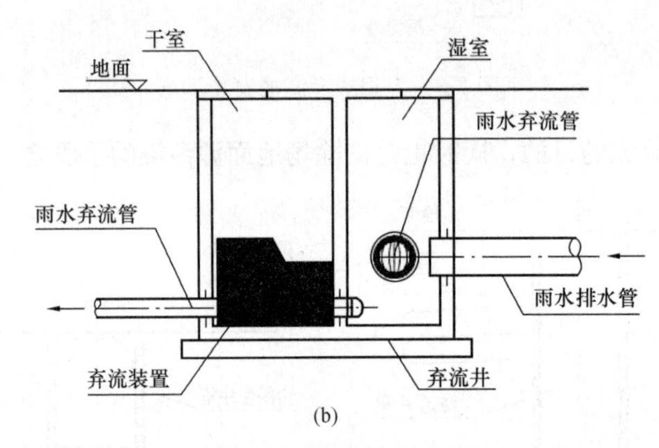

图 7-6　室外安装的流量型弃流装置示意

(a) 平面；(b) Ⅰ-Ⅰ剖面

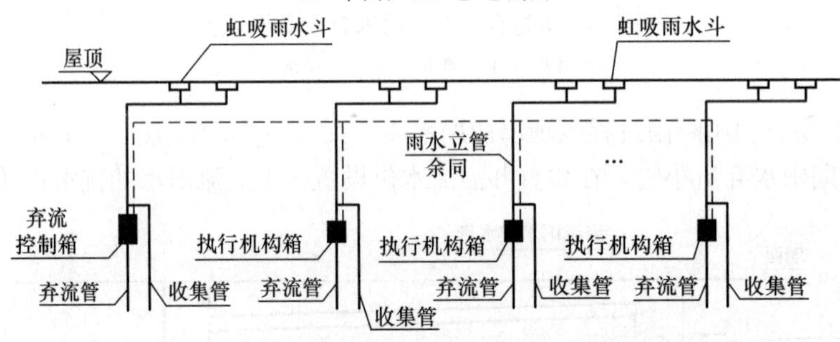

图 7-7　室内安装的立管流量型弃流系统原理

量型弃流装置的信号源不再是降雨初期下垫面的径流量，而是降雨量，弃流装置的控制只与降雨量有关，通过降雨量控制雨水初期弃流量（图 7-8）。

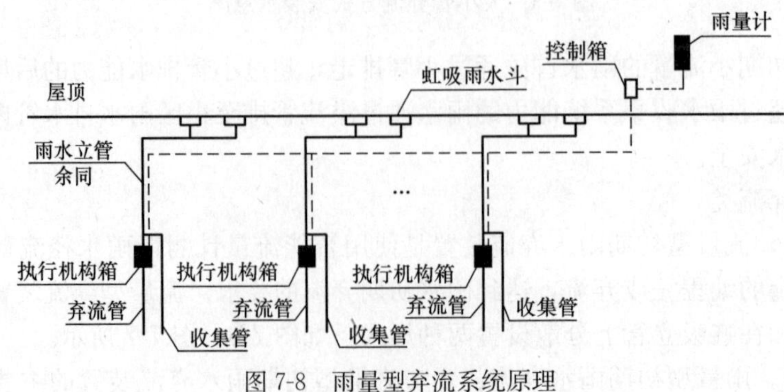

图 7-8　雨量型弃流系统原理

3. 弃流方式的比较和选用

主动弃流类和机械弃流类弃流方式，由于控制方式的不同，完成弃流的可控性和精确度有很大差别。

主动弃流类的主要优点是收集、弃流方式简单，投资小；缺点是连续几场降雨时，无法有效控制弃流，从而影响回收利用率。

机械弃流方式是利用中央控制系统，按既定的控制弃流的指示、指标完成弃流，可依据收集系统规模设定控制弃流量的多少，较为精确地控制弃流量，最大限度地控制污染物进入储水池，实现系统的低成本运行。

常见的小区占地规模从几千平方米到几万平方米，而可供收集雨水的屋面面积有限，这也限定了小区屋面雨水收集利用系统的规模。主动弃流类弃流方式虽然简单，但弃流不能准确控制，直接影响收集率。在小区雨水收集利用系统中，普遍适用的弃流方式是能精确弃流的机械弃流方式。

其中，流量型弃流装置可集中放置在室外总管上，或设置在每根虹吸立管上。室外集中设置时，一般假定小区区域的降雨是均匀的，若立管与弃流装置的距离基本一致，各集水面的雨水在管道中行走的距离基本一致，则初期污染物可均匀弃流；如果立管与弃流装置的距离差距很大，则靠近弃流装置的集水面弃流的水量就会多，而距离远的集水面弃流的水量就会少，影响弃流效果。放置在立管上的弃流装置，若能达到雨水汇流时间基本一致的要求，弃流更准确些，但是总的来说其造价会高出很多，并且维护管理也相对复杂。

雨量型弃流装置能做到更准确弃流，但雨量计一般要放置在建筑高处或远离树木的场地上，雨量计属于精密仪表类，需要经常管理维护，否则会影响检测的精密度，同时因造价高，在工程中的应用并不普遍。

实际工程中，室外集中设置流量型雨水弃流的方式既能在一定程度实现准确控制弃流效果的目的，同时集中方式也有利于管理和维护，成本也比较合适，因此很多项目都是按在室外集中设置弃流井，井内放置集中式的流量型弃流装置的方式完成初期雨水弃流。当然，一些要求更准确弃流的项目，也经常使用在虹吸立管上设置立管流量型弃流方式。

7.2.2 初期雨水调蓄

1. 传统的调蓄池容积设计方法

（1）面积负荷法

该方法参照德国雨水调蓄池容积设计方法，其设计目标为合流制系统排入水体负荷不大于分流制系统排入水体负荷。德国废水协会制定的《ATV128 合流污水系统暴雨削减装置设置指南》给出了适用于德国自然地理条件的雨水调蓄池容积设计方法和标准。该方法通过先后计算污水处理厂处理雨水量、单位面积污水量、单位面积雨水处理量、平均雨水径流量、平均截流倍数、年降雨强度修正值、强污染物修正值、管道沉降物修正值、晴天污水 COD 浓度修正值、合流污水 COD 浓度、允许排放率和单位面积调蓄量 12 项参数，最终确定雨水调蓄池容积。经过大量的工程实例，该计算流程可简化为如下经验公式：

$$V = 1.5 \times V_{SR} \times A_U \tag{7-6}$$

式中 V——调蓄池容积，m^3；

V_{SR}——单位面积需调蓄的雨水量，m^3/hm^2；在德国一般取 $12m^3/hm^2 \leqslant V_{SR} \leqslant 40m^3/hm^2$；

A_U——非渗透面积，A_U＝系统面积×径流系数，hm^2。

（2）调蓄时间法

根据单位时间截流污水量、调蓄时间来确定调蓄池的容积，计算公式如下：

$$V = 60 \times Q_{截} \times t \tag{7-7}$$

式中　$Q_{截}$——污水截流强度，m^3/s；

t——截流时长，min。

调蓄池容积设计方法或标准的选用直接影响调蓄池暴雨溢流削减量和削减率，而设计方法或标准的确定又和降雨条件、服务系统用地类型等关系密切。在排水系统用地类型既定的条件下，次降雨事件溢流量的削减率受降雨强度影响显著。研究显示，溢流量削减率和次降雨量之间存在良好的负幂指数关系（$R^2>0.8$），且削减率随次降雨量的增加而减小。在德国按V_{SR}取12～40m^3/hm^2，由式（7-6）计算出调蓄池每年可截流超过80％的雨水和溢流污染物。Calabro等在意大利的研究显示，当V_{SR}取5～35 m^3/hm^2时，服务面积分别为0.096km^2和0.40km^2的两个合流系统调蓄池平均可削减85.0％～99.0％的暴雨溢流污水。我国的降雨特征尤其是汛期降雨特征与德国、意大利相比存在较大差异。例如，德国年均降雨量为700～800mm，且月均降雨量差别较小，单场降雨历时较长，降雨曲线与美国SCS ⅠA型降雨曲线接近，属平均型降雨。在我国（以上海为例），上海近百年来年均降雨量约为1150mm，且70％左右的雨量集中在4～9月的汛期，汛期单场降雨历时短、强度大，降雨曲线与SCSⅡ型降雨曲线接近，属于脉冲型降雨。因此直接用式（7-6）计算时，若V_{SR}的取值仍按照德国标准，则调蓄池将达不到80％左右的污染削减能力。

2. 污染减排目标容积设计方法

（1）容积设计方法的构建

由于排水系统管道出流存在初始冲刷现象，且污染物浓度变化明显，以削减溢流水量为目标的调蓄池容积设计方法不能直观反映溢流污染物的削减，因此调蓄池容积的设计亦向以削减溢流污染物为核心的目标转化。在充分调研调蓄池服务系统降雨量、降雨时长、土地利用类型、系统剩余截流能力等边界条件的基础上，以上海市苏州河沿岸雨水调蓄设施容积设计任务为例，建立了污染减排目标容积设计方法。具体设计流程如下：

1）收集当地长时间序列的降雨量、降雨时长资料，以及调蓄池服务排水系统的土地利用和污水截流能力资料；

2）确定溢流污染物减排目标和假设调蓄池有效容积V；

3）依据降雨量p、降雨时长t和土地利用类型、系统剩余污水截流能力P计算次降雨事件中时间的径流量$f(p_n)$、溢流量Q_{1n}（n为年降雨事件次数）和年溢流总量Q_2；

4）依据多次实测污染物浓度变化曲线，分别计算调蓄和溢流时段污染物的事件平均浓度EMC_1和EMC_2；

5）依据年调蓄总量和溢流总量，以及相应污染物的事件平均浓度，计算年暴雨溢流污染物削减率E；

6）依据溢流污染物削减率设定目标和计算结果，求解调蓄池容积V。

雨水调蓄池容积设计流程如图7-9所示。

（2）容积设计标准的确立

1）不同暴雨重现期下的标准选用。上海地区 0.5 年、1 年、2 年、3 年、5 年、10 年、20 年、30 年、50 年、100 年一遇暴雨设计重现期（从左至右依次对应每条曲线上的数据点）拟合结果如图 7-10 所示，暴雨溢流污染物削减率与设计暴雨重现期（降雨量）之间的相关系数 $R^2>0.97$。因此，选用德国调蓄池设计方法时，若要达到类似于德国 80％的溢流量削减目标，V_{SR}的取值范围应根据地区的降雨特征而定，以上海市城区为例，其 V_{SR}的取值范围可以按照图 7-10 确定。

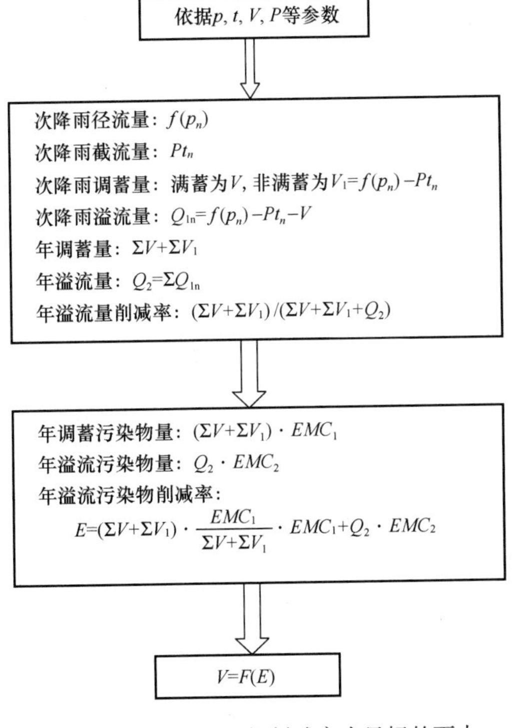

图 7-9　以溢流污染物削减率为目标的雨水调蓄池容积计算流程

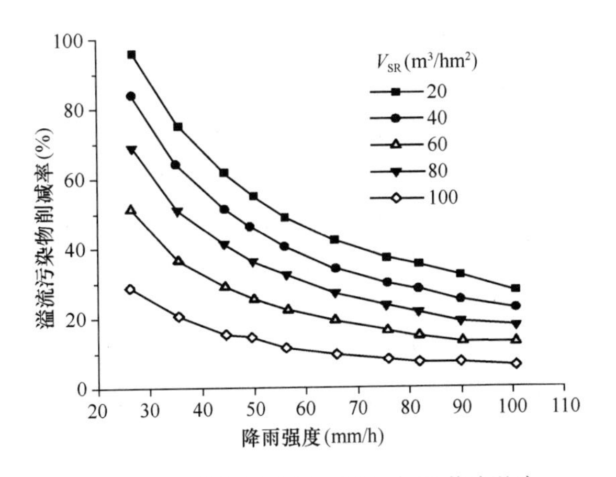

图 7-10　不同降雨强度下 V_{SR} 与调蓄池溢流污染物削减率的关系

2）实际降雨条件下的标准选用。仍以上海市城区为例，如果按照实际降雨条件来设计，则可以按照图 7-11 并依据 2006—2011 年上海市苏州河沿岸泵站每次降雨事件（以上海市苏州河岸成都路泵站为例，2006—2011 年的降雨场次分别 92 次、108 次、109 次、114 次、116 次和 97 次）的降雨量和输送量、溢流量等资料，计算不同设计暴雨溢流量削减率和溢流污染物削减率目标的上海地区调蓄池有效容积，为便于与德国设计方法比较，将有效容积归一化为 V_{SR}（图 7-11）。

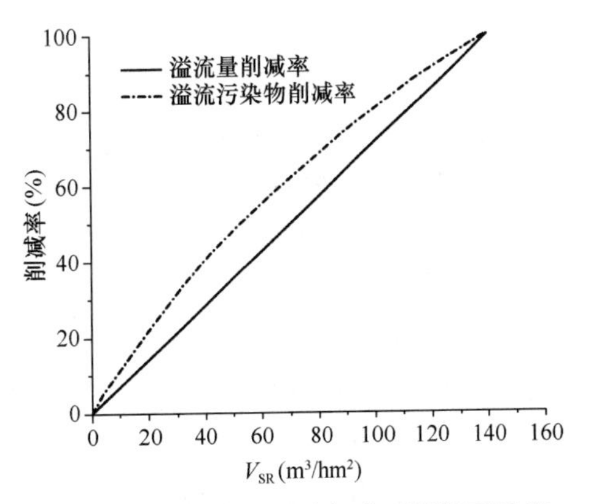

图 7-11　不同容积设计标准下的调蓄池溢流量和溢流污染物削减率

利用苏州河沿岸成都路、新昌平、梦清园、江苏路调蓄池几年来的运行数据，以及芙蓉江模拟运行数据对图 7-11 进行验证，结果如图 7-12 所示（图中柱状图从左至右分别代表成都路、芙蓉江、江苏路、新昌平和梦清园雨水调蓄池，由于成都路和芙蓉江雨水调蓄池的设计标准非常接近，故两个条形柱亦很接近）。

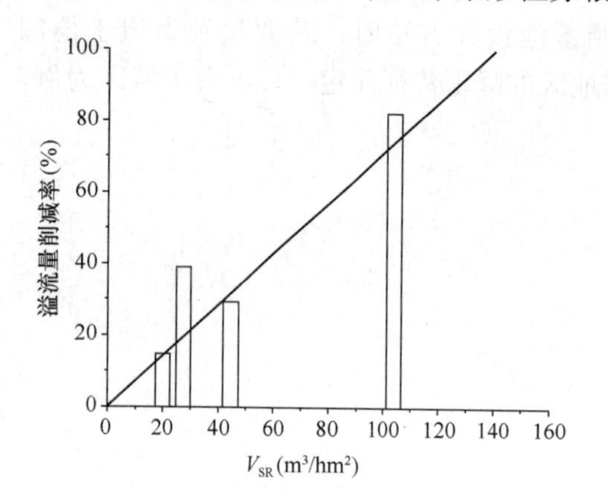

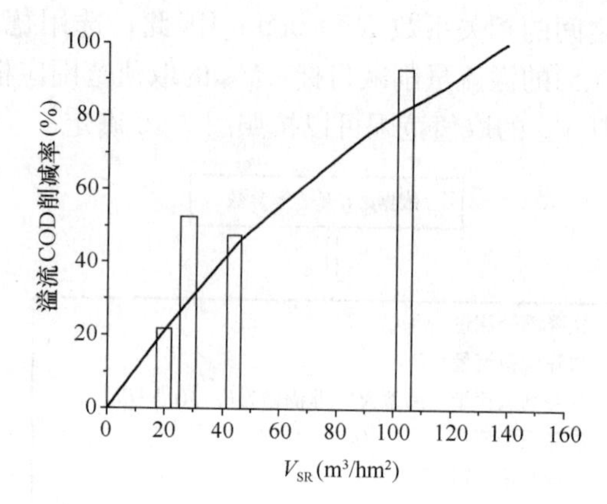

图 7-12　不同设计标准下的调蓄池溢流量和溢流 COD 削减率验证

从图 7-12 可以看出，成都路和新昌平这两座雨水调蓄池的多年运行数据较好地验证了图 7-11 的准确性。由于江苏路和梦清园雨水调蓄池仅有 2011 年为数不多的几次运行数据，带入了一定的偏差。待江苏路、梦清园和芙蓉江雨水调蓄池累积长时间序列数据后，可对图 7-11 的准确性进行进一步的验证。

由图 7-11 可知，在 $V_{SR}=20\text{m}^3/\text{hm}^2$、每次溢流事件均能充分使用调蓄池容积的条件下，溢流量和溢流污染物的削减率分别为 14.25％和 21.76％。在上海地区土地资源允许的条件下，调蓄池的建造容积宜采用高标准，若要达到 80％的暴雨溢流水量削减率，调蓄池容积建造标准 V_{SR} 取值应在 110 m^3/hm^2 左右；若要达到 80％的暴雨溢流污染物削减率，V_{SR} 取值应在 $100\text{m}^3/\text{hm}^2$ 左右。

7.2.3　初期雨水处理

通过将初期雨水进行收集、处理和资源化利用，不但可以降低城市供水压力和排水管网负荷，同时可以有效改善生态环境，对于城市的可持续发展具有重要意义。

初期雨水的资源化利用是指通过截污净化、滞蓄和转输排放从而有效地将雨水资源加以利用的过程，包括直接利用和间接利用：直接利用指将屋顶、路面等地表雨水收集后，汇集到雨水贮留池中，对不同用途的雨水进行处理等级划分直接回用，作为景观用水、绿化用水、循环冷却系统补水、汽车冲洗用水、路面，（地面）冲洗用水、冲厕用水、消防用水等；间接利用指将雨水下渗从而达到补充地下水的效能。

海绵城市建设遵循生态优先的原则，将自然途径与人工措施相结合，最大限度地实现雨水在城市区域的积存、渗透和净化，从而促进雨水资源的利用和生态环境保护。基于“海绵城市”理念的初期雨水径流资源化技术主要有：绿色屋顶、生物滞留池、下凹式绿地和雨水塘系统等。这些技术和相应设施在前文中已有介绍，这里仅对其原理进行概述，并列举了一些应用实例，总结在表 7-7 中。

不同初期雨水净化设施的工作原理和应用情况 表 7-7

设施名称	作用原理	应用情况
绿色屋顶	雨水通过植被层的拦截、基质层的吸纳和蓄排水层的蓄积被滞留。雨水中的污染物通过植物吸收、土壤过滤渗透以及微生物的作用得到有效降解。无雨期，绿色屋顶蓄存水分通过蒸散发作用，有效缓解热岛效应	加拿大绿色屋顶设计要求其绿化面积需占屋顶总面积的比例需至少大于20%，美国对于绿色屋顶的绿化面积的要求则需要达到50%。绿色屋顶能够截流35.5%～100%的雨水，其年均蓄滞雨水量可达758.7mm。研究证明，绿色屋顶能够稳步去除初期雨水中的重金属污染物，如铬、铜、锌、铁、锰和铅等
生物滞留池	作用机制包括填料层的吸附、过滤和离子交换作用；植物体系吸收、截留、分解等作用；土壤和植物根际的微生物通过同化作用去除雨水中的有机物和其他营养元素	研究表明生物滞留池应用在美国马里兰州可以有效地减少至少45%的降雨径流；能够有效削减径流量并去除TSS，但其对于氮、磷的去除波动较大
雨水湿地	雨水湿地是由基质、微生物、植物等要素综合作用的湿地生态系统，是一种高效的径流污染控制设施。雨水湿地可分为雨水表流湿地和雨水潜流湿地，一般为防渗型，以便维持雨水湿地植物所需要的水量	杨敦等利用潜流式人工湿地处理雨水径流，有机物和氮磷的去除效率均大于80%。崔玉波等应用间歇性潜流人工湿地，氨氮去除率高达99%，间歇性雨水湿地闲置阶段的加入提高了基质层的复氧能力，从而脱氮效果得到提升
下凹式绿地	下凹式绿地是一种高程低于周边铺砌地面或道路20cm以内的公共绿地，也称低势绿地，其利用开放空间承接和贮存雨水，同时净化和渗透雨水。下凹式绿地深度一般在55～200mm，雨水中的大部分固体污染物沉积在绿地的同时被一定程度的去除	下凹式绿地由于其建设和维护费用不高，被广泛应用于城市雨水绿色处理，如住宅小区、街道和广场等多个场所。生态绿地通过对初期高污染的雨水径流进行收集及后期洁净雨水的溢流实现了对雨水径流污染物的高效控制，对每场降雨中COD、Mn、TP、TN和SS的平均控制量分别为41.0mg/m^2、0.697mg/m^2、24.5mg/m^2和239mg/m^2
雨水生物塘	雨水生物塘通过物理截留吸附、化学沉淀吸收以及生物分解代谢从而去除有机物和氮磷等营养元素。雨水生物塘系统主要有干塘、湿塘和渗透塘：干塘可以削减峰值流量，功能单一，建设及维护费用较低；湿塘可有效削减较大区域的径流总量、径流污染和峰值流量，适用于建筑与小区、城市绿地、广场等具有空间条件的场地；渗透塘具有一定的净化雨水和削减峰值流量的功能，适用于汇水面积较大（大于1hm^2）的区域	20世纪90年代我国有学者利用氧化塘净化高速公路初期径流，收到了良好的效果。近年来，基于缓解内涝的目的，许多城市开始兴建规模较大的雨水滞留塘，如合肥市经济技术开发区兴建了5.73hm^2的塘西河雨水滞留塘，并进行了适当的景观处理。由于长期受纳雨水径流，雨水塘中底质会累积大量的污染物，进而可能引发生态风险

7.2.4 工程实例：京津合作示范区初期雨水治理方案[①]

1. 工程概况

京津合作示范区作为天津未来科技城的重要组成部分，是未来科技城中唯一的现代服

① 该案例由上海市政工程设计研究总院（集团）有限公司张超提供。

务业功能组团，为整个未来科技城提供商务、办公、研发、健康、教育、娱乐、居住等综合性服务。因此，高标准建设京津合作示范区市政基础设施配套工程至关重要，要充分吸收国内外相关建设项目的经验和教训，以人为本，坚持可持续发展方针，为未来科技城社会经济发展提供有力保障。

京津合作示范区河流水质近期目标为地表Ⅴ类水；远期目标为在周边水源水质改善且达标的前提下，河流水质目标达地表Ⅳ类。应采取有效措施保证区域内地表水系环境的质量。地表径流是水系的主要污染源之一，特别是初期雨水的污染。如初期雨水直排河道，将对水系水环境质量产生一定影响。考虑在海绵设施的空间布局中，将源头控制、中途削减与末端治理相结合，串联源头低影响开发措施、中途削减措施以及末端集中雨水处理措施控制雨水进入河道。地块内雨水可以通过源头海绵城市设施进行削减，但很多道路上没有空间进行源头海绵城市设计，初期雨水直接排入管道，且道路上的雨水污染程度相对较高，管网末端雨水治理是初期雨水治理的必要手段。针对上述问题，提出不同区域管网末端初期雨水的管控措施，保证京津合作示范区水环境的质量。

2. 治理范围

京津合作示范区东至潮白新河右堤，南至滨海西外环，西至永定新河左堤，北至清河农场北边界，总规划面积为 38.07km^2。排水体制为雨、污分流制。本着减少提升泵站、节省电耗、降低排水设施运行及维护管理费用的原则，根据雨水排水出路的不同，并尽量结合地形、水系布置等实际情况，将京津合作示范区雨水分为自排区域和强排区域。雨水系统分区如图 7-13 所示。

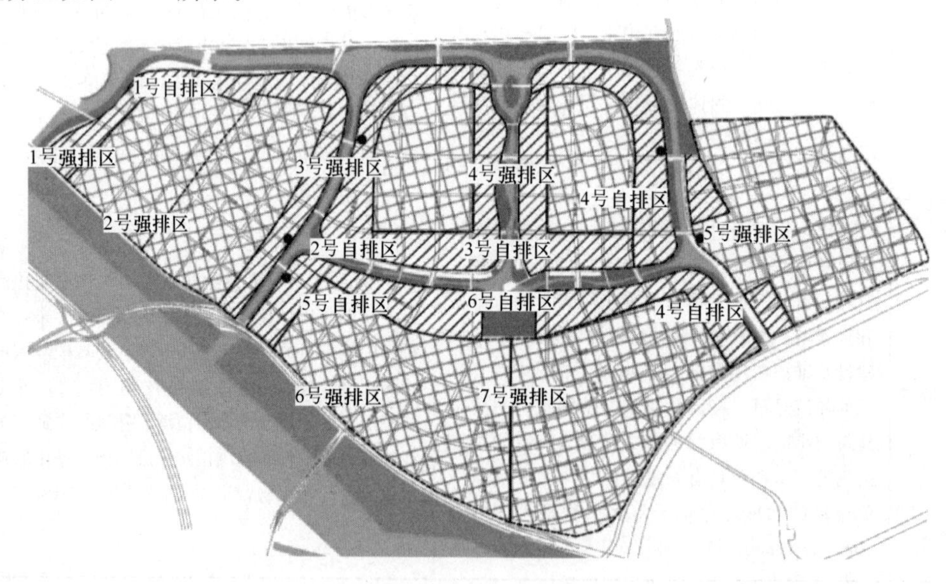

图 7-13　雨水系统分区图

（1）雨水自排区域。示范区内规划有多条景观水系，充分结合各水系特点，为减少雨水泵站规模、数量，降低日后运行维护管理费用，临近水域的地块以及临水绿地采用雨水重力自流进入水系。示范区共分为 6 个自排区，37 个雨水自排口。

（2）雨水强排区域。示范区内其他陆域属于雨水泵站强排区域。结合区域内水系位置、用地性质、路网布局以及分期建设情况，泵站强排区域共分为7个雨水泵站管网系统，各系统内雨水均由雨水泵站提升后就近外排至周边水系。

3. 初期雨水水量

确定城市初期雨水水量控制指标是个复杂的过程，相关因素很多，目前仍没有一个完整的体系，工程上常用降雨截流量计算。降雨截流量的大小直接决定受保护水体的水质情况，也是决定工程造价的基本因素。截流的量越大，受纳水体的水质保证率就越高，工程造价也就越大。

《室外排水设计标准》GB 50014—2021结合我国实际情况规定分流制系统调蓄初期雨水调蓄量可取4～8mm。《天津市海绵城市建设技术导则》结合天津市实际情况要求用于分流制排水系统径流污染控制时，调蓄深度宜不小于8mm。考虑京津合作示范区为新建区域，在雨污分流、海绵城市建设及绿色生态城市建设等较高标准建设背景下，通过加强径流污染源头控制措施，可有效控制初期雨水量，其径流污染也相对较轻，同时结合工程造价及上述降雨水质特征分析结果，确定京津合作示范区初期雨水控制标准为6mm，区域综合径流系数取0.5。各区雨水排放系统的初期雨水规模确定如表7-8、表7-9所示。

自排区初期雨水规模表 **表7-8**

序号	雨水系统	汇水面积（m^2）	初期雨水量（m^3）
1	1号自排区	1289200	3868
2	2号自排区	1564800	4694
3	3号自排区	1413300	4240
4	4号自排区	341800	1025
5	5号自排区	847200	2542
6	6号自排区	717800	2153
	总计		18522

强排区初期雨水规模表 **表7-9**

序号	雨水系统	汇水面积（m^2）	初期雨水量（m^3）
1	1号强排区	150900	4527
2	2号强排区	1924400	5773
3	3号强排区	1457300	4372
4	4号强排区	1428100	4284
5	5号强排区	3253300	9760
6	6号强排区	3292800	9878
7	7号强排区	3325900	9978
	总计		48572

4. 综合水质

《天津市海绵城市建设技术导则》规定径流雨水水质应以实测值为准，无实测资料时可参照导则规定取值。本区是新建区域，并未进行雨水水质的实际检测，故雨水水质根据导则内雨水水质指标、区域用地性质、绿化率等参数，通过加权平均计算，京津合作示范区初期雨水水质指标确定结果如表7-10所示。

径流雨水综合水质指标值　表7-10

名称	计算值	确定值	Ⅳ类水标准
SS（mg/L）	247.2	250	—
COD_{Cr}（mg/L）	111	120	30
BOD_5（mg/L）	39.6	40	6
TN（mg/L）	3.6	3.6	1.5

由表7-10可知，径流雨水中污染物指标均值全部超出地表Ⅳ类水水质标准，初期雨水污染物含量理论上会更高，直接排入水系会对水质产生很大的威胁。其中，SS、COD含量较高，其他指标相对较低，初期雨水中应重点控制的指标为SS、COD，且SS指标与其他指标有一定的相关性，其他指标随SS的降低会相应降低。

5. 初期雨水处理方案

（1）自排区初期雨水处理方案

自排区排放口的特点是流量小、位置分散，初期雨水集中收集处理较为困难。考虑到沿河规划有绿带，推荐采用海绵城市的手段，设置人工湿地，将人工湿地作为雨水入河的缓冲带，净化雨水水质，减少污染物排河。京津合作示范区自排口共有37个，每个排口相应配置人工湿地。

降雨初期由于地表或管道径流对污染物的冲刷和输送，导致初期径流中的泥沙含量明显较高。雨水进入人工湿地之前设置水力颗粒分离器或旋流分离器等设施，将雨水中的泥沙截流下来，降低泥沙对人工湿地土壤的阻塞。

采用表面流人工湿地，雨水经过排放口后先进入湿地前置塘，前置塘深度和宽度均大于排放口尺寸；流水均匀地经过湿地土壤层，在水生植物及微生物的共同作用下，雨水得到净化，最终排至河道内。此外，结合人工湿地的布置可有效避免河道淤泥淤积排放口情况的发生。人工湿地水力负荷按照0.3m^3/(m^2·d)，水力停留时间按照2d考虑，处理单元长宽比为2∶1，所需湿地的长度为20～75m不等，河道周边绿化带宽度≥50m的区域可考虑设置排放口湿地。湿地植物可选择菖蒲、灯芯草等挺水植物，浮萍、睡莲等浮水植物。

（2）强排区初期雨水处理方案

京津合作示范区强排区域共设置7座雨水泵站，雨水收集较为集中，水量较大，初期雨水收集采用在末端截流治理的方案。

针对示范区强排区初雨特点，分别对比了末端调蓄方案、人工湿地方案、雨水就地处理方案。

区域规划中并未单独对调蓄池进行用地划分，为节约土地资源，末端调蓄池可与雨水泵站合建，在不增加占地条件下解决初期雨水径流污染控制问题。调蓄池管理运行方便，节省土建成本。初期雨水放空至污水管，最终进入污水处理厂处理，水质有保证。

人工湿地可使雨水自然处理，成本较低，但处理效果不稳定，占地面积大，示范区规划河道周边绿地面积偏小，很难达到处理效果。

雨水就地处理可采用高效沉淀池或磁絮凝等设施，对雨水中SS有很好的去除率，其他指标也有一定的去除率。但需增加处理设施建设用地，间歇式运行，设备管理难度大。处理指标为SS，水质保证率相对较低，产生的污泥需有效处理处置，需配备污泥处理装置，对城市环境影响大。

综合考虑各方面因素，确定采用末端调蓄方案治理强排区初期雨水。区域初雨调蓄量取6mm，径流系数取0.5，安全系数为1.1，计算调蓄池规模如表7-11所示。

调蓄池规模 **表7-11**

系统编号	泵站规模（m^3/s）	调蓄池容积（m^3）
1	9.72	5000
2	11.69	6400
3	12.15	4800
4	10.3	4800
5	19.19	11000
6	18.29	11000
7	18.08	11000
总计	99.42	54000

初期雨水首先进入调蓄池，待调蓄池达到设计液位后，关闭进水闸门，雨水开始进入泵站，通过水泵排入河道。调蓄池内储存的雨水通过水泵放空至附近污水管，随污水最终进入污水处理厂处理。示范区污水处理厂设计规模为8万m^3/d，污水处理厂总变化系数为1.315，污水处理厂最大处理能力可达10.52万m^3/d，可接纳初期雨水量为2.52万m^3/d，污水处理厂初雨进水流量为1050m^3/h。经过京津合作示范区再生水厂的处理，达到地表准Ⅳ类水后，排入河道。本方案是在不改变现有规划框架条件下最具可行性的实施方案。初雨治理工艺流程如图7-14所示。

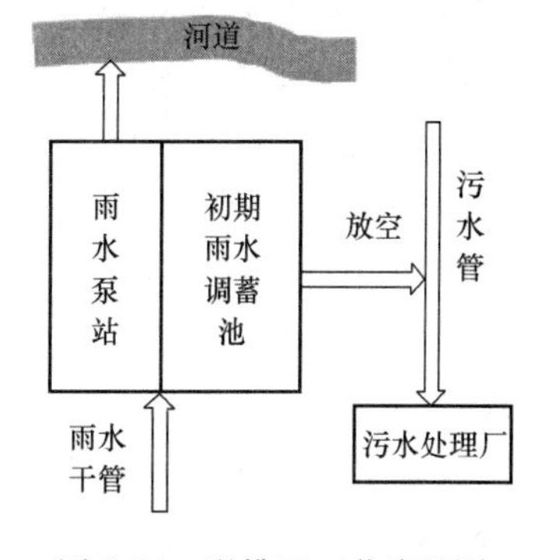

图7-14 强排区工艺流程图

6. 成本效益分析

（1）成本分析

本区域初期雨水治理方案总投资为25928.01万元，其中工程费用为21103.90万元，工程建设其他费用为2467.01万元，基本预备费为2357.09万元。自排区工程费用为3089.50万元，强排区工程费用为18014.40万元。自排区采用人工湿地自然处理工艺，基本无运行费用。强排区调蓄池运行费用主要是电费和设备维护费，每年的降雨场次决定了调蓄池的运行次数，运行费用较低。

（2）环境效益

由于初期雨水治理工程为城市基础设施项目，以服务社会为主要目的，它是改善环境的必要条件，对国民经济的贡献主要表现为外部效果，所产生的效益大部分表现为难以用货币量化的环境效益和社会效益。因此，应从系统观点出发，与人们生活水准的提高和健康条件的改善，与工业农业生产的加速发展等宏观效益结合在一起来评价。

根据天津市典型年降雨量分析，全年形成径流的降雨有43场，总降雨量为

776.10mm。其中，未超过12mm的降雨有27场，总降雨量为98.6mm；超过12mm的有16场，总降雨量为677.5mm。根据调蓄总量以及初期雨水进、出水水质，计算自排区、强排区年污染负荷削减量，如表7-12所示。

污染物负荷削减量（单位：t/年）　　**表7-12**

名称	SS	COD	BOD	TN
自排区	191.3	58.5	18.6	1.2
强排区	564.6	211.7	80	4.9

7.3　合流制排水系统溢流污染特性

合流制排水系统（Combined Sewer System，CSS）是城市排水系统的重要组成部分，包括雨、污合流制管道收集系统和末端控制系统，用同一套管道收集和转输雨水和污水，最终退水到受纳水体。由于城市早期污水管道系统不完善，形成了目前城市核心区合流制管道占比较高的现状，囿于改造难度和成本，这些存量合流制管道仍将长期存在。例如，2015年英国城镇排水管道的总长为32.3万km，雨污合流管道占比70%；2010年德国城镇的排水管道长达54万km，其中雨污合流管道、污水管道和雨水管道分别占46%、33%和21%；日本的雨污合流管道占排水管道长度的70%左右，其中东京的占比为83%，而大阪市的占比高达97%；美国采用合流制排水管道的州有32个，大多数分布在美国的东北部和五大湖地区。

我国城镇排水系统自20世纪80年代中后期开始在新建地区逐步采用分流制，《室外排水设计标准》GB 50014—2006规定新建地区宜采用分流制；2011年修订为新建地区应采用分流制（干旱地区除外）。《中国城市建设统计年鉴（2016）》数据表明，我国雨污合流管道占比在东部、中部、西部和东北地区分别为14.05%、25.88%、19.04%和38.93%，而北京为10.03%，雨污合流管道占比东部低、西部高，占比明显低于发达国家城镇。

在降水径流形成时，CSS存在流量超过管道截留能力的情况，导致雨污合流制管道部分废水直接溢流到地表水体形成瞬时污染源，称为合流制管道溢流（Combined Sewer Overflows，CSO_S）污染。由于CSO_S污染主要存在于城镇核心区和建成区，对城镇水环境和亲水空间的影响较大，已成为我国城镇日益突出的瞬时污染源。同时，CSO_S也是降水径流进入和补充地表水体的重要途径，成为城镇地表水重要的季节性非常规水源。

CSO_S是突出的瞬时污染源，其污染控制是海绵城市建设、城市黑臭水体治理等的关键环节。CSO_S的污染特征较为复杂，涉及降水径流、管网冲淤和污染释放等过程，而CSO_S的水量特征仍有待进一步研究。

7.3.1　合流制排水系统溢流污染的来源

合流制管道水量主要来自降水径流和生活污水，有时也包括工业废水、农田和绿化退水等，因此CSO_S污染通常认为有降水径流、生活污水和管道沉积物3个主要来源，现有研究认为合流制管道沉积物是CSO_S污染的重要来源，其多种污染物的贡献率一般在47%～80%。CSO_S所携带的污染物中，管道沉积物贡献了SS、VSS、TSS、COD、

BOD_5、TOC、TN、TP 的 50%以上，而径流雨水、生活污水分别贡献了 25%左右，只有氨氮、凯氏氮主要来源于径流雨水和生活污水。此外，CSO_S还可能携带重金属，研究表明重金属主要来源于降水径流。Gromaire-Mertz 等总结了巴黎 31 次降水事件，发现 CSO_S中铅和锌主要来源于金属屋顶腐蚀，并通过降水径流汇入合流制管道；而铜主要来源于排水管中沉积物的侵蚀、沉积和释放过程（贡献 28%～68%），降水径流和生活污水对铜的贡献率始终低于 30%。上述研究表明，控制管道沉积物对控制 CSO_S的多数污染物具有重要意义。

管道沉积物、降水径流和生活污水均受人类活动的影响，日益加速的流域系统城市化更直接强化了人类活动的影响。传统城市化进程降低了下垫面渗透能力，加速了产汇流过程，最终增加了降水径流强度和径流量。天气晴朗时，人类活动产生的污染物积累储存在城市下垫面（特别是屋顶、道路、停车场等），在降水过程中，污染物随城市径流汇入合流制管道，并因为溢流而部分直接排入受纳水体，恶化水体水质。因而，CSO_S污染的控制既要控制管道沉积物，又要从海绵城市、绿色基础设施等源头出发，进行合理规划和低影响开发，从而降低降水径流的峰值流量，减少 CSO_S事件次数，实现 CSO_S的水质水量协同控制。

7.3.2 合流制排水系统溢流污染的水量水质特征

CSO_S污染的特性包括典型污染物、污染负荷及其影响因素等。由于管道沉积物的存在，导致 CSO_S的多种污染物可能在沉积物中形成潜在的协同效应，强化了溢流事件对水环境的冲击。通常入河污染负荷是水量乘以水质（污染物浓度）的概念，但 CSO_S过程中水量波动较大，并且溢流污染物浓度极大地受溢流冲刷强度影响，CSO_S水质水量之间具有较强的关联性，难以简单采用常规的平均流量乘以平均浓度来计算 CSO_S污染负荷，有必要分别总结 CSO_S水质、水量及其相互关系。

1. CSO_S水质特性

CSO_S污染物可以大致分为 4 类：①耗氧物质（BOD_5、COD 和 NH_4^+等）；②营养物质（氮磷）；③有毒有害物质（NH_3、重金属等）；④微生物（粪便细菌等）。不同国家的降水特性、地理条件、人类活动强度以及排水管道的设计参数均不同，因而各国 CSO_S废水中各污染物的浓度值存在较大差异，我国各大城市的情况也不尽相同。比较而言，人类活动强度大、降水少的特大型城市 CSO_S污染较为严重，与《地表水环境质量标准》GB 3838—2002 Ⅴ类标准相比，北京市 CSO_S中的 COD 超标 17 倍，TP 超标 6 倍，上海市 CSO_S中的 COD 超标 15 倍，BOD_5超标 20 倍，对城市水环境的影响极大。

CSO_S中重金属和病原微生物的污染也受到关注，西班牙 CSO_S中锌的浓度较大，而巴黎 CSO_S的重金属也较为突出。关于微生物量，Al Aukidy 等发现在意大利东北部的海域，相对于污水处理厂排入海域的水量，CSO_S只占 8%，但其排入水体中的病原微生物量却占 90%以上；不仅如此，CSO_S中还存在贾第鞭毛虫、隐孢子虫和诺如病毒等。

近年来，CSO_S污染中的微污染物也受到关注，Ellis 等研究表明，除了污水处理厂排放的污水外，城市地表水体中微污染物的主要来源是雨水径流和 CSO_S。Launay 等在 7 次降水事件中，评估了 69 种有机微污染物的排放量，其中 60 种微污染物存在于 CSO_S中，包括 PPCPs、杀虫剂、工业化学品、阻燃剂、增塑剂和 PAHs 等。

随着国外基础数据的增加，越来越多的研究者利用所获取的历史数据并结合模型等方

法进行 CSO_S 水质的模拟，环境流体动力学模型（EFDC）、水质分析模拟程序（WASP）、条件回归树测试、流体动力学模型等方法的应用使得 CSO_S 水质进一步得以明确，有助于制定改善水质的方案。

2. CSO_S 水量特性

一般用累积水量表示 CSO_S 水量和污染贡献，但 CSO_S 具有瞬时性和间歇性，瞬时流量变化幅度很大，很难通过瞬时观测就直接计算出 CSO_S 水量，通常需要在整个降水过程中连续不断地监测。2014 年 6～9 月，Al Aukidy 等连续监测了意大利一个海滨城市的 CSO_S 水量情况，发现 CSO_S 水量占该区域排放总量的 8%。由于 CSO_S 水量的连续监测耗时耗力，且影响因素很多，现有研究更偏重对降水量、降水径流量和截留倍数等参数的关系研究。CSO_S 水量特性较为复杂，需要进行连续监测或使用模型等手段进一步研究，从而明确 CSO_S 的水量特征。

3. CSO_S 水质与水量间的关系

CSO_S 存在初始冲刷效应（first flush），在 CSO_S 的初始阶段，污染物的负荷相对较高。Barco 等在面积为 12.7hm^2 的城市集水区探究了 CSO_S 水质与水量的关系，验证了各种污染物的初始冲刷效应，结果表明所研究的 23 次降水事件中，几乎所有的降水事件以及所有的污染物均存在初始冲刷现象，平均前 20%的径流量中包含了 40%的污染物负荷，但降水强度较小时（累积降水量小于 7mm，持续降水时间小于 50min），初始冲刷效应比较微弱。

7.3.3　合流制排水系统溢流污染的影响因素

1. 降水径流

降水的基本特征包括降水量、降水历时、降水间隔、降水强度、前期晴天数和雨型等，不同参数条件下，CSO_S 的特性也不同。降水径流具有污染稀释和管道沉积物冲刷两种作用，张智等研究表明，小到中雨（5～16.9mm/d）时稀释效应明显；中到大雨(17～37.9mm/d）时，管道冲刷效应逐步突出，CSO_S 污染物浓度上升；暴雨（50～99.9mm/d）时以稀释作用为主。Bersinger 等将在线监测与条件回归树测试相结合，识别出影响 CSO_S 污水中 COD 浓度的 3 个主要影响因子为前期晴天数、平均降雨强度和降雨前管网中的流量。当前期晴天数低于 2.375d 且平均降水强度也低（<0.867mm/h）时，CSO_S 污水中 COD 浓度较低，具体得出的参数根据预测模型和各地历史数据的不同而有所差异，例如 Bersinger 等在 2015 年采用条件回归树测试得到的使 CSO_S 污水中 COD 浓度达到最大值的前期晴天数临界值为 5d。

降水区域的下垫面会影响 CSO_S 的特性。下垫面是大气与其下界的固态地面或液态水面的分界面，城市下垫面主要有屋面、路面和绿地 3 种形式，不同的下垫面由于其材质、污染积累过程等不同，降水时所形成的径流污染性质也不相同，从而最终 CSO_S 的污染特性也不同。Gromaire-Mertz 等监测研究了巴黎某集水区的径流雨水水质，发现径流雨水中重金属污染主要来自屋面，SS 和 COD 主要来自庭院和街道。赵磊等的研究表明，城市下垫面降水径流污染物输出浓度大小顺序为道路、庭院和屋顶，道路是城市面源污染的关键源区，占总降水径流量约 1/4 的道路产出了 40%～80%的污染物负荷，而占总降水径流量近一半的屋顶仅产生了 4%～30%的污染物负荷。

2. 生活污水

生活污水是CSO_S污染负荷的主要来源之一，而城市生活污水的水质水量变化复杂，受人口数量及素质、城市功能区类型、季节、时间等各方面因素的影响，因而CSO_S的水质水量也受到这些因素的综合影响。另外，生活污水之所以成为CSO_S污染负荷的来源之一，是因为降水量较大时，管道中的生活污水与降水径流的总量超过管道负荷，造成溢流，因而两者之间的混合比直接影响了CSO_S污水的水质。Hvitved-Jacobsen提出了混合比的具体计算方式，根据其计算公式，既可计算一次降水的溢流污染负荷，也可计算出CSO_S每年产生的污染物平均负荷，评估其对受纳水体的影响。

3. 合流制管道

（1）管道截流倍数。CSS在降水时被截留的降水径流量与平均旱流污水量的比值称为截流倍数n_0，一定程度上反映了合流制管道的截污能力。《室外排水设计标准》GB 50014—2021中规定，n_0应根据旱流污水的水质、水量、排放水体的环境容量、水文、气候、经济和排水区域大小等因素经计算确定，宜采用2～5。通常截流倍数越大越好，但当超过一定值后，其截留效果增加不再明显；同时过高的截流倍数会导致管道造价和沉积物迅速增加，反而不利于CSO_S污染控制，因而应选定适宜的截留倍数。国内外合流制管道截流倍数选取情况各不相同，英国、德国、比利时、西班牙等欧洲国家分别将其定为5、3、2～5、2～3；日本定为2；我国国土面积大，各地气候条件差距大，截留倍数范围较大，定为2～5，其中，北京为1～2，天津为3～5，沈阳和上海均为2，而武汉和桂林则均定为1。

（2）管道沉积物污染。现有研究表明，管道沉积物是CSO_S污染的重要来源，其原因是在非雨季时，合流制管道内只有生活污水，水量少、流速低，管道充满度低，污水中的污染物很容易沉积到管道底部。降水时，由于冲刷作用，部分沉积物会重新进入流动的污水中，使合流制污水的污染负荷变高。杨云安等研究表明，我国老城区不同功能区的管道沉积物粒度分布范围是$d_{10}=1.89\sim6.57\mu m$、$d_{50}=12.38\sim33.00\mu m$、$d_{90}=39.06\sim129.67\mu m$，功能区之间的粒度分布略有差异，但无显著规律。石山进一步分析了污水管道中沉积物的组分，发现管道中的沉积物以无机物颗粒为主，而有机物组分占比不足20%。究其原因，进入管道中的无机物的粒径和密度大于有机物，不易被流水冲走，更容易在管道中沉积。

CSO_S污染特性主要受生活污水对管道沉积物的影响，以及降水径流特性和管道特征对沉积物冲刷的影响，总体来说，人类活动强度大、降水少而集中的城市区域CSO_S污染更为严重。合流制管道的水量水质影响因素多、地域区别大，从而使得CSO_S污染问题较为复杂，需要进行深入的现场调研，明确污染特征和成因，为采取针对性的CSO_S污染控制措施提供可靠的基础数据，从而提出地域性的CSO_S污染高效控制策略。

7.4 合流制排水系统溢流污染控制方法

很多国家如美国、日本、德国等早在20世纪60年代就意识到了CSO_S污染问题，并开展了控制研究，从而制定了一系列的控制规范。CSO_S污染控制措施可根据CSO_S的产、流、汇过程将其归纳为源头控制、过程控制和末端控制三大类，其中，过程控制包括管道控制、存储调蓄两个环节，每个环节都发挥着重要作用。

7.4.1　源头控制

现有研究表明，快速汇集的降水径流初始冲刷是CSO_S污染的重要成因，因而CSO_S污染的源头控制主要是控制雨水径流，减少其进入CSS的峰值径流量是改善CSO_S水质和降低CSO_S水量的主要途径。源头控制包括管理和技术两种手段，其中管理手段主要是由欧美等发达国家率先提出的，包括最佳管理措施（BMPs）、多层次全过程控制政策等；而目前较为先进的技术是低影响开发（Low Impact Development，LID），常用于雨洪控制的LID包括屋顶绿化、植被浅沟、渗透铺装、雨水花园等。生物滤池是一种典型的LID，这些年被广泛应用于控制城市雨水径流污染。Wu等提出了一种含有饱和带的多层生物滤池，主要用于探究生物滤池对污染的去除效率以及饱和时间（浸泡时间）的影响。蔡庆拟等基于SWMM模型的LID模块，模拟分析采用渗透铺装、下凹式绿地、雨水花园以及不同LID组合的方案对城市雨洪的控制作用，发现采用渗透铺装、下凹式绿地和雨水花园等LID措施，洪峰流量和径流系数均明显降低，可有效缓解市政管道的排水压力，各种LID措施的雨洪控制效果在低重现期降水时更为显著。

7.4.2　过程控制

CSO_S污染的过程控制主要从管道控制和存储调蓄两个方面考虑。

（1）管道控制：主要是从管道设计的角度来控制CSO_S的污染状况，例如选取合适的合流制管道截流倍数，一般是在环境标准许可的前提下，尽量选取较小的截流倍数，这样可经济有效地截留污染物。除截流倍数的选择外，管道的衔接也至关重要，但目前国内的市政排水与水利排涝两个标准的衔接仍无规范的统一方法，黄国如等针对该问题，通过模型研究提出了城市排水管道的规划建设应至少保证排水口底高程高于河道底高程0.5m以上的建议。此外还有控制管道的渗漏和渗入、原位修复管线以及对管道进行定期冲洗等措施，其中控制管道的渗漏和渗入以及原位修复管线是针对现存管道的破损、缺陷等问题，对其进行修复；而管道冲洗则是在旱季时，对管道内的沉积污染物进行定期冲刷，并直接送入污水处理厂进行处理后再排放，避免在雨天造成沉积污染物释放并溢流的现象。冲洗方式主要分为人工冲洗和机械冲洗，而冲洗的频率与强度则与管道内污染物的沉积、冲刷、释放规律有关，需加强监测并进一步研究。

（2）存储调蓄：指在产流过程中设置调蓄设施，将雨水、雨污混合废水暂时存储起来，待流量减小时再进行处理。该方式能够有效削减洪峰流量，降低下游合流制干管以及截流泵站的实际容量，从而达到减轻CSO_S污染的目的。该方式是发达国家最初进行CSO_S污染控制时采用的方法，其中德国早期对CSO_S污染控制的典型方法就是修建大量的雨水池用以截流处理合流制管道中的污染雨水；日本的雨水资源非常丰富，为了缓解CSO_S污染，同时也为了将雨水资源再利用，在20世纪70年代开始研究雨水调蓄池。随着对CSO_S研究的深入，存储调蓄已初步形成了一套相对完善的设计计算方法和运行管理体系，发达国家也逐渐将存储调蓄过渡为源头控制。我国由于仍处于CSO_S污染控制探索阶段，加之合流制管道大部分位于开发密度较高的老城区，受场地条件限制，很难采用源头控制技术，因而存储调蓄比较适合现阶段国内的CSO_S污染控制。调蓄池形式多样，最主要的是溢流截流池和分流装置两种。中间调蓄设施的设计和CSO_S水质水量密切相关，需对水质水量进行实地调研。

7.4.3 末端控制

末端控制主要是管道系统末端的污染物净化，以减少排入受纳水体的污染物负荷量，去除的物质包括营养物质（氮磷等）、有机污染物质、微生物等。末端控制方法主要有旋流分离器分离、薄板分离、砂滤分离、格栅分离等机械方法和吸附、混凝、絮凝、消毒等物理化学方法。通常情况下，由于长期多因素的污染，受纳水体的水质恶劣，CSO_S污染的治理只是整个水域治理修复的一小部分，因而有研究者也认为末端控制也包括在最大化去除CSO_S污染物质后，对整个受纳水体进行的生态修复，生态修复措施包括人工湿地、植被过滤带、入渗沟等。

不论是源头控制、过程控制还是末端处理，都是CSO_S污染控制的有效途径，但是源头控制和过程控制并不能彻底解决CSO_S污染问题，当降水量较大时，依然会发生溢流，因而末端处理是CSO_S污染的最有效、最彻底同时也是最快的解决方法。

1. 机械方法

用于CSO_S污染控制的机械方法中最典型且运用最广泛的是旋流分离器分离。旋流分离器是一种分离分级设备，利用离心沉降原理，在一定的压力下，将两相或多相混合液分离开。沉积下来的重相聚集在旋流分离器的底部并被排出，而分离出的上清液由溢流口排出，与原水相比，该部分水质明显改善，沉积物去除率达到80%以上，SS能降低36%～90%，COD能降低15%～80%。目前，Storm King™旋流分离器、EPA旋流分离器和Fluidsep™旋流分离器是3种最常用于CSO_S污染治理的旋流分离器。Luyckx等发现在实际降水情况下，当处理效率高于70%时，Storm King™旋流分离器比溢流堰更经济。在意大利，Sullivan等对EPA旋流分离器进行了为期2年的降水监测，发现EPA旋流分离器对颗粒物的分离效果主要取决于进水的污染物浓度，其中SS占主导作用。Pisano等通过研究5场不同的降水事件，发现Fluidsep™旋流分离器能去除32%～91%的TSS。因占地面积小、建设费用低，旋流分离器分离技术是欧美等发达国家最常用的CSO_S污染控制技术，但旋流分离器在国内的CSO_S污染控制中应用还比较少，需要加强研究。

2. 物理化学方法

物理化学方法是CSO_S污染末端控制常用的方法。沉淀技术是最早被用于CSO_S污染控制的技术之一，早期的沉淀池主要是指传统城市污水处理工艺中的一级处理单元，置于沉砂池之后，例如1998年德国建有近2万个沉淀池用于处理CSO_S污染，约占整个国家CSO_S污染处理系统的一半，该处理设施对CSO_S污染中的SS去除率为55%～75%。为了减少沉淀池的占地面积，一级化学强化技术——混凝沉淀被提出，通过投加价格低廉的混凝剂，提高了沉淀池对CSO_S污染的去除效果，对COD和TP的去除率达到50%～80%，SS的去除率增加到70%～90%，目前，混凝沉淀技术正被广泛应用于CSO_S污染处理中。但是混凝沉淀工艺中药剂投加量不易控制，暴雨时易造成二次污染。为进一步减少药剂的投加量，并提高污染去除效率，磁混凝技术被提出并应用于处理CSO_S污染，在最佳投加量下，磁混凝技术的总磷和COD去除率分别能达到96.79%和96.31%。为了控制CSO_S中携带的病原微生物，往往需要在CSO_S污染控制的最后过程中进行消毒，目前运用最多的消毒技术有氯消毒、臭氧消毒和紫外消毒3种。一般而言，消毒方法的选择是根据当地的CSO_S水量来确定的。

7.4.4　工程实例：基于错时分流技术的江南某老城区管网改造①

为了有效控制合流管网产生的溢流污染，江苏大学吴春笃和解清杰等人开发了一种基于旱流调蓄的错时分流减排技术，以实现溢流污染的有效控制。

（1）技术原理

错时分流系统是通过结合错时分流调蓄池和流量浮动控制为一体的，以消减降雨阶段溢流污染为目的的错时截污系统。系统在有效降雨阶段使生活污水进入调蓄池，腾空管道容积，截流的生活污水在降雨间隙或雨停后再排至污水处理厂，从时空角度实现了合流管网系统内的雨、污分流。

（2）工作原理

如图7-15所示，晴天时住宅楼的生活污水直接通过出户管道排入合流制污水管网，送入城市污水处理厂；降雨时，打开阀门井内阀门，生活污水被截流至错时分流调蓄池内进行调蓄，此时合流管道内仅有雨水排放，有效提高了排入城市污水处理厂的初期雨水量，减少了溢流污水中污染物量；当降雨结束时，关闭阀门井内电动阀，生活污水继续进入合流管道，同时打开调蓄池潜污泵将调蓄池内污水提升进入管网，将降雨时调蓄的生活污水一起送至城市污水处理厂。调蓄池内设回流装置，以搅拌池内污水，防止沉淀。

上述系统能够有效利用错时分流调蓄池及其配套的控制系统，依据系统的反馈信息进行调控，使排水系统各个部分协调运行，从而优化整个系统运行，充分利用系统的排水、储存能力，消除生活污水带来的溢流污染。

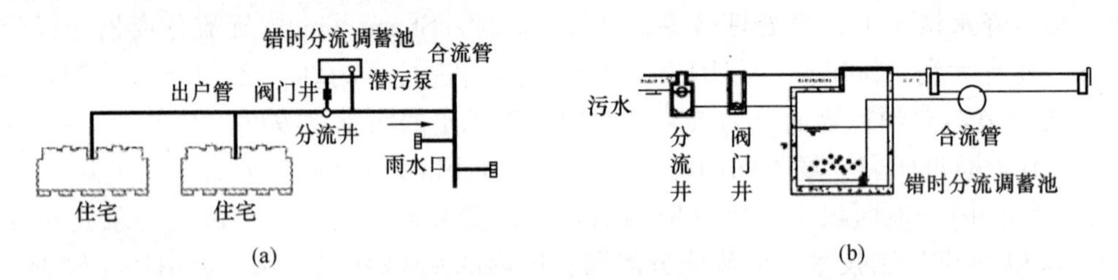

图7-15　错时分流调蓄原理

（a）平面；（b）剖面

（3）应用实例

某小区所在区域位于江南某城市老城区，建成时间较早，占地面积2.5万m^2。居民数为2162人，离污水处理厂约6km，小区内共有各种型号的化粪池36座。排水系统为合流制排水系统，主管道管径300mm，总管路采用截流式合流制。

1）错时分流调蓄池容积计算。结合该地区的有效降雨历时统计资料和生活用水标准规范，按下式计算：

$$V = \delta_V \bar{q} t_\Delta \tag{7-8}$$

式中　δ_V——调蓄池体积弹性系数，综合截流倍数和降雨重现期的综合系数，参照有关规范，该小区调蓄池$\delta_V=1.2$；

$\bar{q}$——进入错时分流调蓄池单位时间内的最大污水流量。

① 该案例由江苏大学环境与安全工程学院解清杰提供。

$\bar{q}$ 通过式（7-9）计算：

$$\bar{q} = \beta q_0 n \tag{7-9}$$

式中 β——实际用水人数与设计总人数的百分比，参照有关规范此处取 0.7；

n——错时分流调蓄池设计服务人数，以该小区 36 座化粪池改造来计算，改造后平均每个调蓄池服务人口 $n=2162/36=60.1$，取平均 61 人，统计资料显示最大一个化粪池服务人口 81 人；

q_0——人均污水最大平均排放量，m^3/（人·h）。

通过对该小区多个排放口监测，统计出该小区污水时段平均排放量，见表 7-13。可见，该小区污水排放时段多集中于 10：00～12：00 和 18：00～22：00，取统计资料的最大流量作为设计有效值，则 $q_0=0.024m^3$/(人·h)。

小区污水时段平均排放量　　表 7-13

时段	平均流量［m^3/（人·h)］	时段	平均流量［m^3/（人·h)］
0：00～1：59	—	12：00～13：59	0.013
2：00～3：59	—	14：00～15：59	0.012
4：00～5：59	0.005	16：00～17：59	0.015
6：00～7：59	0.013	18：00～19：59	0.021
8：00～9：59	0.019	20：00～21：59	0.024
10：00～11：59	0.021	22：00～23：50	0.009

t_Δ 为有效降雨历时，通过式（7-10）计算：

$$t_\Delta = t_2 - t_1 \tag{7-10}$$

式中 t_1——有效降雨开始时间；

t_2——有效降雨结束时间。

① 有效降雨开始时间 t_1 实际统计中通过管道流量来确定，当降雨产生的径流流量 Q_s 与污水最大排放流量 q_0 之和刚达到合流制管路溢流流量 Q 时刻。其中：$Q=n_0\times Q_h$（n_0 为管路设计的截流倍数，取 $n_0=3$；Q_h 为旱流流量），该处取 $Q_h=q_0$ 进行计算，则 $Q=3q_0$；由 $Q_s+q_0\leqslant Q=n_0\times Q_h$ 得 $Q_s\leqslant 2q_0$；其中 Q_s 通过式（7-11）计算：

$$Q_s = \psi_c q F \tag{7-11}$$

式中 Q_s——雨水径流流量，L/s；

ψ_c——径流系数，根据相关规范选 $\psi_c=0.9$；

F——汇水面积，hm^2；

q——设计暴雨强度。

② 有效降雨结束时间 t_2 理论时刻和开始同样计算，实际操作中，当两次有效降雨间隙 $\Delta t<t'$（t' 为理论间隙排放时间，能够有效地将调蓄池内污水排入附近污水处理厂而不会产生溢流）时两次有效降雨视为一次有效降雨，统计时作一次统计。如表 7-14 所示。

该区域降雨历时统计资料（2009—2011 年平均值）　　表 7-14

月份	降雨历时（h/次）	有效降雨历时（h/次）	最大有效降雨历时（h/次）
1	7.22	0.23	1.15

续表

月份	降雨历时（h/次）	有效降雨历时（h/次）	最大有效降雨历时（h/次）
2	6.37	0.51	1.86
3	10.38	0.54	2.13
4	8.71	1.63	5.27
5	9.83	2.19	6.05
6	6.26	2.06	5.92
7	4.17	2.91	5.17
8	5.31	3.25	5.86
9	5.19	3.09	4.93
10	6.38	2.16	3.99
11	7.29	1.93	2.81
12	6.83	0.92	1.84

由表 7-14 中数据取最长一次有效降雨历时作为设计依据，则 $t_{\Delta}=6.05$。

由上述公式计算得进入调蓄池最大 $\bar{q}=0.7\times81\times0.024=1.36\text{m}^3/\text{h}$，该小区实际错时分流调蓄池平均体积 $V=1.2\times1.36\times6.05=9.874\text{m}^3$。

2）化粪池改造体积核定。根据统计资料，小区内原有化粪池体积最大的为 25m³，最小的为 12m³，平均体积 17.35m³。因为原化粪池最小体积 $12\text{m}^3>9.874\text{m}^3$，故可以在不改变化粪池基础上直接改造利用。

3）工艺设计：

① 截流井，1 座。尺寸：1200mm×1200mm×3000mm。

② 阀门井，36 座。其主要功能是存放电动阀和无线传感器，方便电动阀和传感器的正常维护，底部有一防积水小孔。尺寸：500mm×500mm×700mm。

③ 错时分流调蓄池，36 座。该工程直接利用现有化粪池直接改造成错时分流调蓄池。内设污水提升泵一套，$Q=10\text{m}^3/\text{h}$，$H=7\text{m}$，$N=0.75\text{kW}$。

④ 控制系统，1 套。

4）技术经济分析：

① 溢流量减排效益。2011 年该小区错时分流系统共有效运行 43 次（不包括调试使用次数），截流生活污水约 $5.7\times10^3\text{m}^3$，其中 7 月份截流污水流量约 812m³，相应的该区域溢流量削减率为 0.081%（表 7-15）。

2011 年小区溢流量减排效益　　表 7-15

月份	降雨强度（mm）	截流次数（次）	截流量（m³）
1～3	171.3	7	891
4～6	332.1	11	1427
7～9	434.1	17	2312
10～12	153.3	8	1039

② 污染削减分析。通过对该区域改建前后的监测数据的整理和分析，计算出错时分

流系统运行期间4类典型溢流污染指标的削减量和削减率（假设忽略被截流排入污水处理厂的污水指标），由统计数据计算得出系统实际年COD削减量（表7-16）为3.71t/年>1.508～2.261t/年（该工程设计指标）。

溢流污染指标统计　　表7-16

月份	溢流污染指标							
	COD		SS		NH_4^+-N		TP	
	削减量（t/年）	削减率	削减量（t/年）	削减率	削减量（t/年）（$\times10^{-2}$）	削减率	削减量（t/年）（$\times10^{-2}$）	削减率
1～3	0.52	0.52	0.73	0.67	3.1	0.61	0.58	0.53
4～6	0.94	0.47	1.25	0.65	5.9	0.58	1.01	0.49
7～9	1.48	0.46	1.97	0.59	9.2	0.61	1.65	0.44
10～12	0.77	0.59	1.04	0.66	4.8	0.63	0.86	0.47
总量	3.71	—	4.99	—	23	—	4.10	—

思考题

1. 初期雨水径流的界定方法有哪些？
2. 初期雨水弃流量如何确定？弃流方式如何选择？
3. 请简述初期雨水调节池的容积计算方法。
4. 合流制管道溢流污染的影响因素有哪些？
5. 合流制管道溢流污染的控制方法有哪些？

本章参考文献

[1] 车伍，张伟，李俊奇．城市初期雨水和初期冲刷问题剖析[J]．中国给水排水，2011，27(14)：9-14.

[2] 刘琴平．西安市降雨径流特征及初期污染控制研究[D]．西安：西安理工大学，2020.

[3] 车伍，欧岚，汪慧贞，等．北京城区雨水径流水质及其主要影响因素[J]．环境污染治理技术与设备，2002，3(1)：33-37.

[4] 袁宏林，郑鹏，李星宇，等．西安市不同下垫面路面径流雨水中重金属的四季污染特征[J]．生态环境学报，2014，23(7)：1170-1174.

[5] 刘世虹，刘建军，崔香娥，等．邯郸市城区雨水径流水质及其主要影响因素研究[J]．安徽农业科学，2008，36(36)：16107-16109.

[6] 赖后伟，黎京士，庞志华，等．深圳大工业区初期雨水水质污染特征研究[J]．环境污染与防治，2016，38(3)：11-15.

[7] 陈育超，李阳，于海明，等．太湖地区何家浜流域初期雨水对水稻田污染物的冲刷效应[J]，环境工程学报，10(2)：573-580.

[8] 陈刚，马赋．谈小区雨水收集利用系统的初期雨水弃流[J]．给水排水，2013，39(3)：84-86.

[9] 王宏杰，董文艺，刘佳．城市洪峰削减与初期径流污染控制技术研究[C]//环境工程2019年全国学术年会，2019.

[10] 王宝山，黄廷林，聂小保，等．生态绿地控制初期雨水径流污染的研究[J]．中国给水排水，2010，

26(3)：11-17.
[11] 张超．京津合作示范区初期雨水治理方案[J]. 净水技术 2020，39(3)：59-63.
[12] 吴春笃，解清杰，陶明清．合流制排水系统污染控制原理与技术[M]. 镇江：江苏大学出版社，2014.
[13] 佃柳，郑祥，郁达伟，等．合流制管道溢流污染的特征与控制研究进展[J]. 水资源保护，2015，35(3)：76-94.

第 8 章　城镇雨水调控系统监测与模拟

实地监测是评价考核海绵城市建设主要指标的重要手段之一，能为当地海绵城市建设方法的优化提供数据支持，也可为全国海绵城市建设积累基础数据。此外，选用合适的数值模型模拟，对海绵城市的规划、评估、优化、预测等工作至关重要。本章基于海绵城市建设的总体目标和不同尺度区域海绵城市建设的具体目标，详细介绍了海绵城市建设对区域径流减控与污染削减效果的监测方法及效果评价方法，包括监测位置、监测仪器选择与指标计算方法等。本章将城镇雨水调控系统的模拟模型分为低影响开发单项设施模拟模型、区域尺度城镇雨洪及面源污染模型两种进行了详细阐述。通过在线监测与模型模拟的方式，对海绵城市建设项目的关键控制指标进行计算与分析，可以提高计算的准确性和科学性，进一步支持海绵城市建设效果的定量化考核与评估。

8.1　海绵城市建设监测与评价

2015 年住房和城乡建设部办公厅发布了《海绵城市建设绩效评价与考核指标（试行)》，评价考核指标和要点分为水生态、水环境、水资源、水安全、制度建设及执行情况、显示度 6 大类 18 项指标，但未明确考核指标的评价方法和评价标准，对于直接指导海绵城市绩效评价存在难度。考核应全面评价建设区域海绵城市创建效果，考核指标应全面严谨、科学合理、概念明细、可实施性强，便于指导考核方案的制定。

为保证海绵城市建设效果的规范性，2018 年 7 月，住房和城乡建设部发布了《海绵城市建设评价标准》GB/T 51345—2018，更加明确了指标的具体要求及评价方法，规定建设效果应从项目建设与实施的有效性、能否实现海绵城市建设效益等方面进行评价，以不少于 1 年的连续监测数据为基础，结合现场检查、资料查阅和模型模拟对城市建成区进行综合评价。《海绵城市建设评价标准》GB/T 51345—2018 提出了城市的雨水管理以及可持续发展的需要，明确海绵城市建设是我国城市建设与发展的重要任务。标准中提到的各项指标需制定持续性、系统化的监测评估方案，综合运用在线监测、大数据分析、模型模拟等先进技术记录、展现海绵城市运行情况，形成一系列可复制、可推广的海绵城市建设体系。

8.1.1　海绵城市建设的监测方案

在编制海绵城市建设的监测方案前，要进行现场踏勘和资料调研，充分收集水文水利、环保、气象、地质、下垫面、市政设施、前期监测数据等资料。从年径流总量控制率及径流体积控制的监测、路面积水控制与内涝防治的监测、地表水环境质量的监测、城市地下水环境质量的监测、城市面源污染控制的监测、自然生态格局管控与水体生态岸线保护的监测、地下水埋深变化趋势的监测、城市热岛效应缓解的监测 8 个方面制定监测方案，如表 8-1 所示。

海绵城市建设核心指标的监测方案制定要点　　表 8-1

考核指标	监测指标	监测断面（点位）	监测频率	监测仪器
年径流总量控制率	降雨量、管渠流量（流速）、液位	各排水分区总排口；排水分区典型地块排放口及关键管网节点；单项设施进出口	雨讯期连续监测，自动监测时建议为 5～15 min/次	小型气象站（含雨量计功能）、流量计、液位计
路面积水控制与内涝防治	径流流量、积水点面积及代表水	流量监测点与年径流总量控制率监测点基本一致；重要积水点具体位置可通过历史资料分析、易涝点模拟或是通过 1～2 场暴雨实地观测来确定	根据历史暴雨情况，有可能造成内涝的降雨均需监测	小型气象站（含雨量计功能）、液位计、监控摄像、录像或航拍设备等
地表水环境质量	常见的主控指标包括水温、pH、DO、SS、COD、氮、磷、藻细胞密度等，黑臭水体评价指标还应包括透明度、色度、ORP 等	设置河流出、入境断面；研究区域内地表水，应根据功能及污染状况设置监测断面若干；参考现行行业标准《地表水和污水监测技术规范》HJ/T 91 等进行断面、点位确定	降雨季节性差异明显地区，可分为常规监测和洪水期监测。确保小、中、大各种典型降雨及降雨前后均有可用数据	采样仪器可选择便携式多参数分析、水质自动采样器，或实现水质在线监测
地下水环境质量	常见的主控指标包括水温、pH、总硬度、COD_{Mn}、NH_3-N、氯化物、硝酸盐、氟化物、铁、锰、总大肠杆菌等	研究区域内已有地下水井时，利用现有水井实施监测；无地下水井时，应结合水文地质资料凿井监测；点位布设可参考现行行业标准《地下水环境监测技术规范》HJ/T 164	须考虑地表—地下水排泄补给关系，可参考现行行业标准《地下水环境监测技术规范》HJ/T 164，且最少不低于每年 2 次（丰水期、枯水期）	采样仪器可选择便携式多参数分析，或实现水质在线监测
城市面源污染控制	根据下垫面污染物积累特征与冲刷特性选择监测指标；常见的主控指标包括 pH、DO、SS、COD、氮、磷等	上述年径流总量控制率监测点＋合流制管渠溢流进入城市内河水系的排放口及其受纳水体水质监测断面（点位）	按实际降雨场次进行监测	有条件地区建议安装多参数水质在线监测仪，以掌握径流水质随径流量动态变化关系
自然生态格局管控与水体生态岸线保护	城市开发前后天然水域面积；城市蓝线绿线长度	根据河湖水系专项规划所划定的河湖水系保护线（蓝线），对拟开展生态岸线恢复的重大工程进行生态岸线恢复情况的监测工作	查阅相关规划、文件和设计方案，每半年实施一次调研	遥感影像图；全站仪测量生态岸线长度

续表

考核指标	监测指标	监测断面（点位）	监测频率	监测仪器
地下水埋深变化趋势	地下水水位	参考现行国家标准《地下水监测工程技术规范》GB/T 51040	参考现行国家标准《地下水监测工程技术规范》GB/T 51040	参考现行国家标准《地下水监测工程技术规范》GB/T 51040
城市热岛效应缓解	城市建成区与周边郊区气温变化	城市建成区与周边郊区6～9月日平均气温	参考现行国家标准《地面气象观测规范 空气温度和湿度》GB/T 35226	气象站； 高精度测温仪

8.1.2 海绵城市建设的效果评估

2018年住房和城乡建设部发布《海绵城市建设评价标准》GB/T 51345—2018，其中考核内容为：年径流总量控制率及径流体积控制、源头减排项目实施有效性、路面积水控制与内涝防治、城市水体环境质量、自然生态格局管控和水体生态性岸线保护；考查内容包括：地下水埋深变化趋势和城市热岛效应缓解。另外，海绵设施的维护管理部门应制定相应的运行维护管理制度、岗位操作手册、设施和设备保养手册和事故应急预案，并定期修订。评价内容与要求如表8-2所示。

海绵城市建设评价内容与要求　　表8-2

评价内容		评价要求
1. 年径流总量控制率及径流体积控制		（1）新建区（指新建项目为主的城市建设区域）要求年径流总量控制率及径流体积控制不得低于《海绵城市建设评价标准》GB/T 51345—2018中图4.0.1“我国年径流总量控制率分区图”所在区域规定下限值，及所对应的径流体积； （2）改建区（指以改扩建项目为主的城市建设区域）要求经技术经济比较，年径流总量控制率及径流体积控制不宜低于《海绵城市建设评价标准》GB/T 51345—2018中图4.0.1“我国年径流总量控制率分区图”所在区域规定下限值，及所对应的径流体积
2. 源头减排项目实施有效性	建筑小区	（1）年径流总量控制率及径流体积控制：新建项目不应低于《海绵城市建设评价标准》GB/T 51345—2018中图4.0.1“我国年径流总量控制率分区图”所在区域规定下限值，及所对应的径流体积；改扩建项目经技术经济比较，不宜低于《海绵城市建设评价标准》GB/T 51345—2018中图4.0.1“我国年径流总量控制率分区图”所在区域规定下限值，及所对应计算的径流体积；或达到相关规划的管控要求； （2）径流污染控制：新建项目年径流污染物总量（以悬浮物SS计）削减率不宜小于70%，改扩建项目年径流污染物总量（以悬浮物SS计）削减率不宜小于40%；或达到相关规划的管控要求； （3）径流峰值控制：雨水管渠及内涝防治设计重现期下，新建项目外排径流峰值流量不宜超过开发建设前原有径流峰值流量；改扩建项目外排径流峰值流量不得超过更新改造前原有径流峰值流量； （4）新建项目硬化地面率不宜大于40%；改扩建项目硬化地面率不应大于改造前原有硬化地面率，且不宜大于70%

续表

评价内容		评价要求
2. 源头减排项目实施有效性	道路、停车场及广场	(1) 道路：应按照规划设计要求进行径流污染控制；对具有防涝行泄通道功能的道路，应保障其排水行泄功能； (2) 停车场与广场：年径流总量控制率及径流体积控制：新建项目不应低于《海绵城市建设评价标准》GB/T 51345—2018中图4.0.1“我国年径流总量控制率分区图”所在区域规定下限值，及所对应计算的径流体积；改扩建项目经技术经济比较，不宜低于《海绵城市建设评价标准》GB/T 51345—2018中图4.0.1“我国年径流总量控制率分区图”所在区域规定下限值，及所对应计算的径流体积； 径流污染控制：新建项目年径流污染物总量（以悬浮物SS计）削减率不宜小于70%，改扩建项目年径流污染物总量（以悬浮物SS计）削减率不宜小于40%； 径流峰值控制：雨水管渠及内涝防治设计重现期下，新建项目外排径流峰值流量不宜超过开发建设前原有径流峰值流量；改扩建项目外排径流峰值流量不得超过更新改造前原有径流峰值流量
	公园与防护绿地	(1) 新建项目控制的径流体积不得低于年径流总量控制率90%对应计算的径流体积，改扩建项目经技术经济比较，控制的径流体积不宜低于年径流总量控制率90%对应计算的径流体积； (2) 应按照规划设计要求接纳周边区域降雨径流
3. 路面积水控制与内涝防治		(1) 灰色设施和绿色设施应合理衔接，发挥绿色设施滞峰、错峰、削峰等作用； (2) 雨水管渠设计重现期对应的降雨情况下，不应有积水现象； (3) 内涝防治设计重现期对应的暴雨情况下，不得出现内涝
4. 城市水体环境质量		(1) 灰色设施和绿色设施应合理衔接，应发挥绿色设施控制径流污染与合流制溢流污染及水质净化等作用； (2) 旱天无污水、废水直排； (3) 控制雨天分流制雨污混接污染和合流制溢流污染，并不得使所对应的受纳水体出现黑臭；或雨天分流制雨污混接排放口和合流制溢流排放口的年溢流体积控制率均不应小于50%，且处理设施悬浮物（SS）排放浓度的月平均值不应大于50mg/L； (4) 水体不黑臭：透明度应大于25cm（水深小于25cm时，该指标按水深的40%取值），溶解氧应大于2.0mg/L，氧化还原电位应大于50mV，氨氮应小于8.0mg/L； (5) 不应劣于海绵城市建设前的水质；河流水系存在上游来水时，旱天下游断面水质不宜劣于上游来水水质
5. 自然生态格局管控与水体生态性岸线保护		(1) 城市开发建设前后天然水域总面积不宜减少，保护并最大限度恢复自然地形地貌和山水格局，不得侵占天然行洪通道、洪泛区和湿地、林地、草地等生态敏感区；或应达到相关规划的蓝线绿线等管控要求； (2) 城市规划区内除码头等生产性岸线及必要的防洪岸线外，新建、改建、扩建城市水体的生态岸线率不宜小于70%
6. 地下水埋深变化趋势		年均地下水（潜水）水位下降趋势应得到遏制
7. 城市热岛效应缓解		夏季按6～9月的城郊日平均温差与历史同期（扣除自然气温变化影响）相比应呈现下降趋势

1. 年径流总量控制率及径流体积控制评价方法

年径流总量控制率及径流体积控制应采用设施径流体积控制规模核算、监测、模型模拟与现场监测相结合的方法进行评价。

（1）径流体积控制规模评价。依据年径流总量控制率所对应的设计降雨量及汇水面积，采用“容积法”计算得到渗透、渗滤及滞蓄设施所需控制的径流体积，现场实际检查各项措施的径流体积控制规模，是否达到设计要求。

（2）项目实际年径流总量控制率评价。现场检查设施实际控制的径流体积控制规模，核算其所对应的降雨量，通过查阅“雨水年径流总量控制率与设计降雨深度关系曲线图”（参见《海绵城市建设评价标准》GB/T 51345—2018）得到实际的年径流总量控制率。将各设施、无设施控制的各下垫面的年径流总量控制率按包括设施自身面积在内的设施汇水面积、无设施控制的下垫面的占地面积加权平均，得到项目实际雨水年径流总量控制率，比较是否达到规定的设计要求。对无设施进行控制的不透水下垫面，其年径流总量控制率为0；对无设施进行控制的透水下垫面，如透水铺装、普通绿地等，应按设计降雨量为其初损后损值（即植物截留、洼蓄量、降雨过程中入渗量之和）获取年径流总量控制率，或按雨量径流系数估算其年径流总量控制率。

$$\alpha = (1 - \varphi) \times 100\% \tag{8-1}$$

式中 α——年径流总量控制率，%；

φ——径流系数。

（3）监测项目的年径流总量控制率评价。应现场检查各设施通过“渗、滞、蓄、净、用”达到径流体积控制的设计要求后溢流排放的效果；在监测项目接入市政管网的溢流排水口或检查井处，应连续自动监测至少1年，获得“时间—流量”序列监测数据；应筛选至少2场降雨量与项目设计降雨量下浮不超过10%，且与前一场降雨的降雨间隔大于设施设计排空时间的实际降雨，接入市政管网的溢流排水口或检查井处无排泄流量，或排泄流量应为经设施渗滤、沉淀等净化处理后的排泄流量，可判定项目达到设计要求。

（4）排水分区年径流量总量控制率评价。应采用模型模拟法进行评价，模拟计算排水分区的年径流总量控制率是否达到规定要求。模型应具有能够模拟下垫面产汇流、管道汇流、源头减排设施等模拟功能。模型建模应具有源头减排设施参数、管网拓扑与管渠缺陷、下垫面、地形，以及至少近10年的步长1min或5min或1h的连续降雨监测数据。对模型参数进行率定与验证时，应选择至少1个典型的排水，在市政管网末端排放口及上游关键的管网节点处设置流量计，与分区内的监测项目（即宜根据地形地貌特征、用地类型等，选择典型项目进行监测评价，每类典型项目选择2～3个监测项目，对其地表入渗能力、溢流排水口的水量、水质进行监测）同步进行连续自动监测，获取至少1年的市政管网排放口“时间—流量”或泵站前池“时间—水位”序列监测数据。各筛选至少2场最大1h降雨量接近雨水管渠设计重现期标准的降雨下的监测数据，分别进行模型参数率定和验证。模型参数率定与验证的Nash－Sutcliffe系数不得小于0.5。

（5）城市建成区年径流总量控制率评价。将城市建成区拟评价区域各排水分区的年径流总量控制率按各排水分区的面积加权平均，得到城市建成区拟评价区域的年径流总量控制率，评价其是否达到规定要求。

2. 源头减排项目实施有效性——建筑小区评价方法

年径流总量控制率及其对应的径流体积控制应参照“年径流总量控制率及径流体积控制评价方法”进行评价。径流污染控制采用设计施工资料查阅与现场检查相结合的方法进行评价，查看设施的设计构造、径流控制体积、排空时间、运行工况、植物配置等能否保证设施SS去除率达到规定要求，且排空时间不得超过植物的耐淹时间。另外，对于除砂、去油污等专用设施，其水质处理能力等要达到规定要求。新建项目的全部不透水下垫面宜有径流污染控制设施，改扩建项目有径流污染控制设施的不透水下垫面面积与不透水下垫面总面积的比值不宜小于60%。径流峰值控制采用设计施工、模型模拟评估资料查阅与现场检查相结合的方法进行评价。硬化地面率应采用设计施工资料查阅与现场检查相结合的方法进行评价。

3. 源头减排项目实施有效性——道路、停车场及广场评价方法

年径流总量控制率及其对应的径流体积控制参照“年径流总量控制率及径流体积控制评价方法”进行评价。径流污染、径流峰值控制参照“建筑小区评价方法”进行评价。道路排水行泄功能采用设计施工资料查阅与现场检查相结合的方法进行评价。

4. 源头减排项目实施有效性——公园与防护绿地评价方法

年径流总量控制率及其对应的径流体积控制参照“年径流总量控制率及径流体积控制评价方法”进行评价。园绿地与防护绿地控制周边区域雨水径流采用设计施工资料查阅与现场检查相结合的方法进行评价，设施汇水面积、设施规模达到规定要求。

5. 路面积水控制与内涝防治评价方法

灰色设施和绿色设施的衔接应采用设计施工资料查阅与现场检查相结合的方法进行评价。

（1）路面积水控制评价。路面积水控制应采用设计施工资料和摄像监测资料查阅的方法进行评价。应查阅设计施工资料，城市重要易涝点的道路边沟和低洼处排水的设计径流水深不应大于15cm。应筛选最大1h降雨量不低于现行国家标准《室外排水设计标准》GB 50014规定的雨水管渠设计重现期标准的降雨，分析该降雨下的摄像监测资料，城市重要易涝点的道路边沟和低洼处的径流水深不应大于15cm，并且雨后退水时间不应大于30min。

（2）内涝防治评价。采用摄像监测资料查阅、现场观测与模型模拟相结合的方法进行评价。模型应具有地面产汇流、管道汇流、地表漫流、河湖水系等模拟功能。模型建模要求具有管网拓扑与管渠缺陷、下垫面、地形，以及重要易涝点积水监测数据和内涝防治设计重现期下的最小时间段为5min总历时为1440min的设计雨型数据。对模型参数进行率定与验证时，应选择至少1个典型的排水分区，在重要易涝点设置摄像等监测设备，在市政管网末端排放口及上游关键节点处设置流量计，与分区内的监测项目同步进行连续自动监测，获取至少1年的重要易涝点积水范围、积水深度、退水时间摄像监测资料分析数据，及市政管网排放口“时间—流量”或泵站前池“时间—水位”序列监测数据。各筛选至少2场最大1h降雨量不低于雨水管渠设计重现期标准的降雨下的监测数据，分别进行模型参数率定和验证。模型参数率定与验证的纳什（Nash-Sutcliffe）效率系数不得小于0.5。模拟分析对应内涝防治设计重现期标准的设计暴雨下的地面积水范围、积水深度和退水时间，应符合现行国家标准《室外排水设计标准》GB 50014与《城镇内涝防治技术

规范》GB 51222 的规定。

查阅至少近一年的实际暴雨下的摄像监测资料，当实际暴雨的最大 1h 降雨量不低于内涝防治设计重现期标准时，分析重要易涝点的积水范围、积水深度、退水时间，应符合现行国家标准《室外排水设计标准》GB 50014 与《城镇内涝防治技术规范》GB 51222 的规定。

6. 城市水体环境质量评价方法

灰色设施和绿色设施的衔接应采用设计施工资料查阅与现场检查相结合的方法进行评价。

(1) 旱天污水废水直排控制。采用现场检查的方法进行评价，市政管网排水口旱天无污废水直排现象。

(2) 雨天分流制雨污混接污染和合流制溢流污染控制。采用资料查阅、监测、模型模拟与现场检查相结合的方法进行评价。查阅项目设计施工资料并现场检查溢流污染控制措施实施情况。监测溢流污染处理设施的悬浮物（SS）排放浓度，且每次出水取样应至少 1 次。

年溢流体积控制率应采用模型模拟或实测的方法进行评价，模型应具有下垫面产汇流、管道汇流、源头减排设施等模拟功能。模型建模要求具有源头减排设施参数、管网拓扑与管渠缺陷、截留干管和污水处理厂运行工况、下垫面、地形，以及至少近 10 年的步长 1min 或 5min 或 1h 的连续降雨监测数据，采用实测的方法进行评价，应至少具有 10 年的各溢流排放口“时间—流量”序列监测数据。模型参数率定与验证，应各筛选至少 2 场最大 1h 降雨量接近雨水管渠设计重现期标准的降雨下的溢流排放口“时间—流量”序列监测数据，分别进行模型参数率定和验证。应模拟或根据实测数据计算混接改造、截流、调蓄、处理等措施实施前后各溢流排放口至少近 10 年每年的溢流体积。

(3) 水体黑臭及水质监测评价。水质评价指标与测定方法如表 8-3 所示。沿水体每 200～600m 间距设置监测点，存在上游来水的河流水系，应在上游和下游断面设置监测点，且每个水体的监测点不应少于 3 个。采样点设置于水面以下 0.5m 处，水深不足 0.5m 时，应设置在水深的 1/2 处。每 1～2 周取样至少 1 次，且降雨量等级不低于中雨的降雨结束后，1 日内应至少取样一次，连续测定 1 年；或在枯水期、丰水期各至少连续监测 40 天，每天取样 1 次。

黑臭水体水质评价指标与测定方法 **表 8-3**

水质评价指标	测定方法	备注
透明度	黑白盘法或铅字法	现场原位测定
溶解氧	电化学法	现场原位测定
氧化还原电位	电极法	现场原位测定
氨氮	纳氏试剂光度法或水杨酸—次氯酸盐光度法	水样应经过 0.45μm 滤膜过滤

7. 自然生态格局管控与水体生态性岸线保护

(1) 自然生态格局管控。采用资料查阅和现场检查相结合的方法进行评价。查阅城市总体规划与相关专项规划、城市蓝线绿线保护办法等制度文件，以及城市开发建设前及现状的高分辨率遥感影像图。现场检查自然山水格局、天然行洪通道、洪泛区和湿地、林地、草地等生态敏感区及蓝绿线、生态红线管控范围。城市建设前后天然水域面积不减少，自然山水格局与自然地形地貌形成的汇水分区未改变，天然行洪通道、洪泛区和湿地等生态敏感区未被侵占，或达到相关规划的管控要求。

（2）水体生态岸线保护。查阅新建、改建、扩建城市水体项目设计施工资料，明确生态岸线的长度与占比。现场检查生态岸线实施情况。

8. 地下水埋深变化趋势

应监测城市建成区地下水（潜水）水位变化情况，海绵城市建设前的监测数据至少为近 5 年的地下水（潜水）水位，海绵城市建设后的监测数据至少为 1 年的地下水（潜水）水位。地下水（潜水）水位监测应符合现行国家标准《地下水监测工程技术规范》GB/T 51040 的规定。将海绵城市建设前建成区地下水（潜水）水位的年平均降幅 Δh_1，与建设后建成区地下水（潜水）水位的年平均降幅 Δh_2 进行比较，Δh_2 应小于 Δh_1，或海绵城市建设后建成区地下水（潜水）水位上升。当海绵城市建设后监测资料年数只有 1 年时，获取该年前一年与该年地下水（潜水）水位的差值 Δh_3，与 Δh_1 比较，Δh_3 应小于 Δh_1，或海绵城市建设后建成区地下水（潜水）水位上升。

9. 城市热岛效应缓解

应监测城市建成区内与周边郊区的气温变化情况，气温监测应符合现行国家标准《地面气象观测规范 空气温度和湿度》GB/T 35226 的规定。海绵城市建设前的监测数据应至少为近 5 年的 6～9 月日平均气温，海绵城市建设后的监测数据应至少为 1 年的 6～9 月平均气温。将海绵城市建设前建成区与郊区日平均气温的差值 ΔT_1 与建成后建成区与郊区日平均气温的差值 ΔT_2 进行比较，ΔT_1 应小于 ΔT_2。

8.1.3　海绵城市建设的效益评价

作为一种内涝与面源污染调控技术，海绵城市建设是在生态文明的基础上，具有改善城市生态环境、恢复城市水文循环的作用，对城市生态环境、经济以及社会发展起到积极的推动作用。海绵城市建设的效益主要包括生态环境效益、经济效益和社会效益。

1. 生态环境效益

海绵城市建设的生态效益也可称为生态环境效益或环境效益，是指其对城市生态环境的推动促进作用，是生态环境中所包含的物质要素，这些要素可以满足公众在社会生产和生活中的某些需求，同时可以带来一定的价值。海绵城市建设的生态效益主要包括以下几个方面：

（1）海绵城市建设带来的治水及防灾效益。这一效益包括控制雨水排放、削减洪峰流量、减轻河流及雨水管道负荷、防止内涝、降低水灾害风险等。城镇和住宅开发使不透水面积大幅度增加，使洪水在较短时间内迅速形成，洪峰流量明显增加，使城镇面临巨大的防洪压力，洪灾风险加大，水涝灾害损失增加。海绵城市通过源头分散式控制以及有针对性的工程性措施可缓解这一矛盾，延缓洪峰径流形成的时间、削减洪峰流量、减少雨水径流，从而减小雨水管道系统的防洪压力，提高城镇的防涝能力，减少洪灾造成的损失，保障人们的生命财产安全。

（2）海绵城市建设带来的生态环境保护效益。这一效益包括确保河道基流、补充地下水及抑制地面沉降、泉水保存及恢复、水域生态系统保护与修复、绿地水分补给、缓解城市热岛现象、滞尘降尘净化空气、降低噪声、减轻非点源污染负荷、削减合流污染负荷、保护水环境和水生态、改善局部小气候和水质等。

海绵城市建设建造了一系列雨水渗透设施，比如入渗型雨水花园、屋顶绿化、下沉式绿地、渗透井、透水铺装等，一方面起到补给城市地下水和涵养水源的作用，能有效改善城市水文环境，并且可以减少地面沉降带来的灾害。很多城市为满足用水量需要而大量超采地下水，造成了地下水枯竭、地面沉降和海水入侵等地下水环境问题。由于超采而形成的地下水漏斗有时还会改变地下水原有的流向，导致地表污水渗入地下含水层，污染了作为生活和工业主要水源的地下水。实施海绵城市工程后，可从一定程度上缓解地下水水位下降和地面沉降的问题。据测算，上海市地面每沉降 1mm，就会造成经济损失 1000 万元。另一方面，这些设施通过截留渗透雨水，缩小了雨水汇流路径，将径流雨水汇集到雨水措施，并对径流污染物进行过滤分解，初期雨水径流污染得到控制或处理，既减少雨水径流对外界环境的污染，又减少了进入市政雨水管道的水量，从而减少了排入受纳水体等外界环境的污染量，起到控制面源污染的作用。全球广泛使用的环境投入产出比为 1∶3，即为消除污染每投入 1 元可减少的环境资源损失是 3 元，因海绵城市建设的 LID 设施通常不包括污泥的处理，故多以 1∶（1～1.5）作为环境治理投入的效益标准。若结合相应的排污费作为污染治理投入金额，则可将因消除污染而减少的社会损失计算出来。按排污费为 1 元/m^3 计算，LID 项目实现的污染去除效益约为 1～1.5 元/m^3。在缓解城市热岛效应方面，由于城市建筑集中，并且多采用钢筋混凝土，导致城市大气储热比郊区大，当采用透水铺装后，能降低地表温度。相关研究显示，透水铺装路面比普通混凝土路面低 0.3℃，地表相对湿度增加 1.12%左右，能有效缓解城市热岛效应。

2. 经济效益

海绵城市建设的经济效益包括减少城市雨水管渠系统设计费用、管网漏损控制效益、雨水利用的收益、降低城市河湖改扩建费用、减少地面沉降带来的灾害、减少绿地土方回填费用以及设施建造成本、运营维护成本等，具体如下：

（1）海绵城市建设减少城市雨水管渠系统设计费用。海绵城市建设能削减径流、延缓峰值雨量时间，在一定程度上减轻雨水管网负荷或降低雨水管网设计规模，其成本投资比传统的雨水管网设计低，因此可按单位面积内减少的外排水量计算这部分收益。

（2）海绵城市建设带来的管网漏损控制效益。和传统的城镇开发模式相比，海绵城市建设降低了管网漏损率。减少了因漏损而浪费的水资源，带来了经济效益。

（3）海绵城市建设带来雨水利用的收益。海绵城市建设通过设置多道防线、增加雨水集蓄设施，在降雨发生时可以对雨水进行收集和存储，后续再对积蓄的雨水进行利用。主要可以用于道路浇洒、绿地灌溉、冲洗路面及车辆等市政杂用水以及消防用水，由此实现了雨水的回用，大大节约了市政用水，从而节省自来水费用，并缓解城镇市政供水压力，同时也减少了市政管网和城市排水设施的建设维护费用。

（4）海绵城市建设降低城市河湖改扩建费用。海绵城市建设可有效减少汇水区域的雨水外排流量，从而减轻河道行洪压力，进而节省数目可观的河道整治和拓宽费用。

（5）海绵城市建设减少绿地土方回填费用。采用下凹式绿地措施时，能减少部分绿地的土方回填量，从而减少投资。

（6）海绵城市设施建造、维护成本。海绵城市项目也由建设期和运营维护期组成。海绵城市建设的基础投资有土地成本、设施建造和安装成本。这些成本与城市经济发展情况、场地条件、区域雨量、汇水面积相关。同时还有设计和额外的费用，其中包括现场勘查、方案设计和设施规划费用。就单项设施的成本而言，绿色屋顶以及采用雨落管断接的成本较高，雨落管断接受管道材质以及改造的环境因素影响较大，而绿色屋顶在低影响开发设施中结构较复杂，施工成本较高，因此建设成本较高。生物滞留设施存在多种形式，并且实际应用时考虑到换土以及是否需要布设穿孔排水管等因素，因此投资成本的变化幅度较大。运营和维护成本主要有人工费、能耗费、物料费、设备维护费、清洁打扫费和构筑设施维护费等。具体成本应结合研究地区的人员、材料、能源等费用情况确定。缺少资料的地区，海绵城市设施建造、维护成本可参照《海绵城市建设技术指南低影响开发雨水系统构建（试行）》中北京地区部分低影响开发单项设施以及查阅相关文献获得。

3. 社会效益

海绵城市建设的社会效益是指项目建成后对社会环境的推动作用，可以从多个角度分析海绵城市带来的社会效益：

（1）海绵城市建设提升了城市的宜居性。海绵城市创造亲水空间、形成城市水景观、提供娱乐功能，改善了生态、气候、环境质量，塑造现代化与自然有机结合的可持续城市，给居民营造了更舒适的居住生产环境，进而提升居民的生活水平。主要表现为居住区的水质、空气等感官感受，绿色面积等居住空间情况，还有居住区环境等方面。

（2）海绵城市建设是对社会文明的推进。海绵城市建设传达了城市可持续发展理念，在城市范围内推广雨水资源利用设施，使城市发展朝着低碳绿色的方向发展，增大了城市的绿色空间，收集的雨水经过处理使其发挥最大化利用功能。因此，海绵城市建设的实施有助于推动各大城市可持续发展，提升城市整体的文明素养。

（3）海绵城市建设创造了就业机会。海绵城市建设是一个长远的庞大工程，需要增大城市绿化面积、重整地下排水系统以及开发海绵体等。由此可以提供更多就业岗位，为劳动者增加就业机会。

（4）海绵城市建设带动经济发展。海绵城市建设涉及水体、道路、园林绿化、市政基础设施和房地产等建设，能够有效拉动投资。据估算，如果全国新区开发和旧城改造按照海绵城市理念实施，每年可以形成投资量近万亿元。另外，海绵城市建设也有助于拉动旅游、文化、科研等方面的经济发展。

（5）海绵城市建设提高饮用水安全。饮用水源多用于饮用、洗漱和其他用途，当水中含有有害物质时，居民由于饮用、饮食和皮肤碰触等形式使身体受到伤害，由此可能会引发其他疾病。水是生命之源，是人们不可或缺的部分，因此保证饮用水的安全，也是在保护人们的身体不受到更多伤害，减少医疗费用。水安全的提高可以改善居民的生活安全感和质量，增强居民对于水安全的保护意识，为进一步对改善城镇环境和发展起到促进作用。

8.2 低影响开发单项设施模拟模型

模型模拟是指导 LID 设计、预测运行结果的有效手段。为优化系统的运行，需要借助模型软件对各设计要素进行反复模拟，以期得到最佳的设计参数，所以，开发一些高灵敏度、高精度的模型很有必要。LID 模拟设计的方法可概化为两类：单项设施模拟设计和区域设施模拟规划设计，前者可指导典型 LID 设施的设计和预测结果，后者可用于城市非点源污染模拟中的 LID 模块模拟计算，两类方法结合运用可使典型 LID 设施设计更加高效。国内外适用于 LID 单项设施的小尺度模型并不多，典型模型有 HYDRUS、DRAINMOD、RECARGA 等。

8.2.1 HYDRUS 模型

美国国家盐土实验室（US Salinity Laboratory）开发的 HYDRUS 模型是用来模拟饱和多孔介质中水分、溶质以及能量运移过程的数值模型。该模型经历了 UNSAT，AWMS-2D 及 CHAIN-2D，Hydrus-1D，Hydrus-2D 及 Hydrus-3D 等系列，已成为世界上应用最为广泛的定量描述水盐运移的模型。Hydrus-1D 是一个由国际地下水模型中心公布的共享软件。该模型主要用于研究土壤中水分和溶质的运移规律，模拟一维变饱和条件下的地下水流、根系吸水、溶质运移和热运移。经过不断改进，该模型得到了广泛应用。Hydrus-2D 模型是 Simunek 等开发的基于 Windows 接口的饱和一非饱和多孔介质中二维空间中的水、热、溶质运动的有限元计算机模型。Hydrus-3D 是在 2006 年由 Simunek 等人研发出来的，该模型能够模拟不同灌溉方式下土壤中水分和盐分运移、热量传输及根系吸水规律的二维和三维空间的有限元计算机模型。HYDRUS—2D/3D 模型新增：①边坡稳定性模块（Slope Stability Module），用来模拟路堤、路线边坡的稳定性等。②湿地模块（Wetland Module），适用于二维问题，主要用来模拟湿地或沼泽地下水中溶质的生物化学过程以及降解过程。其可分为 CW2D 及 CWM1 两种动力学模型。CW2D 动力学模型主要用来模拟有机质、氮、磷的好氧、缺氧及生物降解等。CWM1 动力学模型用于模拟有机质、氮、硫磺的好氧、缺氧、厌氧的生物化学过程。③C-Ride Module 模块主要用来模拟二维多孔介质中，在胶体促使下的溶质运移，同时也能模拟胶体的运移。

现阶段 HYDRUS 模型模拟的问题包括土壤水分运动、单/多组分溶质运移、热运移。应用领域包括农田灌溉、盐分淋洗、防治盐碱、氮素运移、污染物运移等。HYDRUS 模型可以较为准确地对土壤中水分、盐分及热量的运移规律和时空变化进行模拟，然后分析不同环境中农田灌溉、田间施肥以及环境污染等问题。此外，HYDRUS 模型还可以有机结合其他水分运动模型，在大尺度上对土地以及水资源的转化与利用进行深度剖析。HYDRUS 模型的输入输出功能简单灵活，数据库比较丰富，包括水含量方程及植物根系作用等可供选择。水分运动过程及规律的模拟计算一般采用 Richards 方程，该方程解法运用 Galerkin 线性有限元法，Inverse Solution 模块中的 Marquardt-Levnenberg 参数优化算法可以反演土壤水和溶质运移及反应动力学参数等。目前，该模型能够广泛应用于各种土壤类型的水盐运移研究。2000 年，HYDRUS 模型被引进我国，并在国内进行了一些初步应用。

HYDRUS 模型主要模块包括 HYDRUS 主程序模块、Project Manager 模块、GEOMETRY模块（设置模拟问题的区域、大小，即横向范围、纵向范围、垂向范围）、GRAPHICS 模块（显示模拟结果）、BOUNDAR 模块（设置边界条件）、MESHGEN 模块（针对 2D/3D 才具有的模块，可以生成二维、三维的有限元网格）。HYDRUS 模型主要采用有限单元法进行建模，有限单元法的建模思路如图 8-1 所示。建模之前明确所解决的问题，确定相应的模型参数。对网格进行剖分，对于一维问题比较简单，只需要输入网格单元即可，对于二维、三维问题，利用有限元生成模块进行剖分。设置模型的初始条

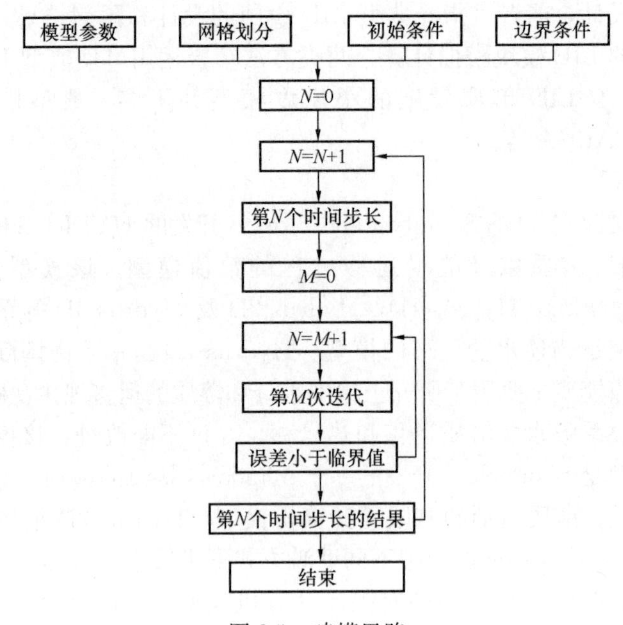

图 8-1　建模思路

件，如模型初始状态值等。为溶质运移方程、对流弥散方程、水流方程等设置边界条件。之后进行迭代，迭代分为大循环和小循环。小循环主要是求解方程组，在每个时间步长求解水流控制方程、溶质运移控制方程等，误差小于临界值后，进入大循环，开始下一个时间步长的迭代，重新求解水流控制方程、溶质运移控制方程等，直到所有的时间步长进行结束，得到研究区域每一个节点上、每一个时间步长的结果（例如水头分布等）。

建模步骤：①启动软件；②设置模型：确定所解决的问题，如水流问题、溶质运移问题、热运移问题等；③模型几何信息：设置模拟的空间尺度的单位及模拟区的范围；④模型的时间信息，如模拟期、初始的时间步长、最大的时间步长，以及其他时间信息；⑤设置结果输出的方式，可以选择在某个时间点上输出不同的结果，也可以在每个时间步长输出想要的结果；⑥设置模型几何尺寸，此过程是有限单元的生成过程，对于 2D、3D 有专门的有限元生成器，对于 1D 只需要输入网格单元即可；⑦设置模型初始条件和边界条件；⑧设置迭代控制参数；⑨设置土壤特性参数；⑩运行模型；⑪查看结果。模型的基本方程包括 Richards 方程、对流—弥散方程、传递函数方程，具体如下：

1. Richards 方程

若只是研究垂直方向的水分运动情况，一维 Richards 方程表示如下：

$$\frac{\partial \theta}{\partial t}=\frac{\partial}{\partial z}\left[K(\theta)\frac{\partial h(\theta)}{\partial z}\right]-\frac{\partial K(\theta)}{\partial z} \tag{8-2}$$

式中　$K(\theta)$——非饱和渗透性函数；

θ——体积含水率，cm^3/cm^3；

$h(\theta)$——压力水头，cm。

由土壤水分特征曲线可以确定函数关系式 $h(\theta)$，可以推出 θ 形式或 h 形式的控制方程。在给定边界条件和初始条件之后，就可以应用有限差分或有限元方法进行数值求解。

在不考虑土壤中气流运动的条件下，二维土壤水分运动可以用 Richards 方程表示为：

$$\frac{\partial\theta(h)}{\partial t}=\frac{\partial}{\partial x}\left[K(h)\frac{\partial h}{\partial x}\right]+\frac{\partial}{\partial z}\left[K(h)\frac{\partial h}{\partial z}+K(h)\right]-S(h) \tag{8-3}$$

式中 $K(h)$——非饱和导水率，它是土壤含水量的函数，cm/d；

z——纵坐标（向上为正），cm；

t——时间，d；

$S(h)$——源汇项，表示根系吸水，d^{-1}。

Hydrus-3D模型中，用修改过的Richards方程表示三维土壤水分运动：

$$\frac{\partial\theta}{\partial t}=\frac{\partial}{\partial x_i}\left[K\left(K_{ij}^{A}\frac{\partial h}{\partial x_i}+K_{iz}^{A}\right)\right]-S \tag{8-4}$$

式中 h——压力水头，cm；

$x_i(i=1, 2, 3)$——空间坐标，cm；

t——时间，d；

K_{ij}^{A}、K_{iz}^{A}——无量纲的各向异性张量K_A组成部分；

K——非饱和导水率，cm/min；

S——根系汇源项。

2. 对流—弥散方程

一般来说，对流弥散传输过程仅考虑土壤中溶质的对流弥散作用。在部分情况下，对流弥散传输过程也会考虑溶质的吸收与分解过程，其中主要把吸水时的盐分运移处理为以对流为主的形式；侧重点在于动力弥散过程的溶质运移模型，把土壤中溶质运移处理为以动力弥散为主的形式，不考虑任何理化作用。盐分运动的基本方程为：

$$\frac{\partial(\theta c)}{\partial t}=\frac{\partial}{\partial z}\left[D(\theta)\frac{\partial c}{\partial Z}\right]-\frac{\partial(qc)}{\partial Z} \tag{8-5}$$

$$\frac{\partial(\theta)}{\partial t}=\frac{\partial}{\partial z}\left[D(\theta)\frac{\partial\theta}{\partial Z}-\frac{\partial K(\theta)}{\partial Z}\right] \tag{8-6}$$

式中 c——土壤溶液浓度，g/cm^3；

D——水动力弥散系数，cm^2/s；

q——土壤水渗流系数，cm/s；

Z——空间坐标，原点在地表，向下为正，cm；

t——时间变量，s；

$D(\theta)$——扩散度，cm^2/s；

$K(\theta)$——水力传导度，cm/s。

3. 传递函数方程

传递函数模型最早由Jury设计提出，属于黑箱随机模型，该模型不考虑土壤中溶质的运移机理。其主要原理是将研究目标假定为一个溶质质点，任何条件下都能用两个非负的时间变量来描述该质点。假设研究的溶质进入所研究的土体的时间为t_1，该质点离开研究土体的时间为t_2时，则该质点在土体内停留时间为$t=t_1-t_2$，利用随机变量t_1和t_2所定义的联合概率密度函数$P(t_1, t_2)$来描述水盐运移过程，即：

$$P(t_1, t_2)=\theta_{in}(t_1)g(t/t_1)=\theta_{in}(t_1)g[(t_2-t_1)/t_1] \tag{8-7}$$

式中 $\theta_{in}(t_1)$——溶质输入时间t_1时的分布密度函数；

g——条件概率密度。

同样，在 $[0, t]$ 时段内，溶质从土体边界上的累积初流率 $\theta_{out}(t)$ 为：

$$\theta_{out}(t) = \int_0^t \theta_{in}(t_1) g[(t_2 - t_1)/t_1] dt_1 \tag{8-8}$$

该模型的关键在于概率密度函数 $g[(t_1 - t_2)/t_1]$，因为土壤中盐分运移过程都要用概率密度函数来实现。

(1) 水分运动的初始条件与边界条件。土壤中水分的上边界采用第二类边界条件，即诺依曼边界条件，其通量是已知的，然后逐日输入通过上边界的变量值，主要包括降水量、灌溉量、作物潜在蒸腾量以及棵间潜在蒸发量，对叶面的拦截雨量和地面径流忽略不计。土壤水分的下边界选在农田土壤剖面 100cm 处，使用压力水头边界，根据实际测量的地下水埋深来赋值。

初始条件　　$\theta(z, 0) = \theta_0(z)$　　$Z \leqslant z \leqslant 0$

上边界　　$\theta(0, t) = \theta_s$　　$z=0$

下边界　　$\theta(Z, t) = \theta_0(t)$

(2) 土壤溶质运动的初始条件与边界条件。土壤盐分运动的上边界概化为通量边界，试验期降水时，由于雨水电导率非常小，降雨含盐浓度赋值为 0，模型预测灌溉的情况下，赋予实测的灌溉水电导率。土壤盐分运动的下边界为浓度边界，赋予实测的地下水电导率值。利用实验所测量的土壤溶液电导率数值来反映土壤溶液浓度，其单位为 mS/cm。同样，利用实际测量的电导率值来反映上、下边界所涉及的降水、灌溉以及地下水的浓度。

初始条件　　$c(z, 0) = c_0(z)$　　$t=0$，$Z \leqslant z \leqslant 0$

上边界　　$-\theta D \dfrac{\partial c}{\partial z} + q_z c = q_s c_s(t)$　　$t \geqslant 0$，$z=0$

下边界　　$c(Z, t) = c_b(t)$

上述公式中，θ_0 为土壤初始含水率，%；θ_s 为土壤饱和含水率，%；Z 为土壤剖面深度，cm；q_s 为地表水分通量，cm/d，蒸散取正值，灌溉与降水入渗取负值；c_0 为剖面初始土壤水电导率，mS/cm；c_s 为上边界流量的电导率值，当边界流量为土壤水蒸散量或降水量时，$c_s=0$，当边界流量为灌溉水量时指灌溉水电导率值，mS/cm；c_b 为下边界潜水电导率值，mS/cm。

8.2.2 DRAINMOD 模型

1980 年北卡罗来纳州立大学生物与农业工程系的 R. Wayne Skaggs 博士开发了 DRAINMOD 模型。DRAINMOD 模型被开发以来，已被应用于控制排水、灌溉、湿地水文、氮动态，现场废水处理、森林水文和其他应用程序的农业排灌系统。该模型可以根据实际要求，模拟土壤中的氮素转化以及盐分积累。现阶段，DRAINMOD 模型也逐渐被应用于 LID 单项设施水量水质调控效果的模拟以及系统结构的优化等。

1. DRAINMOD 水文特性模拟

DRAINMOD 水文模型的基本原理是基于单位地表面积与地下不透水层及 2 条平行排水管道之间土层的水量平衡，如图 8-2 所示。

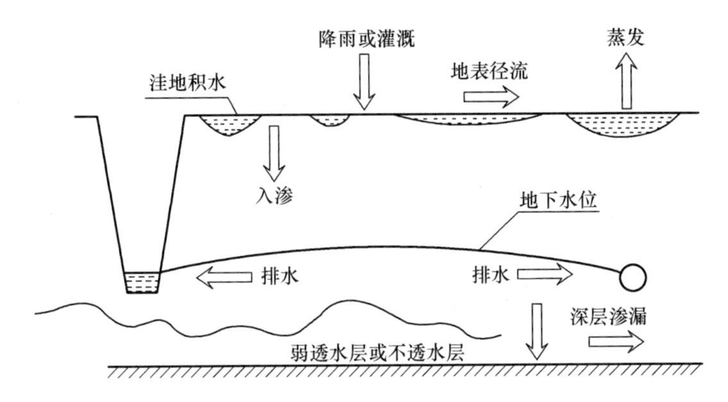

图 8-2 DRAINMOD 模型水量平衡

在时间增量 Δt 内，土壤截面的水量平衡方程可表示为：

$$\Delta V_a = D + ET + DS - I \tag{8-9}$$

式中 ΔV_a——土壤中的水量变化，cm；

D——排水量（或地下灌溉水量的负值），cm；

ET——作物蒸散量，cm；

DS——渗流量，包括深层渗漏量和侧向排水量，cm；

I——入渗量，cm。

土壤表面的水量平衡方程可表示为：

$$P = I + \Delta S + RO \tag{8-10}$$

式中 P——降雨量，cm；

ΔS——土壤表面蓄水变化量，cm；

RO——地表径流量，cm。

地表入渗量采用 Green-Ampt 方程预测入渗速率来间接计算。蒸散量的计算应先确定日潜在蒸散量（Potential Evapotranspiration，*PET*），然后判断实际的土壤含水量是否限制了蒸散作用，如果不受限，取 $ET=PET$，如果受限，ET 为土壤系统可以供给的水量。*PET* 的计算有 Penman-Monteith 方程和稳态 Thornthwaite 经验公式，虽然前者计算精度高，但由于其输入参数较多而受限，稳态 Thornthwaite 经验公式是目前 DRAINMOD 模型默认采用的 *PET* 计算方法，引入月修正系数可以使得稳态 Thornthwaite 经验公式更为精准。地下排水量通过计算排水速率间接得出，排水速率根据地表积水与否，有两种计算公式：当表面没有积水时，排水速率采用 Hooghoudt 稳态方程计算；当表面有积水时，排水速率需要采用 Kirkham 方程计算。深层渗流量包括垂向渗流量和侧向渗流量，可采用达西定律和 Dupuit－Forchheimer 假设计算垂向渗流通量和侧向渗流通量间接得出。

DRAINMOD 水文模型的输入参数有气象、土壤、排水系统和作物生长参数，通过逐日、逐时进行水量平衡计算，输出入渗、蒸散量、地表与地下径流以及地下排水的数据资料等水量平衡结果。该模型可准确地描述田间水文变化过程，主要输入参数如图 8-3 所示。该模型要求输入的这些参数可以通过实地测量、理论计算或查阅文献资料等获得，然而，由于一些输入数据的有效值复杂多变，比如土壤水分特征、水力传导率等，需要进行率定来减少实测值与模拟值的差距，以提高模拟精度。

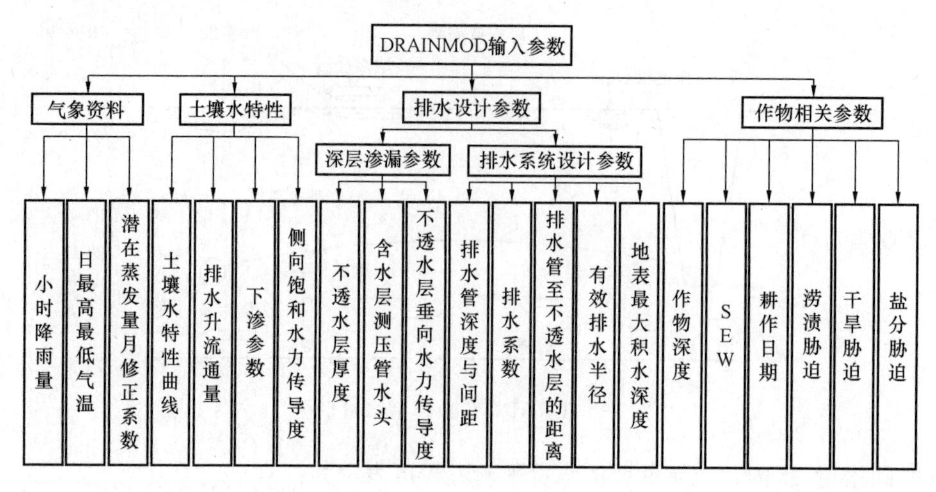

图 8-3　DRAINMOD 主要输入参数

2. DRAINMOD 氮运移模拟

DM-N 模型是在 DRAINMOD 模型基础上发展衍生出来的氮素运移模型，以 DRAIN-MOD 模型模拟输出的水量平衡计算结果作为模型输入参数，如包括地下水位变化、地表径流量、地下排水量、作物蒸散量、地表入渗量、土壤含水量与土壤毛管水升流通量等，采用一维对流—弥散方程来模拟氮素在土壤中的运移状况。DM-N 模型用于模拟排水管理所产生的水文效应和对植物生长产生的影响，DM-N 模型模拟运作的流程如图 8-4 所示。

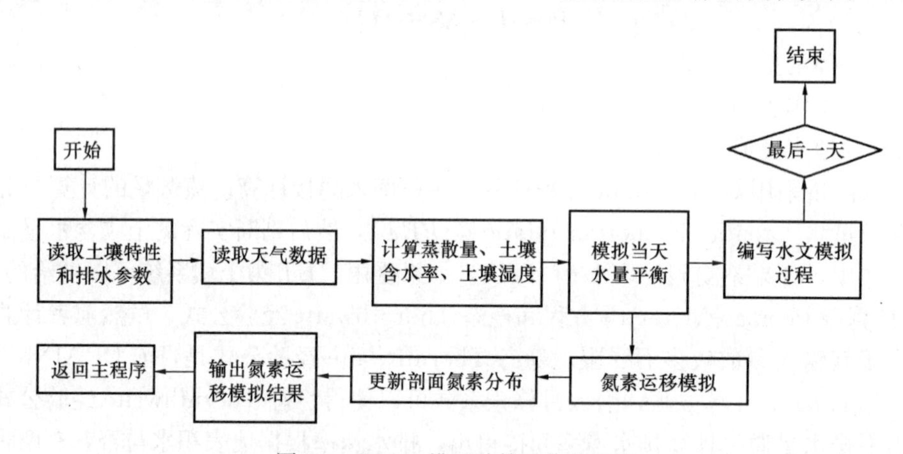

图 8-4　DM-N 模型计算运作流程图

DM-N 模型建立在简单的氮素循环之上，主要考虑硝态氮的运移过程，涉及的氮素转化运移过程包括：大气沉降、肥料溶解、有机氮的无机矿化、植物根系吸收固氮、硝态氮的反硝化、地表径流损失和地下排水损失。由于 DM-N 模型在模拟过程中采用的氮素循环过于简化，因此其应用受到了限制。

DM-NII 模型是在 DM-N 模型的基础上进行改进，合并了由 CENTURY 模型改造而来的土壤碳运移模型，考虑有机氮、硝氮和氨氮 3 种氮源和有机碳源的运移，可更好地描述氮素的矿化与固化、硝化和反硝化过程。其中氨氮（NH_x-N）在土壤中的形式取决于土壤 pH，在酸性和中性土壤中，NH_4-N 占主导地位，而在碱性土壤中，NH_3-N 占主导地位，当土壤和环境条件不利于系统中 NH_x-N 的累积时，可以忽略这部分氮源。DM-NII 模型模拟的氮素运移过程涉及大气沉降、作物吸收、豆科植物固氮、有机氮的无机矿化，无机氮的固定、硝化和反硝化过程、氨的挥发，经地下渗漏和地表径流造成的氮素损失，如图 8-5 所示。

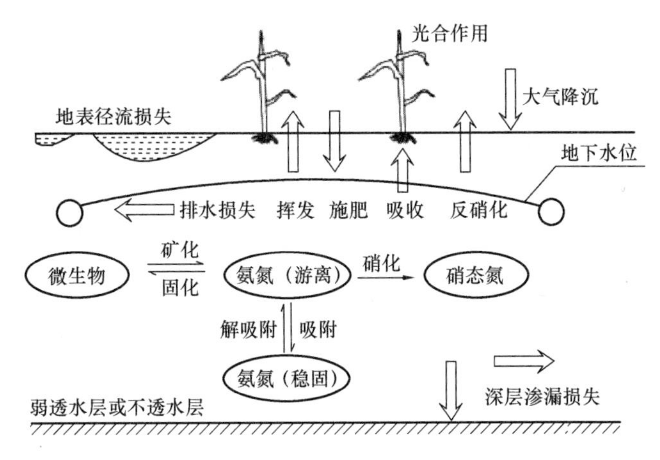

图 8-5 DRAINMOD-NII 模型中的氮循环

DM-NII 模型采用多相一维对流—弥散方程来模拟氮素在土壤中的运移状况，用有限差分法求得模型数值解，从而以高精度水平模拟氮素在土壤中的运移过程。其中，多相一维对流—弥散方程可表示为：

$$\frac{\partial}{\partial t}(\theta_a C_a + \theta_g C_g + \rho_b C_s) = \frac{\partial}{\partial z}\left(\theta_a D_a \frac{\partial C_a}{\partial z} + \theta_g d_g \frac{\partial C_g}{\partial z}\right) - \frac{\partial (v_a C_a)}{\partial z} + S \tag{8-11}$$

式中 θ_a 与 θ_g ——分别是土壤液相和气相的体积分数，L^3/L^3；

C_a、C_g 与 C_s ——分别是氮素气相、液相和固相浓度，M/L^3；

ρ_b ——土壤固相干密度，M/L^3；

D_a——水动力扩散系数，L^2/T；

d_g——分子扩散系数，L^2/T；

v_a——土壤渗透速度，L/T；

S——源汇项，$M/(L^3 \cdot T)$；

z——空间坐标，L；

t——时间，T。

与 DRAINMOD 模型相比，DM-NII 模型主要输入参数除了有气象、土壤、排水设计和作物数据以外，还需要氮素运移转化的相关参数。Frankenberger 等基于全局灵敏度分析方法对 DM-NII 预测硝态氮淋失量的输入参数进行分析。首先，选取 48 个相关参数进行 LH—OAT（LatinHypercube One factor At a Time）参数灵敏度分析，得出最为灵敏的 20 个参数，主要有反硝化、硝化和有机碳分解相关参数，然后基于方差再对其进行灵敏度分析，结果表明最为灵敏的是反硝化相关参数，包括反硝化反应的最适温度、经验形状因子、最大反应速率和半饱和常数等；较为灵敏的是控制有机碳分解的相关参数，包括有机碳分解的最适温度和经验形状系数；灵敏度较低的是硝化反应的相关参数，包括硝化反应的半饱和常数、最大反应速率和最适温度。

DRAINMOD 模型模拟氮素运移时考虑有机氮、硝氮、氨氮和有机碳源的运移，更为全面地描述氮素的矿化与固化、硝化和反硝化过程，有助于探清 LID 单项措施氮素调控过程的响应机理，这将为海绵城市建设评估提供科学指导。

8.2.3　RECARGA 模型

RECARGA 是由威斯康星大学研发的用于生物滞留设施等入渗设施水文性能分析和设计的软件，具有界面友好、操作简单等特点，用户还可以通过修改程序中的土壤参数满足自己特定的要求。RECARGA 模型可根据用户指定的降水及蒸发条件，对含有蓄水层、多达三层土壤层和排水层的单项设施进行模拟分析。该模型可持续模拟生物滞留单项设施各结构层的水流运动，记录和总结各时段的水文效应。模拟结果可用于不同目标的生物滞留设施构建，如径流量削减、地下水补充等。

RECARGA 模型设计了地表蓄水层、种植土壤层、储水层（填料层）以及天然土壤基质层，外加底层排水设施。降雨后，在雨水花园内部以及周围控制区域分别产流，周围区域的径流汇集流入雨水花园蓄水层，通过种植土层、储水层后一部分雨水通过土壤基质层入渗补给地下水，另一部分通过底层排水设施外排。该模型中以降雨为输入条件，依据水量平衡方程分别计算溢出径流量、排水设施排水量、补给地下水量等。模型结构如图 8-6 所示。RECARGA 模型的输入参数主要包括不透水性区域的比例、研究区域面积和 *CN*（无量纲综合参数，用来反映研究区域的土壤特性和土地利用特征）、生物滞留池的面积、生物滞留池的土壤参数，如饱和导水率、土层厚度等。该模型的输出包括水量平衡方程的各项要素，如排泄水量、地下水补给、溢出水量等。因此，利用该模型可以反复模拟生物滞留池的各个要素（如根区土壤特性、面积等），从而达到特定的性能目标（如增加地下水入渗量、降低径流量等）。

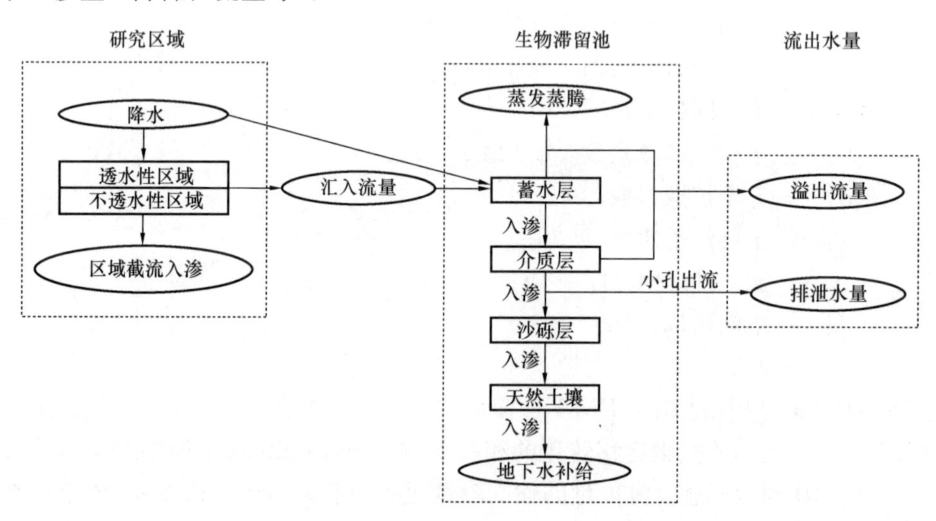

图 8-6　RECARGA 模型结构

RECARGA 模型采用 TR-55CN 程序模拟研究区（透水性区域和不透水性区域）的径流量，Green-Ampt 方程模拟蓄水层至介质层土壤的入渗，并通过 Van Genuchten 非线性方程模拟控制介质层至沙砾层，和沙砾层至天然土壤间的水分运动，节流方程计算排水管流量。对于透水区下垫面产流的计算，RECARGA 采用 SCS 水文模型，不透水区产流量等于降雨量减去蒸发量，由于研究区计算面积不大，且暴雨历时短，故不考虑蒸发量。

Green-Ampt 模型将土壤下渗过程分为饱和阶段和非饱和阶段进行计算，通过联合达西公式和水量平衡方程求解得到饱和下渗速率 f：

$$f = K + \sqrt{\frac{Kh_s(\theta_s - \theta_0)}{2}}t^{-0.5} \tag{8-12}$$

式中 K——饱和导水率，m/s；

θ_s——饱和含水率，%；

θ_0——初始含水率，%；

t——时间，s；

h_s——下渗锋面有效吸力，m。

SCS 曲线模型参数简单，应用该模型只需要输入一个参数 CN 值，在无资料的中小流域得到广泛应用，其计算公式为：

$$Q = \begin{cases} \dfrac{(P-0.2S)^2}{(P+0.8S)}, P > 0.2S \\ 0, P \leqslant 0.2S \end{cases} \tag{8-13}$$

式中 Q——直接径流量，m^3/s；

P——总降雨量，mm；

S——水土保持参数，与土壤水力性能、土地利用类型等因素有关，可由 CN 求得，$S=25400/CN-254$。

Van Genuchten 非线性方程：

$$\theta(h) = \theta_t + \frac{\theta_s - \theta_t}{1+(\alpha \mid h - h_s \mid)^n}, \left(m = 1 - \frac{1}{n}, 0 < m < 1\right) \tag{8-14}$$

$$S_e = \frac{\theta - \theta_s}{\theta - \theta_t} \tag{8-15}$$

$$K(S_e) = K_s S_e^{\frac{1}{2}}[1-(1-S_e^{\frac{1}{m}})m]^2 \tag{8-16}$$

式中 θ_s——饱和含水率；

θ_t——残余含水率；

S_e——相对饱和度；

K_s——饱和导水率，m/s；

h——土壤中的负压水头，m；

α、n、m——孔隙尺寸参数。

8.2.4 模型优缺点对比

HYDRUS 模型、DRAINMODE 模型、RECARGA 模型按照模拟类型可分为水量模型和水质模型，其中，HYDRUS 模型、DRAINMOD 模型既可模拟水量也可模拟水质，而 RECARGA 模型只能模拟水量。按照模拟方式可分为单场降雨和连续模拟，3 种模型均可进行两种方式模拟。RECARGA 模型适用于模拟生物滞留入渗的各项要素。相对而言，HYDRUS 模型和 DRAINMOD 模型与 RECARGA 模型相比，不仅模型成熟、易于操作，而且有研究表明这两种模型较其他模型更精确，故应用最为广泛（表 8-4）。HYDRUS 模型可用于模拟田间尺度的水盐运移规律、地下水污染评估和计算农业领域或室内试验的径流和泥沙，氮、磷等元素的浓度和流失，也适用于分析生物滞留系统对城市径流的净化效果和污染物的迁移机理。DRAINMOD 模型可以准确地预测地下水位、排水速率和排水总量，尤其适用于分析长时间序列的田间水文模拟、氮素的转化、盐分的积累以及盐碱地的灌溉和排水系统，也可用于 LID 设施水文模拟。

LID 单项设施模拟模型概况　　**表 8-4**

模型名称	HYDRUS	DRAINMOD	RECARGA
模拟类型	水量模型 水质模型	水量模型 水质模型	水量模型
模拟方式	连续模拟 暴雨事件	连续模拟 暴雨事件	连续模拟 暴雨事件
模型结构	土壤水流运动采用 Richards 方程模拟，Pemman 公式模拟植物蒸发、水分与盐分胁迫模型模拟根系吸水过程、PHREEQC 模型和一维对流扩散方程模拟污染物迁移、Freundlich 方程模拟土壤吸附	入渗采用 Green-Ampt 方程、蒸散量采用 Penman-Monteith 方程、排水量基于 Hooghoudt 和 Kirkham 方程计算、深层渗流量采用 Darcy 定律计算	TR-55CN 程序模拟研究区域的径流量；Green-Ampt 模型模拟入渗；Van Genuchten 非线性方程模拟介质中的水分运动
功能	模拟水量，氮、磷和常见金属离子等	模拟排泄水量、氮素流失、盐分运移等	模拟溢流和排泄水量、地下水补给量、水量消减曲线等

表 8-5 对 HYDRUS、DRAINMOD、RE-CARGA 等 3 种典型 LID 单项设施模型进行详细比较，并指出其存在问题，以供使用者参考。HYDRUS 模型能准确模拟 LID 的小型试验出水情况，也可以准确模拟污染物浓度的垂向分布。在各个参数的实测值和经验值较为准确的情况下，其模拟结果比较接近实测值，实用价值很高。但是由于现阶段很难获得中下层非饱和介质土壤特性曲线的参数值，所以这是目前将 HYDRUS 模型应用到现有 LID 技术的阻碍。HYDRUS 模型仅能模拟污染物的物理吸附和化学反应，不能模拟生物滞留槽中微生物的生化反应，并且不能模拟淹没区以及长序列降雨情况。DRAINMOD 模型为田间水文模型，可以准确预测地下水位、排水速率和排水总量，能连续不断地进行长期模拟（50 年或者更长时间），对生物滞留设施进行校正和检验，也可以模拟多种不同的排水情况。该模型区别于其他模型之处主要在于其内部贮水区排水结构和土壤含水率的计算方法，DRAINMOD 模型使用土壤水分分布特征曲线来研究填料介质中的水文特性。但是 DRAINMOD 模型未总结降雪、融雪以及冻融情况下对土壤中水分运移过程的影响，只适用于湿润地区土壤没有冻融的条件。RECARGA 模型既可以准确模拟雨水径流通过 LID 设施的非均质渗透状况，也可以预测 LID 系统的堵塞问题。但是模型较为复杂，对特定的暴雨量常会出现保守的设计，而且在预测粒径小于 6μm 的颗粒浓度方面尚缺乏灵敏性，计算精度不高。

单项设施模拟模型优缺点、特点对比 表 8-5

模型名称	特点	优点	缺点
HYDRUS	既可以预测排泄水量，也可以预测出流水质（部分污染物）	准确模拟 LID 的小型试验出水情况，污染物浓度的垂向分布； 模拟结果比较接近实测值	不能模拟生物滞留槽中微生物的生化反应和设置淹没区； 现阶段很难准确获得中下层非饱和介质土壤特性曲线的参数值，将 Hydrus-1D 应用于现有 LID 技术仍存在障碍
DRAINMOD	可以准确地预测地下水位、排水速率和排水总量，尤其适合于长时间序列水文模拟； DRAINMOD 模型使用土壤水分分布特征曲线来研究填料介质中的水文特性	可以连续不断地进行长期模拟（50 年以上）； 可以模拟多种不同的排水情况	只适用于湿润地区土壤没有冻融的条件； 只能进行水文模拟
RECARGA	能够预测不同根区深度、不同介质层土壤、不同天然土壤、不同降水类型以及出流设施对 LID 水文效应的影响	可以准确模拟雨水径流通过 LID 设施的非均质渗透状况； 可以预测 LID 系统的堵塞问题	该模型较为复杂，对特定的暴雨量常会出现保守的设计； 在预测粒径小于 6μm 的颗粒浓度方面尚缺乏灵敏性； 排水模拟考虑不全面且不能模拟水质

LID 单项设施模拟模型研究的不足之处为：①对于 LID 技术的许多研究中，仅仅只是局限在某些具体措施上，缺乏对 LID 技术全面、系统深入的监测、模拟和评价研究。模型模拟研究需要结合研究区域土地利用的实际情况，用监测数据来验证模型的准确性，从而指导 LID 措施的建造和设计，但这些数据往往积累不够。②关于 LID 技术的研究大多基于小试及模拟降雨的条件，对各种污染物影响系统效能发挥的因素、去除机理等方面尚未明晰，也缺乏对长期运行效果的考察。所以 LID 技术模拟模型的发展仍处于起步阶段，需要大量的研究为目前众多问题的解决提供理论支持。

预期以下方面将成为 LID 技术模拟研究的重要研究方向：①由于我国许多城市基础数据匮乏，资料无从查找或查找起来较困难，而且在 LID 技术研究与应用上主要是借鉴国外的模型。因此，如何准确获取大量的城市基础数据是我国研发 LID 模型的一个方向。②模型模拟的研究需要结合研究区域的实际情况，国外模型在我国不同地区的模拟情况不同。我国南方地区人口密集，城市化进展快，水污染程度相对严重；而我国北方地区发展较南方相对落后，特别是黄土高原地区环境恶劣，地形复杂。因此，检验和改进模型是目前急需开展的工作之一。结合我国实际情况对模拟模型进行精度检验以及必要的修正或改进，以提高模型的预测精度。③在水量水质耦合模型的研发发面，现有模型功能有限，开发高灵敏度、高精度、适用范围广、考虑多种影响因素、能够预测多种污染物（尤其是溶解性污染物和超细污染物）、水质水量耦合的机理模型是今后发展的重点。

8.3 区域尺度城镇雨洪及面源污染模型

目前，国内外在城市雨洪与面源污染模型的研究已相当广泛，代表性模型有SWMM、MIKE、Digital water、Info Works、SWC、SUSTAIN等。其中，城市雨洪产汇流计算方法是城市雨洪模型建立的基础，污染负荷定量化研究是非点源污染模型研究的本质。现阶段，部分模拟软件已添加了低影响开发模块，但由于城市地表污染受降雨特征、天气情况和地表特征等因素影响，大大增加了模拟在径流流量削减、污染定量分析和有效控制等方面难度，同时也是现有模型准确性和适用性欠佳的原因。为提高模型的适应性和模拟的准确性，城市雨洪及面源污染模型在模拟计算时需强化具体的量化方法、考虑多种影响因素并对模型模拟结果进行不确定性分析。

8.3.1 模型基本原理概述

城市雨洪和非点源污染模型发展进程均经历了3个阶段：经验阶段、模型阶段和3S（GIS、GPS、RS）技术耦合应用阶段。目前，城市雨洪产汇流计算被归纳为城市雨洪产流计算、城市雨洪地面汇流计算以及城市雨洪地下管流计算三方面；污染负荷的主要研究方法有污染物累积和污染物冲刷计算。

1. 城市雨洪产汇流计算方法

城区雨洪产汇流因城市下垫面的特殊性，使其计算方法具有独特性。模拟中往往采用简便快捷的水文学方法与准确的水力学方法相结合的方式，以满足城市防涝减灾的模拟及预测。

（1）地面产流计算。目前多采用一些简单的经验公式或数据统计分析拟合公式来研究城市产流过程，如表8-6所示。因城市下垫面的复杂性、土壤湿度和植物截留等因素直接影响到城市的产流特性，产流计算方法研究仍与实际状况存在较大差距。如何确定上述因素对产流规律的影响是日后发展的主要方向。目前，产流计算方法不仅仅局限于单一的某种算法，通常会根据下垫面的不同情况及所要求数据的精确性来选取较为适合的计算方法。

城市雨洪产流计算方法汇总　　表8-6

方法		优点	缺点	功能
城市不透水区（降雨损失主要以洼蓄为主）	SCS曲线法	结构较简单、资料的需求量少，应用广泛	概化严重，计算不够精确	降雨径流关系用一个反映流域综合特征的参数来计算降雨损耗
	降雨径流相关法	资料需求量少，原理简单	可靠性偏低	建立一个径流与降雨量、不透水面积等相关性关系；形成降雨与净峰、洪峰的经验相关图
	径流系数法	精确度高，简易可行	仅有一个经验系数，可靠性低	应用不同地表类型的降雨径流系数结合降雨强度来计算降雨损耗
	蓄满产流法	计算精度较高、资料需求量大	计算较为复杂	用径流系数来计算降雨损耗（径流系数等于累积面积与流域总面积之比）

续表

方法		优点	缺点	功能
城市透水区（降雨损失主要以下渗为主）	φ指数法	计算简单、资料需求量少	精确度低	通过给定的指数判断降雨强度与径流量的关系
	下渗曲线法	应用广泛，计算精度较高	计算稍复杂	由下渗公式计算产流过程，如Green-Ampt、Horton 和 Philip 下渗曲线等

（2）地面汇流计算。目前已经具有多种城市雨洪汇流计算方法，大体可分为水动力学和水文学两种计算方法，如表 8-7 所示。水动力学计算模型计算繁琐，应用较为困难；而水文学计算方法简单，但物理机制不明确。精确的水动力学方法和简便快捷的水文学方法均有局限性。如何将两者结合起来，建立适合城市地区的地表汇流水文—水动力学计算方法是目前亟待开展的研究。目前，模型中多采用非线性水库法进行地表汇流模拟。

城市雨洪汇流计算方法汇总 **表 8-7**

方法		优点	缺点	功能
水动力学方法	圣维南方程组法	物理过程明确，计算精确	计算相对复杂、耗时	基于圣维南方程组模拟地表坡面汇流过程； 流量和水位形成空间和时间的函数
水文学方法	推理公式法	过程简单	不能很好地反映径流过程线，计算精确度低	假定径流系数不变、流域面积线性增长，只关注洪峰，不关注流量过程变化
	等流时线法	较好的模拟汇流的整个过程	较难划分汇流区域	根据时间—面积曲线计算流量过程。 假定径流系数不变、流域面积线性增长；瞬时暴雨强度通过积分确定过程线
	瞬时单位线法	资料需求少，计算简单	精确度较差	假设区域为线性系统，将瞬时单位线采用 S 曲线法转化为时段单位线
	线性水库法	计算简单	效果一般	过理想化地计算方法来模拟地表坡面汇流过程
	非线性水库法	计算相对简单、精确	物理机制不太明显	用非线性水库的调蓄过程进行模拟，采用有限差分法求解其数值解

（3）地下管流计算。排水管网是一个水流状况较复杂的汇流系统，且水流为非恒定流，模型的构建和模拟过程也相对复杂。构建管网汇流模型的方法大致可分为两类，一类是水动力学方法，一类是水文学方法（表 8-8）。水文学方法相对简单，一般只是时间的一维函数，如马斯京根法参数少、计算相对简单，但精度低；水力学方法除了考虑时间因

素，还需考虑空间因素，如动力波法精度高但求解复杂。

城市管网水流计算方法汇总　　表 8-8

方法		优点	缺点	功能
水动力学方法（圣维南方程组）	运动波	计算简单，只需要一个边界条件	完全忽略下游回水的影响	假定水流是均匀的，消除了加速度和压力的影响，只适用于坡度大、下游回水影响小的管道
	扩散波	可以较准确地模拟管网水流状况，计算精度较高	不适用于各种流态共存的水流运动	省去了动量方程中的惯性项，本地加速度和对流加速度项，所以也称为非惯性波
	动力波	精度高且适用范围广	资料要求较高，求解比较复杂	能够模拟回水对上游水流的影响，管道中的逆向流、压力流、渗入渗出等相对管道而言的损失以及洪峰在管道传播中的衰减
水文学方法	马斯京根法	计算相对简便，参数少，应用范围广，资料需求少	计算精度较低	把连续方程简化为水量平衡方程，将动力方程简化为槽蓄方程再求出流量的过程
	瞬时单位线法	计算精确	调试难度较大	瞬时单位线转换成 10mm 实用单位线后，再进行汇流计算

目前简单的水文学方法和精确的水动力学方法的应用均已相对成熟。若精度要求高、资料完整，可优先考虑水动力学方法，反之选择水文学方法，选用最适合的管网水流计算方法模拟研究区的城市管网水流形态。

2. 面源污染负荷定量计算方法

在径流形成过程中，污染物迁移和转化非常复杂，为了有效防止和控制径流污染，有必要对污染物进行分析和模拟。其中，面源污染过程主要分为污染物累积和污染物冲刷。

（1）污染物累积。污染物的累积过程可以通过单位子汇水面积的质量或者单位边沿长度的质量进行描述。地表污染物的累积具有上限，累积速度在初始时最快，随后逐渐降低。因城市下垫面不同，污染物累积过程有不同方式，如表 8-9 所示。常见的污染物累积过程曲线有线性函数模型、幂函数模型、指数函数模型和饱和函数模型等。

污染物累积过程计算方法汇总　　表 8-9

方法	表达式	参数	优点	缺点	功能
线性函数	$B=\mathrm{Min}(C_1, C_2 \cdot t)$	C_1 为最大增长可能；C_2 为增长速率常数	计算简单，参数易于确定	过于理想化地描述污染物累积过程	污染物累积（B）与时间（t）成正比关系，直到达到最大限制
幂函数	$B=\mathrm{Min}(C_1, C_2 t^{C_3})$	C_1 为最大增长可能；C_2 为增长速率常数；C_3 为时间指数	计算较为精确，过程简单	无雨期历时较长时计算不精确	污染物累积（B）与时间（t）的 C_3 次幂成正比关系，直到达到最大限制

续表

方法	表达式	参数	优点	缺点	功能
指数函数	$B=C_1(1-e^{-C_2t})$	C_1 为最大增长可能；C_2 为增长速率常数	计算精度高	污染物模拟上限值不定	污染物累积（B）遵从指数增长曲线，渐进达到最大值
饱和函数	$B=\frac{C_1t}{C_2+t}$	C_1 为最大增长可能；C_2 为半饱和常数	参数易于选取，计算精度低	机理模糊，拟合效果一般	污染物累积（B）以线性速率开始，随时间持续下降，直到达到饱和数值

（2）污染物冲刷。径流形成过程中对污染物会形成冲刷，冲刷过程会形成再次污染。污染物累积模型的输出是污染物冲刷模型的输入。常见模拟冲刷方法有指数冲刷、性能曲线冲刷和事件平均浓度，如表 8-10 所示。性能曲线冲刷和事件平均浓度冲刷仅考虑了降雨径流量对冲刷过程的影响，指数冲刷则同时考虑污染物累积量和降雨径流量对冲刷过程的影响，但目前存在的冲刷模型在无雨期历时较长时，计算均不精确。事件平均浓度和指数冲刷方法因计算简单、参数易选取，普遍被用于模拟冲刷过程。目前污染物累积模型和污染物冲刷模型基本属于经验模型或统计学模型，缺乏对污染物转移过程的机理描述。因此，从污染物转移机理出发进行模型的构建是今后污染物累积和冲刷模型发展方向。

污染物冲刷过程计算方法汇总 **表 8-10**

方法	公式	参数	功能	优点	缺点
指数冲刷	$W=C_1q^{C_2}B$	C_1 为冲刷系数；C_2 为冲刷指数；q 为单位面积的径流速率；B 为污染物增长	冲刷负荷（W）与径流的 C_2（冲刷指数）次幂成正比关系	计算较为简单，参数易选取	仅考虑了降雨径流量对冲刷过程的影响
性能曲线冲刷	$W=C_1Q^{C_2}$	C_1 为冲刷系数；C_2 为冲刷指数；Q 为径流速率	冲刷（W）的性能与径流速率的 C_2（冲刷指数）次幂成正比关系	参数易选取，计算简单	计算不精确，物理机制不明确
事件平均浓度	$W=C_1Q$	C_1 为冲刷系数；Q 为径流速率	性能曲线的冲刷的特殊情况，污染物相对于径流量的平均浓度	可比较不同场次、不同样点	物理机制不明确，理想化严重

8.3.2 SWMM 模型

SWMM（Storm Water Management Model，暴雨洪水管理模型）由美国环境保护署 EPA（Environmental Protection Agency）于 1971 年开发，它是一个动态的降水—径流模拟模型，常在海绵城市规划、设计和评估阶段中模拟城市雨水径流，以及雨污合流下水道和排水系统的水量和水质变化情况。该模型的具体功能包括：①可用于处理城镇区域径流相关的各种水文过程的计算，主要包括：时变降雨量、地表蒸发量、积雪和融雪、洼地对降雨截留、降雨至不饱和土壤层的入渗、入渗水对地下水的补给、地下水和排水系统之间的水分交换、地表径流非线性水库演算等。②对降雨截留，同时包括了一套设置灵活的水力计算模型，用于描述计算径流和外来水流在排水管网、管道、蓄水和处理单元以及分水建筑物等排水管网中的流动。其功能主要包括：处理不限大小的排水管网；模拟自然河道中的水流、各种形状的封闭式管道和明渠管道中的水流、蓄水和处理单元、分流阀、水泵、堰和排水孔口等；能接受外部水流和水质数据的输入，包括地表径流、地下水流交换、由降雨决定的渗透和入渗、晴天排污入流和用户自定义入流等；应用动力波或者完整的动力波方程进行汇流计算；模拟各种形式的水流，如回水、溢流、逆流和地面积水等；应用用户自定义的动态控制规则模拟水泵、孔口开度、堰顶胸墙高度。③堰和排水还能模拟伴随着汇流过程产生的水污染负荷量，用户可选择以下任意的水质项目进行模拟，包括：晴天时不同类型土地上污染物的堆积，暴雨对特定土地上污染物的冲刷、降雨沉积物中的污染物变化、晴天由于街道的清扫使得污染物量的减少、利用最优管理措施控制冲刷负荷的减少量、排水管网中任意地点晴天排污的入流和用户自定义的外部入流、排水管网中水质相关的演算、储水单元中的处理设施或者在管道和渠道中由于自然净化作用而引起水质项目污染负荷量的减少等。

SWMM 模型的结构由若干个模块组成，主要分为计算模块和服务模块。计算模块主要包括产流模块、输送模块、扩展输送模块、存储/处理模块；服务模块有执行、降雨、图表、统计和合并模块。每个模块又具备独立的功能，其计算结果被存放在存储设备中供其他模块调用。模型的数学原理如下：

1. 子汇水面积的概化

每个子汇水面积的地表可划分为透水区 S_1、有洼蓄能力的不透水区 S_2 和无洼蓄能力的不透水 S_3 三部分。如图 8-7 所示，S_1 的特征宽度等于整个子汇水面积的宽度 L_1，S_2 和 S_3 的特征宽度分别为 L_2 和 L_3，它们可用下式求得：

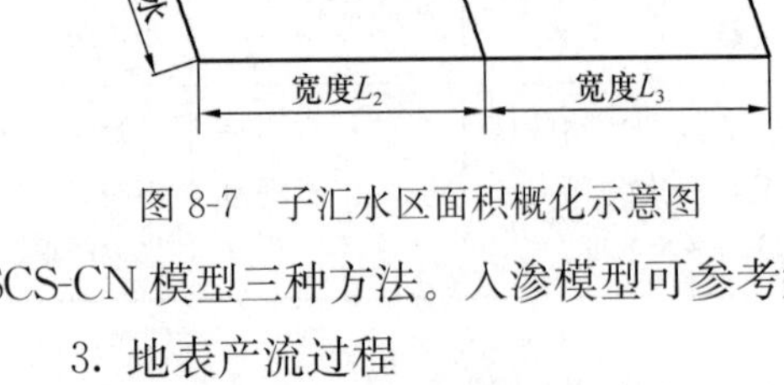

$$L_2 = \frac{S_2}{S_2 + S_3} L_1 \tag{8-17}$$

$$L_3 = \frac{S_3}{S_2 + S_3} L_1 \tag{8-18}$$

图 8-7　子汇水区面积概化示意图

2. 入渗模型

对于入渗过程的模拟，SWMM 模型提供了 Horton 模型、Green-Ampt 模型和 SCS-CN 模型三种方法。入渗模型可参考第 2.2.4 节。

3. 地表产流过程

对于透水区 S_1，当降雨量满足地表入渗条件后，地面开始积水，至超过其洼蓄能力后便形成地表径流，产流计算公式为：

$$R_1 = P - F \tag{8-19}$$

式中　R_1——透水区 S_1 的产流量，mm；

P——降雨量，mm；

F——下渗量，mm。

对于有洼蓄不透水区 S_2 的产流量，降雨量满足地面最大洼蓄量后，便可形成径流，产流计算公式为：

$$R_2 = P - I_s \tag{8-20}$$

式中 R_2——有洼蓄能力不透水区 S_2 的产流量，mm；

P——降雨量，mm；

I_s——洼蓄量，mm。

对于无洼蓄不透水区 S_3，降雨量除地面蒸发外基本上转化为径流量，当降雨量大于蒸发量时即可形成径流，产流计算公式为：

$$R_3 = P - E \tag{8-21}$$

式中 R_3——无洼蓄不透水区 S_3 的产流量，mm；

P——降雨量，mm；

E——蒸发量，mm。

所以，在相同条件下，无洼蓄的不透水区 S_3、有洼蓄的不透水区 S_2 和透水区 S_1 依次形成径流。每个汇水子区域根据上述划分的三部分地表类型，分别进行径流演算，然后对三种不同地表类型的径流出流相加即得该汇水子区域的径流出流过程线。

4. 地表汇流过程

SWMM 模型采用非线性水库模型模拟地表汇流过程。图 8-8 是一个用非线性水库方法模拟的子汇水面积概化示意图，它将子汇水面积视为一个水深很浅的水库。水库的入流来自降雨和任何指定上游的子汇水面积，出流包括土壤入渗、蒸发和地表径流。

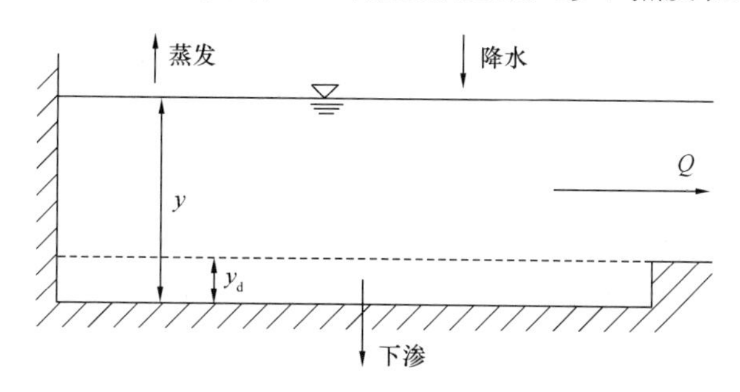

图 8-8 非线性水库法对子汇水面积的概化示意图

假设子汇水面积出水口处的地表径流为水深为（$y - y_d$）的均匀流，且水库的出流量是水库水深的非线性函数，那么连续性方程为：

$$F\frac{dy}{dt} = F(i - f) - Q \tag{8-22}$$

式中 F——子汇水面积的地表面积；

i——降雨强度；

Q——子汇水面积的径流量；

y——地表径流的平均水深；

f——下渗率。

该“水库”的能力是最大洼地蓄水，通过集水、地表湿润和截流提供最大地表蓄水。只有当蓄水池水深 y 超过最大洼地蓄水深时，地表径流 Q 才会发生，其大小通过曼宁公式计算得出：

$$Q = L\frac{1.49}{n}(y - y_{\mathrm{d}})^{5/3}S^{1/2}/n \tag{8-23}$$

式中　L——子汇水面积的固有宽度；

n——曼宁粗糙系数；

S——子汇水面积地表坡度；

y_{d}——子汇水面积的洼蓄量（即 I_{s}）。

对于无洼蓄不透水区和有洼蓄不透水区，其求解方法与透水区的求解类似。区别在于前一种情形下入渗率 f 和洼蓄量 y_{d} 值均取 0，而后一种情形入渗率 f 值取 0。

5. 管网汇流过程

管道中的稳定流和非稳定流（如圣维南方程）在 SWMM 模型中的计算通常采用以下三种计算方法：稳定流法（恒定流法）、运动波法和动力波法。

6. 水质演变过程

根据功能区域土地覆被类型，可将同一排水区域划分为不同的水文响应单元，并据此定义各种地表污染物的累积模型和冲刷模型，以模拟地表径流中污染物的增长、冲刷、运输和处理过程。

（1）污染物累积模型。若之前是旱天，则污染物随时间的累积曲线可由幂函数、指数、饱和函数表示，累积至极限时停止。

（2）污染物冲刷模型。若在降雨期间，某种土地覆被类型的污染物冲刷过程可通过指数函数冲刷方程、性能曲线冲刷方程和事件平均浓度方程来模拟。其中指数函数冲刷方程同时考虑了地表污染累积量和降雨径流量对冲刷过程的影响，而性能曲线和事件平均浓度方程均考虑了降雨径流量对冲刷过程的影响。

SWMM 模型具有简单、实用、灵活的特点，在海绵城市建设中广受欢迎，该模型免费且模拟结果可靠。SWMM 5.0 版本之后增加了对 LID/BMPs 的支持，成为世界上最主要的低影响开发设施计算模型。它将 LID/BMPs 单独划分成子汇水区，适用于小地块的 LID 模拟。也可以将单个或多个 LID 设施混合置于同一个子汇水区内作为子汇水区的一部分，取代等量的子汇水区内的非 LID 面积，在这种方式下，无法明确指定 LID 设施的服务区域及处置路径，主要适用于较大区域的 LID 集成技术及雨洪控制效果模拟。由于起步较早，对 InfoWorks CS、MIKE URBAN 的软件开发具有一定的借鉴意义。然而，在实际应用过程中，SWMM 模型也存在十分明显的短板：①虽具备强大的管网计算能力，但不能实现复杂的河道调度和地表淹没计算；②输入格式单一，不能直接导入 GIS 或 CAD 格式的管网；③无法自动提取地表参数，数据处理以及建模过程比较繁琐且不精确；④不能模拟暴雨径流挟带泥沙的迁移过程，从而直接影响对径流中各种污染物浓度的估算；⑤所需参数较多，参数校准困难，参数的实测存在较大误差；⑥不能反映土地利用格局变化对地表径流和非点源污染的影响。

8.3.3 MIKE URBAN 模型

MIKE URBAN 软件是丹麦水资源及水环境研究所（DHI）的产品，是 DHI MIKE

系列软件的一部分，将城市给水管网技术（WD）、城市排水管网技术（CS）及GIS功能融为一体，构建了城市给水与排水于一体的模拟系统，广泛应用于城市排水与防洪、分流制管网的入流/渗流、合流制管网的溢流、受水影响、在线模型、管流监控等方面。MIKE URBAN主要包括以下模块及功能：

1. MIKE URBAN模块管理器（MM）

MIKE URBAN模块管理器（Model Manager）不仅仅是GIS和时间序列数据处理的管理软件包，它还包括一个完整的模拟环境。该模拟环境中不仅包括了DHI开发的雨污水管网模型Mouse，还包括了当今普遍应用的两大模型工具的最新版本：SWMM 5，由美国国家环保局开发的动态暴雨流和污水流管网模拟软件包；EPANET，模拟供水管网的标准软件，同样由美国国家环保局开发。两个软件包都配置了先进而完整的前后处理编辑工具，并且和MIKE URBAN的GIS用户界面做到了完全的整合。该管理器给城市给排水管网模型提供了统一的管理平台，更有利于对城市管网数据的统一管理。URBAN的GIS构架，使得它具有很多GIS的数据管理功能，例如图形和属性之间的双向查询，属性数据的添加，更新功能等。

2. MIKE URBAN CS水动力学模块——Hydrodynamics（HD）

MIKE URBAN CS水动力学模块——Hydrodynamics（HD）的计算建立在一维自由水面流的圣维南方程组即连续性方程（质量守恒）和动量方程（动量守恒—牛顿第二定律）上，采用了Abbott-Ionescu六点隐式格式有限差分数值求解，此计算方法可以自动调整时间步长，并为分支或环形管网提供有效而准确的解法。并且该计算方法适用于排污管道的有压流和自由水面的垂向均匀流。临界和超临界流都使用同样的数值解法处理。水流现象如倒灌和溢流可以被精确地模拟。完全的非线性水流方程可以根据用户提供的或自动提供的边界条件求解。另外，除了完整的动态描述，模型还提供简化的水流模拟。HD模块可以准确描述各种水流现象和管网元素，如：灵活的横截面形状，包括标准形状、圆形人孔（检查井）、蓄水区、溢流堰、泵站操控、水流调节构件、恒定或随时间变化的出口水位、恒定或随时变化的入流流量、人孔/集水区的水头损失、随深度变化的摩擦系数、变化的时间步长等。

HD模块能够详细地预报整个管网系统中水动力学情况，如：污水处理厂的入流（水文过程线）、合流制污水溢流、泵站工作情况、集水区的蓄水、局部城市洪水等。同时，管流模块提供了长期统计和自动管道设计功能。长期统计功能能够将长期的模拟转化为一系列不连续的相互关联的模拟，根据指定的规则，系统自动选择模拟时段；减少模拟时间，保持了模拟精度。该功能可以很好地用于验证T年发生一次城市洪水和不经常发生的合流制污水溢流。自动管道设计根据设计准则，自动设计管道直径、临界水深或充满度。管道自动设计是一个迭代的过程，在每一迭代过程中，管道直径保持恒定，改变曼宁系数满足设计准则。在模拟结束后，根据最大曼宁值计算新的管道直径，然后进入下一迭代过程。

3. MIKE URBAN CS降雨径流模块——Rainfall-Runoff（RR）

MIKE URBAN CS降雨径流模块提供了4种不同层次的城市水文模型用于城市地表径流的计算，同时提供了一种连续水文模型以计算降雨入渗情况。径流模块的输出结果是降雨产生的每个集水区的流量，计算结果可用于管流计算。

（1）地表径流。城镇地表汇水区地表径流有多种类型的地表径流计算方法：模型 A：时间—面积曲线模型；模型 B：详细的水文过程描述（包括非线性水库水文过程线），该模型将地面径流作为开渠流计算，只考虑其中的重力和摩擦力作用。多用于简单的河网模拟，同时也可作为二维地表径流模型；模型 C：线性水库模型，该模型将地面径流视为通过线性水库的径流形式，即每个集水区的地表径流和集水区的当前水深成比例；UHM：单位水文过程线模型，用过程水文线来模拟单一的暴雨事件，该模型用于无任何流量数据或已建立单位水文过程线的区域的径流模拟。

MOUSE 的表面径流计算可以基于上述 4 个概念的任何一个，并为已设定的每个集水装置提供必要的、指定的数据。然而，在一次模拟运行中不能把多种示范区的不同径流计算概念组合起来。除了 UHM 以外，任何地表径流模型的计算都可以使用多个连续径流部分组合而成，即降雨引起的渗透可以作为汇水区基流添加到所计算的地表径流水文中。这就意味着表面径流计算可以根据有效信息来调整。模型运行时使用已验证的默认的水文参数，这些参数可以调整以保证更高的精度。

（2）降雨入渗。连续水文模型 RDI（Rainfall Dependent Infiltration）降雨入渗模型是对径流过程的连续模拟。MOUSE RD Ⅱ是完整的陆地水文循环过程的详细模拟工具，适用于城市、乡村和混合区域。在水文循环中降水会转化为以下 4 种形式：积雪、地表水、植物根系部水和地下水。与排水系统的水力负荷分析只能应用在短期高密度的降雨中不同，长期、持续的分析可以应用于晴天或者雨天，也可以用在排水管网的流入和渗透中。通过把 MOUSE 管流模型和 DHI 的分布式地下水模型 MIKE SHE 结合起来，可以实现对地下水和排水管网相互作用的进一步模拟和研究。

4. MIKE URBAN CS 实时监控模块——Real-Time Control（RTC）

MIKE URBAN CS RTC 模块是对现实中控制策略的模拟，可以实现城市排水管网先进的实时控制模拟。RTC 模块能够以透明和有效的方式设置不同的控制设备，并且为各台不同控制设备定义复杂的逻辑控制规则。通过 RTC 模块的使用，用户可以控制水泵、堰、孔口和闸门。控制设备可以直接以指定的起始/结束水位或位置来控制，或者通过 PID 设置，用管网中的任意点的水位和流量来控制。MIKE URBAN CS RTC 可以和 Urban Online（在线模块）联合使用，将预测的降雨数据作为输入数据进行多重控制策略模拟，实时控制模块就可以形成一个全面的决策支持系统。随后，用户可以根据结果的分析，选择实时最优化的控制策略。

5. CS—水质建模模块

MOUSE 引擎提供了几个不同的模块用于模拟城镇汇水区表面和排水系统内部的输沙和水质。由于污染物是通过泥沙进行迁移的，泥沙转移过程和污水系统的水质紧密联系。这对于理解某些现象是十分重要的，比如初始冲刷效应。初始冲刷效应只能通过描述沉沙在汇水表面和排水系统中的时间和空间分布进行模拟。MOUSE 引擎能够利用地表径流质量（SRQ）、管道泥沙输移（ST）、管道对流—扩散（AD）和管道水质（WQ）模块来模拟上述复杂的机制。这些模块的输出，如从合流制污水管道的污染物溢流曲线能够被直接应用到 DHI 的受纳水体模型 MIKE 11 和 MIKE 21 中。应用 MIKE11 或 MIKE 21 与 MOUSE 结合，能够评估接受这些溢流污水的受纳水体（河流、溪流、湖和近海等水体）的水质。

6. CS—污染物迁移模块。

CS—污染物迁移模块可以模拟以下功能：地表径流水质（SRQ）、泥沙转移（ST）、对流—扩散（AD）。

（1）地表径流水质。地表径流水质（Surface Runoff Quality，SRQ）过程的主要作用是提供一个与地表径流相关联的沉淀和污染物的物理描述，并且为其他污水管网的沉淀迁移模块与水质模块提供地表径流的沉淀和污染物数据。可以总结为以下步骤：汇水区的泥沙颗粒集结与冲刷；附着在泥沙颗粒上的污染物的表面迁移；洼地和消能池中的溶解污染物集结和冲刷。

（2）泥沙转移。沉积物可以通过限制污水管的流动面积和增加摩擦阻力来大大减少其排水能力。泥沙转移模块与水量动态演算相结合，从而模拟泥沙的动态沉积，并通过管道面积和泥沙沉积引起的阻力提供反馈。可以解决的问题包括：泥沙淤积位置和排水管道系统中污染物的预测；基于观察和模拟进行的沉积物水力负荷降低的预测；水道系统的分析修改调整策略。

（3）管道对流—扩散（AD）。管道对流—扩散（AD）过程模拟了管流中溶解物质和悬浮细微沉积物的迁移。可以模拟传统污染物和能够线性衰减的物质。所计算的管流的排放、水位高度和流域横截面积都被应用在管道对流—扩散的计算模块中。求解对流—扩散方程需要应用隐式有限差分（必须保证其中的离散点可以忽略不计）得到，陡峭的浓度分布曲线可以被精确模拟。计算的结果可以显示为污染物浓度纵向分布图，可用于污水处理厂入流或溢流结构的污染物分析。管道对流—扩散模块可以链接到长期统计模块来为污染物迁移提供长期的模拟。

（4）H_2S 模拟。污水中的硫化生成物浓度很高，很容易引发各种问题，包括威胁人体健康的恶臭气味、腐蚀混凝土和金属结构及影响污水处理工艺的运行。此外，受污水溢流的影响，硫化物含量过多可能对溪流中的鱼有毒害作用。MIKE URBAN 设计的硫化物生成模型已经被用来分析昼夜平衡中污水管网中的硫化物浓度的产生和变化。MIKE URBAN 模拟硫化物积累量 VATS（排水管道中污水好氧/厌氧转换模型）是依据微生物好氧/厌氧转化的概念来建立的，此模型的优点是既能够模拟好氧过程又能模拟厌氧过程，还包括这两种状态之间的无缝过渡。

7. CS—生物处理模块

CS—生物处理过程模块与 CS—污染物迁移模块部分的管道对流—扩散部分联合工作，因而为描述多元复合系统的反应过程提供了许多选项，包括有机物降解、细菌生命、和周围环境氧的交换、侵蚀排水管道的沉积物的需氧量。这就使得排水管道系统水质相关的复杂现象的现实性分析成为可能。此模块包括违规排放流量的日变化情况和违规排放污水成分中的用户指定浓度。与 CS—生物处理过程相关的沉淀类型有：违规排放流有机沉淀物，来自汇水区径流、检查井、调蓄池的细微矿物质沉淀。以下几点可以用该模块解释：BOD/COD 在生物膜和水相的减少；悬浮物的水解；悬浮微生物的生长；BOD/COD 减少、生物膜和沉积物的腐蚀所需的耗氧量；复氧；细菌生命；营养物和金属沉积物之间的相互作用。

8. MIKE URBAN WD

MIKE URBAN WD 广泛应用于给水管网模型的建立，并进行水力、水质、水锤等分析，为供水系统的实际运行提供辅助决策支持。供水建模软件可以对城市供水管网水力情况进行静态和动态模拟，分析管网中的压力分布、水流方向和流量变化，优化管网运行。通过模型的模拟分析，针对不同的调度需求，可以制定调度预案，对供水系统的运行进行有效控制；通过应急预案可以进行事故分析，模拟各种事故（泵突然发生故障、阀门的启闭发生问题、爆管等）造成的影响，同时制定相应的应急措施；建立的管网模型，可以进行各种规划设计，帮助进行水量分配、管径确定、水泵选型、调度方案的设置等的对比评估，在满足管网供水安全的基础上，还可进行不同方案造价和成本分析比较，帮助规划人员决策。供水建模软件的水质模拟主要包括水源追踪、水龄计算、化学物质三个方面。它能够对管网中水质的变化进行静态和动态模拟，可以对消毒剂的投加量进行分析和控制；并追踪管网中污染物质的扩散和浓度变化，对实际供水系统运行具有指导作用；建模软件的水源追踪功能可以模拟不同水厂的供水范围，进而分析各个水厂在管网中的实际供水能力，从而进行有效的管理。

MIKE URBAN在运行管理上方便且功能强大，实用性高。可以利用同一个GIS数据库，方便有效的管理管网数据库信息，具有良好的前处理、后处理程序，动态结果展示更加直观；产汇流模型可选择余地较多，适用性更好；根据DEM自动划分集水区，并且自动提取节点高程；自动拓扑检查管网的相互关系，模型通常将较大的对象区域划分为较小的若干子流域，但每个子流域都有自己的透水区域和不透水区域，都保留着本流域的特有流水特性；可以同时考虑外部水流及水质数据的影响，包括地表径流、地下水流入或流出、地表渗透或入流、晴天排污入流等；能够根据模型设计者自定义的动态控制规则来对水泵、孔口开度等进行操作。除了模拟径流的产生与流动外，模型还能够估算伴随径流而产生的污染负荷量；适合各种城市尺度的排水管道系统模型的构建、管理以及城市洪涝防治，实现与GIS、Auto CAD等专业软件的对接；MIKE URBAN软件与GIS的高度整合以及灵活的选择工具使得用户可以得到详细的结果分析。MIKE URBAN模型为更好地服务于我国海绵城市的建设，推出SCAD海绵城市建设辅助工具，在SACD中录入相应数据后可导入MIKE URBAN模型进行进一步模拟。相对于其他模型，只有MIKE URBAN可以进一步检测LID对水体净化的效果。但是，该模型操作相对复杂，需要支付一定费用，且不能定制。

8.3.4 InfoWorks CS模型

1. 模型简介

InfoWorks CS（雨污排水系统）模型是英国HR Wallingford公司开发的排水模型软件平台，该模型将计算机信息技术、网络技术、水环境工程及资产管理融为一体，采用了以分布式模型为对象，以数据流来定义关系的多层次、多目标、多模型的水量水质及防汛调度实时预报和决策支持系统，其主要功能是模拟旱季污水、降雨径流、水动力、水质、泥沙、沉积物的形成和运动过程。

2. InfoWorks CS水力模拟系统计算原理

InfoWorks CS V10.5水力模拟系统主要由以下几大模块构成：

（1）旱流污水模块。旱流污水指没有任何雨水、雪水或其他水来源时管道内的污水。模型中涉及的旱流污水由三部分组成：居民生活污水、工业废水以及渗入水。根据英国《管道系统水力模型实践规程》，模型中旱流污水量一般按以下方式考虑：居民生活污水量一般采用实测值，若不能实测，可通过集水区的人口数及排水当量确定。商业废水一般通过排放流量记录获取，小的入流量可通过增大居民生活用水当量进行计算；大型商业排放量，如最大日平均排放量超过当地生活污水量的10%以上的，则应该单独列出。渗入水量一般采用夜间最小流量法、用水量折算法等流量测量方法确定；渗入水量和当地的地下水位以及季节的不同有很大关系，一般采用单位入渗量表示，然后通过贡献面积推算出渗入水总量。

（2）降雨—径流模块。InfoWorks CS采用分布式模型，基于详细的子汇水区空间划分和不同产流特性的表面模拟降雨—径流。模型计算时，降雨数据一般采用雨量计实测，若无实测数据，模型提供了英国、法国、澳大利亚、马来西亚等的拟合降雨生成器，可通过设置降雨重现期、降雨历时等参数生成不同的降雨事件过程线。InfoWorks CS模型中内嵌了7种不同的产流模型，包括固定比例径流模型、Wallingford固定径流模型、英国（可变）径流模型、美国SCS模型、Green-Ampt渗透模型、Horton渗透模型、固定渗透模型，用于计算不同区域、不同环境下的地表径流。InfoWorks CS内嵌了双线性水库模型、大型贡献面积径流模型、SPRINT模型、Desbordes径流模型和SWMM径流模型5种不同的汇流模型，用于计算集水区域不同表面类型的汇流。

（3）水力计算模块。InfoWorks CS模型采用完全求解的圣维南方程进行管道、明渠的非满流水力计算，管渠有压流采用Preissmann Slot方法进行模拟，故能够对各种复杂的水力设施进行仿真计算。此外，还可通过储量补偿的方法，降低因简化模型而造成的管网储水空间的不足，避免对管道超负荷、洪灾的错误预测。

（4）实时控制模块。为优化排水管网调度，提高模型的仿真性，可以通过设置实时控制方案（Real Time Control，RTC）对排水系统中的控制结构（如水泵、电控阀门、堰）实施远程操作。此外，对个别辅助性结构也可应用实时控制来控制水流。

3. InfoWorks CS水质模拟系统计算原理

水质模型一般基于率定后的水力模型基础之上运行，它可在管道水力计算的基础上进一步模拟管道水质的变化过程、管网沉积物及污染物的累积转移过程。既可进行单事件模拟，又可进行长时间序列的连续模拟。水质模型计算理论包括地表沉积物累积及冲刷模拟原理、管道沉积物累积及冲刷模拟原理：

（1）地表沉积物累积及冲刷模拟原理

InfoWorks CS模型计算时，可将子集水区域划分为不同的城市功能区域，如居民区、商业区、工业区、混合区等；也可划分为不同的土地利用类型，如交通道路、屋顶、绿地等。不同的城市功能区或土地利用类型可取不同的污染物累积、冲刷参数，力争能够更加真实地模拟集水区地表状况。水质模型模拟的物理过程主要有两个：旱流时管道沉积物的形成及集水区表面沉积物、污染物的累积形成过程，以及降雨径流对管网中沉积物、污染物的冲刷、侵蚀，及其迁移再沉积的过程。InfoWorks CS默认采用下列方程描述地表沉积物的累积过程，可以计算出集水区域在模拟后每个时间步长终点的沉积物沉积的量。沉积物累积方程：

$$M_0 = M_d \cdot e^{-K_1 N_J} + \frac{P_s}{K_1}(1 - e^{-K_1 N_J}) \tag{8-24}$$

式中　M_0——沉积物最大累积量或每一时间步长后的沉积物的量，kg/hm^2；

M_d——初始沉积物的量；

N_J——旱天天数，或模拟时间步长；

P_s——累积率，$kg/(hm^2 \cdot d)$；

K_1——衰减系数，d^{-1}。地表沉积物的量增加时，沉积物累积率将会衰减。

1）地表污染物质的累积模拟。水质模型可以模拟 9 种不同的污染物质，其中模型指定 5 种污染物 BOD、COD、TN、TP、氨氮及 4 种自定义污染物。这几类污染物主要有以下三个来源：地表污染物，主要来自集水区地表沉积物的累积，污染物附着在沉积物上，可通过污染物附着因素计算累积量；污、废水径流，主要由定义的各种水质参数如 BOD、COD、TN、TP 的浓度变化来计算累积量；点源污染物径流，主要指集水区内某种点源污染物质的集中排放，污染物的量由点源的入流水量及污染物浓度入流过程线定义。

2）地表沉积物的冲刷模拟。InfoWorks CS 提供了两种冲刷模型供沉积物的冲刷模拟，分别是单线性水库径流模型和水力径流模型。模型默认采用单线性水库径流模型。InfoWorks CS 在冲刷过程中将计算地表冲刷进雨水中的悬浮沉积物总量（TSS）、地表冲刷进入管网中的沉积物总量，以及地表冲刷进入管网的每一种附着于沉积物上的污染物总量等。

3）单线性水库径流模型计算原理。模型计算初始，由旱天累积模型计算地表的沉积物总累积量，降雨径流开始时，模型计算降雨强度下的暴雨侵蚀系数，得到冲刷进管网的沉积物量，再由污染物附着系数计算出冲刷的污染物总量。

$$K_a(t) = C_1 \cdot i(t)^{C_2} - C_3 \cdot i(t) \tag{8-25}$$

式中　$K_a(t)$——暴雨侵蚀系数；

$i(t)$——有效降雨量，m/s。

$$\frac{dMe}{dt} = K_a M(t) - f(t) \tag{8-26}$$

式中　Me——冲刷进入管网的沉积物量；

$M(t)$——表面累计的沉积物量；

K_a——与降雨强度对应的侵蚀系数。

污染物附着系数（K_{pn}）用于表征沉积物的量与其附着污染物量之间的关系。即：污染物的质量＝沉积物的质量×污染物附着系数。

$$K_{pn} = C_1(IMKP - C_2)^{C_3} + C_4 \tag{8-27}$$

式中　C_1、C_2、C_3、C_4——系数；

$IMKP$——最大降雨强度，mm/h。

冲刷的污染物量：

$$f_n(t) = K_{pn}(i) \cdot f_m(t) \tag{8-28}$$

式中　$f_n(t)$——污染物量，$kg/(hm^2 \cdot s)$；

K_{pn}——附着系数；

$f_m(t)$ ——TSS 含量，kg/(hm^2 · s)。

以上模型计算过程中，地表累积的沉积物量为零时，冲刷侵蚀过程停止。

（2）管道沉积物累积及冲刷模拟原理

管网模型用于计算管道中悬浮物 SS 及溶解性污染物质的迁移，以及沉积物的冲蚀、再沉积过程。InfoWorks CS 提供了三种沉积物冲刷—沉积模块用于计算管道中的沉积物累积、冲刷过程，分别是 Ackers-White Model、Velikanov Model、KUL Model。Ackers-White Model 主要是基于类似于水流挟沙力的理论来描述沉积物颗粒的沉积、冲蚀；Velikanov Model 是基于能量扩散理论来描述沉积物的迁移；KUL Model 是基于水流剪切力理论来描述沉积物的迁移。其中，Velikanov Model、KUL Model 未经过大量数据校核，只是简单的概念模型。

管网模型假设条件：管道中水流为一维流动；纵断面上，固体悬浮物及各污染物浓度分布均匀；固体悬浮物及溶解性污染物沿管道的迁移由管道的平均流速决定；忽略管道中固体悬浮物及其他污染物的弥散作用；忽略水流对沉积物的冲刷、侵蚀作用时间；忽略颗粒间内聚力，固体悬浮物的沉降由颗粒沉速决定；当沉积物厚度超过设定极限值后，不再有沉积现象发生。

InfoWorks 模型具有强大的可视化界面，与 ArcGIS、Auto CAD 等软件耦合性高，可实现多领域间的高效合作，还具有以下优点：具有稳定强劲的排水系统水力引擎计算，能够精确而有效地仿真城市复杂洪水流动；丰富的排水模型构建工具；支持各种外部数据的导入导出与集成；水力状况分析工具较为灵活；强大的模型管理功能。但是，Info Works 模型结构复杂，基础数据获取繁复，与 SWMM 模型比较，对操作人员的专业要求更高。

8.3.5 SUSTAIN 模型

SUSTAIN（System for Urban Stormwater Treatment and Analysis Integration）模型，即城市暴雨处理及分析集成模型系统，是 2003 年由 Tetra Tech 在 USEPA 的资助下研发的暴雨管理决策支持系统。SUSTAIN 以 ArcGIS 为基础平台，集成水文、水力和水质分析模型，同时耦合了成本管理和优化分析技术，在时间尺度上可以模拟单场次或长期降雨事件，评估和分析雨洪管理方案的经济性、有效性。为了便于系统的持续升级和功能的不断扩展，并有利于 BMP 模拟、优化和计算效率等方面改进技术的整合，SUSTAIN 采用了模块结构进行系统设计，共包括框架管理、BMP 布局、土地模拟、BMP 模拟、传输模拟、优化和后处理程序 7 个模块。SUSTAIN 的核心模拟过程包括土地模拟、BMP 模拟和传输模拟，在系统中考虑了计算复杂性和实用性的平衡，综合运用了 SWMM、HSPF 的运算法则，并集成了乔治王子郡的 BMP 模型。土地模块、BMP 模块和传输模块在 SUSTAIN 中紧密关联，共同实现在源头（土地）、BMP 和传输系统中径流、沉积物和其他污染物的汇集和传输模拟。

1. 土地模拟

采用内部模型进行模拟时，SUSTAIN 的土地模拟模块包括气象、水文和水质 3 个组件。气象组件涉及降雨（雪）、融雪和蒸发过程；水文组件主要包括渗透、坡面漫流和地下水等降雨径流过程的模拟；水质组件基于水文组件计算出的总流量（包括径流量和地下水出流量）计算污染物的传输。SUSTAIN 中将污染物分为沉积物和非沉积物，沉积物按照颗粒粒径大小分布又被划分为沙（直径为 0.05～2.0mm）、淤泥（直径为 0.002～0.05mm）和黏土（直径<0.002mm），水质模拟主要包括污染物的累积、冲刷和沉积物的侵蚀过程。

土地模拟模块主要采取了 SWMM 中的模拟原理和运算法则，对于 SWMM 中未考虑的沉积物模拟，则根据 HSPF 模型进行计算。同时，考虑到 BMP 模拟中地下水与地表水之间的关系具有重大意义，SUSTAIN 在 SWMM 地下水模拟模块的基础上，又参考 HSPF 中的模拟方法进行了改进，即当地下水位接近或超过地面时，考虑了饱和土壤水与非饱和土壤水之间的相互作用。

2. BMP 模拟法

SUSTAIN 中 BMP 模块的模拟方法主要参考乔治王子郡的 BMP 模型，并在以下几方面进行了改进：在污染物传输过程中，除了采用完全混合式的连续搅拌釜式反应器（CSTR）的计算原理，还增加了多级串联 CSTR 的模拟方法，从而可以部分体现推流过程的模拟；加入了 k'-C^* 模型模拟污染物的去除，考虑了背景浓度 C^*，并通过引入 k'（与 BMP 构造的高度相关），可更准确地对形状不规则的 BMP 措施进行模拟；采用 VFS-MOD 算法，对缓冲带污染物的拦截过程进行了动态模拟。

3. 传输模拟

在 SUSTAIN 的传输模块中，主要考虑了径流演算、沉积物沉淀和传输、污染物去除和传输三个部分的模拟。径流演算采用 SWMM 中的运动波方程进行模拟，沉积物沉淀和传输采用 HSPF 中相应算法进行模拟，污染物去除采用一级降解方程计算，污染物传输采用 CSTR 原理进行模拟。

随着 BMP 模拟单元个数的增加，模拟时间也显著增加，特别是对大型流域进行模拟时，如何减小模拟时间是一个至关重要的问题。SUSTAIN 模型中管道传输模拟耗时大约是 BMP 的 9 倍，因此，为了减轻运算负担，应在不影响模拟结果准确性的基础上，尽量简化传输模拟（特别是通过管道进行的传输模拟），这仍需要进一步开发可信的、可以平衡计算效率和管道水力模拟准确度的方法。

SUSTAIN 模型是基于内置数据库开发的，但可以灵活地使用用户提供的数据建模。模型可评估 LID/BMP 设施在不同雨型下对地表径流的影响，模拟城市雨水径流的水量和水质，选择最具成本效益的管理方案。其不足之处是模型受原始模拟组件的局限性影响，且使用者需熟练掌握模型的主要模拟组件（ArcGIS、雨洪模型、LID/BMP 技术）。目前虽然在 1.2 版本上开发了非 ArcGIS 版本，一定程度上简化了模型运行的复杂性，但其基础资料需求量大、数据精度要求高、参数众多且操作过程复杂，模型运行稳定性也有待改进。

8.3.6　Digital Water 模型

Digital Water 即城市排水管网模拟系统，是由北京清控人居环境研究所（清华大学）结合我国排水规范自主研发的模拟软件。它以一维排水管网与二维地表的耦合，完整地模拟了城市从降雨到地表径流，再到一维节点溢流状况在地表的演进过程，可以快速、准确地计算出积水范围和水深分布。主要理念是实现排水管道系统的数值化、可视化管理。

1. 一维排水管网模型

Digital Water 是以 SWMM 为计算引擎开发的城市一、二维耦合雨洪模拟软件，其一维模型的计算原理、计算方法与 SWMM 一致，详见 SWMM 模型原理的相关论述。排水管网模型的模拟过程包含地表径流过程模拟、径流污染过程模拟和管网传输过程模拟，主要模拟计算过程如图 8-9 所示。

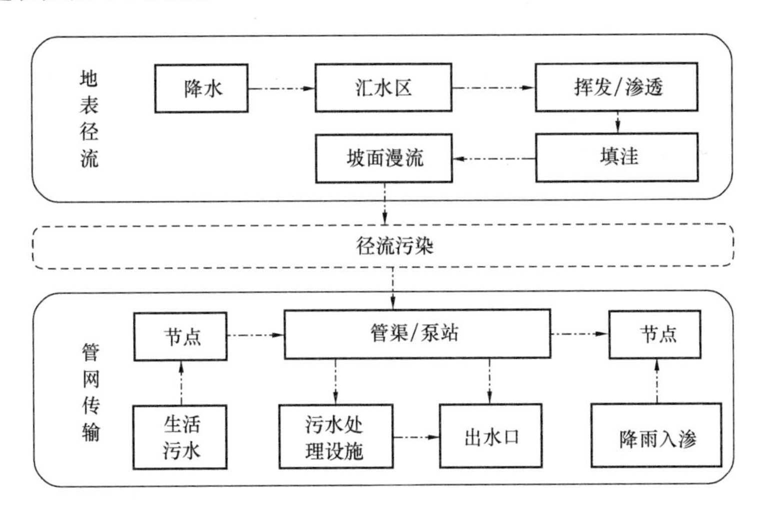

图 8-9 排水管网模型主要模拟计算过程

2. 二维地表淹没模型

在一维模型的基础上根据地表 DEM 数据，生成概化的二维计算网格、二维检查井及管渠。当遭遇极端天气，城市降雨量超过排水管网的负荷能力时，雨水会通过节点溢流到地面产生地面漫流，如降雨减小或停止时溢流无法回流，则会产生一定范围内的地表积水。Digital Water 模型可将地表看作二维排水系统，类似于传统管道排水系统在地表建立二维检查井，以地表明渠管道提供检查井之间的水量传输。与排水管网不同，明渠管道底面积的加和即为地表面积。同时，该软件可利用城市地面高程模型自动将研究区面积划分为不同精度的二维网格，综合考虑建筑物对水流的阻挡作用、道路下沉以及绿地对淹没的缓解作用，模拟节点溢流在地面的漫流分布状况、运动累积过程和在排水管网排水能力恢复后，地表积水回流等过程。

3. 一维模型与二维模型耦合

在 SWMM 模型中，检查井内水深大于井深而发生溢流时，溢流量被默认为溢出系统流失或暂时储存在节点上方的地表洼蓄中。而 Digital Water 模型能通过一、二维模型的耦合分析超出排水管网能力的积水在地表的演进过程。

Digital Water 可直接使用城市排水防涝设施普查信息平台收集的管网数据进行建模工作，无需再做处理，对于使用城市排水防涝设施普查信息平台进行数据普查的用户来说，建模工作变得简单、便捷：①对 Excel 格式数据、GIS 格式数据提供标准的数据导入模板、工具和处理流程，保证不同格式数据的有效使用；②无缝使用按普查导则要求的普查数据；③针对多数用户对模型原理和应用不甚了解的行业现状，尽量简化模型构建所需要的用户输入量，减少输入流程，确保用户快速完成建模工作；④同等功能产品的价格最低，其价格为国外软件的 20%～50%，功能完备，性价比高；⑤可以建立一个排水管网模型，也可以建立一个一维排水管网与二维地表耦合模型，通过 DEM、道路、建筑物等常用数据就可以自动构建二维地表模型，并与一维排水管网自动耦合，全面反映排水管网状态和内涝过程；⑥一维与二维耦合可以表达：管网水位、流速、流量、水质等变量随降雨和时间的变化；管网溢流水量在地表漫流、累积的过程；地表积水从地表排泄通道排除；地表积水随降雨和时间的变化，包括降雨减小后，地表积水回流进入管网系统的退水过程；内涝的淹没范围、水深和时间等结果输出；⑦可以将城市河道纳入模型计算中，综合考虑排水管网与受纳河道的互相影响；⑧拥有稳定、强大的计算引擎和功能工具，使用通用的 SWMM 作为核心计算引擎，集数据导入、编辑、拓扑检查、模拟、分析和结果展示等工具一体，满足项目人员的研究和展示需求。同时，由于使用了通用的 SWMM 模型，便于开展深入的模拟分析研究工作。

8.3.7　区域尺度模型模拟面临的挑战

随着城市化发展，国内外城市雨洪和面源污染模型得到了快速发展和广泛应用，但是仍存在一定的不足，主要体现在以下几个方面：

（1）水文物理过程认识不足。由于城市下垫面的复杂性和非均一性，其产汇流过程较天然流域更加复杂，在进行水文机理研究时，需要了解各水文过程之间的交互作用。此外，城市水文效应存在明显的区域性，通过区域性研究成果，把握城市水文效应的规律，归纳总结出具有普适性的结论，是进行机理研究的重点。加强对水文物理过程的认识，进行深入的机理研究，对于城市雨洪模型的完善有着重要意义。

（2）长期监测技术落后，可用数据累积不足。目前资料的难获取和监测技术的落后是模拟应用过程中最大的挑战，数据的不足导致模拟过程中有较多参数难以设定，造成模拟结果与真实情况可能存在较大偏差，进而影响模拟结果的预测。RS、GIS 等空间信息技术，可以提供具有更高时空分辨率、更能反映城市雨洪过程的数据，为进一步研究水流运动规律提供数据支持，从而促进城市雨洪模型的发展。

（3）国内自主研发模型仍较国外模型存在一定差距。如今被国际认可自主研发且通用的模型较少，在性能方面，国内自主开发的模型往往围绕某一特定问题展开，主要用于水量模拟，大多功能较为单一，而国外模型功能强大且相对成熟，不仅能够进行城市雨洪模拟，还具备水质模拟、低影响开发研究等功能。在通用性方面，国内的模型大多基于某一特定区域应用研发，通用性较差，且大多软件仅为开发者使用，并未得到大范围推广，而国外模型已研发形成了一系列商业性软件和工具，广泛应用于城市雨洪模拟和排水设计规划等工作中，并得到了众多使用者及研究机构的再开发。提升模型综合性和通用性是我国城市雨洪模型发展的方向。

8.3.8　应用实例：基于 SWMM 模型的低影响开发设施区域优化配置

某开发区总面积 8.02km^2，年均降水量 576.6mm。通过 SWMM 软件，构建研究区域暴雨雨水管理模型，根据研究区域现状内涝情况，设计排水系统改造方案。

1. 区域概化

将研究区域概化为居住区、工业区、商业区、交通区等土地利用类型，118 个子汇水区，96 段雨水管道，96 个雨水节点，1 个排水口。概化结果如图 8-10 所示。

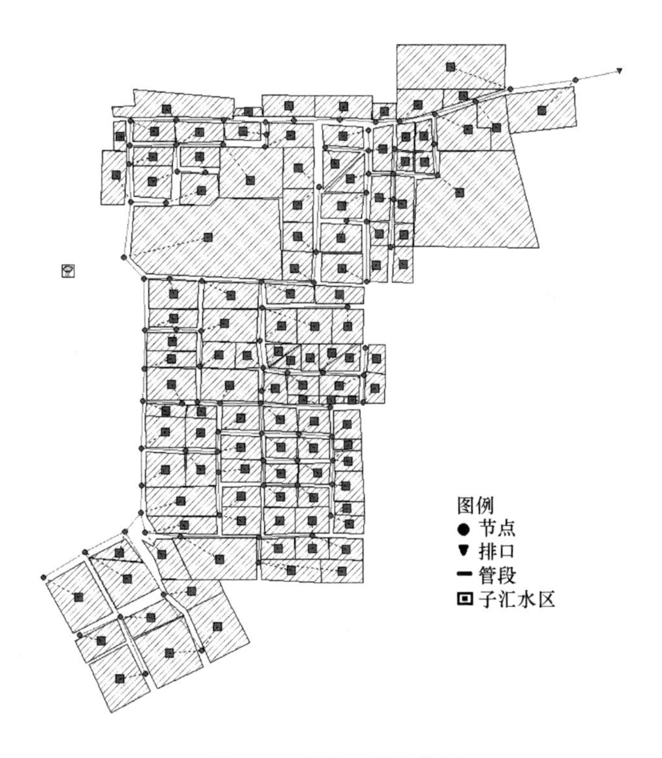

图 8-10 研究区域概化图

2. 降雨条件设计

采用芝加哥雨型进行模拟，研究区域实际暴雨强度公式见式（8-29）。设计降雨重现期分别为 1a、2a、5a、10a、20a 与 50a，降雨历时为 3h，雨峰系数为 0.4。总降雨量分别为 22.151mm、29.914mm、40.192mm、47.964mm、55.738mm 和 66.009mm。

$$q=\frac{2785.833(1+1.1658\lg P)}{(t+16.813)^{0.9302}} \tag{8-29}$$

式中 q——暴雨强度，L/(s·hm^2)；

P——设计重现期，年；

t——降雨历时，min。

3. 参数率定与验证

选取两场降雨的降雨数据以及总排水口的实际监测数据，率定模型参数，同时再选取一场降雨的降雨数据以及总排水口的实际监测数据验证模型参数。根据式（8-30）与式（8-31）评价模型适用性，*Ens* 越接近 1，表明模型的效率越高。三场降雨中，Nash-sutcliffe 模拟效率系数（*Ens*）值均大于 0.70，平均相对误差（*RE*）值均小于±10%，说明模型实测值与模拟值吻合度良好，可以用于研究区域水量水质的模拟分析。研究区域模型参数取值见表 8-11。

$$Ens=1-\frac{\sum_{i=1}^{n}(Q_0-Q_p)^2}{\sum_{i=1}^{n}(Q_0-Q_{avg})^2} \tag{8-30}$$

$$RE = \frac{\sum_{i=1}^{n}\left[\frac{(Q_0 - Q_p)}{Q_0}\right]}{n} \times 100\% \tag{8-31}$$

式中　Q_0——实测值；

Q_p——模拟值；

Q_{avg}——实测平均值；

n——实测数据个数。

模型参数值　　**表 8-11**

<table>
<tr><th>项目</th><th>水文水力参数</th><th>取值</th><th>项目</th><th>水质参数</th><th>SS</th><th>COD</th><th>TN</th><th>TP</th></tr>
<tr><td rowspan="6">子汇水区</td><td rowspan="2">a</td><td rowspan="2">0.015</td><td rowspan="4">居住区</td><td>i (kg/hm²)</td><td>200</td><td>100</td><td>6</td><td>1.4</td></tr>
<tr><td>j (1/d)</td><td>10</td><td>15</td><td>15</td><td>15</td></tr>
<tr><td rowspan="2">b</td><td rowspan="2">0.1</td><td>k</td><td>0.14</td><td>0.14</td><td>0.07</td><td>0.06</td></tr>
<tr><td>l</td><td>1.8</td><td>1.6</td><td>1.2</td><td>1</td></tr>
<tr><td>c (mm)</td><td>0.01</td><td rowspan="4">商业区</td><td>m (kg/hm²)</td><td>300</td><td>130</td><td>18</td><td>1</td></tr>
<tr><td>d (mm)</td><td>3</td><td>n (1/d)</td><td>10</td><td>15</td><td>15</td><td>15</td></tr>
<tr><td rowspan="5">入渗模型</td><td rowspan="3">e (mm/h)</td><td rowspan="3">76</td><td>o</td><td>0.14</td><td>0.15</td><td>0.08</td><td>0.05</td></tr>
<tr><td>p</td><td>1.5</td><td>2</td><td>1.2</td><td>1</td></tr>
<tr><td rowspan="4">工业区</td><td>q (kg/hm²)</td><td>300</td><td>150</td><td>27</td><td>1.5</td></tr>
<tr><td>f (mm/h)</td><td>3</td><td>r (1/d)</td><td>10</td><td>15</td><td>15</td><td>15</td></tr>
<tr><td rowspan="2">g (d⁻¹)</td><td rowspan="2">4</td><td>s</td><td>0.14</td><td>0.15</td><td>0.07</td><td>0.06</td></tr>
<tr><td>t</td><td>1.9</td><td>2.1</td><td>1.2</td><td>1</td></tr>
<tr><td rowspan="4">管道</td><td rowspan="4">h</td><td rowspan="4">0.013</td><td rowspan="4">交通区</td><td>u (kg/hm²)</td><td>500</td><td>200</td><td>30</td><td>1.5</td></tr>
<tr><td>v (1/d)</td><td>10</td><td>15</td><td>15</td><td>15</td></tr>
<tr><td>w</td><td>0.18</td><td>0.16</td><td>0.08</td><td>0.05</td></tr>
<tr><td>x</td><td>1.8</td><td>2.2</td><td>1.5</td><td>1</td></tr>
</table>

注：表中 a～x 分别表示为不透水区曼宁系数、透水区曼宁系数、不透水区和透水区的洼蓄量、最大入渗率、最小入渗率、衰减常数、管道曼宁系数、居住区最大累积量、居民区半饱和常数、居民区冲刷系数、居民区冲刷指数、商业区最大累积量、商业区半饱和常数、商业区冲刷系数、商业区冲刷指数、工业区最大累积量、工业区半饱和常数、工业区冲刷系数、工业区冲刷指数、交通区最大累积量、交通区半饱和常数、交通区冲刷系数、交通区冲刷指数。

4. 排水系统改造方案设计

方案一：增大部分雨水系统管径（将 $DN600$～$DN800$ 的超载管段管径增至 $DN1000$～$DN1200$）。

方案二：在超载节点与管段附近的子汇水区布设 LID 措施（组合布设渗透铺装、雨水花园及雨水桶，每种类型 LID 措施布设面积为子汇水区面积的 5%）。

方案三：增大部分雨水系统管径（将 $DN600$～$DN800$ 的超载管段管径增至 $DN1000$～$DN1200$），并且在超载节点与管段附近的子汇水区布设 LID 措施（组合布设渗透铺装、雨水花园及雨水桶，每种类型 LID 措施布设面积为子汇水区面积的 5%）。

5. 模拟结果分析

统计积水时长大于1h的超载节点与管段，如图8-11所示。各方案严重内涝节点与严重超载管段数大小依次为：方案二＞方案一＞方案三。三种方案对超载节点与管段均有缓解作用，改变管径大小对于超载节点与超载管段的削减效果优于仅布设LID措施，结合管径与LID措施改造的内涝缓解效果最优。模拟评估LID措施不同组合条件下整个雨水系统污染物（SS、COD、TP、TN）的负荷削减率，结果如图8-12所示。各方案污染负荷削减率大小依次为：方案三＞方案二＞方案一。相比改造前，各方案的负荷削减率均有所增加，增大管径对污染负荷削减效果几乎无影响，布设LID措施能够明显提高各污染负荷的削减效果。

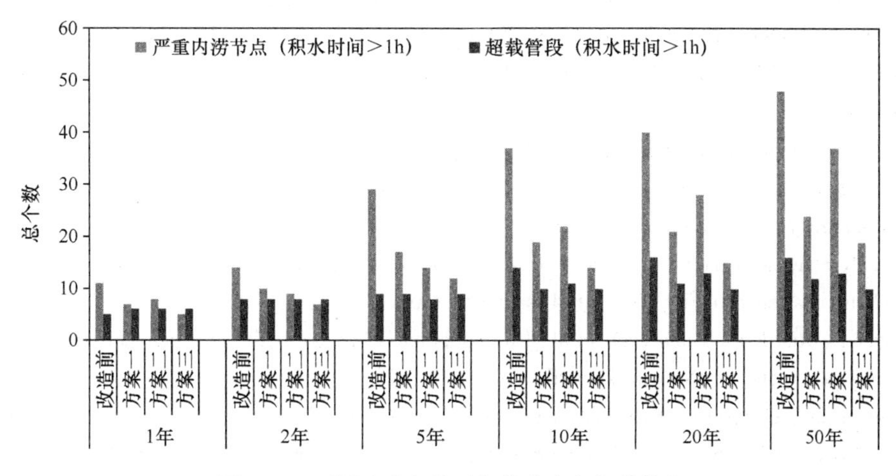

图8-11 不同改造条件下超载节点与超载管段

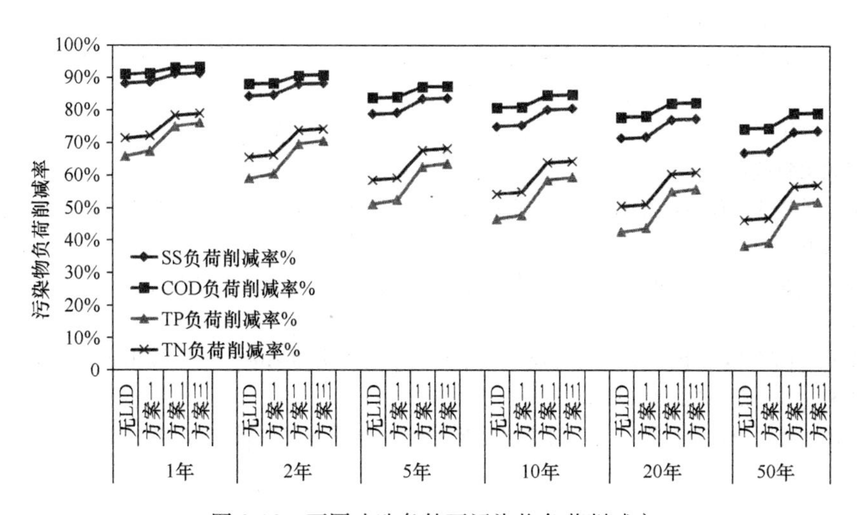

图8-12 不同改造条件下污染物负荷削减率

思考题

1. 海绵城市建设效果评估的考核内容和考查内容有哪些？如何评价？
2. 海绵城市建设的效益可以从哪些方面考虑？

3. 简述低影响开发单项设施模拟模型的优缺点。

4. 城市雨洪产汇流的计算方法有哪些?

本章参考文献

[1] 杜璇，冯浩，Helmers M J，等．DRAINMOD-NⅡ模拟冬季长期覆盖黑麦对地下排水及 NO-3-N 流失的影响[J]. 农业工程学报，2017，33(12)：153-161.

[2] Negm L M，Youssef M A，Skaggs R W，et al. DRAINMOD- DSSAT model for simulating hydrology，soil carbon and nitro-gen dynamics，and crop growth for drained crop land[J]. Agri-cultural Water Management，2014，137(5)：30-45.

[3] Frankenberger J R，Wang X，Atwood J D，et al. Sensitivity analyses of the nitrogen simulation model，DRAINMOD-N II[J]. Transactions of the Asae，2005，48(6)：2205-2212.

[4] R Cronshey. Urban Hydrology for Small Watersheds，Tr-55[M]. US：United States Department of Agriculture，1986.

[5] Chapin T，Deyle R，Baker E. A parcel-based GIS method for evaluating conformance of local land-use planning with a state mandate to reduce exposure to hurricane flooding[J]. Environment & Planning B：Planning & Design，2008，35：261-279.

[6] Tran P，Shaw R，Chantry G，et al. GIS and local knowledge in disaster management：A case study of flood risk mapping in Viet Nam[J]. Disasters，2008，33(1)：152-169.

[7] Jalayer F，Risi R D，Paola F D，et al. Probabilistic GIS-based method for delineation of urban flooding risk hot-spots[J]. Natural Hazards，2014，73：975-1001.

[8] Atchison D，Severson L. RECARGA user's manual version 2. 3[Z]. University of Wisconsin-Madison ，Civil and Environmental Engineering Department Water Resources Group，2004.

[9] Brown R A，Hunt W F，Skaggs R W. Modeling Bioretention Hydrology with DRAINMOD[C]//Low Impact Development International Conference，2010.

[10] 张智主编．城镇防洪与雨水利用[M].(第 2 版). 北京：中国建筑工业出版社，2016.

[11] 熊家晴主编．海绵城市概论[M]. 北京：化学工业出版社，2019.

[12] 中国建设科技集团股份有限公司．海绵城市建设评价标准．GB/T 51345—2018[S]. 北京：中国建筑工业出版社，2018.

[13] 中华人民共和国住房城乡建设部．海绵城市建设技术指南——低影响开发雨水系统构建(试行)[Z]，2014.

[14] 夏军，张印，梁昌梅，刘洁．城市雨洪模型研究综述[J]. 武汉大学学报(工学版)，2018，51(2)：95-105.

[15] 张建云，宋晓猛，王国庆．变化环境下城市水文学的发展与挑战——I. 城市水文效应[J]. 水科学进展．2014，25(4)：594-605.

[16] 李家科，蒋春博，李怀恩，等．海绵城市低影响开发设施优化设计与配置研究[M]. 北京：科学出版社，2021.

第9章　城镇水环境综合治理原理与方法

伴随着城镇化进程，城镇人口逐渐增多，城镇水环境系统所承担的任务渐渐加重，我国水环境整治力度也在加大。“十一五”“十二五”“十三五”期间，我国开展了大量卓有成效的水环境整治工作，突破了城镇排水管网改造、污水处理厂提标建设、污水再生水利用、雨水径流与城镇面源污染控制等方面关键技术，形成“源头削减、过程控制、系统治理、资源化、能源化”的城镇污染物控源减排及稳定达标成套技术与设备产品，并逐渐集成化、系统化。从整体来看，城镇水环境的系统结构相对复杂，管理难度大，由于城镇工业排水和生活废水的总量日渐增多，对整个城镇水环境治理和掌控增加了难度。本章主要介绍水环境污染治理工程的基本原理、城镇水环境污染来源以及污染与治理技术。

9.1　水环境污染治理工程原理

9.1.1　城镇水体污染主要问题

城镇水体作为城镇生态空间的构成要素和城镇水循环系统的关键载体，也是城镇污染物排放的主要受纳体。引起城镇水体污染的主要问题有：

（1）高密度的人口聚居、高速度的城镇发展、高强度的城镇生活与工业生产是产生高通量污染负荷的根本来源。

（2）城镇水环境基础设施的规划与建设滞后于城镇发展的需求，导致城镇污水收集与处理的能力不足，部分污水未经处置直接排放。

（3）城镇雨污水管网长期疏于维护管理，管网功能性和结构性缺陷问题严重，导致污水实际收集效能远低于表观数据，同时也大大降低了污水处理设施的实际减负效果。

（4）城镇雨水径流排放缺乏合理有效的组织和管理，未能充分发挥绿色设施的减排作用，致使城镇面源污染问题未得到有效控制。

（5）城乡接合部和城中村的生活污染问题未引起足够的重视，缺乏有效的管理和处置而成为分散式污染源，而且负荷通常都很高。

（6）宽水面、大水深的传统型城镇河道整治和水景观建设方式，导致水体流动性差、生态基流严重不足，致使水体自净能力大幅减弱。

（7）河床和堤岸硬化以及梯级闸坝拦截阻断了水生和陆生生态系统的联系，导致水体生态功能严重退化甚至丧失。

（8）水体流动迟缓甚至滞流，水动力条件极差，局部水域易产生污染累计，同时导致淤积问题严重，是水体内源污染的来源。

上述问题在我国许多城镇中是普遍存在的，也是困扰城镇水环境综合整治的难题。这些问题的交织并存也决定了城镇水污染控制和水环境整治工作的复杂性和长期性。

9.1.2　水体治理工程原理与解决途径

从本质上说，城镇水体遭受污染而引起水质恶化的根本原因是域内进入水体的污染负荷总量超过了水环境的现状承受能力，即剩余环境同化容量（residual water environmental assimilative capacity，本书中简称“环境余量”），因而治理城镇水体污染问题进而恢复良性水环境状况的工程原理则是保证输入水体的污染物负荷量不超过水体的环境余量，从而使得水体的水质状态保持平衡，并维持健康而稳定的水环境质量，即：

$$M_{余} - M_{入} \geqslant 0 \tag{9-1}$$

式中　$M_{余}$——水体能够容纳某类污染物的环境余量，kg /d；

$M_{入}$——某类污染物输入水体的负荷总量，kg /d。

当输入的污染物负荷总量超出水体环境余量时就会导致水体的水质恶化，根据式（9-1）所提出的物质平衡原理，城镇水体整治的实施途径可以选择以下3类方式。

（1）基于水体环境余量现状，削减污染物输入负荷满足环境余量的平衡要求：

$$M_{余} - (M_{入} - \Delta M_{入}) \geqslant 0 \tag{9-2}$$

（2）基于污染物输入负荷量，提升环境余量，使之达到与污染输入负荷相平衡：

$$(M_{余} + \Delta M_{余}) - M_{入} \geqslant 0 \tag{9-3}$$

（3）同时削减污染物输入负荷和提升环境余量，使两者在某一个新的状态达到平衡：

$$(M_{余} + \Delta M_{余}) - (M_{入} - \Delta M_{入}) \geqslant 0 \tag{9-4}$$

式中　$\Delta M_{余}$——城镇水体环境余量的增加量，kg /d；

$\Delta M_{入}$——某类污染物输入水体的负荷削减量，kg /d。

9.1.3　城镇水环境整治适用技术

根据城镇水环境整治工程原理与实施途径分析，适用于城镇水体整治工作的技术方法可以分为两类：能够削减污染物输入负荷量的控源减负技术和可以提升水体环境余量的提质增容技术。

2015年8月，由住房城乡建设部和生态环境部（原环境保护部）联合发布的《城市黑臭水体整治工作指南》中列举了4大类12项适用技术，其中控源截污和内源治理2大类为控源减负技术属性，而生态修复和其他（活水保质）2大类则为提质增容技术属性。

1. 控源减负技术

输入城镇水体的污染物可以根据其来源分为点源、面源和内源三类，而削减水体污染物输入负荷的控源减负技术则可以分为在源头控制污染物的产生和在过程中阻止污染物排放进入水体两种。针对污染物产生的来源和污染负荷削减的方式，城镇水环境整治控源减负技术汇总如表9-1所示。

城镇水环境整治控源减负技术　　　　**表9-1**

污染物来源	控制污染负荷产生	阻止污染负荷输入水体
点源	分散式污水处理/就地处理	截污纳管/管网改造
面源	海绵城市/低影响开发	分流制初期雨水收集/处理；合流制溢流污染控制
内源	垃圾/漂浮物清理；清淤疏浚；底质改性	污染物释放控制

2. 提质增容技术

水体环境同化容量的核算是一项复杂而困难的工作，受到水体水文特征、水力学特性、水生态环境、地理和气候因素、季节变化、人工干扰以及水体控制目标设定等因素的影响，通常会因某些因素的变化而发生变化；而环境余量是指水体针对某类污染物在现状浓度水平之上达到与目标控制浓度相平衡状态还可合理容纳多余该类污染物输入的量值。

因此，环境余量的计算可以由以下两部分构成：①水体中污染物现状浓度与预期目标值之间的静态差值所允许容纳多余污染物输入的负荷量，称为“静态余量”；②由于水体自净作用而可以抵消掉的污染物负荷量，这部分容量是基于预期目标值的动态增加量，称为“动态余量”。因此，提量增容技术实现提升水体环境余量可以有两种方式：①通过水体净化、旁路处理、补水换水等措施降低现状本底浓度以增加静态余量；②通过生态修复、曝气增氧、水动力改善等措施提升水体自净能力以增加动态余量。城镇水环境整治提质增容技术汇总如表 9-2 所示。

城镇水环境整治提质增容技术 **表 9-2**

技术类型	降低本底浓度、增加静态余量	提升自净能力、增加动态余量
生态修复	生态净化；人工增氧	岸带修复；人工增氧
活水保质	原位/旁路净化；水体原位净化；清水补给	污染物释放控制；活水循环；水动力改善

3. 城镇水环境整治技术体系

城镇水体控源减负和提质增容两大属性的技术类型构成了城镇水环境整治的技术支撑体系，结合整治技术应用的对象和实施功能进行分类，形成城镇水环境整治技术体系，如图 9-1 所示。

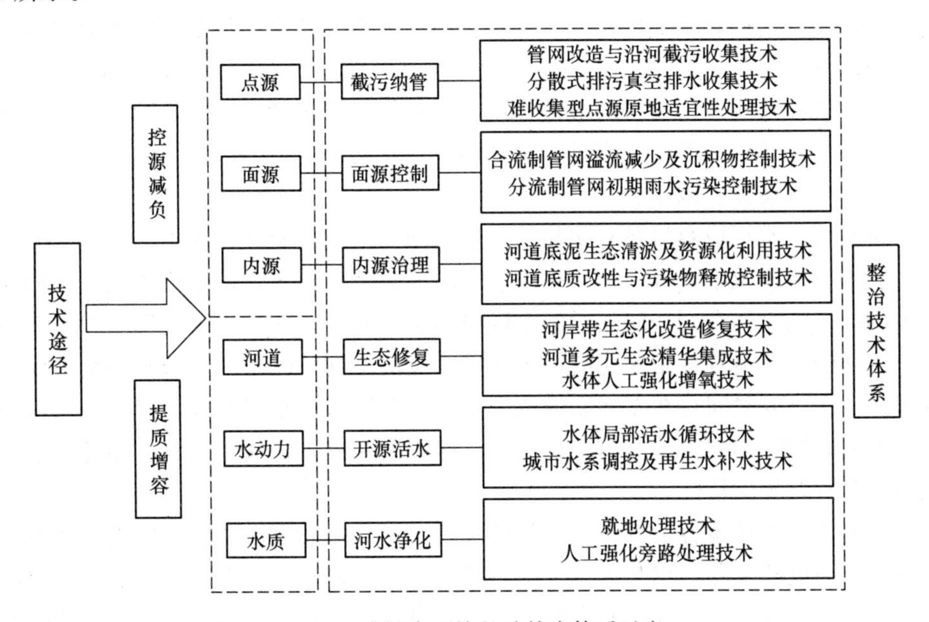

图 9-1 城镇水环境整治技术体系示意

9.1.4 城镇水环境容量

污染物进入河流后，经由水体中发生的物理作用、化学反应、生物吸收和微生物降解等，可以实现污染物的自然净化。水体的这种自净能力使其具备了一定的水环境容量。水环境容量是由水环境系统结构决定的，是表征水环境系统的一个客观属性，是水环境系统与外界物质输送、能量交换、信息反馈的能力和自我调节能力的表现。在实践中，水环境容量是水环境目标管理的基本依据，是水环境保护的主要约束条件。

1. 水环境容量的基本概念

水环境容量是指在满足水环境质量的要求下，水体容纳污染物的最大负荷量，因此又称作水体负荷量或纳污能力。在《全国水环境容量核定技术指南》中的定义为：在给定水域范围和水文条件，规定排污方式和水质目标的前提下，单位时间内该水域最大允许纳污量，称作水环境容量。水环境容量的确定是水污染物削减的依据。

河流的水环境容量可用函数关系表达为：

$$W = f(C_0, CN, x, Q, q, t) \tag{9-5}$$

式中　W——水环境容量，用污染物浓度乘以水量表示，也可用污染物总量表示；

C_0——河水中污染物的原有浓度，mg/L；

x, Q, q, t——距离、河流流量、排放污水的流量和时间。

CN——水环境质量目标，mg/L。

水环境容量一般包括两部分：差值容量与同化容量。水体稀释作用属差值容量；自净作用的去污容量称同化容量。

2. 水环境容量的基本特征

水环境容量具有如下4个基本特征：

（1）资源性。水环境容量是一种资源，具有自然属性和社会属性。水环境容量的自然属性是其与人类社会密切相关的基础，其社会属性表现在社会和经济的发展对水体的影响及人类对水环境目标的要求，是水环境容量的主要影响因素。水环境容量作为一种资源，其主要价值体现在对排入污染物的缓冲作用，即水体既能容纳一定量的污染物，又能满足人类生产、生活及环境的需要。但是，水环境容量是有限的，一旦污染负荷超过水环境容量，其恢复将十分缓慢、困难。

（2）时空性。水环境容量具有明显的时空内涵。空间内涵体现在不同区域社会经济的发展水平、人口规模及水资源总量、生态、环境等方面的差异，使得资源总量在相同的情况下，不同区域的水体在同一时间段的水环境容量不同。时间内涵则表现出的是在不同时间段同一水体的水环境容量是变化的，水环境容量的不同可能是由于水质环境目标、经济及技术水平等在不同时间存在差异而导致的。由于各区域的水文条件、经济、人口等因素的差异，不同区域在不同时段对污染物的净化能力存在差异，这导致了水环境容量具有明显的地域、时间差异的特征。

（3）系统性。水环境容量具有自然和社会属性，涉及经济、社会、环境、资源等多个方面，各个方面彼此关联、相互影响。水环境是一个复杂多变的复合体，水环境容量的大小除受水生生态系统和人类活动的影响外，还取决于社会发展需求的环境目标。因此，对其进行研究，不应仅仅限制在水环境容量本身，而应将其与经济、社会、环境等看作一个整体进行系统化研究。此外，河流、湖泊等水体一般处在大的流域系统中，水域与陆域、上游与下游等构成不同尺度空间生态系统，在确定局部水体的水环境容量时，必须从流域的整体角度出发，合理协调流域内各水域水体的水环境容量，以期实现水环境容量资源的合理分配。

(4) 动态发展性。水环境容量的影响因素分为内部因素和外部因素。内部因素主要包括水文条件、地理特征等，水生态系统是一个处于相对稳定的变化系统；外部因素涉及社会经济、环境目标、科学技术水平等诸多发展变化的量，从而使内部因素复杂多变。决定水环境容量的内外因素都是随社会发展变化的，故水环境容量应该是一个动态发展的概念，水环境容量动态性的本质即为人类活动的动态性。水环境容量不但反映流域的自然属性（水文特性），同时也反映人类对环境的需求（水质目标），水环境容量将随着水资源情况的变化和人们环境需求的提高而不断发生变化。

3. 水环境容量的分类

根据不同的应用机制，水环境容量可分为如下几类（图 9-2）：

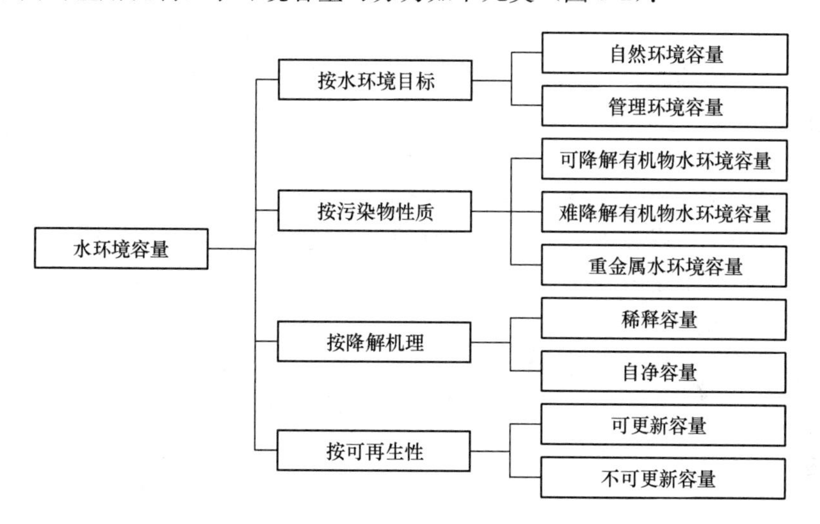

图 9-2 水环境容量分类图

(1) 按水环境目标可分为自然环境容量和管理环境容量。两者都是将水体的允许纳污量作为水环境容量的，只是前者以污染物在水体中的基准值为水质目标，后者则以污染物在水体中的标准值为水质目标。很明显，管理环境容量不仅反映了水体的自然属性，而且还反映人为的约束条件和社会因素的影响。

(2) 按污染物性质可分为可降解有机物水环境容量、难降解有机物水环境容量和重金属水环境容量。可降解有机物也就是耗氧有机物，由于其本身可以在水体中被氧化，所以有着较大的环境容量；难降解有机物和重金属类污染物属于保守性污染物，它们在水体中很难被分解或根本不能被分解，所以要慎重利用该类污染物的水环境容量。

(3) 按照污染物降解机理可划分为稀释容量和自净容量两部分。稀释容量是指在给定水域的来水污染物浓度低于水质目标时，依靠稀释作用达到水质目标所能承纳的污染物量。自净容量是指由于沉降、生化、吸附等物理、化学和生物作用，给定水域达到水质目标所能自净的污染物量。

(4) 按容量的可再生性分为可更新容量和不可再新容量。前者指的是上文所提到的水体对污染物的降解自净容量或无害化容量，可以永续利用，但是如果对它超负荷利用，同样可以造成水环境的污染。而不可更新容量则是指水体对不可降解或只能微量降解的污染物所具有的容量，对于这样的容量，应该给予足够的保护，使污染物在源头得到控制。

4. 水环境容量的影响要素

影响水域水环境容量的要素很多，概括起来主要有以下 4 个方面。

（1）水域特性。水域特性是确定水环境容量的基础，主要包括：几何特征（岸边形状、水底地形、水深或体积）；水文特征（流量、流速、降雨、径流等）；化学性质（pH、硬度等）；物理自净能力（挥发、扩散、稀释、沉降、吸附）；化学自净能力（氧化、水解等）；生物降解（光合作用、呼吸作用）。

（2）环境功能要求。各类水域一般都划分了水环境功能区，不同的水环境功能区对应着不同的功能要求。水质要求高的水域，水环境容量小；水质要求低的水域，水环境容量大。

（3）污染物质。不同污染物本身具有不同的物理化学特性和生物反应规律，不同类型的污染物对水生生物和人体健康的影响程度不同。因此，不同的污染物具有不同的环境容量，但具有一定的联系和相互影响。

（4）排放口位置与排污方式。水域的环境容量与污染物的排放位置和排放方式有关。一般来说，在其他条件相同的情况下，集中排放的环境容量比分散排放小，瞬时排放比连续排放的环境容量小，岸边排放比河心排放的环境容量小。因此，限定的排污方式是确定环境容量的一个重要确定因素。

5. 水环境容量的计算

水环境容量是由水环境系统结构决定的，表征水环境系统的一个客观属性，为了计算水体的环境容量，研究人员提出了很多水环境容量计算模型。

（1）河流水环境容量模型

污染物进入水体后，存在 3 种主要的运动形态：随环境介质的推流迁移、污染物质点的分散以及污染物的转化与衰减。

如果将所研究的河流环境看成一个存在边界的单元，V 代表单元的容积；Q_0、C_0 代表从上游流入该单元的流量和污染物浓度；q、C_1 代表由侧向进入该单元的流量和污染物浓度；C 代表单元中经过各种反应过程以后的污染物浓度；Q 代表从该单元输出的介质流量。由质量平衡可以写出完全混合模型：

$$V\frac{\mathrm{d}C}{\mathrm{d}t}=Q_0C_0-QC+qC_1+rV \tag{9-6}$$

式中　r——污染物的反应速率；

rV——由于单元中的反应作用导致的污染物增量。

如果反应项只考虑污染物的衰减，即 $r=-kC$，且讨论稳态问题，即：$V\frac{\mathrm{d}C}{\mathrm{d}t}=0$，上式可以写成：

$$Q_0C_0-QC+qC_1-kVC=0 \tag{9-7}$$

式中　k——污染物衰减反应速率常数。

根据水环境容量的定义，当系统中污染物的浓度 C 等于水环境功能区的环境质量标准 C_s 时，系统外输入的污染物量就等于系统的水环境容量，即：

$$R = qC_1 = (QC_s - Q_0C_0) + kVC_s \tag{9-8}$$

由式（9-8）可以看出，环境容量由两部分构成：第一部分（等式右边第一项）是由于推流作用产生的容量，决定于水体的流量；第二部分（等式右边第二项）是降解容量，与污染物的降解性能、水体容积有关，降解反应速度越高、水体容积越大，降解容量越大。

如果污水的流量可以忽略，即 $Q = Q_0$ ，则式（9-8）可以写作：

$$Q = Q(C_s - C_0) + kVC_s \tag{9-9}$$

如果上游水体的污染物浓度与目标水体的水环境质量目标一致，即 $C_0 = C_s$ ，则式（9-8）可以进一步写作：

$$R = kVC_s \tag{9-10}$$

从上面的分析可以看出，若 $C_0 < C_s$ ，其目标容量为正值，则 $R > kVC_s$ ；若 $C_0 > C_s$ ，其目标容量为负值，则 $R < kVC_s$ 。目标容量为正值是指水体中污染物的浓度低于水环境质量目标时水体可以接受的污染物量，这部分容量只是“临时容量”，一旦水体污染物的浓度达到水环境功能区的水质标准，这部分容量就不复存在，对于水环境保护来说，可以正常利用的水环境容量只是第二部分容量，即降解容量。

（2）综合水质模拟模型

自 20 世纪初 S-P 模型诞生以来，水质模型取得了很大的发展。模型机理越来越细致，模拟的状态变量越来越多，从简单的 BOD-DO 耦合模型，发展到氮、磷模型、富营养化模型、有毒物质模型和生态系统模型；模型模拟的时空尺度不断扩大，在时间尺度上，从早期的稳态模型发展到动态模型；在空间尺度上，可以进行一维、二维到三维的水质模拟。同时，计算机技术、网络技术、地理信息技术和软件技术的发展，也极大地推动了水质模型的发展和完善。这一方面归功于科学家对污染物在水环境中的迁移、转化和归宿研究的不断深入，另一方面也得益于日益广泛的水环境管理需求。

目前文献中常见的综合水质模型系统有 WASP、CE-QUAL-ICM、EFDC/HEM3D、MIKE3 和 RMA10 等，可实现河流、湖泊、水库、河口和沿海水域等一系列水质问题的模拟，支持河流的水环境容量计算。

（3）湖泊、水库水环境容量的推算

1）单点排污。湖泊水库只有一个污水排污口或者在一个排污口周围十分广阔的水域没有其他污染源的情况下，可按单点污染源废水稀释扩散法推算入湖污水允许排放量（即环境容量）。

计算前应确定：

① 排污口附近水域的水环境标准（按水体主要功能和污水中的主要污染物确定）；

② 污水的入湖排放角度，一般为 60°；

③ 与有关部门共同商定允许该排污口污水稀释的距离；

④ 按一定保证率（90%～95%）的湖、库月平均水位先定出相应的设计完全容积，再推算相应污水稀释扩散区的平均水深 H(m)；

⑤ 水体自净系数 K ，可根据现场调查或室内实验确定。

允许排放浓度C由式（9-11）计算：

$$C = C_0 \exp\left(-\frac{K\varphi H r^2}{2q}\right) \tag{9-11}$$

式中　C_0——排污口处水体中污染物原有质量浓度或水环境质量标准值，mg/L；

K——湖、库水的自净速率常数，d^{-1}；

H——污染物扩散区湖水平均深度，m；

r——湖泊某计算点离排污口距离，m；

q——入湖污水量，m^3/d；

φ——污水在水体中扩散角度，开阔岸边垂直入流$\varphi = 180°$，湖中心排放时，$\varphi = 360°$。

运行排放量，即环境容量为：

$$R = C \times q \tag{9-12}$$

2）多点排污。湖泊、水库周围常有多个排污口，应先根据现场调查与水质监测资料，确定湖、库是属于完全混合型还是非完全混合型。非完全混合型比较复杂，需要做专题探讨。一般湖、库属于完全混合型，其环境容量推算方法如下：

① 调查与搜集资料：

• 按一定保证率（90%～95%）定出湖、库最枯月平均水位，相应的湖、库容积及平均深度；

• 枯水季的降水量与年降水量；

• 枯水季的入湖地表净流量及年地表净流量；

• 各排污口的排放量（m^3/d）及主要污染物种类和质量浓度；

• 湖、库水质监测点的布设与监测资料。

② 进行湖、库水质现状评价：

• 以该湖、库的主要功能的水环境质量作为评价的标准，并确定需要控制的污染物和可能的措施。

• 根据湖、库用水水质要求和湖、库水质模式，作某些污染物的允许负荷量（即环境容量）计算：

$$\Sigma W = C_0\left(H\frac{Q}{V} + 10\right)A \tag{9-13}$$

式中　ΣW——该湖、库水体对某种污染物的允许负荷量，kg/年；

C_0——湖、库水体对某种污染物的允许质量浓度，g/m^3；

Q——进入湖、库的年水量（包括流入湖、库的地表径流，湖面降水与污水），$10^4 m^3$/年；

H——90%～95%保证率时，湖、库最枯月平均水位相应的平均水深，m；

A——90%～95%保证率时，湖、库最枯月平均水位相应的湖泊面积，$10^4 m^2$；

V——90%～95%保证率时，最枯月平均水位相应的湖、库水容积，$10^4 m^3$。

6. 水环境容量分配

水环境容量分配是指将计算得出的环境以允许排放负荷的形式分配至各个污染源。

（1）分配原则

允许排放负荷分配的原则通常要考虑科学性、公平性、效率性和经济性。科学性基于科学的计算河流环境容量和排污口的允许纳污量。公平性是指均等对待所有参与者，同类型的不同污染源具有平等的分配权利。公平是一个相对概念，从不同的角度有不同的衡量标准与解决方法。公平性原则需要考虑区域人口、经济、环境承载力、现状环境状况等条件下，尽可能减少因分配问题而导致的纠纷。效率性是指在可行的前提下，以最小的投入或损耗换取最大的效益。经济性是在确保污染负荷分配方案科学可行、公平、有效之后，追求在控制单元范围内以最少的经济代价获取最大的环境效益。

（2）分配技术

国内外的专家学者提出了众多污染物负荷分配方法，比如表 9-3 中所列的美国最大日负荷（Total Maximum Daily Load，TMDL）计划常用的污染负荷分配方法。

美国 TMDL 计划中污染负荷分配方法　　表 9-3

序号	分配方法	序号	分配方法
1	等比例削减（处理）法	11b	鼓励较大设施达到较高去除率法
2	相同方法浓度限值法	12	根据社区有效收入的等比例削减法
3	等日排放总量法	13a	排污量收费法
4	等人均日排放总量法	13b	超量排污收费法
5	等量削减法	14	基于费用效率分析的季节性限值法
6	（污染源）周围水质年均值相等法	15	最小处理费用分配法
7	单位污染物去除等处理成本法	16	最佳可行技术（工业污染的 BAT）加上城镇市政污水的特定基本处理
8	单位产量相同处理成本法	17	基于不同排放者等努力处理的降解容量分配法
9	单位原料消耗相同排量法	18	城镇市政污水：基于污水处理设施规模的设定处理率法
10	单位产量相同排量法	19a	工业污水：最佳实用技术（BPT）和最佳可行技术（BAT）的等比例法
11a	每日原始负荷等比削减法	19b	基于河流流量和季节差异设定企业排放量法

尽管具体的方法种类和数量很多，并且分别适用于不同的情景和目标，但是概括起来，常用的分配方法基本上可以归结为最优化分配法和公平分配法两大类。

最优化分配法的显著特征是具有单一的最大化（或最小化）目标。这个目标可以是污染物去除的总成本，也可以是污染物的去除总量。

公平分配法即将污染物负荷按污染源的某一属性进行平均分配。目前关注较多的公平分配方法有：区域差异法、基尼系数法、等比例削减法、按贡献率分配法等。

9.2　城镇水环境污染来源

9.2.1　点源污染

水体的主要点污染源有：生活污水、工业废水、固体废物渗滤液和初期降水径流水等。由于产生废水的过程不同，这些污水、废水的成分和性质有很大的差别。

1. 生活污水

生活污水是由城镇居民的生活活动所产生的污水，主要来自家庭、商业、学校、旅游服务业及其他城镇公用设施，包括厕所冲洗水、厨房洗涤水、洗衣机排水、沐浴排水及其他排水等。其数量、成分和污染物浓度与居民的生活水平、习惯和用水量有关。

生活污水的特征是水质比较稳定，主要含有悬浮态或溶解态的有机物质，如纤维素、淀粉、糖类、脂肪、蛋白质等，还含有氮、硫、磷等无机盐类和各种微生物。一般不含有毒物质。由于生活污水极适于各种微生物的繁殖，因此含有大量的细菌和病毒。生活污水中还含有大量的合成洗涤剂。一般生活污水中悬浮固体的含量在 200～400 mg/L 之间，由于其中有机物种类繁多，性质各异，常以生化需氧量 BDO_5 或化学需氧量 COD 来表示其含量。一般生活污水的 BOD_5 在 200～400 mg/L 之间。

2. 工业废水

工业废水产自工业生产工程，其水量和水质随生产过程而异。根据其来源可分为工艺废水、原料或成品洗涤水、场地冲洗水以及设备冷却水等。根据废水中主要污染物的性质，可分为有机废水、无机废水、有机和无机混合废水、重金属废水、放射性废水等。根据产生废水的行业性质，又可分为造纸废水、印染废水、焦化废水、农药废水、电镀废水等。

不同工业排放废水的性质差异很大，即使是同一种工业，由于原料、设备和管理水平的差异，废水的数量和性质也会不同。工业废水一般具有以下几个特点：①污染物浓度大，某些工业废水含有的悬浮固体或有机物浓度是生活污水的几十甚至几百倍；②成分复杂且不易净化，如工业废水常呈酸性或碱性，废水中常含不同种类的有机物和无机物，有的还含重金属、氰化物、多氯联苯、放射性物质等有毒污染物；③常带有颜色或异味，如刺激性的气味，或呈现出令人生厌的外观，易产生泡沫，含有油类污染物等；④水量和水质变化大，因为工业生产一般有着分班进行的特点，废水水量和水质常随时间变化，工业产品的调整或工业原料的变化，也会造成废水水量和水质的变化；⑤某些工业废水的水温高，甚至高达 40℃以上。综上所述，工业废水常是造成水体污染的主要污染源，其危害程度很大。

3. 固体废物渗滤液

随着工农业生产的发展和人民生活水平的提高，各种固体垃圾（如工业垃圾、城镇垃圾、废水处理污泥和农业废弃物等）的排放量大幅度增加，这些固体垃圾中含有很多有毒有害物质，会造成环境的污染，因此需要对它们进行妥善处理和处置。

固体垃圾经雨水淋浸和冲刷后的渗出液和滤沥过程可将固体垃圾中的有毒有害物质带出，造成河川、湖泊和地下水的污染。例如美国得克萨斯州一个废物公司的沙坑，由于废酸和含油废物的污染，造成其周围 26 口水井水质变坏，发出恶臭，不能饮用。又如，中国某铁合金厂的铬渣露天堆积，经雨水淋浸后铬离子随雨水渗入地下，致使厂区下游十多平方千米范围内的地下水遭到污染，污染中心地下水中六价铬离子的含量超过饮用水标准

1000多倍。工业废弃物的种类繁多，成分复杂，在被雨水淋浸后的渗出液中，常含有多种重金属、油类、酚类、悬浮物及其他一些有毒有害物质。城镇垃圾、废水处理污泥和农业废弃物的渗滤液中则含有较多的有机污染物和病原微生物等。这些污染物质通过渗入地下或雨水径流的途径进入地面和地下水体中，导致水体的污染。

4. 初期降水与融雪径流

初期降水中的污染物浓度一般比后期降水的污染物浓度高出十几倍或者更多。这是由于初期降水时，雨和雪的淋洗和冲刷作用，将大气中的污染物质（如降尘、飘尘、氮氧化物、二氧化硫等）、各种构筑物表面的腐蚀锈蚀物和附着物、地面残土、植物枝叶、工业固体废物等产生的有机和无机污染物质带入其中所致。初期降水经过排水系统汇入受纳水体，使受纳水体的水质受到污染。

初期降水中的主要污染物有有机物、固体悬浮物、植物营养物质、重金属、放射性物质、油类、酚类、病原微生物及一些无机盐类。初期降水中的污染物含量与当地大气污染的程度、地表覆盖率和环境卫生条件等有密切的关系。对受纳水体水质影响最大的是固体悬浮物、有机物和重金属。初期降水还具有发生随机性大、时间性强、偶然因素多的特点。为了有效消除初期降水的污染问题，应综合考虑初期降水的水质与水量、排水系统状况和受纳水体功能等几个方面的因素，以便采取相应的治理措施。

在寒冷地区的城镇中，为了防止降雪后在路面上结冰而施用融雪剂，其中含有较多的氯化钠等化学盐类，导致融雪水挟带大量盐类进入受纳水体使其盐分增加，由此可能会影响淡水生态系统。

9.2.2　面源污染

水体的主要面源污染有：农田由于降水或灌溉产生的径流和渗流、大气降尘与降水，有时分散排放的小量污水也被列入面源污染。

1. 农田径流与渗流

随着农药和化肥的大量使用，农田径流和渗流水已成了水体的主要污染物之一。它是典型的面污染源，其排放特点是沿河流或干渠呈树枝状或片状分布。农药和化肥除少量地被农作物吸收外，其余绝大部分残留在土壤或漂浮在大气中。经过降水的淋洗和冲刷后，这些残留的农药和化肥会随着降水的径流和渗流进入地面水体和地下水中，造成天然水体的农药污染和水体（特别是湖泊等静止水体）的富营养化。农田径流与渗流水还会将农业废弃物（如秸秆和牲畜粪便等）带入水体中，这是水体氮和磷等营养物质的重要来源。许多城乡水井中的高硝酸盐含量几乎均与农业废弃物的污染有关。当农田采用污水灌溉时，污水中的许多污染物会随着灌溉后排出的水或雨后的径流和渗流进入水体造成水体污染。农田径流与渗流水中还常常含有大量的致病菌、病毒和寄生虫卵。

2. 大气沉降与降水

大气沉降与降水也是水体的主要面污染源之一。大气中的污染物有相当一部分可随着大气沉降和降水进入水体中，造成水体的污染。例如，全世界每天由工厂、船舶、车辆排入大气的石油烃大约6800多万t，这些石油烃的绝大部分会被氧化，其中约400万t通过沉降又回到地面，其中一部分进入各类水体，造成了水体的有机污染。在我国，一些湖泊出现了pH下降的现象。另外，随着工业特别是汽车工业的发展，废气的排放量越来越大，成分也复杂，对水体的污染必将更大，因此大气沉降与降水对水体造成的污染应引起人们的充分重视。对面污染源的控制要比对点污染源困难得多。值得注意的是，对于某些地区和某些污染物来说，面污染源所占的比重往往不小。例如，湖泊的富营养化，面污染源常超过 50%。

9.3　城镇水环境污染控制与整治技术

9.3.1　概述

控制污水污染的基本途径是降低污水的污染程度和提高接纳水体的自净能力。要降低污水的污染程度，可以采取的措施包括：减少污水排放量；减少污水中污染物的含量；排放污水前必须进行处理，使之符合排放标准等。据统计，造成水污染的原因，有的是管理不善，有的是没有综合利用，还有的是缺乏环保措施，因此污水处理要贯彻以防为主、防治结合和在产品生产的全过程推行清洁生产的原则。

进行污水处理的基本方法，按其原理可以分为物理方法、化学方法和生物化学方法三大类。

1. 物理方法

通过物理作用分离和去除污水中不溶解的悬浮固体、溶解性气体以及其他污染物的方法。一般有混合、格栅、筛网、过滤、超滤、离心分离、沉降、上浮、吸附、磁性分离、蒸发、浓缩、结晶、吹脱、汽提、萃取、冷却、渗析、反渗透、电渗析等。

2. 化学方法

通过化学反应改变污水中污染物的化学或物理性质，进而将其从水中分离、去除的方法。一般有混凝沉降、混凝上浮、中和、氧化、还原、离子交换、湿式氧化、吸收、离子浮选、消毒及焚烧处理等。

3. 生物化学方法

利用微生物的新陈代谢作用去除污水中有机污染物的一种方法，一般分为好氧生化法和厌氧生化法两大类。

好氧生化法是指通过好氧微生物在有氧条件下分解水中有机物的方法。一般分为活性污泥法和生物膜法两大类：①活性污泥法，微生物处于悬浮生长状态。根据运行方式的不同，又有多种分类，一般有传统活性污泥法、完全混合活性污泥法、生物吸附再生法、延时曝气法、深井曝气法和纯氧曝气法等。②生物膜法，微生物处于附着生长状态。根据运行方式一般又可分为：普通生物滤池法、塔式生物滤池法、生物转盘法、生物接触氧化法和生物流化床法等。

厌氧生化法是指在厌氧细菌和兼性细菌在缺氧条件下分解有机物的方法，主要用于高浓度有机废水和有机污泥的处理。按照微生物是悬浮生长还是附着生长可以分为厌氧活性污泥法和厌氧生物膜法。前者如普通厌氧消化池法、厌氧接触法和上流式厌氧污泥床法等；后者如厌氧生物滤池法，厌氧生物转盘法、厌氧膨胀床法和厌氧流化床法等。

上述方法的分类仅是一个粗略的归类而已，实际上一种废水处理往往同时涉及两类或三类处理方法，如化学沉淀法属于化学方法，但产生沉淀必须进行沉降过滤，又是物理方法；活性污泥法是生物法，但污泥沉降又属于物理法；高浓度有机废水的湿式氧化属于化学法，但其后处理过程又有物理法。所以它们往往互相联系，不能截然分开。各种处理技术适合处理不同的污染物，同一类污染物可以用不同的方法进行处理，其效果也不尽相同。要做到以较少代价取得较好的处理效果，需将几种处理方法进行系列的综合应用。

污水的性质往往十分复杂，通常需要利用各种处理方法的特点和适应条件，将几种单元处理方法巧妙地结合起来，合理配置主次关系和前后次序，联合成一个有机的整体，才能最经济有效地完成处理任务。这种由多种单元处理设备合理配置而成的整体，叫做污水处理系统，有时也叫污水处理流程。一般而言，城镇生活污水的水质比较均一，已形成了一套行之有效的典型处理流程（图 9-3）。目前城镇污水处理的组合流程常常分为：预处理、一级处理、二级处理和三级处理（或深度处理、高级处理）。

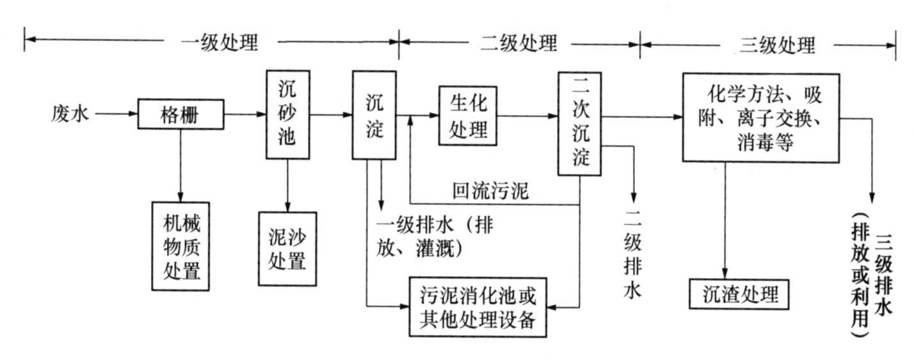

图 9-3　城镇生活污水典型处理系统

（1）预处理。主要起均衡调节的作用，包括废水中机械杂质和大颗粒悬浮物的去除及水量、水质、pH 的调节等，以保证后续处理单元的正常进行。

（2）一级处理。属于二级处理的预处理，主要目标是去除污水中呈悬浮状态的固体污染物质，常采用格栅、混凝沉降和上浮去油等物理处理方法。经过一级处理后的污水，BOD 一般可去除 30%左右，通常达不到排放标准。有时也把预处理包括在一级处理中。

（3）二级处理。主要目标是去除污水中呈胶体和溶解状态的有机污染物质（即 BOD 和 COD 物质），常采用生物化学处理方法，典型的设备是生物曝气池、生物滤池和二次沉淀池等。二级处理过程中常可去除 80%以上的污染物，使污水在有机污染物指标上达到排放标准。在这一过程中常有活性污泥产生。

（4）三级处理（或高级处理）。三级处理是在一级和二级处理后，进一步处理难降解的有机物、磷和氮等能够导致水体富营养化的可溶性无机物等。主要方法有生物脱氮除磷法、混凝沉淀法、砂滤法、活性炭吸附法、离子交换法和电渗析法等。一般在出水排放要求较高时进行。三级处理是深度处理的同义语，但两者又不完全相同，三级处理常用于二级处理之后。而深度处理则以污水回收、再利用为目的，在一级或二级处理后增加的处理工艺。污水再用的范围很广，从工业上的重复利用、水体的补给水源到成为生活用水等。

上述只是一个简单的传统分类法，并非所有废水均要通过上述几个环节。对于某一种废水来说，究竟采用哪些处理方法，怎样的处理流程，需根据废水的水质和水量、回收价值、排放标准、处理方法的特点以及经济条件等，通过调查分析和技术经济比较后才能确定，必要时还要进行试验研究。

9.3.2　污水的物理处理

综合生活污水、工业废水与雨水中都含有大量的漂浮物与悬浮物质，其中包含无机性和有机性两类。由于污水来源广泛，所以悬浮物质含量变化幅度很大，从每升几十到几千毫克，甚至达数万毫克。

污水物理处理法的去除对象是漂浮物、悬浮物质，采用的处理方法与设备主要有：

- 筛滤截留法——筛网、格栅、滤池与微滤机等；
- 重力分离法——沉砂池、沉淀池、隔油池与气浮池等；
- 离心分离法——离心机与旋流分离器等。

本节主要阐述城镇污水处理使用的格栅、沉砂池和沉淀池。

1. 格栅

格栅由一组平行的金属栅条或筛网制成，安装在污水渠道、泵房集水井的进口处或污水处理厂的端部，用以截留较大的悬浮物或漂浮物，如纤维、碎皮、毛发、木屑、塑料制品等，以便减轻后续处理构筑物的处理负荷，并使之正常运行。被截留的物质成为栅渣。

格栅所能截留污染物的数量与选用的栅条间距和污水的性质有很大关系，一般以不堵塞水泵和水处理厂站的处理设备为原则。设置在污水处理厂处理系统前的格栅，还应考虑到使整个污水处理系统能正常运行，对处理设施或管道等均不应产生堵塞作用。因此，可设置粗细两道格栅，栅条间距一般采用 16～25mm，最大不超过 40mm，所截留的污染物数量与地区的情况、污水沟道系统的类型、污水流量以及栅条的间距等因素有关。

格栅的清渣方法有人工清除和机械清除两种。每天的栅渣量大于 0.2m^3时，一般应采用机械清除方法。

(1) 人工清渣格栅

中小型城镇生活污水处理厂或所需截留的污染物量较少时，可以采用人工清理的格栅。这类格栅用直钢条制成，为了使工人便于清渣作业，避免清渣过程中的栅渣掉回水中，格栅安装角度以 30°～ 45°为宜。

(2) 机械清渣格栅

当栅渣量大于 0.2m^3/d 时，为了改善劳动与卫生条件，应采用机械清渣格栅。常用的清渣机有固定式、活动式和回转耙式。格栅栅条的断面形状有圆形、矩形和方形。圆形的水力条件比方形好，但刚度较差。目前多采用断面形式为矩形的栅条。

几种机械格栅及其适用范围　　**表 9-4**

类型	适用范围	优点	缺点
链条式	深度不大的中小型格栅，清除长纤维、带状物	构造简单、制造方便，占地面积小	杂物进入链条和链轮之间时易卡住；套筒滚子链造价高，耐腐蚀性差
移动式伸缩臂	中等深度的宽大格栅，耙斗比较适用于污水除污	不清污时在水上，维护检修方便，可不停水检修；钢丝绳在水上运行，寿命长	需三套电机、减速器，构造较复杂；移动时，耙齿与栅条间隙的对位较困难
圆周回转式	深度较浅的中小型格栅	构造简单；动作可靠，容易检修	配置圆弧形格栅，制造较困难；占地面积大
钢丝绳牵引式	固定式适用于中小型格栅，深度范围大；移动式适用于宽大格栅	使用范围广泛；无水下固定部件的设备，检修维护方便	钢丝绳干湿交替，易腐蚀，宜用不锈钢丝绳；有水下固定部件设备，检修时需停水

设置格栅的渠道，宽度要适当，应使水流保持稳定的流速，一方面泥砂不至于沉积在沟渠底部，另一方面截留的污染物又不至于被冲过格栅，通常采用0.4～0.9m/s。为了防止栅条堵塞，污水通过栅条间的流速一般采用0.6～1.0m/s，最大流量时可高于1.2～1.4m/s。

2. 沉淀

沉淀法是水处理中最基本的方法之一。它是利用水中悬浮颗粒的可沉降性能，在重力作用下产生下沉作用，达到固液分离的一种过程。

按照废水的性质和所要求的处理程度不同，沉淀处理工艺可以是整个水处理过程中的一个工序，也可以作为唯一的处理方法。在典型的污水处理厂中，沉淀池有下列4种用法：①作为沉砂池，用于废水的预处理，去除污水中的易沉物，如砂粒等；②作为初次沉淀池，用于污水进入生物处理构筑物前的初步处理，可较经济地去除悬浮有机物，以减轻后续生物处理构筑物的有机负荷；③作为二次沉淀池，用于生物处理后的固液分离，主要用来分离生物处理工艺中产生的生物膜、活性污泥等，使处理后的水得以澄清；④作为污泥浓缩池，用于污泥处理阶段，将来自初沉池和二沉池的污泥进一步浓缩，以减小体积等。

根据悬浮物质的性质、浓度及絮凝性能，沉淀可分为4种类型：

第一类为自由沉淀，当悬浮物质浓度不高，在沉淀的过程中，颗粒之间互不碰撞，呈单颗粒状态，完成沉淀过程。典型例子是砂粒在沉砂池中的沉淀以及悬浮物质浓度较低的污水在初次沉淀池中的沉淀过程。自由沉淀过程可用牛顿第二定律及斯托克斯公式描述。

第二类为絮凝沉淀（也称干涉沉淀），当悬浮物质浓度为50～500mg/L时，在沉淀过程中，颗粒与颗粒之间可能互相碰撞产生絮凝作用，使颗粒的粒径与质量逐渐加大，沉淀速度不断加快，故实际沉速很难用理论公式计算，主要靠试验测定。这类沉淀的典型例子是活性污泥在二次沉淀池中的沉淀。

第三类为区域沉淀（或称成层沉淀、拥挤沉淀），当悬浮物质浓度大于500mg/L时，在沉淀过程中，相邻颗粒之间互相妨碍、干扰，沉速大的颗粒也无法超越沉速小的颗粒，各自保持相对位置不变，并在聚合力的作用下，颗粒群结合成一个整体向下沉淀，与澄清水之间形成清晰的液-固界面，沉淀显示为界面下沉。典型例子是二次沉淀池下部的沉淀过程及浓缩池开始阶段。

第四类为压缩，区域沉淀的继续，即形成压缩。颗粒间互相支承，上层颗粒在重力用下，挤出下层颗粒的间隙水，使污泥得到浓缩。典型的例子是活性污泥在二次沉淀池污泥斗中及浓缩池中的浓缩过程。

活性污泥在二次沉淀池及浓缩池的沉淀与浓缩过程中，实际上都顺次存在着第一、二、三、四类型的沉淀过程，只是时间长短不同而已。

（1）沉砂池

沉砂池的功能是去除比重较大的无机颗粒（如泥沙、煤渣等，相对密度约为2.65），一般设于泵站、倒虹管前，以便减轻无机颗粒对水泵、管道的磨损；也可设置在初次沉淀池前，以减轻沉淀池负荷及改善污泥处理构筑物的处理条件。常见的沉砂池有平流沉砂池、曝气沉砂池、旋流沉砂池。

1）平流沉砂池是最常用的一种形式，它的结构实际上是在上部进行了加宽的明渠，两端设有闸门以控制水流。平流沉砂池由入流渠、出流渠、闸板、水流部分及沉沙斗组成，在池的底部设置1～2个储砂斗，下接排砂管（图9-4）。它具有截留无机颗粒效果好、工作稳定、构造较简单、排沉砂较方便等优点。污水在池内的最大流速为0.3m/s，最小流速为0.15m/s，池底线度一般为0.01～0.02。当设置除沙设备时，可根据除沙设备的要求，考虑池底状。

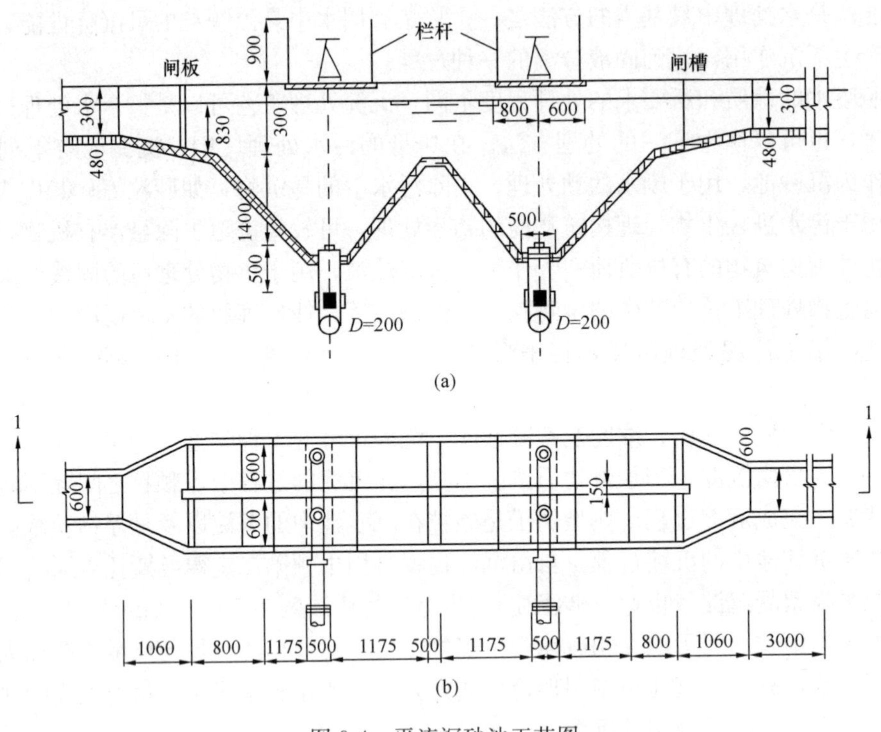

图9-4　平流沉砂池工艺图

（a）1-1剖面；（b）平面图

平流沉淀池的主要缺点是沉砂中约夹杂有15%的有机物，使沉砂的后续处理增加难度。故常需配洗砂机，把排沙经清洗后，有机物含量低于10%，成为清洁沙，再外运。曝气沉砂池可克服这一缺点。

2）曝气沉砂池在池中设有曝气设备，因而还具有预曝气、脱臭、防止污水厌氧分解、除泡以及加速污水中油类的分离等作用。

曝气沉砂池是一个长形渠道，沿渠道壁一侧在距池底约60～90cm处设置曝气装置，在池底设置沉砂斗，池底有i=0.1～0.5的坡度，以保证砂粒滑入砂槽。为了使曝气能在池内形成回流，在必要时可在曝气装置的一侧装设挡板。污水在池中存在着两种运动形式，其一为水平流动，流速不超过0.3m/s，一般取0.1m/s；同时，由于曝气作用形成环流，在横断面上产生旋转运动。整个池内水流产生螺旋状前进的流动形式，旋转速度在过水断面的中心处最小，在池的周边最大。

（2）沉淀池

沉淀池按工艺布置的不同，可分为初次沉淀池（简称初沉池）和二次沉淀池（简称二沉池）。初次沉淀池是一级污水处理厂的主体处理构筑物，或作为二级污水处理厂的预处理构筑物设在生物处理构筑物的前面。处理的对象是悬浮物质（英文缩写为 SS，可去除 40%～55%以上），同时可去除部分 BOD_5（占总 BOD_5 的 20%～30%，主要是悬浮性 BOD_5），可改善生物处理构筑物的运行条件并降低其 BOD_5 负荷。初次沉淀池中的沉淀物质称为初次沉淀污泥。二次沉淀池设在生物处理构筑物（活性污泥法或生物膜法）的后面，用于沉淀去除活性污泥或腐殖污泥（指生物膜法脱落的生物膜），它是生物处理系统的重要组成部分。初沉池、生物膜法及其后的二沉池 SS 总去除率为 60%～90%，BOD_5 总去除率为 65%～90%；初沉池、活性污泥法及其后的二沉池的总去除率为 70%～90% 和 65%～95%。

沉淀池按池内水流方向的不同，可分为平流式沉淀池、辐流式沉淀池和竖流式沉淀池。

1）平流式沉淀池：由流入装置、流出装置、沉淀区、缓冲区、污泥区及排泥装置等组成。池形呈长方形，废水从池的一端流入，水平方向流过池子，从池的另一端流出。在池的进口处底部设储泥斗，其他部位池底有坡度，倾向储泥斗。为了使入流污水均匀稳定地进入沉淀池，进水区采取整流措施（图 9-5）。

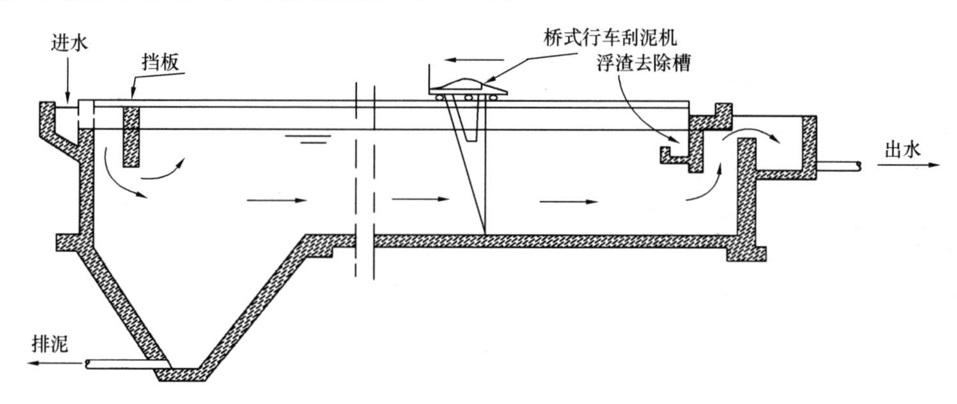

图 9-5　平流式沉淀池

2）竖流式沉淀池：池形多为圆形，亦有呈方形或多角形的，废水从设在池中央的中心管进入，从中心管的下端经过反射板后均匀缓慢地分布在池子的横断面上，由于出水口设置在池墙顶部的四周，故水的流向基本由下向上（图 9-6）。污泥储积在底部的污泥斗。在竖流式沉淀池中，污水是从下向上以流速 u 作竖向流动，废水中的悬浮颗粒有以下 3 种运动状态：①当颗粒沉速 $v>u$ 时，则颗粒将以 $v-u$ 的差值向下沉淀，颗粒得以去除；②当 $v=u$ 时，则颗粒处于随遇状态，不下沉亦不上升；③当 $v<u$ 时，颗粒将不能沉淀，而会被上升水流带走。由此可知，当可沉颗粒属于自由沉淀类型时，其沉淀效果要比平流式沉

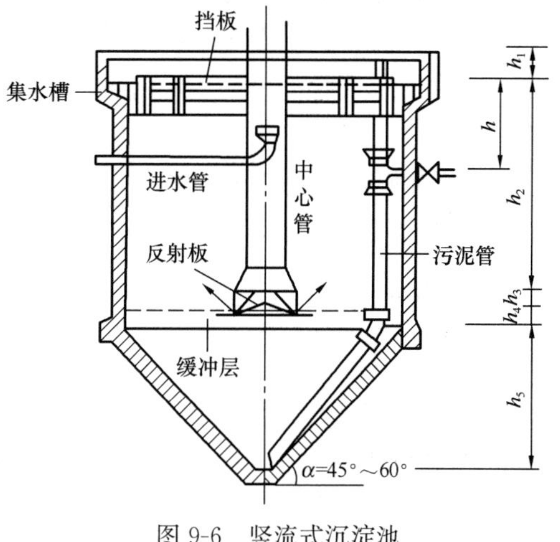

图 9-6　竖流式沉淀池

淀池低。但当可沉颗粒属于絮凝沉淀类型时，则发生的情况就比较复杂。一方面，由于在池中的流动存在着各自相反的状态，就会出现上升颗粒与下降颗粒，同时还存在着上升颗粒与上升颗粒之间、下降颗粒与下降颗粒之间的相互接触、碰撞，致使颗粒的直径逐渐增大，有利于颗粒的沉淀。

3）辐流式沉淀池：也称辐射式沉淀池。池形多呈圆形，小型池子有时也采用正方形或多角形。池的进、出口布置基本上与竖流池相同，进口在中央，出口在周围。但池径与池深之比，辐流池比竖流池大许多倍。水流在池中呈水平方向向四周辐射流动。由于过水断面面积不断变大，池中的水流速度从池中心向四周逐渐减慢。泥斗设在池子中央的底部，池底向中心倾斜，污泥通常用刮泥（或吸泥）机械排除（图 9-7）。

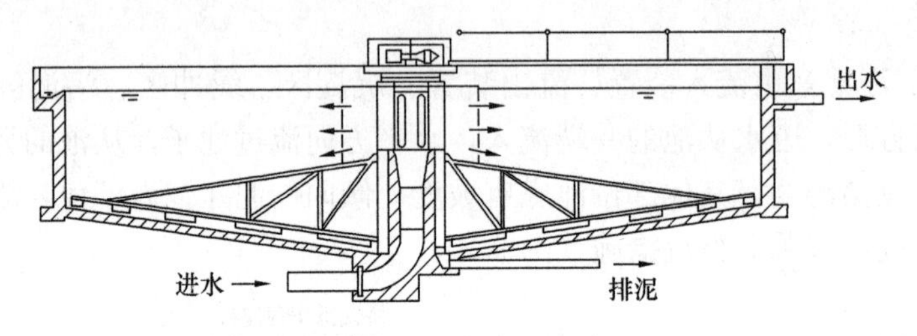

图 9-7　辐流式沉淀池

辐流式沉淀池是一种大型沉淀池，池径可达 100m，池周水深 1.5～3.0m，沉淀于池底的污泥一般采用刮泥机刮除。刮泥机由刮泥板和桁架组成，刮泥板固定在桁架底部，桁架绕池中心缓慢转动，将沉在池底的污泥推入池中心处的泥斗中，污泥在泥斗中可利用静水压力排出，亦可用污泥泵抽吸。目前常用的刮泥机械有中心传动式刮泥机和吸泥机以及周边传动式的刮泥机与吸泥机等。为了满足刮泥机的排泥要求，辐流式沉淀池的池底坡度平缓，常取 $i=0.05$。当池径较小时，也有采用多斗排泥的形式。

上述类型沉淀池的特点和适用条件如表 9-5 所示。

各种类型沉淀池的特点和适用条件　　　　表 9-5

类型	优点	缺点	适用条件
平流式	对冲击负荷和温度变化的适应能力较强；施工简单，造价低	采用多斗排泥时，每个泥斗需要单独设置排泥管，操作工作量大；机件设备和驱动件均浸于水中，易锈蚀	适用地下水位较高及地质较差的地区；适用于大、中、小型污水处理厂
竖流式	排泥方便，管理简单，占地面积小	池子深度大，施工困难，对冲击负荷及温度变化的适应能力较差，造价较高，池径不宜过大	适用于水量不大的小型污水处理厂
辐流式	采用机械采泥，运行较好，管理也较简单，排泥设备已有定型产品	池水水流速度不稳定，机械排泥设备复杂，对施工质量要求较高	适用于地下水位较高的地区和大、中型污水处理厂

9.3.3　活性污泥法

1. 活性污泥工艺的基本概念

活性污泥法处理工艺是 1914 年在英国曼彻斯特建成试验场创始的。活性污泥工艺在处理城镇市政污水以及有机工业废水等方面的优势得到了充分发挥。此外，活性污泥工艺在生物脱氮、除磷理论上取得显著成果，使该工艺具有良好的脱氮、除磷功能。

向生活污水注入空气进行曝气，并持续一段时间以后，污水中生成一种絮凝体，在显微镜下观察这些褐色的絮凝体，可以见到大量的细菌、真菌、原生动物和后生动物，它们组成了一个特有的生态系统。正是这些微生物（主要是细菌）以污水中的有机物为食料，进行代谢和繁殖，降低了污水中有机物的含量。活性污泥反应的结果是污水中有机污染物得到降解而去除，活性污泥本身得以繁衍增长，污水则得以净化处理。这种由大量繁殖的微生物群体所构成的絮凝体，易于沉淀分离，并使污水得到澄清，称之为“活性污泥”。而活性污泥法则是以活性污泥为主体的生物处理方法。活性污泥处理系统的生物反应器是曝气池。此外，系统的主要组成还有二次沉淀池、污泥回流系统和曝气及空气扩散系统。活性污泥法处理系统，实质上是自然界水体自净的人工模拟，但不是简单的模仿，而是经过人工强化的模拟。

2. 活性污泥法的基本流程

图 9-8 所示为污水活性污泥处理工艺系统的基本流程。该工艺系统的主体核心处理设备是活性污泥反应器——曝气池。在该工艺系统中，还设有二次沉淀池、活性污泥回流系统及曝气系统与空气扩散装置等辅助性设备。

城镇污水活性污泥工艺处理系统的正式运行流序：来自初次沉淀池或其他预处理系统的污水，和从二次沉淀池连续回流的活性污泥形成混合液，从曝气池的一端进入。此外，从鼓气机房送来的压缩空气，通过铺设在曝气池底部的空气扩散装置，以微小气泡的形式进入曝气池中。微小气泡除向污水充氧外，还使曝气池内的污水、活性污泥处于剧烈混合的状态，形成混合液。活性污泥、污水与氧互相混合、充分接触，使活性污泥反应得以正常进行。同时，曝气池是一个生物反应器，通过曝气设备充入空气，空气中的氧溶入污水使活性污泥混合液产生好氧代谢反应。曝气设备不仅传递氧气进入混合液，而且使混合液得到足够的搅拌而呈悬浮状态。这样，污水中的有机物、氧气同微生物能充分接触和反应。

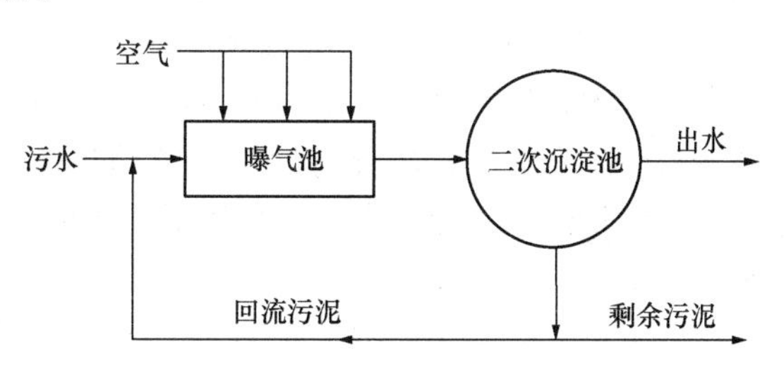

图 9-8　活性污泥法的基本流程

经过活性污泥作用后的混合液由曝气池另一端流出，进入二次沉淀池进行固液分离。混合液中的悬浮固体在二次沉淀池中通过沉淀作用与污水分离，净化水流出沉淀池，经过沉淀浓缩的污泥从沉淀池底部排出，其中一部分作为接种污泥回流到曝气池，称为回流污泥。回流污泥的目的是使曝气池内保持一定的悬浮固体浓度，即保持一定的微生物浓度。曝气池中的生化反应引起了微生物的增殖，增殖的微生物从二次沉淀池中排出，以维持活性污泥系统总量平衡，这部分污泥称为剩余污泥。剩余污泥与在曝气池内增长的污泥，在数量上保持平衡，使曝气池内的污泥浓度相对保持在一个较为恒定的范围内。剩余污泥中含有大量的微生物，排入环境前应进行相应的污泥处理。

从上述流程可以看出，污泥除了具有氧化和分解有机物的能力外，还应有良好的凝聚和沉淀性能，以使活性污泥能从混合液中分离出来，得到澄清的出水。活性污泥中的细菌常以菌胶团形式存在，游离状态的较少。菌胶团是由细菌分泌的多糖类物质将细菌包覆成的黏性团块，使细菌具有抵御外界不利因素的性能。菌胶团是活性污泥絮凝体的主要组成部分。游离状态的细菌不易沉淀，而混合液中的原生动物可以捕食这些游离细菌，使沉淀池出水更清澈，因而原生动物有利于出水水质的提高。

3. 影响活性污泥工艺系统的主要因素及工艺运行参数

（1）活性污泥工艺系统的影响因素

对活性污泥反应的影响因素，实际上就是对活性污泥微生物生理活动的影响因素。和一切生物相同，活性污泥微生物也是只有在适宜的环境条件下生活与运作，它的生理活动才能得以正常进行。活性污泥反应系统就是人为地为活性污泥微生物创造适宜、良好的生活环境条件，使微生物以对有机物降解为主体的生理功能得到充分发挥。

能够影响微生物生理活动的环境因素主要的是：营养物质、温度、溶解氧以及有毒有害物质等。

1）营养物质平衡。参与活性污泥反应活动的微生物，在其生命（理）活动的过程中，需要不断地从其所处环境的混合液中吸取其必需的营养物质，这里有碳源、氮源、无机盐类及某些生长素等。混合液中必须充分地含有这些物质，这些物质应当是主要由进入活性污泥工艺系统的原污水挟入。本节主要讲述碳、氮和磷。

碳（C）是构成微生物菌体细胞的重要物质，参与活性污泥反应活动的微生物对碳源的需求量较大，如以进入污水的BOD_5值计，不宜低于100mg/L。一般来说，生活污水和城镇污水中含有的碳比较充足，是能够满足微生物的需求，至于工业废水，则应另行考虑。对含碳量低的工业废水，在采用活性污泥工艺进行处理时，需补充投加碳源，如生活污水、淘米水以及淀粉等。

氮（N）是组成微生物菌体细胞内蛋白质和核酸的重要元素。氮源可能来自N_2、NH_3、NO_3^-等无机含氮化合物，也可能来自蛋白质、氨基酸等有机含氮化合物，其需要量可按BOD_5∶N=100∶5考虑。生活污水中氮源是足够的，无需另行投加，但工业废水则应进一步了解其所含氮源是否满足活性污泥微生物的需求，在需要时应另行投加，如尿素、硫酸铵等。

磷（P）是微生物需求量最多的无机元素，磷源不足将影响酶的活性，从而使微生物的生命活动受到不良影响。微生物对磷的需求量可按BOD_5∶N∶P=100∶5∶1计算求得。

2）混合液中的溶解氧浓度。参与活性污泥反应系统活动的微生物是以好氧呼吸的好氧菌为主体的微生物种群。对此，在活性污泥反应器——曝气池内必须保持有足够的溶解氧。一般来说，在推流式曝气池内混合液的溶解氧浓度以保持在1~3mg/L为宜。应当说明，在曝气池混合液内的溶解氧浓度也不宜过高，溶解氧浓度过高会导致有机污染物分解过快，从而产生微生物营养缺乏，活性污泥易于老化，结构松散等现象。此外，溶解氧过高，耗能过量，在经济上也是不适宜的。

3）混合液的pH。微生物进行的生理活动，对其周围环境pH也有要求，参与活性污泥反应的微生物，其最佳的pH范围是6.5~8.5。

对曝气池内的混合液保持适宜的pH是十分必要的。在一般情况下，生活污水或城镇污水，都有可能保持着适宜的pH，但也应当常备不懈地保持调节pH的设备。对进行活性污泥工艺处理的工业废水则必须考虑设 pH 调节设备。

4）混合液的水温。参与活性污泥反应的微生物，多属嗜温菌，其生理活动最适温度介于 10～45℃，从安全考虑，一般将活性污泥反应有效温度最低与最高值分别控制在 15℃和 35℃。

5）有毒有害物质。有毒物质是指对微生物生理活动具有抑制作用的某些无机物质及有机物质，如重金属离子、酚、氰等。

重金属离子（铅、铬、铁等）对微生物会产生毒害作用，它们能够和细胞的蛋白质相结合，而使其变性或沉淀。汞、银、砷的离子对微生物的亲和力较大，能与微生物酶蛋白的基结合，从而抑制其正常的代谢功能。

酚类化合物对黄体细胞膜有损害作用，能够促使菌体蛋白凝固，并且酚能对某些酶系统，如脱氢酶和氧化酶，产生抑制作用，破坏细胞的正常代谢。酚的许多衍生物如对位、偏位、邻位甲酚、丙基酚、丁基酚都有很强的杀菌功能。

甲醛能够与蛋白质的氨基相结合，而使蛋白质变性，破坏了菌体的细胞质。

有毒物质对微生物的毒害作用有一个量的概念，只有当有毒物质在环境中达到某种浓度时，毒害与抑制作用才显露出来。这一浓度称为有毒物质极限允许浓度，污水中的各种有毒物质只要低于此值，微生物的生理功能就会不受到影响。

（2）活性污泥工艺系统的运行参数

1）活性污泥量（度）：常用以下两项指标进行表示：混合液悬浮固体浓度（混合液污泥浓度，简称 *MLSS*），是指曝气池单位容积混合液中所含有的活性污泥固体物质的总重量。该项指标不能精确地表示具有活性的活性污泥量，所表示的仅是活性污泥量的相对值。混合液挥发性悬浮固体浓度（简称 *MLVSS*），是指混合液活性污泥中有机性固体物质部分的浓度。

MLSS 和 *MLVSS* 两项指标，虽然在表示具有活性的活性污泥微生物量方面不够精确，但是由于测量方法简单易行，而且能够在一定程度上表示相对的活性污泥微生物量值，因此，广泛用于活性污泥工艺系统的设计和运行管理。

2）污泥沉降比（*SV*）：又称为“30min 沉降率”，它所表示的是：搅拌混合良好的混合液在量筒内静止 30min 后所形成沉淀污泥的容积占原混合液容积的百分率，以%表示。

污泥沉降比（*SV*）能够反映在活性污泥反应系统的正常运行过程中，在曝气池内的活性污泥量，可用以控制、调节剩余污泥的排放量，还能通过它及时发现污泥膨胀等异常现象的发生，有相当高的使用价值与意义，是活性污泥反应系统重要的运行参数，也是评定活性污泥数量和质量的重要指标。

3）污泥容积指数（*SVI*）：又称为“污泥指数”，是指在曝气池出口处的混合液，在经过 30min 静沉后，1g 干污泥所形成的沉淀污泥所占有容积，单位为 mL/g。其计算式为：

$$SVI=\frac{\text{混合液(1L)30min 静沉形成的活性污泥容积(mL)}}{\text{混合液(1L) 中悬浮固体干重(g)}}=\frac{SV(\mathrm{mL/L})}{MLSS(\mathrm{g/L})} \quad (9\text{-}14)$$

SVI 值能够反映活性污泥的凝聚、沉降性能，对生活污水及城镇污水，此值以介于 70～100 之间为宜。*SVI* 值过低，说明活性污泥颗粒细小，无机物质含量高，这样的活性

污泥，活性较低；SVI 值过高，说明活性污泥的沉降性能欠佳，或者已出现产生膨胀现象。

4）污泥龄（θ_c）：是指曝气池内活性污泥总量与每日排除污泥量之比，即活性污泥在曝气池内的平均停留时间。

设计时采用的 θ_c 常为 3～10d。为使溶解性有机物有最大的去除率，可选用较小的 θ_c 值；为使活性污泥具有较好的絮凝沉淀性，宜选用中等大小的 θ_c 值；为使微生物净增量很小，则应选用较大的 θ_c 值。

在活性污泥法设计中，既可采用污泥负荷，也可采用污泥龄作设计参数。在实际运行时，控制污泥负荷比较困难，需要测定有机物量和污泥量，而用污泥龄作为运转控制参数，只要求调节每日的排污量，过程控制简单得多。

5）BOD-污泥负荷和 BOD-容积负荷：活性污泥反应的核心物质是活性污泥微生物，而参与反应的物质包括作为活性污泥微生物载体的活性污泥、作为活性污泥微生物营养物质的有机污染物和保证活性污泥微生物正常生理活动的溶解氧。在正常的活性污泥反应进程中，这三种物质都会在数量上产生变化，即有机污染物被降解而含量降低；由于微生物的增殖而使活性污泥得到增长；溶解氧为微生物所利用，必须连续地加以补充。

决定有机污染物的降解速度、活性污泥增长速度以及溶解氧被利用速度的最重要的因素是有机污染物量与活性污泥量的比值 F/M，它是活性污泥处理系统设计、运行的一项非常重要的参数。

实际应用上，F/M 值是以 BOD-污泥负荷 N_s {kg（BOD_5）/[kg（MLSS）]·d} 表示的。即：

$$\frac{F}{M}=N_s=\frac{QL_a}{XV} \tag{9-15}$$

式中　Q——污水流量，m^3/d；

L_a——原污水中有机底物（BOD_5）浓度，mg/L；

V——反应器（曝气池）容积，m^3；

X——混合液悬浮固体（MLSS），mg/L。

BOD-污泥负荷 N_s 表示曝气池内单位质量（kg）活性污泥在单位时间（1d）内能够接受并将其降解到预定程度的有机污染物 BOD 量。选定适宜的 BOD-污泥负荷具有一定的经济意义。BOD-污泥负荷是影响有机污染物降解、活性污泥增长的重要因素。

采用较高的 BOD-污泥负荷，将加快有机污染物的降解速度与活性污泥增长速度，降低曝气池的容积，比较经济，但处理水水质未必能够达到预定的要求；采用较低的 BOD-污泥负荷，有机污染物的降解速度和活性污泥的增长速度都将降低，曝气池的容积加大，建设费用有所增高，但处理水的水质有所改善。

在活性污泥处理系统的设计与运行中，还使用另一种负荷值 BOD-容积负荷 N_v {kg（BOD_s）/[m^3（曝气池）]·d}，其表达式为：

$$N_v=\frac{QL_a}{V} \tag{9-16}$$

BOD-容积负荷所表示的是单位曝气池容积（m^3），在单位时间（1d）内能够接受并将其降解到预定程度的有机污染物 BOD 量。

N_s 值和 N_v 值之间的关系为：

$$N_v = N_s X \tag{9-17}$$

BOD-污泥负荷和 BOD-容积负荷是活性污泥处理系统设计与运行最基本的参数之一，具有很高的工程应用价值。

4. 活性污泥处理工艺的传统工艺系统

（1）普通活性污泥工艺系统

普通活性污泥法是活性污泥法最早使用的并一直沿用至今的运行方式。原污水从曝气池池首进入池内，与从二次沉淀池回流的污泥一并注入。污水与回流污泥形成的混合液在池内呈推流状态流至池末端，有机物被活性污泥微生物吸附后，沿池长曝气并逐步稳定转化。混合液在池内经过一定时间的停留后，污水中的有机物物得以降解去除。混合液流出池外进入二次沉淀池进行泥水分离，绝大部分污泥回流至曝气池，另一小部分污泥作为剩余污泥排出系统。这种传统活性污泥法，有机物的去除率（按 BOD 计）可达 90%以上，出水水质较好，适于处理净化程度和稳定程度要求较高的污水。

有机污染物在曝气池内的降解，经历了第一阶段的吸附和第二阶段代谢的完整过程，活性污泥也经历了一个从池首的对数增长，经减速增长到池末的内源呼吸期的完全生长周期。由于有机污染物浓度沿池长逐渐降低，需氧速度也是沿池长逐渐降低。因此，在池首端和前段混合液中的溶解氧浓度较低，甚至可能不足；随后溶解氧浓度沿池长逐渐增高，池末溶解氧含量充足，一般都能够达到规定的 2mg/L 左右。

可是，传统活性污泥法在运行实践中出现了一些问题，主要有：

1）污水中的有机污染物从曝气池一端进入，混合液中的底物浓度在池进口高，沿池长逐渐降低，至池出口端最低，曝气池首端有机负荷（F/M）高，池尾端低。因此，池首端需氧速率高，而池尾端低。当供氧无法满足时，虽然要求的需氧速率过高，但不可能达到。为此，传统活性污泥法进水的有机负荷量或者说有机负荷不宜过高，否则，池中将严重缺氧。为了保持池中混合液有一定的溶解氧，至少不低于最小限值（一般为 2mg/L）。因此，传统活性污泥法的进水有机负荷量受到一定的限制。

2）由于沿曝气池长的需氧速率是变化的，由大变小，而沿池长的供氧速率是均匀的，因此，曝气池的后半部将出现供氧速率大于需氧速率，至末端时供氧速率大大超出需氧速率的现象。因而，在节省能源方面，传统活性污泥法是不能令人满意的。

3）由于污水和回流污泥进入曝气池后不能立即和池中原有混合液充分混合稀释，故当进水有机物浓度突然升高时，调节缓冲余地较小，将使活性污泥微生物的正常生理活动遭到冲击，甚至遭到破坏。因此，传统活性污泥法适应水质变化的能力较差，耐冲击负荷能力不强。所以它的运行不很稳定，易受水质变动的影响，易出现污泥膨胀现象。

（2）渐减曝气活性污泥法

在推流式的传统曝气池中，混合液的需氧量沿长度方向是逐步下降的，而沿曝气池长均布供氧，将导致越接近池末端，供氧与需氧速率之间的差距越大，能量耗费也越大，因此等距离均量地布置扩散器是不合理的。为克服这种缺陷，尽可能减少能源消耗，一种使供氧与需氧速率尽量吻合的渐减曝气活性污泥法被提出。渐减曝气的目的就是合理布置扩散器，供氧速率沿曝气池长逐步递减，使其接近需氧速率，而总的空气用量不变，这样可以提高处理效率，节约能耗（图 9-9）。

（3）阶段曝气活性污泥法

阶段曝气活性污泥处理系统于 1939 年在美国纽约开始应用，该系统应用广泛，效果良好。在 20 世纪 30 年代，纽约市污水处理厂的曝气池空气量供应不足，该厂总工程师把部分污水从池首引到池的不同部位分点进水，使问题得以解决。由此演变出的阶段曝气活性污泥法，又称为分段进水活性污泥法或多段进水活性污泥法（图 9-10）。阶段曝气活性污泥法是针对传统活性污泥法系统存在的问题，在工艺上作了某些改进的活性污泥法。

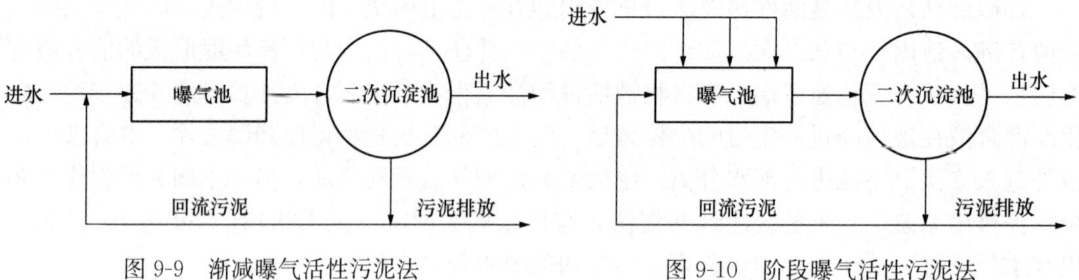

图 9-9　渐减曝气活性污泥法　　图 9-10　阶段曝气活性污泥法

该工艺与传统活性污泥法的主要不同点是污水沿曝气池的长度分散但均衡地进入。这种运行方式具有如下特点：①曝气池内有机污染物负荷及需氧率得以均衡，一定程度上缩小了耗氧速度与充氧速度之间的差距，有助于降低能耗，活性污泥微生物的降解功能也得以正常发挥。②污水分散均衡注入，提高了曝气池对水质、水量冲击负荷的适应能力。③混合液中的活性污泥浓度沿池长逐步降低，出流混合液的污泥浓度较低，减轻了二次沉淀池的负荷，有利于提高二次沉淀池的固液分离效果。

（4）生物吸附活性污泥法

生物吸附活性污泥法又称吸附-再生活性污泥法，或接触稳定法，其工艺流程如图 9-11所示。

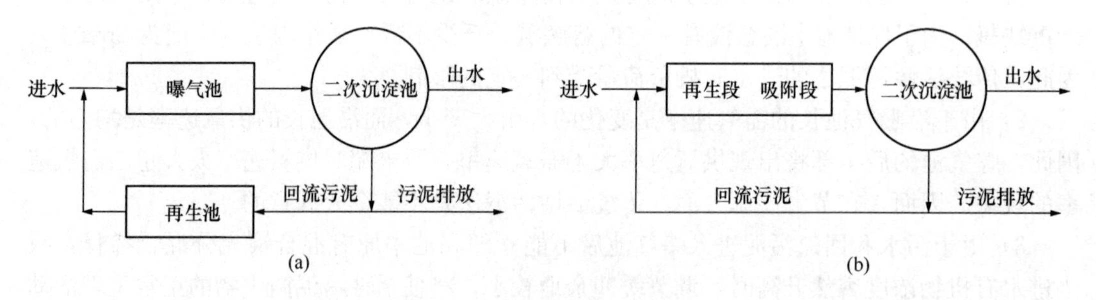

图 9-11　生物吸附活性污泥法

（a）分建式吸附-再生活性污泥法；（b）合建式吸附-再生活性污泥法

这种运行方式的主要特点是将有机物去除过程的吸附和稳定两个阶段分开在各自的反应器中进行，因此曝气池所需的容积比普通活性污泥法要小，一般可减少 1/3 或更多一些。由于它具有上述优点，因此在一些老污水处理厂中，为了扩大曝气池的处理能力，将原有按传统法运行的曝气池改造成按生物吸附法的吸附池和再生池。

如图 9-11 所示，回流污泥在再生池充分再生，污水与具有很强活性的活性污泥同步进入吸附池，在这里充分接触，使部分呈悬浮、胶体和溶解状态的有机污物被活性污泥吸附，有机污染物得以去除。混合液流入二沉池进行泥水分离，澄清水排放，污泥则从底部进入再生池进行第二阶段的分解和合成代谢反应，活性污泥微生物进入内源呼吸期，使污泥的活性得到充分恢复，在其进入吸附池与污水接触后，能够充分发挥其吸附功能。

生物吸附法也有不足之处，主要是处理效率相对较低。有机物处理率一般为80%~90%；其次，相对传统方法，生物吸附法的剩余污泥量要多些；另外，吸附再生系统不宜处理溶解性有机污染物含量较多的污水。

（5）延时曝气活性污泥法

延时曝气活性污泥法，又称完全氧化活性污泥法，最先用于处理牛奶场废水，后来又用于小城镇、村庄、风景区和旅馆等。近年来，国内用于高层建筑生活污水处理。对于不是24h连续来水的场合，常常不设沉淀池而采用间歇运行方式，例如20h曝气和进水，2h沉淀，2h放空再循环运行。

延时曝气活性污泥法的特点是生物负荷特别低。曝气时间较长，*MLSS*较高（达到3000~6000mg/L），活性污泥在时间和空间上部分处于内源呼吸状态，剩余污泥量少，而且性质稳定，无需再行厌氧消化处理，易于处置，省略了污泥处理和处置工序。因此，也可以说这种工艺是污水、污泥综合处理。此外，该工艺还具有处理水稳定性高，对原污水水质、水量变化有较强适应性，无需设初次沉淀池等优点。

延时曝气活性污泥法的曝气时间很长，故延时曝气活性污泥法一般采用完全混合式曝气池。至于该法曝气池系统部分的流程，则和完全混合活性污泥法流程相同。由于该法的曝气时间特别长，曝气池容积就要大得多，基建费用和运行费用都较高，而且需要的空气量也多，所以该法主要适用于处理对水质要求高且又不宜采用污泥处理技术的小城镇污水和工业废水，规模在4000m^3/d以内。

（6）纯氧曝气活性污泥法

为了加快氧的转移速率，学者们对曝气器的构造进行了不少研究，这些研究都是从加强气泡和液体之间的湍动，以及增大气泡和液体之间的接触面着手的。纯氧中的含氧量为90%~95%（质量分数），纯氧氧分压比空气高4.4~4.7倍，用纯氧进行曝气能够提高氧向混合液中的传递动力。

纯氧曝气活性污泥法的主要优点有：

1）氧利用率可达80%~90%，而鼓风曝气系统仅为10%左右。

2）曝气池内混合液的*MLSS*可达4000~8000mg/L，提高了曝气池容积负荷。

3）曝气池混合液的*SVI*较低，一般都低于100，污泥膨胀现象较少发生。

4）产生的剩余污泥量少。

纯氧曝气活性污泥法的缺点主要是纯氧发生器容易出现故障，装置复杂，运行管理较麻烦。水池顶部必须密闭不漏气，结构要求高。如果进水中混入大量易挥发的碳氢化合物，容易引起爆炸。同时，生物代谢中生成的二氧化碳会导致pH的下降，妨碍生物处理的正常运行，影响处理效率，因而要适时排气和进行pH的调节。

5. 序批式活性污泥工艺系统（SBR工艺系统）

SBR工艺系统，即序批式活性污泥工艺系统（Sequencing Batch Reactor Active Sludge Process，SBRASP，简称SBR），其最大的特征是间歇式操作，即所谓的序列间歇式操作。一个典型的SBR的运行操作包含5个阶段（图9-12）。其工作原理是把污水的生

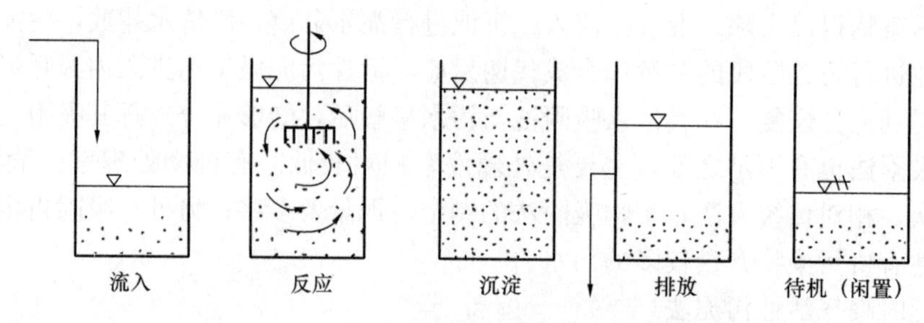

图 9-12　SBR 工艺反应器一个运行周期的运行操作

化反应、沉淀、排水、排泥于同一个反应装置中完成，因此设施简单且处理效果好。序批式反应器在非稳态的条件下进行，反应器内各种污染物的含量时刻发生变化，但在同一时间反应器内各种污染物的含量在各处都是相等的，温度、污染物浓度、活性污泥浓度等均相同。

（1）SBR 工艺是从流入（进水）阶段开始的。原污水注入后，水位连续上升，可以根据其他后续反应工艺要求，配合进行其他操作。

（2）反应阶段。该阶段是 SBR 工艺最主要的阶段，是活性污泥微生物与污水中应去除的底物组分进行反应和微生物本身进行繁殖的过程。根据污水处理目的要求，SBR 工艺能够通过调节设计和模拟多种运行方式，使处理水的水质达到处理要的效果。当污水处理目的是以 BOD 降解的碳氧化时，则采用的技术措施是曝气；当处理目的还包含脱氮时，则可以考虑对 SBR 反应器采用 A1/O/A2 方式；当污水处理目的是除磷时，则可以在 SBR 反应器内模拟连续流的 A_n-O 工艺系统（厌氧—好氧除磷工艺）；当污水处理目的是 BOD 降解并同时脱氮除磷时，则对反应器采取的技术操作较为复杂，可以模拟连续流的 A-O-A-O 系统（Bardenpho 工艺流程）或 A-A-O（A^2O）系统。

（3）沉淀阶段。该阶段相当于传统活性污泥法工艺系统的二次沉淀池。停止曝气和搅拌，使混合液处于静止状态，活性污泥与水分离。由于该阶段是静止沉淀，沉淀效果一般良好。

（4）排放阶段。经沉淀后产生的上清液，作为处理水排放，一直排到最低位。作为种泥，在反应器内残留部分活性污泥。

（5）闲置阶段。又称待机阶段，是周期运行模式最后的一个阶段。该阶段能够提高运行周期的灵活性。在闲置阶段还可以为下一个运行期的工艺要求进行某些准备性工作，如对保留在反应器内的活性污泥进行搅拌或曝气等操作。该阶段之后是新周期的进水阶段，新一轮的循环周期，即行启动。

SBR 工艺具有以下特点：①流程简化，基建与运行维护费用较低；②运行方式灵活，脱氮除磷效果好；③工艺系统本身具有抑制活性污泥膨胀的条件。

6. 改良型序批间歇式生物反应器（MSBR 工艺一体化反应器）

改良式序列间歇反应器（Modified Sequencing Batch Reactor，简称 MSBR）是 20 世纪 80 年代由 Yang 等人根据 SBR 的技术特点，结合活性污泥法的工艺特点研究发明的一种更为先进的污水处理系统。实质上是由 A^2/O 工艺与 SBR 工艺串联组成的一种新型工艺（图 9-13），采用单池多格设计，能连续进水、出水、恒水位运行，无需设置初沉池和二沉池，具有占地面积省、运行费用低、产泥量少、操作灵活等优点，被认为是集约化程

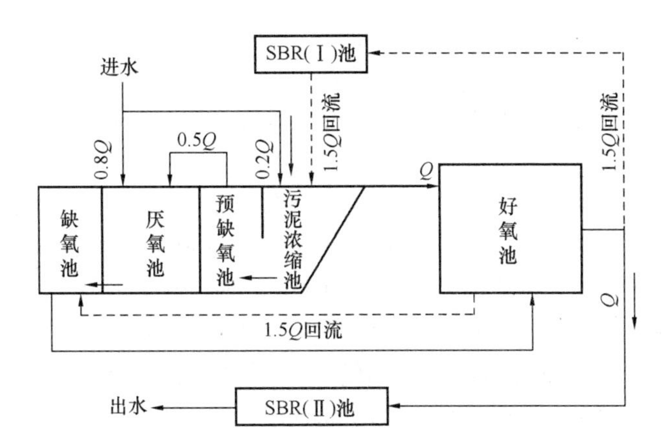

图 9-13 MSBR 工艺流程及工作原理示意图

度较高的工艺之一，能够实现同步脱氮除磷功能。

图 9-13 是典型的七池 MSBR 工艺，由污泥浓缩池、预缺氧池、厌氧池、缺氧池、主曝气池和两个 SBR 池组成。首先污水进入预缺氧池，在池内与污泥浓缩池中高浓度脱氮污泥混合，污水中的有机物很快在池中被降解，消耗水中的溶解氧，保证了后续的厌氧环境；混合完全的混合液与一部分原污水一起进入厌氧池中，聚磷菌利用水中的有机碳源进行释磷作用；然后混合液与主曝气池回流的高浓度硝酸盐混合液一起进入缺氧池，进行反硝化作用，完成氮的去除；接着混合液进入主曝气池，在池中完成聚磷菌好氧摄磷过程、有机物降解、BOD 的去除、硝化菌的硝化作用等；最后经过曝气池进入序批池Ⅰ中，进行厌氧/缺氧/好氧循环作用，此时序批池Ⅱ则处于沉淀排水阶段，相反序批池Ⅰ正在进行沉淀排水，则污水先进入序批池Ⅱ中进行 SBR 反应，这样就避免了 SBR 工艺的间断进、出水，实现了连续进水、出水。进行了缺氧/好氧循环作用的混合液通过回流泵回流到污泥浓缩池中，浓缩后的污泥进入预缺氧池中，上清液进入到曝气池中。半个周期过后，其余条件不变，序批池Ⅰ进行沉淀排水，序批池Ⅱ进行缺氧/好氧循环作用，如此循环。

MSBR 工艺的工艺特点有：各个反应池中的优势微生物都得到了充分生长繁殖，为接下来有机物降解、氨氮硝化、反硝化以及磷的释放、摄取等生化过程创造了最佳的环境条件和水力条件，有效地提高系统生化去除率；其系统能进行不同装置的设计和运行，以达到不同的处理目的；增加低水头、低能耗的回流设施，充分的回流使系统各单元内 *MLSS* 更加均匀，避免反应死角现象出现；MSBR 工艺中的污泥浓缩池对脱氮后的混合液进行泥水分离，底部泥进入预缺氧池而上清液进入好氧池，这样一方面可以增加后续厌氧池和缺氧池的底物浓度和 *MLSS*，加快了反应速率；另一方面稀释了好氧池中的有机物浓度，有利于硝化反应进行。所以近年来，该工艺在我国城市污水处理厂的应用越来越多。

7. 氧化沟活性污泥工艺系统（OD 工艺系统）

氧化沟（Oxidation Ditch，简称 OD）又名连续循环曝气池（Continuous Loop Reator，简称 CLR），因其构筑物呈封闭的环形沟渠而得名。该工艺是活性污泥工艺的一种变形，是一种通过交替控制曝气与推流设备使污水在沟内按一定的方向循环流动的活性污泥处理工艺。该工艺通常采用延时曝气的方式，整个沟渠为环形沟渠，泥水混合液在氧化沟曝气推流设备的推动下做水平方向的流动（平均流速一般大于 0.3m/s），使活性污泥始终处于悬浮状态，在流体状态下完成活性污泥与污水的混合和富氧作业，并沿水流程形成好氧和缺氧环境，进行脱氮除磷作用。

经过几十年的实践发展，氧化沟技术已经日臻完善，逐渐形成多种不同的工艺形式（图 9-14）。氧化沟工艺在处理生活污水时，初沉池不是必须设立的构筑物，若不设置初沉池，悬浮有机物则可在氧化沟内得到好氧稳定，同时为了防止无机大颗粒物质在氧化沟内出现，影响设备运转，氧化沟必须设立格栅和沉砂池。氧化沟一般由沟体、曝气设备、进出水设备、导流和混合设备组成。沟体的平面形状一般呈环形，也可以是长方形、L 形、圆形或其他形状，沟端面形状多为矩形和梯形。

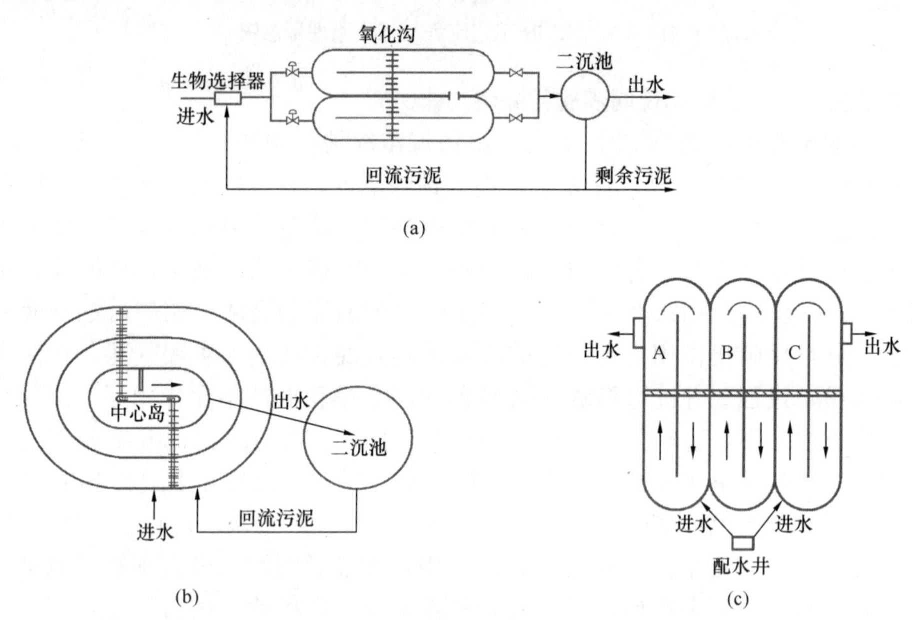

图 9-14　不同的氧化沟工艺系统

（a）DE 氧化沟工艺系统；（b）奥贝尔氧化沟工艺系统；（c）T 型氧化沟工艺系统

氧化沟具有以下特点：①氧化沟结合了推流和完全混合的特点。废水在转刷和曝气充氧作用下，在沟渠内循环流动。氧化沟内流速通常控制在 0.25～0.35m/s，氧化沟长度根据处理水量大小差异较大，从 90m 至 350m，完成一个循环需 5～20min，而水力停留时间为 10～24h，需要 30～200 次循环。该特点有助于提高缓冲能力，克服短流。氧化沟的进水口通常设置靠近转刷的位置，出水口设置在进水点的上游。氧化沟内的流速一般控制在大于 0.3m/s，可以防止污泥的沉积。②氧化沟具有良好的溶解氧浓度梯度。氧化沟内曝气装置定位布设，该种布设方式导致曝气设备之后 DO 逐渐减低，形成明显的浓度梯度，从而在氧化沟工艺中实现硝化和反硝化。③出水水质稳定，处理效果好。污水进入沟中至少必须循环一圈才能流出，不会像完全混合式曝气池，易发生短路。氧化沟对于有机物和悬浮物去除，较传统活性污泥法更为稳定。④整体功率密度较低，有利于维持较低的运行成本。氧化沟的曝气设备并非沿沟均匀布设，而是主要集中在好氧区，所以，氧化沟可在比其他系统低得多的整体体积功率密度下维持水流的推进、固体悬浮和充氧，较传统的活性污泥法能耗降低20%～30%。

8. 带有膜分离的活性污泥工艺系统（MBR工艺系统）

膜生物反应器（Membrane Bioreactor，简称MBR）是一种将膜分离与传统污水生物处理技术相结合的新型污水处理技术。MBR主要由生物反应器、膜组件和控制系统三部分组合而成，是废水的生物处理技术和膜处理技术相结合而成的工艺，所以同时兼具了两种技术的优点：经系统处理后的出水水质良好且稳定，工艺的运行能耗低，可产生沼气等能源物质，剩余污泥的产量低，系统结构设置紧凑，占地面积小，可以实现水力停留时间（Hydraulic Retention Time，HRT）与污泥龄（Sludge Retention Time，SRT）的完全分离等。该技术关键在于依靠膜分离装置来取代传统活性污泥法中的二沉池，主要利用了膜分离装置的功能来实现对废水中的活性污泥和大分子有机物的截留，从而达到高效固液分离和污泥浓缩目的。MBR工艺不仅能够提供给微生物足够的附着点，利用微生物的生物降解作用对污水中的污染物进行降解，同时可以利用膜组件来实现大分子有机物和活性污泥的分离，处理后的出水水质稳定。所以该技术在污水处理和回用方面极具优势和发展前景。

按反应器与膜组件的组合方式，将MBR分为一体式和分置式两种类型（图9-15）。一体式MBR即膜组件浸没在生物处理单元内，液体通过泵抽吸过膜，从而实现泥水分离；分置式MBR即膜组件独立于生物处理单元外，液体通过推动跨膜，达到泥水分离的效果。相比于一体式MBR，分置式MBR需要较高的膜表面液体流速推动泥水混合液过膜以及降低膜污染频率，从而大大增加能量的消耗，而一体式MBR结构紧凑，占地面积小，过膜压力低于分置式MBR，同时，一体式MBR可以通过曝气在膜表面产生的剪切力来降低污泥絮体在膜表面聚集程度，从而降低膜污染频率，因此，一体式MBR的运行成本相对低于分置式MBR。

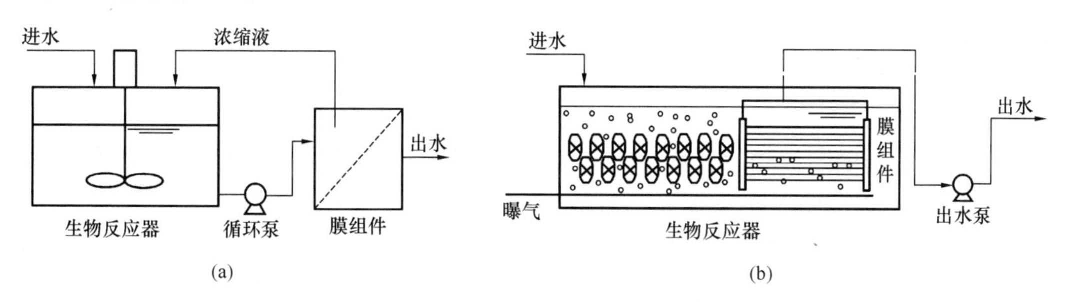

图9-15 不同类型的膜生物反应器
（a）分置式膜生物反应器；（b）一体式膜生物反应器

9. 活性污泥的培养驯化与异常控制

（1）活性污泥的培养驯化

活性污泥的培养和驯化可归纳为异步培驯法、同步培驯法和接种培驯法等。异步培训法即先培养后驯化；同步培训法即培养和驯化同时进行或交替进行；接种培训法即利用其他污水处理厂的剩余污泥，再进行适当培驯，对城镇污水一般都采用同步培驯法。

培养活性污泥需要有菌种和菌种所需要的营养物，对于城镇污水，其中菌种和营养物都具备，因此可直接进行培养，方法是先将污水引入曝气池进行充分曝气，并开动污泥回流设备，使曝气池和二次沉淀接通循环。经 1～2d 曝气后，曝气池内就会出现模糊不清的絮凝体。为补充营养和排除对微生物增长有害的代谢产物，要及时换水，即从曝气池通过二次沉淀池排出 50%～70%的污水，同时引入新鲜污水，换水可间歇进行，也可连续进行。

间歇换水一般适用于生活污水所占比重不太大的城镇污水处理厂，每天换水 1～2 次。这样一直持续到混合液 30min 沉降比达到 15%～20%时为止。在一般的污水浓度和水温在 15℃以上的条件下，经过 7～10d 便可大致达到上述状态。成熟的活性污泥具有良好的凝聚沉淀性能，污泥内含有大量的菌胶团和纤毛虫原生动物，如钟虫、等枝虫、盖纤虫等，并可使 BOD 的去除率达 90%左右。当进入的污水浓度很低时，为使培养期不致过长，可将初次沉淀池的污泥引入曝气池或不经初次沉淀池将污水直接引入曝气池。对于性质类似的工业废水，也可按上述方法培养，不过在开始培养时，宜投入一部分作为菌种的粪便水。连续换水适用于以生活污水为主的城镇污水或纯生活污水。连续换水是指以边进水、边出水、边回流的方式培养活性污泥。

对于工业废水或以工业废水为主的城镇污水，由于其中缺乏专性菌种和足够的营养，因此在投产时除用一般菌种和所需要营养培养足量的活性污泥外，还应对所培养的活性污泥进行驯化，使活性污泥微生物群体逐渐形成具有代谢特定工业废水的酶系统，其有某种专性。

在工业废水处理站，先可用粪便水或生活污水培养活性污泥。因为这类污水中细菌种类繁多，本身所含营养也丰富，细菌易于繁殖。当缺乏这类污水时，可用化粪池和排泥沟的污泥、初次沉淀池或消化池的污泥等。采用粪便水培养时，先将浓粪便水过滤后投入曝气池，再用自来水稀释，将 BOD_5 浓度控制在 500mg/L 左右，进行静态（闷曝）培养。同样经过 1～2d 后，为补充营养和排除代谢产物，需及时换水。对于生产性曝气池，由于培养液量大，收集比较困难，一般均采取间歇换水方式，或先间歇换水，后连续换水。而间歇换水又以静态操作为宜。即当第一次加料曝气并出现模糊的絮凝体后，就可停止曝气，使混合液静沉，经过 1～1.5d 沉淀后排除上清液（其体积占总体积的 50%～70%），然后再往曝气池内投加新的粪便水和稀释水。粪便水的投加量应根据曝气池内已有的污泥量在适当的 N_s 值范围内进行调节（即随污泥量的增加而相应增加粪便水量）。在每次换水时，从停止曝气、沉淀到重新曝气，总时间以不超过 2h 为宜。开始宜每天换水一次，以后可增加到每天两次，以便及时补充营养。

连续换水仅适用于就地有生活污水来源的处理站。在第一次投料曝气后或经数次间歇换水后，不断地往曝气池投加生活污水，并不断将出水排入二次沉淀池，将污泥回流至曝气池。随着污泥培养的进展，应逐渐增加生活污水量，使 N_s 值在适宜的范围内。此外，污泥回流量应比设计值稍大些。

活性污泥培养成熟后，即可在进水中加入并逐渐增加工业废水的比重，使微生物在逐渐适应新的生活条件下得到驯化。开始时，工业废水可按设计流量的 10%～20%加入，达到较好的处理效果后，再继续增加其比重。每次增加的百分比以设计流量的 10%～20%为宜，并待微生物适应巩固后再继续增加，直至满负荷为止。在驯化过程中，能分解工业废水的微生物得到发展繁殖，不能适应的微生物则逐渐淘汰，从而使驯化过的活性污泥具有处理该种工业废水的能力。

上述先培养后驯化的方法即异步培驯法。为了缩短培养和驯化的时间，也可以把培养和驯化这两个阶段合并进行，即在培养开始就加入少量工业废水，并在培养过程中逐渐增加比重，使活性污泥在增长的过程中，逐渐适应工业废水并具有处理它的能力。这就是所谓“同步培驯法”。这种做法的缺点是，在缺乏经验的情况下不够稳妥可靠，出现问题时不易确定是培养上的问题还是驯化上的问题。

在有条件的地方，可直接从附近污水处理厂引入剩余污泥作为种泥进行曝气培养，这样能够缩短培养时间；如能从性质相同的废水处理站引入活性污泥，则更能提高驯化效果，缩短时间。这就是所谓的接种培驯法。

工业废水中，如缺乏氮、磷等养料，在驯化过程中则应把这些物质投加入曝气池中。实际上，培养和驯化这两个阶段不能截然分开，间歇换水与连续换水也常结合进行，具体培养驯化时应依据净化机理和实际情况灵活进行。

（2）活性污泥的异常控制

1）污泥膨胀。正常的活性污泥沉降性能良好，含水率在99%左右。当污泥变质时，污泥不易沉淀，*SVI* 值增高，污泥的结构松散和体积膨胀，含水率上升，澄清液稀少（但较清澈），颜色也有异变，这就是“污泥膨胀”。活性污泥膨胀可以分为两种类型：一是由于活性污泥中丝状菌的大量繁殖而引起的丝状菌污泥膨胀，大量的丝状菌从污泥絮体中伸出很长的菌丝体，菌丝体之间互相接触架桥，构成了一个框架结构，支撑着污泥絮凝体，阻碍了污泥的沉降压缩。二是由于菌胶团细菌大量累积高黏性物质引起的无丝状菌大量存在的非丝状菌污泥膨胀，这些高黏性物质保持的结合水高达380%，从而造成污泥比重减少，影响污泥的沉降性能，形成污泥膨胀。

通常碳水化合物含量高的废水或含有大量可溶性有机物的废水，缺乏氮、磷、铁等养料，溶解氧不足，水温高或pH较低等都容易引起丝状菌大量繁殖，易引起污泥膨胀。此外，超负荷、污泥龄过长或有机物浓度梯度小等，也会引起污泥膨胀，排泥不通畅则易引起结合水性污泥膨胀。

为防止污泥膨胀，首先应加强操作管理，经常检测污水水质、曝气池内溶解氧、污泥沉降比、污泥容积指数和进行显微镜观察等，如发现不正常现象，需立即采取预防措施。一般可调整、加大空气量，及时排泥，在有可能时采取分段进水，以减轻二次沉淀池的负荷等。当污泥发生膨胀后，可针对引起膨胀的原因采取措施。污泥膨胀的早期控制方法主要是靠外加药剂（如消毒剂）直接杀死丝状菌或投加无机或有机混凝剂增加污泥絮体的比重来改善污泥絮体的沉降性能。如投加铁盐、铝盐等混凝剂，可以通过其混凝作用提高活性污泥的压密性来增加污泥的比重；投加高岭土、碳酸钙、硫酸矾土、氢氧化钙、山梨酸钾以及氯化钾和氯化钠并用等也可以通过改变污泥的压密性和脱水性来改善污泥的沉降性能。实践证明，不设初次沉淀池的污水处理厂中的污泥指数一般较低。因此，当设有初沉池的污水处理厂发生污泥膨胀时，可将部分污水直接送至曝气反应器中，这也是控制污泥膨胀的一种有效方法。

2）污泥上浮。污泥在二次沉淀池呈块状上浮的现象，并不是由于腐败所造成的，而是由于在曝气池内污泥泥龄过长，硝化进程较高（一般硝酸盐达5mg/L以上），在沉淀池底部产生反硝化，硝酸盐的氧被利用，氮即呈气体脱出附于污泥上，从而使污泥比重降低，整块上浮。反硝化作用一般在溶解氧浓度低于0.5mg/L时发生，并在试验室静沉

30～90min以后发生。为防止这一异常现象的发生，应增加污泥回流量或及时排除剩余污泥，在脱氮之前即将污泥排除；或降低混合液污泥浓度，缩短污泥龄和降低溶解氧等，使之不进行到硝化阶段。

3）污泥解体。处理水质浑浊、污泥絮凝体微细化、处理效果变坏等则是污泥解体现象。导致这种异常现象的原因有运行中的问题，也有可能是由于污水中混入了有毒物质。

运行不当，如曝气过量，会使活性污泥生物—营养的平衡遭到破坏，使微生物量减少并失去活性、吸附能力降低、絮凝体缩小质密，一部分则成为不易沉淀的羽毛状污泥，处理水质浑浊，*SVI*值降低等。当污水中存在有毒物质时，微生物会受到抑制或伤害，净化功能下降或完全停止，从而使污泥失去活性。一般可通过显微镜观察来判别产生的原因。当鉴别出是运行方面的问题时，应对污水量、回流污泥量、空气量和排泥状态以及*SVI*、*MLSS*、*DO*等多项指标进行检查，加以调整。当确定是污水中混入有毒物质时，应考虑这是新的工业废水混入的结果，需查明来源，责成排放单位按国家排放标准进行局部处理。

4）污泥腐化。在二次沉淀池有可能由于污泥长期滞留而产生厌氧发酵生成气体（H_2S、CH_4等），从而使大块污泥上浮的现象，它与污泥脱氮上浮不同，污泥腐败变黑，产生恶臭。此时也不是全部污泥上浮，大部分污泥都是正常地排出或回流，只有沉积在死角长期滞留的污泥才腐化上浮，防止的措施有：①安设不使污泥外溢的浮渣清除设备；②消除沉淀池的死角地区；③加大池坡地或改进池底刮泥设备，不使污泥滞留于池底。

此外，如曝气池内曝气过度，使污泥搅拌过于激烈，生成大量小气泡附聚于絮凝体上，也可能引起污泥上浮，这种情况机械曝气较鼓风曝气多。另外，当流入大量脂肪和油时，也容易产生这种现象，防止措施是将供气控制在搅拌所需要的限度内，而脂肪和油则应在进入曝气池之前加以去除。

5）泡沫问题。曝气池中产生泡沫，主要原因是污水中存在大量合成洗涤剂或其他起泡物质。泡沫可给生产操作带来一定困难，如影响操作环境，带走大量污泥。当采用机械曝气时，还能影响叶轮的充氧能力。消除泡沫的措施有：分段注水以提高混合液浓度；喷水或投加除沫剂（如机油、煤油等投量约为0.5～1.5mg/L）等。此外，用风机机械消泡，也是有效措施。

9.3.4 生物膜法

污水的生物膜处理法的实质是使细菌和菌类相关的微生物和原生动物、后生动物一类的微型动物附着在滤料或某些载体上生长繁育，并在其上形成膜状生物污泥——生物膜。污水与生物膜接触，污水中的有机污染物作为营养物质，为生物膜上的微生物所摄取，污水得到净化，微生物自身也得到繁衍增殖。污水的生物膜处理法既是古老的，又是发展中的污水生物处理技术。迄今为止，属于生物膜处理法的工艺主要有生物滤池（普通生物滤池、高负荷生物滤池、塔式生物滤池）、生物转盘、生物接触氧化设备、生物流化床等。

1. 生物膜法的基本原理与特点

（1）生物膜法的基本原理

生物膜法是依靠固着于载体表面的微生物来净化污水的生物处理方法。当有机废水或由活性污泥悬浮液培养而成的接种液流过载体时，水中的悬浮物及微生物被吸附于固相表面上，其中的微生物利用有机底物而生长繁殖，逐渐在载体表面形成一层黏液状的生物膜。这层生物膜具有生物化学活性，又进一步吸附、分解污水中呈悬浮、胶体和溶解状态的污染物。生物膜法工艺类型很多，按生物膜与废水的接触方式不同，可分为填充式和浸渍式两类。在填充式生物膜法中，废水和空气沿固定的填料或转动的盘片表面流过，与其上生长的生物膜接触，典型设备有生物滤池和生物转盘，在浸渍式生物膜法中，生物膜载体完全浸没在水中，通过鼓风曝气供氧。当载体固定时称为接触氧化法，当载体呈流化状态时则称为生物流化床。目前所采用的生物膜法多数是好氧装置，少数是厌氧装置，如厌氧滤池和厌氧流化床等。

为了保持好氧生物膜的活性，除了提供污水营养物外，还应创造一个良好的好氧条件，即向生物膜供氧。在填充式生物膜法设备中常采用自然通风或强制通风供氧。氧透入生物膜的深度取决于它在膜中的扩散系数、固—液界面处氧的浓度和膜内微生物的氧利用率。对给定的污水流量和浓度，好氧层的厚度是一定的。增大废水浓度将减小好气层的厚度，而增大废水流量则将增大好气层的厚度。

生物膜的结构组成及净化有机物的机理如图 9-16 所示。生物膜的表面总是吸附着一层薄薄的污水，称为“附着水层”或“结合水层”，其外是能自由流动的污水，称为“运动水层”。当“附着水层”中的有机物被生物膜中的微生物吸附、吸收和氧化分解时，“附着水层”中有机物质浓度随之降低。由于“运动水层”中有机物浓度高，便迅速地向“附着水层”转移，并不断地进入生物膜被微生物分解。微生物所消耗的氧，也是沿着“空气—运动水层—附着水层”进入生物膜。微生物分解有机物产生的代谢物和最终生成的无机物以及 CO_2 等，则沿相反方向移动。

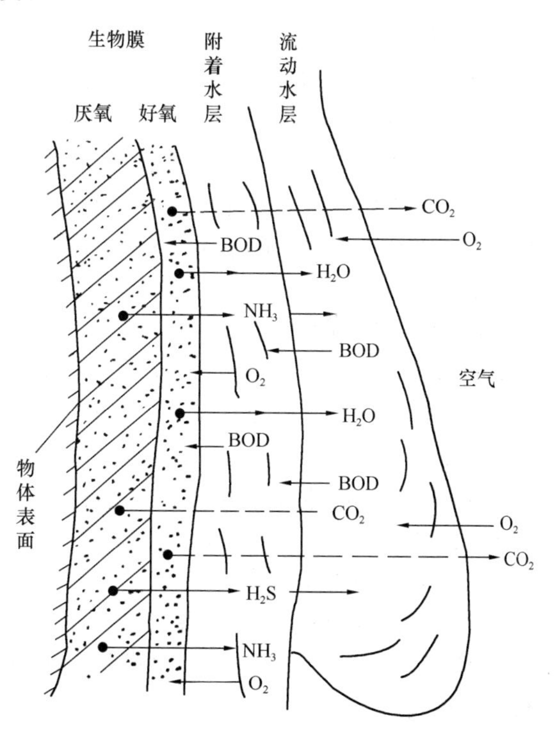

图 9-16　生物膜净化原理

开始形成的生物膜是好氧性的，但随着生物膜厚度的增加，氧气在向生物膜内部扩散的过程逐步受到限制，生物膜就分成了外部的好氧层、内部与载体界面处的厌氧层以及两者之间的兼性层。因此，生物膜是一个十分复杂的生态系统，其上存在着的食物链在有效地去除有机物的污水净化过程中，起着十分重要的作用。生物膜在污水处理过程中不断增厚，使附表于载体一面的厌氧区也逐渐扩大增厚，最后生物膜老化、剥落，然后又开始新的生物膜形成过程，这是生物膜的正常更新过程。

（2）生物膜法的特点

1）在微生物相特征方面：参与净化反应微生物多样化；生物的食物链长；能够存活世代时间较长的微生物；在各分段运行过程中形成优占种属。

2）处理工艺方面的特征：①对水质、水量变动有较强的适应性；②污泥沉降性能良好，宜于固液分离；③能够处理低浓度的污水；④易于维护运行、节能。

2. 生物滤池

生物滤池是以土壤自净原理为依据，在污水灌溉的实践基础上，经较原始的间歇砂滤池和接触滤池而发展起来的人工生物处理技术。

（1）普通生物滤池

普通生物滤池，又名滴滤池，是生物滤池早期出现的类型，即第一代的生物滤池。普通生物滤池由滤床、布水装置和排水系统三部分组成。

1）滤床。普通生物滤池的池体在平面上多呈方形或矩形。四周筑墙称之为池壁，池壁具有围护滤料的作用，应当能够承受滤料压力，一般多用砖石筑造。为了防止风力对池表面均匀布水的影响，池壁一般应高出滤料表面0.5～0.9m。池体的底部为池底，它的作用是支撑滤料和排除处理后的污水。

滤料是微生物生长栖息的场所，理想的滤料应具备以下特性：能为微生物附着提供较大的比表面积；使污水以液膜状态流过生物膜；有足够的孔隙率，保证通风（即保证氧的供给）和使脱落的生物膜能随水流出滤池；不被微生物分解，也不抑制微生物生长，有较好的化学稳定性；有一定机械强度；价格低廉等。早期主要以拳状碎石为滤料。此外碎钢渣、焦炭等也可作为滤料。从理论上来讲，这类滤料粒径越小，滤床的可附着面积越大，则生物膜的面积将越大，滤床的工作能力也越强。但粒径过小时，孔隙较小，滤床易被生物膜堵塞，滤体的通风性能也会变差，因而滤料的粒径不宜太小。国内目前常采用玻璃钢蜂窝状块状滤料。

2）布水设备。设置布水设备的目的是为了使污水能均匀地分布在整个滤床表面。生物滤池的布水设备需采用回转式布水器。回转式布水器的中央是一根空心的立柱，底端与设在池底下面的进水管衔接。布水横管的一侧开有喷水孔口，孔距应使滤池单位平面面积接受的污水量基本相等。布水器的横管可以是两根或四根，对称布置。污水通过中央立柱流入布水横管，由喷水孔口分配到滤池表面。污水喷出孔口时，作用于横管的反作用力推动布水器绕立柱旋转。

（2）塔式生物滤池

塔式生物滤池又叫生物滤塔，在平面上多呈圆形，一般高达8～24m，直径0.5～3.5m，径高比介于1∶6～1∶8，呈塔状，在构造上主要由塔身、滤料、布水系统以及通风和排水装置组成。

1）塔身。塔身起围挡滤料的作用，一般用砖砌筑，也可以采用钢筋混凝土现场浇筑或预制板构件现场组装，还可以采用钢框架结构，四周用塑料板或金属板围嵌，以减轻整个池体的质量。塔身一般沿塔高分层筑建、分层处设格栅，格栅承托在塔身上，这样可使滤料荷重分层负担。

塔的高度在一定程度上能够影响滤塔对污水的处理效果。试验与运行资料表明，在负荷一定的条件下，滤塔的高度增加，处理效果也随着增高。提高滤塔的高度，能够提高进水有机污染物的浓度，即在处理水水质的要求确定后，滤塔的高度可以根据进水浓度确定。

2）滤料。一般采用轻质人工合成滤料，在我国使用比较多的是用环氧树脂固化的玻璃钢蜂窝滤料。这种滤料的比表面积较大，结构比较均匀，有利于空气流通与污水的均匀分布，流量调节幅度大，不易堵塞。

3）布水装置。多采用电力驱动或水流反作用力驱动的旋转布水器。对小型塔式生物滤池则多采用固定式喷嘴布水系统，也可以使用多孔管和溅水筛板等布水。

4）通风与集水设备。一般都采用自然通风方式，塔底设有高度为 0.4～0.6 m 的空间，周围留有通风孔，其有效面积一般不小于滤池面积的 7.5%～10.0%。因塔式生物滤池形状似塔，使滤池内部具有较强的拔风功能，因而通风良好。当处理含有害气体的工业废水时，多采用机械通风。但是在滤池上部或下部装设引风机或鼓风机时要注意空气在滤池表面上的均匀分布，并防止冬季池内水温降低影响处理效果。滤塔底部设集水池，以收集处理后污水。

3. 生物转盘

生物转盘是由水槽和部分浸没于污水中的旋转盘体组成的生物处理构筑物，主要包括旋转圆盘（盘体）、接触反应槽、转轴及驱动装置等，必要时还可在氧化槽上方设置保护罩起遮风挡雨及保温作用。生物转盘是用转动的盘片代替固定的滤料，工作时，转盘浸入或部分浸入充满污水的接触反应槽内，在驱动装置的驱动下，转轴带动转盘一起以一定的线速度不停地转动。转盘交替地与污水和空气接触，经过一段时间的转动后，盘片上将附着一层生物膜。在转入污水中时，生物膜吸附污水中的有机污染物，并吸收生物膜外水膜中的溶解氧，对有机物进行分解，微生物在这一过程中得以自身繁殖；转盘转出反应槽时，与空气接触，空气不断地溶解到水膜中，增加其溶解氧。在这一过程中，在转盘上附着的生物膜与污水以及空气之间，除进行有机物（BOD、COD）与 O_2 的传递外，还有其他物质，如 CO_2、NH_3 等的传递，形成一个连续的吸附、氧化分解、吸氧的过程，使污水不断得到净化。

作为污水生物处理技术，生物转盘之所以能够被认为是一种效果好、效率高、便于维护、运行费用低的工艺，是因为它在工艺和维护运行方面具有如下特征。

（1）微生物浓度高。特别是最初几级的生物转盘，据一些实际运行的生物转盘的测定统计，转盘上的生物膜量如折算成曝气池的 *MLVSS*，可达 40000～6000mg/L，*F/M* 为 0.05～0.1，这是生物转盘高效运行的主要原因之一。

（2）生物相分级。在每级转盘生长着适应于流入该级污水性质的生物相，这种现象对微生物的生长繁育、有机污染物降解非常有利。

（3）污泥龄长。在转盘上能够增殖世代时间长的微生物，如硝化菌等，因此生物转盘具有硝化、反硝化的功能。

（4）对 BOD 达 10000mg/L 以上的超高浓度有机污水到 10mg/L 以下的超低浓度污水，都可以采用生物转盘进行处理，并能够得到较好的处理效果。因此，本法是耐冲击负荷的。

（5）在生物膜上的微生物的食物链较长，因此产生的剩余污泥量较少，约为活性污泥处理系统的 1/2 左右。在水温为 5～20℃的范围内，BOD 去除率为 90%的条件下，去除 1kg BOD 的产泥量约为 0.25kg。

（6）接触反应槽不需要曝气，污泥也无需回流，因此动力消耗低，这是本法最突出的特征之一。

（7）本法不需要经常调节生物污泥量，不产生污泥膨胀，复杂的机械设备也比较少，因此便于维护管理。

（8）设计合理、运行正常的生物转盘，不产生滤池蝇，不出现泡沫也不产生噪声，不存在二次污染的现象。

（9）生物转盘的流态，从一个生物转盘单元来看是完全混合型的，在转盘不断转动的条件下，接触反应槽内的污水能够得到良好的混合，但多级生物转盘又应作为推流式，因此生物转盘的流态应按完全混合—推流来考虑。

生物转盘的不足之处主要体现在如下三个方面。

（1）价格高，投资大。

（2）因为无通风设备，转盘的供氧依靠盘面的生物膜接触大气，废水中挥发性物质将会产生污染。采用从氧化槽的底部进水可以减少挥发物的散失，比从氧化槽表面进水好，但是挥发物质污染依然存在。因此，生物转盘最好作为第一级生物处理装置。

（3）生物转盘的性能受环境气温及其他因素影响较大。在北方设置生物转盘时，一般置于室内，并采取一定的保温措施。建于室外的生物转盘都应加设雨棚，防止雨水淋洗使生物膜脱落。

4. 生物接触氧化

生物接触氧化法就是在池内充填填料，使污水淹没并流经布满生物膜的全部填料，采用与曝气池相同的曝气方法向微生物提供其所需要的氧，污水中的有机物与填料上的生物膜广泛接触，在微生物的新陈代谢作用下污染物得到去除。生物接触氧化法又称“淹没式生物滤池”，还称为“按触曝气法”。生物接触氧化处理技术是一种介于活性污泥法与生物滤池之间的生物处理技术。也可以说是具有活性污泥法特点的生物膜法，兼具两者的优点，因此深受水处理工程领域的重视（图 9-17）。根据进水与布气形式的不同，生物接触氧化池分为 4 种类型：底部进水、进气式，侧部进气、上部进水式，表曝充氧式和射流曝气充氧式。

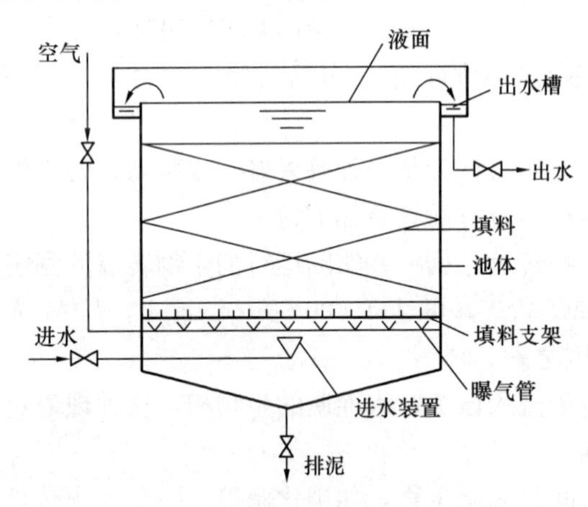

图 9-17　触氧化池的基本构造图

生物接触氧化处理技术在工艺、功能以及运行等方面具有以下主要特征。

（1）在工艺方面的特征

1）本工艺使用多种形式的填料，由于曝气，在池内形成液、固、气三相共存体系，溶解氧充沛，有利于氧的转移，适于微生物增殖，故生物膜上微生物丰富，除细菌和多种原生动物、后生动物外，还能够生长氧化能力较强的丝状菌（球衣菌属），且无污泥膨胀之虑。

2）在生物膜上能够形成稳定的生态系统与食物链。

3）填料表面全为生物膜所布满，形成了生物膜的主体结构，由于丝状菌的大量滋生，有可能形成一个呈立体结构的密集的生物网，污水在其中通过起到类似“过滤”的作用，能够有效地提高净化效果。

4）由于进行曝气，生物膜表面不断地接受曝气吹脱，有利于保持生物膜的活性，抑制厌氧膜的增殖，提高氧的利用率，因此能够保持较高浓度的活性生物量。正因为如此，生物接触氧化处理技术能够接受较高的有机负荷率，处理效率较高，有利于缩小池容，减少占地面积。

（2）在运行方面的特征

1）对冲击负荷有较强的适应能力，在间歇运行条件下，仍能够保持良好的处理效果，对排水不均匀的情况，更具有实际意义。

2）操作简单，运行方便，易于维护管理，无需污泥回流，不产生污泥膨胀现象，也不产生滤池蝇。

3）污泥生成量少，污泥颗粒较大，易于沉淀。

（3）在功能方面的特征

生物接触氧化处理技术具有多种净化功能，除有效地去除有机污染物外，如运行得当，还能够用于脱氮，因此可作为三级处理技术。

生物接触氧化处理技术的主要缺点是：如设计或运行不当，填料可能堵塞。此外，布水、曝气不易均匀，可在局部部位出现死角。

5. 生物流化床

生物流化床工艺是借助流体（液体、气体）使表面生长着微生物的生物颗粒（固体）呈流态化，同时去除和降解有机污染物的生物膜法处理技术。高效运行的生物流化床工艺的关键技术条件为：①提高处理设备单位容积内的生物量；②强化传质作用，加速有机物从污水中向微生物细胞的传递过程。

对第一项条件采取的技术措施是扩大微生物栖息、繁殖的表面积，提高生物膜量，同时相应提高对污水的充氧能力。对第二项条件采取的技术措施是强化生物膜与污水之间的接触，加快污水与生物膜之间的相对运动。

（1）生物流化床的工作原理及特征

流化床最初用于化工领域，从 20 世纪 70 年代初期开始，一些国家将这一技术应用于生物处理领域，开展了多方面的科学研究工作。结果表明，这种工艺的应用取得了进一步提高污水生物处理强化上述两项条件的效果，因此受到污水生物处理领域的重视，并认为生物流化床可能成为污水生物处理技术的发展方向。

生物流化床多以砂、活性炭、焦炭一类较小的惰性、轻质颗粒为载体，充填在床内，载体表面覆着生物膜，污水以一定流速从下向上流动，使载体处于流化状态。载体颗粒小，总体的表面积大，以 *MLSS* 计算的生物量高于任何一种生物处理工艺，能够满足对生物处理技术强化提出的第一项要求。

载体处于流化状态，污水从其下部、左侧、右侧流过，广泛而频繁地与生物膜相接触，又由于载体颗粒小，在床内比较密集，互相摩擦碰撞，因此生物膜的活性高，强化了传质过程；又由于载体不停地在流动，还能够有效地防止堵塞现象，这样第二项条件也得到一定程度的满足。

（2）生物流化床的运行状态

1）固定床阶段。当液体以很小的速度流经床层时，固体颗粒处于静止不动的状态，床层高度基本维持不变，这时的床层称固定床。在这一阶段，液体通过床层的压力降 ΔP

随空塔速度 v 的上升而增加，并呈幂函数关系。当液体流速增大到压力降 ΔP 大致等于单位面积床层重量时，固体颗粒间的相对位置略有变化，床层开始膨胀，固体颗粒仍保持接触且不流态化。载体在床内的装填高度通常为 0.7m 左右。

2）流化床阶段。当液体流速持续增大时，床层不再维持于固定床状态，颗粒被液体托起而呈悬浮状态，且在床层内各个方向流动，在床层上部有一个水平界面，此时由颗粒所形成的床层完全处流态化状态，这类床层称流化床。在这一阶段，流化层的高度是随流速上升而增大，床层压力降 ΔP 则基本上不随流速改变。能够满足流化床中填料初始流化状态的流体速度称为临界流态化流速，用 v_{min} 表示。临界速度随颗粒的大小、密度和液体的物理性质而异。

在这种情况下，滤床膨胀率通常为 20%～70%，颗粒在床中作无规则自由运动，滤床孔隙率比原来固定床高得多，载体颗粒的整个表面都将和污水相接触，致使滤床内载体具有了更大的可为微生物与污水中有机物接触的表面积。

3）液体输送阶段。当液体流速提高至一定程度后，流化床中的生物载体上部界面消失，载体随液体从流化床带出，该阶段称液体输送阶段。在水处理工艺中，这种床称"移动床"或"流动床"。此临界点的流速称为颗粒带出速度（ v_{max} ），或最大流化速度。流化床的正常操作应控制在 v_{min} 和 v_{max} 之间。

国内外的试验研究结果表明，生物流化床用于污水处理具有 BOD 容积负荷率高、处理效果好、效率高、占地少以及投资省等优点，而且运行适当还可取得脱氮的效果。

9.3.5 厌氧生物处理技术

厌氧生物处理（Anaerobic bio-treatment），也称厌氧消化（Anaerobic digestion），是指在无氧条件下，依靠厌氧微生物的生命活动及其生物化学作用，将各种有机物进行生化降解的过程，通过厌氧微生物的新陈代谢作用，底物的一部分转化为微生物的细胞物质，另一部分转化为更加稳定的化学物质（无机物或简单有机物）。

长期以来，厌氧生物处理被认为是一种转化速率较慢的过程，而且仅仅适用于有限的部分有机物的处理，在很长一段时间内该技术主要用于污泥厌氧消化。随着对厌氧生物处理理论和技术研究的不断深入，人们对厌氧生物处理有了新的认识和评价。在废水处理领域，厌氧生物处理越来越引起人们的重视和关注，并且不断开发出新的厌氧生物处理工艺和设备，在高浓度有机废水处理方面取得了良好的处理效果和经济效益。

1. 厌氧生物处理的基本原理

复杂有机物的厌氧消化过程要经历数个阶段，依靠三大主要类群的细菌，即水解产酸细菌、产氢产乙酸细菌和产甲烷细菌的联合作用完成。因而可将厌氧消化过程划分为三个连续的阶段，即水解酸化阶段、产氢产乙酸阶段和产甲烷阶段（图 9-18）。

第一阶段为水解酸化阶段。复杂的大分子、不溶性有机物，如蛋白质、多糖类和脂类等先在细胞外酶的作用下水解为氨基酸、葡萄糖和甘油等小分子、溶解性有机物，然后转入细胞体内，分解产生挥发性有机酸、醇类、醛类等。这个阶段主要产生较高级脂肪酸。该阶段的微生物群落是水解性、发酵性细菌群，专性厌氧的有梭菌属、拟杆菌属、丁酸弧菌属、真菌属、双歧杆菌、革兰氏阴性杆菌，兼性厌氧的有链球菌和肠道菌。

第二阶段为产氢产乙酸阶段。它包括两次酸化过程，在第一酸化过程中，发酵细菌将小分子有机物进一步转化为能被甲烷细菌直接利用的简单有机物，如丙酸、丁酸、乳酸

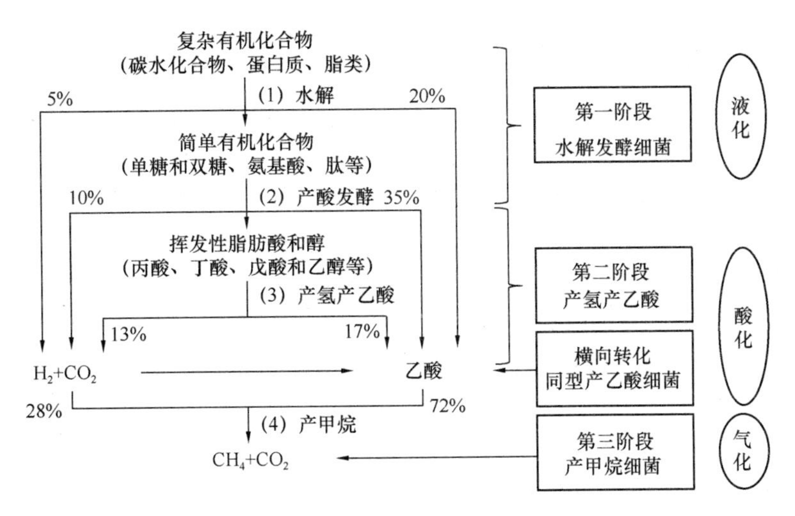

图 9-18 厌氧消化的三个阶段过程

等；在第二酸化过程中，在产氢产乙酸细菌的作用下，将上述产生的各种有机物分解转化成乙酸和氢气，在降解奇数碳素有机酸时还生成二氧化碳。

第三阶段为产甲烷阶段。产甲烷菌把甲酸、乙酸、甲胺、甲醇、二氧化碳和氢气等通过不同的径路转化为甲烷，其中最主要的为乙酸、二氧化碳和氢气。该阶段的微生物是两组生理特性不同的专性厌氧产甲烷菌群。一组是将氢气和二氧化碳合成甲烷或将一氧化碳和氢气合成甲烷；另一组是将乙酸或乙酸盐脱羧生成甲烷和二氧化碳。

上述三个阶段的反应速度根据废水性质而异，在含纤维素、半纤维素、果胶和脂类等污染物为主的废水中，水解作用易成为速度限制步骤；简单的糖类、淀粉、氨基酸和一般的蛋白质均能被微生物迅速分解，对含这类有机物为主的废水，产甲烷反应易成为限速阶段。

虽然厌氧消化过程从理论上可分为以上三个阶段，但是在厌氧反应器中，这三个阶段是同时进行的，并保持某种程度的动态平衡，这种动态平衡一旦被 pH、温度、有机负荷等外加因素破坏，则首先将使产甲烷阶段受到抑制，其结果会导致低级脂肪酸的积存和厌氧进程的异常变化，甚至会导致整个厌氧消化过程停滞。

2. 厌氧生物处理的特征

(1) 主要优点

1) 应用范围广。好氧法因供氧限制，一般只适用于中、低浓度有机废水的处理，而厌氧法既适用于高浓度有机废水，又适用于中、低浓度有机废水。有些有机物对好氧生物处理法来说是难降解的，但对厌氧生物处理是可降解的，如固体有机物、着色剂蒽醌和某些偶氮染料等。

2) 能耗低。好氧法需要消耗大量能量供氧，曝气费用随着有机物浓度的增加而增大，而厌氧法不需要充氧，而且产生的沼气可作为能源回收利用。废水有机物达一定浓度后，沼气能量可以抵偿污水处理系统自身的能量消耗。

3) 负荷高。通常好氧法的有机容积负荷（BOD 容积负荷）为 2～4kg/(m^3 · d)，而厌氧法的有机容积负荷（BOD 容积负荷）为 2～10kg/(m^3 · d)，高的可达 50kg/(m^3 · d)。

4）剩余污泥量少，且其浓缩性、脱水性良好。

5）氮、磷营养需要量较少。好氧法一般要求 BOD：N：P 为 100：5：1，而厌氧法的 BOD：N：P 为 100：2.5：0.5，对氮、磷缺乏的工业废水所需投加的营养盐量较少。

6）厌氧处理过程可以杀死废水和污泥中的寄生虫卵、病毒等病原微生物。

7）厌氧活性污泥可以长期贮存，厌氧反应器可以季节性或间歇性运转。

（2）主要缺点

1）厌氧生物处理过程中所涉及的生化反应过程较为复杂。因为厌氧消化过程是由多种不同性质、不同功能的厌氧微生物协同工作的一个连续生化过程，不同种属间细菌的相互配合或平衡较难控制，因此在厌氧反应器运行过程中对技术要求很高。

2）厌氧微生物特别是其中的产甲烷细菌对温度、pH 等环境因素非常敏感，也使得厌氧反应器的运行和应用受到很多限制。

3）虽然厌氧生物处理工艺在处理高浓度的工业废水时常常可以达到很高的处理效率，但其出水水质通常较差，一般需要利用好氧工艺进一步处理。

4）厌氧生物处理的气味较大。

5）对氨氮的去除效果不好。一般认为在厌氧条件下氨氮不会降低，而且还可能由于原废水中含有的有机氮在厌氧条件下的转化作用导致氨氮含量的上升。

我国高浓度有机工业废水排放量巨大，这些废水浓度高，多含有大量的碳水化合物、脂肪、蛋白质、纤维素等有机物；而且存在能源昂贵、土地价格剧增、剩余污泥的处理费用越来越高等问题。因此，厌氧生物处理技术是适合我国国情的水污染控制的重要手段。

3. 厌氧生物处理的主要影响因素

总的说来，厌氧微生物对环境条件的要求要比好氧微生物严格。污水的厌氧消化过程是通过多种生理上不同的微生物类群联合作用完成的。以产酸发酵菌群为代表的非产甲烷菌对 pH、温度、氧化还原电位等外界环境因素的变化具有较强的适应性，且其增殖速度快。而产甲烷菌是一群非常特殊的、严格厌氧的细菌，它们对生长环境条件的要求比非产甲烷菌更严格，而且其繁殖的世代周期很长。因此，产甲烷细菌是决定厌氧消化效率和成败的主要微生物类群，产甲烷阶段是厌氧过程速率的限制步骤。下面以产甲烷菌的生理、生态特征来说明厌氧生物处理过程的影响因素。

（1）pH

pH 是评价厌氧消化系统稳定性的重要指标。产甲烷菌对 pH 非常敏感，最适的 pH 范围为 6.5～7.2；而产酸菌适合的 pH 范围较广，为 4～8.5。厌氧消化过程中产生的挥发性脂肪酸会使系统的 pH 降低；而产甲烷菌产生的二氧化碳、氨和碳酸氢盐会使系统的碱度升高，增加系统的缓冲能力。

（2）温度

温度是影响厌氧消化过程中微生物活性的重要参数之一。根据不同的操作温度，厌氧消化过程被分为三类：低温（＜20℃）、中温（20～45℃）和高温（55～70℃）。其中，高温和中温厌氧消化的应用较多，而中温厌氧消化的应用最为广泛。高温厌氧消化能减少底物中的病原体，提高微生物的生长速率，促进产甲烷效率。但是，高温条件下易发生挥发性脂肪酸积累，而且所需能耗较大。相比而言，中温厌氧消化系统较为稳定，而且能耗较低。

（3）氨氮

氨氮是蛋白质、尿素和核酸等含氮物质降解的产物，是影响厌氧消化系统稳定性的重要因素。适当浓度的氨氮能为厌氧消化系统提供一定的缓冲能力，而过高浓度的氨氮会抑制产甲烷菌的活性。氨氮抑制发生的主要机理：一是铵根离子对甲烷合成酶有抑制作用；二是疏水性游离氨分子扩散到细胞内，引起质子失衡。根据相关文献，厌氧消化系统中总氨氮的抑制浓度范围为1500～1700mg/L。

（4）挥发性脂肪酸

挥发性脂肪酸（Volatile Fatty Acids，VFAs）是厌氧消化反应的中间产物，当厌氧消化过程中的水解酸化速率比产甲烷速率快时，会导致消化系统中VFAs的积累。VFAs的大量积累会降低消化系统的pH，抑制产甲烷菌活性，从而导致甲烷产量下降。因此，监测消化系统中VFAs的浓度变化，对消化反应器的稳定运行至关重要。据文献报道，VFAs的抑制浓度为2000～6000mg/L，其中，乙酸的抑制浓度为2000mg/L，丙酸的抑制浓度为1000mg/L。

（5）碱度

碱度（Total Alkalinity，TA）是评价厌氧消化系统缓冲能力的重要参数。碱度能中和消化系统中的酸性物质，使消化系统的pH保持相对稳定。消化系统的碱度过低，可以通过添加碳酸氢盐、降低有机负荷、延长水力停留时间以及改变接种比等方式进行调节。VFAs/TA是评价厌氧消化系统稳定性的重要指标，一般而言，VFAs/TA代表厌氧消化系统稳定运行。

（6）接种比

接种比是指原料和接种物挥发性固体质量的比值。一般而言，较低的接种比可以增加微生物数量，缩短反应器的启动时间，促进底物的产甲烷效率。但是，接种比过低会导致接种物占用过多的反应器空间，降低反应器的利用率，增加反应器的建造成本。此外，由于性质差异，每一种厌氧消化原料都具有特定的最优接种比。因此，确定最优接种比对提高原料的甲烷产量具有重要意义。

（7）有机负荷率

有机负荷率是影响连续消化系统稳定性和产气性能的重要参数。有机负荷率较高，说明反应器具有较高的底物处理效率。但是，过高的有机负荷率可能会导致水解菌和产酸菌的活性过高，从而造成VFAs的积累，抑制产甲烷过程。

（8）水力停留时间

水力停留时间是影响连续消化反应器处理效率和系统稳定性的重要参数，主要受到原料性质和有机负荷率的影响。水力停留时间过短，可能会降低原料的降解率，导致甲烷产率下降；而且可能会造成VFAs积累，抑制厌氧消化过程。但是，水力停留时间过长会降低反应器的处理效率。

（9）氧化还原电位

产甲烷菌对氧和氧化剂都非常敏感，无氧环境是严格厌氧的产甲烷菌繁殖的最基本条件之一。厌氧反应器介质中的氧浓度可根据浓度与电位的关系判断，即由氧化还原电位表达。在厌氧消化全过程中，不产甲烷阶段可在兼氧条件下完成，氧化还原电位为+0.1～−0.1V；而在产甲烷阶段，氧化还原电位须控制为−0.3～−0.35V（中温消化）与

−0.56～−0.6V（高温消化），常温消化与中温相近。产甲烷阶段氧化还原电位的临界值为−0.2V。氧是影响厌氧反应器中氧化还原电位条件的重要因素，但不是唯一因素。挥发性有机酸的增减，pH的升降以及铵离子浓度的高低等因素均影响系统的还原强度。如pH低，氧化还原电位高；pH高，氧化还原电位低。

（10）厌氧活性污泥

厌氧活性污泥主要由厌氧微生物及其代谢的和吸附的有机物、无机物组成。厌氧活性污泥的浓度和性状与消化的效能有密切的关系。性状良好的污泥是厌氧消化效率的基本保证。厌氧活性污泥的性质主要表现为它的作用效能与沉淀性能，前者主要取决于活微生物的比例及其对底物的适应性和活微生物中生长速率低的产甲烷菌的数量是否达到与不产甲烷菌数量相适应的水平。活性污泥的沉淀性能是指污泥混合液在静止状态下的沉降速度，它与污泥的凝聚性有关，与好氧处理一样，厌氧活性污泥的沉淀性能也以*SVI*衡量。

厌氧处理时，废水中的有机物主要靠活性污泥中的微生物分解去除，故在一定的范围内，活性污泥浓度越高，厌氧消化的效率也越高。但至一定程度后，效率的提高不再明显。这主要因为：①厌氧污泥的生长率低、增长速度慢，积累时间过长后，污泥中无机成分比例增高，活性降低；②污泥浓度过高有时易于引起堵塞而影响正常运行。

（11）其他

有毒物质、微量元素含量等也是关键影响因素。其中，有毒物质可以预先存在于系统中，或者在降解过程中产生，通过细胞膜扩散，引发蛋白质的变性，干扰细菌的代谢，降低厌氧消化效率。而Co、Fe、Cu、Zn和Ni等微量元素的浓度分别低于30g/L、1.3g/L、0.1g/L、1.1g/L和4.8g/L时，系统中产甲烷菌的生长受到抑制，厌氧消化效率较低。

4. 厌氧生物处理工艺

（1）普通厌氧消化池

普通厌氧消化池的基本形状有圆柱形和蛋形两种，其基本构造主要包括污泥的投配、排泥及溢流系统，沼气排除、收集与储气设备、搅拌设备及加温设备等。废水定期或连续进入池中，经消化的污泥和废水分别由消化池底和上部排出，所产的沼气从顶部排出。池径从几米至三四十米，柱体部分的高度约为直径的1/2，池底呈圆锥形，以利于排泥。一般都有盖子，以保证良好的厌氧条件，收集沼气和保持池内温度，并减少池面的蒸发。为了使进料和厌氧污泥充分接触，使所产的沼气气泡及时逸出而设有搅拌装置，此外，进行中温和高温消化时，常需对消化液进行加热。常用搅拌方式有三种：①池内机械搅拌；②沼气搅拌，即用压缩机将沼气从池顶抽出，再从池底充入，循环沼气进行搅拌；③循环消化液搅拌，即池内设有射流器，由池外水泵压送的循环消化液经射流器喷射，在喉管处造成真空，吸进一部分池中的消化液，形成较强烈的搅拌。一般情况下每隔2～4h搅拌一次。在排放消化液时，通常停止搅拌，经沉淀分后排除上清液。

普通厌氧消化池的特点是在消化池内实现厌氧发酵反应及固、液、气的三相分离。普通厌氧消化池的主要缺点有：①允许的负荷较低，中温消化的处理能力为0.5～2kg COD/(m^3·d)，污泥处理的投配率（即每日新鲜污泥投加容积与消化池有效容积之比）为5%～8%；高温消化负益率为3～5kg COD/(m^3·d)，污泥投配率为8%～12%；②废料在消化池内停留时间较长，污泥一般为10～30d；若中温消化处理COD浓度为15000mg/L的有机废水，滞留时间需要10d以上。

由于先进的高效厌氧消化反应器的出现，传统的消化池应用越来越少。但是在一些特殊领域，其在厌氧处理中仍然占有一席之地，主要包括：城镇污水处理厂污泥的稳定化处理；高浓度有机工业废水的处理；高悬浮物含量有机废水的处理和含难降解有机物的工业废水的处理等。

（2）厌氧生物接触法

为了克服普通厌氧消化池不能持留或补充厌氧活性污泥的缺点，在消化池后设沉淀池，将沉淀污泥回流至消化池，形成了厌氧生物接触法。该系统既能控制污泥不流失、出水水质稳定，又可提高消化池内污泥浓度，从而提高设备的有机负荷和处理效率。

然而，从消化池排出的混合液在沉淀池中进行固液分离有一定的困难，其主要原因有：由于混合液中污泥上附着大量的微小沼气泡，易于引起污泥上浮；由于混合液中的污泥仍具有产甲烷活性，在沉淀过程中仍能继续产气，从而妨碍污泥颗粒的沉降和压缩。为了提高沉淀池中混合液的固液分离效果，目前采用真空脱气、热交换器急冷、絮凝沉淀和用超滤器代替沉淀池等方法脱气，以改善固液分离效果。此外，为保证沉淀池分离效果，在设计时沉淀池内表面负荷应比一般废水沉淀池表面负荷小，一般不大于1m/h，混合液在沉淀池内停留时间比一般废水沉淀时间要长，可采用4h。

厌氧接触法的特点有：污泥浓度高，一般为5～10g VSS/L，抗冲击负荷能力强；有机容积负荷高，中温时COD负荷1～6kg COD/(m^3 · d)，去除率为70%～80%；BOD负荷0.5～2.5kg BOD/(m^3 · d)，去除率为80%～90%；出水水质较好；增加了沉淀池、污泥回流系统、真空脱气设备，流程较复杂；适合于处理悬浮物和有机物浓度均很高的废水。

（3）厌氧生物滤池

1）厌氧生物滤池的构造。厌氧生物滤池是装填滤料的厌氧反应器。厌氧微生物以生物膜的形态生长在滤料表面，废水淹没地通过滤料，在生物膜的吸附作用和微生物的代谢作用以及滤料的截留作用下，废水中有机污染物被去除。产生的沼气则聚集于池顶部罩内，并从顶部引出。处理水则由旁侧流出。为了分离处理水挟带的生物膜，一般在滤池后需设沉淀池。

2）厌氧生物滤池的形式。根据水流方向，厌氧生物滤池可分为升流式和降流式两种形式。

3）厌氧生物滤池的特点。①由于填料为生物附着生长提供了较大的表面积，滤池中的微生物量较高，又由于生物膜停留时间长，平均停留时间长达100d左右，因而可承受的有机容积负荷高，COD容积负荷为2～16kg COD/(m^3 · d)，且耐冲击负荷能力强；废水与生物膜两相接触面大；②强化了传质过程；因而有机物去除速度快；③微生物固着生长为主，不易流失，因而不需污泥回流和搅拌设备；④启动或停止运动后再启动时间较短。但该工艺也存在一些问题：处理含悬浮物浓度高的有机废水，易发生堵塞，尤以进水部位最为严重。滤池的冲洗还没有简单有效的方法。

（4）厌氧生物转盘

厌氧生物转盘的构造与好氧生物转盘相似，不同之处在于盘片大部分（70%以上）或全部浸没在废水中，为保证厌氧条件和收集沼气，整个生物转盘设在一个密闭的容器内。厌氧生物转盘由盘片、密封的反应槽、转轴及驱动装置等组成。对废水的净化靠盘片表面的生物和悬浮在反应槽中的厌氧菌完成，产生的沼气从反应槽顶排除。由于盘片的转动，作用在生物膜上的剪力可将老化的生物膜剥落，在水中呈悬浮状态，随水流出槽外。

厌氧生物转盘的特点有：①微生物浓度高，可承受高的有机物负荷；②废水在反应器内按水平方向流动，无须提升废水，节能；③无需处理水回流，与厌氧膨胀床和流化床相比较既节能又便于操作；④处理含悬浮固体较高的废水，不存在堵塞问题；⑤由于转盘转动，不断使老化生物膜脱落，使生物膜经常保持较高的活性；⑥具有抗冲击负荷的能力，处理过程稳定性较强；⑦可采用多级串联，各级微生物处于最佳生存条件下；⑧便于运行管理。

（5）升流式厌氧污泥床反应器

升流式厌氧污泥床反应器简称 UASB，是由荷兰 Wageningen 农业大学的 Lettinga 教授于 20 世纪 70 年代初研发的。UASB 反应器主要分为 3 个区域：底部布水系统；反应区，其中含有大量生物活性高、沉淀性能好的颗粒污泥，又可分为污泥床和污泥悬浮层两部分；顶部的气、液、固三相分离区（图 9-19）。在 UASB 反应器的下部存在由浓度很高的颗粒污泥层形成的污泥床。需要处理的废水从反应器下部经布水系统进入污泥床，并与污泥床内的污泥融合。污泥中的微生物分解废水中的有机物，并产生沼气。沼气以微小气泡形式不断放出并在上升过程中不断地合并，逐渐形成较大的气泡。在反应器本身所产生沼气的搅动下，污泥床上部的污泥处于浮动状态，因而不需外加搅拌系统，就能达到废水与污泥良好混合的效果。一般浮动层高可达 2m 左右，该层污泥浓度较低，称为污泥悬浮层。

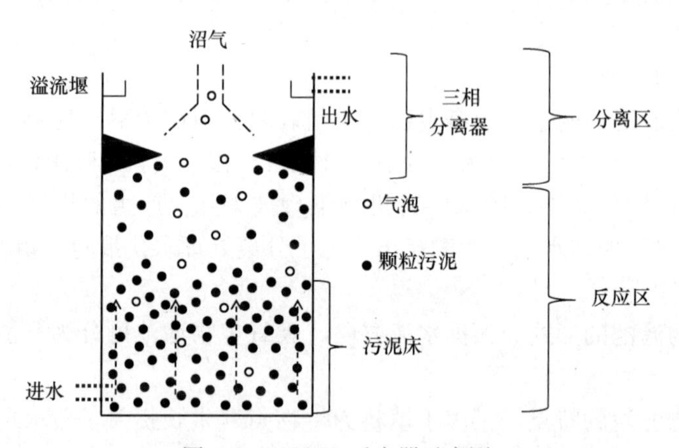

图 9-19　UASB 反应器示意图

UASB 反应器的反应区高度一般为 3～6.5m。在反应器上部设有固、液、气三相分离器。三相分离器上部由双层圆锥组成，下部是反射锥。当消化器中气、液、固混合液流上升时，首先受到分离器底部的反射锥阻挡，向四周散开。此时，气体被分离出来进入气室，由导气管排出。消化液和污泥混合液经双层圆锥夹缝进入沉淀区，颗粒污泥在沉淀区发生沉淀，并沿着双层圆锥壁重新滑落回到污泥床内。上清液由溢流堰从出水管排出。

UASB 反应器是废水厌氧生物处理工艺中比较先进的一种，它能滞留高浓度活性很强的颗粒状污泥（平均浓度达 30～40 个/L），使处理负荷大幅度提高，可达 7～15kg COD/(m^3·d)。同时，不需要污泥沉淀分离、脱气、搅拌、回流污泥等的辅助装置，能耗也较低，因而已得到广泛应用。污泥床污泥密度较大，浓度可达到 50～100kg SS/m^3，悬浮层污泥浓度亦可达 5kg SS/m^3 以上。

9.3.6 生物脱氮与除磷技术

随着世界各国对污水处理厂出水水质标准的不断提高，对污水的脱氮除磷要求也越来越严格。众所周知，氮、磷是导致自然水体富营养化的来源，其结果是严重破坏了水体的生态环境及水质，造成水产养殖业等巨大损失。水体的富营养化一旦发生，往往需要很长的时间才能恢复到水体的正常状态。由于游离氨在水体中对鱼类具有较强的毒性作用，故对于硝化和反硝化的研究开始得较早，随着城镇化在全球范围的迅速发展，每天城镇污水的排放量将同步增加，以去除有机污染物为目的的传统活性污泥法显然已不能满足目前的环境质量标准。欧美很多国家早已提出，对现有的生物处理系统必须进行改造，以满足对脱氮除磷的要求。目前，在污水处理工程领域中常用的脱氮除磷技术主要是生物技术。

1. 生物脱氮技术

污水中氮主要以氨氮和有机氮形式存在，还含有少量亚硝酸盐和硝酸盐形态的氮，在未经处理的污水中，氮有可溶性的，也有非溶性的。可溶性有机氮主要以尿素和氨基酸的形式存在。一部分非溶性有机氮在初沉池中可以去除。在生物处理过程中，大部分的非溶性有机氮转化成氨氮和其他无机氮，却不能有效地去除氮。废水生物脱氮的基本原理就在于，在有机氮转化为氨氮的基础上，通过硝化反应将氨氮转化为亚硝态氮和硝态氮，再通过反硝化反应将硝态氮转化为氮气从水中逸出，从而达到脱氮的目的。

（1）氨化反应

氨化作用是指在好氧环境下，在氨化菌的作用下把有机氮转化为氨态氮的过程。异养型微生物中的大部分都能进行氨化作用。因此只要曝气量适当，反应器中的绝大部分微生物都能实现氨化反应。使得好氧或厌氧环境下的有机氨化物能够得到分解，并向氨态氮转化。

（2）硝化反应

好氧环境下，微生物能够将氨氮转化为硝酸盐，其转化过程分为两个步骤：首先，亚硝酸菌将氨氮转化为NO_2^-，然后，NO_2^-在硝酸菌的作用下被转化为NO_3^-，其中，亚硝酸菌、硝酸菌都为好氧微生物。其反应式分别为：

$$NH_4^+ + \frac{3}{2}O_2 \xrightarrow{\text{亚硝化菌}} NO_2^- + H_2O + 2H^+ (\Delta F = 278.42\text{kJ}) \tag{9-18}$$

$$NO_2^- + \frac{1}{2}O_2 \xrightarrow{\text{硝酸菌}} NO_3^- (\Delta F = 72.27\text{kJ}) \tag{9-19}$$

硝化反应的总反应式为：

$$NH_4^+ + 2O_2 \xrightarrow{\text{亚硝化菌}} NO_3^- + H_2O + 2H^+ (\Delta F = 351\text{kJ}) \tag{9-20}$$

影响硝化反应过程的因素有：

1）溶解氧（DO）。氧是硝化反应进程的电子受体，反应器内混合液的溶解氧含量，必将影响硝化反应进程与效果。大量实验结果证实，硝化反应器内混合液的 DO 值不得低于 2.0mg/L。

2）温度。在 5～30℃的温度范围内，随着温度的提高，硝化反应速度也随之增高，在 30℃时化反应速度即行下降，这是因为温度超过 30℃时，蛋白质变性，使硝化菌活性降低。15℃以下时，硝化反应速度下降；4℃以下，硝化反应完全停止。

3）pH。硝化菌对环境条件 pH 的变化异常敏感，当 pH 在 7.0～8.1 时活性最强，超出这个范围，活性就要降低，当 pH 降到 5.0～5.5 时硝化反应即将停止。脱氮反应的硝化阶段通常是将 pH 控制在 7.2～8.0 之间。在最佳 pH 环境条件下，硝化反应速度、硝化菌最大的比增殖速度均可达最高值。

4）生物固体平均停留时间（污泥龄）。为了使硝化菌的种群能够在连续流反应器系统内存活，硝化菌在反应器内的停留时间 $(\theta_c)_N$ 必须大于自养型硝化菌最小的世代时间 $(\theta_c)_N^{min}$ ，否则硝化菌的流失率将大于净增殖率，将使硝化菌从系统中流失殆尽。

对 $(\theta_c)_N$ 的取值，至少应为硝化菌最小世代时间的 2 倍以上，即安全系数应大于 2。此外，$(\theta_c)_N$ 与温度密切相关，温度低，$(\theta_c)_N$ 应提高取值。

5）对硝化反应产生抑制作用的物质。对硝化菌有抑制作用的重金属有 Zn，Cu，Hg，Cr，Ni，Ag，Co，Cd，Pd 等。对硝化菌有抑制作用的无机物质有 CN^-、ClO_4^-、硫氰酸盐、HCN、叠氮化纳、K_2CrO_4、三价砷及氟化钠等。

对硝化菌有抑制作用的还有下列物质：高浓度的 NH_4^+-N、高浓度的 NO_x^--N、有机物质以及络合阳离子等。

（3）反硝化反应

反硝化反应的实质是硝酸氮（NO_3^-－N）和亚硝酸氮（NO_2^-－N）在缺氧的环境以及在反硝化菌参与作用下，被还原成为气态氮（N_2）或 N_2O、NO 的生物化学过程。反硝化菌是属于异养型兼性厌氧菌的细菌，在自然环境中几乎无处不在，参与污水物处理过程的微生物中，如假单胞菌属（*Pseudomonas*）、产碱杆菌属（*Alcaligenes*），芽孢杆菌属（*Bacillus*）和微球菌属（*Micrococcus*）等都是反硝化细菌。这些微生物多属兼性细菌，在混合液中有分子态溶解氧存在时，这些反硝化细菌氧化分解有机物，利用分子氧作为最终电子受体，在不存在分子态氧的情况下，利用硝酸盐（N 为＋5 价）和亚硝酸盐（N 为＋3 价）中的 N 作为能量代谢中的电子受体（被还原），O（－2 价）作为受体生成 H_2O 和 OH^- 碱度，有机物作为碳源及电子供体提供能量并得到氧化稳定。

生物反硝化过程可以用下式表示：

$$NO_2^- + 3H(\text{电子供体有机物}) \longrightarrow 1/2\ N_2 + H_2O + OH^- \tag{9-21}$$

$$NO_3^- + 5H(\text{电子供体有机物}) \longrightarrow 1/2\ N_2 + 2H_2O + OH^- \tag{9-22}$$

反硝化反应过程中，NO_2^- 和 NO_3^- 的转化是通过反硝化细菌的同化作用（合成代谢）和异化作用（分解代谢）来完成的。同化作用是 NO_2^- 和 NO_3^- 被还原成 NH_4^+－N，用以新微生物细胞的合成，氮成为细胞质的成分。异化作用是 NO_2^- 和 NO_3^- 被还原成为 N_2、N_2O 或 NO 等气态物质，而主要是 N_2。通过异化作用去除的氮，占去除量的 70%～75%。

硝酸盐的反硝化还原过程如下式所示：

$$NO_3^- \rightarrow NO_2^- \rightarrow NO \rightarrow N_2O \rightarrow N_2 \tag{9-23}$$

影响反硝化反应的环境因素有：

1）温度。反硝化反应的适宜温度是 20～40℃，低于 15℃时，反硝化菌的增殖速率降低，代谢速率也会降低，从而反硝化反应速率也会降低。在冬季低温季节，为了保持一定的反硝化反应速率，应考虑提高反硝化反应系统的污泥龄（生物固体平均停留时间），降低负荷率，提高污水的停留时间。

2）溶解氧（DO）。反硝化菌是异养兼性厌氧菌，只有在无分子氧而同时存在硝酸和亚硝酸离子的条件下，它们才能够利用这些离子中的氧进行呼吸，使硝酸盐还原。如反应器内溶解氧含量较高，将使反硝化菌利用氧进行呼吸，抑制反硝化菌体内硝酸盐还原酶的合成，或者氧成为电子受体，阻碍硝酸氮的还原。但另一方面，在反硝化菌体内某些酶系统组分只有在有氧条件下才能合成，这样，反硝化菌宜在厌氧、好氧交替的环境中生活，溶解氧则以控制在0.5mg/L以下为宜。

3）pH。反硝化反应过程的最适宜pH为7.0～7.5，不适宜的pH能够影响反硝化菌的增殖速率和酶的活性。当pH低于6.0或高于8.0时，反硝化反应过程将受到严重的抑制。

在反硝化反应的过程中，要产生一定量的碱度，这一现象有助于使pH保持在适宜的范围内，并有利于补充在硝化反应过程中所消耗的部分碱度。在理论上，每还原1g NO_3^--N，要生成3.57g碱度（以$CaCO_3$计），在实际操作上要低于此值。对活性污泥工艺型反硝化反应系统，此值为2.89。

4）碳源有机物。反硝化反应是由异养型微生物执行并完成的生物化学反应。它们在溶解氧浓度极低的条件下，利用硝酸盐中的氧作为电子受体，有机物作为碳源及电子供体，应用的碳源物质不同，反硝化速率也不同。

在实施反硝化反应过程中，经常采用的碳源有机物有生活污水、甲醇和糖蜜等。一般认为，当污水中$BOD_5/TN>3\sim5$时，即可认为碳源充足，无需外加碳源；而当原污水中碳、氮比值过低，如$BOD_5/TN<3\sim5$时，即需另投加有机碳源。

2. 生物除磷技术

在20世纪80年代中期，人们发现在厌氧环境下，聚磷菌（Phosphate Accumulating Organisms，PAOs）能以硝酸根为电子受体吸附磷。1993年荷兰代尔夫特科技大学Kuba等人通过观察发现，如果厌氧/缺氧两种状态交替运行，一种兼性厌氧微生物就会发生富集，而该微生物具有脱氮除磷功能。微生物在反应过程的电子受体，利用的是氧气或者是硝酸根，其细胞内聚β羟基丁酸（PHB）与糖原生物的代谢过程，与A/O工艺相似。

（1）生物除磷的基本原理

聚磷菌在好氧条件下可以超出生理需求过量地摄取磷，形成多聚磷酸盐作为储存物质，同时在细胞分裂繁殖过程中利用大量的磷合成核酸。

$$ADP + H_3PO_4 + \text{能量} \longrightarrow ATP + H_2O \tag{9-24}$$

从而使生成的活性污泥在好氧条件下利用磷的量比普通活性污泥（含磷量1%～2% *MLSS*）高2～3倍。而在厌氧条件下，活性污泥中的聚磷菌为获得较多的能量，便将积累于体内的多聚磷酸盐水解，产生大量能量，同时将磷酸盐重新释放到环境中。

$$ATP + H_2O \longrightarrow ADP + H_3PO_4 + \text{能量} \tag{9-25}$$

生物除磷原理就是利用聚磷菌的上述特性，在好氧条件下使它们过量吸磷，将水中的磷富集在活性污泥中。而在厌氧条件下又将活性污泥中的磷释放，将磷转移至上清液中，从而分别通过聚磷剩余活性污泥的排放和含磷上清液的排放使磷脱离处理系统，达到生物除磷的目的。此外，在生物除磷过程中BOD也可以得到分解。在厌氧条件下，废水中的有机物经产酸菌作用形成乙酸，而聚磷菌在此条件下将聚磷物分解，释放出的能量一部分供自身生存需要，另一部分用于吸收乙酸、H^+和电子，使之以PHB形式储藏于细胞内，无机磷排出胞外。在好氧条件下，聚磷菌分解PHB释放出能量，一部分用于自身的生长繁殖，另一部分用于无机磷的吸收，形成聚磷物储藏在细胞内。

（2）生物除磷的影响因素

1）溶解氧。由于DO的存在，溶解氧的影响包括两方面：一方面DO将作为最终电子受体而抑制厌氧菌的发酵产酸作用，妨碍磷的释放；另一方面会减少聚磷菌所需的脂肪酸产生量，造成生物除磷效果差。所以，必须在厌氧区中严格控制厌氧条件，这直接关系到聚磷菌的生长状况、释磷能力及利用有机基质合成PHB的能力。再者，在好氧区中要供给足够的溶解氧，以满足聚磷菌对其储存的PHB进行降解，释放足够的能量供其过量摄磷之需，有效地吸收废水中的磷。一般厌氧段的DO应严格控制在0.2mg/L以下，而好氧段的溶解氧控制在2.0mg/L左右。

2）厌氧区硝态氮。硝酸盐氮与亚硝酸盐氮的存在和还原，也会消耗有机基质而抑制聚磷菌对磷的释放，从而影响在好氧条件下聚磷菌对磷的吸收。而且，硝态氮的存在会被部分生物聚磷菌（如气单胞菌）利用作为电子受体进行反硝化，从而影响其以发酵中间产物作为电子受体进行发酵产酸，进而抑制聚磷菌的释磷和摄磷能力及PHB的合成能力。

3）温度。温度对除磷效果的影响不如对生物脱氮过程的影响那么明显，因为在高温、中温、低温条件下，不同的菌群都具有生物除磷的能力，但低温运行时厌氧区的停留时间更长些，以保证发酵作用的完成及基质的吸收。试验表明，在5～30℃的范围内都可以得到很好的除磷效果。

4）pH。试验证明pH在6～8时，磷的厌氧释放比较稳定。pH低于6.5时，生物除磷的效果会大大下降。

5）BOD负荷。废水生物除磷工艺中，厌氧段有机基质的种类、含量及其与微生物营养物质的比值（BOD_5/TP）是影响除磷效果的重要因素。不同的有机物为基质时，磷的厌氧释放和好氧提取是不同的。根据生物除磷原理，分子量较小的易降解的有机物（如低级脂肪酸类物质）易于被聚磷菌利用，将其体内储存的多聚磷酸盐分解释放出磷，诱导磷释放的能力较强，而高分子难降解的有机物诱导释磷的能力较弱。厌氧阶段磷的释放越充分，好氧阶段磷的摄取量就越大。另一方面，聚磷菌在厌氧段释放磷所产生的能量，主要用于其吸收进水中低分子有机基质合成PHB储存在体内，以作为其在厌氧条件压抑环境下生存的基础。因此，进水中是否含有足够的有机基质提供给聚磷菌合成PHB，是关系到聚磷菌在厌氧条件下能否顺利生存的重要因素。一般认为，进水中BOD_5/TP要大于15，才能保证聚磷菌有着足够的基质需求而获得良好的除磷效果。

6）污泥龄。由于生物脱磷系统主要是通过排除剩余污泥去除磷的，因此剩余污泥量的多少将决定系统的除磷效果。而泥龄的长短对污泥的摄磷作用及剩余污泥的排放量有着直接的影响。一般来说，泥龄越短，污泥含磷量稳高，排放的剩余污泥量也越多，越可以取得较好的除磷效果。短的泥龄还有利于好氧段控制硝化作用的发生而利于厌氧段的充分释磷。因此，仅以除磷为目的的污水处理系统中，一般宜采用较短的泥龄。但过短的泥龄会影响出水的BOD_5和COD，若泥龄过短可能会使出水的BOD_5和COD达不到要求。

（3）生物除磷的基本工艺

1）Phostrip 除磷工艺。Phostrip 生物除磷工艺将化学除磷和生物除磷结合在同一工艺单元中。通过在传统曝气池后面的沉淀池回流系统中增设旁路，将回流活性污泥进行厌氧释磷，把释磷后的上清液通过旁路进行化学沉淀，将释磷后的活性污泥再回流到曝气池（图 9-20）。该工艺除磷效果较好，而且能够耐冲击负荷。其出水磷浓度可达到 1mg/L 以下；但 Phostrip 工艺流程较为复杂，缺乏脱氮能力，对 BOD 的去除效率一般，加之运行费用较高，因此，在现行城镇污水处理厂中应用受到一定的限制。

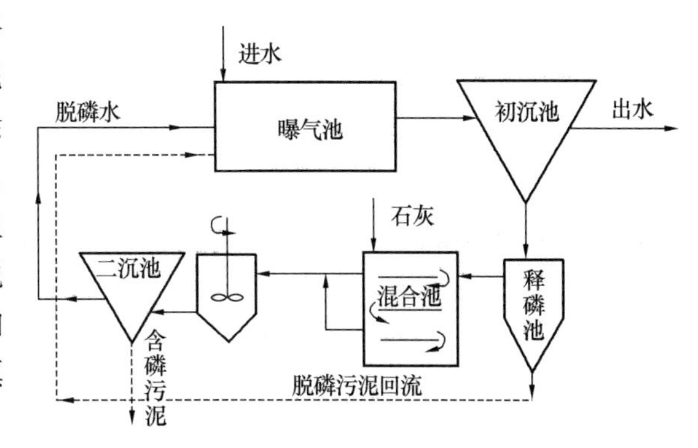

图 9-20　Phostrip 除磷工艺流程图

2）A^2/O 及其改良工艺。该技术是 Barnard 等人于 1976 年以 A/O 工艺为基础，通过在 A/O 系统中增设一个缺氧池，通过双重（污泥和硝酸银混合液）的回流解决脱氮和除磷的需求。该技术兼有脱氮和除磷的功能，而且工艺的运行可靠性和稳定性较好，在全球范围内得到了广泛应用（图 9-21）。当然该工艺在应用过程中也暴露出一些工艺本身的缺陷，如由于脱氮除磷的微生物混合培养，由于各种功能微生物的生长条件不一样（如泥龄、碳源竞争等），会导致工艺的同步脱氮除磷性能相互牵制；其次，好氧池回流污泥携带硝酸盐进入厌氧池，造成 PAOs 的除磷性能下降，进而影响厌氧释磷和好氧吸磷；③有一部分污泥始终留在系统中，不能经历厌氧池对 PAOs 的筛选作用。

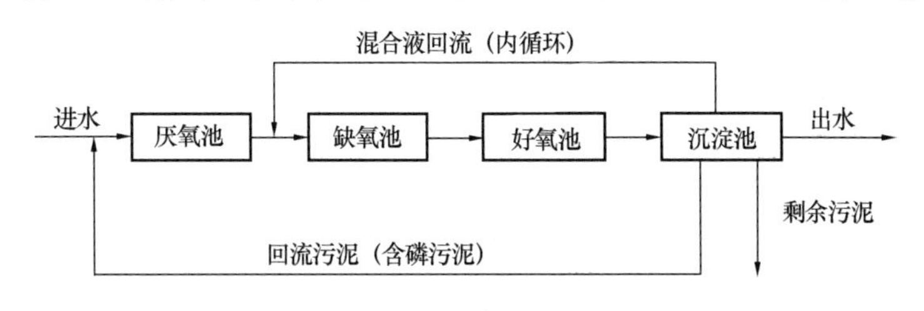

图 9-21　A^2/O 工艺

针对 A^2/O 工艺的缺陷，后人在其基础上提出了 A-A^2/O、倒置 A^2/O、UCT、BCFS、氧化沟等一系列的改良工艺，它们针对 A^2/O 工艺原理存在的问题在各厌氧好氧单元分布、回流方式、运行控制方式等方面进行了改进。其中倒置 A^2/O 工艺能够解决系统中出现的反硝化与释磷碳源竞争问题；BCFS 工艺是在新兴反硝化除磷技术的基础上发展而来的；而 UCT 工艺降低了 NO_3^- 对除磷的影响。然而 A^2/O 及其变形工艺流程较长，需在动态条件下控制不同类型的微生物种群的生长条件，其主要问题体现在脱氮除磷对泥龄、碳源、回流污泥的硝酸盐含量对厌氧释磷的限制等方面，使得这些工艺系统较复杂，也导致脱氮除磷的效率和运行稳定性受到影响。

3）Bardenpho 工艺。Bardenpho 工艺依次分为缺氧、好氧、厌氧和好氧四个区（图 9-22）。将缺氧反硝化前置，可以充分利用进水碳源进行反硝化脱氮，具有较好的脱氮性能。而在后端增设的好氧段能够提高出水中溶解氧，一定程度上改善了沉淀池中污泥

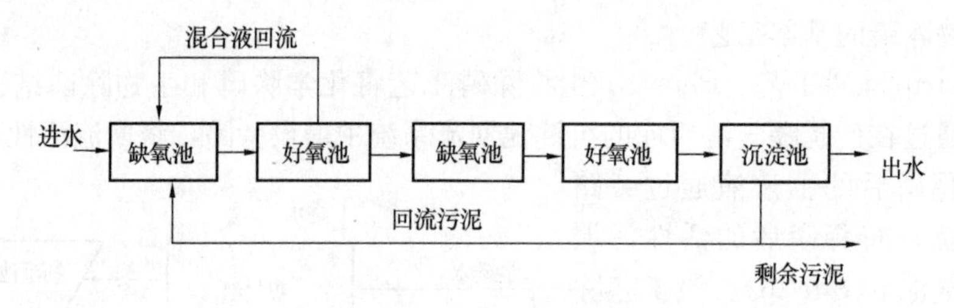

图 9-22　Bardenpho 工艺

的沉降性能，减少沉淀池的二次释磷，但工艺的除磷能力有一定的缺陷。

9.3.7　污水的自然生物处理

水体与土壤都具有一定的自净能力，在微生物的作用下，排入水体或土壤的废水中的有机物会被分解。这种利用水体和土壤的自净能力来消除污染的处理方式就属于污水的自然生物处理系统。污水自然处理系统的净化主要依赖于土壤和塘内水体的物理作用、化学作用、物化作用和生化作用。与常规处理技术相比，前者具有工艺简便、操作管理方便、建设投资和运转成本低的特点。自然处理系统尤其是人工湿地，还是多种鸟类及水生动植物的良好栖息地。在净化污水的同时，提供了生物多样性的存在条件，也成为人们回归自然、亲近自然的最佳场所，是美化城镇环境的较好选择。采用自然处理技术对污水处理厂的出水进行自然净化，可以进一步去除污水中引起富营养化的主要污染物质氮、磷，保护水体。

1. 稳定塘系统

稳定塘系统是通过水—水生生物系统（菌藻共生系统和水生生物系统）对污水进行自然处理的工程设施（图 9-23）。

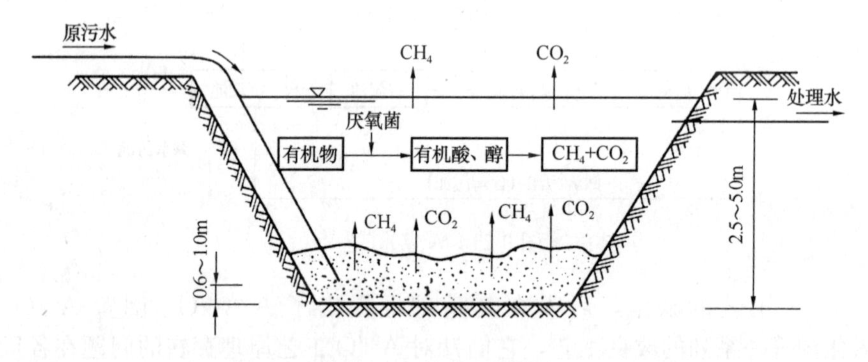

图 9-23　稳定塘系统

(1) 稳定塘对污水的净化作用

1) 稀释作用。污水进入稳定塘后，在风力、水流以及污染物的扩散作用下，与塘内已有塘水进行一定程度的混合，使进水得到稀释，降低了其中各项污染指标的浓度。稀释作用是一种物理过程，并没有改变污染物的性质，但为进一步的净化作用创造条件，如降低有害物质的浓度，使塘水中生物净化过程能够进行正常。

2) 沉淀和絮凝作用。污水进入稳定塘后，由于流速降低，其所挟带的悬浮物质在重力作用下沉于塘底。使污水的 SS、BOD_5、COD 等各项指标都得到降低。此外，在稳定塘的塘水中含有大量的生物分泌物，这些物质一般都具有絮凝作用，在它们的作用下，污水中的细小悬浮颗粒产生了絮凝作用，小颗粒聚集成为大颗粒，沉于塘底成为沉积层，沉积层则通过厌氧分解进行稳定。自然沉淀与絮凝沉淀对污水在稳定塘的净化过程中起到一定的作用。

3）好氧微生物的代谢作用。在稳定塘内，污水净化最关键的作用仍是在好氧条件下，异养型好氧菌和兼性菌对机污染物的代谢作用，绝大部分有机污染物都是在这种作用下去除的。当稳定塘内生态系统处于良好的平衡状态时，细菌的数目能够得到自然的控制，当用多级稳定塘系统时，细菌数目将随着级数的增加而逐渐减少。稳定塘由于好氧微生物的代谢作用，能够取得很高的有机物去除率，BOD_5 可去除 90%以上，COD 去除率也可达 80%。

4）厌氧微生物的代谢作用。在兼性塘的塘底沉积层和厌氧塘内，溶解氧全无，厌氧细菌得以存活，并对有机污物进行厌氧发酵分解，这也是稳定塘净化作用的一部分。在厌氧塘和兼性塘的塘底，有机污染物一般能够经历厌氧发酵 3 个阶段的全过程，即水解阶段、产氢产乙酸阶段和产甲烷阶段。

5）浮游生物的作用。在稳定塘内存活着多种浮游生物，它们各自从不同的方面对稳定塘的净化功能发挥着作用。藻类的主要功能是供氧，同时也起到从塘水中去除某些污染物（如氮、磷）的作用。原生动物、后生动物及枝角类浮游动物在稳定塘内的主要功能是吞食游离细菌和细小的悬浮状污染物和污泥颗粒，可使塘水进一步澄清。此外，它们还分泌能够产生生物絮凝作用的黏液。底栖动物如摇蚊等摄取污泥层中的藻类或细菌，可使污泥层的污泥数量减少。放养的鱼类的活动也有助于水质净化，它们捕食微型水生动物和残留于水中的污物。各种生物处于同一生物链中，互相制约，它们的动态平衡有利于水质净化。

6）水生维管束植物的作用。在稳定塘内，水生维管束植物主要在下面几方面对水质净化起作用；水生植物吸收氮、磷等营养，使稳定塘去除氮、磷的功能有所提高；水生植物的根部具有富集重金属的功能，可提高重金属的去除率；每一株水生植物都像一台小小的供氧机，向塘水供氧；水生植物的根和茎，为细菌和微生物提供了生长介质，使其去除 BOD 和 COD 的能力提高。

（2）稳定塘的分类

稳定塘有很多种，可基于相应的功能、塘内生物种类、类型等进行划分。

1）好氧塘。其属于一种菌藻共生的处理塘，根据实际的应用情况可知其特征表现为降解速度快，且投资省、可高效地处理。不过其也有一定的局限性，主要表现为池容大，出水中有很多藻类，因而在其后处理过程中还应该除藻处理；其使用范围主要为相应的营养物，溶解性有机物的塘，也可以通过好氧塘对一些二级出水进行处理。

2）厌氧塘。进行一定对比分析可知，厌氧塘的原理与其他厌氧生物模式相同，都是通过厌氧菌的代谢而促使相应的有机物被降解。其特征表现为有机负荷高、环境适应能力强、池深较大、占用土地资源少、运转维护费用低。而根据实际的经验可知，其不足之处是难以控制温度，对周围空气会产生一定污染；运行条件不容易控制。厌氧塘适用于高温、高浓度的有机废水处理，大部分情况下作为预处理设施，为其后的处理提供支持。

3）兼性塘。兼性塘的应用比例较高，一般情况下其有效水深为 1.2～1.5m，对比分析发现其优势表现为处理程度高、投资省，管理方便；出水水质可达到较高水平。而其弊端则表现为池容大、占地多；在温度较高条件下运行时会产生漂浮污泥层，这对出水水质会产生一定的不良影响。

4）曝气塘。曝气塘主要是安装了人工曝气设备的稳定塘，根据实际经验发现其优势表现为耐冲击性能强、体积小、占地少；环境适应能力强，不会产生臭味物质。而其缺陷表现为运行维护费用高；容易起泡沫，出水水质也不高，因而主要用于村落生活污水的处理。

5）生态塘。生态塘主要是基于一些水生维管束植物而进行污染物处理，对比分析发现其对氮磷有较好的去除性能，可满足一定深度处理出要求。为提高其运行管理水平，可将植物移植在轻质材料载体上，这样可以在去除污染物的基础上实现一定的景观效应。

2. 人工湿地

人工湿地（Constructed Wetlands，CWs）是人为建立的通过模拟自然湿地系统处理污水的人工生态系统，在人为的监督与控制下，通过植物、基质和微生物三相协同作用实现对污水中有机物、氮和磷元素的去除。人工湿地按污水在湿地床层中的不同流动方式，可分为表面流人工湿地和潜流人工湿地。表面流人工湿地的水力负荷通常较低，典型水力负荷范围为 0.5～10cm/d，同时由于表面流人工湿地在冬季或北方寒冷地区应用时，易发生表面结冰以及系统处理效果受温度变化影响较大的问题，实际应用较少。潜流人工湿地可分为水平潜流人工湿地和垂直潜流人工湿地，潜流人工湿地能够充分提高水力停留时间（HRT），利用湿地内部空间结构，发挥基质表层的生物膜、植物发达根系系统以及湿地基质和土壤的截留作用。因而，潜流人工湿地具有较大的水力负荷，同时又具有较高的去除效率。研究表明，潜流人工湿地处理较低浓度的生活污水，在 21.2cm/d 的水力负荷条件下，对氨氮、COD 和总氮的去除率能够分别达到 93.4%、75.6%和 53.8%。因此，潜流人工湿地可以有效提高人工湿地的去除负荷，增强了人工湿地的对污染物的去除能力，是目前实际应用最为广泛的人工湿地类型。

（1）人工湿地系统的构成

人工湿地对污水的净化作用是通过植物、微生物和基质三者的协同作用完成的。人工湿地运行初期，基质的吸附作用效果明显，待基质吸附作用达到饱和以后，微生物和湿地植物生长已经相对稳定，此时污水的净化主要是依靠湿地植物和微生物的共同作用完成。

1）基质。人工湿地中的基质是湿地床中的填充材料（又可以被称为填料、滤料），在目前运用比较广的基质可以由细沙、砾石、粗沙、土壤、泥炭、沸石、膨润土等天然材料，或者是炉渣、煤渣、钢渣等工业副产品中的一种或者多种构成。人工湿地中基质的主要作用是：①为微生物的繁殖和生长提供附着点；②为湿地植物提供支撑；③为污水净化过程中发生的物理、化学和生物反应提供反应界面；④对污水中的不溶性污染物起到拦截作用，并且对营养物质起到吸附作用。当污水进入湿地床以后，污水中不溶性污染物会被基质过滤拦截，通过静电力分子间作用力以及化学键等物理化学作用，污染物被粘附在基质的表面。另外，污染物还可能通过吸附架桥作用而被拦截。

基质的多样性会导致对不同污染物的去除效果不同，为保证人工湿地对污水的高处理效率，在实际的工程设计和应用中，选择基质类型时要注重基质的孔隙率、稳定性、水力传导率、机械强度等因素。另外，还要保证材料的易得性、价格和高效性，在系统的设计和选材方面既要保证对污水的处理效果，又要考虑设计成本和使用寿命。在表面流人工湿地的基质材料选择中，多采用当地的土壤，而当地的砾石和河沙普遍用作潜流人工湿地的基质材料。潜流人工湿地在设计时要充分考虑基质层的孔隙率，因为在湿地系统长期运行过程中，容易出现堵塞，无法保证长期正常运行。根据美国国家环保局调查的多个运行中的人工湿地，在运行五年以后出现堵塞的湿地系统接近一半。因此，在我国基质层的初始孔隙率设计中，潜流人工湿地应该控制在35%～40%。单一某种湿地基质在处理污水时，对不同种类的污染物质的去除具有局限性，所以在人工湿地的设计初期，可以根据将要处理的污水性质，有针对性地选择不同材料混合制成的人工基质，从而提高基质对污水的适应性。这样可以有效提高人工湿地对污水的净化能力，这也是未来人工湿地在基质选择方面的一个重要趋势。

2）植物。人工湿地系统最核心的部分是湿地植物，它对污水处理的作用至关重要。目前水生植物是国内外人工湿地作为湿地植物的主要选择对象，包括：挺水植物、浮水植物和沉水植物。在选择湿地植物的时候，要选择能够在人工湿地区域内正常生长的种类，并且要具有较强的耐污能力，还要有较强的净化能力和发达的根系，最后还要综合考虑该植物的经济和观赏价值。挺水植物是人工湿地植被选择的主要类型植物，挺水植物可以过滤和阻截污水中的固体颗粒，还可以同化吸收污染物。选择适当的挺水植物是人工湿地的构建和自然湿地恢复和重建的关键措施。常应用于人工湿地中的挺水植物有芦苇、灯芯草、水葱、菖蒲、美人蕉、香蒲和茭白等。

在利用人工湿地处理污水的过程中，湿地植物的主要作用有：①将污水中可利用的营养物质吸收同化作为自身生长的成分，对污水中不可直接利用的污染物进行转化和分解，对重金属或者其他有毒有害物质进行吸附和富集。研究发现，与无植物的湿地单元对比，种植了灯芯草和香蒲的湿地单元对N的去除效率要提高18%～28%，P的去除效率要提高20%～31%。②湿地植物可以通过根系向根际区释放氧气，在根际区形成好氧区，有利于好氧微生物的生长和繁殖。由于湿地植物可以通过自身的光合作用产生氧气，并且通过植物根系输送到周围的基质，所以提出了根际区理论，即由于湿地植物根系的泌氧功能，靠近根系的部分氧含量较高，沿着远离根系的方向逐渐出现缺氧和厌氧区域，这样的根际分区为人工湿地中的好氧细菌、兼性细菌和厌氧细菌都提供了适宜的环境，根际区理论为人工湿地的硝化和反硝化作用脱氮提供了有力的解释。③植物可以保持和增强人工湿地的水力传输能力。湿地植物扎根于人工湿地的基质之中，在基质之间形成了许多缝隙，加大了湿地系统的疏松程度，从而提高了人工湿地系统基质的水力传输能力。④湿地植物的根系也是微生物生存的介质，细密的植物根系拥有更大的表面积，为微生物的生长和繁殖提供场所。研究表明，人工湿地植物非根际微生物数量远低于根际周围，并且植物根系不仅有泌氧的能力，还会源源不断地分泌根系分泌物，这些根系分泌物主要是小分子的有机物，例如糖类和酚类，这也给根际的微生物提供了养分。⑤湿地植物具有一定的生态功能，并且还需要拥有比较高的观赏价值。

3）微生物。微生物是人工湿地系统净化污水的主要承担者，它可以将系统中的有机物转化为能量和营养物质。人工湿地中的微生物包括真菌、细菌和放线菌。真菌具有强大的酶系统，可以参与污水中有机质的分解，结构复杂的含氮有机物可以通过细菌的分解作用转化为简单的无机氮化合物；放线菌对环境中的蛋白质会发生强烈的分解作用，产生抗生性物质，维持人工湿地系统中微生物群落的平衡稳定。大自然中的微生物主要以附着态存在于环境中。微生物不仅对污水中有机物进行积极地分解，并且它也是人工湿地生态系统中的重要组成部分。人工湿地中的微生物在系统运行初期数量和分布不是非常稳定，但是随着运行时间的推移，某些特定的微生物数量会出现上升，上升到最大值以后基本稳定。微生物在人工湿地中的分布随着空间的变化有很大的差别，有研究结果表明，人工湿地中下行池的好氧微生物数量大于上行池，而湿地床表层好氧微生物数量明显高于中层和下层，湿地床的表层是最有效的污水净化区域。有研究曾指出，好氧菌和厌氧菌在垂直流人工湿地基质中的空间分布有明显的差别，好氧菌主要分布在基质的0～10cm，在30～55cm的基质中好氧菌数量相比0～10cm降低了两个数量级，而兼性厌氧菌在基质各个层段都有分布。

温度对人工湿地中微生物的数量也有很大的影响。季节的变化会引起气温的变化，夏季微生物数量比冬季普遍要高，亚硝化细菌和反硝化细菌数量夏季高于冬季，而硝化细菌的数量却相反。植物对微生物的吸附能力随季节的变化而变化，一般来说春季最低，进入夏季，气温上升，吸附的微生物数量逐渐增多，到秋季达到峰值，进入冬季又会逐渐下降。在种植风车草的人工湿地中，由于植物根系有向外泌氧的作用，根际氧浓度较高，从而在根际形成好氧区域，硝化作用强度和硝化细菌的数量都相对较高，而在非根际区域内，反硝化作用强度和反硝化细菌数量对比根际区要更高。对比种植风车草的系统与无植物系统发现，有植物的人工湿地系统中各类脱氮细菌的数量都要远高于无植物系统。

对于微生物在人工湿地中主要的分布特点可以总结为：种植湿地植物的人工湿地系统中，微生物的数量远高于未种植植物的人工湿地系统；种植植物的人工湿地系统中，微生物的数量和类型在植物根际和非根际的差异很大；对去除污水中污染物质有积极作用的微生物主要分布于表层和中层的基质中以及植物根际区域内。人工湿地相当于一个小型的生态系统，微生物在维护系统生物的多样性和保持生态平衡方面都起着至关重要的作用。

（2）人工湿地的类型

人工湿地系统有多种构建类型。根据人工湿地系统的布水方式和水流方向，一般可分为两大类：表面流人工湿地和潜流人工湿地。其中，潜流人工湿地又可分为水平潜流人工湿地和垂直潜流人工湿地（图9-24）。不同类型的人工湿地具有各自的优缺点和适应范围。

1）表面流人工湿地。表面流人工湿地系统中，水流在基质层表面以上，水位较浅。

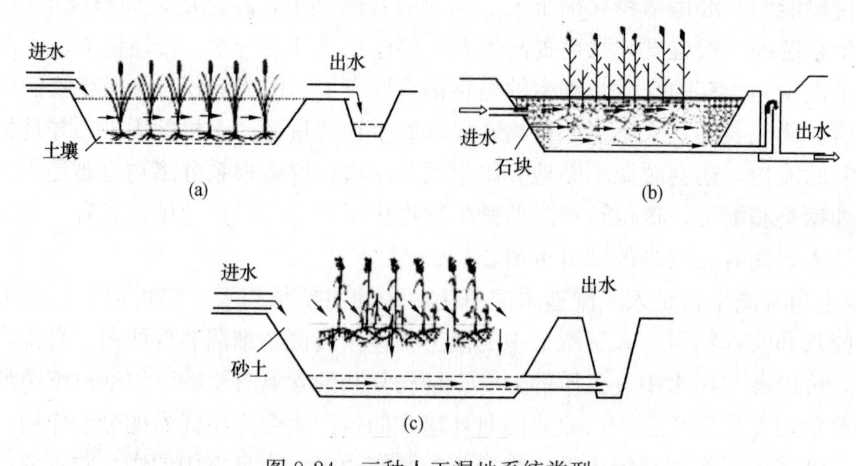

图9-24 三种人工湿地系统类型

（a）表面流人工湿地；（b）水平潜流人工湿地；（c）垂直潜流人工湿地

根据《人工湿地污水处理工程技术规范》HJ 2005—2010，表面流人工湿地的水深宜为0.3～0.5m。表面流人工湿地近似于自然湿地，投资省、操作简单、运行费用低，因而是应用最广泛的人工湿地类型。但是这种类型的湿地也存在一些缺陷：在表面流人工湿地系统中，氧气的主要来源是其在水体表面的扩散以及植物根系对大气中氧气的传输，这两条途径的传氧量都十分有限，因此系统对污染物的去除能力有限；夏季由于水流缓慢，容易滋生蚊虫，并伴有臭味；表面流人工湿地占地面积较大，系统运行时受自然气候条件影响较大，一些寒冷地区冬季运行效果受影响甚至出现表面结冰现象。

2）潜流人工湿地。潜流人工湿地的水流路径和集水方式与表面流人工湿地不同，因而其污水处理机制也不同。潜流人工湿地水在填料表面以下流动，污水从水平和垂直方向渗滤，能充分发挥湿地基质的截留作用，通过整个系统的协同作用，将污水中污染物去除。由于潜流人工湿地水流在湿地基质表面下流动，其保湿性较表流湿地好，处理效果受气候影响较小。潜流人工湿地占地较小，承受的水力负荷较高，且卫生条件较好，不会滋生蚊虫，是目前大多采用的一种设计类型。但其建设成本较高，控制相对复杂，特别是长时间运行过程中，一些代谢物、腐烂的植物根系、污水中悬浮物等会堵塞填料孔隙，从而影响使用寿命。

3）垂直流人工湿地。垂直流人工湿地中，污水经地表布水装置，垂直下行渗流入湿地系统内部，通过植物根系以及渗滤过程中发生的物理、化学和生物反应，将污水净化。垂直人工湿地中，氧能够通过空气自由扩散与植物根茎运输进入湿地内部，有时湿地还采用间歇进水的方式，从而使整个系统处于不饱和或半饱和状态，提高系统硝化能力。与潜流人工湿地相类似，垂直潜流人工湿地也具有水力负荷较大、占地面积相对较小的优点，存在施工要求高、操控复杂、有机物去除能力欠佳、易发生堵塞及蚊虫滋生等问题。

随着人工湿地技术的不断发展，一些新型人工湿地也逐渐被开发和应用于污水处理，如嵌套混合流人工湿地、多级复合流人工湿地等。人工湿地不仅能够有效降解或吸收污染物质，保证水质净化效果，还在提供水资源、调节气候、生态修复及美化环境等方面发挥着重要的作用。人工湿地能补充地下水资源，并通过其中水回用促进区域水资源循环再生；湿地中种植的植物还能够吸收二氧化碳等温室气体，同时能够为区域增氧，净化空气，调节区域气候，消除城镇热岛效应、光污染和吸收噪声等。不少人工湿地已经被开发成湿地公园，成为人们休闲旅游、户外娱乐的场所。

（3）人工湿地污染物净化机理

人工湿地对污水中氮、磷、有机物、悬浮物、病原微生物等一些污染物质都有较好的去除效果。深入了解人工湿地净化污染物质的机理，对于构建和进一步优化人工湿地，提高其污染物质净化效能具有指导意义。

1）脱氮机理。人工湿地可以通过多种途径去除污水中的氮，主要包括固体颗粒物的自由沉降、氨气的挥发、基质和湿地植物的吸附作用、植物的主动吸收以及微生物的氨化、硝化和反硝化作用。人工湿地中氮的去除主要是通过微生物的硝化和反硝化作用。人工湿地中的氮在循环变化中包括种不同的价态，并且不断在有机和无机之间转换。污水进入人工湿地系统之后，有机氮最先被湿地基质和植物根系阻截而进入无机化过程，氨化细菌在好氧和缺氧的条件下都可以将有机氮转化为氨氮。微量的氨氮通过挥发作用去除，挥发的程度受到温度和浓度的影响。一部分的氨氮会被湿地植物和微生物同化合成蛋白质等；另一部分氨氮通过硝化作用转化为NO_2^-和NO_3^-，亚硝化细菌和硝化细菌共同作用，亚硝化细菌通过氧化，将系统中的氨氮转化为NO_2^-，再由硝化细菌将转化得到的NO_2^-继续氧化成为NO_3^-，最终形成的NO_3^-可以被湿地植物和其他异养型微生物吸收利用合成自身物质。湿地植物进入衰亡期后，组织中的氮可能随着植物残体回到系统中，或者以NH_3的形式释放到大气中，所以及时收割可以有效除氮。硝化作用形成的NO_3^-通过反硝化作用转化成为N_2和N_2O释放到大气中，最终降低了人工湿地出水的氮含量。当污水中的氮以氧化态的形式进入人工湿地时，系统脱氮主要通过反硝化作用；如果污水中的氮以铵态氮的形式进入系统时，此时微生物硝化作用和植物同化吸收占主导地位。

人工湿地中植物通过同化作用可脱除一定量的氮，但是与系统总氮的去除量相比，植物吸收只占 8%～16%。研究发现，当人工湿地选择黏土或者有机土作为基质时，氨氮的去除主要是通过带电的土壤吸附，延长了NH_4^+的滞留时间，提高了氨氮的去除效率。在潜流人工湿地中，普遍存在硝化作用速率远低于反硝化作用速率的现象，这可能是由于潜流人工湿地是以厌氧环境为主，从而导致硝化作用成为脱氮的限制步骤。选择泌氧能力较强的水生植物，可以有效提高湿地氧浓度，促进硝化细菌的生长，提高系统的硝化作用强度和脱氮效率。另外，基质也可以通过吸附、过滤、离子交换等一系列物理化学手段去除部分无机氮。

2）除磷机理。废水中磷的主要形式包括有机磷、无机磷和聚合磷，含磷污染物排入环境后也是造成水体富营养化的另一主要诱导因素。人工湿地系统对磷素的去除途径主要包括基质的吸附沉淀、植物和微生物的同化吸收以及聚磷菌的过量积累。基质的吸附和沉降作用可去除废水中 70%～87%的磷素，是人工湿地系统除磷最主要的方式。可溶态无机磷进入湿地后首先在基质表面发生吸附反应（包括非专性吸附和专性吸附）。随后，吸附在基质上的磷酸盐与基质中的钙、铁、铝等离子发生沉淀反应，生成难溶性化合物。然而，当基质对磷的吸附沉淀达到饱和时，部分磷会基质上重新释放到水体中。

湿地植物对磷的去除主要通过根系直接吸收水体中的无机磷，并同化为植物生长所需的 ATP、DNA、RNA 等成分，最后通过收获植物彻底将其从废水和湿地系统中去除。但是，废水中的有机磷及溶解性较差的无机磷酸盐不能直接被湿地植物吸收利用，必须经过磷细菌的代谢活动转化为磷酸盐和可溶解性磷化合物，才能被湿地植物吸收利用。另外，植物根系分泌物如有机酸、还原糖等具有溶磷作用，对磷的去除也有一定的作用。微生物对废水中磷的作用除了上述溶解转化外，主要通过同化吸收作用和聚磷菌的聚磷作用。微生物对磷的同化吸收作用与植物类似，直接吸收水体中的无机磷同化为微生物生长所需的成分；聚磷菌的聚磷作用是通常说的微生物除磷的主要方式，主要利用聚磷菌好氧超量吸磷和厌氧释磷的特性去除废水中的磷素。

3）有机物去除机理。人工湿地系统对有机污染物的去除具有较好的效果，主要有三种去除途径：①体积较大的不溶性颗粒有机物可被湿地床中的基质和根际截留，主要通过沉淀、过滤等物理过程去除。②植物根系及基质填料表面上的生物膜能够吸附、吸收污水中的可溶性有机物，生物膜上的功能菌通过厌氧、缺氧和好氧等途径降解有机物，有的可异养转化为自身物质、二氧化碳和水。微生物的代谢作用是人工湿地净化污水中有机物的主要机制。③植物可吸收利用一些有机营养物质，而满足自身生长需要，从而对人工湿地去除污水中的有机物也有一定的贡献。

4）悬浮固体（SS）去除机理。人工湿地去除废水中的悬浮固体（SS）主要通过基质和植物根系的物理吸附、过滤以及自身的沉淀。然而，停留在湿地中的悬浮固体长年积累会堵塞基质孔隙，最终造成湿地的堵塞。因此，为了减缓湿地的堵塞，悬浮固体浓度较高的废水在进入人工湿地前应进行预处理。

5）病原微生物去除机理。人工湿地对病原微生物的净化效果是衡量人工湿地净化污水效果的一个重要指标。研究表明，人工湿地对病原微生物去除效果较好。人工湿地中病原菌的去除机理比较复杂。据文献报道，人工湿地对病原微生物的去除是物理、化学和生物共同作用的，主要通过截留和消除两个途径。其中，截留主要包括基质及生物膜的过滤、吸附、沉淀、富集等过程；消除主要包括紫外辐射、自然死亡、原生动物捕食、植物和微生物分泌物的毒害作用以及生物膜上微生物之间竞争拮抗等过程。

思考题

1. 简述城镇水环境综合治理的基本原理。
2. 简述城镇水环境容量的基本概念与特征。
3. 探讨城镇水环境整治适用技术。
4. 城镇水环境污染的来源有哪些？有什么特征？
5. 什么是活性污泥法？活性污泥法的基本原理是什么？活性污泥法正常运行必须具备哪些条件？
6. 生物膜法与活性污泥法有什么异同？有哪些优势？
7. 厌氧生物处理的基本原理是什么？

本章参考文献

[1] Yang C Q . A modified sequencing batch reactor activated sludge wastewater treatment system[D]. University of Kansas，2000.

[2] 熊晔，吕伟 . MSBR 工艺控制参数总结与分析[J]. 给水排水，2010(1)：32-35.

[3] 严晨敏，张代钧，唐然，等 . 一种改进的 MSBR 工艺脱氮除磷性能的仿真模拟与试验研究[J]. 环境科学学报，2005，25(3)：391-395.

[4] 罗万申 . 新型污水处理工艺——MSBR[J]. 中国给水排水，1999，15(6)：3.

[5] 王闯，杨海真，顾国维 . 改进型序批式反应器(MSBR)的试验研究[J]. 中国给水排水，2003，19(5)：3.

[6] 刘炳娟 . 氧化沟工艺及其在污水处理中的应用[J]. 邯郸职业技术学院学报，2008(3)：58-61.

[7] 孙伟民 . 一体化氧化沟的生产性试验研究[D]. 西安：西安建筑科技大学，2004

[8] 王素兰，段胜君，胡广杰，等 . 水解酸化-厌氧-改良 Carrousel 氧化沟组合工艺处理城市污水脱氮中试研究[J]. 水处理技术，2013，39(12)：6.

[9] 邓荣森 . 一体化氧化沟混合液循环流动情况试验研究[C]// 中国土木工程学会给水排水委员会年会，1997.

[10] 季新 . 厌氧膜生物反应器低温运行性能及膜污染研究[D]. 重庆：重庆大学，2016.

[11] Meng F，Chae S R，Drews A，et al. Recent Advances In Membrane Bioreactors (mbrs)：Membrane Fouling And Membrane Material[J]. Water Research，2009，43(6)：1489-1512.

[12] Jin H，Ren H，Ke X，et al. Effect of carriers on sludge characteristics and mitigation of membrane fouling in attached-growth membrane bioreactor[J]. Bioresource Technology，2012，122(1)：

35-41.

[13] Simon, Judd. The status of membrane bioreactor technology[J]. Trends in Biotechnology, 2008, 26(2): 109-116.

[14] Visvanathan C, Aim R B, Parameshwaran K. Membrane Separation Bioreactors for Wastewater Treatment[J]. C R C Critical Reviews in Environmental Control, 2000, 30(1): 1-48

[15] Charcosset C . Membrane processes in biotechnology: An overview[J]. Biotechnology Advances, 2006, 24(5): 482-492

[16] Singhania R R, Christophe G, Perchet G, et al. Immersed membrane bioreactors: An overview with special emphasis on anaerobic bioprocesses[J]. Bioresour Technol, 2012, 122.

[17] Kainthola J, Kalamdhad A S, Goud V V. A review on enhanced biogas production from anaerobic digestion of lignocellulosic biomass by different enhancement techniques[J]. PROCESS BIOCHEMISTRY, 2019, 84.

[18] Appels L, Baeyens J, Jan Degrève, et al. Principles and potential of the anaerobic digestion of waste-activated sludge[J]. Progress in Energy & Combustion Science, 2008, 34(6): 755-781.

[19] Divya D, Gopinath L R, Merlin Christy P. A review on current aspects and diverse prospects for enhancing biogas production in sustainable means[J]. Renewable & Sustainable Energy Reviews, 2015, 42: 690-699.

[20] Raposo F, Rubia M A D L, Fernandez-Cegri V, et al. Anaerobic digestion of solid organic substrates in batch mode: An overview relating to methane yields and experimental procedures[J]. Renewable & Sustainable Energy Reviews, 2012, 16(1): 861-877.

[21] Rocamora I, Wagland S T, Villa R, et al. Dry anaerobic digestion of organic waste: A review of operational parameters and their impact on process performance[J]. Bioresource Technology, 2020, 299.

[22] Sayara T, Antoni Sánchez. A Review on Anaerobic Digestion of Lignocellulosic Wastes: Pretreatments and Operational Conditions[J]. Applied Sciences, 2019, 9(21): 4655.

[23] Kayhanian M. Ammonia Inhibition in High-Solids Biogasification: An Overview and Practical Solutions[J]. Environmental Technology Letters, 1999, 20(4): 355-365.

[24] A L A, A J L, Jan Degrève a, et al. Anaerobic digestion in global bio-energy production: Potential and research challenges[J]. Renewable and Sustainable Energy Reviews, 2011, 15(9): 4295-4301.

[25] Guendouz J, Buffiere P, Cacho J, et al. Dry anaerobic digestion in batch mode: Design and operation of a laboratory-scale, completely mixed reactor[J]. Waste Management, 2010, 30(10): 1768-1771.

[26] Mu L, Zhang L, Zhu K, et al. Semi-continuous anaerobic digestion of extruded OFMSW: Process performance and energetics evaluation[J]. Bioresour Technol, 2017, 247: 103-115.

[27] Khan M A, Ngo H H, Guo W S, et al. Optimization of process parameters for production of volatile fatty acid, biohydrogen and methane from anaerobic digestion[J]. Bioresource Technology, 2016, 219: 738-748.

[28] Zhang H , Ning Z , Khalid H , et al. Enhancement of methane production from Cotton Stalk using different pretreatment techniques[J]. Sci Rep, 2018, 8(1): 3463.

[29] B A J W A, B P J H, A P J H, et al. Optimisation of the anaerobic digestion of agricultural resources[J]. Bioresource Technology, 2008, 99(17): 7928-7940.

[30] A X M, A M Y, C N S, et al. Effect of ethanol pre-fermentation on organic load rate and stability of semi-continuous anaerobic digestion of food waste[J]. Bioresource Technology, 2020, 299.

[31] Zhao C, Cui X, Liu Y, et al. Maximization of the methane production from durian shell during anae-

robic digestion[J]. Bioresource Technology, 2017, 238: 433

[32] 张杰，张晓东，肖林，等．沼气厌氧消化过程影响因素研究进展[J]．山东科学，2016，29(1)：50-55.

[33] Panigrahi S, Dubey B K. A critical review on operating parameters and strategies to improve the biogas yield from anaerobic digestion of organic fraction of municipal solid waste[J]. Renewable Energy, 2019, 143(12.): 779-797.

[34] Zhou S, Nikolausz M, Zhang J, et al. Variation of the microbial community in thermophilic anaerobic digestion of pig manure mixed with different ratios of rice straw[J]. Journal of Bioscience & Bioengineering, 2016, 122(3): 334-340.

[35] Zhang Y, Zhang Z, Suzuki K, et al. Uptake and mass balance of trace metals for methane producing bacteria[J]. Biomass & Bioenergy, 2003, 25(4): 427-433.

[36] 夏宏生，陈师楚．UASB-O/A/O 组合工艺对规模化养猪场废水的生物脱氮除磷研究[J]．环境工程，2018，36(1)：11-14.

[37] 冉治霖，田文德，李绍峰，等．常温厌氧好氧环境下聚磷菌 PAOⅡ的除磷特性及污泥特征[J]．环境工程，2017(11)：76-80.

[38] 王雪峰．新型污染物洛克沙胂对厌氧/好氧(A/O)生物除磷的影响及其作用机理研究[J]．环境工程，2017，35(4)：4.

[39] 席粉鹊．侧流化学磷剥夺对 AO 连续流生物除磷系统的影响研究[D]．西安：西安建筑科技大学，2014.

[40] Huang Y , Li Y , Pan Y . BICT biological process for nitrogen and phosphorus removal[J]. Water Science & Technology A Journal of the International Association on Water Pollution Research, 2004, 50(6): 179

[41] 钱玉堃．江西省农村生活污水整治模式及治理研究[D]．南昌：南昌大学，2020.

[42] 高赞东．东营市油气区水土污染修复治理试验研究[D]．北京：中国地质大学，2012.

[43] 郭笃发，陈友云．污水土地处理系统的研究现状[J]．山东师大学报：自然科学版，1994，9(2)：4.

[44] 闫佩，常文韬，袁向华．废水生态处理技术研究[J]．环境科学导刊，2013，32(3)：44-46.

[45] Fountoulakis M S, Terzakis S, Chatzinotas A, et al. Pilot-scale comparison of constructed wetlands operated under high hydraulic loading rates and attached biofilm reactors for domestic wastewater treatment[J]. Science of the Total Environment, 2009, 407(8): 2996-3003.

[46] Taebi A, Droste R L. Performance of an overland flow system for advanced treatment of wastewater plant effluent[J]. Journal of Environmental Management, 2008, 88(4): 688-696.

[47] Xu D, Xu J, Wu J, et al. Studies on the phosphorus sorption capacity of substrates used in constructed wetland systems[J]. Chemosphere, 2006, 63(2): 344-352.

[48] 周卿伟．人工湿地强化技术及其效能研究[D]．长春：中国科学院大学(中国科学院东北地理与农业生态研究所)，2017.

[49] Gunes K, Tuncsiper B, Ayaz S, et al. The ability of free water surface constructed wetland system to treat high strength domestic wastewater: A case study for the Mediterranean[J]. Ecological Engineering, 2012, 44: 278-284.

[50] 冯培勇，陈兆平，靖元孝．人工湿地及其去污机理研究进展[J]．生态科学，2002，21(3)：264-268.

[51] 龚琴红，田光明，吴坚阳等．垂直流湿地处理低浓度生活污水的水力负荷[J]．中国环境科学，2004，24(3)：275-279.

[52] 廖颉，刘迎云，陈小明．水平潜流人工湿地在工业废水处理中的应用[J]．市政技术，2010(3)：137-139.

[53] 宋志文，张锡义，汤华崇，等．人工湿地污水处理技术及其发展[J]．青岛理工大学学报，2004，25(2)：58-61.

[54] 成水平，夏宜争．香蒲、灯心草人工湿地的研究：Ⅲ．净化污水的机理[J]．湖泊科学，1998，10(2)：66-71.

[55] 成水平，吴振斌，况琪军．人工湿地植物研究[J]．湖泊科学，2002，14(2)：179-184.

[56] 张洪刚，洪剑明．人工湿地中植物的作用[J]．湿地科学，2006(2)：146-154.

[57] 靖元孝，杨丹菁．风车草(Cyperus alternifolius)人工湿地系统氮去除及氮转化细菌研究[J]．生态科学，2004，23(1)：89-91.

[58] 廖新俤，骆世明，吴银宝，等．人工湿地植物筛选的研究[J]．草业学报，2004，13(5)：39-45.

[59] 梁威，吴振斌，周巧红，等．复合垂直流构建湿地基质微生物类群及酶活性的空间分布[J]．环境科学导刊，2002，21(1)：5-8.

[60] 童巍，朱伟，阮爱东．垂直流人工湿地填料的淤堵机理初探[J]．湖泊科学，2007，19(1)：25-31.

[61] 王圣瑞，年跃刚，侯文华，等．人工湿地植物的选择[J]．湖泊科学，2004，16(1)：91-96.

[62] 孙瑞莲，张建，王文兴．8种挺水植物对污染水体的净化效果比较[J]．山东大学学报：理学版，2009，44(1)：12-16.

[63] 徐惠风，刘兴土，白军红．长白山沟谷湿地乌拉苔草沼泽湿地土壤微生物动态及环境效应研究[J]．水土保持学报，2004，18(3)：115-117.

[64] 袁东海，景丽洁，高士祥，等．几种人工湿地基质净化磷素污染性能的分析[J]．环境科学，2005，26(1)：51-55.

[65] 袁东海，高士祥，任全进，等．几种挺水植物净化生活污水总氮和总磷效果的研究[J]．水土保持学报，2004(4)：77-80，92.

[66] 周炜，黄民生，年跃刚．植物配置对构造湿地根际区硝化菌群及脱氮影响[J]．环境工程，2006(3)：3，19-21.

[67] Colmer T D. Long-distance transport of gases in plants：a perspective on internal aeration and radial oxygen loss from roots[J]. Plant Cell & Environment，2010，26(1)：17-36.

[68] 彭恋．复合型人工湿地在不同季节对生活污水的处理及脱氮机理的研究[D]．武汉：华中农业大学，2013.

[69] Wu H，Zhang J，Ngo H H，et al. A review on the sustainability of constructed wetlands for wastewater treatment：Design and operation[J]. Bioresour Technol，2015，175：594-601.

[70] Jan V. Constructed Wetlands for Wastewater Treatment：Five Decades of Experience[J]. C R C Critical Reviews in Environmental Control，2010，31(4)：351-409.

[71] 赵聪聪．人工湿地系统有机氯类污染物的去除及生物优化机制研究[D]．济南：山东大学，2015.

[72] 豆俊峰，罗固源，刘翔．生物除磷过程厌氧释磷的代谢机理及其动力学分析[J]．环境科学学报，2005(9)：1164-1169.

[73] 梁威，吴振斌．人工湿地对污水中氮磷的去除机制研究进展[J]．环境科学动态，2000(3)：32-37.

[74] 梁威，胡洪营．人工湿地净化污水过程中的生物作用[J]．中国给水排水，2003(10)：28-31.

[75] 陆松柳，张辰，徐俊伟．植物根系分泌物分析及对湿地微生物群落的影响研究[J]．生态环境学报，2011，20(4)：676-680.

[76] 王加鹏．人工湿地净化海水养殖外排水试验研究[D]．上海：上海海洋大学，2014.

[77] 刘凌，李大勇，崔广柏．有机污染物湿地生物降解实验规律研究[J]．环境污染治理技术与设备，2002(2)：1-6.

[78] 李慧君 . 人工湿地除磷过程中关键因素的影响研究[D]. 广州：广东工业大学，2008.

[79] Perkins J，Hunter C. Removal of enteric bacteria in a surface flow constructed wetland in Yorkshire，England[J]. Water Research，2000，34(6)：1941-1947

[80] Reddy K R，O Connor G A，Gale P M. Phosphorus Sorption Capacities of Wetland Soils and Stream Sediments Impacted by Dairy Effluent[J]. Journal of Environmental Quality，1998，27(2)：438-447.

[81] Tarafdar J C，Jungk A. Phosphatase activity in the rhizosphere and its relation to the depletion of soil organic phosphorus[J]. Biology & Fertility of Soils，1987，3(4)：199-204.

[82] 马晓娜 . 复合湿地系统净化海水养殖废水中杀鲑气单胞菌及湿地微生物菌群研究[D]. 北京：中国科学院大学(中国科学院海洋研究所)，2018.

第10章 城镇雨洪管理信息化

信息化是指运用以物联网、云计算、大数据为核心的新一代信息技术来感测、分析、整合城市各项信息，从而对包括民生、环保、公共安全、城市服务、工商业活动在内的各种需求做出快速、智能响应，提高城市运行效率，为居民创造更美的城市生活。城镇雨洪管理的信息化就是在雨洪管理中融入信息化的理念，通过物联网、云计算、大数据等信息技术，把各种各样的集中或分布式的能源、绿色设施和雨洪管理设施协同起来，从而使城镇雨洪管理更加高效和智慧。

城镇雨洪管理的信息化遵循这样一个总体思路：首先，通过传感器等物联网智能传感系统，对涉及的各种信息进行监测和收集，然后通过互联网、4G/5G等网络传输方式，将这些数据信息传输到服务器；其次，利用云计算等手段对数据信息进行处理、分析，利用各种模型对数据进行模拟，对涉及的问题给出优化的解决方案；同时，通过对方案的准确指挥和迅速执行，解决出现的各种问题；最后，通过全面合理的绩效评价，对结果进行反馈和修正。五个部分形成一个完整的信息回路，但在具体的信息化雨洪管理应用中，可根据实际情况，有效地选取信息的收集、处理、分析、决策等步骤。信息化的优势是使原来非常难于获取的监测数据和难于决策的控制参数，变得容易实现，并使雨洪管理体系更好、更高效地发挥其在排水防涝、雨水资源利用和生态环境保护等方面的作用。因此，雨洪管理信息化对于解决雨洪管理中存在的一些问题将会是一种高效且应用前景广阔的新思路和新方法。

10.1 城镇雨洪管理信息化概述

10.1.1 雨洪管理设施规划建设阶段的信息化

雨洪管理设施规划建设中，一些试点城市出现了诸如年径流总量、径流污染等控制目标规划过高或建设方案生搬硬套一些发达地区的做法和模式、缺少城市或区域尺度内各类设施的系统性规划设计、专项规划中缺少各种低影响开发设施之间和设施与管网系统之间的有效衔接、实施方案中僵化分割控制指标与项目建设方案等问题。这些问题的出现与对城市自身实际情况了解不清、没有因地制宜和科学地进行规划建设有很大关系。而现代信息技术在信息的监测、收集、整合、分析、模拟、优化等方面有着传统技术不可比拟的优势。因此，为了因地制宜确定建设目标和具体指标，科学编制和严格实施相关规划，需要将信息化理念应用到雨洪管理设施的规划建设之中，发挥信息化的优势。信息化理念可应用在规划建设阶段的多个方面：对规划所需信息进行监测、收集、分析，从而提供数据支撑；对规划建设方案进行模型模拟，优化设施组合、规模和平面布局；对各方案的效果进行直观显示，选取优化方案等。下面以城市的排水防涝综合规划为例，说明在雨洪管理设施规划建设阶段如何利用现代信息技术实现智慧化。

城市的排水防涝综合规划涉及的条件复杂，是雨洪管理设施规划建设中的一个难点问题。该规划实现智慧化的思路如下：①应用传感器和雷达等信息技术，对城市易涝点雨量、下垫面条件、土地利用情况、管网分布、淹没情况等相关信息进行监测收集，并对这些信息进行栅格化、精细化整合和分析；②利用获得的信息对城市排水防涝能力和内涝状况进行评估，结合海绵城市总体规划要求，确定径流总量控制目标和综合控制指标；③利用模型模拟的方法，对径流总量控制目标和综合控制指标（单位面积控制容积）进行分解，合理选择蓄水池、渗透塘、雨水湿地等低影响开发设施及其规模；④给出初步的低影响开发设施规划方案，利用 SWMM 模型对方案进行模拟，按照先渗、滞、蓄、净、用，最后排放的原则，优化设施组合和平面布局，确定最终优化的低影响开发设施规划方案；⑤利用 SWMM、MIKE 等模型模拟和云计算技术，对优化的低影响开发设施的雨水消纳能力和管网的排水能力进行分析，并结合排水防涝的总体目标，确定低影响开发雨水系统与雨水管渠系统以及超标雨水排放系统的连接方式，实现三者的有效衔接，并给出排水防涝综合规划方案；⑥对满足控制目标的多种方案进行分析，还可利用三维展示等多媒体仿真技术，对各方案的效果直观显示，选取社会效益、环境效益和景观效果较优且成本较低的方案作为优选方案。

10.1.2 雨洪管理体系运行管理阶段的信息化

雨洪管理体系实际效益的发挥，受制于后期的运行管理。无论是小型、分散的低影响开发设施，还是大型的雨水湿地、多功能调蓄水体设施，如果缺少后期管理与维护或者管理不当，不但其作用不能有效发挥，甚至可能出现水质污染、水体破坏、雨水资源浪费等现象。因此，在运行管理阶段，维护和管理的实时、科学和高效至关重要，而信息化作为一种新的城市管理理念，其突出的一个优势就是可实现城市方便、快捷、智能、高效的管理。

信息化理念在运行管理阶段的应用体现在多个方面：对排水和雨水收集智能控制，实现智慧排水与雨水收集；对管网和一些海绵设施的进水口或溢流口监测，判断其是否堵塞或渗漏并实时反应；对水体污染情况监测，实现水污染控制和治理；对雨情和积水情况实时监测，实现防洪排涝预警控制；对用水量智能控制，实现雨水的高效利用，比如可通过监测雨情、墒情、植物生长情况等并结合降雨预报信息，判断浇水时间、次数和用水量，智能灌溉，从而实现节水和雨水高效利用的目的。

又如，管道的堵塞和渗漏是管网系统中常见又难于解决的问题，管道堵塞会导致排水不畅，管道渗漏则会导致污水污染环境。可采用信息化的理念实现管网的智能监测管理：①利用遥感等技术探测管网走向和布局，并将探测数据上传至服务器；②对数据进行处理，利用 MIKE、ArcGIS、SWMM、CAD 等软件获得现状管网的布局和走向平面图；③对管网进行分类、分段、编号，并标出管网的分叉、汇集等特殊点；④在每个编号段的合适位置以及一些特殊点上布设流量传感器，实时监测流量和上传数据；⑤利用云计算等技术对大量数据进行分析、计算，将布设点实时监测的流量，与利用水力模型推算出的该点流量进行比对，并对流量差别较大点预警，分析流量变化的原因（如流量变大的可能是因为堵塞，变小的可能是因为渗漏）；⑥及时对预警点排查和维修，疏堵或补漏。

10.1.3 雨洪管理体系绩效评价阶段的信息化

2015 年 7 月 10 日，住房城乡建设部办公厅印发了《海绵城市建设绩效评价与考核办法（试行）》，要求在推进海绵城市建设中参照执行。但在执行过程中，对于涉及水生态、水环境、水资源、水安全的一些指标具体该如何评价，还存在很多问题，即还没有一套行之有效的绩效评价体系供建设的示范项目使用。因此，尽快解决指标评价的方法问题，并研究制定行之有效、精准全面的绩效评价体系是十分重要和迫切的。海绵城市的绩效评价是一个监测、统计、计算、比对的过程，完全可以结合信息化理念，发挥传感器、3S、大数据、云计算在监测、统计、计算等方面的优势，建立包含多种指标的绩效评价模型，如年径流总量控制率、雨水资源利用率、城市面源污染控制率、城市暴雨内涝灾害防治水平等指标。

按照国务院办公厅《关于推进海绵城市建设的指导意见》的要求，海绵城市建设项目年径流总量控制率必须达到70%，这是一个硬性指标。对于年径流总量控制率的评价，可按照以下方式进行：首先，查看降雨数据、相关设计图纸、设施规模，进行现场勘测，并利用互联网、大数据对涉及项目的图片、文本进行提取、统计、分析，了解清楚建设项目的具体情况；然后，根据实际情况，在雨水排放口、关键管网节点等安装计量装置和雨量传感器，连续（不少于一年、监测频率不低于15min/次）监测；同时，将监测数据实时上传，用大数据对所有的数据信息统一整合和统计，并利用云计算对处理后的数据计算分析，得到每年的降雨形成的径流总量（即外排雨水量）以及没有外排雨水的降雨场次和降雨量值，这一过程中也可以借助SWMM、MIKE等软件建立模型，用模型模拟的方法来获得某些值；最后，结合该区域每年降雨总量、年径流总量控制要求和设计降雨量，比对所得数值，得到年降雨径流总量控制率，从而做出评价并给出反馈和修正意见。

对于城市面源污染控制率，也可采用类似的方法，在管网排放口、水体中布设传感器等设备，监测流量和COD、BOD、TSS等水质指标，从而对城市面源污染控制率做出评价。

10.2 BIM技术在城市雨洪管理信息化中的应用

10.2.1 BIM技术简介

建筑信息模型（Building Information Modeling，BIM）作为一种全新的理念和技术，正受到国内外学者和业界的普遍关注。BIM思想源于20世纪70年代，之后Charles Eastman、Jerry Laiserin及McGraw-Hill建筑信息公司等都对其概念进行了定义，目前相对较完整的是美国国家BIM标准（National Building Information Modeling Standard，NBIMS）的定义："BIM是设施物理和功能特性的数字表达；BIM是一个共享的知识资源，是一个分享有关这个设施的信息，为该设施从概念到拆除的全寿命周期中的所有决策提供可靠依据的过程；在项目不同阶段，不同利益相关方通过在BIM中插入、提取、更新和修改信息，以支持和反映各自职责的协同工作"。自BIM产生以来，与其相关的研究及应用不断加强，BIM的出现正在改变项目参与各方的协作方式。

BIM应用始于美国，美国总务管理局（U. S. General Services Administration，GSA）于2003年推出了国家3D-4D-BIM计划，并陆续发布了系列BIM指南。美国陆军工程兵团（United States Army Corps of Engineers，USACE）在2006年制定并发布了一份15年（2006—2020年）的BIM路线图。美国建筑科学研究院于2007年发布NBIMS，旗下的 Building SMART 联盟（Building SMART Alliance，BSA）负责 BIM 应用研究工作。2008 年底，BSA 已拥有 IFC（Industry Foundation Classes）标准、NBIMS、美国国家 CAD 标准（United States National CAD Standard）等一系列应用标准。2009 年，美国威斯康星州成为第一个要求州内新建大型公共建筑项目使用 BIM 的州政府，德克萨斯州设施委员会也宣布对州政府投资的设计和施工项目提出应用 BIM 技术的要求，2010 年俄亥俄州政府颁布 BIM 协议，日本的国土交通省宣布推行 BIM 技术。目前，日本的 BIM 应用已扩展到全国范围，并上升到政府推进的层面。欧洲、韩国也已有多家政府机关致力于 BIM 应用标准的制定。在建筑行业中，BIM 技术正引发一次史无前例的彻底变革。

我国工程建设行业从 2003 年开始引进 BIM 技术，目前的应用以设计公司为主，各类 BIM 咨询公司、培训机构、政府及行业协会也开始越来越重视 BIM 的应用价值和意义。先后举办了“全国勘察设计行业信息化发展技术交流论坛”“与可持续设计专家面对面”的 BIM 主题研讨会、“BIM 建筑设计大赛”“勘察设计行业 BIM 技术高级培训班（第一期）”等一系列活动；中建国际设计顾问有限公司（CCDI）、上海现代建筑设计集团、Kling Stubbins 国际建筑设计中国分部以及美国 Aedis 建筑与规划设计中国公司等都在不同项目中不同程度上使用了 BIM 技术。国家“十一五”科技支撑计划和“十二五”建筑信息化发展纲要中也将 BIM 技术纳入研究内容。

现阶段 BIM 的使用者以设计单位为主，就应用广度和深度而言，BIM 在我国的应用才刚刚开始，但会逐步推广和深入到建筑行业各个领域。从全球化的视角来看，BIM 的应用已成主流。

BIM 作为一种全新的理念和技术，不同类型的建筑项目都可以在 BIM 平台找到自己亟待解决问题的办法。在欧美国家，应用 BIM 的项目数量已超过传统项目。国内 BIM 应用起步相对较晚，目前在一些工程实施过程中也开始得到应用。BIM 在我国建筑业应用初见成效，尤其适用于复杂项目，但同时也存在诸多问题。研究表明，BIM 作为支撑建设行业的新技术，涉及不同应用方、不同专业、不同项目阶段，绝非一个或一类软件可以解决的，BIM 的发展离不开软件的支持。美国 Building SMART 联盟主席 Dana K. Smitnz 指出“依靠一个软件解决所有问题的时代已经一去不复返了”。因此有必要分析 BIM 应用软件，从而更深层次了解 BIM 的应用。

海绵城市建设是一项大型综合工程，涉及项目众多，需协调多部门及专业，且对后续运维要求较高，以二维文件信息交换为主的传统管理手段已无法适应其需要。BIM 技术为海绵城市规划建设管理提供了智慧化的新思路，但目前将 BIM 平台引入海绵城市建设还处于起步阶段，在需求分析、功能应用、具体技术等方面尚待探索。

10.2.2 海绵城市 BIM 管理平台需求分析

海绵城市建设的综合性、复杂性使其管理工作具有多元需求。其中，建设过程的管理贯穿始终，直接影响海绵城市的成效；考核工作是海绵城市建设的必备保障；运维工作是海绵城市发挥长期效益的关键。因此，管理平台应重点考虑海绵城市管理工作在建设、考核及运维方面的需求。

1. 建设需求

海绵城市丰富的内涵决定了其建设工作应站在全局的视角统筹，梳理把握城市综合的水问题，并协调建设单位、设计单位、施工单位、管理单位等参与方联动执行；此外，还需形成科学合理的管理体系，管控海绵城市理念落地过程的各类项目。

为契合海绵城市建设工作需求，海绵城市 BIM 管理平台应具备以下特性：①为管理层面提供城市水环境、水安全等相关情况，以支撑决策工作；②为海绵城市建设过程的参与方提供工作协同渠道；③整合海绵城市建设项目的全生命周期信息，以立体模型与图、表、文形式形成项目的多维度电子档案。

2. 考核需求

住房城乡建设部对海绵试点城市建设工作定期督查的考核制度，要求政府部门必须对海绵城市试点片区建设情况进行准确、实时的动态跟踪管理，同步做好迎检筹备工作。

海绵城市建设试点的督导考核内容主要包括实施进度、体制机制、运作模式、资金使用、工程质量及功能实现等。督查方式为材料查阅、听取汇报及现场踏勘。其中，相关材料主要包括：法规政策文件、专项规划及实施方案、项目图纸、审查意见、竣工验收报告等。由此可见，迎接考核的工作涉及大量工程资料的梳理汇总，行政工作痕迹的保留归档，建设成效的展示呈现等。

因此，为辅助迎检工作顺利开展，海绵城市 BIM 管理平台应完整、有序地承载上述数据信息，并可对数据有机整合与二次利用；同时，发挥 BIM 技术的三维可视优势，充分表达海绵城市的建设效果。

3. 运维需求

海绵城市建成后的管理工作涉及长期的运行维护，低影响开发设施是主要的运行维护对象之一。低影响开发设施包括下凹式绿地、植草沟、雨水花园、透水铺装等。低影响开发设施的运维管理包括运行效果的跟踪与设施的定期或不定期维护。前者通常需要借助物联网技术，采集各类运行数据，有序整理并以直观的形式呈现。后者包括制定计划、实施维护、评定维护效果、存档维护记录等，并需要规范地开展执行。在运维过程中，管理人员、操作人员均需准确把握维护对象的特征、属性及其周边情况等信息，以便快速做出判断，有效维护。

因此，为配合常态化的运维工作，一方面，海绵城市 BIM 管理平台应与物联网监测技术相结合，呈现低影响开发设施的运行情况，以便支持后续的分析、决策；另一方面，海绵城市 BIM 管理平台应嵌入维护管理的工作流程，结合场景、设施三维可视的特点，促进运维电子化、常态化、高效化。

10.2.3 海绵城市 BIM 管理平台架构及功能模块①

1. 平台架构

海绵城市 BIM 管理平台的基础架构如图 10-1 所示。

(1) 数据层：为海绵城市 BIM 管理平台的数据集成中心，包含构建 BIM 的结构化数据、描述属性的非结构化数据以及运行过程采集的监测数据，综合了区域内海绵城市相关项目的全部信息，并以一定的逻辑结构对信息进行分类整理，为系统业务模块提供数据支撑。

(2) 应用层：本质是对各类数据的加工及运用，具体表现为对不同业务模块的操作应用，包括信息的调阅、对数据的整理分析、对各类业务管理流程的使用等。

---

① 该部分内容由福州市规划设计研究院许乃星提供。

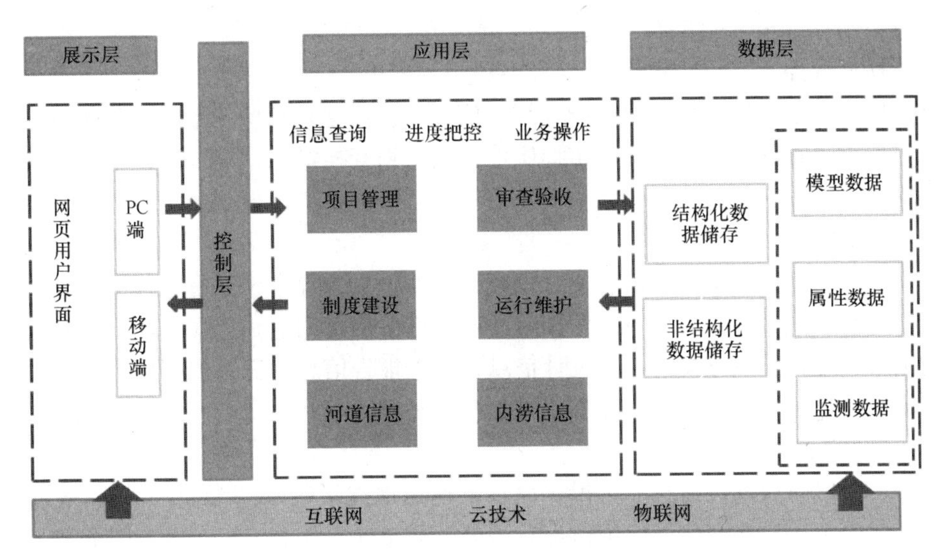

图 10-1 海绵城市 BIM 管理平台基础架构

(3) 控制层：为展示层与应用层的纽带，负责接收用户指令、发送请求、调用功能及反馈结果等。

(4) 展示层：是用户输入指令并对处理数据进行显示的层面，即用户与后台交互的界面，包含操作主界面及海绵城市 BIM 界面两部分。

2. 功能模块设计

基于上述海绵城市 BIM 集成模型成果，BIM 平台可采取 MVC 框架（M 指业务模型，V 指用户界面，C 则是控制器）与 B/S 模式（Browser/Server，浏览器/服务器模式），依托模型轻量化、云平台技术，进行经典布局方式与自适应页面布局设计，以实现网页端便捷登录、信息共享与互动操作。根据海绵城市规划建设运维特点，BIM 平台宜具备以下 12 项功能模块。

(1) 区域概况

作为平台登录首页，提供对海绵建设运维区域情况的整体性把握，快速了解区域基本信息、海绵政策文件和新闻，自动生成且实时更新海绵项目特定信息统计情况，便捷了解、查收系统消息与工作动态。

(2) 海绵模型

该模块为海绵设施 BIM 模型可视化单元，调取 BIM 模型层构建的 BIM 集成模型，进行可视化展示和剖切、空间漫游，并直观调取各类海绵设施分析统计后的全部信息。可根据需求点选建筑、河道、道路、海绵设施，或虚化地形显示管网、地块等信息。

(3) 海绵项目

对所有海绵项目进行管理，对源头减排工程（建筑小区、市政道路、公园绿地）、过程控制工程（雨污 水管网、截流管道）和系统治理工程（河道清淤、驳岸 建设、生态修复和沿河公园绿地）进行系统分类。通过模块树目录，快速找到对应汇水分区的海绵项目；选择具体的项目信息，可显示该项目的模型信息；提供项目信息的添加、编辑、查看、删除功能。此外，可根据实际监测数据，跟踪计算区域内海绵指标的现状情况，如年径流总量控制率、年 SS 总量去除率等。

（4）规划管控

该模块为海绵设施规划和海绵指标管控信息，包括规划管控图单元、分区地块管控信息单元，可直观查询地块的海绵城市控制性详细规划管控指标、规划绿地率、采取的海绵措施等信息。

（5）方案审查

为实现技术审查电子化、信息化、规范化，简化工作程序，保留过程信息，设计开发该模块。选择不同汇水分区，可显示相应的项目方案信息列表；选择不同汇水分区、不同类型的项目，可查看该方案的项目设计信息、审查报告信息、三维模型信息；提供项目方案审查申请信息录入提交功能。

（6）建设管理

该模块提供项目进展信息，可视化而精准迅速地搜索查阅海绵项目 BIM 三维模型及该项目从立项至今的规划建设运维信息，所有过程文件图片等信息、施工图纸和施工进度均能在线预览，实时协同更新。选择不同汇水分区、不同类型的项目，显示相应的建设信息列表；选择具体的建设信息条目，可查看该建设项目的详细信息。

（7）验收审查

对已竣工海绵项目进行验收管理，通过上传功能将项目竣工资料、归档图纸共享至云端，竣工验收过程中遇到的问题整改记录也在此模块管理。选择不同汇水分区、不同类型的项目，显示相应的验收审查信息列表；选择具体的验收审查条目，可查看该验收审查项目的详细信息。

（8）黑臭水体治理

显示海绵建设运维区域内的河道信息列表，或点选模型中的河道，提供河道详细信息（包括河道起终点、规划河宽、规划河长、规划河底高程、现状排口数量等以及河道断面及涝水位等）。同时，依托物联网技术对河道水量和水质进行跟踪监测，全程跟踪水体黑臭治理，反映水质监测指，在 BIM 三维模型中关联交互展示水体信息，从时空三维全程跟踪水体黑臭治理情况。

（9）历史涝情

历史涝情是非常重要的基础数据，在项目规划、设计、建设、运营、管理决策过程中需要便捷查询该信息。因此，该模块主要提供：①历史的降雨过程数据以及产生的实际积水情况；②重要区位的涝情三维模拟展示；③在 BIM 三维模型中关联交互展示历史涝情。

（10）内涝模拟

不同降雨条件下的内涝预测是海绵城市规划建设运维中的重要支撑数据，能够辅助管理者的风险决策。该模块应用三维模型构建地表漫流模型，通过嵌套城市排水模型，可模拟内涝积水情况且直观可视化内涝的动态变化过程，主要提供：①不同风险等级的内涝模拟积水情况的直观可视化展示，降雨工况包括 2 年、3 年、5 年、50 年一遇，同时可根据实际降雨特性，不断扩充降雨情景；②区域内涝风险区划展示，便捷查询风险等级；③三维动态形式展示模拟重要位置在降雨发生后的积水情况，直观显示积水面积、积水深度随降雨变化的数据。

（11）监测预警

海绵指标监测跟踪是海绵城市建设与运营的重要方面，该模块主要提供：①基于物联网、大数据等技术，实现水量和水质数据的同步监控显示，涵盖设施—项目—汇水流域三个尺度等，监测数据接入系统，并可进行人工采样复核的监测管理；②以图表方式动态显示，可对各项数据进行查询、分析及可视化信息管理，实现对排水设施的智慧化管理；③基于管网液位和内河水位监测的基础，设置一定阈值，当超过警戒值时进行警示。

（12）海绵文件

根据住房城乡建设部定期检查内容与要求，系统分类整理、存档、查询海绵规划、建设、管理的相关文件，可提供组织领导、制度保障、技术保障、顶层设计、资本运作等文件筛选、查询、导出等功能，系统展示与方便查阅海绵城市建设运维的文件与依据。

10.2.4 海绵城市BIM管理平台关键技术

1. 海绵城市三维模型构建

海绵城市BIM管理平台的多项功能需基于海绵城市三维模型来实现，以达到立体可视与海量信息融合的目的，因此三维模型的构建是平台可视化运作的核心。

海绵城市的三维建模涉及多类要素，包括区域地形、区域场景、雨污水管网、重点项目等；依据其作用，各要素的模型深度将有所不同。例如针对区域全局性的场景，仅需相对简易的模型形式；而针对重点项目的运维，则需要更为精细的模型形式。因此，应根据不同类型模型的特点采用不同的软件进行建模；使用软件包括Autodesk Revit、Autodesk 3dsMax、Bentley Context Capture、Trimble SketchUp以及AutoCAD Civil 3D。各类模型在完成后，格式统一并进行整合，形成海绵城市的完整模型，实现其在Web端的浏览、操作。

2. 外源数据整合及三维显示

区域内涝情况的三维展示是海绵城市BIM管理平台的重要功能。平台基于自身的三维形式，对专业雨洪管理软件的计算结果进行描述。外源软件输出的数据与平台模型相互整合匹配是该过程的关键步骤。

内涝情况展示的关键在于积水位置、深度、时长等。以Infoworks ICM或SWMM等所模拟的降雨、积水结果为基础，提取其中积水点位、积水深度随时间变化的序列数据，形成可用外源数据；在海绵城市三维模型中创建水面，并与既有地形模型进行叠加，形成积水点模型；然后将前述序列导入，内涝情况即以立体动态形式在海绵城市三维模型中得到体现。

3. 监测信息汇总及统计分析

海绵城市BIM管理平台运维应用的支撑在于监测信息汇总及其统计分析，需要同步实现外部硬件设备与平台的关联及平台对数据的多层次处理。通过安装于低影响开发设施、路面、检查井、河道、排口等要素处的水质分析仪、液位计、流量计、雨量计等监测设备获取数据，服务器提供JSON格式的服务接口，海绵城市BIM管理平台调用此项服务，即接收传感器汇集的数据。原始监测数据汇总至海绵城市BIM管理平台后，首先经简单处理，以图表的形式反馈于平台上；进一步计算分析，获取低影响开发设施对径流及污染物的削减情况，地块径流总量控制情况，河道的水质类别、黑臭等级等；通过长期连续数据的储存、分析，将获知运行过程的变化规律，以及海绵城市的建设效益。

10.3　GIS 技术在城镇雨洪管理信息化中的应用

10.3.1　GIS 简介

地理信息系统（Geographic Information System 或 Geo-Information system，GIS）有时又称为“地学信息系统”，是一种特定的十分重要的空间信息系统。它是在计算机硬、软件系统支持下，对整个或部分地球表层（包括大气层）空间中的有关地理分布数据进行采集、储存、管理、运算、分析、显示和描述的技术系统。

位置与地理信息既是 GIS 的核心，也是 GIS 的基础。一个单纯的经纬度坐标只有置于特定的地理信息中，代表为某个地点、标志、方位后，才会被用户认识和理解。用户在通过相关技术获取到位置信息后，还需要了解所处的地理环境，查询和分析环境信息，从而为用户活动提供信息支持与服务。

10.3.2　GIS 在城市排水系统管理中的应用

近年来，GIS 以其独特的空间分析功能迅速在许多领域得到应用，但在复杂的城市排水管网系统中的应用还不普及。由于城市暴雨所产生的损失受许多方面的因素控制，而这些因素大部分同地理位置相关。利用 GIS 可以将每一个要素存放入一个层中，用户可以将不同的层任意叠加在一起，GIS 按照其空间坐标将它们综合在一起，为用户提供查询和分析等功能。利用 GIS 的空间分析功能对各种因素进行综合分析，并通过各种专题图表达出来，分析不同情况下暴雨所造成的损失和积水淹没范围，并计算出最优决策方案，以帮助决策者优化决策，减少暴雨对城市造成的损失。因此，利用 GIS 技术建设城市暴雨雨水管理系统，系统的功能和结构设计要结合 GIS 和城市暴雨雨水管网的特点。

根据城市暴雨雨水管理系统的功能设计系统的总体结构。由于城市暴雨雨水管理系统集中了政治、经济、社会、文化等多方面的信息，在整体结构以及每个模块的设计时，要考虑到整个系统的完整性以及各个模块之间的一致性。

城市暴雨雨水管理系统的正常运行要求该系统能够快速反映城市中各种信息，尤其是降雨信息和城市雨水管网信息。系统利用 GIS 技术对空间信息进行处理和分析，按照用户的要求进行一些统计和决策等。城市暴雨雨水管理系统总体结构可以分为系统介绍、查询、暴雨分析与管理设计等几个模块。具体的系统结构图如图 10-2 所示。

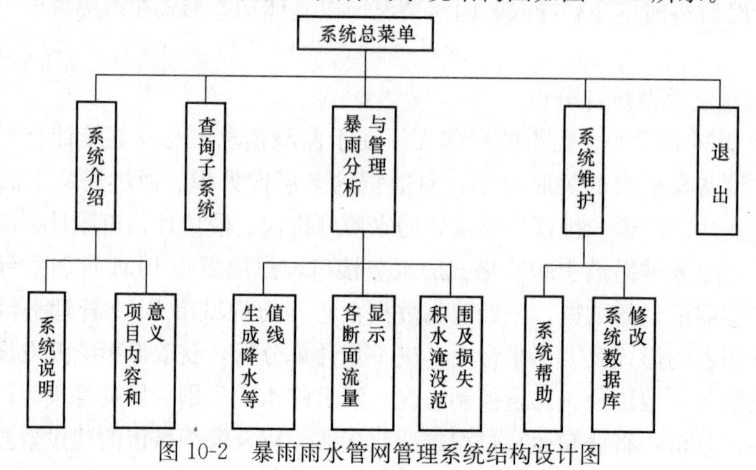

图 10-2　暴雨雨水管网管理系统结构设计图

（1）系统介绍模块

系统介绍包括系统说明和项目内容和意义两部分。该部分主要包括有关本项目的信息、系统的版本信息和一些相关说明，以及操作系统的运行状态和信息。

（2）查询模块

查询模块在本系统中占有很大比例，与以往的查询方式不同，系统的查询是基于GIS技术的，具有数据和图形相结合的特点。利用GIS技术，根据组成城市要素的空间属性将它们叠加在一起，不仅可以看到单个方面的要素，还可以看到综合要素以及它们之间的关系。由于系统主要是针对城市暴雨雨水管理的，因此，将雨水管网和降雨信息单独作为两个查询子模块。在自然背景、社会经济、政策标准、雨水管网和降雨信息5个查询模块中，集中各个方面的综合知识和信息，如图10-3所示。

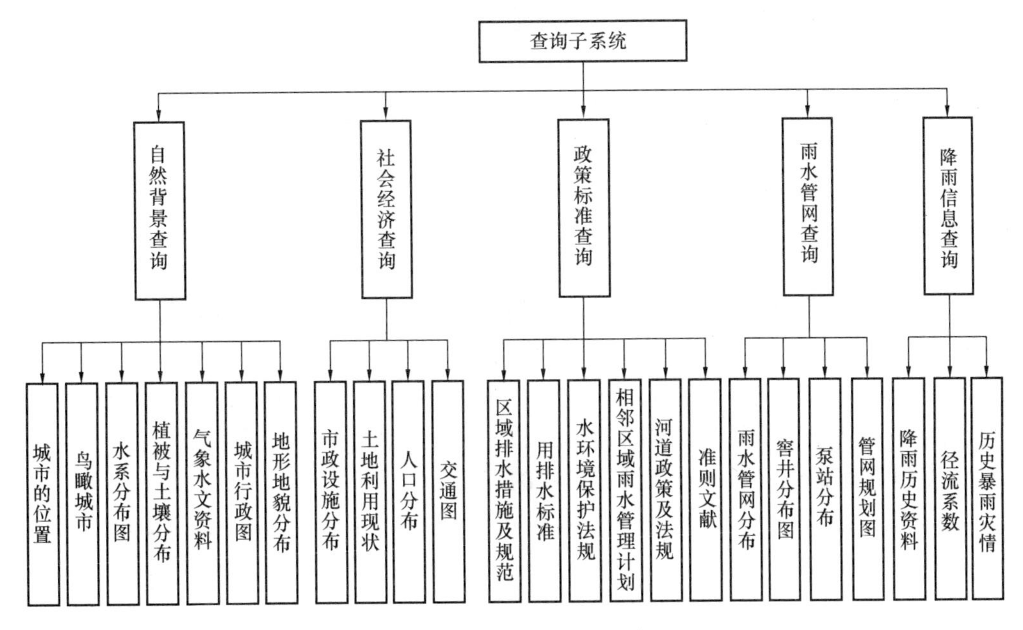

图10-3　子系统结构设计

自然背景查询主要包括：城市的位置、植被与土壤分布、水系分布、气象水文资料、地形地貌分布和行政图。通过城市的DEM，生成三维立体动画，产生Fly Through的效果图。除了“城市的位置”外，其余各图均是在Arcview软件的基础上操作的。利用GIS技术的空间查询功能，进行由地图查找与该图层要素对应的属性信息，如在“城市行政图”上，用户只要鼠标点中该点（线或区域），就可以显示出该点的相关信息，还能通过属性表进行修改：并具有由名称查找出该点（线或区域）在地图上的位置的功能，如用户输入“某某区”后，Arcview就可以在地图上显示出“某某区”的位置，该区域闪烁过几次之后，以高亮度显示出来，直到用户改变它。

社会经济查询主要包括土地利用现状、交通图、市政设施分布和人口分布等，也是基于Arcview上操作的。市政设施包括城市的科研机构、饭店、医院、高校以及旅游景点等方面的信息。土地利用按土地的用途分为农业、工业、商业和居住用地；交通图显示了城市的铁路、公路、水运、城区干道和一般街道，并同其他的街区和主要地点叠加在一起，通过电子地图的形式显示，具有可缩放、查询以及计算道路长度等简单空间分析功能。其中道路名称是单独作为一层叠加在地图上的，且是矢量字体，可随着图形大小的变化而变化；人口分布图上用颜色和图例表示各个区域的人口数量，可以直观地看出哪个区域的人口最多，以及该区域人口的数量。

政策标准查询比较详细，主要有区域排水措施及规范、用排水标准、水环境保护法规、相邻区域雨水管理计划、河道管理政策及法规、准则文献等。

雨水管网查询有雨水管网分布、窨井分布图、泵站分布、管网规划等。将雨水管网图同城区图叠加后，可以找出雨水管网分布同城区分布的规律。窨井分布、泵站分布也可以叠加在管网或城区图上，可在对管网、窨井、泵站进行维护时提供方便。

降雨信息查询包括降雨历史资料、径流系统、历史暴雨灾情，主要提供相关的城市暴雨的历史资料、降雨量与径流关系及相关信息查询。

（3）暴雨分析及管理设计

暴雨分析利用现有的雨量站降雨历史资料生成区域降水等值线、管道控制断面流量水位显示、积水淹没范围及损失统计等。

通过 Arcview 开发，区域降水等值线可采用现有雨量站的测报数据进行绘制。通过 VB 和 Arcview 的系统集成，进行积水淹没范围及损失的统计。用户只要拉下菜单，就可以实现不同降水强度下的积水淹没范围的损失统计。例如要查询某一降水事件时淹没的科研单位，在输入条件之后，Arcview 就用不同颜色来表示受淹单位，并可以通过选择属性表按钮查看。该模块可动态地表示出地下管道典型断面的流量和水位变化，通过 Arcview 的空间分析功能，分析各典型断面不同时刻的流量和水位值。在输入一系列的相关条件之后，就可以查看不同断面流量，该流量显示图可以随着流量的改变而实时变化。

10.3.3　GIS 在海绵城市建设适宜性评价中的应用①

海绵城市建设适宜性评价是指引海绵城市建设的重要依据。综合建设适宜指数（CSI，Comprehensive Construction Suitability Index）是融入海绵理念和生态要素的城市建设适宜性综合指标，其评价结果有助于海绵城市建设开展前对区域本地情况进行合理的评价和分类。评价结果将区域情况分为以下几种类型：①不可建设，需要进行生态保护和修复的用地；②不宜建设，需要限制建设，并进行一定生态、植被要素植入的用地；③可开发建设，需结合海绵设施，采取低影响开发模式的用地。在此基础上合理选择海绵城市建设的方式，同时为大型公共海绵设施（包括湿地、水保涵养林、防护林带等绿色设施和截洪沟等灰色设施）的布局提供重要依据，有助于保育城市的自然生态本底，规避自然灾害和工程灾害，维持城市开发前的水文条件，保护水生态、改善水环境、涵养水资源、保障水安全。本部分以湖北宜昌市海绵城市建设适宜性评价项目为例，对 GIS 在该项目中的应用进行介绍。

1. 研究区域概况

宜昌市位于江汉平原向鄂西山区的过渡地带、长江中上游结合部的西陵峡畔，三峡库区尾端，素以“三峡门户、川鄂咽喉”著称；其地处亚热带北部，气候温和、光照充足、雨量充沛，全年湿度较高；地质构造上属江汉平原沉降带单斜凹陷的西缘，地质构成复

---

① 该案例由上海市政工程设计研究总院（集团）有限公司宋晨怡提供。

杂，水土流失、滑坡、泥石流等地质灾害多发。

本次研究区域为宜昌市中心城区，总面积2849km^2，区内地形复杂，地势西北高，东南低，呈西北向东南梯级倾斜下降，高度相差悬殊，形成山地、丘陵、河谷等多种地貌。城区依山面水，虽然生态本底优良、资源丰富，但由于其特殊的地理位置、气候条件、地质构造和地形地貌，造成其生态环境敏感性及脆弱性，生态系统和水环境极易遭到破坏，难以修复。对于该区域，通过合理的分层次构建“大、中、小海绵体”，对城市及外围生态本底进行保护与修复，对敏感性及脆弱性较高的缓冲区限制开发是其海绵城市建设的主要途径。

2. 海绵基础分析

（1）降雨特征

宜昌多年平均降水量1136.6 mm，降雨特征可总结为：四季分明、雨热同季、降水资源丰富、夏季暴雨集中、降水年内分布不均。其短历时降雨特征尤为明显，设计暴雨雨型雨峰位置基本处于甚至超前整场降雨过程的1/3分位，雨峰靠前，短历时降雨雨型表现为“单峰形、速度快、高强度、持续久”，短历时强降雨频发，洪峰快，强度大。

（2）生态本底

宜昌市生态资源丰富，城中绿化覆盖率极高，中心城区以“山、水、林、田”4类自然要素为主要生态基底，“湖、湿地”两类为次要自然要素，其中山体面积占比68.73%，森林覆盖率达到65.7%，同时还分布有大量的自然保护区、水源涵养区、风景名胜区等10类生态红线功能区，其面积占中心城区总面积约43%。丰富的生态板块及廊道构建了大面积生态结构网络，可对雨水进行吸存利用，优良的生态基质成为宜昌市的“海绵骨架”。

（3）水系结构

宜昌市的水系结构以江河沟渠和水库湖泊为主，水系资源丰富，中心城区水面率约3.93%。城区河流以长江干流为主脉，分布有清江、黄柏河、运河、桥边河、柏临河、玛瑙河、善溪冲六大水系，还形成大量中小河流和沟渠，河流多、密度大、水量丰富，河网密度达到0.24 km/km^2。此外，由于地形原因，宜昌市湖库密布，仅中心城区共有水库123座，其中大型水库5座，中型水库14座、小型水库104座，“三峡”“葛洲坝”均位于宜昌市中心城区，调蓄能力强，对长江中下游都发挥巨大的防洪效益。

3. 建设需求分析

（1）水生态敏感性高

宜昌市是我国生态中度脆弱向重度脆弱的过渡带，生态环境敏感性及脆弱性特征突出，自然灾害及地质灾害风险一直是全市防灾工作关注的重点。而近年来由于三峡工程蓄水后，水位攀升导致流速减缓，水体自净能力下降，再者宜昌地形复杂，水体连通性差，生态敏感性高，导致水生态恶化的风险加剧。

生态系统和水系都是城市的天然“大海绵体”，依托海绵城市建设，利用天然的生态基底构建大海绵系统，加强对大海绵体的保育工作，是海绵城市生态系统建设的首要目标。

（2）城郊山洪多发

宜昌是一座典型的山丘城市，市内冲沟纵横。由于水系发达、湖库密布，水体调蓄能力强，城市雨水排水和天然沟壑、湖塘共同形成雨水蓄排体系，缓解了城区高强度雨洪排水的压力。但在城郊山体缓冲地带，由于雨水产汇流程短、汇流快、雨峰靠前、雨型急促、降雨历时短、短时形成暴雨或强降雨，特别在宜昌东北部地区，由于坡度较陡造成雨水高速下泄，较容易形成山洪。再加上近年来山体植被屡屡被破坏，降低了植被对降雨的滞蓄作用，雨水很快汇流到城区，水量集中、流速大、冲刷破坏力强，水流中挟带泥沙甚至石块，常造成局部性洪灾。

依托海绵城市建设，采用工程措施和非工程措施结合的方式，在城郊和城中的山体缓冲区建设防护林带，增加植被覆盖率，减少裸露边坡和山体，以增强植被对降雨和径流的滞蓄作用；同时在缓冲区布局截洪沟，整治山洪沟，拦截和疏导山洪，是防治山洪最有效的工程措施。

（3）水土流失严重

宜昌市大部分辖区依山面水，建在山地与河流的交界地带，其降雨充沛，汛期多暴雨，遇到较大降雨时水位涨落变化大，对河段发生明显冲刷，而除部分边坡硬化外，其余大部分为土质边坡，抗冲刷能力弱，岸坡表面剥离，岸线逐步后退引发水土侵蚀。再加上三峡水库蓄水后，泄洪期间清水下泄，更加大对岸坡的冲刷。根据 2012 年全市水利普查成果，宜昌市中心城区水土流失总面积占土地总面积的 29.8%，水土流失类型大部分为水蚀。此外，由于地质问题和裸露边坡的存在，城郊山区的滑坡、泥石流等重力侵蚀现象也普遍存在。

河流两岸和城郊山体往往是水土流失的重点防治区域，通过海绵建设，划定海绵缓冲区范围，包括河流缓冲区、山体缓冲区和建设植被缓冲林带、水保涵养林，增加城市绿化覆盖率，在保持水土的同时，增加城市的山水格局景观特色。

4. 评价方法概述

为了切合“生态优先”这一规划策略，研究采用 GIS 在宏观层面对整个规划范围的生态敏感性进行量化评估，在适宜性评价中要非常重视技术方法的选择，这样不仅能高效地得出评价结果，还能确保评价结果更加科学、合理。海绵城市建设适宜性评价可以看作是一组变量按照一定规则组合后形成的新的评价等级，根据变量组合规则可以分为：等级组合法、因子加权法、复合标准法、回归法、启发式逻辑规则组合法、逐步叠加评价法等。本研究以因子加权法为基本模型，先后通过单因子研究和多因子综合研究揭示用地的建设适宜性格局。

本次宜昌市海绵城市建设适宜性评价主要以 ArcGIS 为操作平台，以海绵城市建设条件为基础，并采用定性与定量相结合的适宜性分类法，即根据评价单元的各属性，分析其适应状况，较为合理地评定原有用地在各个层面对开发海绵城市功能的适宜程度。海绵城市建设适宜性评价先对单因子分别赋值，再通过复合评价划定建设适宜性分区；并根据海绵城市理念引入特定的单因子指标和评价方案（选取高程、坡度、汇流量、低洼地、水域缓冲区、农林地、水源涵养、土壤侵蚀、保护区 9 个因子），以此作为多因子复合评价的基础。复合评价采用适宜性指数法，鉴于有些单因子区域对评价结论有特殊的决定作用，将这类指标作为“刚性因子”，并设计综合适宜指数算法，据此得出海绵城市建设适宜性及其分区。

在单因子评价中，为了消除由于指标单位和数量级的差异给评价工作带来的不便，本研究对得出的单因子指标结果（指标值）V 做无量纲化，得出归一化的指标值 V_n，归一化公式为：

$$V_n = \frac{V - V_{min}}{V_{max} - V_{min}} \quad (10\text{-}1)$$

式中 V_{min}——对相应评价目标适宜性最低的取值；

V_{max}——对相应评价目标适宜性最高的取值。

在得出归一化的指标值 V_n后，将结果乘以 10。由此对于每一个单因子而言，最适宜情况得 10 分，最不适宜情况得 0 分。

在多因子复合评价中，采用“适宜性指数法”（属于相对定量的综合分析法）分析、评定每一栅格单元的单因子和多因子指标值。为了从整体上对区域宜建地的适宜程度等级给出相对合理的综合评定，采取综合性评价指标——综合建设适宜指数（f_{CSI}），其测算方法见式（10-2）：

$$f_{CSI} = (\max\sum_{m=1}^{M}[i\,(0,10)_m \cdot w_m], I\,\{10\}_{j1}, I\,\{10\}_{j2}, \cdots, I\,\{10\}_{jn}) \quad (10\text{-}2)$$

式中 i——具有特定取值集合的弹性因子（包含高程、坡度、汇流量、低洼地、水域缓冲区、农林地、土壤侵蚀、水源涵养、保护区 9 个因子的所有赋值区）；

I——具有特定取值集合的刚性因子值（包含低洼地、水域缓冲区、保护区的最有利区域）。

由于各评价指标对系统的影响程度不同，因此在对系统进行综合评价时包括了指标权重值 $w(\sum_{m=1}^{M} w_m = 1)$，采用层次分析法结合专家咨询确定单因子间的权重系数。在对各因子进行加权分析后，最终得到的 f_{CSI}越高，海绵城市建设适宜性越高；再根据相关实施经验划定海绵城市建设适宜性分区。

5. 指标体系构建

（1）海绵城市相关因子

针对海绵城市理念，根据研究区域基础条件、建设需求分析、目标与指标要求，引入与水资源、水安全、水环境、水生态等保护目标有关的 5 大影响因素，包括雨洪汇流量、淹没潜在风险、水体缓冲能力、水源涵养指标及水土流失与水系统相关的特定因子指标，为传统的生态敏感性评价提供重要补充，单评价因子及评价依据见表 10-1，赋值情况说明如下。

1）雨洪汇流量：海绵城市要求通过源头控制汇流量，汇流量越大，越适合布局海绵设施，越要保留原始下垫面的关键过程，海绵城市建设适宜性得分越高。

2）淹没潜在风险：海绵城市要求降低超标降雨时期的城市内涝风险，地势越低洼，淹没风险越高，为此应避免开发建设集聚在地势低洼处。本研究以地形排水方向以及子流域最高水位确定低洼地；在溢满状态下集水盆地最高水位超过实际高程处潜在涝淹风险较大，海绵城市建设适宜性得分较高；在排水流向确定的各子流域集水区域内，海绵城市建设适宜性得分最高。

3）水体缓冲能力：海绵城市要求开发建设维护原有水环境和水生态系统。水体不仅是雨洪的行泄通道，更是重要的调蓄体，水体岸线亦是径流净化的重要场所。为识别重要水系周边潜在的生态安全格局，将根据上位规划的蓝线范围对水体缓冲能力因子进行评价：距离现状水体距离越小，基于环境功能的保护要求和敏感性越高，评价得分越高；在规划蓝线范围之内，海绵城市建设适宜性得分最高。

4）水土流失因子：海绵城市要求加强规划区水土保持，防治土壤侵蚀。为定量化区域土壤侵蚀的敏感程度，综合考虑大系统内部时空要素的互动过程和格局，本研究参考了相关研究报告的部分成果，"极敏感"区域、"敏感"区域、"较敏感"区域、"不敏感"区域的土壤侵蚀潜力依次减小，布局源头防护设施的意义依次减小，海绵城市建设适宜性得分依次降低。

5）水源涵养因子：海绵城市要求保障现有可用水源水质，以维护现有的水资源和水环境。为定量化区域水源涵养的敏感程度，本研究参考了相关研究报告《宜昌市环境总体规划（2013－2030 年）》中的部分成果，"极重要"区域、"重要"区域、"较重要"区域、"不重要"区域的水源涵养需求依次减小，布局源头净化功能的意义依次减小，海绵城市建设适宜性得分依次降低。

海绵城市单评价因子及评价依据　　表 10-1

评价因子 / 得分	雨洪汇流量 q（L）	水体缓冲能力	淹没潜在风险	水土流失因子	水源涵养因子
0	$q<4$	水域周围>500m	其他区域	"不敏感"区域	"不重要"区域
2	$4\leqslant q<16$	水域周围 350～500m	—	"较敏感"区域	"较重要"区域
4	$16\leqslant q<64$	水域周围 200～350m	低洼地外可淹区	"敏感"区域	"重要"区域
6	$64\leqslant q<256$	水域周围<200m	—	—	—
8	$256\leqslant q<1024$	蓝线之内	低洼地内	"极敏感"区域	"极重要"区域
10	$q\geqslant 1024$	—	淹没潜在风险	—	—

（2）生态系统相关因子

此外再根据研究区域生态本底情况以及生态系统实际情况和数据的可获取性，选取与生态敏感性相关的传统评价因子，包括高程、坡度、农林地、保护区，评价因子及评价依据见表 10-2，具体赋值情况如下。

1）高程：本研究以像元的绝对高程值大小进行单因子评分。如果某像元的绝度高程值越大，表示其所处地区基于地理风险的建设难度和可行性越低，人工建设条件越弱，海绵城市建设适宜性得分越高。

2）坡度：本研究以像元的坡度值大小进行单因子评分。如果某像元的坡度值越大，表示其所处地区基于地理风险的建设难度和可行性越低，人工建设条件越弱，海绵城市建设适宜性得分越高。

3）农林地：本研究以像元的原始特性是否属于林地、园地、耕地和牧草地、其他用地来进行单因子评分。林地、园地、耕地和牧草地、其他用地所在区域对海绵城市要素的重要性依次减小，海绵城市建设适宜性得分依次降低。

4）保护区：为定量化区域生态系统的敏感程度，综合考虑大系统内部时空要素的互动过程和格局，本研究参考了《宜昌市环境总体规划（2013－2030 年）》中的部分成果，根据饮用水源保护区、自然保护区、基本农田集中区等对于发挥海绵城市功能的意义和作用进行重要度区分，饮用水源保护区、自然保护区、基本农田集中区、其余地区对海绵城市建设的重要性依次减小，海绵城市建设适宜性得分依次降低。

与生态敏感性相关的传统评价因子及评价依据 **表 10-2**

得分＼评价因子	高程 h（m）	坡度 a	农林地	保护区
0	$h>464.8$	$a<3°$	其他用地	其余地区
2	$258.2<h\leqslant464.8$	$3°\leqslant a<5°$	—	—
4	$149.8<h\leqslant258.2$	$5°\leqslant a<10°$	耕地和牧草地	基本农田集中区
6	$108.5<h\leqslant149.8$	$10°\leqslant a<15°$	园地	自然保护区
8	$77.4<h\leqslant108.5$	$15°\leqslant a<25°$	林地	饮用水源保护区
10	$h\leqslant77.4$	$a\geqslant25°$	—	—

6. 综合评价结果

从定量化的角度，适宜性评价可以看作是一组变量按照一定规则组合后形成的新的评价等级。考虑到所选的9大因子的某些分值对综合评价结论存在特殊的决定作用，使综合评价结果独立于各因子叠加计算后的得分。本研究在多因子综合评价阶段选取一些因子的部分分值定为刚性指标，优先于各因子的叠加计算。其中，不论其他因子如何改变，淹没潜在风险、水体缓冲能力、保护区的10分区域都将无条件地成为海绵城市最适宜建设区，故将淹没潜在风险、水体缓冲能力、保护区的最有利区域作为综合评价的刚性因子，其余因子的各得分作为弹性因子，根据相加权重确定研究范围的CSI格局。

本研究在各因子叠加计算中，通过组织专家对各因子权重进行赋值或打分，并通过反馈概率估算结果后，由专家对各因子权重进行第二轮、第三轮打分，使分散的赋值逐渐收敛，最后得到较为协调一致的各因子权重值，如表10-3所示。

各评价指标因子的权重确定 **表 10-3**

因子名称	单因子权重（第一轮打分）	单因子权重（第二轮打分）	单因子权重（第三轮打分）
雨洪汇流量	0.14	0.15	0.10
淹没潜在风险	0.11	0.11	0.13
水体缓冲能力	0.06	0.06	0.08
水土流失因子	0.16	0.15	0.16
水源涵养因子	0.19	0.19	0.18
高程	0.06	0.05	0.03
坡度	0.03	0.04	0.04
农林地	0.13	0.14	0.15
保护区	0.12	0.11	0.13

根据上述刚性因子的选择和弹性因子的权重，构建表10-4所示多因子综合评价体系。

综合评价指标体系构建　　表10-4

因子类型	评价因子	评价依据	得分档次	权重
刚性因子	高程坡度	低洼地最有利区域	—	—
	汇流量	水域缓冲区最有利 区域保护区最有利区域	—	—
	高程	绝对高程	6	0.03
	坡度	坡度	6	0.04
	汇流量	汇流体积当量	6	0.1
	低洼地	低洼地及可能淹没区	3	0.13
弹性因子	水域缓冲区	水域缓冲范围	4	0.08
	农林地	农林地类型	4	0.15
	土壤侵蚀	水土流失敏感性	4	0.16
	水源涵养	水源涵养重要性	4	0.18
	保护区	保护区类型	4	0.13

根据权重叠加的结果，连续性栅格数据显示了在研究范围内，建设适宜性较高的区域呈现出“一区、两带、多轴线”的格局，这种层次结构将作为引导海绵城市建设生态保护与修复空间结构总图。

“一区”：主要分布在宜昌市市辖区点军区西侧和北侧、土城乡、三斗坪和三峡坝区南侧，以丘陵地貌为主，绵延地占据了规划范围西北面，约占规划范围总面积的25%，是发展海绵城市的核心地区。

在上述核心区的南面和东面，另分布有“两带”：其中一带贯穿联棚乡、艾家镇、红花套等地，以未开发的山岗、丘陵为主；另一带贯穿伍家岗区西侧、龙泉镇等地，一些位于开发区边缘，水网、植被普遍较为丰富。

除了上述明显的区域和条带外，还有一些零散的“多轴线”贯穿全域，这些轴线多以河流、植被带等生态要素集聚条带为主。例如，石板水库—官庄水库、柏临河沿岸、玛瑙河沿岸、蒋家冲—板门溪。

7. 适宜性分区划定

为基于CSI的数值划定海绵城市建设适宜性分区，本研究以空间拓扑关系为基本原则（根据海绵城市重点建设区必须空间上包含现状某重要海绵城市设施的准则，选出满足该准则的最小区域），挑选出涵盖90%原始林地（植被）区域为海绵城市建设保育区，涵盖90%现状建设的区域为海绵城市建设开发区，剩余区域为海绵城市建设缓冲区。根据划分结果，海绵城市建设保育区、海绵城市建设缓冲区、海绵城市建设开发区分别占到规划范围面积的52.89%、22.39%、24.72%，如表10-5所示。

海绵城市建设适宜性分区与建设指引　　表 10-5

类别	面积（km^2）	比例（%）	特征	建设指引
海绵保育区	1502.1	52.89	以山体、林地、水域、行洪通道、蓝线周边、绿线周边、低洼地、水源涵养地、水土保持区为主	严格禁止开发建设行为，加大海绵城市生态保育和修复工作，以构建城市河流、山体、林地等“大海绵”体为目标，实现海绵规模化
海绵缓冲区	635.81	22.39	以陡坡、汇水区、生态敏感区和灾害风险区、生态要素缓冲区为主，多为适宜建设区的外围地带	在城市限制性开发的同时，注重系统海绵体的构建，以增加植被覆盖率、建设缓冲林带、布局水保涵养林等大型公共海绵设施
海绵开发区	702.11	24.72	以地势平坦地区及建设用地为主，人工建设的自然条件影响和限制较少	城市开发的同时注意控制开发强度和建设密度，分散布局低影响设施，构建建设区小海绵体

根据海绵保育区、海绵缓冲区、海绵开发区的现状条件和规划目标，提出了各分区对应的建设方式和建设措施，为规划范围内的海绵城市设施布局和实施提供前期引导。

10.4 物联网在城市雨洪管理信息化中的应用

10.4.1 物联网概述

1. 物联网的概念

物联网（IoT，Internet of Things）即“万物相连的互联网”，是互联网基础上的延伸和扩展的网络，将各种信息传感设备与互联网结合起来而形成的一个巨大网络，实现在任何时间、任何地点，人、机、物的互联互通。

物联网是新一代信息技术的重要组成部分，IT 行业又叫：泛互联，意指物物相连，万物万联。由此，“物联网就是物物相连的互联网”。这有两层意思：第一，物联网的核心和基础仍然是互联网，是在互联网基础上的延伸和扩展的网络；第二，其用户端延伸和扩展到了任何物品与物品之间，进行信息交换和通信。因此，物联网的定义是通过射频识别、红外感应器、全球定位系统、激光扫描器等信息传感设备，按约定的协议，把任何物品与互联网相连接，进行信息交换和通信，以实现对物品的智能化识别、定位、跟踪、监控和管理的一种网络。

2. 物联网的基本特征和功能

物联网的基本特征可概括为整体感知、可靠传输和智能处理。整体感知：利用射频识别、二维码、智能传感器等感知设备感知获取物体的各类信息；可靠传输：通过对互联网、无线网络的融合，将物体信息实时、准确地传送，以便信息交流、分享。智能处理：使用各种智能技术，对感知和传送到的数据、信息分析处理，实现监测与控制的智能化。

根据物联网的以上特征，结合信息科学的观点，围绕信息的流动过程，可以归纳出物联网处理信息的功能：

（1）获取信息的功能。主要是信息的感知、识别，信息的感知是指对事物属性状态及其变化方式的知觉和敏感；信息的识别指能把所感受到的事物状态用一定方式表示出来。

（2）传送信息的功能。主要是信息发送、传输、接收等环节，最后把获取的事物状态信息及其变化的方式从时间（或空间）上的一点传送到另一点的任务，这就是常说的通信过程。

（3）处理信息的功能。是指信息的加工过程，利用已有的信息或感知的信息产生新的信息，实际是制定决策的过程。

（4）施效信息的功能。指信息最终发挥效用的过程，有很多表现形式，比较重要的是通过调节对象事物的状态及其变换方式，始终使对象处于预先设计的状态。

3. 物联网关键技术

（1）射频识别技术

谈到物联网，就不得不提到物联网发展中备受关注的射频识别技术（Radio Frequency Identification，简称 RFID）。RFID 是一种简单的无线系统，由一个询问器（或阅读器）和很多应答器（或标签）组成。标签由耦合元件及芯片组成，每个标签具有扩展词条唯一的电子编码，附着在物体上标识目标对象，它通过天线将射频信息传递给阅读器，阅读器就是读取信息的设备。RFID 技术让物品能够“开口说话”。这就赋予了物联网一个特性即可跟踪性。就是说人们可以随时掌握物品的准确位置及其周边环境。据 Sanford C. Bernstein 公司的零售业分析师估计，关于物联网 RFID 带来的这一特性，可使沃尔玛每年节省 83.5 亿美元，其中大部分是因为不需要人工查看进货条码而节省的劳动力成本。RFID 帮助零售业解决了商品断货和损耗（因盗窃和供应链被搅乱而损失的产品）两大难题，而现在单是盗窃一项，沃尔玛一年的损失就达近 20 亿美元。

（2）传感网

MEMS 是 Micro Electro-Mechanical Systems（微机电系统）的英文缩写，它是由微传感器、微执行器、信号处理和控制电路、通信接口和电源等部件组成的一体化的微型器件系统。其目标是把信息的获取、处理和执行集成在一起，组成具有多功能的微型系统，集成于大尺寸系统中，从而大幅度地提高系统的自动化、智能化和可靠性。它是比较通用的传感器。因为 MEMS，赋予了普通物体新的生命，它们有了属于自己的数据传输通路、有了存储功能、操作系统和专门的应用程序，从而形成一个庞大的传感网。这让物联网能够通过物品来实现对人的监控与保护。遇到酒后驾车的情况，如果在汽车和汽车点火钥匙上都植入微型感应器，那么当喝了酒的司机掏出汽车钥匙时，钥匙能透过气味感应器察觉到一股酒气，就通过无线信号立即通知汽车“暂停发动”，汽车便会处于休息状态。同时“命令”司机的手机给他的亲朋好友发短信，告知司机所在位置，提醒亲友尽快处理。不仅如此，未来衣服可以“告诉”洗衣机放多少水和洗衣粉最经济；文件夹会“检查”人们忘带了什么重要文件；食品蔬菜的标签会向顾客的手机介绍“自己”是否真正“绿色安全”。这就是物联网世界中被“物”化的结果。

（3）M2M 系统框架

M2M 是 Machine-to-Machine/Man 的简称，是一种以机器终端智能交互为核心的、网络化的应用与服务。它将使对象实现智能化的控制。M2M 技术涉及 5 个重要的技术部分：机器、M2M 硬件、通信网络、中间件、应用。基于云计算平台和智能网络，可以依据传感器网络获取的数据进行决策，改变对象的行为进行控制和反馈。以智能停车场为例，当该车辆驶入或离开天线通信区时，天线以微波通信的方式与电子识别卡进行双向数据交换，从电子车卡上读取车辆的相关信息，在司机卡上读取司机的相关信息，自动识别电子车卡和司机卡，并判断车卡是否有效和司机卡的合法性，核对车道控制电脑显示与该电子车卡和司机卡一一对应的车牌号码及驾驶员等资料信息；车道控制电脑自动将通过时间、车辆和驾驶员的有关信息存入数据库中，车道控制电脑根据读到的数据判断是正常卡、未授权卡、无卡还是非法卡，据此做出相应的回应和提示。另外，家中老人戴上嵌入智能传感器的手表，在外地的子女可以随时通过手机查询父母的血压、心跳是否稳定；智能化的住宅在主人上班时，传感器自动关闭水电气和门窗，定时向主人的手机发送消息，汇报安全情况。

（4）云计算

云计算旨在通过网络把多个成本相对较低的计算实体整合成一个具有强大计算能力的完美系统，并借助先进的商业模式让终端用户可以得到这些强大计算能力的服务。如果将计算能力比作发电能力，那么从古老的单机发电模式转向现代电厂集中供电的模式，就好比现在人们习惯的单机计算模式转向云计算模式，而“云”就好比发电厂，具有单机所不能比拟的强大计算能力。这意味着计算能力也可以作为一种商品进行流通，就像煤气、水、电一样，取用方便、费用低廉，以至于用户无需自己配备。与电力是通过电网传输不同，计算能力是通过各种有线、无线网络传输的。因此，云计算的一个核心理念就是通过不断提高“云”的处理能力，不断减少用户终端的处理负担，最终使其简化成一个单纯的输入输出设备，并能按需享受“云”强大的计算处理能力。物联网感知层获取大量数据信息，在经过网络层传输以后，放到一个标准平台上，再利用高性能的云计算对其进行处理，赋予这些数据智能，才能最终转换成对终端用户有用的信息。

10.4.2 物联网在城市排水系统管理中的应用

城市排水系统结构复杂，管理要求多且难度大，有必要借助智能化手段实现智慧化管理。本节以无锡新区排水综合管控信息系统为例，介绍物联网在排水系统管理中的应用。无锡新区排水系统采用集中式管理模式，现场数据均通过系统网络层传输至调控中心，由调控中心统一对数据进行处理、归档，建立各子系统数据库。根据物理结构分为三层：感知层，指现场数据采集系统；网络层，指基础设施网络（有线和无线网络）系统；应用层，指调度中心。系统架构如图 10-4 所示。

1. 感知层

感知层是排水综合管控信息系统的基础，主要由位于排水系统各个关键节点上的水质、流量、液位、毒性等在线监测仪表以及视频监控设备组成，为整个管控信息系统实现基础数据采集，完成远程调度的各种控制命令及基本应用，以满足和实现设施现场管理的要求。利用网络技术传输至应用层，通过识别筛选、建模分析，获取针对性的实时应用信息，智能化地制定各种运行调控措施。

目前新区对于排水管网日常检测的主要数据是管段流量和井内液位，具体点位设置方案为：①各片区污水干管的起端井内设置液位计，以检测当下游管道发生淤堵后可能导致的上游管段壅水而发生的溢流事故，并可及时报警进行维修疏通；②排水主通道干管与各次干管交汇井和变管径处的检查井内均设流量监测仪，用于核算主干管各管段污水流量；

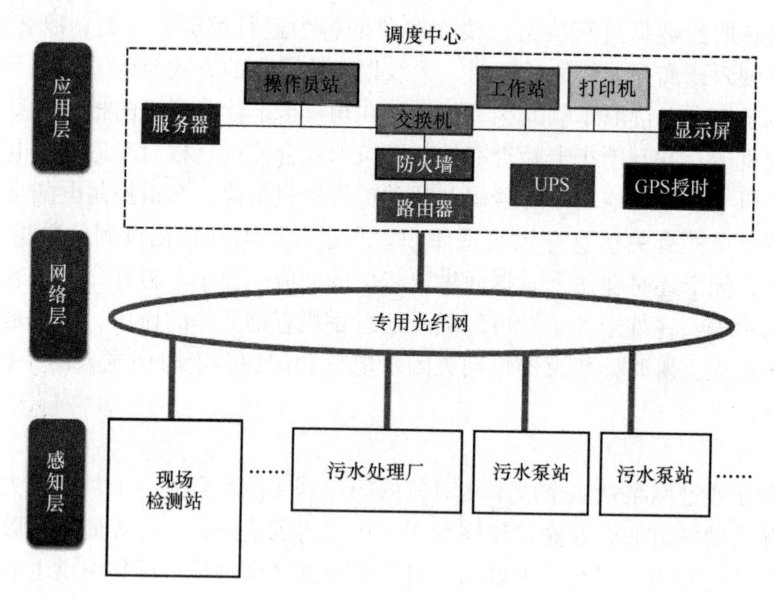

图 10-4　排水综合管控信息系统架构

③各交汇井的前一检查井内均设流量监测仪表，用于核算各次干管服务片区的污水收集流量。

2. 网络层

网络层是连接感知层与应用层的通信路由。目前的网络技术包括 3G、Zigbee、WLAN、WiMax、UWB、WSN、蓝牙和移动通信等形式，可根据排水系统采集点的分布特点分别采用不同的网络技术。如厂区数据采集点分布相对集中，则采用有线网络；厂外管网数据采集点分布较为分散，采用有线网络费用较高，则无线传输较为适宜，如 Zigbee 网络、3G 网络、GPRS 网络等。网络层将根据系统构架分为若干区域，实施分区管理，它为系统的远程监控功能提供必需的数据通道，这些数据通道连接着控制中心和远程感应层站点。

3. 应用层

应用层是排水综合管控信息系统的中枢机构，位于高新水务公司调度中心，应用层汇聚了各项业务应用中的公共或可复用的业务处理逻辑，形成标准化且开放的软件资源。业务内容涵盖了污水处理厂及泵站自动化运行子系统、污水收集管网 GIS 和调度子系统、污水收集管网日常养护巡检子系统、排水户信息管理子系统等功能模块及其综合应用，对各子系统进行全局性综合管理与调度，并为远期其他子系统预留接入端口。应用层的架构示意如图 10-5 所示。

（1）污水处理厂及泵站自动化运行子系统

利用物联网传感技术对污水处理厂及泵站的运行设备监视和控制，建立厂站数据采集与监视控制系统，实现对水泵、闸门、格栅等设备自动控制，避免人员直接接触泵站机房和设备，提高泵站运行的安全性和可靠性。自动化运行平台实现了对全区的污水运行情况实时监控、远程操控。

（2）污水收集管网 GIS 和调度子系统

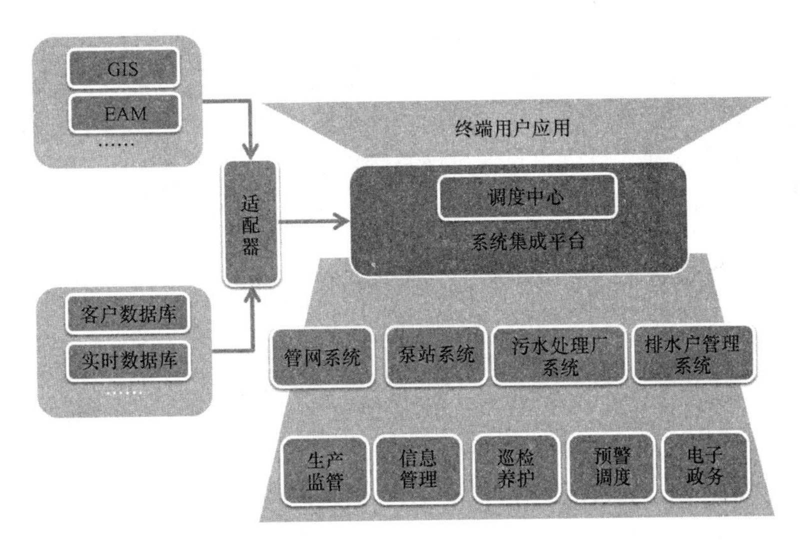

图 10-5　排水综合管控信息系统应用层架构

对污水管网和污水检查井进行人工测绘，并将检查井坐标、埋深、高程及管道的长度、管径、坡度、流向等数据制成电子档案，建立了污水管网 GIS 系统，可对管点、管段、管线的图形属性数据进行相互查询，以及根据属性进行模糊查询，并将查询结果在电子地图上显示和定位。同时，能方便地对阀门及其他设备的定位图、操作图等所有信息搜索查询，提供以空间位置和文字（地名、阀门编号等）为信息的交互式查询，并显示详细的查询结果，实现了对全区污水管网、污水检查井信息的统一调度和实时查询。

（3）污水收集管网日常养护巡检子系统

根据各污水处理厂的收集范围，将污水管网分成三个片区，各片区各司其职，调度中心制定每个片区的养护计划并利用物联网技术，如 GPS 定位、轨迹跟踪、巡线导航，实现对各片区管网巡检车辆的日常管理。养护疏通采用先进的声纳探测仪、潜望镜及大型疏通车，将井下情况及时通过无线网络反馈至调度中心，提高了养护质量和效率。

（4）排水户信息管理子系统

与传统由人工收集资料和建档的管理模式不同，采用网络技术将排水户信息收集和排水项目审批有机结合。申报单位通过审批政务门户网站前台操作，排水管理部门后台处理，将排水方案审查、排水工程验收、排水许可证管理等一系列的行政审批事项与排水户信息管理相结合，实现了从项目立项、项目建设、项目竣工直到项目运行后续管理等各个阶段排水工作的实时监控与全程记录，对新建、改建、扩建项目实施了全程网络化管理。

1）排水户信息管理。将全区 9000 多家排水户名称、位置、排水量、接管情况、排水许可证办理情况、排水口位置等信息纳入 GIS 系统，建立排水户信息系统，实现排水户信息的自动查询，实时监控。

2）排水方案审查。包含方案审查和施工图审查，根据项目进展情况，采取相应的管理措施。

3）排水工程验收。针对排水户内部管网以及市政工程管网，验收步骤包括闭水试验、拆除封头、CCTV 探测、管网测绘等，系统提供了信息填报、存储、查询和管理等功能：①各类验收业务的受理、审批、发送的流程化操作；②对不同处理状态信息的统计和直观显示；③对审批信息的录入、编辑和查看等功能；④对方案的快捷检索功能。

4）排水许可证管理。主要包括排水许可证的申报受理、许可证变更、许可证年检和许可证到期重办等内容。排水许可证管理模块可以实现许可证自动化受理、变更、年检等信息的查询、显示和编辑。管理人员通过该系统能实现远程访问数据，并进行实时控制、数据管理、数据存储等工作。

10.5　VR/AR 技术在城镇雨洪管理信息化中的应用

10.5.1　可视化技术简介

可视化（Visualization）是利用计算机图形学和图像处理技术，将数据转换成图形或图像在屏幕上显示出来，再进行交互处理的理论、方法和技术。它涉及计算机图形学、图像处理、计算机视觉、计算机辅助设计等多个领域，成为研究数据表示、数据处理、决策分析等一系列问题的综合技术。

可视化技术使人能够在三维图形世界中直接对具有形体的信息进行操作，和计算机直接交流。这种技术已经把人和机器的力量以一种直觉而自然的方式加以统一，这种革命性的变化无疑将极大地提高人们的工作效率。可视化技术赋予人们一种仿真的、三维的并且具有实时交互的能力，这样人们可以在三维图形世界中用以前不可想象的手段来获取信息或发挥自己创造性的思维。

机械工程师可以从二维平面图中得以解放直接进入三维世界，从而很快得到自己设计的三维机械零件模型。医生可以从病人的三维扫描图像分析病人的病灶。军事指挥员可以面对用三维图形技术生成的战场地形，指挥具有真实感的三维飞机、军舰、坦克向目标开进并分析战斗方案的效果。

雨洪管理过程中，由于大量的降雨、洪涝场景无法复现，对研究和实践造成了巨大的困难，亟需可视化技术对其设计、建造和管理宣教等环节进行辅助。可视化技术中，目前发展最为迅猛的就是虚拟现实（Virtual Reality，简称 VR）技术。作为 VR 技术的一个重要补充，增强现实（Augmented Reality，简称 AR）也日渐得到重视。本节简要介绍这两种可视化技术在雨洪管理信息化中的应用。

10.5.2　VR/AR 技术在雨洪管理信息化中的应用

1. VR 技术

虚拟现实（VR），顾名思义，就是虚拟和现实相互结合。从理论上来讲，虚拟现实（VR）技术是一种可以创建和体验虚拟世界的计算机仿真系统，它利用计算机生成一种模拟环境，使用户沉浸到该环境中。虚拟现实技术就是利用现实生活中的数据，通过计算机技术产生的电子信号，将其与各种输出设备结合，使其转化为能够让人们感受到的现象，这些现象可以是现实中真真切切的物体，也可以是人们肉眼所看不到的物质，通过三维模型表现出来。因为这些现象不是人们直接所能看到的，而是通过计算机技术模拟出来的现实中的世界，故称为虚拟现实。

VR 技术具有以下特点：

（1）沉浸性：是虚拟现实技术最主要的特征，就是让用户成为并感受到自己是计算机系统所创造环境中的一部分，虚拟现实技术的沉浸性取决于用户的感知系统，当使用者感知到虚拟世界的刺激时，包括触觉、味觉、嗅觉、运动感知等，便会产生思维共鸣，造成心理沉浸，感觉如同进入真实世界。

（2）交互性：是指用户对模拟环境内物体的可操作程度和从环境得到反馈的自然程度，使用者进入虚拟空间，相应的技术让使用者与环境产生相互作用，当使用者进行某种操作时，周围的环境也会做出某种反应。如使用者接触到虚拟空间中的物体，那么使用者手上应该能够感受到；若使用者对物体有所动作，物体的位置和状态也应改变。

（3）多感知性：表示计算机技术应该拥有很多感知方式，比如听觉，触觉、嗅觉等。理想的虚拟现实技术应该具有一切人所具有的感知功能。由于相关技术，特别是传感技术的限制，目前大多数虚拟现实技术所具有的感知功能仅限于视觉、听觉、触觉、运动等几种。

（4）构想性：也称想象性，使用者在虚拟空间中，可以与周围物体互动，可以拓宽认知范围，创造客观世界不存在的场景或不可能发生的环境。构想可以理解为使用者进入虚拟空间，根据自己的感觉与认知能力吸收知识，发散拓宽思维，创立新的概念和环境。

（5）自主性：是指虚拟环境中物体依据物理定律动作的程度。如当受到力的推动时，物体会向力的方向移动，或翻倒，或从桌面落到地面等。

2. AR技术

增强现实（AR）技术也被称为扩增现实，AR技术是促使真实世界信息和虚拟世界信息内容之间综合在一起的较新的技术，其将原本在现实世界的空间范围中比较难以体验的实体信息在电脑等科学技术的基础上，实施模拟仿真处理、叠加，将虚拟信息内容在真实世界中加以有效应用，并且在这一过程中能够被人类感官所感知，从而实现超越现实的感官体验。真实环境和虚拟物体之间重叠之后，能够在同一个画面以及空间中同时存在。

AR技术不仅能够有效体现出真实世界的内容，也能够促使虚拟的信息内容显示出来，这些细腻内容相互补充和叠加。在视觉化的增强现实中，用户需要在头盔显示器的基础上，促使真实世界能够和电脑图形之间重合在一起，在重合之后可以充分看到真实的世界围绕着它。AR技术中主要有多媒体和三维建模以及场景融合等新的技术和手段，AR所提供的信息内容和人类能够感知的信息内容之间存在着明显不同。

AR技术的起源，可追溯到Morton Heilig在20世纪五六十年代发明的Sensorama Stimulator。Morton Heilig是一名电影制作人兼发明家，他利用多年的电影拍摄经验设计出了叫Sensorama Stimulator的机器。Sensorama Stimulator同时使用了图像、声音、香味和振动，让人们感受在纽约的布鲁克林街道上骑着摩托车风驰电掣的场景。这个发明在当时非常超前。以此为契机，AR也展开了它的发展史。

由于AR技术的颠覆性和革命性，获得了大量关注。早在20世纪90年代，就有3D游戏上市，但由于当时的AR技术价格较高、自身延迟较长、设备计算能力有限等缺陷，导致这些AR游戏产品以失败收尾，第一次AR热潮就此消退。到了2014年，Facebook以20亿美元收购Oculus后，类似的AR热潮再次袭来。在2015年和2016年两年间，AR领域共进行了225笔风险投资，投资额达到了35亿美元，原有的领域扩展到多个新领域，如城市规划、虚拟仿真教学、手术诊疗、文化遗产保护等。如今，AR、VR等沉浸式技术正在快速发展，一定程度上改变了消费者、企业与数字世界的互动方式。用户期望更大程度上从2D转移到沉浸感更强的3D，从3D获得新的体验，包括商业、体验店、机器人、虚拟助理、区域规划、监控等，人们从只使用语言功能升级到包含视觉在内的全方位体验。而在这个发展过程中，AR 将超越 VR，更能满足用户的需求。

一个完整的增强现实系统是由紧密相连、实时运行的硬件组件和相关软件系统组成的。主要采用以下三种形式：

（1）增强现实监视器系统

在基于计算机显示的 AR 实现方案中，摄像机捕捉到的真实世界图像输入到计算机中，与计算机图像系统中生成的虚拟图像相结合，输出到显示器上。用户可以在屏幕上看到最终增强的场景照片，虽然非常简单，但它给用户很多参与感。系统如图 10-6 所示。

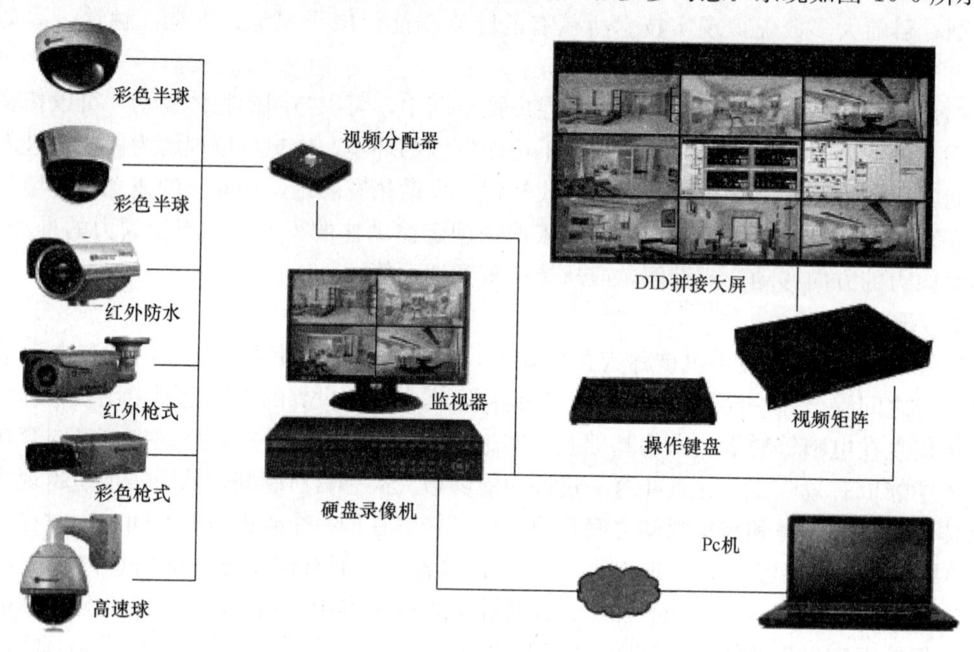

图 10-6　增强现实监视器系统

（2）光学透视式

头戴式显示器（HMD）广泛应用于虚拟现实系统中，以提高用户的视觉沉浸感。增强现实技术的研究者们也采用了类似的显示屏技术，它可以分为光学透视头盔显示器和基于图像合成技术的视频透视头盔显示器两种。光学透视式增强现实系统实现方案如图 10-7（a)所示。

（3）视频透视式

图像透视增强现实系统采用基于图像合成技术的视频透视显示，实现方案如图 10-7（b）所示。

3．VR 技术在雨洪管理中的应用

VR 技术的介入为海绵城市设计提供了新的拓展维度。在海绵城市规划设计过程中，采用 VR 技术验证设计方案的质量，可以在设计者及相关审核人员面前真实再现设计方案，科学、客观地演绎城市的发展变化，工作人员能够切身、直观、全面地感受整个设计，进一步提出具有建设性的修改意见，不断优化城市规划设计方案。

VR 技术和 BIM 技术相结合，可以有效提升海绵城市的施工管理水平。BIM 软件中

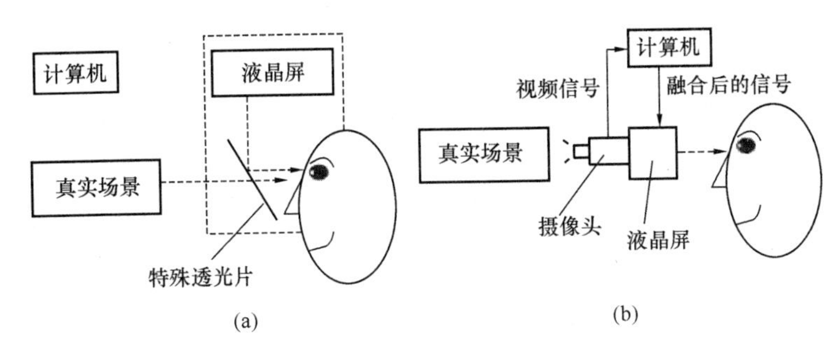

图 10-7 光学透视式和视频透视式增强现实系统
（a）光学透视式；（b）视频透视式

都是生成 3D 几何模型为载体的数据信息模型，相较于传统技术，一个工程项目从立项规划、设计、施工到交付及营运维护，大多采用间断的数据进行共享、交互，在项目初期规划与概念设计上，多采用三维效果图实现工程项目的功能划分。设计师可通过 VR 平台对 BIM 模型进行复核，相当于让设计师对所提供的图纸进行了再一次的审核，可以避免施工蓝图笔误带来的损失。

VR 技术可以促进对海绵城市的宣传。海绵城市建设的效果，往往在发生强降雨和较大洪涝灾害的情况下才可以被观察，这不利于对普通民众的宣传教育。通过建立 VR 样板，模拟海绵城市改造效果，通过全景二维码及 VR 设备多元化体验，民众可以预览最终效果，实现对海绵城市理念的宣传。

4. AR 技术在海绵城市中的应用

AR 技术在海绵城市建设中可以发挥以下作用：

（1）介绍海绵城市理念。与实际模型相比，AR 虚拟模型可以模拟雨季和降雨。通过 AR，可以直接地表现降雨在低影响开发设施不同层中的渗透过程。通过 AR 展示，观众可以更加明了海绵城市设施的工作原理，起到展示宣教作用。

（2）施工指导。海绵城市施工涉及的新技术、新材料较多，如混凝土、砖、盖设施等，具有一定的创新性，因此在施工过程中，如何指导现场人员的施工，确保工程质量是重点。AR 虚拟模型的构建将直接显示改造后的内容，并且可以逐步展示每个设施的内容，员工可以在施工过程中参考 AR 虚拟模型的构建来指导现场施工。

思考题

1. 雨洪管理设施在规划建设、运行管理和考核阶段的信息化如何实现？
2. 海绵城市 BIM 管理平台的需求包括哪些？
3. 海绵城市 BIM 平台的功能模块包括哪些？
4. 基于物联网的城市排水管理系统的架构分为哪几个层次？
5. 基于 GIS 的城市排水管理系统有哪些功能？

本章参考文献

[1] 李运杰，张弛，冷祥阳，等．智慧化海绵城市的探讨与展望[J]．南水北调与水利科技，2016，14(1)：161-164.

[2] 何清华，钱丽丽，段运峰，等．BIM 在国内外应用的现状及障碍研究[J]．工程管理学报，2012，26(2)：11-16.

[3] 高学珑，陈奕，许乃星，等．基于 BIM 的海绵城市规划建设运维管控关键技术研究[J]．给水排水，2019，45(10)：51-56.

[4] 许乃星，陈奕，林显治，等．基于 BIM 技术的大尺度海绵城市建设三维模型快速创建[J]．中国给水排水，2020，32(12)：111-116.

[5] 宋晨怡，杨天翔．基于 GIS 的三峡库区海绵城市建设适宜性评价与分区划定研究[J]．给水排水，2018，44(12)：108-113.

[6] 祝君乔，刘云，蒋岚岚，等．基于物联网技术的排水综合管控信息系统[J]．中国给水排水，2015，31(16)：26-29.

[7] 邓兴钊，杜垚．浅谈 AR 技术在海绵城市虚拟样板中的应用[J]．智能建筑与智慧城市，2020(10)：112-114.

[8] 聂胜军，乔稳超，朱磊森，等．VR 技术在聂耳公园海绵城市建设中的应用[J]．中国给水排水，2019，35(12)：117-119.

[9] 吴雷，李云，吴时强．GIS 在城市暴雨雨水管理系统建设中的应用[J]．水利水运科学研究．1999(4)：396-401.